科学出版社“十三五”普通高等教育本科规划教材

材料力学解题指导
（第二版）

马红艳　主　编

科学出版社
北　京

内 容 简 介

本书是材料力学课程的学习辅导和备考用书。全书共15章，内容包括材料力学基本概念、轴向拉伸和压缩、剪切、扭转、弯曲内力、截面图形的几何性质、弯曲应力、弯曲变形、应力状态理论和强度理论、组合变形、压杆稳定、能量法、静不定问题、动载荷、疲劳等，适用于多学时材料力学课程的学习。

书中每章包括三部分内容：重点内容概要、典型例题和习题选解。书末附有期末考试模拟试题及解答、考研模拟试题及解答。题目根据材料力学课程要求精选而成，形式多样，包括判断、选择、计算、推导证明等类型。

本书可供学习材料力学课程的学生和教师使用，也可作为硕士研究生入学考试、力学竞赛的参考书。

图书在版编目(CIP)数据

材料力学解题指导/马红艳主编．—2版．—北京：科学出版社，2020.7
(科学出版社"十三五"普通高等教育本科规划教材)
ISBN 978-7-03-065472-4

Ⅰ.①材… Ⅱ.①马… Ⅲ.①材料力学-高等学校-题解 Ⅳ.①TB301-44

中国版本图书馆CIP数据核字(2020)第098587号

责任编辑：任 俊 王晓丽 / 责任校对：王 瑞
责任印制：张 伟 / 封面设计：迷底书装

科学出版社 出版
北京东黄城根北街16号
邮政编码：100717
http://www.sciencep.com
北京凌奇印刷有限责任公司印刷
科学出版社发行 各地新华书店经销
*
2014年3月第 一 版 开本：787×1092 1/16
2020年7月第 二 版 印张：21 3/4
2024年11月第十二次印刷 字数：557 000

定价：79.00元

(如有印装质量问题，我社负责调换)

第二版前言

《材料力学解题指导》自 2014 年出版以来，受到广大教师和学生的欢迎和认可。随着社会和科技的不断发展进步，有必要对书中内容进行调整更新。本书根据读者的建议作了一些调整：纠正第一版的错误，去掉重复和烦琐的习题，补充综合性较强的习题；在保持逻辑严谨、题型丰富和知识点覆盖全面的同时，扩展了习题的深度和广度，为学生提供更系统的训练。本书可与主教材《材料力学》(第二版)（季顺迎主编，科学出版社）配套使用，也可作为材料力学课程的学习辅导与考研参考书单独使用。

为更好地运用线上线下混合式教学模式提高教学效果，大连理工大学“材料力学”课程 2017 年在中国大学 MOOC 网上线，被评选为国家精品在线开放课程。本书部分精选习题配有解答视频，读者可上网观看学习。

为检验学习效果，本次再版扩充了书中附录部分的期末考试模拟试卷和考研模拟试卷，以反映和体现最新的考核标准。

由于编者水平有限，疏漏在所难免，恳请专家、读者指正。

编　者

2020 年 3 月

第一版前言

本书根据教育部工科力学课程教学指导委员会制定的“材料力学课程教学基本要求”编写，作为辅助参考书与《材料力学》教材配套使用。全书共15章，内容包括材料力学基本概念、轴向拉伸和压缩、剪切、扭转、弯曲内力、弯曲应力、弯曲变形、应力状态与强度理论、组合变形、压杆稳定、能量法、静不定结构、动载荷、疲劳，以及截面图形的几何性质等，适用于多学时材料力学课程的学习。

书中每章包括三部分内容：重点内容概要、典型例题和习题选解。此外，书后附有期末考试模拟试题、考研模拟试题及解答。书中的题目根据材料力学课程要求精选而成，形式多样，既有难度不同的计算题，也有判断题、选择题、推导证明题和论证题等，基本涵盖了材料力学课程的各项内容，其中题号注有(＊)者为综合性内容，注有(＊＊)者为扩充性内容。书中除了给出解题的全过程外，还对解题思路和结果进行讨论，希望能起到触类旁通、举一反三的作用，以满足学生考研、力学竞赛等要求及掌握材料力学原理和方法的进一步需求。

全书由马红艳主编，参加本书编写工作的有马红艳、季顺迎、毕祥军、张昭、王博和马国军。此外，王守新、关东媛等同志也参加了本书的编写讨论，提出了许多建设性意见，在此深表感谢。

本书得到大连理工大学教务处教材出版基金的资助，也得到大连理工大学运载工程与力学学部、工程力学系的大力支持。李锋老师对本书的编写给予了悉心的指导，并审阅了全部书稿，在此表示诚挚的感谢。

由于编者水平有限，疏漏和不足在所难免，恳请读者指正。

编　者

2013年12月

目　录

第1章　材料力学基本概念

1.1　重点内容概要

1. 材料力学的任务

材料力学的任务是研究构件的强度、刚度和稳定性条件，为经济合理地设计杆件提供基本理论和方法。

2. 材料力学的基本假设

材料力学的研究对象主要是等直杆件，其材料一般是处于线弹性状态下的可变形固体，为简化分析和计算，且得到满足精度要求的结果，假设材料是连续的、均匀的和各向同性的，且变形和杆件原始尺寸相比是微小的。

3. 外力模型

外力模型有集中力、分布力、集中力偶、分布力偶等。使物体产生明显加速度的载荷称为动载荷。

4. 内力

因外力作用引起的构件内部各部分之间固有内力的改变量称为内力。不同截面上的内力数值与方向各不相同，内力是连续分布的，通常计算杆件横截面上的内力坐标分量，简称内力，即轴力 F_N，剪力 F_{Sy}、F_{Sz}，扭矩 T，弯矩 M_y、M_z。它们均为代数量。

5. 截面法

将杆件假想截成两部分，利用其中一部分的平衡方程计算出截面上的内力，这种方法称为截面法。它是材料力学中分析内力的基本方法。用截面法求内力，可以将一个截面上的内力理解为截面两侧一部分对另一部分的作用力。

6. 应力

截面一点处的内力集度称为应力，应力为矢量。从量纲上看应力可理解成单位面积上的内力。应力的常用单位为 MPa，$1\text{MPa}=10^6\text{N/m}^2$。

实际计算中常用正应力 σ 和切应力(又称剪应力)τ。正应力 σ 是截面的法向应力，切应力 τ 是截面的切向应力，均为代数量。规定正应力以离开截面为正(拉伸)，指向截面为负。平面问题中，对研究对象内任一点呈顺时针力矩的切应力规定为正，逆时针的为负。

应力是强度计算的基本参数，计算中应注意是哪个截面上、哪个点的应力，不应只记计算公式。

7. 位移

线位移——构件内一点空间坐标位置的改变量，矢量。

角位移——构件内一条线段或一个平面的空间方位的改变量，矢量。

材料力学问题中，位移通常用其坐标分量表述，此时为代数量。

8. 变形、应变

构件的尺寸改变和形状改变称为变形。变形是引起位移的原因，某些情况下位移量又可反映变形的程度。因此位移和变形计算是材料力学的基本内容之一。

一点处的变形用应变描述，分为线应变和切应变。

线应变 ε——构件内一点处在某个方向上单位长度的尺寸变化量，为代数量，规定伸长为正，缩短为负，无量纲。线应变又称正应变。

切应变 γ——构件一点处在指定平面内两垂直线段的直角改变量，为代数量，无量纲，计算时一般用弧度(rad)表示。切应变又称剪应变。

1.2 典型例题

例 1-1 判断是非。图 1-1 中 AB 杆受到外力 F 作用后产生变形，因此在求 A 端的约束反力时只能按其变形后的尺寸计算，而不能用变形前尺寸计算。

答 错。材料力学研究小变形问题，变形量一般不超过杆件尺寸的千分之一，按杆件原始尺寸计算 A 端的约束力可使计算简化，且具有足够的精度，所以不必考虑其变形量带来的影响。在材料力学问题中，研究构件的平衡时一般都可按构件的原始尺寸计算。

例 1-2 判断是非。为了使分析图 1-2(a)的受力与变形过程简化，可用其合力 F_R 代替均布载荷 q 的作用，如图 1-2(b)所示。

答 错。静力等效是对刚体而言的，用于变形体时只有在求约束力时成立，求其他问题如求内力和变形时不再成立，因此解材料力学问题时，不能随意改变力的作用方式和作用点位置，刚体静力学中的一些原理如力线平移定理、力偶在其作用面内可任意移动转动等原理要慎用。

例 1-3 判断是非。用截面法计算图 1-3(a)所示杆 B 截面的内力时，取右半 BC 段作研究对象时可得 $F_N=F$，见图 1-3(b)，而取左半 AB 段研究时则因其上没有载荷作用，见图 1-3(c)，所以无内力。

答 错。外力包括载荷和约束力，研究平衡问题时它们都参与平衡方程，题中研究左半 AB 段的平衡不考虑 A 端约束力是不正确的。正确结果是不论取左半段还是取右半段计算，B 截面的内力都是 $F_N=F$。

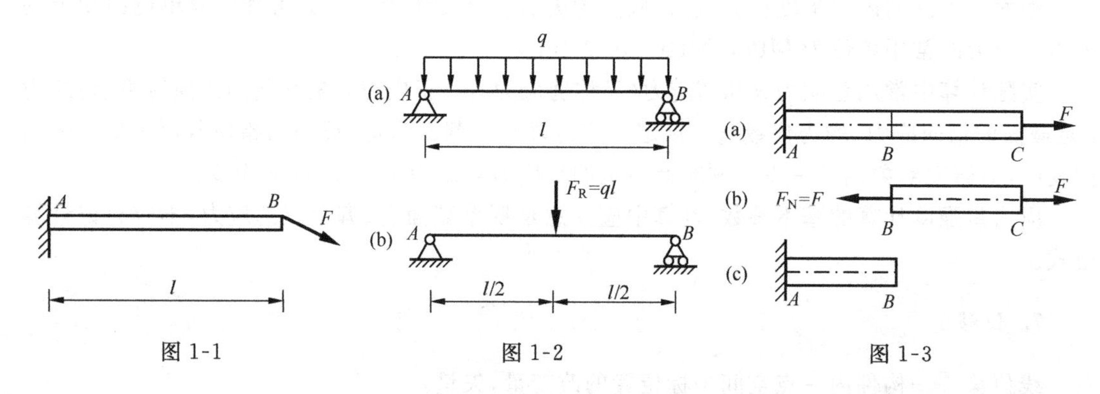

图 1-1　　图 1-2　　图 1-3

例 1-4　选择题。图 1-4 中虚线表示微元体变形后的形状，则 A 点的切应变为________。

A. 2°；　　　　　　B. 88°；

C. 0.0349rad；　　　D. $\left(\frac{\pi}{2}-0.0349\right)$ rad。

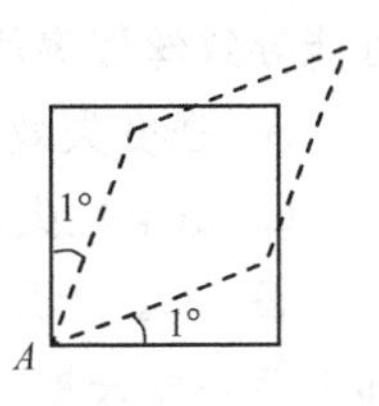

图 1-4

答　C。切应变为直角改变量，且用弧度表示，A 点的直角减少了 2°，即 0.0349rad，因此 C 是正确的。

1.3　习题选解

1-1　判断是非。

(1) 在杆件的某一截面上，正应力方向一定互相平行；

(2) 在杆件的某一截面上，切应力方向一定互相平行。

答　(1)正确。正应力的方向必与该截面的法线方向平行。(2)错误。切应力作用在该截面内，虽然位于同一平面内，但方向却不一定平行。

1-2　选择题。当力偶 M_0 在梁 AB 上任意移动时(图 1-5)，梁的________。

A. 约束力不变，B 端位移变化；

B. 约束力和 B 端位移都不变；

C. 约束力变化，B 端位移不变；

D. 约束力和 B 端位移都变化。

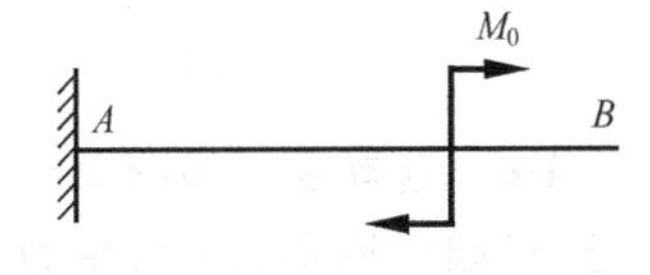

图 1-5

答　A。A 端约束力只存在约束力偶，约束力偶矩数值等于 M_0，与外力偶 M_0 的位置无关。B 端位移包括线位移和角位移，它们都与外力偶 M_0 作用位置有关，所以 M_0 移动时 B 端位移变化。

1-3　选择题。两根尺寸相同的杆件材料分别为铸铁和低碳钢，在轴向拉力作用下铸铁制成的杆件先被拉断，说明两种材料的________不同。

A. 强度；　　　　　**B.** 刚度；

C. 稳定性；　　　　**D.** 内力分布。

答　**A**。杆件被拉断时是危险截面危险点应力达到了极限值，属于强度失效。

1-4　选择题。机械加工时，车床的卡盘夹紧工件，工件随卡盘一起转动，在车刀切削力的作用下，工件会发生弯曲变形，影响加工精度，如图 1-6(**a**)所示，这属于________。

A. 强度问题；　　　**B.** 刚度问题；

C. 稳定性问题；　　**D.** 车床质量问题。

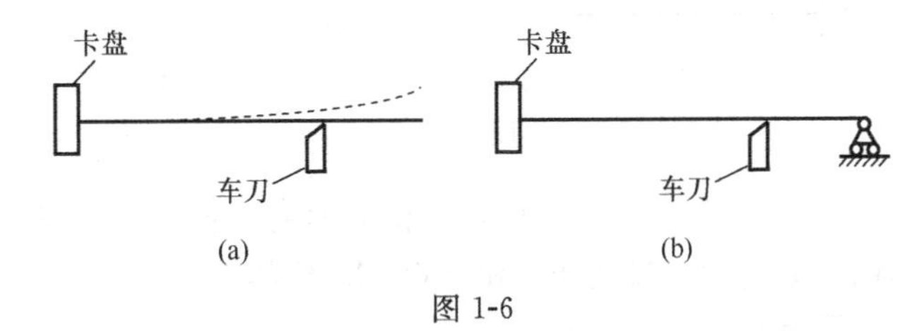

图 1-6

答　**B**。工件在切削力的作用下发生弯曲变形，加工出来的工件尺寸不均匀，这属于刚度问题，可以在杆端加约束，减小变形，提高加工精度，如图 1-6(**b**)所示。

1-5　选择题。修理汽车时，如果千斤顶丝杠[图 1-7(a)]伸出长度太长，或汽车重量太大，可能导致丝杠突然变弯，向一切倾倒，这属于________。

A. 强度失效；　　　　B. 刚度失效；

C. 稳定性失效；　　　D. 千斤顶质量差。

答　C。千斤顶可以简化成受压杆件[图 1-7(b)]，丝杠伸出长度过大，或承受压力过大，都可能导致失稳。

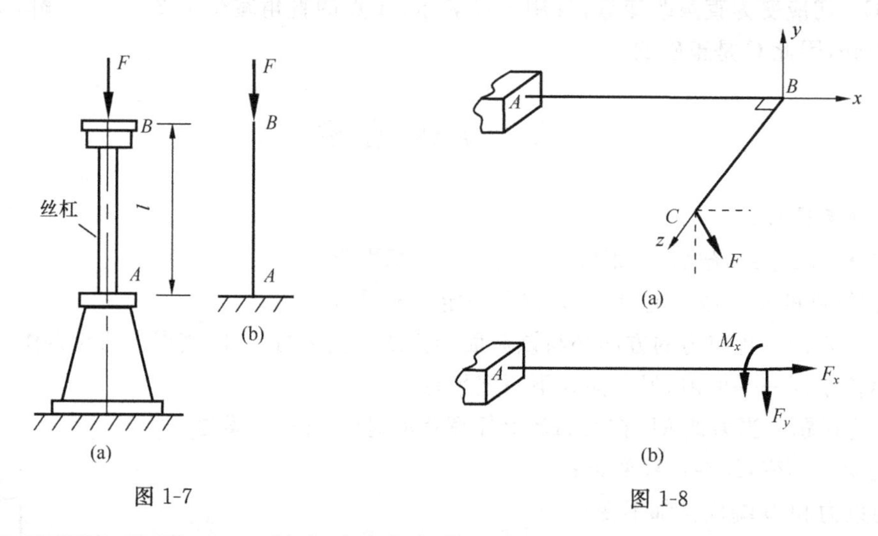

图 1-7　　　　图 1-8

1-6　选择题。如图 1-8(a)所示，直角折杆位于水平面内，AB 段与 BC 段相互垂直。A 端固定，C 端受铅垂面内集中力 F 作用，则 AB 段发生的变形为________。

A. 拉伸＋弯曲；　　　B. 扭转＋弯曲；

C. 扭转＋拉伸；　　　D. 拉伸＋弯曲＋扭转。

答　D。将力 F 向 B 端等效，AB 杆的受力有轴向力、横向力和附加力偶，如图 1-8(b)所示，所以 AB 杆发生的变形形式为拉伸、弯曲和扭转。

1-7　平面刚架如图 1-9(a)所示，求其 AB 段任一截面上的内力大小。

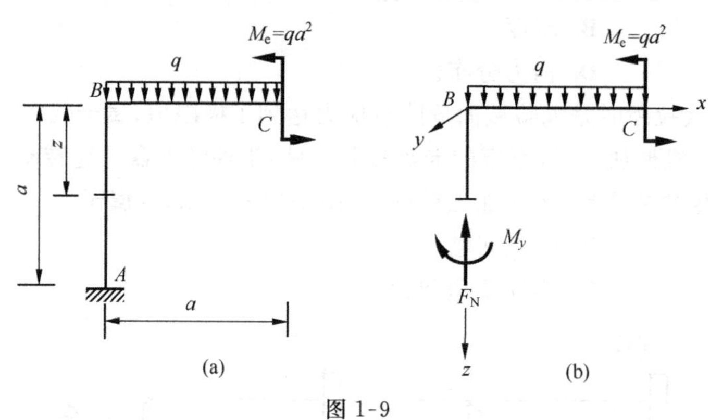

图 1-9

解　建立坐标系如图 1-9(b)所示，AB 段任一横截面的位置可用 z 表示，考虑该截面上方部分的平衡，z 截面的内力分量只有轴力 F_N 和弯矩 M_y 不为零。

$$\sum F_z = 0,\quad -F_N + qa = 0,\quad F_N = qa(\text{压})$$

$$\sum M_y = 0,\quad -M_y - \frac{1}{2}qa^2 + M_e = 0,\quad M_y = \frac{1}{2}qa^2$$

F_N 和 M_y 的结果均为正值，表示它们的实际方向或转向都与图中所设相同。

1-8 减振机构如图 1-10(a)所示，若已知刚臂向下位移了 0.01mm，试求橡皮的平均切应变。

解 图 1-10(b)所示，橡皮的平均切应变

$$\gamma \approx \tan\gamma = \frac{0.01}{5} = 0.002$$

此题应用了小变形假设。

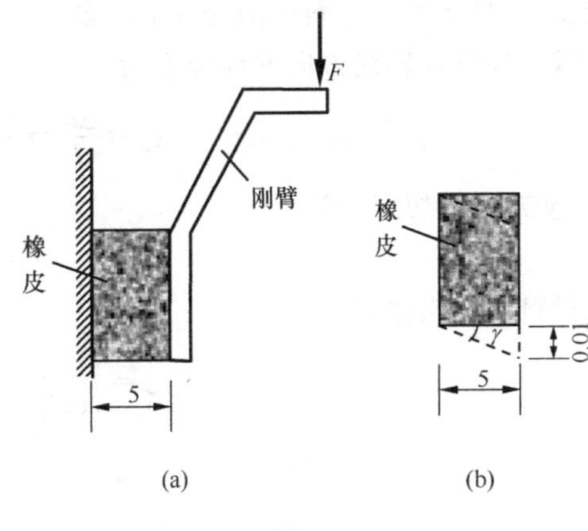

图 1-10

1-9 混凝土圆柱受压破坏，破坏前轴向平均线应变为 -1200×10^{-6}，若该圆柱原高为 400mm，求破坏前它缩短了多少？

解 此题 $l=400\text{mm}$，$\varepsilon=-1200\times10^{-6}$。

由 $\varepsilon=\dfrac{\Delta l}{l}$，得

$$\Delta l=\varepsilon l=-1200\times10^{-6}\times400=-0.48(\text{mm})$$

即破坏前圆柱缩短了 0.48mm。

1-10 薄圆环的平均直径为 D，变形后的平均直径增加了 ΔD，如图 1-11 所示，试证明该圆环沿圆周方向的平均线应变 $\varepsilon=\dfrac{\Delta D}{D}$。

证明 圆环沿圆周方向的平均线应变可用其周长的平均线应变表示。

$$\varepsilon=\frac{\pi(D+\Delta D)-\pi D}{\pi D}=\frac{\Delta D}{D}$$

证毕。

1-11 图 1-12 所示的均质矩形薄板 A 点在 AB、AC 面上的平均切应变为 $\gamma=1000\times10^{-6}$，虚线表示变形后的形状，试求 B 点的水平线位移是多少？

解 $BB'=AB\cdot\tan\gamma\approx AB\cdot\gamma=10\times1000\times10^{-6}=0.01(\text{mm})$

1-12 图 1-13 所示的三角形薄板 ABC 受力变形后，B 点垂直向上位移 0.03mm，AB、AC 仍保持为直线(虚线)。试求沿 OB 的平均线应变及 B 点沿 AB、BC 的切应变。

解 OB 的平均线应变 ε 为

$$\varepsilon=\frac{BB'}{OB}=\frac{0.03}{120}=2.5\times10^{-4}$$

$\angle BAC$ 的改变量 θ 为

$$\theta=\frac{BB'\cos45^\circ}{AB}=\frac{BB'\cos45^\circ}{AC\cos45^\circ}=\frac{BB'}{AC}=\frac{0.03}{240}=1.25\times10^{-4}(\text{rad})$$

B 点所求的切应变 γ 为

$$\gamma=2\theta=2\times1.25\times10^{-4}=2.5\times10^{-4}(\text{rad})$$

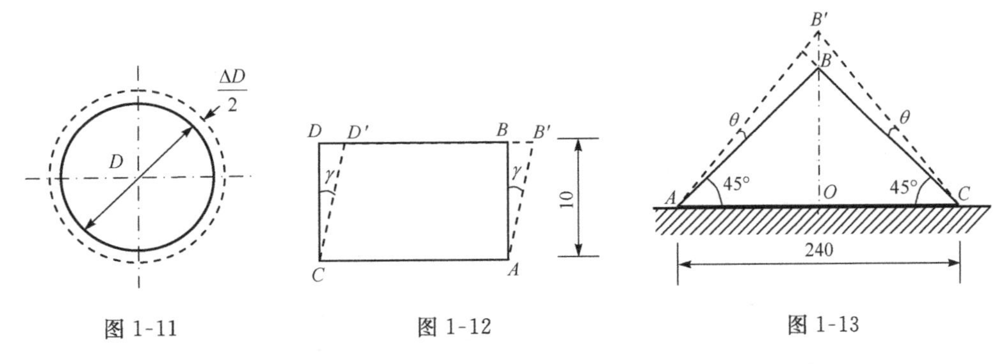

图 1-11　　图 1-12　　图 1-13

1-13 如图 1-14 所示杆件，拉伸时其侧表面上的一个直径为 1mm 小圆变形后成了一个椭圆形，长轴为 1.02mm，短轴为 0.995mm，则杆件在轴线方向的线应变 ε_x 是多少？xy 方向的切应变 γ_{xy} 是多少？材料的泊松比 ν 是多少？

解 杆件在轴线方向的线应变为

$$\varepsilon_x=\frac{\Delta d}{d}=\frac{1.02-1}{1}=0.02$$

xy 方向的切应变为

$$\gamma_{xy}=\Delta\angle xOy=0$$

材料的泊松比为

$$\nu=\left|\frac{\varepsilon_y}{\varepsilon_x}\right|=\frac{0.005}{0.02}=0.25$$

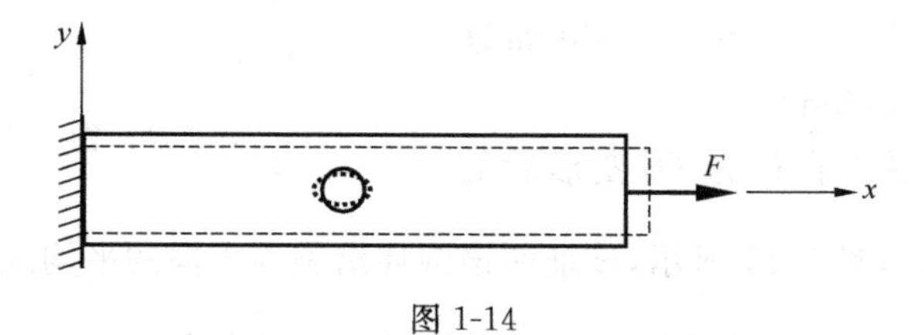

图 1-14

第 2 章　轴向拉伸和压缩

2.1　重点内容概要

本章研究拉(压)杆件的受力情况,同时引出了内力、应力、变形以及强度条件、材料的力学性能等一系列主要概念,这些概念不仅与本章所研究的问题有关,也是以后各章研究构件发生其他变形的基础。

1. 轴向拉(压)杆的内力

轴向拉(压)杆的轴向内力称为轴力。当轴力的方向与截面外法线方向一致时为正,反之为负。求轴力采用截面法。

2. 应力的概念

(1) 截面上一点的应力。截面上任一点单位面积上分布的内力(内力集度)称为该点的应力,即

$$p=\lim_{\Delta A\to 0}\frac{\Delta F}{\Delta A}=\frac{\mathrm{d}F}{\mathrm{d}A}$$

一点处的应力可分解为两个应力分量:垂直于截面的分量为正应力 σ;与截面相切的分量为切应力 τ。

(2) 横截面上的正应力。根据平面假设,轴向拉(压)杆任意两横截面间的纵向纤维变形均相同,受力也相同,故各点的正应力均相等。

$$\sigma=\frac{F_{\mathrm{N}}}{A}$$

(3) 斜截面上的应力。与横截面夹角为 α 的斜截面上的应力为

$$\begin{cases}\sigma_\alpha=\sigma\cos^2\alpha\\ \tau_\alpha=\dfrac{\sigma}{2}\sin2\alpha\end{cases}$$

3. 轴向拉压杆的强度计算

等截面直杆轴向拉(压)时的强度条件为

$$\sigma_{\max}=\frac{F_{\mathrm{Nmax}}}{A}\leqslant[\sigma]$$

其中

$$[\sigma]=\frac{\sigma_{\mathrm{u}}}{n}$$

强度计算一般有三类问题。

(1) 强度校核。已知外力 F,杆件横截面面积 A,材料许用应力$[\sigma]$,校核该杆件是否安全。

(2) 设计截面。已知外力 F,材料许用应力$[\sigma]$,设计杆件截面:$A\geqslant\dfrac{F_{\mathrm{Nmax}}}{[\sigma]}$。

(3) 确定许用载荷。已知杆件横截面面积 A,材料许用应用$[\sigma]$,求所能承受的最大外力。一般先求出许用轴力 $F_{Nmax} \leqslant A[\sigma]$,再确定许用载荷。

4. 轴向拉(压)杆的变形计算

轴向拉(压)杆的轴向线应变:$\varepsilon=\dfrac{\Delta l}{l}$。

轴向拉(压)杆的横向线应变:$\varepsilon'=\dfrac{\Delta d}{d}$。

泊松比:$\nu=\left|\dfrac{\varepsilon'}{\varepsilon}\right|$。

胡克定律:在弹性范围内应力和应变成正比,比例常数为弹性模量 E,即 $E=\dfrac{\sigma}{\varepsilon}$。

轴向拉(压)杆的变形利用胡克定律求得:$\Delta l=\dfrac{F_N l}{EA}$。

5. 材料在拉伸、压缩时的力学性能

重点掌握低碳钢在常温、静载拉伸试验中以 $\sigma=\dfrac{F}{A}$为纵坐标,以 $\varepsilon=\dfrac{\Delta l}{l}$为横坐标得到的 σ-ε 曲线。

(1) 变形的四个阶段:弹性阶段、屈服阶段、强化阶段、颈缩阶段。

(2) 三个强度指标:比例极限 σ_p、屈服极限 σ_s 或 $\sigma_{0.2}$(塑性材料)、抗拉强度极限 σ_b(抗压强度极限 σ_{bc})(脆性材料)。

(3) 一个弹性指标:材料的弹性模量 $E=\dfrac{\sigma}{\varepsilon}$。

(4) 两个塑性指标。

断后伸长率:$\delta=\dfrac{l_1-l}{l}\times 100\%$。

截面收缩率:$\psi=\dfrac{A-A_1}{A}\times 100\%$。

两类工程材料:塑性材料 $\delta \geqslant 5\%$,脆性材料 $\delta < 5\%$。

(5) 卸载定律、冷作硬化、冷拉时效。

6. 轴向拉压超静定问题

未知力的数目大于静力平衡方程的数目,即根据平衡条件不能求出全部未知力,这类问题称为超静定问题。超静定结构的特点是结构内部或外部存在多余约束。多余约束的数目称为超静定次数。按静力、几何、物理三方面的关系求解超静定问题。

2.2 典型例题

例 2-1 判断是非。拉压杆内不存在切应力。

答 错。拉压杆横截面上只存在正应力,不存在切应力,但斜截面上通常都存在切应力。

例 2-2 判断下面计算是否正确:一钢质杆的弹性模量为 $E=200\text{GPa}$,比例极限为 $\sigma_P=$

200MPa，当轴向线应变为 $\varepsilon=0.002$ 时，其横截面上的正应力为 $\sigma=E\varepsilon=200\times10^{9}\times0.002=400\text{MPa}$。

答 错。单从计算结果 $\sigma=400\text{MPa}$ 看，应力就已经超过了材料的比例极限 $\sigma_P=200\text{MPa}$，此时胡克定律已不适用。若从轴向线应变的角度考虑，可用胡克定律计算的应变值上限为 $\varepsilon\leqslant\frac{\sigma_P}{E}=\frac{200\times10^{6}}{200\times10^{9}}\approx0.001$。此题给出的线应变 0.002 已超过了这个范围，因此不能用胡克定律计算。

例 2-3 判断下面说法是否正确：由胡克定律 $\Delta l=\frac{F_N l}{EA}$ 可得 $E=\frac{F_N l}{A\cdot\Delta l}$，所以材料的弹性模量 E 与拉压杆的轴力成正比，与横截面面积成反比。

答 错。弹性模量 E 是材料的一个弹性常数，反映材料的弹性性质，而与题目中所述各参数无关。

例 2-4 判断下面说法是否正确：滑移线是切应力造成的。

答 错。滑移线是由最大切应力造成的。

例 2-5 判断下面说法是否正确：图 2-1(a)所示结构中，很容易判断出杆 2 是零杆，因此无变形，节点 A 只产生竖向线位移而不产生水平线位移。

答 错。结构受力变形除应满足力的平衡条件外，还应满足变形协调条件，二者缺一不可。如果节点 A 只有竖向线位移，如设位移到 A'' 点，不难看出，1、2 两杆都要发生伸长变形，这与杆 2 无变形是矛盾的，因此 A 点不可能只产生竖向线位移而不产生水平线位移。A 点位移后的位置可由以下方法确定，如图 2-1(b)所示，过 A 点作杆 2 垂线，过 A'' 点作杆 1 垂线，此二垂线交点 A' 即为 A 点位移后的大致位置。显然 A 点不仅有竖向线位移，而且有水平线位移。

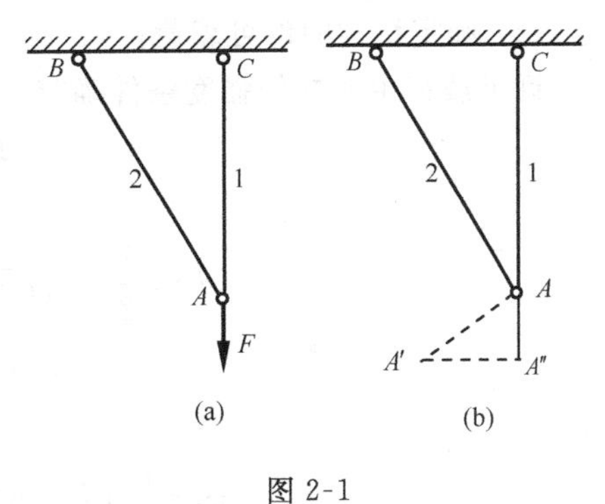

图 2-1

例 2-6 选择题。圆截面低碳钢试件接近拉断时，标距由 100mm 变为 130mm，伸长 30mm，颈缩处直径由 10mm 变为 7mm，减少 3mm，其泊松比________。

A. $\nu=\frac{\varepsilon'}{\varepsilon}=\frac{-3/10}{30/100}=-1$；　　B. $\nu=\left|\frac{\varepsilon'}{\varepsilon}\right|=\frac{3/10}{30/100}=1$；

C. $\nu=\left|\frac{\varepsilon'}{\varepsilon}\right|=\frac{3/7}{30/130}=1.86$；　　D. 不能用上述数据得出。

答 D。泊松比是材料的一个弹性常数，钢试件接近拉断时已远远超过了弹性阶段，因此所给数据不能用来计算泊松比。

例 2-7 选择题。圆管在线弹性范围内轴向拉伸变形，其________。

A. 外直径减少，壁厚不变；　　B. 外直径不变，壁厚减少；

C. 外直径减少，壁厚也减少；　　D. 外直径减少，壁厚增大。

答 C。直杆拉伸变形时，横向尺寸减小，外直径和壁厚都是横向尺寸，自然都减小。

例 2-8 选择题。加载前，用两组正交平行线在试件表面画上斜网格如图 2-2 所示，在均布载荷作用下试件产生弹性变形，下述变形规律不正确的是________。

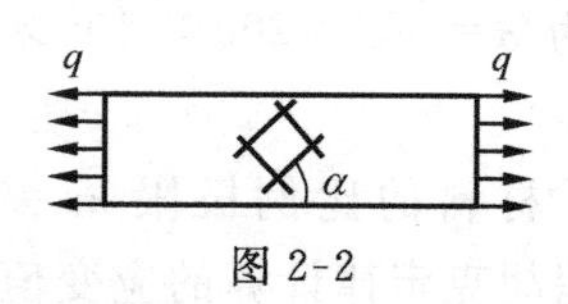

图 2-2

A. 原平行线仍然平行；　　B. 斜直线的 α 角不变；
C. 斜直线的 α 角减小；　　D. 平行线的间距改变。

答　B。拉杆在发生伸长变形时，斜截面上不仅存在正应力而且存在切应力，切应力引起斜截面发生错动，所以斜直线的 α 角变小。

例 2-9　图 2-3(a)所示简易起重机架结构中，AB 杆和 AC 杆的横截面积分别为 $A_1=200\text{mm}^2$，$A_2=173.2\text{mm}^2$，材料的许用应力分别为 $[\sigma]_1=160\text{MPa}$，$[\sigma]_2=100\text{MPa}$。求此结构的许可载荷值。

解　(1) 各杆内力计算。

AB、AC 两杆均为二力杆，内力只有轴力，可先假设为拉力，如图 2-3(b)所示。

$$\sum F_y=0$$

$$-F_{N2}\sin 30^\circ-F\cos 30^\circ=0$$

$$F_{N2}=-\sqrt{3}F$$

$$\sum F_x=0$$

$$-F_{N1}-F_{N2}\cos 30^\circ+F\sin 30^\circ=0$$

$$F_{N1}=2F$$

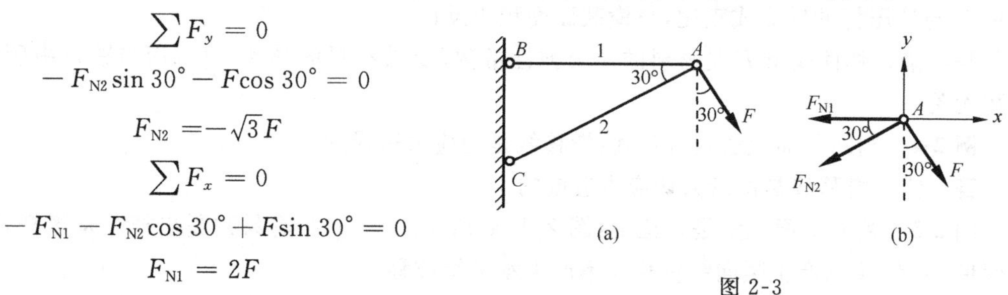

图 2-3

(2) 确定结构的许可载荷。

许可载荷由两杆的强度条件确定。

$$\frac{F_{N1}}{A_1}=\frac{2F}{A_1}\leqslant[\sigma]_1$$

$$F\leqslant\frac{1}{2}A_1\ [\sigma]_1=\frac{1}{2}\times 200\times 160=16(\text{kN})$$

$$\frac{F_{N2}}{A_2}=\frac{\sqrt{3}F}{A_2}\leqslant[\sigma]_2$$

$$F\leqslant\frac{1}{\sqrt{3}}A_2\ [\sigma]_2=\frac{1}{\sqrt{3}}\times 173.2\times 100=10(\text{kN})$$

所以，此结构许可载荷为 $[F]=10\text{kN}$。

例 2-10　均质等直杆重量为 W，横截面面积为 A，材料的弹性模量为 E，水平长度为 l，求竖放时(图 2-4)它的高度为多少？

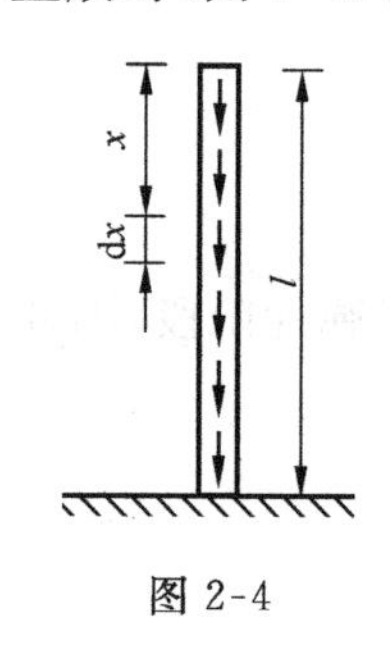

图 2-4

解　竖放时杆在自重作用下将缩短。

x 截面的轴力　$F_N=\dfrac{x}{l}W$(压力)

微段 dx 在轴力 F_N 作用下的缩短量为

$$d(\Delta l)=\frac{F_N dx}{EA}=\frac{Wx}{lEA}dx$$

总缩短量为　$$\Delta l=\int_0^l\frac{F_N dx}{EA}=\frac{Wl}{2EA}$$

此杆竖放时的高度为　$l'=l-\Delta l=l\left(1-\dfrac{W}{2EA}\right)$

例 2-11　图 2-5(a)所示薄壁圆筒内径 $d=150\text{mm}$，壁厚为 $\delta=3\text{mm}$，受压力 $p=3\text{MPa}$ 作用，材料的弹性模量 $E=200\text{GPa}$。试求其周向拉应力和平均直径的变化。

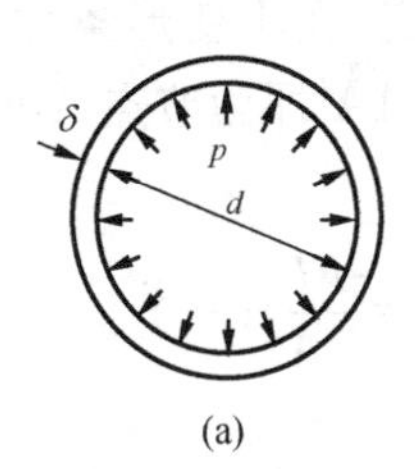

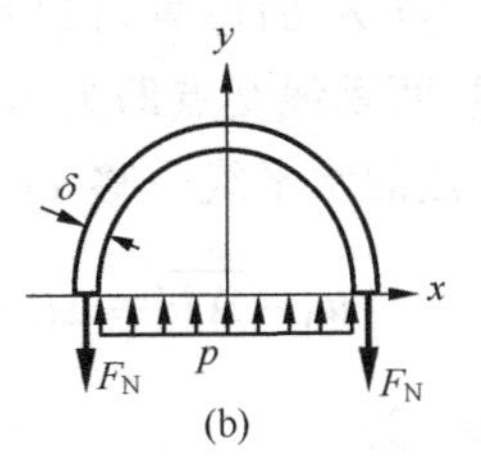

图 2-5

解　(1) 内力计算。

截面法:取上半部分为研究对象,如图 2-5(b) 所示,由对称性,自然满足 $\sum F_x = 0$,研究对象沿轴向取单位长度 1。

$$\sum F_y = 0,\quad pd \times 1 - 2F_N = 0,\quad F_N = \frac{pd}{2}$$

(2) 应力计算。

$$\sigma = \frac{F_N}{A} = \frac{pd}{2\delta \times 1} = \frac{3 \times 10^6 \times 150 \times 10^{-3}}{2 \times 3 \times 10^{-3}} = 75(\text{MPa})$$

(3) 变形计算。

$$\Delta l = \varepsilon l = \frac{\sigma}{E} \cdot \pi d$$

$$\Delta l = \pi d_1 - \pi d = \pi \cdot \Delta d$$

$$\Delta d = \frac{\sigma}{E} \cdot d = \frac{75}{200 \times 10^3} \times 150 = 5.63 \times 10^{-2}(\text{mm})$$

例 2-12　图 2-6(a)所示结构中 AB、AC 两杆材料相同,弹性模量为 E,横截面面积为 A,AB 杆长为 l,AC 杆长为 $2l$,求在载荷 F 作用下节点 A 的线位移。

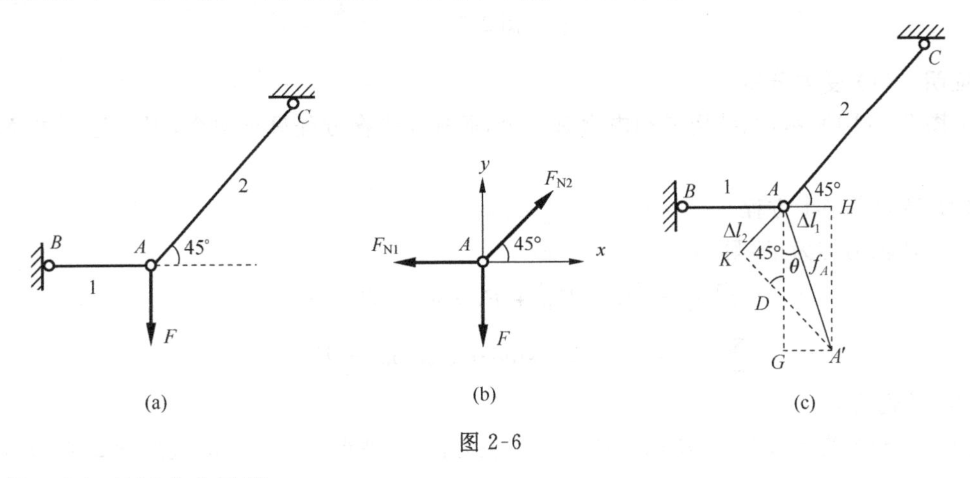

图 2-6

解　(1) 各杆内力计算。

AB、AC 两杆均为二力杆,内力只有轴力,可先假设为拉力,如图 2-6(b)所示。

$$\sum F_y = 0,\quad F_{N2}\sin 45° - F = 0,\qquad F_{N2} = \sqrt{2}F$$

$$\sum F_x = 0,\quad -F_{N1} + F_{N2}\cos 45° = 0,\quad F_{N1} = F$$

(2) A 点位移计算。

由于两杆轴力均为拉力,所以变形均为伸长。设 AB 杆伸长为 Δl_1,AC 杆伸长为 Δl_2,见

图 2-6(c)。变形后两杆节点 A' 的位置可以这样确定：在小变形条件下，过 H 点作 AB 杆垂线，过 K 点作 AC 杆垂线，两垂线交点即为 A'，向量 AA' 即为节点 A 的线位移。

由图 2-6(c)可知，A 点的水平线位移 u_A 为

$$u_A=\overline{AH}=\Delta l_1=\frac{F_{N1}l_1}{E_1A_1}=\frac{Fl}{EA}\ (\rightarrow)$$

A 点的竖直线位移 w_A 为

$$w_A=\overline{AD}+\overline{DG}=\frac{\Delta l_2}{\sin 45^\circ}+\Delta l_1\cdot\cot 45^\circ=\frac{F_{N2}l_2}{E_2A_2\sin 45^\circ}+\frac{F_{N1}l_1}{E_1A_1}\cot 45^\circ=\frac{5Fl}{EA}\ (\downarrow)$$

A 点位移 f_A 为 $\quad f_A=\sqrt{u_A^2+w_A^2}=\sqrt{\left(\frac{Fl}{EA}\right)^2+\left(\frac{5Fl}{EA}\right)^2}=\sqrt{26}\frac{Fl}{EA}=5.10\frac{Fl}{EA}$

位移方向 θ 为 $\quad \theta=\arctan\frac{u_A}{w_A}=\arctan\frac{1}{5}=11.3^\circ$

例 2-13 图 2-7(a)所示平面桁架中，AB、AC、AD 三杆长度均为 l。AC 杆与 AD 杆的拉压刚度相同，且两杆保持相互垂直。试证明，无论 AB 杆的拉伸刚度如何，也不论 AB 杆位置如何，只要载荷 F 作用线与 AB 杆垂直，AB 杆内就无内力。

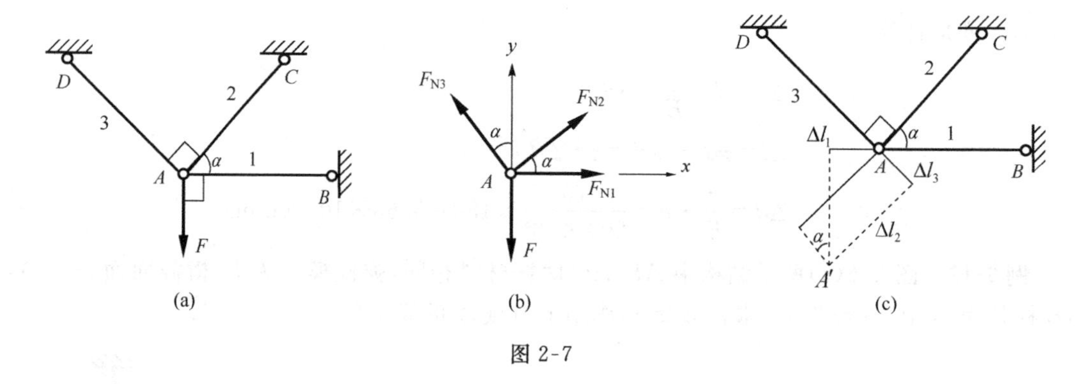

图 2-7

证明 (1) 受力分析。

如图 2-7(b)所示，此结构未知内力有三个，而独立平衡方程只有两个，因此是一次静不定结构。

(2) 静力学平衡方程。

设三杆轴力均为正，则

$$\sum F_x=0,\quad F_{N1}+F_{N2}\cos\alpha-F_{N3}\sin\alpha=0$$

$$\sum F_y=0,\quad F_{N2}\sin\alpha+F_{N3}\cos\alpha-F=0$$

(3) 几何方程。

因三杆轴力均已设为正，所以三杆变形均设为伸长，变形几何关系图应如图 2-7(c)所示。

$$\frac{\Delta l_1}{\cos\alpha}+\Delta l_3\cdot\tan\alpha=\Delta l_2$$

(4) 物理关系。

由胡克定律得各杆变形为

$$\Delta l_1=\frac{F_{N1}l_1}{E_1A_1},\quad \Delta l_2=\frac{F_{N2}l_2}{E_2A_2},\quad \Delta l_3=\frac{F_{N3}l_3}{E_3A_3}$$

由题知 $l_1=l_2=l_3=l, E_2A_2=E_3A_3=\xi E_1A_1$。其中，$\xi=\dfrac{E_2A_2}{E_1A_1}=\dfrac{E_3A_3}{E_1A_1}$为杆 2、3 拉伸刚度与杆 1 拉伸刚度之比。

将物理关系代入几何方程，化简后可得补充方程为

$$\xi F_{N1}+F_{N3}\sin\alpha=F_{N2}\cos\alpha$$

(5) 联立求解。静力学平衡方程与补充方程联立可得 $F_{N1}=0, F_{N2}=F\sin\alpha, F_{N3}=F\cos\alpha$，即证。

讨论：

(1) 内力假设图 2-7(b)与变形假设图 2-7(c)应协调一致；

(2) 证明过程中得到的几何方程分母中有 $\cos\alpha$ 项，对于 $\cos\alpha\to0$ 的情形并不影响计算结果，读者可自行验证。

例 2-14 某低碳钢弹性模量为 $E=200\text{GPa}$，比例极限 $\sigma_P=240\text{MPa}$，拉伸试验横截面正应力达 $\sigma=300\text{MPa}$ 时，测得轴向线应变为 $\varepsilon=0.0035$，此时立刻卸载至 $\sigma=0$，求试件轴向残余应变 ε_P 为多少？

解 如图 2-8 所示，当应力超过比例极限后，在强化阶段应变 ε 包括两部分，其中可以恢复的弹性应变为

$$\varepsilon_e=\frac{\sigma}{E}=\frac{300\times10^6}{200\times10^9}=0.0015$$

不可恢复的塑性应变即残余应变为

$$\varepsilon_P=\varepsilon-\varepsilon_e=0.0035-0.0015=0.002$$

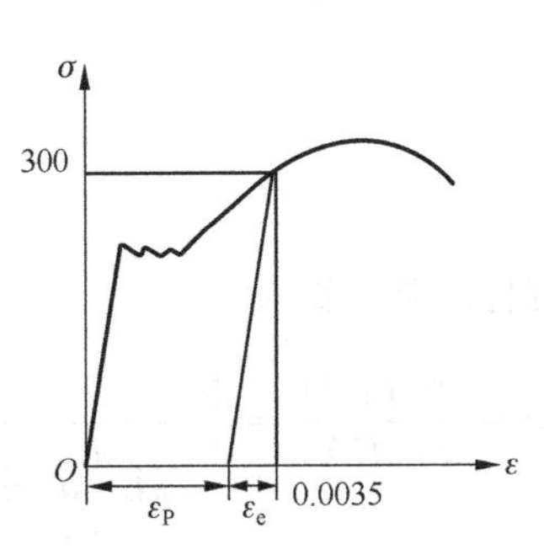

图 2-8

例 2-15 图 2-9(a)所示结构中 AB、AC 均为等直杆，AB 杆长 l，水平放置。铰支座 C 的位置可上下移动。要使两杆横截面应力数值相同，求当 α 角为何值时结构重量最轻？

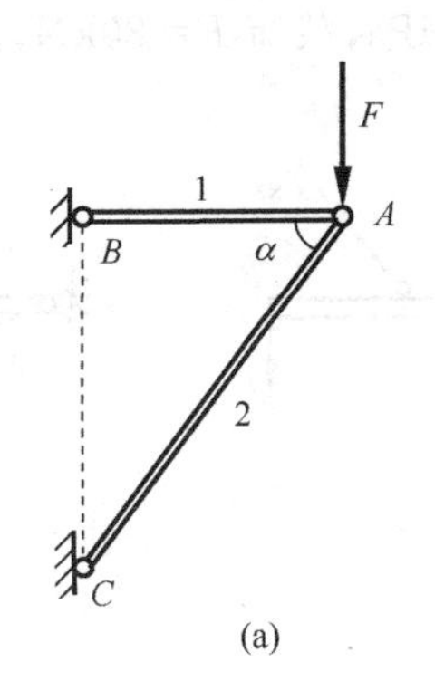

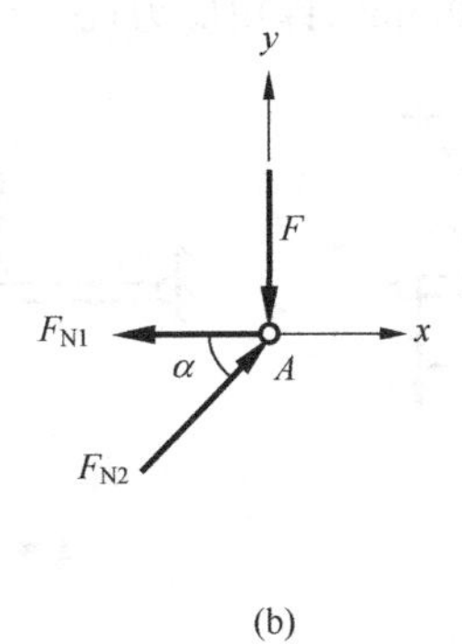

图 2-9

解 取节点 A 为研究对象，受力如图 2-9(b)所示。

$$\sum F_y=0,\quad F_{N2}\sin\alpha-F=0,\qquad F_{N2}=\frac{F}{\sin\alpha}(\text{压})$$

$$\sum F_x=0,\quad -F_{N1}+F_{N2}\cos\alpha=0,\qquad F_{N1}=F\cot\alpha(\text{拉})$$

设两杆横截面应力数值相同，即

$$\sigma=\frac{F_{N1}}{A_1}=\frac{F_{N2}}{A_2}$$

则

$$A_1=\frac{F_{N1}}{\sigma}=\frac{F}{\sigma}\cot\alpha,\quad A_2=\frac{F_{N2}}{\sigma}=\frac{F}{\sigma\sin\alpha}$$

两杆总体积为 $$V=lA_1+\frac{l}{\cos\alpha}A_2=\frac{Fl}{\sigma}\left(\cot\alpha+\frac{1}{\sin\alpha\cdot\cos\alpha}\right)$$

令$\frac{\mathrm{d}V}{\mathrm{d}\alpha}=0$，得 $$\cos^2\alpha=\frac{1}{3},\quad \alpha=54.7°$$

例 2-16 求图 2-10 所示圆截面小锥度直杆在轴向拉力 F 作用下的伸长量，已知材料的弹性模量为 E。

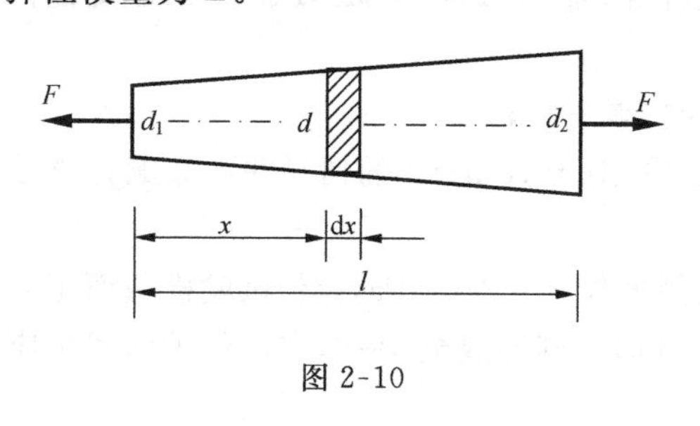

图 2-10

解 选坐标如图 2-10 所示，x 截面直径为

$$d=d_1+\frac{x}{l}(d_2-d_1)$$

横截面积为

$$A=\frac{\pi d^2}{4}=\frac{\pi}{4}\left[d_1+\frac{x}{l}(d_2-d_1)\right]^2$$

小锥度拉杆的变形可用胡克定律计算，图 2-10 中微段 $\mathrm{d}x$ 的伸长为

$$\mathrm{d}(\Delta l)=\frac{F_{\mathrm{N}}\mathrm{d}x}{EA}=\frac{4F\mathrm{d}x}{\pi E\left[d_1+\frac{x}{l}(d_2-d_1)\right]^2}$$

拉杆的总伸长为

$$\Delta l=\int_0^l\frac{F_{\mathrm{N}}\mathrm{d}x}{EA}=\int_0^l\frac{4F\mathrm{d}x}{\pi E\left[d_1+\frac{x}{l}(d_2-d_1)\right]^2}=\frac{4F}{\pi E}\cdot\left.\frac{1}{\frac{d_2-d_1}{l}\left[d_1+\frac{d_2-d_1}{l}x\right]}\right|_0^l=\frac{4Fl}{\pi Ed_1d_2}$$

例 2-17 图 2-11(a)中 AB 为刚性杆，杆 1、2 横截面积为 A，弹性模量 E 完全相同，试求此两杆轴力。若 $A=600\mathrm{mm}^2$，许用应力$[\sigma]=160\mathrm{MPa}$，载荷 $F=80\mathrm{kN}$，试校核强度。

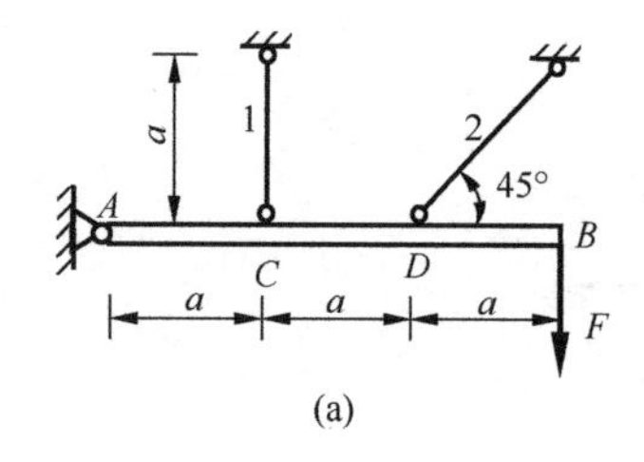

(a)

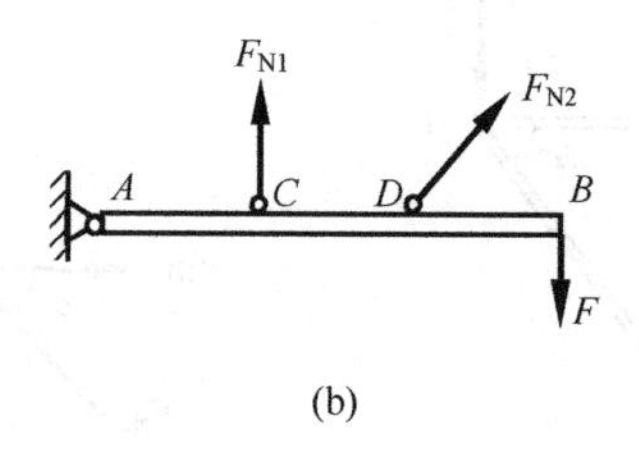

(b)

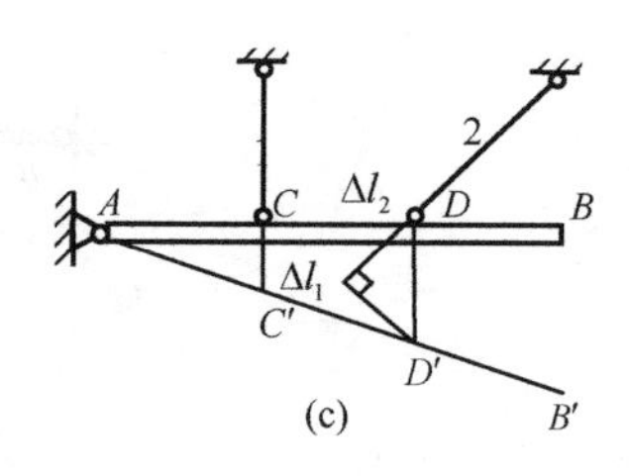

(c)

图 2-11

解 (1) 受力分析。

此题含有四个未知力，只有三个独立平衡方程，属一次静不定。

(2) 平衡方程。

取研究对象如图 2-11(b)所示，设两杆轴力均为正。

$$\sum M_A=0,\quad F_{\mathrm{N1}}\cdot a+F_{\mathrm{N2}}\sin 45°\cdot 2a-F\cdot 3a=0$$

$$F_{\mathrm{N1}}+\sqrt{2}F_{\mathrm{N2}}-3F=0$$

(3) 几何方程。

因两杆轴力都设为正，所以变形均应设伸长，如图 2-11(c)所示。

$$2\Delta l_1=\frac{\Delta l_2}{\cos 45°}$$

(4) 物理方程。

$$\Delta l_1=\frac{F_{N1}a}{EA},\quad \Delta l_2=\frac{\sqrt{2}F_{N2}a}{EA}$$

(5) 将物理方程代入几何方程得补充方程。

$$F_{N1}=F_{N2}$$

(6) 补充方程与静力学平衡方程联立求解得

$$F_{N1}=F_{N2}=\frac{3F}{1+\sqrt{2}}\quad (拉)$$

$$\sigma_1=\sigma_2=\frac{3F}{(1+\sqrt{2})A}=\frac{3\times 80\times 10^3}{(1+\sqrt{2})\times 600\times 10^{-6}}=165.7(\text{MPa})\quad (拉)$$

应力超过[σ]3.6%,不超过5%时仍可认为满足强度条件。

2.3 习题选解

2-1 如图2-12(a)所示,指出阶梯状直杆的危险截面位置、轴力及危险点应力。已知各横截面面积分别为 $A_1=400\text{mm}^2$, $A_2=300\text{mm}^2$, $A_3=150\text{mm}^2$。

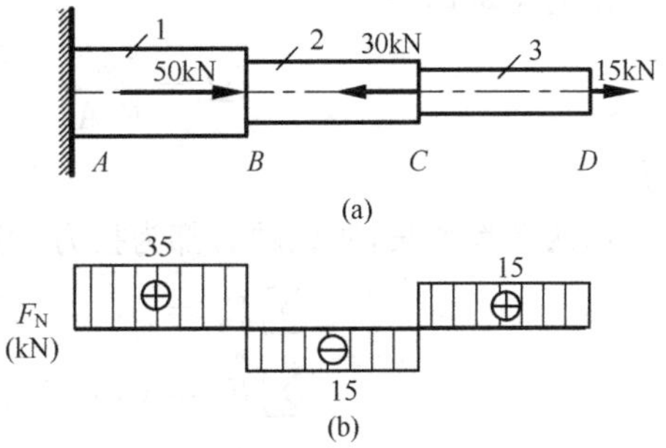

解 (1) 内力分析,作内力图。

$F_{N1}=50-30+15=35(\text{kN})$

$F_{N2}=-30+15=-15(\text{kN})$

$F_{N3}=15\text{kN}$

作轴力图如图2-12(b)所示。对非等直杆,不能由轴力数值判断危险截面位置,需要计算各段应力。

图2-12

(2) 应力计算。

AB段: $$\sigma_1=\frac{F_{N1}}{A_1}=\frac{35\times 10^3}{400}=87.5(\text{MPa})$$

BC段: $$\sigma_2=\frac{F_{N2}}{A_2}=\frac{-15\times 10^3}{300}=-50(\text{MPa})$$

CD段: $$\sigma_3=\frac{F_{N3}}{A_3}=\frac{15\times 10^3}{150}=100(\text{MPa})$$

因此,危险截面为CD段各截面,轴力为15kN(拉),正应力为100MPa(拉)。

2-2 如图2-13(a)所示,钢筋混凝土柱长 $l=4\text{m}$,正方形截面边长 $a=400\text{mm}$,重度 $\gamma=24\text{kN/m}^3$,载荷 $F=20\text{kN}$,考虑自重。试求1-1、2-2截面的轴力并作轴力图。

解 选坐标如图2-13(a)所示。

BC段轴力为

$$F_{N1}=A\gamma x_1=16\times 10^{-2}\times 24x_1=3.84x_1(压)\quad (0\leqslant x_1<1\text{m})$$

沿轴线线性分布。

当 $x_1=1\text{m}$ 时,B截面偏上轴力为

$$F_{NB}^{上}=A\gamma x_1=16\times 10^{-2}\times 24\times 1=3.84(\text{kN})\quad (压)$$

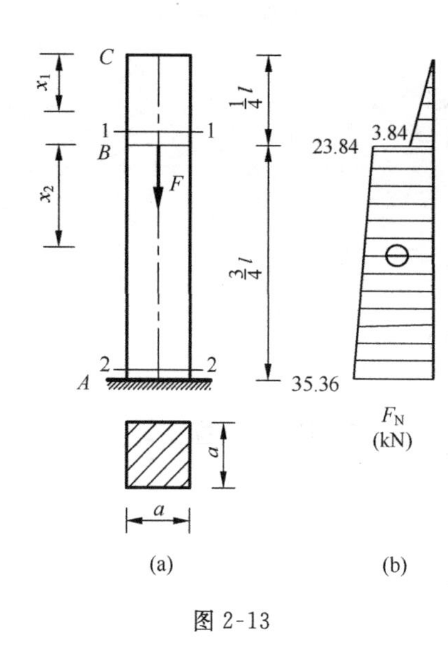

图 2-13

BA 段轴力为

$$F_{N2}=F+A\gamma x_2=F+16\times10^{-2}\times24x_2=20+3.84x_2\text{(压)}$$

$$(1<x_2<4\text{m})$$

沿轴线线性分布。

当 $x_2=1\text{m}$ 时，B 截面偏下轴力为

$$F_{NB}^{下}=20+A\gamma x_2=20+16\times10^{-2}\times24\times1=23.84(\text{kN})\text{(压)}$$

A 截面偏上轴力为

$$F_{NA}^{上}=20+A\gamma x_2=20+16\times10^{-2}\times24\times4=35.36(\text{kN})\text{(压)}$$

作轴力图如图 2-13(b)所示。

2-3 图 2-14(a)所示结构 AB、AC 两杆长度相同，均为 l，拉压刚度分别为 $2EA$ 和 EA，试求当 θ 为何值时，节点 A 在载荷 F 的作用下只产生向右的水平位移？

解 若节点 A 只向右水平位移，则两杆必然都伸长，如图 2-14(b)所示，两杆伸长量之间的关系为

$$\Delta l_1=\Delta l_2\cos60°$$

由胡克定律得

$$\Delta l_1=\frac{F_{N1}l_1}{E_1A_1}=\frac{F_{N1}l}{2EA},\quad \Delta l_2=\frac{F_{N2}l_2}{E_2A_2}=\frac{F_{N2}l}{EA}$$

解得

$$F_{N1}=F_{N2}$$

因两杆都伸长，所以轴力都为拉力，可作点 A 的受力图，如图 2-14(c)所示。

$$\sum F_x=0,\quad -F_{N2}-F_{N1}\cos60°+F\sin\theta=0$$

$$\sum F_y=0,\quad F_{N1}\sin60°-F\cos\theta=0$$

解得

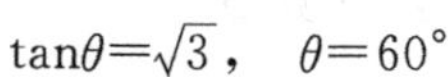

$$\tan\theta=\sqrt{3},\quad \theta=60°$$

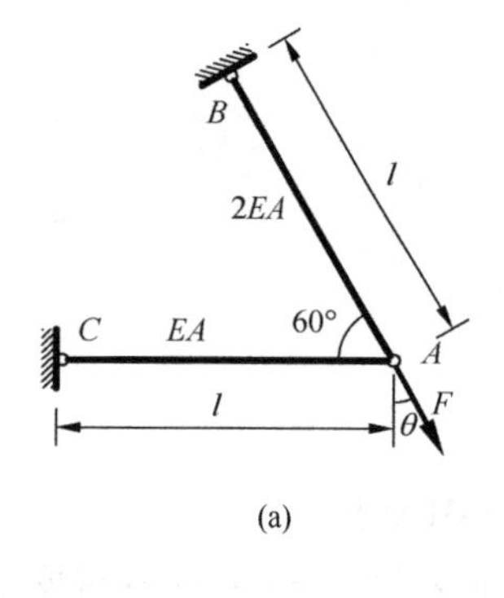

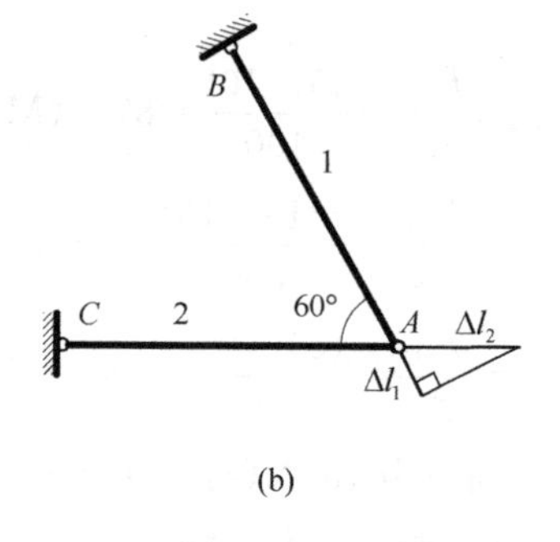

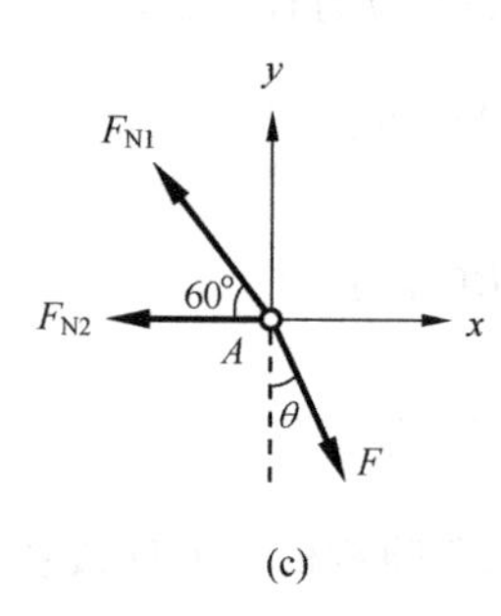

图 2-14

2-4 如图 2-15(a)所示正方形平面桁架中五根杆的拉压刚度相同，均为 EA，杆 1～4 的长度相同，均为 l，求 A、C 两节点的相对线位移。

解 变形分析：由对称性，A、C 两节点将在 AC 连线上移动，B、D 两节点则在 BD 杆轴线方向移动，变形后结构如图 2-15(b)中实线所示。设所求 A、C 两节点相对位移为 δ，则由图 2-15(b)可见 $\delta=\overline{AA'}+\overline{CC'}$。

为简化计算，取 CD 杆分析，BD 杆缩短会引起 C 节点向右位移，CD 杆伸长也会引起 C 节点向右位移，这两个位移之和便是 C 节点向右的实际位移。

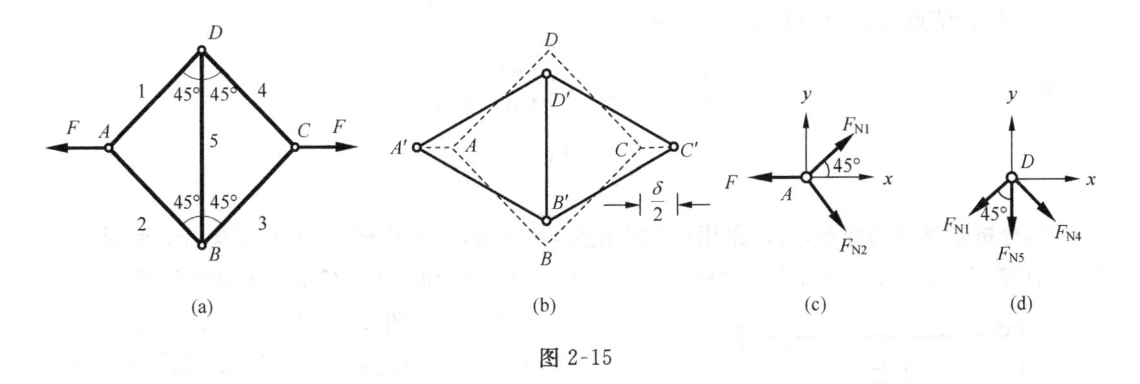

图 2-15

(1) 内力计算。

取节点 A 为研究对象，受力如图 2-15(c)所示。

$$\sum F_y = 0, \quad F_{N1} = F_{N2}$$

$$\sum F_x = 0, \quad F_{N1}\cos 45^\circ + F_{N2}\cos 45^\circ - F = 0$$

解得 $$F_{N1}=F_{N2}=\frac{F}{\sqrt{2}} \quad (拉)$$

由对称性 $$F_{N1}=F_{N2}=F_{N3}=F_{N4}=\frac{F}{\sqrt{2}} \quad (拉)$$

取节点 D 为研究对象，受力如图 2-15(d)所示。

$$\sum F_y = 0, \quad F_{N5} =- 2F_{N1}\cos 45^\circ =- F \quad (压)$$

(2) 计算 BD 杆缩短引起 C 节点的位移 Δ_1。

如图 2-16(a)所示，虚线 CD 是杆 4 变形前的位置，$D'C''$是因 BD 杆缩短引起的杆 4 实际所在位置，这一步计算设杆 4 未变形，长度还是 l，所以

$$a^2+a^2=(a-\Delta)^2+(a+\Delta_1)^2$$

略去高阶小量 Δ^2 和 Δ_1^2，得 $$\Delta_1=\Delta$$

Δ 为 BD 杆缩短量之半，即 $$\Delta_1=\Delta=\frac{1}{2}\cdot\Delta l_5=\frac{1}{2}\frac{F_{N5}l_5}{EA}=\frac{\sqrt{2}Fl}{2EA}$$

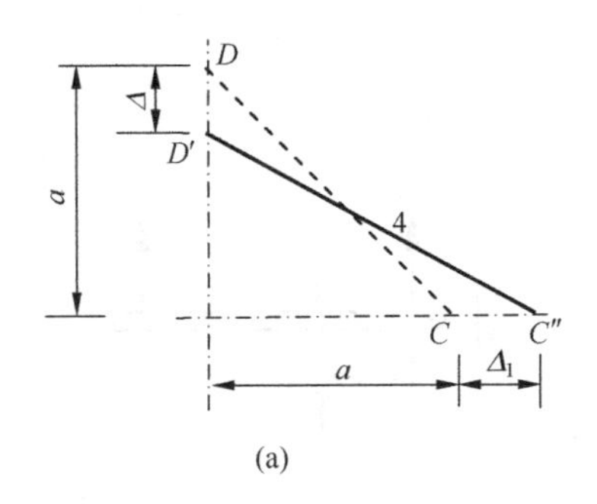

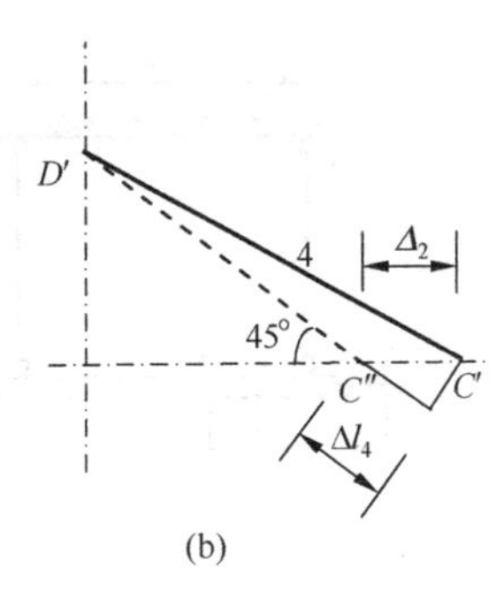

图 2-16

(3) CD 杆伸长引起 C 点的位移 Δ_2。

如图 2-16(b)所示，这一步 D'位置不动，杆 4 伸长 Δl_4，C 点从 C''位移到 C'，即节点 C 位移的最终位置，因变形微小，所以 $\Delta_2=\sqrt{2}\,\Delta l_4=\sqrt{2}\,\dfrac{F_{N4}l}{EA}=\dfrac{Fl}{EA}$。

(4) A、C 节点的相对位移 δ。

由
$$\frac{\delta}{2}=\Delta_1+\Delta_2=\frac{\sqrt{2}Fl}{2EA}+\frac{Fl}{EA}$$

得
$$\delta=\frac{(\sqrt{2}+2)Fl}{EA}\quad（离开）$$

注：分析较复杂的变形，可以采用逐次刚化法，如本题，先刚化杆 1～4，只考虑杆 5 变形，找到 A～D 四节点的新位置，然后再刚化杆 5，只分析杆 1～4 的变形，找到各节点的最终位置。

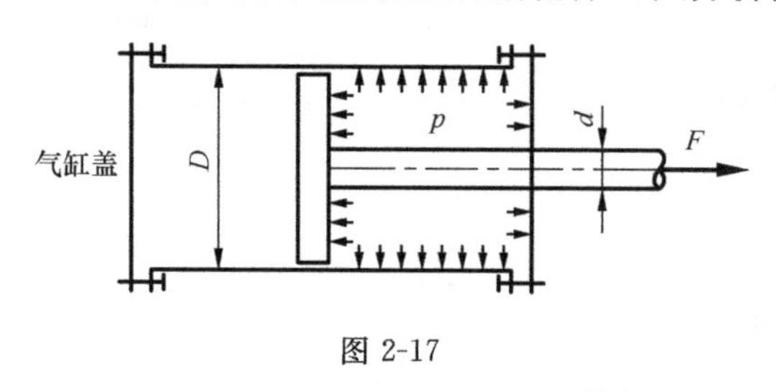

图 2-17

2-5 如图 2-17 所示气缸内直径 $D=350\text{mm}$，活塞杆直径 $d=80\text{mm}$，屈服极限 $\sigma_s=240\text{MPa}$，气缸盖与气缸的连接螺栓直径 $d_1=20\text{mm}$，许用应力 $[\sigma]=60\text{MPa}$，气缸内工作压力 $p=1.5\text{MPa}$，试求：(1)活塞杆安全因数 n；(2)一个气缸盖与气缸体连接螺栓个数 N。

解 (1) 活塞杆轴力为

$$F_N=p\cdot\frac{\pi(D^2-d^2)}{4}=1.5\times10^6\times\frac{3.14\times(0.35^2-0.08^2)}{4}=136.7(\text{kN})$$

活塞杆横截面应力 $$\sigma=\frac{F_N}{A}=\frac{4\times136.7\times10^3}{3.14\times0.08^2}=27.2(\text{MPa})$$

安全因数 $$n=\frac{\sigma_s}{\sigma}=\frac{240}{27.2}=8.82$$

(2) 一个连接螺栓能承受的许可载荷为

$$F_{N1}=[\sigma]\cdot A_1=60\times10^6\times\frac{3.14\times0.02^2}{4}=18.84(\text{kN})$$

一个气缸盖与气缸体连接螺栓个数：$N=\dfrac{136.7}{18.84}=7.25$，取 8 个。

2-6 如图 2-18(a)所示结构，BC 为刚性杆，长度为 l，杆 1、2 的横截面面积均为 A，其许用应力分别为 $[\sigma_1]$ 和 $[\sigma_2]$，且 $[\sigma_1]=2[\sigma_2]$。载荷 F 可沿刚性杆 BC 移动，其移动范围 $0<x<l$，试从强度方面考虑，当 x 取何值时，F 的容许值最大，F_{max} 等于多少？

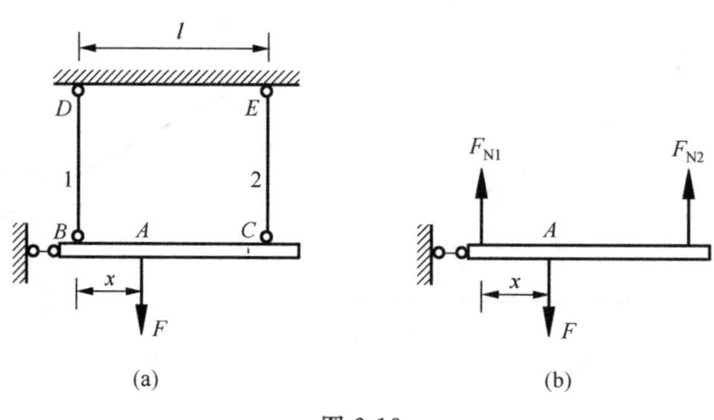

图 2-18

解 因为 $[\sigma_1]=2[\sigma_2]$，两杆同时破坏时，轴力的关系为 $F_{N1}=2F_{N2}$，如图 2-18(a)所示。

$$\sum M_A=0,\quad F_{N1}\cdot x=F_{N2}\cdot(l-x)$$

所以有 $x=\dfrac{l}{3}$。

再由竖直方向平衡关系得 $F_{max}=F_{N1}+F_{N2}=[\sigma_1]A+[\sigma_2]A=3[\sigma_2]A$。

2-7 如图 2-19 所示拉杆沿斜截面 m-m 由两部分胶合而成。设在胶合面上许用正应力 $[\sigma]=100\text{MPa}$,许用切应力 $[\tau]=50\text{MPa}$。(1)若考虑胶合面的强度,当拉力 F 达到最大值时,α 角应为多少?(2)若杆件横截面积为 $A=4\text{cm}^2$,并规定 $\alpha<60°$,试确定许用载荷 F。

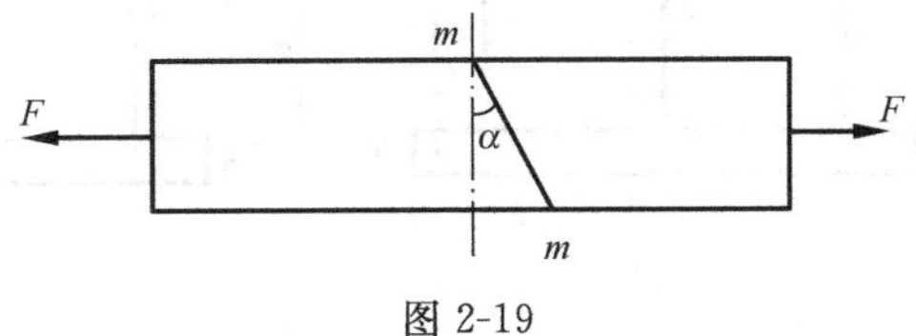

图 2-19

解 根据拉压杆斜截面应力计算公式得

$$\sigma_\alpha=\frac{F}{A}\cos^2\alpha=[\sigma],\quad \tau_\alpha=\frac{F}{A}\sin\alpha\cos\alpha=[\tau]$$

可得 $\tan\alpha=\frac{[\tau]}{[\sigma]}=0.5$,$\alpha=26.6°$。

许用载荷为 $F_{max}=\frac{[\sigma]A}{\cos^2\alpha}=\frac{100\times10^6\times4\times10^{-4}}{\cos^2 26.6}=50(\text{kN})$。

2-8 如图 2-20(a)所示,BD 为刚性杆,AB 和 CD 两杆的横截面积分别为 $A_1=150\text{mm}^2$、$A_2=400\text{mm}^2$,材料的应力-应变曲线如图 2-20(b)所示。(1)问作用在 BD 杆中点的载荷 P 达到何值时,BD 杆开始倾斜?如何倾斜?(2)当 P 达到何值时,BD 杆开始明显倾斜?(以 AB 杆或 BC 杆中的应力达到屈服极限时作为杆件产生明显变形的标志);(3)若设计安全系数 $n=2$,试求容许载荷$[P]$。

解 (1)当 $\Delta l_1\neq\Delta l_2$ 时,BD 杆开始倾斜。

因为 $\Delta l_1=\frac{F_{N1}l_1}{E_1A_1}$,$\Delta l_2=\frac{F_{N2}l_2}{E_2A_2}$,$l_1=l_2$,$E_1=E_2$,$F_{N1}=F_{N2}=\frac{P}{2}$,$A_1<A_2$,所以 $\Delta l_1>\Delta l_2$,无论 P 值多大,BD 杆都会向左倾斜。

(2)AB 杆开始屈服时轴力为 $F_{N1}=\sigma_{s1}\cdot A_1=400\times10^6\times150\times10^{-6}=60(\text{kN})$。

CD 杆开始屈服时轴力为 $F_{N2}=\sigma_{s2}\cdot A_2=200\times10^6\times400\times10^{-6}=80(\text{kN})$。

所以 BD 杆开始明显倾斜时,$P=2F_{N2}=2\times80=160(\text{kN})$。

(3)设计安全系数 $n=2$。

AB 杆容许轴力为$[F_{N1}]=[\sigma_1]\cdot A_1=\frac{\sigma_{s1}}{n}\cdot A_1=200\times10^6\times150\times10^{-6}=30(\text{kN})$。

CD 杆容许轴力为$[F_{N2}]=[\sigma_2]\cdot A_2=\frac{\sigma_{21}}{n}\cdot A_2=100\times10^6\times400\times10^{-6}=40(\text{kN})$。

所以容许载荷为$[P]=2[F_{N1}]=2\times30=60(\text{kN})$。

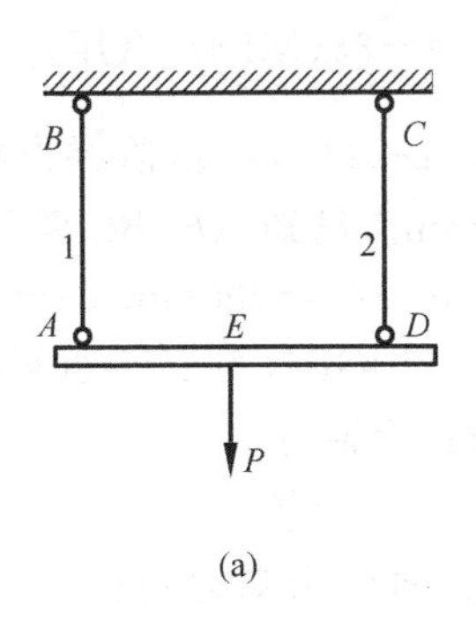

(a)

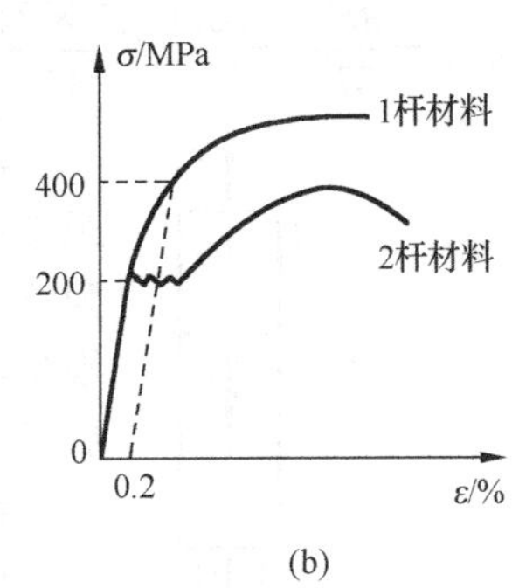

(b)

图 2-20

2-9 图 2-21(a)中 AB 为刚性梁,杆 1、2、3 横截面面积均为 $A=200\text{mm}^2$,材料的弹性模量 $E=210\text{GPa}$,设计杆长 $l=1\text{m}$,其中杆 2 加工时短了 $\delta=0.5\text{mm}$,装配后试求各杆横截面上的应力。

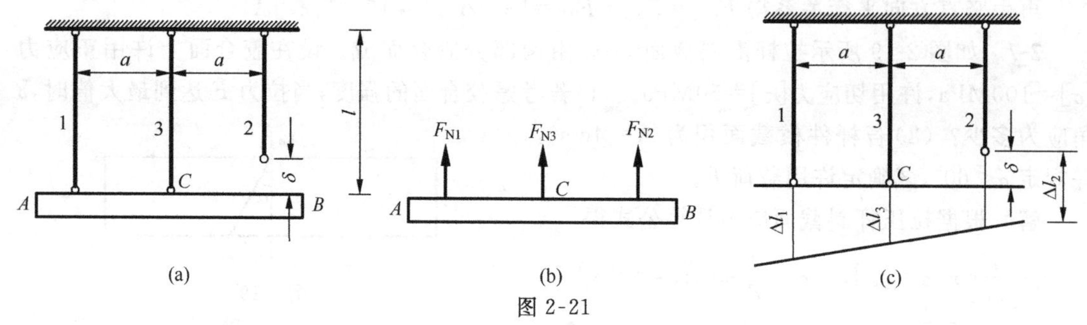

图 2-21

解 (1) 受力分析。

此题含有三个未知力,只有两个独立平衡方程,属一次静不定。

(2) 平衡方程。

取研究对象如图 2-21(b),设三杆轴力均为正。

$$\sum F_y = 0,\quad F_{N1} + F_{N2} + F_{N3} = 0$$

$$\sum M_C = 0,\quad F_{N1} = F_{N2}$$

(3) 几何方程。

因三杆轴力都设为正,所以变形均应设伸长,如图 2-21(c)所示。

$$\Delta l_1 + (\Delta l_2 - \delta) = 2\Delta l_3$$

(4) 物理方程。

$$\Delta l_1 = \frac{F_{N1}l}{EA},\quad \Delta l_2 = \frac{F_{N2}l}{EA},\quad \Delta l_3 = \frac{F_{N3}l}{EA}$$

(5)将物理方程代入几何方程,得补充方程

$$F_{N1} + F_{N2} - 2F_{N3} = \frac{\delta}{l}EA$$

(6) 补充方程与静力学平衡方程联立求解得

$$F_{N1} = F_{N2} = \frac{\delta}{6l}EA\quad(拉),\quad F_{N3} = -\frac{\delta}{3l}EA\quad(压)$$

$$\sigma_1 = \sigma_2 = \frac{\delta E}{6l} = \frac{0.0005\times 210\times 10^9}{6\times 1} = 17.5(\text{MPa})\quad(拉)$$

$$\sigma_3 = -\frac{\delta E}{3l} = -\frac{0.0005\times 210\times 10^9}{3\times 1} = -35(\text{MPa})\quad(压)$$

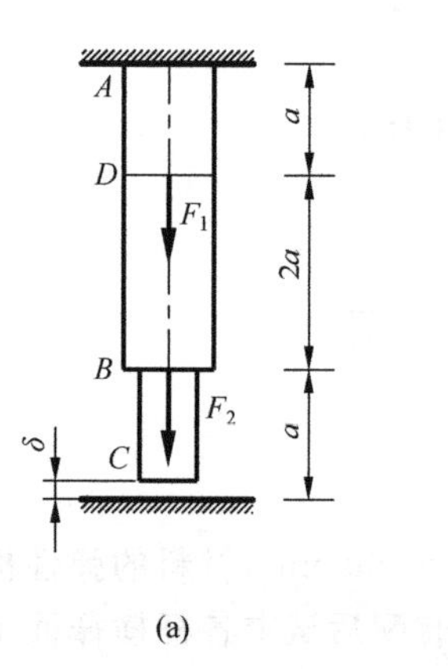

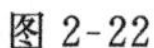

图 2-22

2-10 图 2-22(a)所示阶梯形杆上端固定,下端距支座 δ=1mm。已知 AB、BC 两段横截面面积分别为 $A_1 = 600\text{mm}^2$,$A_2 = 300\text{mm}^2$,a=1.2m,材料的弹性模量均为 E=210GPa,当 F_1=60kN,F_2=40kN 作用后,试求杆内各段轴力。

解 (1) 受力分析。

此题含有两个未知力,只有一个独立平衡方程,属一次静不定。

(2) 列平衡方程。

取研究对象,如图 2-22(b)所示。

$$\sum F_y = 0,\quad F_A + F_C - F_1 - F_2 = 0$$

各段内力为

$$F_{NAD}=F_A,\quad F_{NDB}=F_A-F_1,\quad F_{NBC}=-F_C$$

(3) 几何方程。

$$\Delta l=\Delta l_{AD}+\Delta l_{DB}+\Delta l_{BC}=\delta$$

(4) 物理方程。

$$\Delta l_{AD}=\frac{F_{NAD}l_{AD}}{E_1A_1}=\frac{F_A\cdot a}{EA_1},\quad \Delta l_{DB}=\frac{F_{NDB}l_{DB}}{E_2A_2}=\frac{(F_A-F_1)\cdot 2a}{EA_1},\quad \Delta l_{BC}=\frac{F_{NBC}l_{BC}}{E_3A_3}=\frac{-F_C\cdot a}{EA_2}$$

(5) 将物理方程代入几何方程得补充方程。

$$\frac{F_A}{A_1}+\frac{2(F_A-F_1)}{A_1}-\frac{F_C}{A_2}=\frac{\delta E}{a}$$

(6) 补充方程与静力学平衡方程联立求解得

$$F_{NAD}=85\text{kN},\quad F_{NDB}=25\text{kN},\quad F_{NBC}=-15\text{kN}$$

2-11 如图 2-23 所示阶梯状杆件两端固定，AB、BC 两段材料相同，弹性模量为 E，线胀系数为 α，AB 段横截面面积大于 BC 段，当温度升高 ΔT 时，则 B 截面将向哪侧移动？

解 一次静不定问题，设杆内轴力为 F_N。

(1)几何方程。 $\Delta l_1+\Delta l_2=0$

(2)物理方程。

$$\Delta l_1=\alpha l_1\Delta T-\frac{F_Nl_1}{EA_1},\Delta l_2=\alpha l_2\Delta T-\frac{F_Nl_2}{EA_2}$$

(3)将物理方程代入几何方程，得补充方程为

$$\alpha l_1\Delta T-\frac{F_Nl_1}{EA_1}+\alpha l_2\Delta T-\frac{F_Nl_2}{EA_2}=0,F_N=\frac{\alpha\Delta T(l_1+l_2)}{\dfrac{l_1}{EA_1}+\dfrac{l_2}{EA_2}}$$

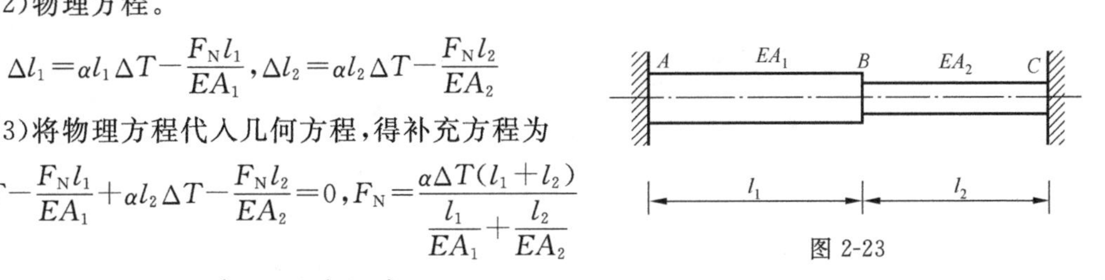

图 2-23

$$\Delta l_1=\alpha l_1\Delta T\left(1-\frac{l_1+l_2}{l_1+l_2\dfrac{A_1}{A_2}}\right)>0$$

所以，B 截面将向右侧移动。

2-12 如图 2-24(a)所示，两种不同材料牢固黏结在一起的矩形截面杆件受一对大小相等、方向相反共线拉力作用，已知 $E_1>E_2$，如果杆件只产生拉伸变形，求：(1)载荷作用的偏心距 e 是多大？(2)杆件的伸长量 Δl 是多少？

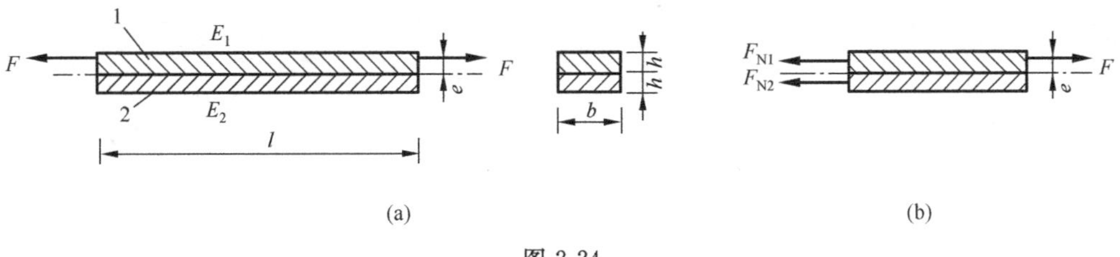

图 2-24

解 由于杆件只产生拉伸变形，杆内只存在轴力，分别为 F_{N1} 和 F_{N2}，如图 2-24(b)所示。

(1)静力学方程。

$$F_{N1}+F_{N2}=F$$

$$(F_{N1}-F_{N2})\cdot\frac{h}{2}=F\cdot e$$

(2)几何方程。 $\Delta l_1=\Delta l_2$

(3)物理方程。

$$\Delta l_1=\frac{F_{N1}l}{E_1A},\quad \Delta l_2=\frac{F_{N2}l}{E_2A}$$

(4)将物理方程代入几何方程,得补充方程为

$$\frac{F_{N1}}{F_{N2}}=\frac{E_1}{E_2}=\xi$$

所以有 $F_{N1}=\frac{\xi}{1+\xi}F=\frac{E_1}{E_1+E_2}F, F_{N2}=\frac{1}{1+\xi}F=\frac{E_2}{E_1+E_2}F$。

载荷作用的偏心距为 $e=\frac{E_1-E_2}{E_1+E_2}\cdot\frac{h}{2}$。

杆件的伸长量为 $\Delta l=\frac{Fl}{(E_1+E_2)A}$。

第3章　剪　　切

3.1　重点内容概要

1. 剪切的概念

(1) 受力特点。作用在构件上的力是大小相等、方向相反、作用线与轴线垂直且相距很近的一对外力。

(2) 变形特点。以两作用力间的横截面为分界面，构件两部分沿该面(剪切面)发生相对错动。

2. 剪切实用计算

为保证铆钉等受剪构件安全正常工作，要求剪切面上的计算切应力不超过材料的许用值，得剪切强度条件为

$$\tau=\frac{F_S}{A_S}\leqslant[\tau]$$

3. 挤压实用计算

为保证连接部分正常工作，要求挤压应力不超过某一许用值，得连接件的挤压强度条件为

$$\sigma_{bs}=\frac{F_{bs}}{A_{bs}^*}\leqslant[\sigma_{bs}]$$

连接件的实用计算中，确定剪切面以及挤压面是强度计算的关键。挤压面即构件相互挤压的接触面，它与挤压外力相垂直。当挤压面为平面时，该平面的面积就是计算挤压面面积；当挤压面为圆柱面时，取圆柱面在直径平面上的投影面积作为计算挤压面面积。

3.2　典型例题

例 3-1　图 3-1 所示结构中销钉 A 的许用切应力为$[\tau]=80\text{MPa}$，许用挤压应力为$[\sigma_{bs}]=170\text{MPa}$，试校核其强度。

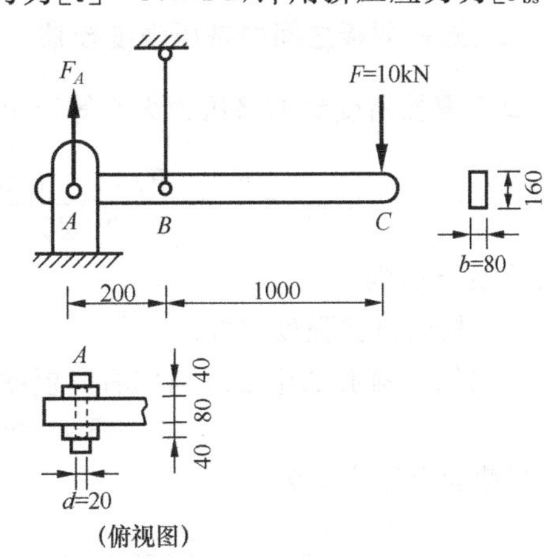

图 3-1

解　(1) 计算约束力。

$$\sum M_B=0,\quad F_A=5F=5\times10=50(\text{kN})$$

(2) 销钉剪切强度校核。

销钉有两个剪切面，每个剪切面上的剪力为

$$F_S=\frac{1}{2}F_A=\frac{1}{2}\times50=25(\text{kN})$$

剪切面面积为

$$A_S=\frac{\pi d^2}{4}=\frac{\pi\times20^2}{4}=314.16\ (\text{mm}^2)$$

销钉剪切面上切应力为

$$\tau=\frac{F_S}{A_S}=\frac{25\times10^3}{314.16}=79.6(\text{MPa})<[\tau]$$

满足剪切强度要求。

(3) 销钉挤压强度校核。

销钉有一个挤压面，挤压力为 $F_{bs}=F_A=50(\text{kN})$

计算挤压面面积为 $A_{bs}=bd=80\times20=1600(\text{mm}^2)$

销钉挤压应力为 $\sigma_{bs}=\frac{F_{bs}}{A_{bs}}=\frac{50\times10^3}{1600}=31.3(\text{MPa})<[\sigma_{bs}]$

满足挤压强度要求。

例 3-2 图 3-2(a)、(b)所示螺栓连接接头，受拉力 F 作用。已知：$F=100\text{kN}$，钢板厚 $\delta=8\text{mm}$，宽 $b=100\text{mm}$，螺栓直径 $d=16\text{mm}$。螺栓许用应力$[\tau]=145\text{MPa}$，$[\sigma_{bs}]=340\text{MPa}$，钢板许用应力$[\sigma]=170\text{MPa}$。试校核该接头的强度。

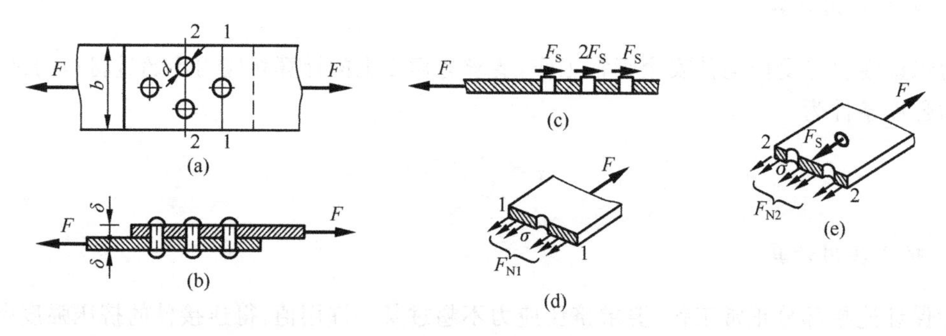

图 3-2

解 (1) 螺栓的剪切强度校核。

假定每个螺栓所受的剪力相同，如图 3-2(c)所示，则每个剪切面上的剪力为 $F_S=\frac{F}{4}$，每个剪切面上的切应力为

$$\tau=\frac{F_S}{A_S}=\frac{F}{4\times\frac{\pi d^2}{4}}=\frac{100\times10^3}{\pi\times16^2\times10^{-6}}=124.4(\text{MPa})<[\tau]$$

螺栓满足剪切强度。

(2) 螺杆同板之间的挤压强度校核。

每个螺栓所受到的挤压力大小等于 $F_{bs}=\frac{F}{4}$，挤压应力为

$$\sigma_{bs}=\frac{F_{bs}}{A_{bs}^*}=\frac{F/4}{d\times\delta}=\frac{100\times10^3}{4\times16\times8\times10^{-6}}=195.3(\text{MPa})<[\sigma]$$

螺杆满足挤压强度。

(3) 板的抗拉强度校核。

先沿第一排孔的中心线稍偏右将板截开，受力如图 3-2(d)所示。

$$F_{N1}=F,\quad A_1=\delta(b-d)$$

1-1 横截面上正应力为

$$\sigma=\frac{F_{N1}}{A}=\frac{F}{\delta(b-d)}=\frac{100\times10^3}{8\times(100-16)\times10^{-6}}=148.8(\text{MPa})<[\sigma]$$

再沿第二排孔的中心线稍偏右将板截开，受力如图 3-2(e)所示。

$$F_{N2}=F-\frac{F}{4}=\frac{3}{4}F,\quad A_2=\delta(b-2d)$$

2-2 截面正应力为

$$\sigma=\frac{F_{N2}}{A}=\frac{3F/4}{\delta(b-2d)}=\frac{3\times100\times10^3}{4\times8\times(100-2\times16)\times10^{-6}}=137.9(\text{MPa})<[\sigma]$$

板满足抗拉强度。

例 3-3 图 3-3 所示的接头，已知销钉直径 $d=25\text{mm}$，材料的许用切应力$[\tau]=50\text{MPa}$，许用挤压应力$[\sigma_{bs}]=100\text{MPa}$，$F=80\text{kN}$，试校核销钉的强度。若强度不够，销钉直径应改为多大？

图 3-3

解 销钉剪切面上的内力和面积分别为

$$F_S=\frac{F}{2},\quad A_S=\frac{\pi d^2}{4}$$

切应力为

$$\tau=\frac{F_S}{A_S}=\frac{2F}{\pi d^2}=\frac{2\times80\times10^3}{3.14\times25^2}=81.5(\text{MPa})>[\tau]$$

不符合剪切强度条件。

设销钉直径改为 d_1，由 $\tau=\frac{2F}{\pi d_1^2}\leqslant[\tau]$，得

$$d_1\geqslant\sqrt{\frac{2F}{\pi[\tau]}}=\sqrt{\frac{2\times80\times10^3}{3.14\times50}}=31.92(\text{mm})$$

取 $d_1=32\text{mm}$，则

$$\sigma_{bs}=\frac{F_{bs}}{A_{bs}}=\frac{F}{td_1}=\frac{80\times10^3}{30\times32}=83.3(\text{MPa})<[\sigma_{bs}]$$

满足挤压强度条件。

例 3-4 图 3-4 所示为一螺栓接头，螺栓直径 $d=30\text{mm}$，钢板宽 $b=200\text{mm}$，板厚 $\delta=18\text{mm}$，钢板的许用拉应力$[\sigma]=160\text{MPa}$，螺栓许用切应力$[\tau]=100\text{MPa}$，许用挤压应力$[\sigma_{bs}]=240\text{MPa}$。试求最大许用拉力$[F]$值。

解 (1) 按螺栓的剪切强度求许用载荷。

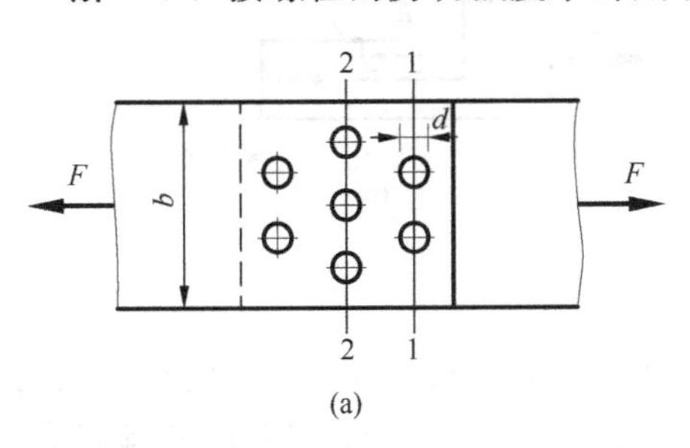

(a)

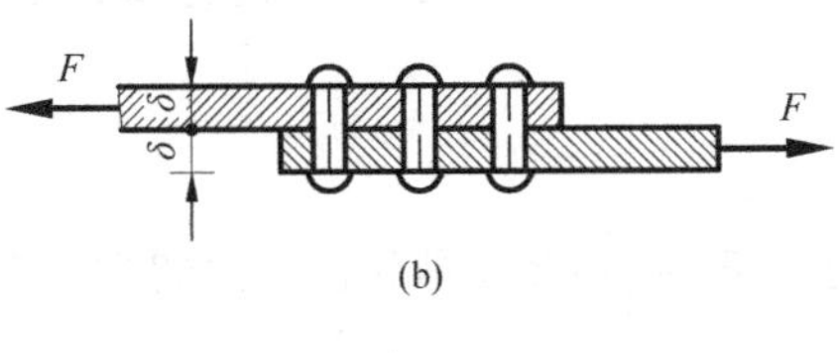

(b)

图 3-4

假定每个螺栓所受的剪力相同，则每个剪切面上的剪力为 $F_S=\frac{F}{7}$。每个剪切面上的切应力应满足

$$\tau=\frac{F_S}{A_S}=\frac{4F}{7\pi d^2}=\frac{4F}{7\times3.14\times30^2}<[\tau]$$

$$F<494.55\text{kN}$$

(2) 按螺栓的挤压强度求许用载荷。

每个螺栓所受到的挤压力为 $F_{bs}=\frac{F}{7}$。挤压应力应满足

$$\sigma_{bs}=\frac{F_{bs}}{A_{bs}}=\frac{F}{7\delta d}=\frac{F}{7\times18\times30}<[\sigma_{bs}],\quad F<907.2\text{kN}$$

(3) 按板的抗拉强度求许用载荷。

先沿第一排孔的中心线稍偏右将板截开，有

$$F_{N1}=F,\quad A_1=\delta(b-2d)$$

1-1 横截面上正应力应满足

$$\sigma=\frac{F_{N1}}{A_1}=\frac{F}{\delta(b-2d)}=\frac{F}{18\times(200-2\times30)}<[\sigma]$$

$$F<403.2\text{kN}$$

再沿第二排孔的中心线稍偏右将板截开，有

$$F_{N2}=F-\frac{2F}{7}=\frac{5F}{7},\quad A_2=\delta(b-3d)$$

2-2 截面正应力应满足

$$\sigma=\frac{F_{N2}}{A_2}=\frac{5F}{7\delta(b-3d)}=\frac{5F}{7\times18\times(200-3\times30)}<[\sigma]$$

$$F<443.5\text{kN}$$

所以，最大许用拉力[F]值为 403.2kN。

例 3-5 图 3-5 所示螺钉承受拉力 F，已知材料的许用切应力$[\tau]$与许用拉应力$[\sigma]$的关系为$[\tau]=0.7[\sigma]$，试按剪切强度和抗拉强度求螺杆直径 d 与螺帽高度 h 之间的合理比值。

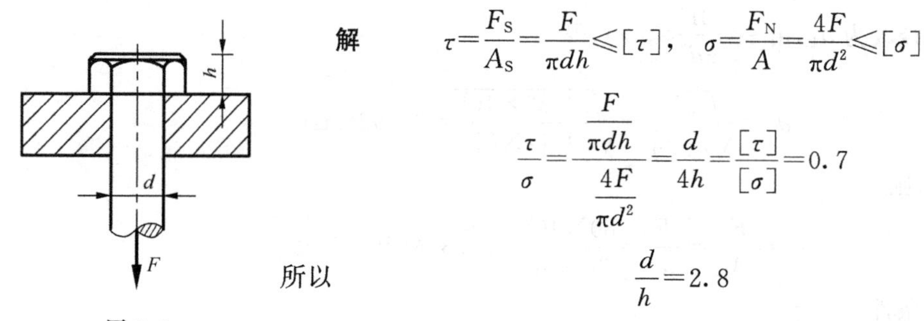

图 3-5

解

$$\tau=\frac{F_S}{A_S}=\frac{F}{\pi dh}\leqslant[\tau],\quad \sigma=\frac{F_N}{A}=\frac{4F}{\pi d^2}\leqslant[\sigma]$$

$$\frac{\tau}{\sigma}=\frac{\dfrac{F}{\pi dh}}{\dfrac{4F}{\pi d^2}}=\frac{d}{4h}=\frac{[\tau]}{[\sigma]}=0.7$$

所以

$$\frac{d}{h}=2.8$$

例 3-6 试指出图 3-6(a)所示连接结构的剪切面与挤压面。

解 将连接结构拆开，取左边部分为研究对象，受力如图 3-6(b)所示。剪切面与力平行，挤压面与力垂直。

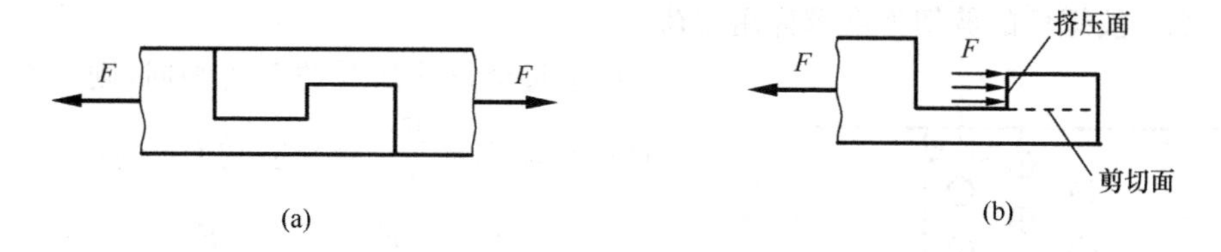

图 3-6

例 3-7 试校核图 3-7 所示铆接头的强度，图上尺寸单位为 mm。铆钉和板的材料相同，$F=460\text{kN}$，材料的许用应力$[\sigma]=160\text{MPa}$，$[\tau]=120\text{MPa}$，$[\sigma_{bs}]=340\text{MPa}$。(假设各铆钉受剪面上的剪力相同。)

解 (1) 铆钉剪切强度校核。

假定每个铆钉所受的剪力相同，每个剪切面上的剪力为 $F_S=\dfrac{F}{10}$；每个剪切面上的切应力为

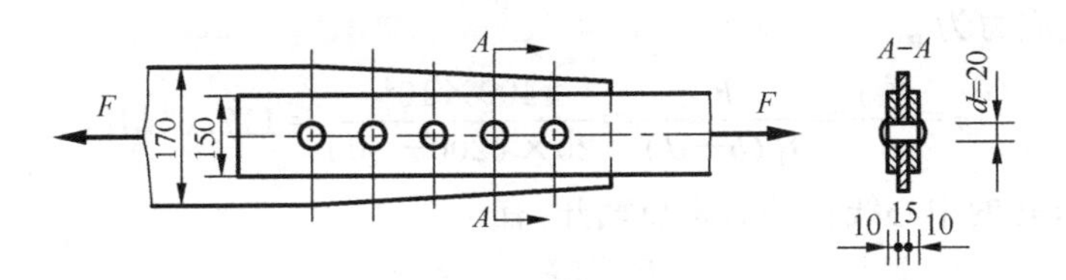

图 3-7

$$\tau=\frac{F_S}{A_S}=\frac{2F}{5\pi d^2}=\frac{2\times460\times10^3}{5\times3.14\times20^2}=146.6(\text{MPa})>[\tau]$$

铆钉不满足剪切强度。

(2) 铆钉挤压强度校核。

每个铆钉所受到的挤压力最大值 $F_{bs}=\frac{F}{5}$，挤压应力为

$$\sigma_{bs}=\frac{F_{bs}}{A_{bs}}=\frac{F}{5\delta d}=\frac{460\times10^3}{5\times15\times20}=306.7(\text{MPa})<[\sigma_{bs}]$$

铆钉满足挤压强度。

(3) 板的强度校核。

横截面上(中间层板的左边第一孔)正应力为

$$\sigma=\frac{F_{N1}}{A}=\frac{F}{\delta(b-d)}=\frac{460\times10^3}{15\times(170-20)}=204(\text{MPa})>[\sigma]$$

板不满足强度条件。

3.3 习题选解

3-1 图 3-8 所示为一铆接接头。已知钢板宽 $b=200\text{mm}$，主板厚 $\delta_1=20\text{mm}$，盖板厚 $\delta_2=12\text{mm}$，铆钉直径 $d=30\text{mm}$，接头受拉力 $F=400\text{kN}$ 作用。试计算：(1)铆钉切应力 τ 值；(2)铆钉与板之间的挤压应力 σ_{bs} 值；(3)板的最大拉应力 σ_{max} 值。

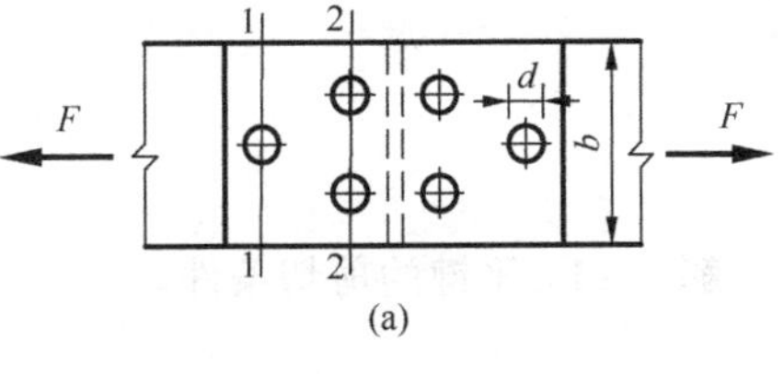

(a)

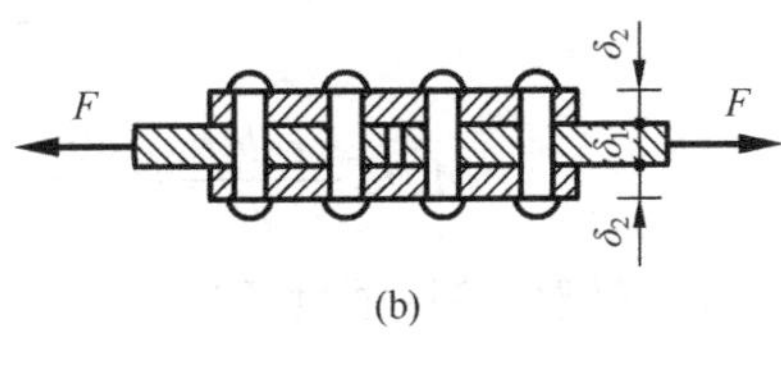

(b)

图 3-8

解 (1) 计算铆钉切应力 τ 值。

假定每个铆钉所受的剪力相同，则每个剪切面上的剪力为 $F_S=\frac{F}{6}$；每个剪切面上的切应力为

$$\tau=\frac{F_S}{A_S}=\frac{2F}{3\pi d^2}=\frac{2\times400\times10^3}{3\times3.14\times30^2}=94.36(\text{MPa})$$

(2) 计算铆钉与板之间的挤压应力 σ_{bs} 值。每个铆钉所受到的挤压力最大值 $F_{bs}=\frac{F}{3}$，挤压应力为

$$\sigma_{bs}=\frac{F_{bs}}{A_{bs}}=\frac{F}{3\delta_1 d}=\frac{400\times10^3}{3\times20\times30}=222.2(\text{MPa})$$

(3) 计算板的最大拉应力 σ_{max} 值。

先沿第一排孔的中心线稍偏右将板截开，有

$$F_{N1}=F,\quad A_1=\delta_1(b-d)$$

1-1 横截面上正应力为

$$\sigma=\frac{F_{N1}}{A_1}=\frac{F}{\delta_1(b-d)}=\frac{400\times10^3}{20\times(200-30)}=117.6(\text{MPa})$$

再沿第二排孔的中心线稍偏右将板截开，有

$$F_{N2}=F-\frac{F}{3}=\frac{2F}{3},\quad A_{21}=\delta_1(b-2d)$$

2-2 截面正应力为

$$\sigma=\frac{F_{N2}}{A_2}=\frac{2F}{3\delta_1(b-2d)}=\frac{2\times400\times10^3}{3\times20\times(200-2\times30)}=95.2(\text{MPa})$$

则
$$\sigma_{max}=117.6\text{MPa}$$

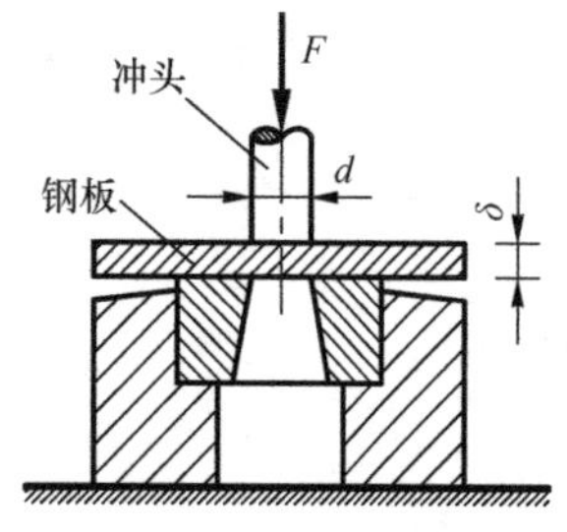

图 3-9

3-2 图 3-9 所示冲床的冲头，在力 F 作用下冲剪钢板。设板厚 $\delta=10\text{mm}$，板材料的剪切强度极限 $\tau_b=360\text{MPa}$。试计算冲剪一个直径 $d=20\text{mm}$ 的圆孔所需的冲力 F。

解 冲孔强度条件

$$\tau=\frac{F_S}{A_S}=\frac{F}{\pi d\delta}\geqslant[\tau_b]$$

所以冲力 $F\geqslant[\tau_b]\pi d\delta=360\times3.14\times20\times10=226(\text{kN})$。

3-3 图 3-10 所示齿轮与传动轴用平键连接，已知轴的直径 $d=80\text{mm}$，键长 $l=50\text{mm}$，宽 $b=20\text{mm}$，$h=12\text{mm}$，$h'=7\text{mm}$，材料的$[\tau]=60\text{MPa}$，$[\sigma_{bs}]=100\text{MPa}$，试确定此键所能传递的最大扭转力偶矩 M_e。

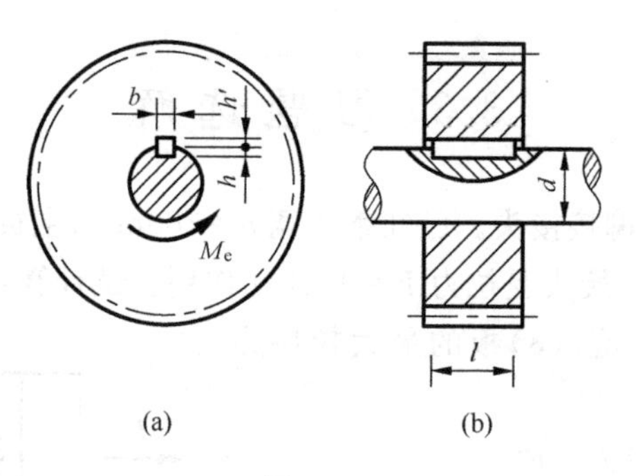

图 3-10

解 (1) 平键的剪切条件。

$$\tau=\frac{F_S}{A_S}=\frac{2M_e/d}{bl}\leqslant[\tau]$$

$$M_e\leqslant\frac{[\tau]bld}{2}=\frac{60\times10^6\times20\times50\times80\times10^{-9}}{2}=2.4(\text{kN}\cdot\text{m})$$

(2) 平键的挤压强度条件。

$$\sigma_{bs}=\frac{F_{bs}}{A_{bs}}=\frac{2M_e/d}{h'l}\leqslant[\sigma_{bs}]$$

$$M_e\leqslant\frac{[\sigma_{bs}]h'ld}{2}=\frac{100\times10^6\times7\times50\times80\times10^{-9}}{2}=1.4(\text{kN}\cdot\text{m})$$

此键所能传递的最大扭转力偶矩 $M_e=1.4\text{kN}\cdot\text{m}$。

3-4 图 3-11 所示联轴节传递的力偶矩 $M_e=50\text{kN}\cdot\text{m}$，用八个分布于直径 $D=450\text{mm}$ 的圆周上螺栓连接，若螺栓的许用切应力$[\tau]=80\text{MPa}$，试求螺栓的直径 d。

解

$$M_e = 8A[\tau]\times\frac{450}{2} = 4\times\frac{\pi d^2}{4}[\tau]\times 450$$

$$d \geqslant \sqrt{\frac{M_e}{\pi[\tau]\times 450}} = \sqrt{\frac{50\times10^3}{3.14\times80\times450\times10^{-3}}} = 21.03(\text{mm})$$

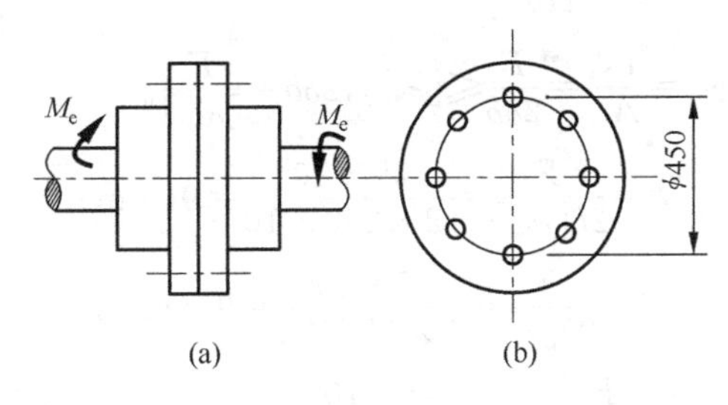

图 3-11

3-5 图 3-12(a)所示机床花键轴的截面有八个齿，轴与轮毂的配合长度 $l=50\text{mm}$，靠花键侧面传递的力偶矩 $M_e=3.5\text{kN}\cdot\text{m}$，花键材料的许用挤压应力为$[\sigma_{bs}]=140\text{MPa}$，试校核该花键的挤压强度。

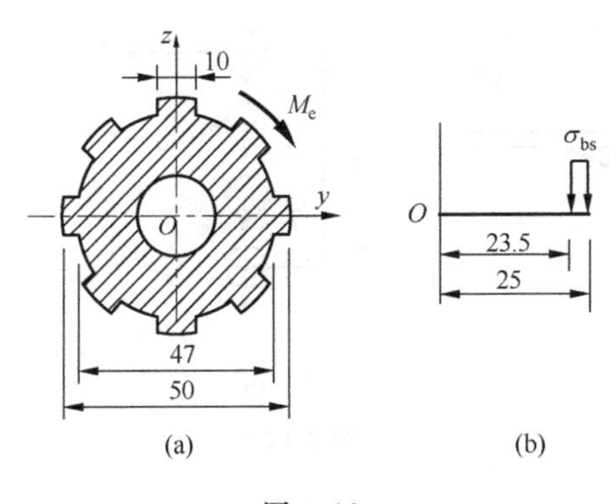

图 3-12

解 花键一个侧面受力如图 3-12(b)所示。

$$M_e = \sigma_{bs}\cdot(25-23.5)\times50\times\left(23.5+\frac{1.5}{2}\right)\times8 = 14550\sigma_{bs}$$

$$\sigma_{bs} = \frac{M_e}{14550} = \frac{3.5\times10^3}{14550\times10^{-3}} = 240.5(\text{MPa}) > [\sigma_{bs}]$$

该花键不满足挤压强度。

3-6 如图 3-13 所示，两矩形截面杆用两块钢板连接在一起，已知木杆的宽度 $b=250\text{mm}$，许用拉应力$[\sigma]=6\text{MPa}$，许用挤压应力$[\sigma_{bs}]=10\text{MPa}$，许用切应力$[\tau]=1\text{MPa}$。当轴向载荷 $F=45\text{kN}$时，试确定钢板的尺寸 δ 与 l，以及木杆的高度 h。

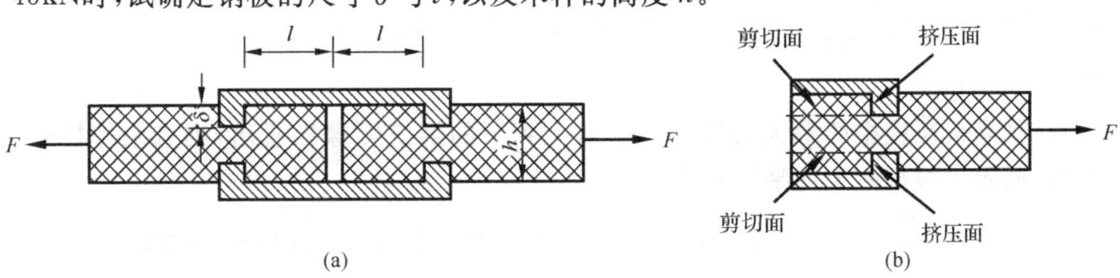

图 3-13

解 最小拉伸面积为 $A_t=b(h-2\delta)$。剪切面面积为 $A_s=2lb$。挤压面面积为 $A_{bs}=2\delta b$。

根据拉伸强度条件有 $\sigma=\dfrac{F}{A_t}=\dfrac{F}{b(h-2\delta)}\leqslant[\sigma]$，$b(h-2\delta)=\dfrac{F}{[\sigma]}$。

根据剪切强度条件有 $\tau=\dfrac{F_S}{A_s}=\dfrac{F}{2lb}\leqslant[\tau]$，$2lb=\dfrac{F}{[\tau]}$。

根据挤压强度条件有 $\sigma_{bs}=\dfrac{F_{bs}}{A_{bs}}=\dfrac{F}{2\delta b}\leqslant[\sigma_{bs}]$，$2\delta b=\dfrac{F}{[\sigma_{bs}]}$。

所以

$$\delta=\frac{F}{2b[\sigma_{bs}]}=\frac{45\times10^3}{2\times250\times10}=9(\text{mm})$$

$$l=\frac{F}{2b[\tau]}=\frac{45\times10^3}{2\times250\times1}=90(\text{mm})$$

$$h=\frac{F}{b[\sigma]}+2\delta=\frac{45\times10^3}{250\times6}+18=48(\text{mm})$$

3-7 如图 3-14(a)所示，刚架用四个螺栓固接在一个刚性结构上，载荷 $F=5\text{kN}$，螺栓的许用切应力$[\tau]=90\text{MPa}$，刚架变形很小。(1)试根据切应力强度条件设计螺栓的直径 d；(2)若从上到下的第三颗螺栓脱落，则剩余螺栓中最大切应力超过许用值百分之几？

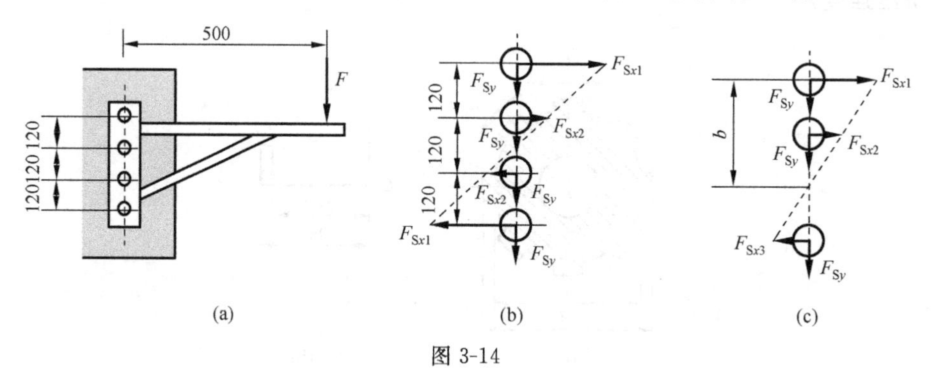

图 3-14

解 (1)设计螺栓直径。螺栓的受力如图 3-14(b)所示，根据刚架的平衡有

$$F_{Sy}=\frac{F}{4}=\frac{5}{4}=1.25(\text{kN}),F_{Sx1}\times3\times120+F_{Sx2}\times120=F\times500$$

由于刚架变形很小可以忽略，所以 F_{Sx1} 和 F_{Sx2} 成比例，则有

$$\frac{F_{Sx1}}{F_{Sx2}}=\frac{120+60}{60}=3,F_{Sx1}=3F_{Sx2}$$

解得 $F_{Sx1}=6.94\text{kN}$，$F_{Sx2}=2.31\text{kN}$。

最危险的是上、下两个螺栓，合成剪力为 $F_{Smax}=\sqrt{F_{Sx1}^2+F_{Sy}^2}=\sqrt{6.94^2+1.25^2}=7(\text{kN})$。

根据螺栓的强度条件有 $\tau=\dfrac{F_{Smax}}{A_s}=\dfrac{4F_{Smax}}{\pi d^2}\leqslant[\tau]$。

则螺栓的直径为 $d\geqslant\sqrt{\dfrac{4F_{Smax}}{\pi[\tau]}}=\sqrt{\dfrac{4\times7\times10^3}{3.14\times90\times10^6}}=9.95(\text{mm})$。

取 $d=10\text{mm}$。

(2)计算剩余螺栓中的最大切应力。若从上到下的第三颗螺栓脱落，则剩余螺栓受力如图 3-14(c)所示。根据刚架的平衡有

$$F_{Sy}=\frac{F}{3}=\frac{5}{3}=1.67(\text{kN}),\quad F_{Sx1}\times3\times120+F_{Sx2}\times2\times120=F\times500$$

由于刚架变形很小可以忽略，所以 F_{Sx1}、F_{Sx2}、F_{Sx3} 成比例，则有

$$\frac{F_{Sx1}}{F_{Sx2}}=\frac{b}{120-b},\quad \frac{F_{Sx1}}{F_{Sx3}}=\frac{b}{360-b}$$

所以有
$$3(F_{Sx1}-F_{Sx2})=F_{Sx1}+F_{Sx3},\quad 2F_{Sx1}-3F_{Sx2}=F_{Sx3}$$
$$2F_{Sx1}-3F_{Sx2}=F_{Sx3}=F_{Sx1}+F_{Sx2},\quad F_{Sx1}=4F_{Sx2}$$

解得 $F_{Sx1}=5.95\text{kN}$，$F_{Sx2}=1.49\text{kN}$，$F_{Sx3}=7.44\text{kN}$。

最危险的是最下面那个螺栓，合成剪力为 $F_{Smax}=\sqrt{F_{Sx3}^2+F_{Sy}^2}=\sqrt{7.44^2+1.67^2}=7.62(\text{kN})$。

螺栓剪切面上切应力为 $\tau=\frac{F_{Smax}}{A_s}=\frac{4F_{Smax}}{\pi d^2}=\frac{4\times7.62\times10^3}{3.14\times10^2\times10^{-6}}=97(\text{MPa})$。

最大切应力超过许用值的百分比为 $\xi=\frac{97-90}{90}=7.8\%$。

3-8 矩形截面(30mm×5mm)的低碳钢拉伸试件如图 3-15 所示，试件两端开有圆孔，孔内插有销钉，载荷通过销钉传递至试件。试件和销钉的材料相同，强度极限 $\sigma_b=400\text{MPa}$，许用应力 $[\sigma]=160\text{MPa}$，$[\tau]=100\text{MPa}$，$[\sigma_{bs}]=320\text{MPa}$，在试验过程中为了确保试件在端部不被破坏，试确定试件端部所需尺寸 a、b 和销钉直径 d。

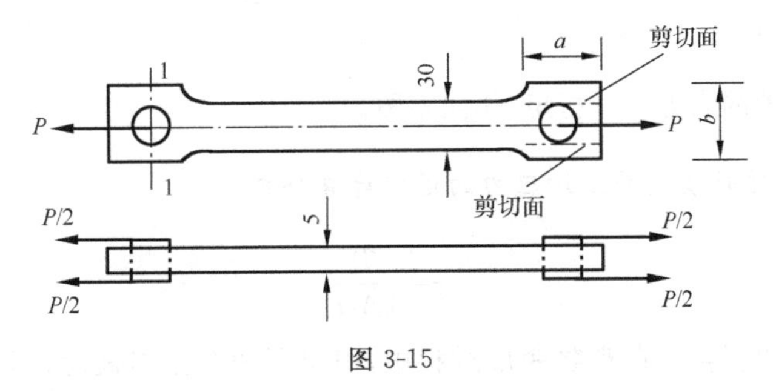

图 3-15

解 (1)试件拉断时的载荷为

$$P_b=\sigma_b A=400\times10^6\times30\times5\times10^{-6}=60(\text{kN})$$

(2)设计销钉直径 d。

由剪切强度条件
$$\tau=\frac{F_S}{A_s}=\frac{P/2}{\pi d^2/4}=\frac{4\times30\times10^3}{3.14\times d^2}\leqslant100\times10^6$$

可得 $d_1=19.5\text{mm}$。

由挤压强度条件
$$\sigma_{bs}=\frac{F_{bs}}{A_{bs}}=\frac{60\times10^3}{d\times5\times10^{-3}}\leqslant320\times10^6$$

可得 $d_2=37.5\text{mm}$。

由剪切强度条件和挤压强度条件可取销钉直径为 $d=40\text{mm}$。

(3)设计试件端部宽度 b。

从 1-1 截面截开，由拉伸强度条件有

$$\sigma=\frac{F_N}{A_1}=\frac{60\times10^3}{(b-d)\times5\times10^{-3}}\leqslant160\times10^6$$

可得 $b=11.5\text{mm}$。

(4)设计试件端部宽度 a。

试件端部开孔部位，孔的上、下纵向面可能发生剪切破坏。

由剪切强度条件
$$\tau_1=\frac{F_{S1}}{A_{s1}}=\frac{P/2}{a\times5\times10^3}=\frac{30\times10^3}{a\times5\times10^3}\leqslant100\times10^6$$

可得 $a=60\text{mm}$。

第4章 扭　　转

4.1 重点内容概要

本章主要研究等直圆轴扭转变形的强度和刚度问题。

1. 已知传动轴的功率及转速，计算传动轴上的外力偶矩 M_e

$$M_e = 9.549\frac{P}{n}$$

式中，P 的单位为 kW；n 的单位为 r/min；M_e 的单位为 kN·m。

2. 内力的计算

用截面法求圆轴的内力——扭矩，作扭矩图。

3. 薄壁圆筒扭转时横截面上切应力的近似计算公式

$$\tau = \frac{T}{2A_0 t}$$

切应力的方向与周边相切。在观察变形过程中，引出了两个基本概念：切应变 γ 和相对扭转角 φ。

4. 切应力互等定理

通过一点处两个互相垂直的平面上切应力数值相等，即 $\tau = \tau'$，方向同时指向或背离两个垂直平面的交线。

5. 剪切胡克定律

在线弹性范围内，切应力与切应变呈线性关系，即 $\tau = G\gamma$。

6. 等直圆轴的切应力计算

横截面上任意一点切应力的大小与该点到圆心的距离成正比，即

$$\tau = \frac{T\rho}{I_p}$$

其方向沿圆周的切线方向，即垂直于半径。最大切应力在圆轴的外表面上，其值为

$$\tau_{max} = \frac{Tr}{I_p} = \frac{T}{W_t}$$

7. 实心圆轴和空心圆轴的极惯性矩

实心圆轴：

$$I_p = \frac{\pi d^4}{32}$$

空心圆轴：$$I_p=\frac{\pi D^4}{32}(1-\alpha^4),\quad \alpha=\frac{d}{D}$$

8. 等直圆轴扭转的强度条件

$$\tau_{max}\leqslant[\tau]\quad 或\quad \frac{T_{max}}{W_t}\leqslant[\tau]$$

9. 等直圆轴扭转时的刚度计算

距离为 l 的两横截面的相对扭转角为

$$\varphi=\frac{Tl}{GI_p}$$

式中，GI_p 为抗扭刚度。若该段内 T、GI_p 为常数，则单位长度上的扭转角为

$$\theta=\frac{T}{GI_p}$$

10. 等直圆轴扭转的刚度条件

$$\theta_{max}\leqslant[\theta]\quad 或\quad \frac{T}{GI_p}\times\frac{180°}{\pi}\leqslant[\theta]$$

11. 扭转超静定问题的求解

与其他超静定问题类似，要从三个方面考虑求解。

12. 注意事项

(1) 本章的结论都是在线弹性、小变形以及平面假设的前提下得到的，脱离任何一个前提条件，结论都是不成立的。

(2) 在作扭矩图时，注意扭矩正负号的规定，扭矩的正、负号应符合右手螺旋法则。

(3) 强度计算时，首先要确定危险截面，该危险截面上距圆心最远的点为危险点。

(4) 相对扭转角的计算要注意截面角度的相对性。

4.2 典型例题

例 4-1 判断是非。只要是圆轴扭转变形，就可以用公式 $\tau=\frac{T\rho}{I_p}$ 计算其横截面上任一点切应力。

答 错。推导该公式时用到了剪切胡克定律，因此该公式只能用于线弹性范围。

例 4-2 判断是非。圆轴扭转变形实质上是剪切变形。

答 对。圆轴横截面的变形符合剪切变形的特点。

例 4-3 判断是非。切应力互等定理只有材料处于线弹性范围才成立。

答 错。推导切应力互等定理时只用到了平衡条件，没有涉及材料是否线弹性，因此，只要处于平衡状态，切应力互等定理都是成立的。

例 4-4 判断是非。低碳钢圆轴扭转破坏是沿横截面剪断。

答 对。低碳钢是塑性材料，其抗剪能力低于抗拉、抗压能力，因此它的扭转破坏面为最大切应力所在面，即横截面。

例 4-5 选择题。圆轴单位长度扭转角 θ 与________无关。

A. 扭矩大小； B. 杆长；

C. 材料； D. 截面几何性质。

答 B。由 $\theta=\dfrac{T}{GI_p}$ 可知，θ 表达式中无杆长项。

例 4-6 选择题。图 4-1 所示由两种不同材料等截面杆连接而成的圆轴，两端受到扭转外力偶 M_e 作用后，左、右两段________。

A. τ_{max} 相同，θ 不同； B. τ_{max} 不同，θ 相同；

C. τ_{max} 与 θ 都不同； D. τ_{max} 与 θ 都相同。

答 A。左右两段内力相同，$\tau_{max}=\dfrac{T}{W_t}$，与材料无关，所以两段 τ_{max} 相同。而 $\theta=\dfrac{T}{GI_p}$，式中 G 代表材料，材料不同时 G 不同，因此两段 θ 不同。

例 4-7 选择题。图 4-2 所示圆轴表面贴有三片应变片，实测时应变片________的度数几乎为零。

A. 1 和 2； B. 2 和 3； C. 1 和 3； D. 1、2 和 3。

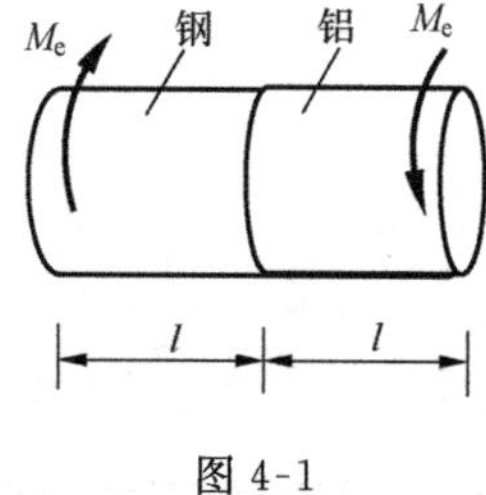

图 4-1

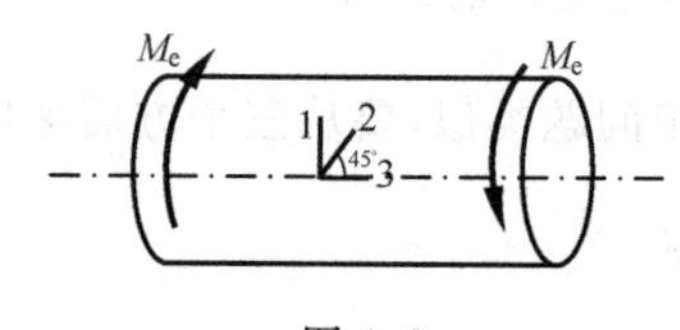

图 4-2

答 C。圆轴在线弹性范围内扭转变形时，轴向尺寸和横截面尺寸没有变化，因此 1、3 两片应变片不应有度数。

例 4-8 选择题。为提高碳钢圆轴的扭转刚度，下列措施中最有效的是________。

A. 减小轴的长度； B. 改用高强度结构钢；

C. 提高轴表面的粗糙度； D. 增加轴的直径。

答 D。圆轴扭转刚度为 GI_p，各种钢材的切变模量 G 相差不多，更换钢种无明显效果，而增加轴的直径可显著提高 I_p。

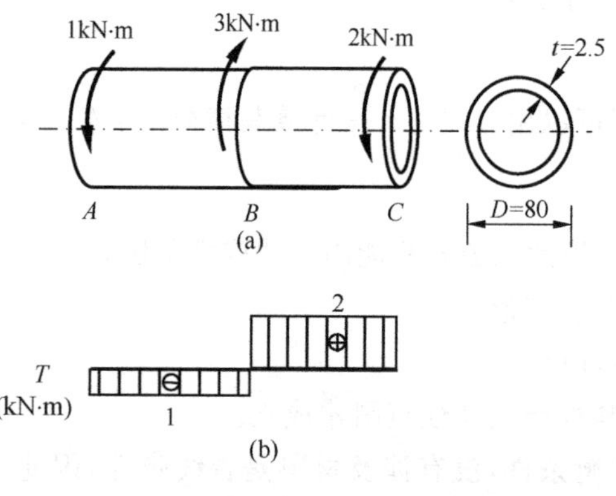

图 4-3

例 4-9 图 4-3(a)所示空心圆轴材料的许用切应力 $[\tau]=100\text{MPa}$，切变模量 $G=80\text{GPa}$，许可单位扭转角 $[\theta]=2°/\text{m}$，试校核此轴的强度和刚度。

解 (1) 内力分析。

作扭矩图如图 4-3(b)所示，危险截面为 BC 段各横截面，$T=2\text{kN}\cdot\text{m}$。

(2) 强度校核。

$$\alpha=\frac{D-2t}{D}=\frac{80-2\times2.5}{80}=0.9375$$

$$\tau_{\max}=\frac{T}{W_{t}}=\frac{T}{\frac{\pi D^{3}}{16}(1-\alpha^{4})}=\frac{16\times2\times10^{3}}{3.14\times80^{3}\times(1-0.9375^{4})\times10^{-9}}=87.4(\mathrm{MPa})<[\tau]$$

(3) 刚度校核。

$$\theta=\frac{T}{GI_{p}}\times\frac{180}{\pi}=\frac{T}{G\frac{\pi D^{4}}{32}(1-\alpha^{4})}\times\frac{180}{\pi}=\frac{32\times2\times10^{3}}{80\times10^{9}\times3.14\times80^{4}\times(1-0.9375^{4})\times10^{-12}}\times\frac{180}{\pi}$$

$$=1.57(°/\mathrm{m})<[\theta]$$

此轴满足强度和刚度要求。

例 4-10 图 4-4 所示圆轴 AB 段为实心，BC 段为空心，它们的外直径都为 $D=100\mathrm{mm}$，BC 段的内直径 $d=50\mathrm{mm}$，材料的许用切应力 $[\tau]=60\mathrm{MPa}$，试求此轴能承受的 M_e 最大值。

解 (1) 内力分析。

AB 段　　$T_1=-2M_e$

BC 段　　$T_2=M_e$

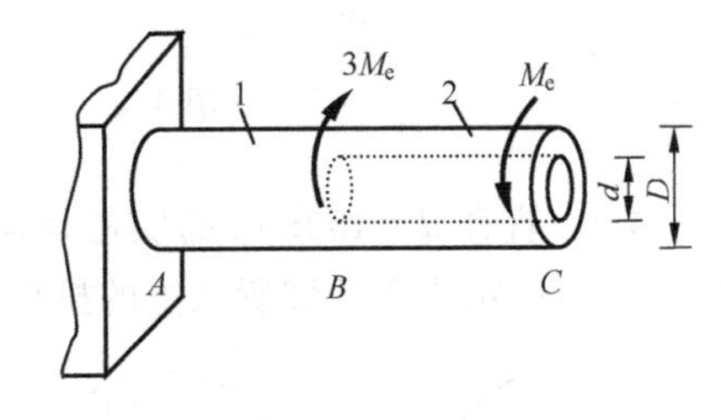

图 4-4

(2) 确定 M_e 许可值。

由 AB 段强度

$$\tau_{\max}=\frac{T_1}{W_{t1}}=\frac{2M_e}{\frac{\pi D^3}{16}}\leqslant[\tau]$$

得

$$M_e\leqslant\frac{\pi D^3[\tau]}{32}=\frac{3.14\times100^3\times10^{-9}\times60\times10^6}{32}=5.89(\mathrm{kN\cdot m})$$

由 BC 段强度

$$\tau_{\max}=\frac{T_2}{W_{t2}}=\frac{M_e}{\frac{\pi D^3}{16}(1-\alpha^4)}\leqslant[\tau]$$

得 $$M_e\leqslant\frac{\pi D^3\left[1-\left(\frac{d}{D}\right)^4\right][\tau]}{16}=\frac{3.14\times100^3\times10^{-9}\left[1-\left(\frac{50}{100}\right)^4\right]\times60\times10^6}{16}=11.0(\mathrm{kN\cdot m})$$

两段比较后，取 $M_e=5.89\mathrm{kN\cdot m}$。

4.3 习题选解

4-1 试作图 4-5 所示等直圆轴的扭矩图。

4-2 某钻机功率 $P=10\mathrm{kW}$，转速 $n=180\mathrm{r/min}$。钻入土层的钻杆长度 $l=40\mathrm{m}$，若把土对钻杆的阻力看成沿杆长均匀分布的力偶，如图 4-6(a)所示，试求此轴分布力偶的集度 m，并作该轴扭矩图。

解 此轴扭矩沿轴线线性分布。作用在钻杆上端的扭转外力偶 M_T 为

$$M_T=9549\frac{P}{n}=9549\frac{10}{180}=530.5(\mathrm{N\cdot m})$$

$$\sum M_x=0,\quad M_T-ml=0$$

$$m=\frac{M_{\mathrm{T}}}{l}=\frac{530.5}{40}=13.26(\mathrm{N\cdot m/m})$$

作扭矩图如图 4-6(b)所示。

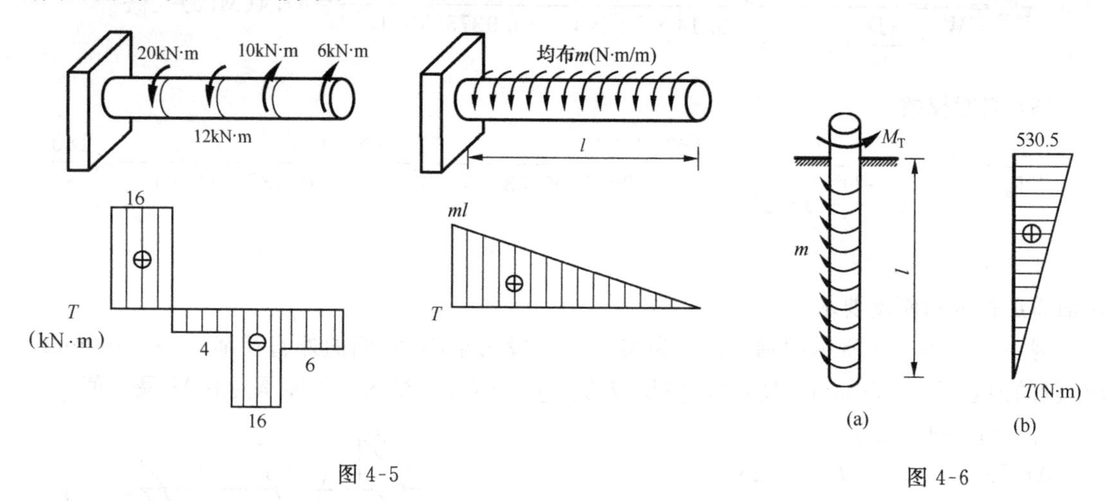

图 4-5　　　　图 4-6

4-3　直径 $d=400\mathrm{mm}$ 的实心圆轴扭转时，其横截面上最大切应力 $\tau_{\max}=100\mathrm{MPa}$，试求图 4-7(a)所示阴影区域所承担的扭矩。

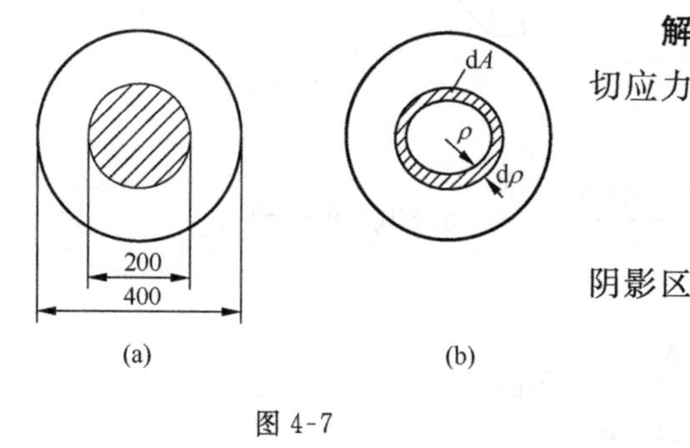

图 4-7

解　图 4-7(b)所示圆轴横截面上距圆心 ρ 处一点切应力为

$$\tau_{\rho}=\frac{\rho}{\frac{d}{2}}\tau_{\max}=\frac{\rho}{0.2}\times10^{8}$$

阴影区域所承担的扭矩为

$$T'=\int\rho\tau_{\rho}\mathrm{d}A=\int_{0}^{0.1}\frac{\rho^{2}}{0.2}\times10^{8}\times2\pi\rho\mathrm{d}\rho$$

$$=78.5(\mathrm{kN\cdot m})$$

4-4　图 4-8(a)所示折杆 AB 段直径 $d=40\mathrm{mm}$，长 $l=1\mathrm{m}$，材料的许用切应力 $[\tau]=70\mathrm{MPa}$，切变模量为 $G=80\mathrm{GPa}$。BC 段视为刚性杆，$a=0.5\mathrm{m}$。当 $F=1\mathrm{kN}$ 时，试校核 AB 段的强度，并求 C 截面的铅垂位移。

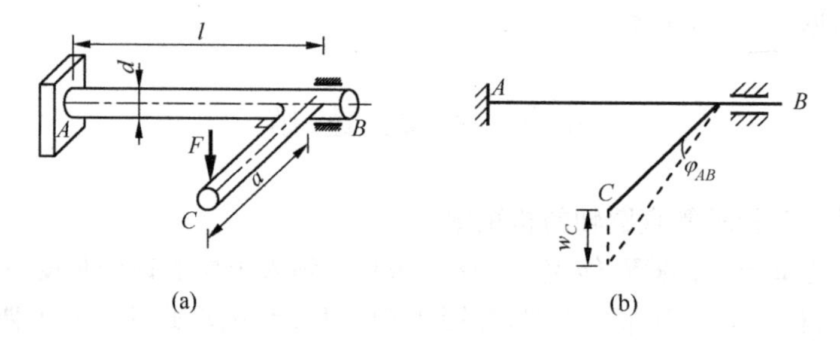

图 4-8

解　(1) AB 段扭矩为　$T=Fa=1\times0.5=0.5(\mathrm{kN\cdot m})$

横截面上最大切应力为　$\tau_{\max}=\frac{T}{W_{\mathrm{t}}}=\frac{0.5\times10^{3}}{\frac{\pi}{16}\times40^{3}\times10^{-9}}=39.8(\mathrm{MPa})<[\tau]$

AB 段满足强度要求。

(2) AB 段扭转变形为 $\varphi_{AB}=\dfrac{Tl}{GI_p}=\dfrac{0.5\times10^3\times1}{80\times10^9\times\dfrac{\pi}{32}\times40^4\times10^{-12}}=0.02487(\text{rad})$

C 截面的铅垂位移如图 4-8(b)所示。

$$w_C=a\cdot\varphi_{AB}=0.5\times0.02487=0.0124(\text{m})=12.4(\text{mm})\quad(\downarrow)$$

4-5 从图 4-9(a)所示受扭转力偶 M_e 作用的圆轴中，截取出图 4-9(b)所示部分作为研究对象，试说明此研究对象是如何平衡的。

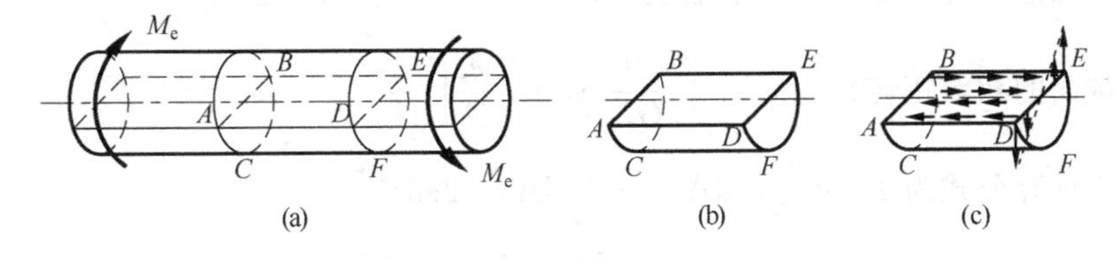

图 4-9

解 根据切应力互等定理，圆轴横截面上有切应力时，与之垂直的纵向截面也存在切应力，大小相等，方向同时指向或背离交线，如图 4-9(c)所示。

4-6 图 4-10 所示空心圆轴外直径 $D=50\text{mm}$，AB 段内直径 $d_1=25\text{mm}$，BC 段内直径 $d_2=38\text{mm}$，材料的许用切应力$[\tau]=70\text{MPa}$，试求此轴所能承受的允许扭转外力偶矩 M_e。若要求两段的扭转角相等，各段长应为多少？

解 此轴强度取决于 BC 段。

由 $\tau_{\max}=\dfrac{T}{W_t}=\dfrac{M_e}{W_t}\leqslant[\tau]$，得

$$M_e\leqslant W_t[\tau]=\frac{\pi D^3}{16}\left[1-\left(\frac{d_2}{D}\right)^4\right]\cdot[\tau]$$

$$=\frac{3.14}{16}\times50^3\times10^{-9}\times\left[1-\left(\frac{38}{50}\right)^4\right]\times70\times10^6$$

$$=1144.8(\text{N}\cdot\text{m})=1.14(\text{kN}\cdot\text{m})$$

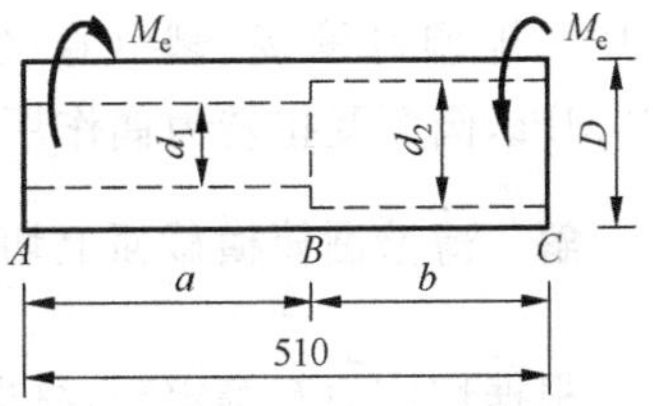

图 4-10

物理关系
$$\varphi_{AB}=\frac{Ta}{GI_{p1}},\quad \varphi_{BC}=\frac{Tb}{GI_{p2}}$$

变形关系
$$\varphi_{AB}=\varphi_{BC}$$

得
$$\frac{Ta}{GI_{p1}}=\frac{Tb}{GI_{p2}}$$

即
$$\frac{a}{b}=\frac{I_{p1}}{I_{p2}}=\frac{\dfrac{\pi D^4}{32}\left[1-\left(\dfrac{d_1}{D}\right)^4\right]}{\dfrac{\pi D^4}{32}\left[1-\left(\dfrac{d_2}{D}\right)^4\right]}=\frac{1-\left(\dfrac{d_1}{D}\right)^4}{1-\left(\dfrac{d_2}{D}\right)^4}=\frac{1-\left(\dfrac{25}{50}\right)^4}{1-\left(\dfrac{38}{50}\right)^4}=1.40$$

又
$$a+b=510$$

解得
$$a=297.5\text{mm},\quad b=212.5\text{mm}$$

4-7 如图 4-11 所示，长度为 l 的小锥度变截面薄壁圆筒的两端作用有外力偶矩 M_e，两端平均直径分别为 d_1 和 d_2，壁厚为 δ，材料的剪切弹性模量为 G。试求轴两端截面的相对扭转角。

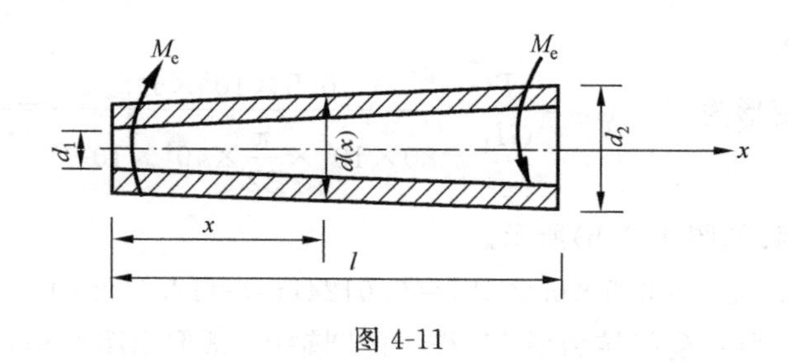

图 4-11

解 设在任意位置 x 处的平均直径为 $d(x)=d_1+\frac{d_2-d_1}{l}x$。

轴两端截面的相对扭转角为 $\varphi=\int_0^l \frac{T}{GI_P}\mathrm{d}x=\frac{M_e}{G}\int_0^l \frac{\mathrm{d}x}{I_P}$ 。

极惯性矩计算公式为 $I_P=\int_A r^2\mathrm{d}A=r^2\int_A \mathrm{d}A=2\pi\delta r^2$ 。

所以，轴两端截面的相对扭转角为 $\varphi=\frac{M_e}{G}\int_0^l \frac{\mathrm{d}x}{I_P}=\frac{M_e}{G}\int_0^l \frac{8}{2\pi\delta[d(x)]^2}\mathrm{d}x$ 。

设

$$d(x)=d_1+\frac{d_2-d_1}{l}x=t,\mathrm{d}t=\frac{d_2-d_1}{l}\mathrm{d}x,\mathrm{d}x=\frac{l}{d_2-d_1}\mathrm{d}t$$

$$\varphi=\frac{4M_e}{\pi\delta G}\times\frac{l}{d_2-d_1}\int_0^l \frac{1}{t^3}\mathrm{d}t=\frac{4M_e l}{\pi\delta G(d_2-d_1)}\times\left(-\frac{t^{-2}}{2}\right)\bigg|_0^l$$

$$=\frac{4M_e l}{\pi\delta G(d_2-d_1)}\left(\frac{1}{d_1^2}-\frac{1}{d_2^2}\right)=\frac{4M_e l(d_2+d_1)}{\pi\delta G d_1^2 d_2^2}$$

4-8 如图 4-12 所示，由厚度 $\delta=8\mathrm{mm}$ 的钢板卷制成的圆筒，平均直径 $D=200\mathrm{mm}$，接缝处用两排铆钉铆接，铆钉直径 $d=20\mathrm{mm}$，许用切应力 $[\tau]=60\mathrm{MPa}$，许用挤压应力 $[\sigma_{bs}]=160\mathrm{MPa}$，圆筒受扭转力偶作用，$M_e=30\mathrm{kN\cdot m}$，试求铆钉的间距。

解 薄壁圆筒横截面上切应力为 $\tau=\frac{T}{2\pi\delta R_0^2}=\frac{2M_e}{\pi\delta D^2}$。

根据切应力互等定理，纵向截面上也存在切应力，合力为 $F_S=\tau l\delta=\frac{2M_e l}{\pi D^2}$。

钢板接缝处总剪力由铆钉承担，设每排铆钉的数量为 n，则每个铆钉剪切面上的剪力为 $F_S'=\frac{2M_e l}{n\pi D^2}$。

(1)根据切应力强度条件确定铆钉的间距 s。

$$\tau'=\frac{F_S'}{A_s}=\frac{2M_e l}{n\pi D^2}\times\frac{4}{\pi d^2}=\frac{8M_e l}{n(\pi Dd)^2}\leqslant[\tau]$$

铆钉的间距为 $s=\frac{l}{n}=\frac{(\pi Dd)^2[\tau]}{8M_e}=\frac{(3.14\times200\times20)^2\times60}{8\times30\times10^6}=39.4(\mathrm{mm})$。

取 $s=39\mathrm{mm}$。

(2)根据挤压强度条件确定铆钉的间距 s。

$$\sigma_{bs}=\frac{F_{bs}}{A_{bs}}=\frac{2M_e l}{n\pi D^2}\times\frac{1}{d\delta}=\frac{2M_e l}{n\pi D^2\delta d}\leqslant[\sigma_{bs}]$$

铆钉的间距为 $s=\frac{l}{n}=\frac{\pi D^2 d\delta[\sigma_{bs}]}{2M_e}=\frac{3.14\times200^2\times20\times8\times160}{2\times30\times10^6}=53.6(\mathrm{mm})$。

取 $s=39\mathrm{mm}$。

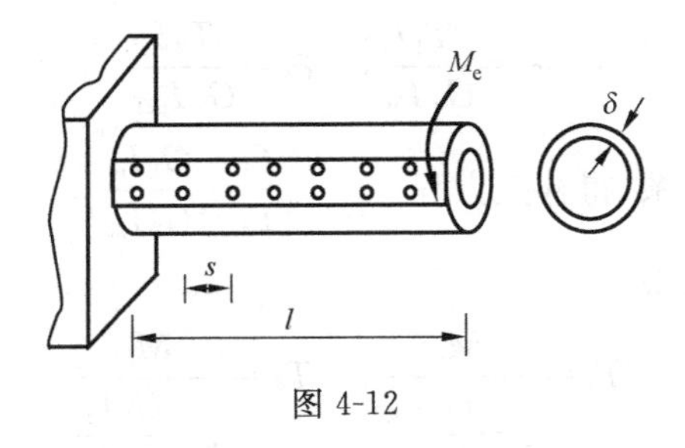

图 4-12

4-9 图 4-13(a)所示两端固定的受扭阶梯形圆轴，其中间段的直径为两边段的两倍，各段材料相同，切变模量为 G，试求支反力偶矩。

解 去掉约束，取而代之支反力偶矩为 M_A、M_B，如图 4-13(b)所示，为一次静不定问题。

静力学平衡方程 $\quad M_A = M_B$

变形几何关系 $\quad \varphi_{AC} + \varphi_{CD} + \varphi_{DB} = 0$

物理关系 $\quad \varphi_{AC} = \dfrac{T_1 a}{G I_{p1}} = \dfrac{M_A a}{G\dfrac{\pi d^4}{32}}$

$$\varphi_{CD} = \frac{T_2 \cdot 2a}{G I_{p2}} = \frac{(M_A - M_e)\cdot 2a}{G\dfrac{\pi(2d)^4}{32}}$$

$$\varphi_{DB} = \frac{T_3 a}{G I_{p1}} = \frac{M_B a}{G\dfrac{\pi d^4}{32}}$$

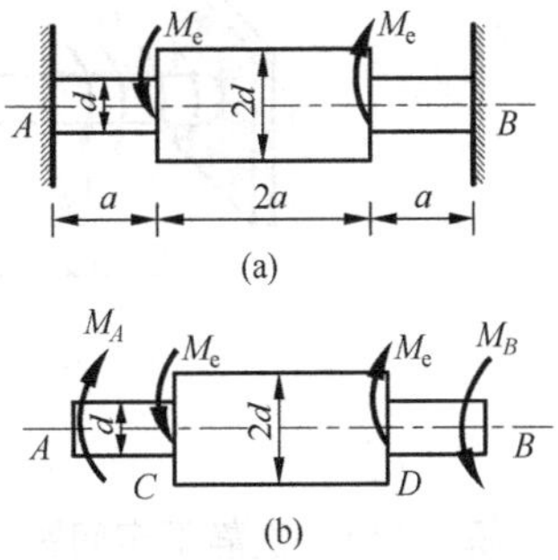

图 4-13

变形几何关系和物理关系联立，得补充方程

$$M_A + \frac{1}{8}(M_A - M_e) + M_B = 0$$

再与静力学平衡方程联立解得

$$M_A = M_B = \frac{M_e}{17}$$

4-10 一圆管套在一个圆轴外，两端焊住，如图 4-14 所示。圆轴与圆管的切变模量分别为 G_1、G_2，当两端施加一对扭转外力偶 M_e 时，试求圆管和圆轴各自承担的扭矩值。

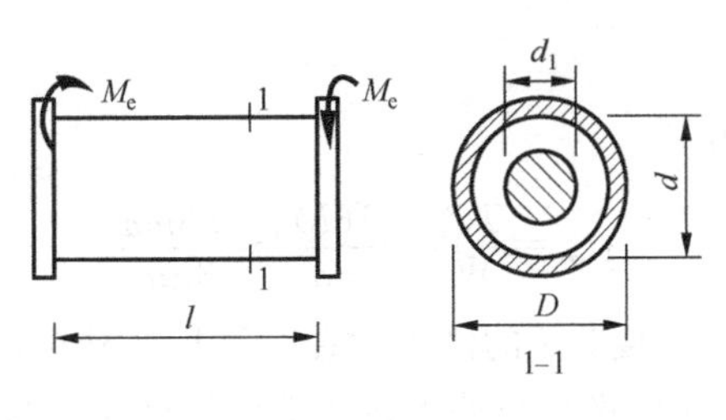

图 4-14

解 此题为一次静不定问题。

设圆轴和圆管的扭矩分别为 T_1、T_2，静力学平衡方程为

$$T_1 + T_2 = M_e$$

若圆轴和圆管的两端相对扭转角分别为 φ_1、φ_2，则变形几何关系为

$$\varphi_1 = \varphi_2$$

物理关系为
$$\varphi_1=\frac{T_1 l}{G_1 I_{p1}},\quad \varphi_2=\frac{T_2 l}{G_2 I_{p2}}$$

联立变形几何关系和物理关系，得补充方程
$$\frac{T_1}{T_2}=\frac{G_1 I_{p1}}{G_2 I_{p2}}$$

再与静力学平衡方程联立解得

$$T_1=\frac{M_e}{1+\dfrac{G_2 I_{p2}}{G_1 I_{p1}}},\quad T_2=\frac{M_e}{1+\dfrac{G_1 I_{p1}}{G_2 I_{p2}}}$$

4-11 如图 4-15(a)所示，两端固定的圆轴，直径为 d，AC 段受均布力偶作用，集度为 m。D 截面处受集中力偶作用 $M_e=ma$，试求：(1)两固定端约束力偶；(2)轴中最大切应力。

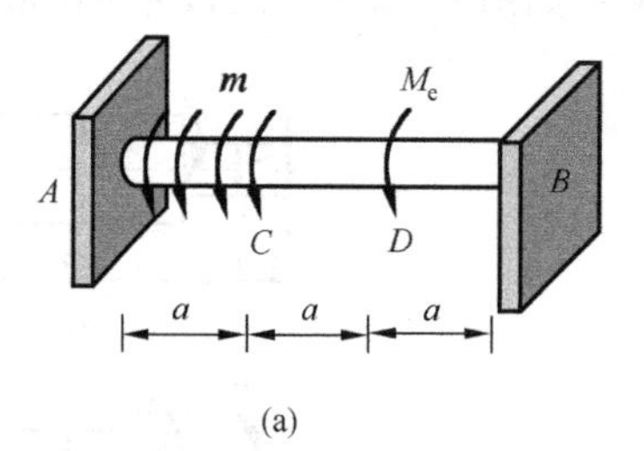

(a)

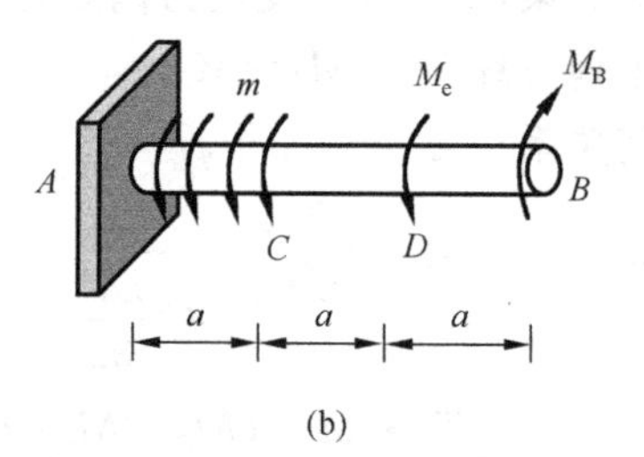

(b)

图 4-15

解 (1)一次静不定问题，如图 4-15(b)所示，利用叠加法计算 B 截面相对于 A 截面的扭转角。

约束力偶 M_B 单独作用时，$\varphi_{BA1}=\dfrac{M_B\cdot 3a}{GI_P}$。

集中力偶 M_e 单独作用时，$\varphi_{BA2}=\dfrac{ma\cdot 2a}{GI_P}=\dfrac{2ma^2}{GI_P}$。

均布力偶 m 单独作用时，$\varphi_{BA3}=\displaystyle\int_0^a \frac{mx}{GI_P}\mathrm{d}x=\frac{ma^2}{2GI_P}$。

根据变形几何关系 $\varphi_{BA}=\varphi_{BA1}-\varphi_{BA2}-\varphi_{BA3}=\dfrac{3M_B a}{GI_P}-\dfrac{5ma^2}{2GI_P}=0$

解得 $M_B=\dfrac{5ma}{6}$。

根据平衡方程 $\sum M_x=0,\quad -M_A+ma+ma-M_B=0$

解得 $M_A=\dfrac{7ma}{6}$。

(2)计算轴内最大切应力。

$$\tau_{max}=\frac{T_{max}}{W_t}=\frac{16M_A}{\pi d^3}=\frac{56ma}{3\pi d^3}$$

4-12 如图 4-16 所示，一长度为 l 的刚轴插在一等长且材料相同的钢管中，轴和管处于松套状态，当内轴受扭矩 T 作用时，将其与外管在两端面焊接在一起，然后去掉扭矩：(1)此时轴与管中的最大切应力各是多少？(2)从强度方面考虑，内轴的直径与外管的外径最合理的比值是多少？

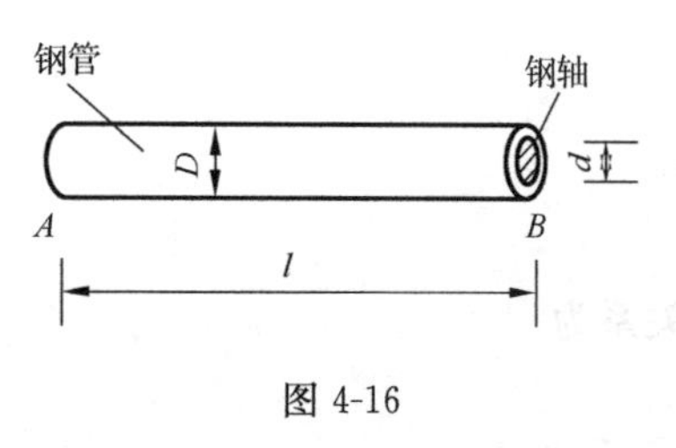

图 4-16

解 一次静不定，装配应力问题。

(1)求轴与管中的最大切应力。

内轴初始转过的角度为 $\varphi=\dfrac{Tl}{GI_{P1}}$。

焊接后去掉扭矩，内轴扭矩和外管扭矩大小相等，方向相反，$T_1=T_2$。

变形协调方程
$$\varphi_1+\varphi_2=\varphi$$

物理方程
$$\varphi_1=\frac{T_1 l}{GI_{P1}},\quad \varphi_2=\frac{T_2 l}{GI_{P1}}$$

物理方程代入变形协调方程的补充方程得
$$\frac{T_1}{I_{P1}}+\frac{T_2}{I_{P2}}=\frac{T}{I_{P1}}$$

令
$$\xi=\frac{I_{P1}}{I_{P2}}=\frac{d^4}{D^4(1-\alpha^4)}=\frac{\alpha^4}{1-\alpha^4},\quad \alpha=\frac{d}{D}$$

解得 $T_1=T_2=(1-\alpha^4)T$。

内轴最大切应力为
$$\tau_{\max1}=\frac{T_1}{W_{t1}}=\frac{16(1-\alpha^4)T}{\pi d^3}=\frac{1-\alpha^4}{\alpha^3}\cdot\frac{16T}{\pi D^3}$$

外管最大切应力为
$$\tau_{\max2}=\frac{T_2}{W_{t2}}=\frac{16(1-\alpha^4)T}{\pi D^3(1-\alpha^4)}=\frac{16T}{\pi D^3}$$

(2)求内轴的直径与外管的外径最合理的比值。

明显地，外管的最大切应力与内轴直径与外管直径的比值无关，所以从强度角度考虑，则内轴的最大切应力不能超过外管的最大切应力，即要求：$\frac{\alpha^4}{1-\alpha^3}\leqslant 1$，$\alpha<1$。

求解方程 $\alpha^3(1+\alpha)=1$。用试凑法可得 $\alpha=0.82$。

故内轴的直径与外管的外径最合理的比值为 $0.82\leqslant\frac{d}{D}<1$。

第5章　弯曲内力

5.1　重点内容概要

1. 平面弯曲

直杆在横向力(垂直其轴线的外力和外力偶矩矢)作用下，产生弯曲变形，以弯曲变形为主的杆件称为梁。

平面弯曲的条件及特点如下。

(1) 有对称截面的梁，外力作用在梁的纵对称面内，变形后其挠曲线仍与外力共面，故称平面弯曲。

(2) 非对称截面梁，外力与主形心惯性平面平行且通过弯曲中心，才产生平面弯曲。弯曲中心的概念见第7章。

2. 静定梁的三种基本形式

三种基本的静定梁：简支梁、悬臂梁和外伸梁。

3. 剪力和弯矩的正负号规定

(1) 剪力 F_S：若 F_S 对截面内侧一点产生顺时针转向的矩，则 F_S 为正，反之为负。

(2) 弯矩 M：①水平直梁，弯曲下凸而使底面伸长时，弯矩 M 为正，反之为负。②曲杆，使直杆曲率增大的弯矩为正，反之为负。③刚架，弯矩无正负号规定，可自行决定。在作弯矩图时，机械类材料力学中均把弯矩图画在杆件受压一侧，土建类材料力学中则画在杆件受拉一侧，本书按机械类画法作弯矩图。

4. 求 F_S、M 的方法

(1) 截面法。用假想截面把杆件截开，留分离体，设正向的 F_S、M，列平衡方程求出 F_S、M。

(2) 直接法。根据截面任意一侧的外力直接写出该截面的 F_S、M。

F_S＝截面一侧全部横向(垂直于杆轴)外力的代数和。对截面一点产生顺时针转向的矩时，外力取正号，反之取负号。

M＝截面一侧全部外力(包括力偶)对该截面形心之矩的代数和。向上的外力之矩取正号，反之取负号。

5. 弯矩 M、剪力 F_S 和分布载荷集度 q 之间的关系

(1) 平衡微分关系

$$\frac{\mathrm{d}M(x)}{\mathrm{d}x}=F_S(x) \tag{5-1}$$

$$\frac{\mathrm{d}F_S(x)}{\mathrm{d}x}=q(x) \tag{5-2}$$

$$\frac{d^2M(x)}{dx^2}=q(x) \tag{5-3}$$

此关系建立在右手坐标系中，即 x 向右为正，y 向上为正，适用于直梁或刚架中的直杆，是通过微段平衡方程建立起来的。几何意义：式(5-1)表示 M 图的斜率$=F_S$，式(5-2)表示 F_S 图的斜率$=q$ 值，式(5-3)表示 M 图的斜率$=q$ 值。

(2) 增量关系。在集中力 F 作用处，$\Delta F_S=F$；在集中力偶 M_e 作用处，$\Delta M=M_e$。

(3) F_S、M 图的特征。

① 无外力($q=0$)时，$F_S=$常数，M 图是直线；$F_S=0$，M 图为水平直线(斜率为零)；$F_S>0$，M 图为右上斜直线(斜率为正)；$F_S<0$，M 图为右下斜直线(斜率为负)。

② 向下的均布载荷(q)为负常数时，F_S 图为右下斜直线(斜率为负)，M 图为凸抛物线。

③ 向上的均布载荷(q)为正常数时，F_S 图为右上斜直线(斜率为正)，M 图为凹抛物线。

④ 向上集中力 F 作用处，F_S 图向上突变，向下集中力 F 作用处，F_S 图向下突变，突变值均等于 F，M 图有尖角。

⑤ 顺时针转向的集中力偶作用处，M 图向上突变，逆时针转向的集中力偶作用处，M 图向下突变，突变值均等于集中力偶矩，F_S 图不变。

⑥ 曲线的 M 图的极值弯矩发生于 $F_S=0$ 的截面处。

6. F_S、M 的表达形式——F_S、M 方程和 F_S、M 图

(1) 列 F_S、M 方程，根据 F_S、M 方程作 F_S、M 图。列方程时，为计算简便，可以选择不同的坐标系。无论何种坐标系，最后的 F_S、M 图是相同的。

(2) 简易法作 F_S、M 图。直接根据外力的情况及上述微分关系及增量关系作 F_S、M 图。

(3) 叠加法作 M 图。在熟练掌握简单载荷的 M 图的基础上，可用叠加法作 M 图。

7. 刚架、曲杆的内力方程和内力图

刚架和曲杆在平面问题中任意截面上的内力一般有三个：轴力 F_N，剪力 F_S，弯矩 M。F_N 规定拉为正，压为负。F_S、M 的正负号本章已作了规定。

5.2 典型例题

例 5-1 试用截面法求图 5-1(a)所示梁在横截面上的剪力和弯矩，用直接法求横截面 2-2 和 3-3 上的剪力和弯矩。

解 (1) 求支反力。

$$\sum M_A = 0$$

$$F_B \cdot a + qa \cdot \frac{a}{2} - qa^2 - qa \cdot 2a = 0$$

$$F_B = \frac{5}{2}qa(\uparrow)$$

$$\sum M_B = 0$$

$$F_A \cdot a + qa \cdot \frac{3a}{2} - qa^2 - qa \cdot a = 0$$

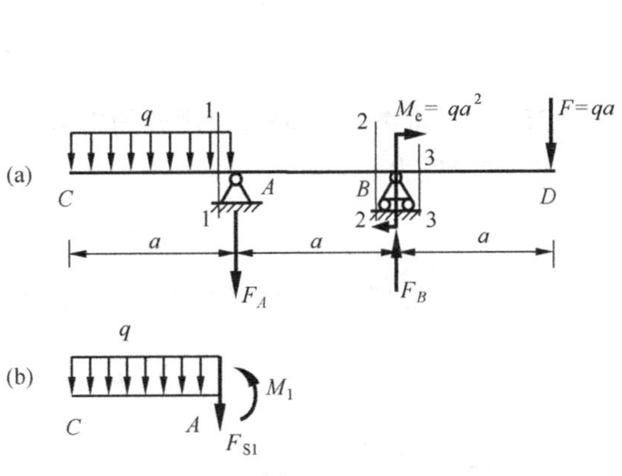

图 5-1

$$F_A = \frac{1}{2}qa(\downarrow)$$

(2) 求 1-1 截面的 F_{S1}、M_1。

用假想的 1-1 截面截开梁，取左侧 CA 段，在 1-1 截面上假设剪力 F_{S1} 和弯矩 M_1 均为正，如图 5-1(b)所示。

$$\sum F_y = 0,\quad -F_{S1} - qa = 0,\quad F_{S1} = -qa$$

$$\sum M_A = 0,\quad M_1 + qa \cdot \frac{a}{2} = 0,\ M_1 = -\frac{qa^2}{2}$$

(3) 用直接法求 2-2 截面和 3-3 截面上的剪力和弯矩。

$$F_{S2} = -qa - F_A = -qa - \frac{qa}{2} = -\frac{3}{2}qa$$

$$M_2 = -qa \cdot \frac{3}{2}a - F_A \cdot a = -\frac{3qa^2}{2} - \frac{1}{2}qa^2 = -2qa^2$$

$$F_{S3} = F = qa$$

$$M_3 = -Fa = -qa^2$$

讨论：

(1) 用截面法求某截面的内力时，通常保留受力较简单的一部分作为分离体，假设截面上为正号的内力。列平衡方程并求出其内力时，正负号就会与规定的内力正负号相同。

(2) 用直接法求某截面的内力，实质上仍然是截面法，只不过省略了截面法的前两步，所以仍然以观察受外力简单的一侧较为简便。

例 5-2 试求图 5-2 所示结构指定截面上的内力。

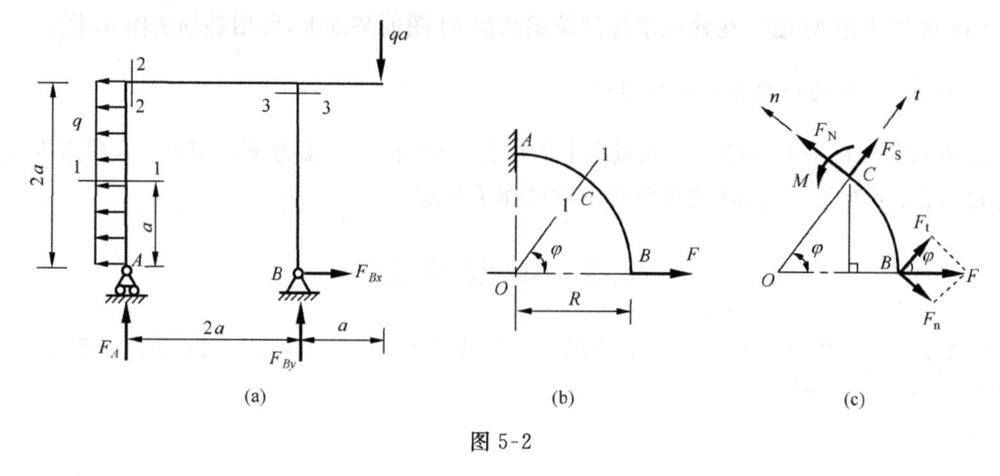

图 5-2

解 (1) 求图 5-2(a)所示刚架的内力。

① 求支反力。

$$\sum F_x = 0,\quad F_{Bx} = 2qa(\rightarrow)$$

$$\sum M_A = 0,\quad F_{By} \cdot 2a + 2qa \cdot a - qa \cdot 3a = 0,\quad F_{By} = \frac{1}{2}qa(\uparrow)$$

$$\sum F_y = 0,\quad F_A = \frac{qa}{2}(\uparrow)$$

② 用直接法求内力。

$$F_{N1}=-F_A=-\frac{qa}{2},\qquad F_{S1}=qa,\qquad M_1=qa\cdot\frac{a}{2}=\frac{qa^2}{2}\quad（左侧受压）$$

$$F_{N2}=2qa,\qquad F_{S2}=F_A=\frac{qa}{2},\qquad M_2=2qa\cdot a=2qa^2\quad（上侧受压）$$

$$F_{N3}=-F_{By}=-\frac{qa}{2},\qquad F_{S3}=-F_{Bx}=-2qa,\quad M_3=F_{Bx}\cdot 2a=4qa^2\quad（右侧受压）$$

(2) 求图 5-2(b)所示曲杆的内力。

用截面法取 1-1 截面右侧为分离体,受力图如图 5-2(c)所示,截面上设了正号的 F_N、F_S、M。

$$\sum F_n=0,\qquad F_N-F\sin\varphi=0,\qquad F_N=F\sin\varphi$$

$$\sum F_t=0,\qquad F_S+F\cos\varphi=0,\qquad F_S=-F\cos\varphi$$

$$\sum M_C=0,\qquad M+FR\sin\varphi=0,\qquad M=-FR\sin\varphi$$

讨论:求曲杆的内力时,力的投影关系不容易看清,可以将观察一侧的外力沿该截面法线方向和切线方向分解,如图 5-2(c)所示。不难看出,F_N 等于力 F 的法向分量 $F_n=F\sin\varphi$,F_S 等于力 F 的切向分量 $F_t=F\cos\varphi$,M 等于力 F 对该截面形心之矩 $M_C=FR\sin\varphi$。

例 5-3 列出图 5-3(a)所示梁的剪力方程和弯矩方程,作剪力图和弯矩图。

解 (1) 求支反力。

$$\sum M_B=0,\quad F\cdot 3a-M_e-F_A\cdot 2a+qa\cdot\frac{a}{2}=0$$

$$\sum M_A=0,\quad F_B\cdot 2a-qa\cdot\frac{3}{2}a-M_e+F\cdot a=0$$

得
$$F_A=\frac{11qa}{4}(\uparrow),\quad F_B=\frac{qa}{4}(\uparrow)$$

(2) 列 F_S、M 方程。

CA 段:

$F_S(x)=-F=-2qa\quad(0<x<a)$

$M(x)=-Fx=-2qax\quad(0\leqslant x<a)$

AD 段:

$$F_S(x)=-F+F_A=-2qa+\frac{11}{4}qa$$

$$=\frac{3qa}{4}\quad(0<x\leqslant 2a)$$

$$M(x)=-Fx+F_A(x-a)+M_e$$

$$=-2qax+\frac{11}{4}qa(x-a)+qa^2$$

$$=\frac{3qa}{4}x-\frac{7qa^2}{4}\quad(0<x\leqslant 2a)$$

DB 段:

$$F_S(x_1)=qx_1-F_B=qx_1-\frac{qa}{4}$$

$$(0<x_1\leqslant a)$$

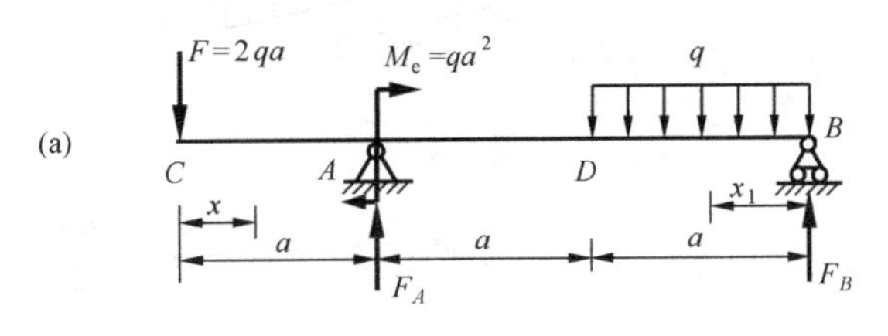

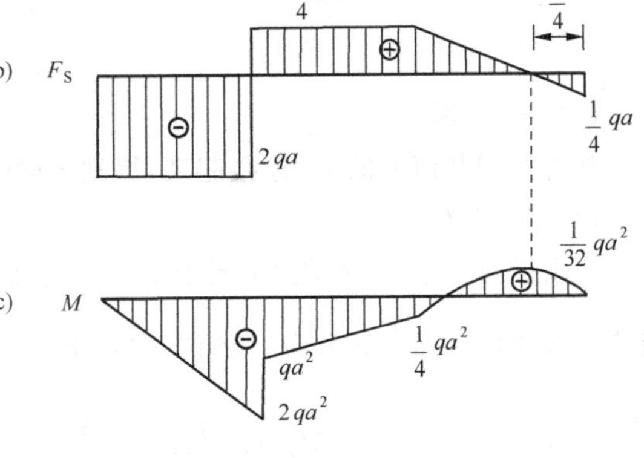

图 5-3

$$M(x_1)=F_Bx_1-\frac{q}{2}x_1^2=\frac{qa}{4}x_1-\frac{qx_1^2}{2}\quad(0\leqslant x_1\leqslant a)$$

(3) 作 F_S、M 图。

根据 F_S、M 方程作出 F_S、M 图，如图 5-3(b)、(c)所示。DB 段 M_{max} 如此求得。

令
$$F_S(x_1)=qx_1-\frac{qa}{4}=0$$

得
$$x_1=\frac{a}{4},\quad M_{max}=\frac{qa}{4}\cdot\frac{a}{4}-\frac{q}{2}\left(\frac{a}{4}\right)^2=\frac{1}{32}qa^2$$

讨论：为了便于作 F_S、M 图，在写 DB 段的 F_S、M 方程时，另设了以 B 为原点的坐标 x_1，写 F_S、M 方程时取截面右侧的外力求 F_S、M。

例 5-4 试用简易法作图 5-4(a)所示梁的剪力图和弯矩图。

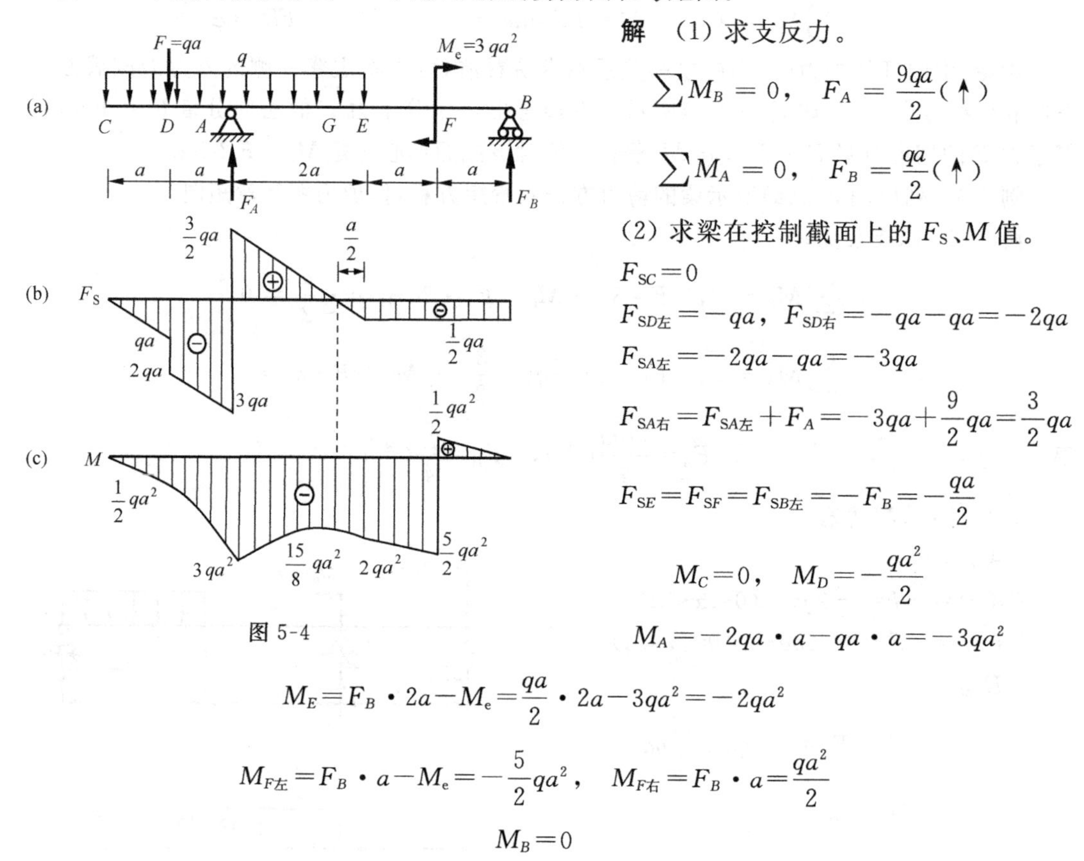

图 5-4

解 (1) 求支反力。

$$\sum M_B=0,\quad F_A=\frac{9qa}{2}(\uparrow)$$

$$\sum M_A=0,\quad F_B=\frac{qa}{2}(\uparrow)$$

(2) 求梁在控制截面上的 F_S、M 值。

$F_{SC}=0$

$F_{SD左}=-qa$，$F_{SD右}=-qa-qa=-2qa$

$F_{SA左}=-2qa-qa=-3qa$

$$F_{SA右}=F_{SA左}+F_A=-3qa+\frac{9}{2}qa=\frac{3}{2}qa$$

$$F_{SE}=F_{SF}=F_{SB左}=-F_B=-\frac{qa}{2}$$

$$M_C=0,\quad M_D=-\frac{qa^2}{2}$$

$$M_A=-2qa\cdot a-qa\cdot a=-3qa^2$$

$$M_E=F_B\cdot 2a-M_e=\frac{qa}{2}\cdot 2a-3qa^2=-2qa^2$$

$$M_{F左}=F_B\cdot a-M_e=-\frac{5}{2}qa^2,\quad M_{F右}=F_B\cdot a=\frac{qa^2}{2}$$

$$M_B=0$$

(3) 作 F_S 图。

将各控制截面上的 F_S 连接起来，得到全梁的 F_S 图，如图 5-4(b)所示。

(4) 作 M 图。

先求极值弯矩。AE 段 F_S 图中 $F_S=0$ 的截面上有极值弯矩。由 F_S 图中利用相似三角形对应边成比例可确定该截面 G 的位置为 $GE=\frac{a}{2}$，则

$$M_G=F_B\left(2a+\frac{a}{2}\right)-M_e-\frac{q}{2}\left(\frac{a}{2}\right)^2=-\frac{15}{8}qa^2$$

将各控制截面上的 M 值以及极值弯矩值连接起来，并注意所有均布载荷的各段 M 图是凸抛物线，得到全梁的 M 图，如图 5-4(c)所示。

讨论：

(1) 作 F_S 图时，利用 F_S 与 q 的微分关系，及集中力作用处 F_S 图的突变规律，可以更迅速地作出 F_S 图，F_S 一定是一个能够封闭的图形。

(2) 求极值弯矩可以利用 F_S 图的图形面积。由 $\frac{dM}{dx}=F_S$，可知 $\int_A^G F_S dx = M_G - M_A$，所以 $M_G = \int_A^G F_S dx + M_A = AG + M_A$ 段 F_S 图面积，此题中

$$M_G=-3qa^2+\frac{1}{2}\cdot\frac{3a}{2}\cdot\frac{3qa}{2}=-\frac{15qa^2}{8}$$

例 5-5 有中间铰的梁如图 5-5(a)所示，试作 F_S、M 图。

解 (1) 求支反力。

原梁从中间铰处分解为基本静定梁和悬梁，如图 5-5(b)所示。

先求悬梁 CD 的支反力，由对称性可得 $F_C=F_D=3F(\uparrow)$。

再将 F_C 与 F_D 的反作用力加到基本静定梁上，分别由梁 AC 和梁 DE 的平衡方程得到

$$F_A=\frac{3F}{4}(\downarrow),\quad F_B=\frac{15F}{4}(\uparrow)$$

$$F_E=3F(\uparrow),\quad M_E=9Fa(\text{顺时针})$$

(2) 作 F_S、M 图。

用简易法作各部分的 F_S、M，并连接在一起，得到全梁的 F_S、M 图，分别如图 5-5(c)、(d)所示。

讨论：由以上例题的 M 图可见，在自由端，边界铰支座和中间铰处，只要无集中力偶作用，则 M 一定为零，利用这个特征对正确地作 M 图是很有帮助的。

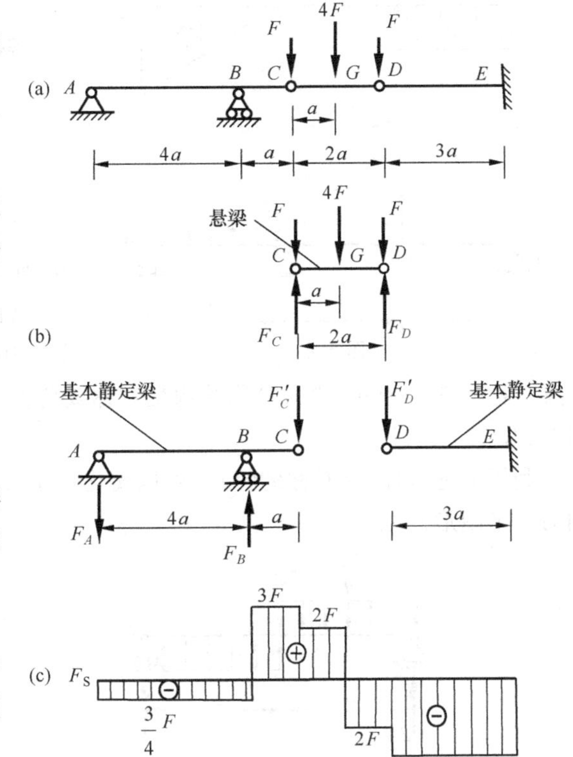

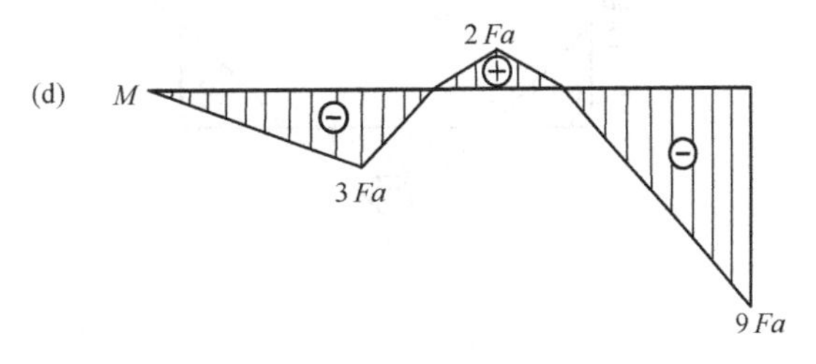

图 5-5

例 5-6 已知简支梁的弯矩图如图 5-6(a)所示。试作出梁的 F_S 图和载荷图。

解 (1) 分析梁上外力。

AC 段 M 图为斜直线(斜率为负)，A 端必有向下的力 F_A，由 $M_C=-Fa$，知 $F_A=F$。CD 段 M 图为常量(斜率为零)，C 截面上必有向上的力 $F_C=F$。

DB 段 M 图为上凸的二次抛物线，该段梁上必有向下的均布载荷，设为 q。B 端 M 图切线斜率为负，该处必有向上集中力 F_B。

D 截面 M 图有突变(M 增大)，该处必有顺时针转向力偶 $M_e=2Fa$。作出梁的受力图，如图 5-6(b)所示。列平衡方程

$$\sum F_y=0,\quad -F+F-qa+F_B=0$$

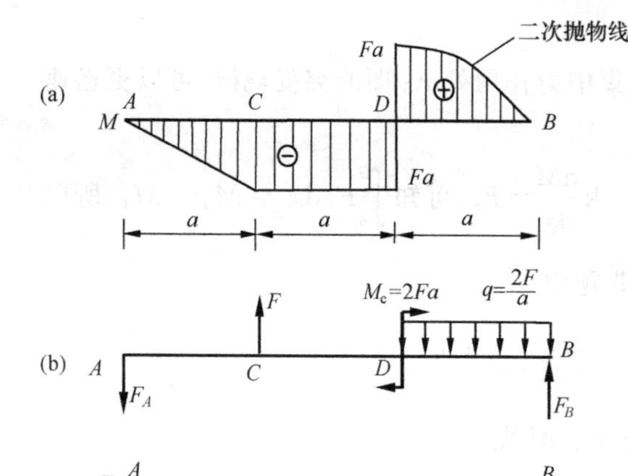

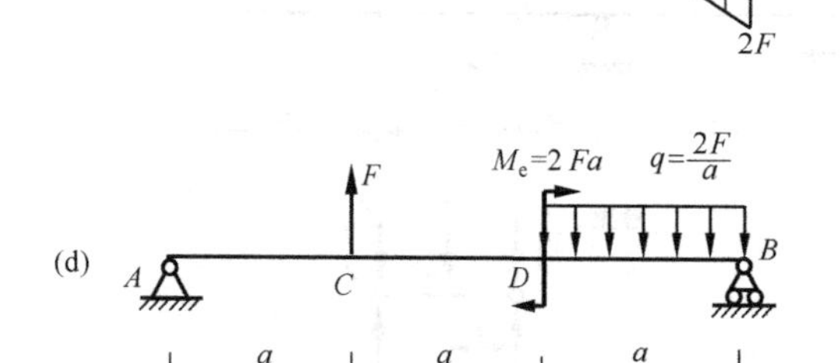

图 5-6

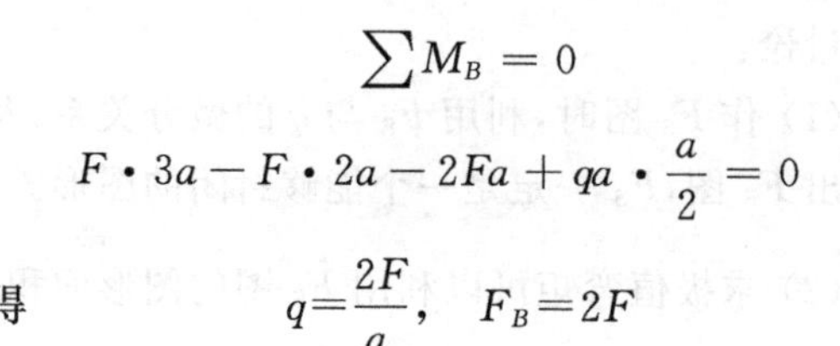

$$\sum M_B = 0$$

$$F \cdot 3a - F \cdot 2a - 2Fa + qa \cdot \frac{a}{2} = 0$$

得 $$q=\frac{2F}{a}, \quad F_B=2F$$

(2) 作 F_S 图，如图 5-6(c)所示。作载荷图，如图 5-6(d)所示。受力图中的 F_A 和 F_B 即为简支梁的支反力。

例 5-7 作图 5-7(a)、(b)所示简支梁的 F_S、M 图，并讨论 F_S、M 图的特点。

解 图 5-7(a) $F_A=\frac{1}{2}qa(\uparrow)$

$$F_B=\frac{1}{2}qa(\downarrow)$$

图 5-7(b) $\quad F_A=F_B=2qa(\uparrow)$

用简易法作出 F_S、M 图，分别画在受力图下方，如图 5-7(c)、(d)所示。

讨论：图 5-7(a) 梁为对称结构受反对称载荷作用，支反力也是反对称的，而 F_S 图对称，M 图反对称。图 5-7(b) 梁为对称结构受对称载荷作用，支反力也是对称的，而 F_S 图反对称，M 图对称。

利用上述对称、反对称的特点，可以简化作 F_S、M 图的方法，作出一半图形就可相应地得到另一半图形。

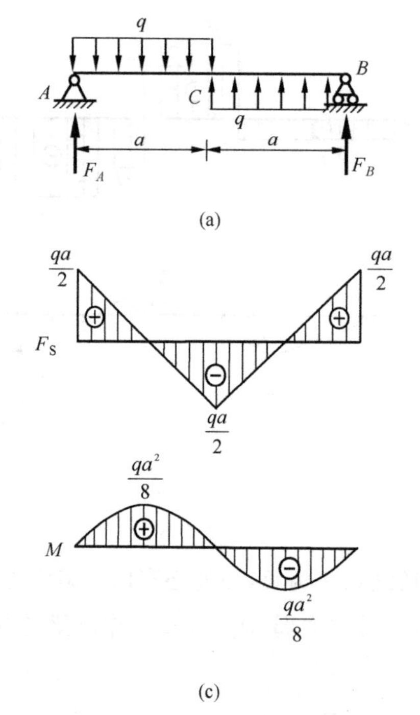

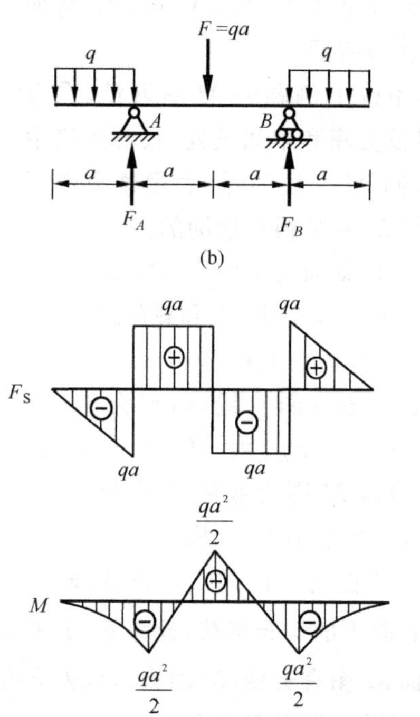

图 5-7

例 5-8 试用叠加法作图 5-8(a)所示梁的 M 图。

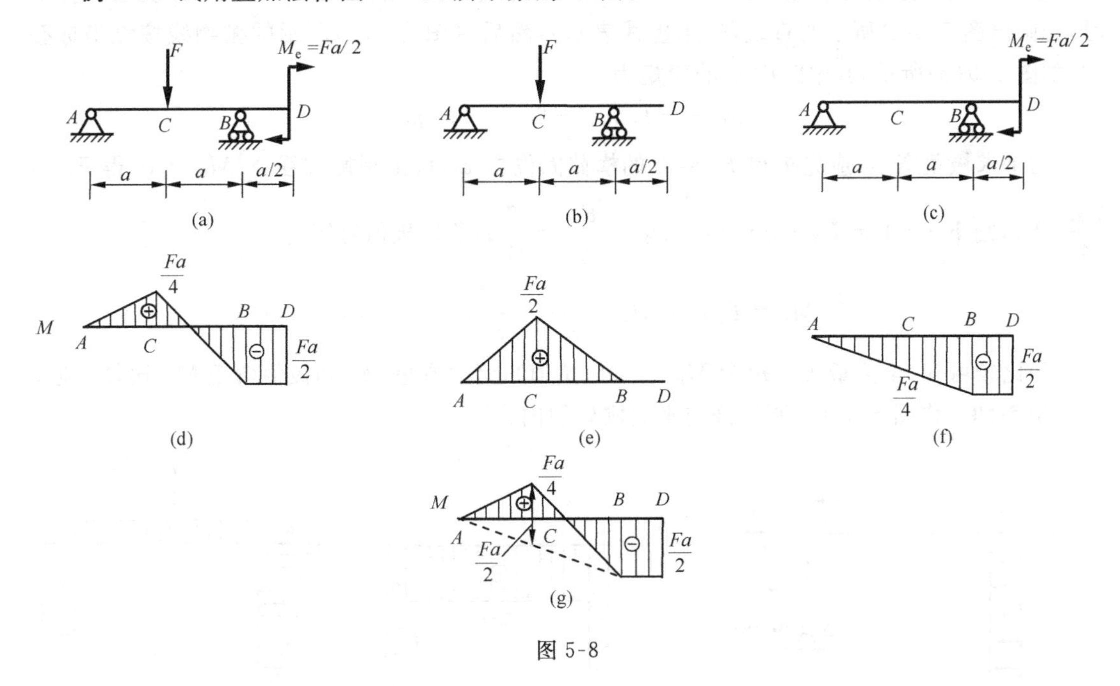

图 5-8

解 将梁上载荷分开如图 5-8(b)、(c)所示，分别作每种载荷下的 M 图，如图 5-8(e)、(f)所示。由于每个 M 图都是由折线组成的，故叠加后的总 M 图也是折线，只须计算叠加后控制截面的弯矩值，连线即为叠加后的 M 图。

$$M_A=0, \quad M_C=\frac{Fa}{2}-\frac{Fa}{4}=\frac{Fa}{4}, \quad M_B=M_D=-\frac{Fa}{2}$$

梁的 M 图如图 5-8(d)所示。

讨论：也可以这样叠加作图，如图 5-8(g)所示，首先作出力偶 M_e 作用下的 M 图(虚线所示)，然后将力 F 作用下的 M 按纵坐标相加的方式叠加，实线即为总 M 图。

例 5-9 试用叠加法作图 5-9(a)所示梁的 M 图，并求全梁的极值弯矩。

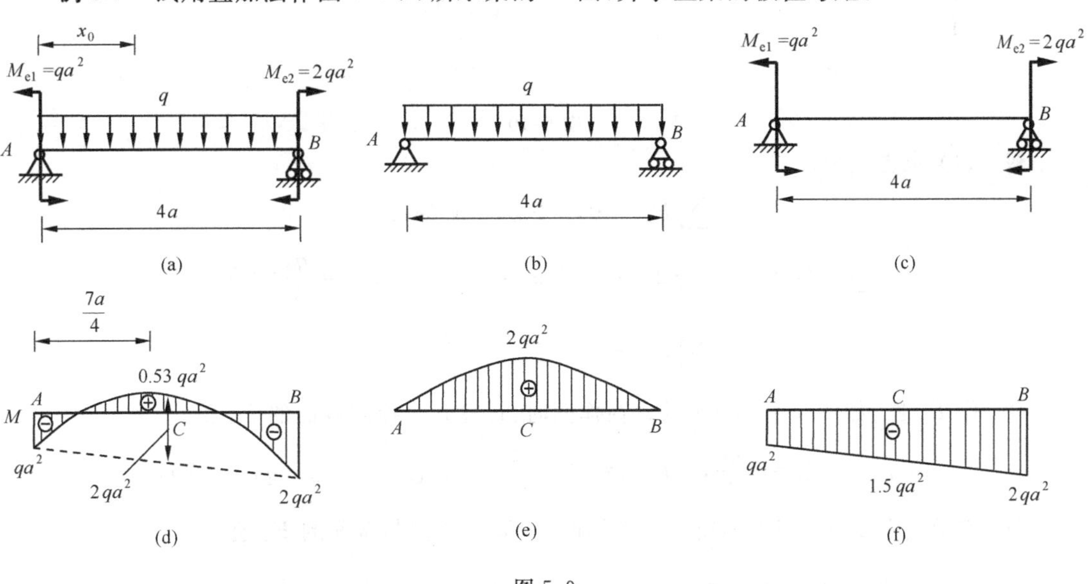

图 5-9

解 将载荷分成两组，如图 5-9(b)、(c)所示，分别作 M 图，如图 5-9(e)、(f)所示。叠加时，先画出图 5-9(f)所示的直线段(用虚线表示)，然后将图 5-9(e)所示的抛物线按纵坐标叠加，如图 5-9(d)所示，其中跨中 C 的弯矩为

$$M_C=-1.5qa^2+2qa^2=0.5qa^2$$

为了求极值弯矩，应先求得 $F_S=0$ 的横截面位置 x_0，可由平衡方程 $\sum M_B=0$，得 $F_A=\frac{7qa}{4}(\uparrow)$，则 $F_S(x_0)=F_A-qx_0=0$，$x_0=\frac{F_A}{q}=\frac{7}{4}a$，所以极值弯矩为

$$M_{x_0}=F_Ax_0-M_{e1}-\frac{q}{2}x_0^2=\frac{17}{32}qa^2=0.53qa^2$$

经比较可知，全梁最大弯矩为 $M_B=2qa^2$(负值)，跨中弯矩 M_C 和极值弯矩 M_{x_0} 比较接近。

例 5-10 作图 5-10(a)所示静定平面刚架的内力图。

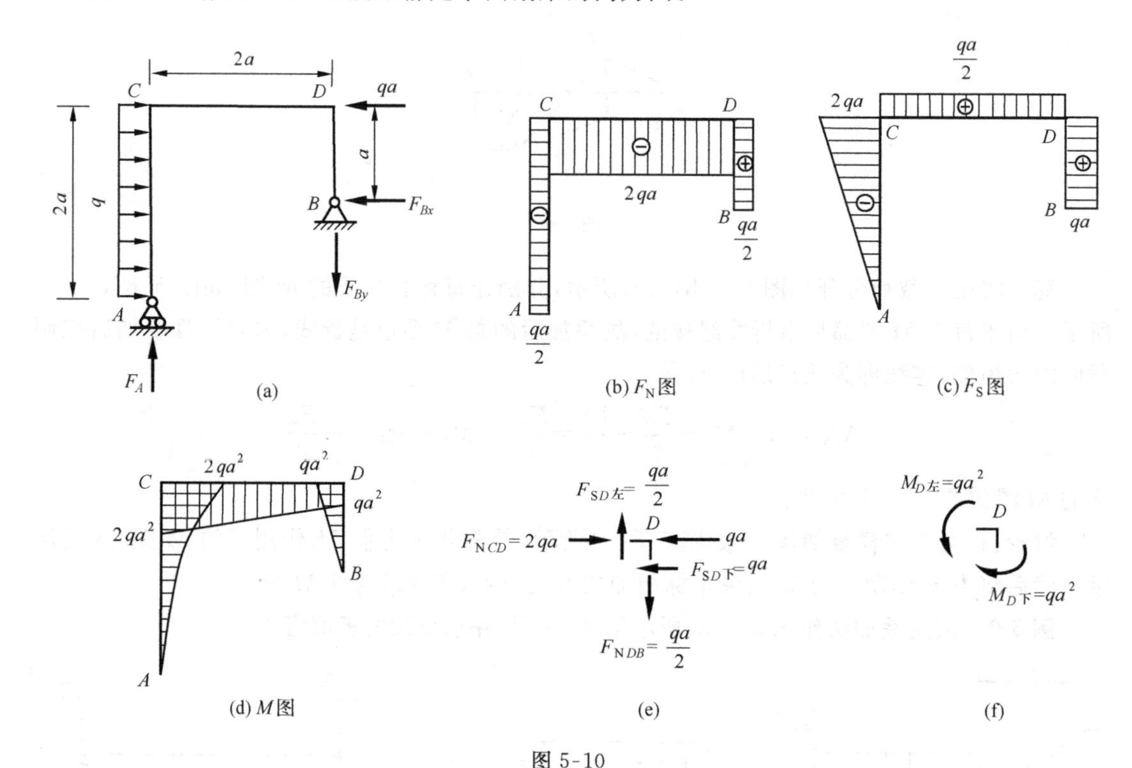

图 5-10

解 (1) 求支反力。

$$\sum F_x=0,\quad F_{Bx}=qa(\leftarrow)$$

$$\sum M_B=0,\quad -F_A\cdot 2a+qa\cdot a=0,\quad F_A=\frac{qa}{2}(\uparrow)$$

$$\sum F_y=0,\quad F_{By}=\frac{qa}{2}(\downarrow)$$

(2) 作 F_N 图，如图 5-10(b)所示。在作图时，计算几个控制截面的 F_N 值。

$$F_{NAC}=-F_A=-\frac{qa}{2},\quad F_{NBD}=F_{By}=\frac{qa}{2},\quad F_{NCD}=-F_{Bx}-qa=-2qa$$

(3) 作 F_S 图，如图 5-10(c)所示。作图时，计算几个控制截面的 F_S 值。

$$F_{SA}=0,\quad F_{SC下}=-2qa,\quad F_{SC右}=F_A=\frac{qa}{2},\quad F_{SB上}=F_{Bx}=qa$$

(4) 作 M 图，如图 5-10(d)所示。作图时，计算几个控制截面的 M 值。

$$M_A=0,\quad M_{C下}=M_{C右}=2qa^2(内侧受压),\quad M_{D左}=M_{D下}=qa^2,\quad M_B=0$$

M 图均画在杆件弯曲后受压一侧(凹侧)。

讨论:(1) 刚架的 F_N 图和 F_S 图可以画在杆件任意一侧，但必须标明正、负号。M 图按机械类材料力学的规定，一律画在杆件弯曲变形后凹入的一侧(受压一侧)，不再标正、负号。判断哪一侧受压的简便方法是:用直接法求弯矩时所观察外力箭头所指的一侧即为受压侧。

(2) 刚节点上 F_N 与 F_S 存在平衡关系。例如，作节点 D 的受力图，如图 5-10(e) 所示，F_N 与 F_S 以及节点载荷满足 $\sum F_x=0$ 和 $\sum F_y=0$。刚节点上两侧的 M 也存在平衡关系。例如，节点 D 的弯矩如图 5-10(f) 所示，满足 $\sum M_D=0$，可以根据节点是否平衡来校核内力图是否正确。在无外力偶作用的二杆相连的刚节点处，必须有两侧弯矩相等，而且居于刚架的同一侧(同在外侧，或同在内侧)。

例 5-11* 一半圆环状曲杆如图 5-11(a)所示，图中的 q 和 R 均为已知，试作此杆的各内力图。

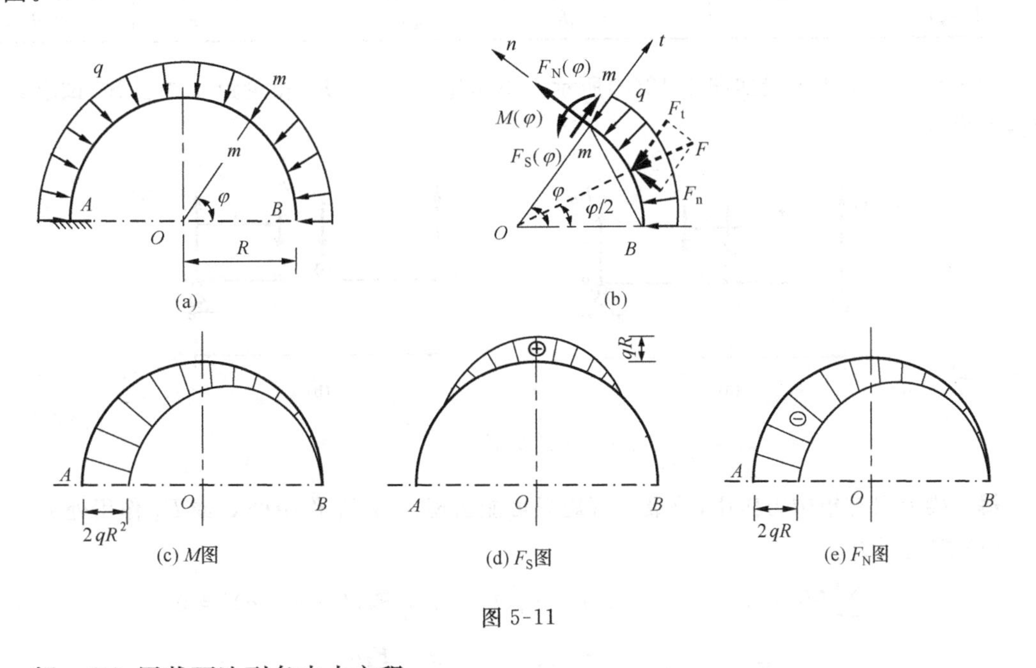

图 5-11

解 (1) 用截面法列各内力方程。

用截面 m-m 将曲杆截开，分析包含自由端 B 的一段，如图 5-11(b)所示。

可以证明:作用在一段圆弧状曲杆上均布载荷的合力，等于它作用在该段杆所对的弦上的合力。据此，图 5-11(b)中一段曲杆上均布载荷的合力 F(图 5-11(b)中虚线)应为

$$F=q\left(2R\sin\frac{\varphi}{2}\right)=2qR\sin\frac{\varphi}{2}$$

而横截面 m-m 上的内力分量为

$$M(\varphi)=F\left(R\sin\frac{\varphi}{2}\right)=2qR^2\sin^2\frac{\varphi}{2}=qR^2(1-\cos\varphi)$$

$$F_S(\varphi)=F_t=F\cos\frac{\varphi}{2}=2qR\sin\frac{\varphi}{2}\cos\frac{\varphi}{2}=qR\sin\varphi$$

$$F_N(\varphi)=F_n=-F\sin\frac{\varphi}{2}=-2qR\sin^2\frac{\varphi}{2}=-qR(1-\cos\varphi)\quad(压力)$$

(2) 作各内力图。

由上述三式求出的曲杆在几个横截面上的各内力见表 5-1，由此即可作图。作图时应以曲杆轴线为基线，将表中各值，按选定的比例尺在相应的半径线上定出图上的点。对 M 图将点画在杆件弯曲时受压的一侧；对 F_S 图和 F_N 图可将正值的点画在杆件轴线外侧，负值的点画在内侧。将各图的点连成光滑曲线，即得 M 图、F_S 图和 F_N 图，如图 5-11(c)～(e)所示。M 图不标正负号，F_S 图和 F_N 图则标了正负号，图中均注明了相应的内力分量最大值。

表 5-1

内力分量 \ φ/(°)	0	45	90	135	180
$M(\varphi)$	0	$0.293qR^2$	qR^2	$1.707\ qR^2$	$2\ qR^2$
$F_S(\varphi)$	0	$0.707\ qR$	qR	$0.707\ qR$	0
$F_N(\varphi)$	0	$-0.293\ qR$	$-qR$	$-1.707\ qR$	$-2\ qR$

例 5-12 起重机大梁如图 5-12(a)所示。小车轮压力 F_1、F_2 和轮距 d 为已知，试求梁内最大弯矩。

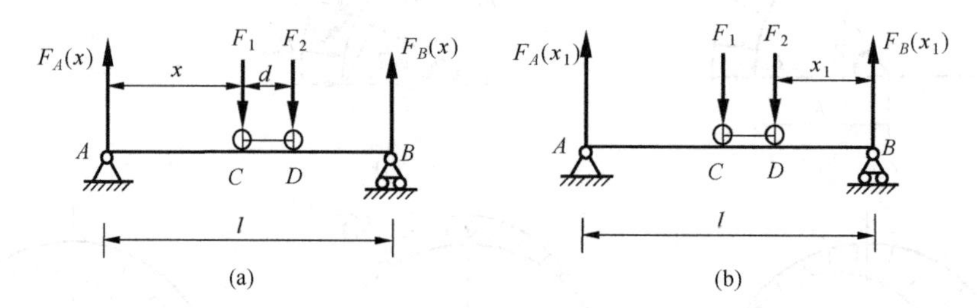

图 5-12

解 梁上只有集中力作用，故最大弯矩只可能出现在力 F_1 作用处 C 或 F_2 作用处 D。

(1) 求支反力。

$$\sum M_B=0,\quad -F_A(x)l+F_1(l-x)+F_2(l-x-d)=0$$

$$F_A(x)=F_1+F_2-(F_1+F_2)\frac{x}{l}-\frac{F_2d}{l}\quad(\uparrow)$$

$$\sum F_y=0,\quad F_A(x)+F_B(x)-F_1-F_2=0$$

$$F_B(x)=(F_1+F_2)\frac{x}{l}+\frac{F_2d}{l}x\quad(\uparrow)$$

(2) 求力 F_1 作用处弯矩 M_C 的最大值。

$$M_C=F_A(x)\cdot x=(F_1+F_2)x-(F_1+F_2)\frac{x^2}{l}-\frac{F_2d}{l}x$$

$$\left.\frac{\mathrm{d}M_C}{\mathrm{d}x}\right|_{x=x_0}=F_1+F_2-2(F_1+F_2)\frac{x_0}{l}-\frac{F_2d}{l}=0$$

$$x_0=\frac{l}{2}-\frac{d}{2}\left(\frac{F_2}{F_1+F_2}\right)\tag{a}$$

$$M_{C\max}=M_C(x_0)=\frac{F_1+F_2}{l}\left[\frac{l}{2}-\frac{d}{2}\left(\frac{F_2}{F_1+F_2}\right)\right]^2 \tag{b}$$

(3) 求力 F_2 作用处弯矩 M_D 的最大值。

为便于比较而且表达简便，取 B 为坐标原点，用 x_1 表示力 F_2 作用点位置，如图 5-12(b) 所示。不难看出，只须将式(a)和式(b)中的 F_1 和 F_2 互换，则 M_D 取得最大值时

$$x_0'=\frac{l}{2}-\frac{d}{2}\left(\frac{F_1}{F_1+F_2}\right) \tag{c}$$

$$M_{D\max}=\frac{F_1+F_2}{l}\left[\frac{l}{2}-\frac{d}{2}\left(\frac{F_1}{F_1+F_2}\right)\right]^2 \tag{d}$$

(4) 求梁内最大弯矩 $M_{\max}$。

比较式(b)与式(d)后可知，若 $F_1>F_2$，则 $M_{C\max}>M_{D\max}$，反之则 $M_{D\max}>M_{C\max}$。所以把 F_1 和 F_2 较大的力记为 $F_大$，较小的记为 $F_小$，则最大弯矩发生在较大的力 $F_大$ 作用的截面上，该截面距邻近支座的距离为

$$x_0=\frac{l}{2}-\frac{d}{2}\left(\frac{F_小}{F_大+F_小}\right)$$

$$M_{\max}=\frac{F_大+F_小}{l}\left[\frac{l}{2}-\frac{d}{2}\left(\frac{F_小}{F_大+F_小}\right)\right]^2$$

5.3 习题选解

5-1 平面弯曲变形的特征是________。

A. 弯曲时横截面仍保持为平面；

B. 横向载荷均作用在同一平面内；

C. 弯曲变形后的轴线是一条平面曲线；

D. 弯曲变形后的轴线与载荷作用面在同一个平面内。

答 C。横力弯曲也属于平面弯曲，但横截面会发生翘曲，所以 A 错。平面弯曲时，横向载荷应与形心主惯性面平行且过弯曲中心，所以 B 错。弯曲变形后的轴线与载荷作用面同平行即可，所以 D 错。

5-2 在图 5-13 所示的四种情况中，截面上弯矩 M 为正，剪力 F_S 为负的是________。

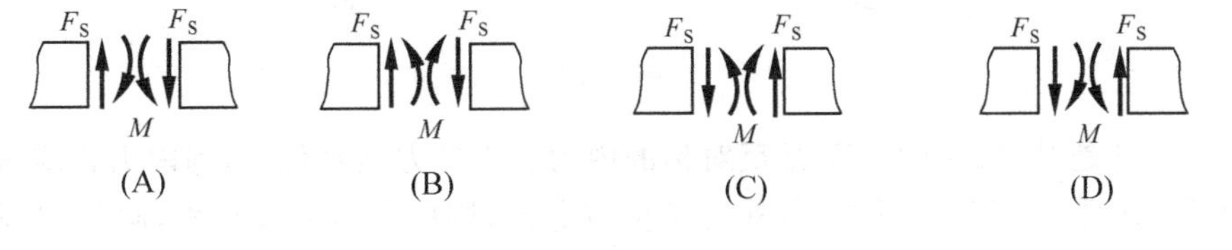

图 5-13

答 B。

5-3 如将图 5-14 所示的力 F 平移到梁 AD 的 C 截面上，则梁上的 $|M|_{\max}$ 与 $|F_S|_{\max}$________。

A. 前者不变，后者改变；　　B. 两者都改变；

C. 前者改变，后者不变；　　D. 两者都不变。

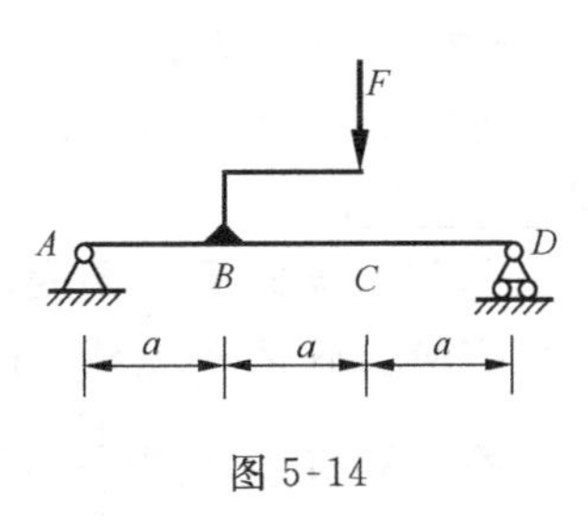

图 5-14

答 C。因为平移后支反力不变，$F_A=\frac{F}{3}$，$F_D=\frac{2}{3}F$，

$|F_S|_{max}=\dfrac{2}{3}F$ 不变。但平移前 $|M|_{max}=M_B=\dfrac{2}{3}F\cdot 2a=\dfrac{4}{3}Fa$，平移后 $M_{max2}=M_C=\dfrac{2F}{3}\cdot a=\dfrac{2}{3}Fa$。

5-4 图 5-15 所示平面刚架 ABC，A 端固定，在其平面内施加图示集中力 F，其 m-m 截面上的内力分量________不为零。

A. M、F_S、F_N；　　B. M、F_N；　　C. M、F_S；　　D. F_S、F_N。

答　D。力 F 作用线过 m-m 截面形心，$M=0$。

5-5 图 5-16 所示，简支梁上作用均布载荷 q 和集中力偶 M_0，当 M_0 在梁上任意移动时，梁的________。

A. M、F_S 图都变化；　　B. M、F_S 都不变化；

C. M 图改变，F_S 图不变；　　D. M 图不变，F_S 图改变。

答　C。M_0 移动，支反力不会改变，q 也不变，F_S 只与横向外力有关，所以 F_S 图不变。但 M_0 位置不同，M 图发生突变的截面改变了。

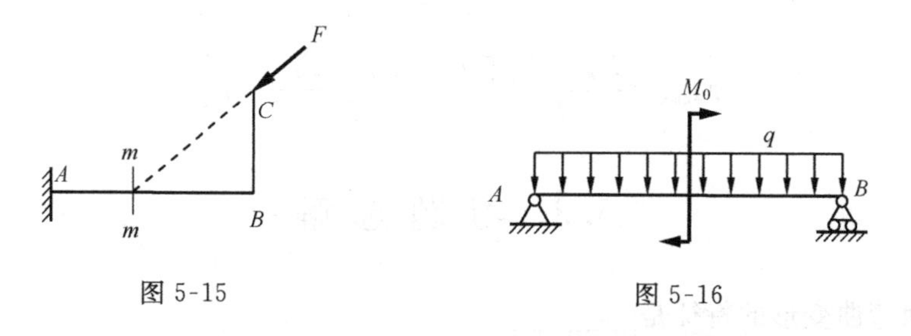

图 5-15　　　　图 5-16

5-6 若梁的受力情况对称于中央截面，如图 5-17 所示，则该梁的________。

A. M 图对称，F_S 图反对称；　　B. M 图反对称，F_S 图对称；

C. M、F_S 图均是对称的；　　D. M、F_S 图均是反对称的。

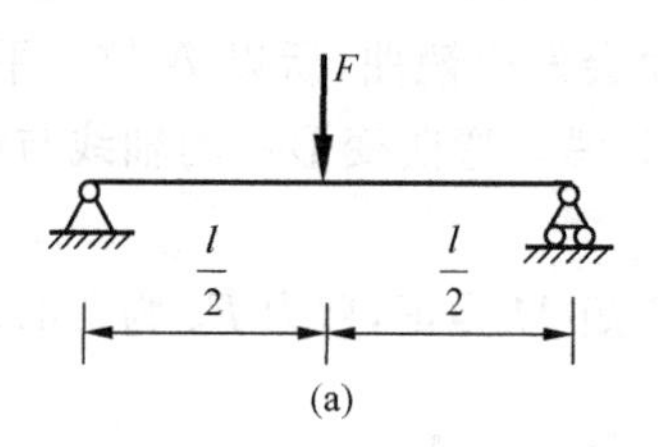

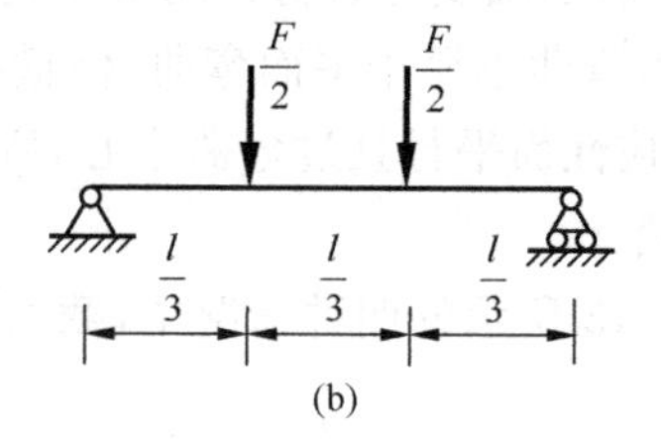

图 5-17

答　A。M 是对称的内力，F_S 是反对称的内力。当外力是对称的，则内力也应该对称，所以 M 图对称，F_S 图反对称。反之，若外力是反对称的，则内力也应反对称，M 图是反对称的，而 F_S 图对称。

5-7 一简支梁如图 5-17 所示。若在载荷大小不变的条件下，将图 5-17(a)所示的承载方式改为图 5-17(b)所示的承载方式，则梁内的最大弯矩 M_{max} 和最大剪力 F_{Smax} 的变化情况是________。

A. M_{max}减少，F_{Smax}不变；　　B. 两者都减小；

C. M_{max}不变，F_{Smax}减小；　　D. 两者都不变。

答　A。F_{Smax}仍为$\dfrac{F}{2}$，M_{max}由$\dfrac{Fl}{4}$减为$\dfrac{Fl}{6}$。

5-8 横力弯曲时，弯曲内力 M、F_S 与载荷集度 q 之间存在微分关系：

$$\frac{dF_S(x)}{dx}=q(x),\qquad \frac{dM(x)}{dx}=F_S(x),\qquad \frac{d^2M(x)}{dx^2}=q(x)$$

其适用条件是________。

A. 应力不超过材料的比例极限；　　B. 平衡受力状态；

C. 载荷集度 q 沿梁轴线为常量；　　D. 梁有纵向对称面。

答 B。上述微分关系是根据微段两端的内力和载荷集度 q 的平衡方程推导出的。

5-9 设梁的剪力图如图 5-18 所示，则梁的________。

A. AB 段有均布载荷，BC 段没有；

B. BC 段有均布载荷，AB 段没有；

C. 两段均有均布载荷；

D. 两段均无均布载荷。

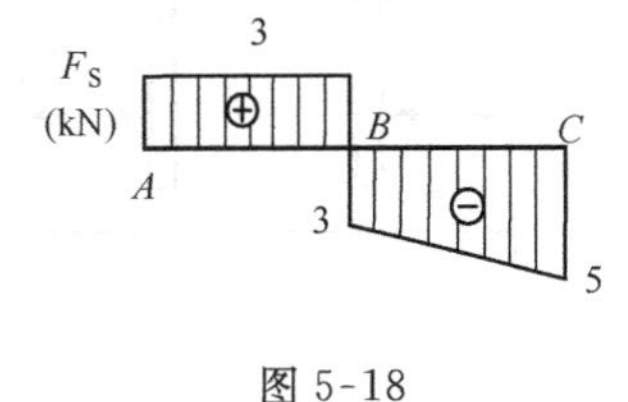

图 5-18

答 B。AB 段 $F_S=$ 常数，$\frac{dF_S}{dx}=q=0$；BC 段为斜直线，$\frac{dF_S}{dx}=q<0$。

5-10 右端固定的悬臂梁长为 4m，其 M 图如图 5-19 所示，则在 $x=2$m 处________。

A. 既有集中力，又有集中力偶；　　B. 只有集中力；

C. 既无集中力，也无集中力偶；　　D. 只有集中力偶。

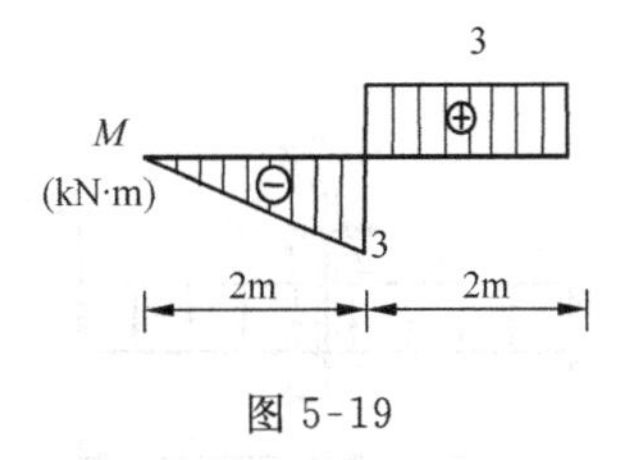

图 5-19

答 A。该处 M 有突变，说明有集中力偶；两边 M 图斜率不同，说明 F_S 不同，是集中力作用引起的。

5-11 简支梁上承受部分力偶 $m(x)$ 的作用，如图 5-20(a) 所示。此时微分关系________是正确的。

A. $\frac{dM(x)}{dx}=F_S(x)$，　$\frac{dF_S(x)}{dx}=0$；

B. $\frac{dM(x)}{dx}=F_S(x)$，　$\frac{dF_S(x)}{dx}=\frac{dm(x)}{dx}$；

C. $\frac{dM(x)}{dx}=F_S(x)+m(x)$，　$\frac{dF_S(x)}{dx}=0$；

D. $\frac{dM(x)}{dx}=F_S(x)+m(x)$，　$\frac{dF_S(x)}{dx}=\frac{dm(x)}{dx}$。

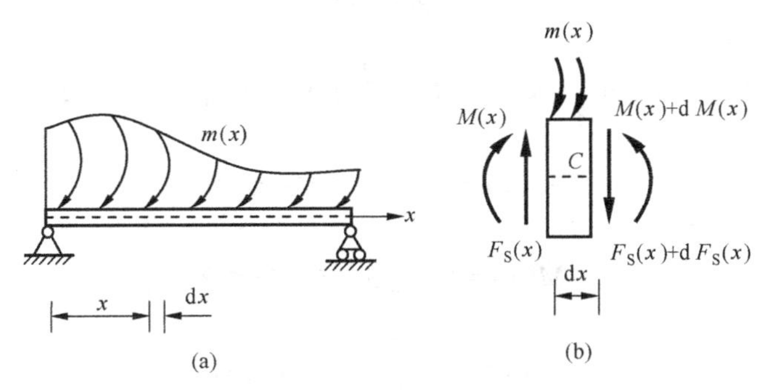

图 5-20

答 C。如图 5-20(b) 所示，$\sum F_y=0, F_S(x)-[F_S(x)+\mathrm{d}F_S(x)]=0, \mathrm{d}F_S(x)=0$，故 $\dfrac{\mathrm{d}F_S(x)}{\mathrm{d}x}=0$。$\sum M_C=0, M(x)+\mathrm{d}M(x)-F_S(x)\mathrm{d}x-M(x)-m(x)\mathrm{d}x=0, \dfrac{\mathrm{d}M}{\mathrm{d}x}=F_S(x)+m(x)$。

5-12 图 5-21(a)所示双杠长度为 l，其外伸段的合理长度 $a=$________。

A. $l/3$； B. $l/4$； C. $l/5$； D. $l/6$。

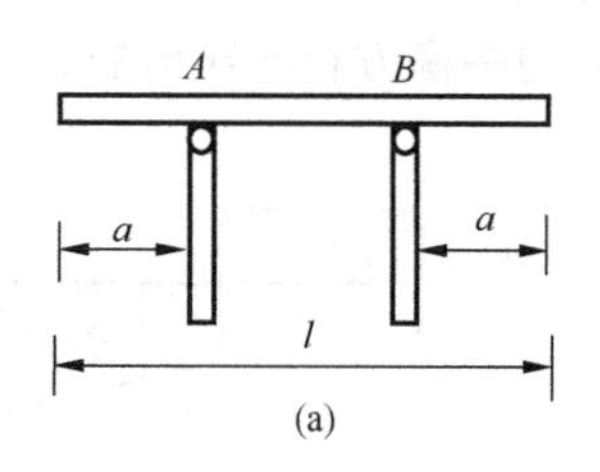

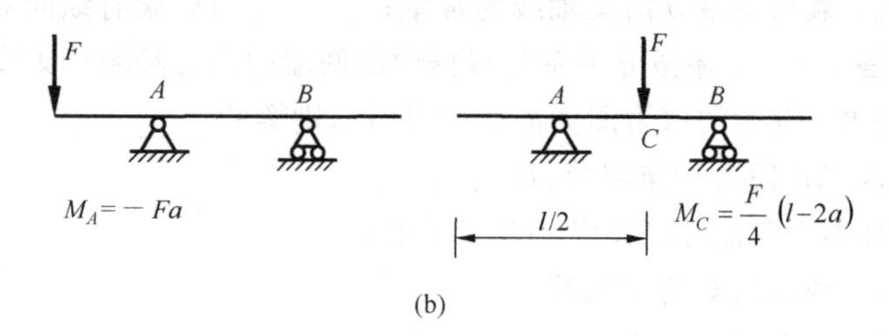

图 5-21

答 D。双杠可看作外伸梁，在图 5-21(b)所示两种最危险的受力情况下，应使 $Fa=\dfrac{F}{4}(l-2a)$，可得 $a=\dfrac{l}{6}$。

5-13 求图 5-22 所示梁指定截面 1-1、2-2、3-3 上的剪力和弯矩。

图 5-22

解

$$F_{S1}=qa+qa=2qa$$

$$M_1=-qa\cdot a-\frac{qa^2}{2}=-\frac{3}{2}qa^2$$

$$F_{S2}=2qa$$

$$M_2=-qa^2-\frac{qa^2}{2}+qa^2=-\frac{qa^2}{2}$$

$$F_{S3}=qa+2qa=3qa$$

$$M_3=-qa\cdot 2a-2qa^2+qa^2=-3qa^2$$

5-14 列出图 5-23 所示各梁的剪力方程和弯矩方程，并按方程作出剪力图和弯矩图。

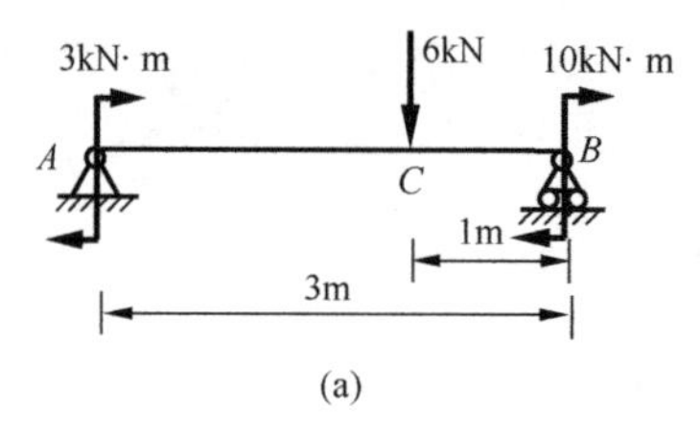

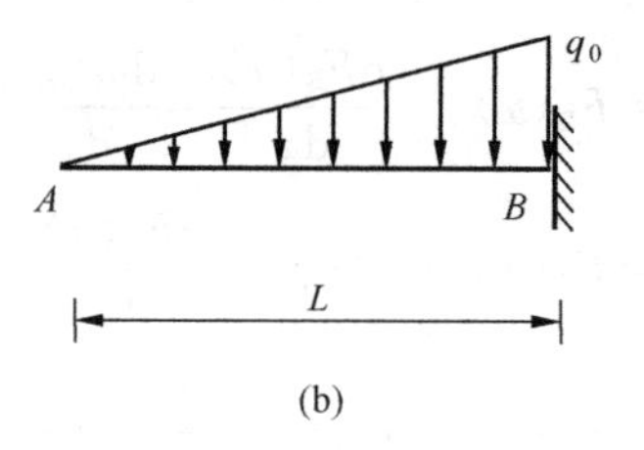

图 5-23

解 对于图 5-23(a)，$F_A=\dfrac{7}{3}\mathrm{kN}(\downarrow)$，$F_B=\dfrac{25}{3}(\uparrow)$，如图 5-24 所示。

AC 段：

$$F_S(x)=-\frac{7}{3}\quad(0<x<2)$$

$$M(x)=3-\frac{7}{3}x\quad(0<x\leqslant 2)$$

BC 段：

$$F_S(x)=-\frac{25}{3}\quad(2<x<3)$$

$$M(x)=-10+\frac{25}{3}(3-x)\quad(2\leqslant x<3)$$

对于图 5-23(b)，如图 5-25 所示。

$$F_S(x)=-\frac{1}{2}\frac{q_0 x}{L}x=-\frac{q_0}{2L}x^2\quad(0\leqslant x<L)$$

$$M(x)=-\frac{1}{2}\frac{q_0 x}{L}x\cdot\frac{x}{3}=-\frac{q_0}{6L}x^3\quad(0\leqslant x<L)$$

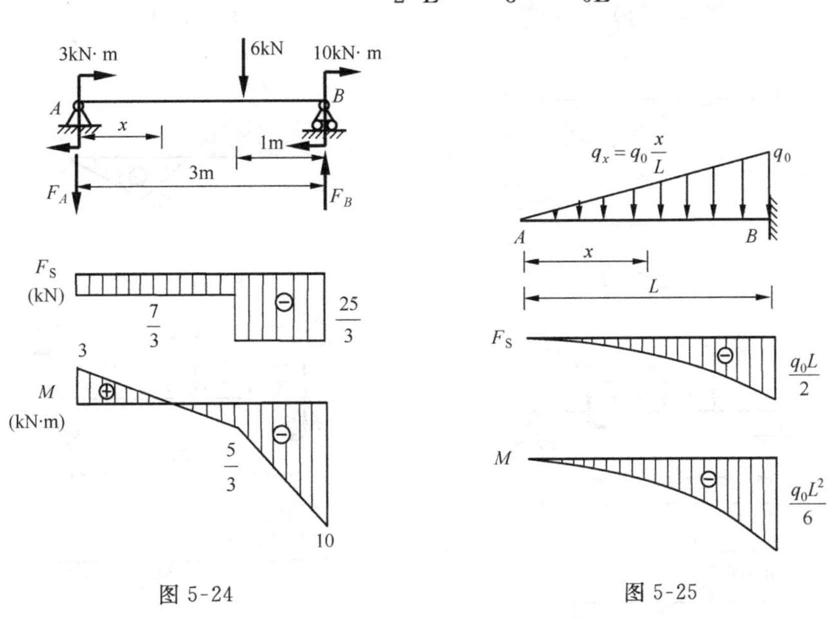

图 5-24　　　　图 5-25

5-15　用简易法作出图 5-26 所示各梁 F_S、M 图。

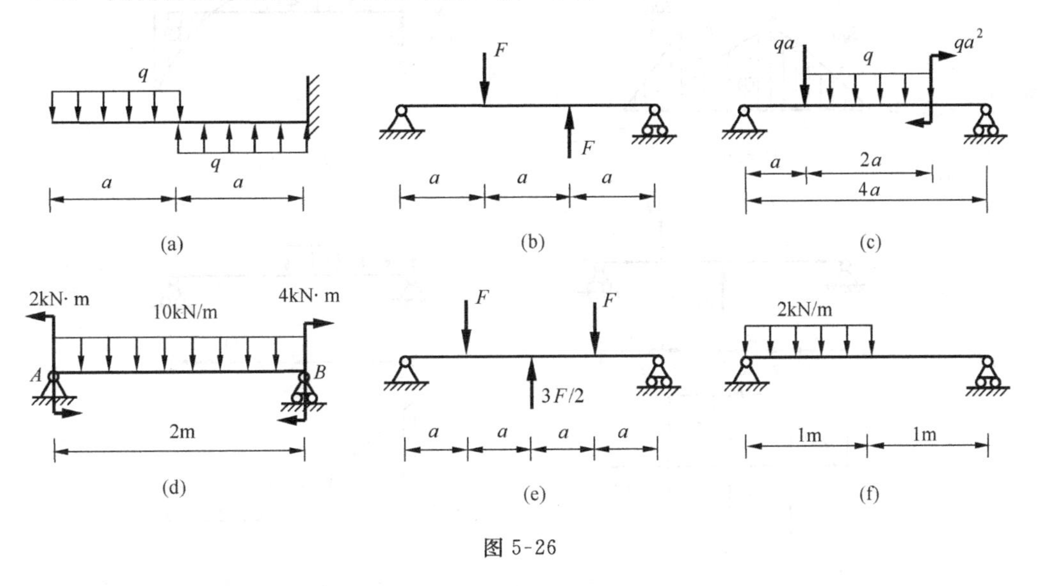

图 5-26

解　各梁的 F_S 图、M 图如图 5-27～图 5-32 所示。

5-16　作出图 5-33 所示各铰接多跨静定梁的剪力图和弯矩图。

解　各梁的 F_S 图、M 图如图 5-34～图 5-37 所示。

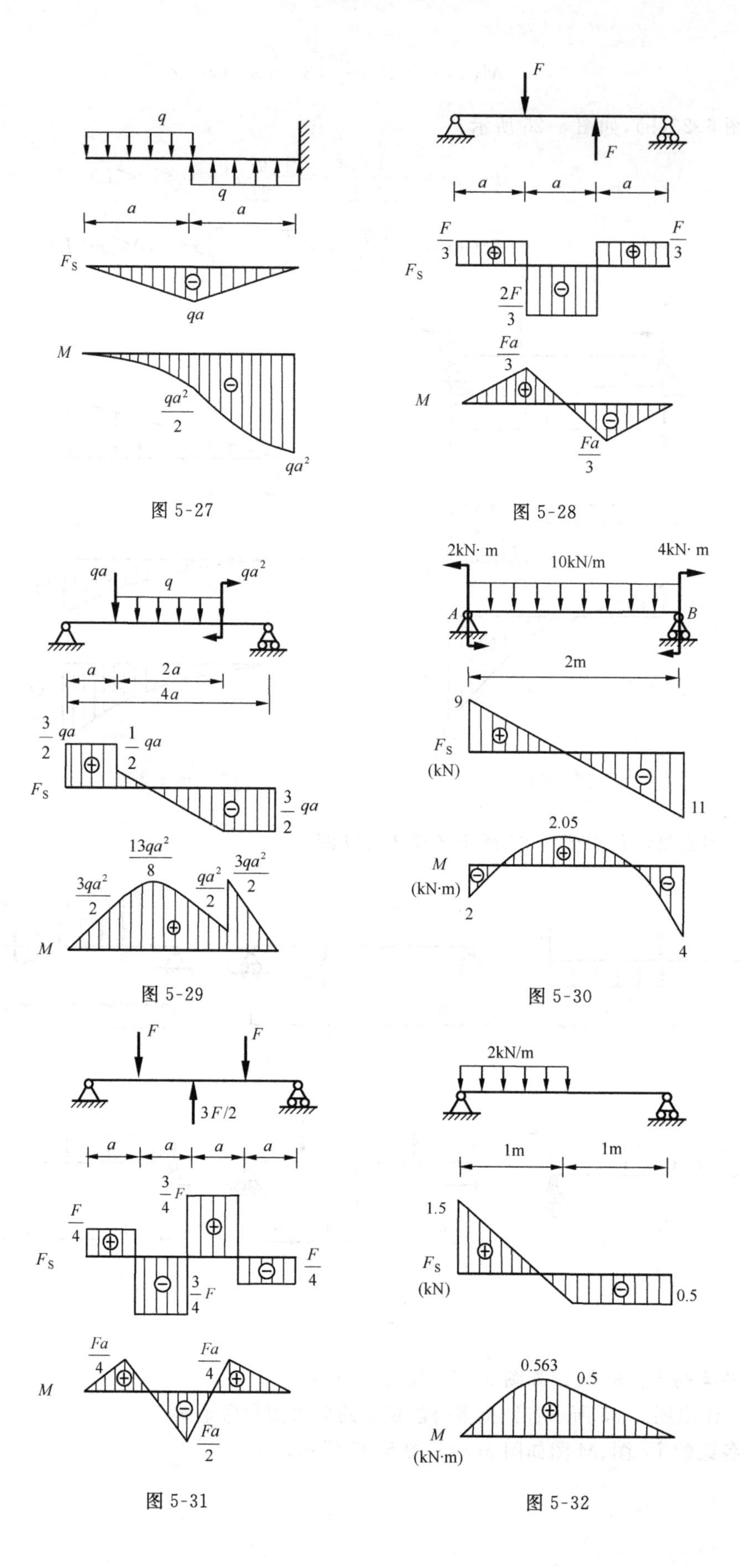
q
q
a
a
F_S
qa
M
$\frac{qa^2}{2}$
qa^2
图 5-27
F
F
a
a
a
$\frac{F}{3}$
$\frac{F}{3}$
F_S
$\frac{2F}{3}$
$\frac{Fa}{3}$
M
$\frac{Fa}{3}$
图 5-28
qa
q
qa^2
a
2a
4a
$\frac{3}{2}qa$
$\frac{1}{2}qa$
F_S
$\frac{3}{2}qa$
$\frac{13qa^2}{8}$
$\frac{3qa^2}{2}$
$\frac{qa^2}{2}$
$\frac{3qa^2}{2}$
M
图 5-29
2kN· m
10kN/m
4kN· m
A
B
2m
9
F_S
(kN)
11
2.05
M
(kN·m)
2
4
图 5-30
F
F
3F/2
a
a
a
a
$\frac{3}{4}F$
$\frac{F}{4}$
F_S
$\frac{3}{4}F$
$\frac{F}{4}$
$\frac{Fa}{4}$
$\frac{Fa}{4}$
M
$\frac{Fa}{2}$
图 5-31
2kN/m
1m
1m
1.5
F_S
(kN)
0.5
0.563
0.5
M
(kN·m)
图 5-32

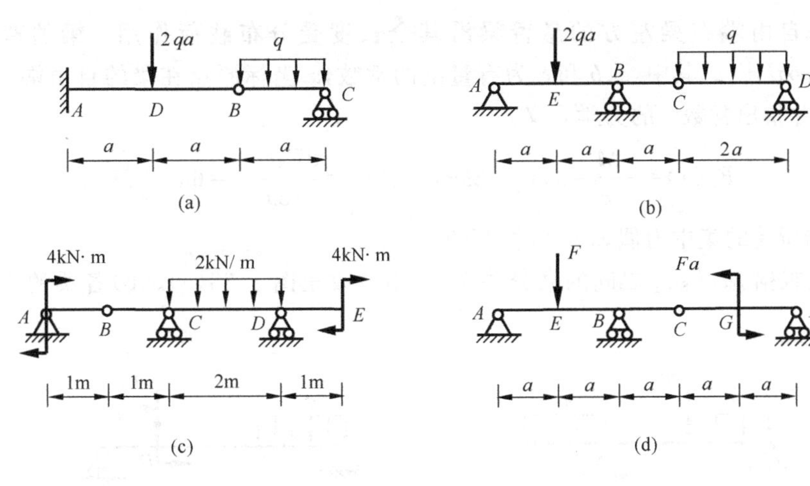

图 5-33

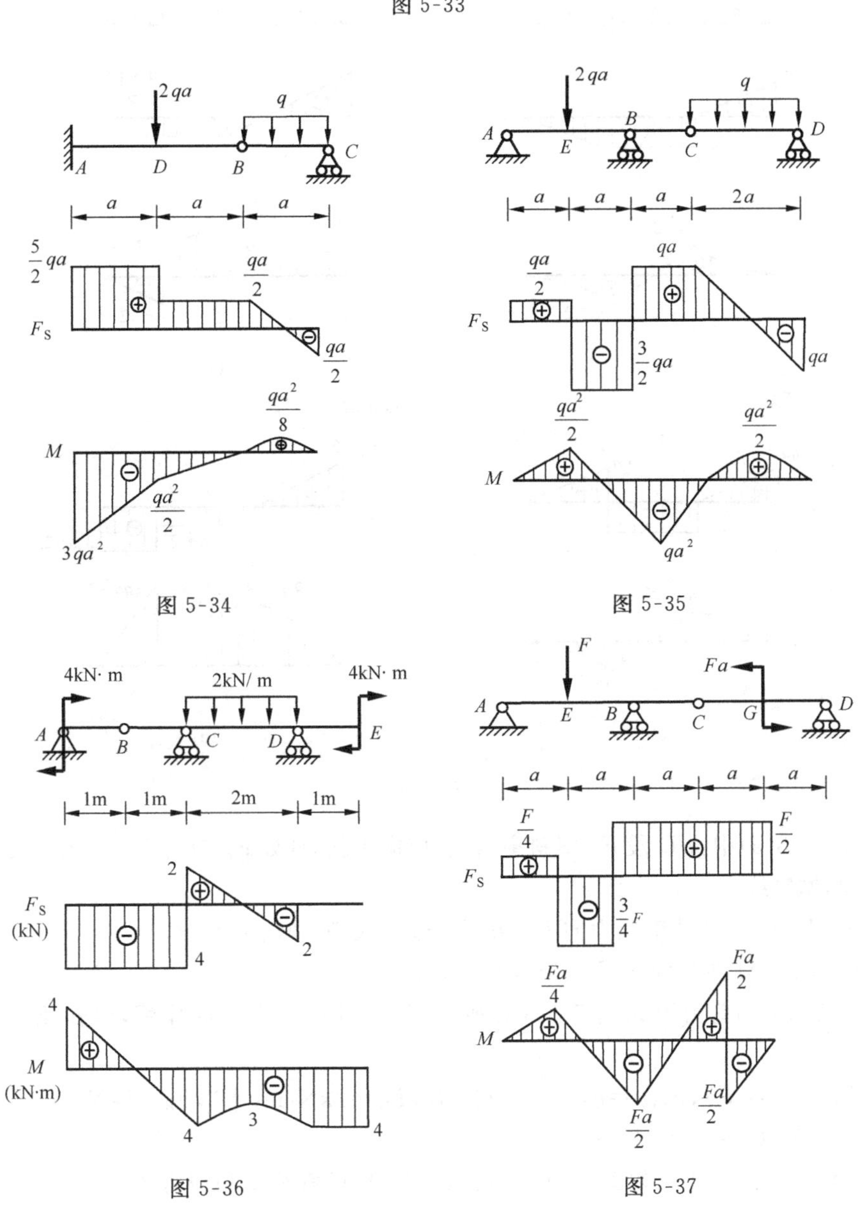

图 5-34

图 5-35

图 5-36

图 5-37

5-17 一自由端在梁左方的悬臂梁沿其全长度受分布载荷作用。梁的弯矩方程为 $M(x)=ax^3+bx^2+c$。其中，a、b 和 c 为有量纲的常数，x 坐标原点在梁的自由端。试求分布载荷的集度，并指出常数 c 的力学含义。

解 $$F_S(x)=\frac{dM}{dx}=3ax^2+2bx,\quad q(x)=\frac{dF_S(x)}{dx}=6ax+2b$$

常数 c 是左端所受的集中力偶，$x=0$ 时，$M(0)=c$。

5-18 试根据 M、F_S、q 之间的微分关系，指出并改正图 5-38(a)、(b)各梁的 F_S 图、M 图的错误。

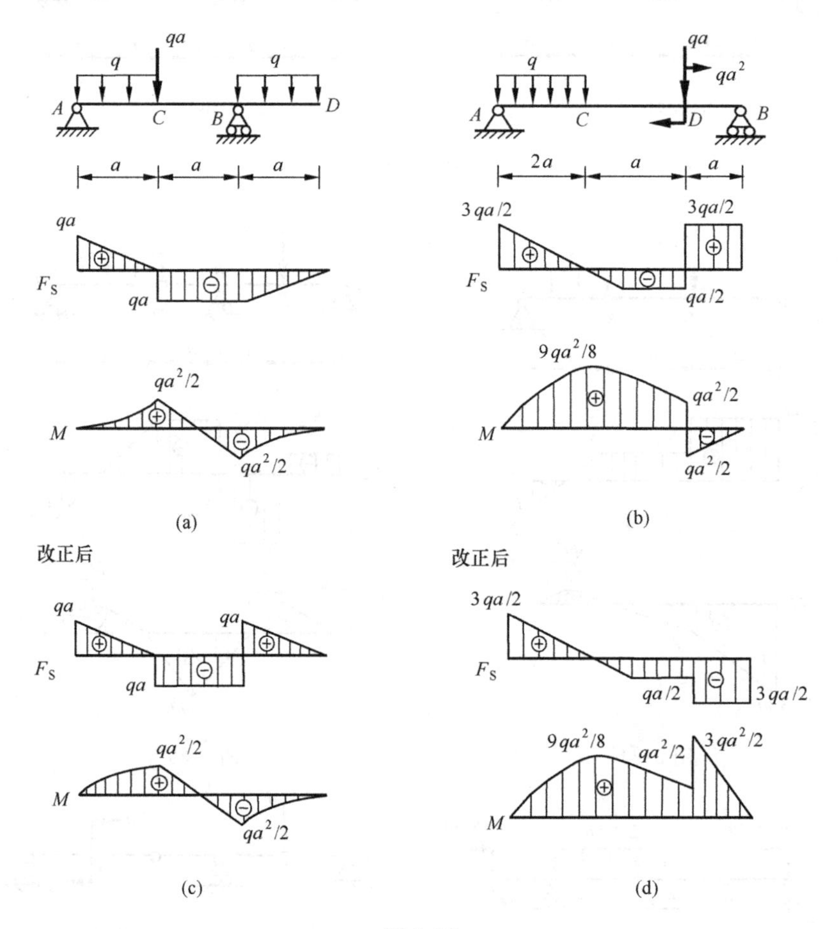

图 5-38

解 图 5-38(a)中，BD 段 F_S 图斜率为负，应向下斜，B 处 F_S 应有突变。AC 段 M 图曲率为负，应为凸抛物线。

图 5-38(b)中，B 处约束反力向上，DB 段 F_S 为负值，M 图为正值。

改正后的 F_S、M 图分别如图 5-38(c)、(d)所示。

5-19 已知梁的剪力图如图 5-39(a)所示，梁上没有集中力偶作用，试作梁的载荷图和弯矩图。

解 $F_A=5\text{kN}(\downarrow)$，$F_{SA左}=q\times1=2$，得 CD 段 $q=2\text{kN/m}(\uparrow)$，$F_B=1\text{kN}(\downarrow)$。据此作出载荷图和弯矩图，如图 5-39(b)所示。

5-20 已知梁的弯矩图如图 5-40(a)所示，试作梁的载荷图和剪力图。

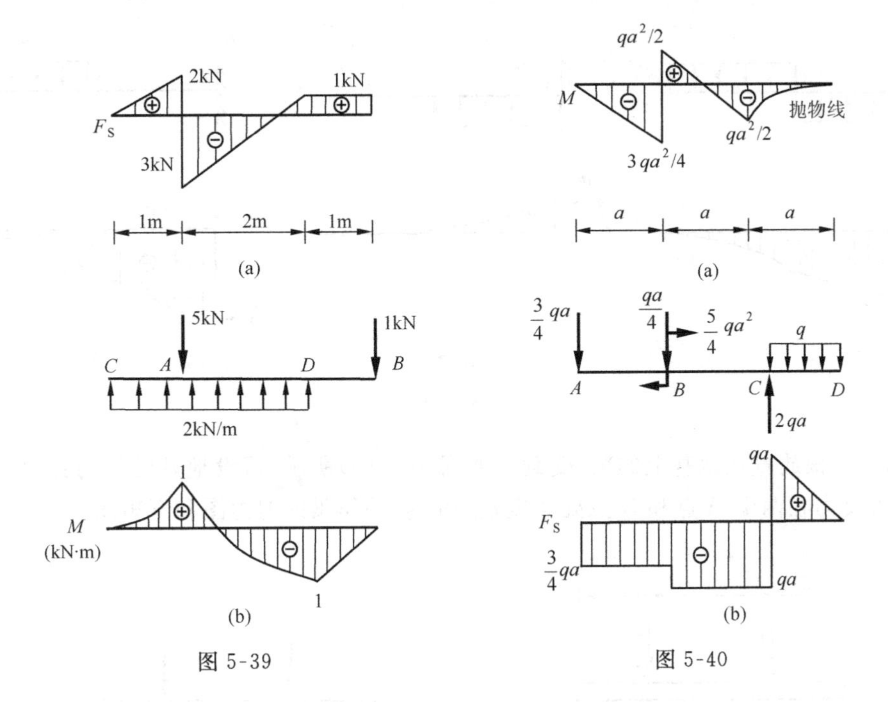

图 5-39　　　　图 5-40

解　$M_{B左}=F_A\cdot a=\frac{3}{4}qa^2, F_A=\frac{3}{4}qa(\downarrow)$，$M_C=\frac{-qa^2}{2}$，$CD$ 段为局部载荷 $q(\downarrow)$。B 处 M 有突变，$M_B=\frac{qa^2}{2}-\left(-\frac{3}{4}qa^2\right)=\frac{5}{4}qa^2$（顺时针）。$BC$ 段 M 图斜率与 AB 段不同，B 处有 F_B 作用，由 $M_C=\frac{5}{4}qa^2-\frac{3}{4}qa\cdot 2a-F_B\cdot a=-\frac{qa^2}{2}, F_B=\frac{1}{4}qa(\downarrow)$，$\sum F_y=0, F_C=2qa(\uparrow)$。梁的载荷图和剪力图如图 5-40(b) 所示。

5-21　用叠加法作出图 5-41 所示各梁的弯矩图。

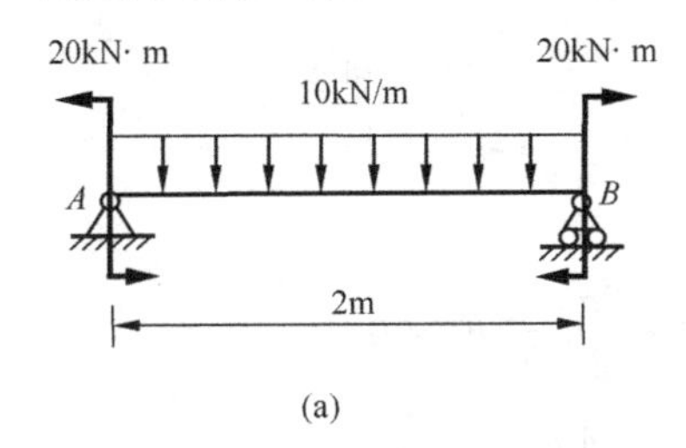

(a)

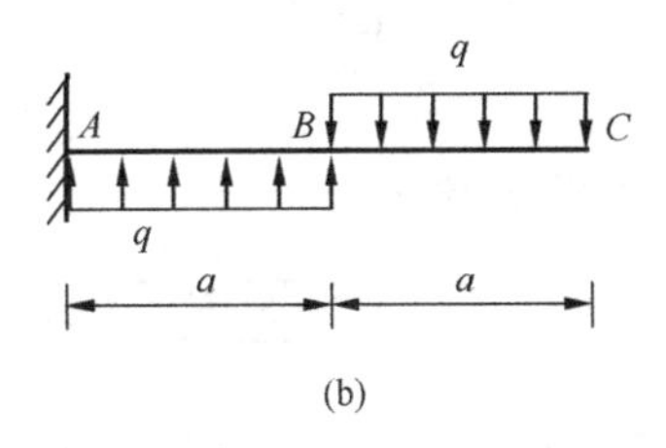

(b)

图 5-41

解　各梁的 M 图如图 5-42 和图 5-43 所示。

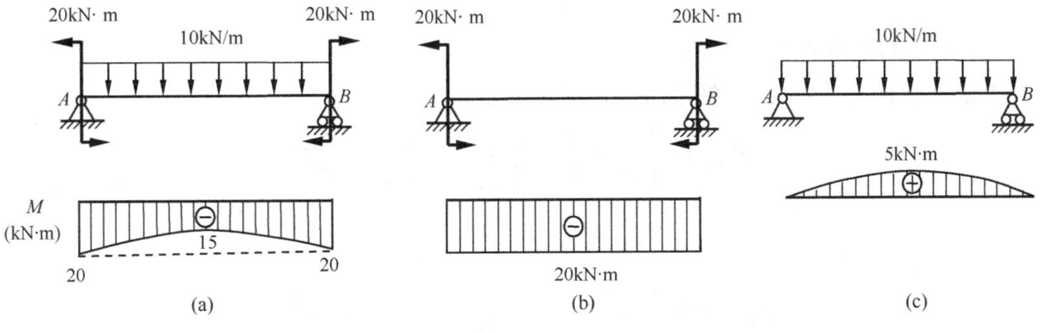

图 5-42

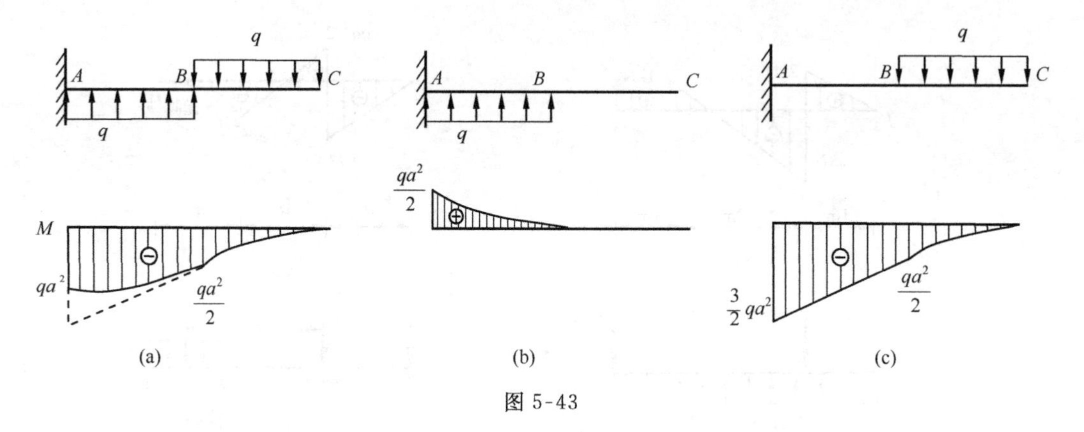

图 5-43

5-22 一根放置在地基上的梁,受载荷如图 5-44(a)所示,假设地基的反力按直线规律连续变化,求反力在两端 A 点和 B 点处集度 q_A 和 q_B,并作梁的剪力图和弯矩图。

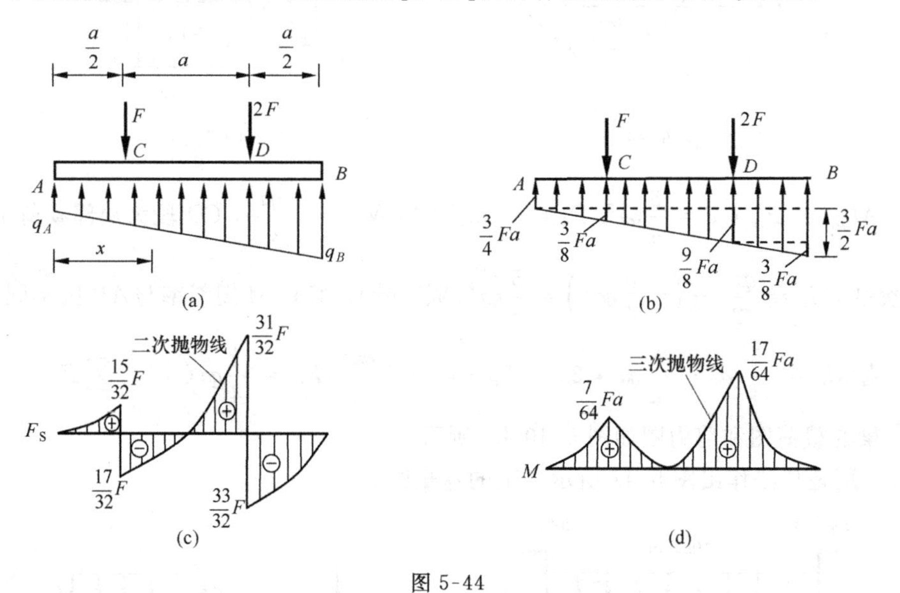

图 5-44

解 (1) 求 q_A 和 q_B。

$$\sum F_y = 0,\quad (q_A + q_B)\cdot\frac{2a}{2} - 3F = 0$$

$$\sum M_A = 0,\quad q_A\cdot 2a\cdot a + (q_B - q_A)\cdot a\cdot\frac{4a}{3} - F\cdot\frac{a}{2} - 2F\cdot\frac{3}{2}a = 0$$

得
$$q_A = \frac{3}{4}\frac{F}{a},\quad q_B = \frac{9}{4}\frac{F}{a}$$

(2) 求控制截面的 F_S、M 值。

为便于计算,作梁的受力图,如图 5-44(b)所示。

$$F_{SC左} = \frac{3}{4}\frac{F}{a}\cdot\frac{a}{2} + \frac{1}{2}\cdot\frac{a}{2}\cdot\frac{3}{8}\frac{F}{a} = \frac{15}{32}F$$

$$F_{SC右} = F_{SC左} - F = -\frac{17}{32}F$$

$$F_{SD左} = \frac{3}{4}\frac{F}{a}\cdot\frac{3a}{2} + \frac{1}{2}\cdot\frac{3a}{2}\cdot\frac{9}{8}\frac{F}{a} - F = \frac{31}{32}F$$

$$F_{SD右}=F_{SD左}-2F=-\frac{33}{32}F$$

$$M_C=\left(\frac{3}{4}\frac{F}{a}+\frac{a}{2}\right)\cdot\frac{a}{4}+\left(\frac{1}{2}\cdot\frac{a}{2}\cdot\frac{3}{8}\frac{F}{a}\right)\cdot\frac{a}{6}=\frac{7}{64}Fa$$

$$M_D=\left(\frac{3}{4}\frac{F}{a}+\frac{9}{8}\frac{F}{a}\right)\cdot\frac{a}{2}\cdot\frac{a}{4}+\left(\frac{3}{8}\frac{F}{a}\cdot\frac{a}{2}\cdot\frac{1}{2}\right)\cdot\frac{a}{3}=\frac{17}{64}Fa$$

令

$$F_S(x)=\frac{3}{4}\frac{F}{a}x+\frac{x}{2}\frac{3F}{2a}\cdot\frac{x}{2a}-F=0,\quad x_0=0.915a$$

$$M_{max}=\frac{3F}{4a}\frac{(0.915a)^2}{2}+\frac{3F}{2a}\cdot\frac{0.915a}{2a}\cdot\frac{0.915a}{2}\cdot\frac{0.915a}{3}-F(0.915a-0.5a)=0$$

(3) F_S 图、M 图如图 5-44(c)、(d)所示。

5-23 作图 5-45 所示平面刚架的剪力图、弯矩图和轴力图。

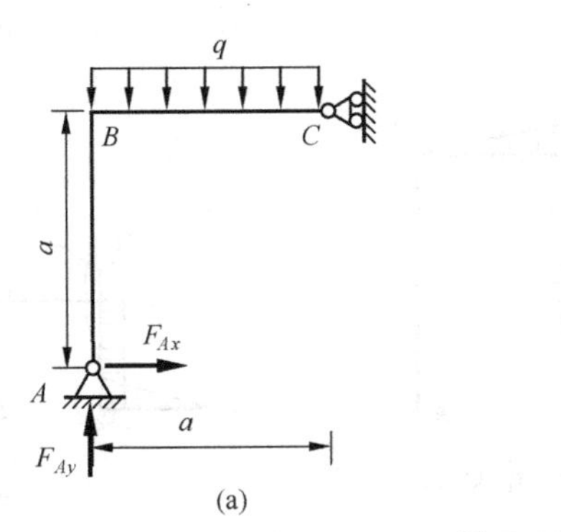

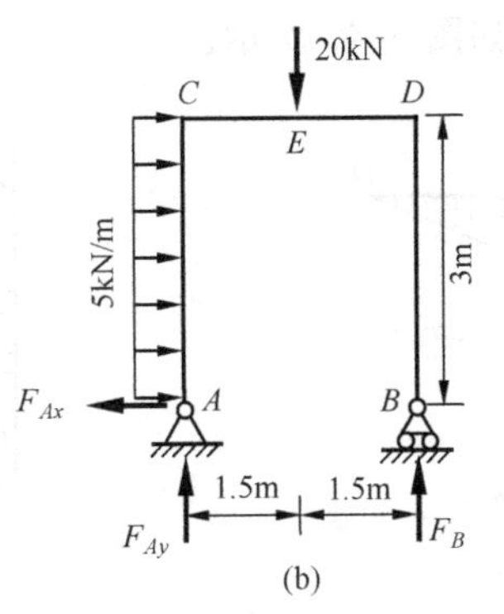

图 5-45

解 图 5-45(a):支反力 $F_{Ay}=qa(\uparrow)$,$F_C=\frac{1}{2}qa(\leftarrow)$,$F_{Ax}=\frac{1}{2}qa(\rightarrow)$。内力图如图 5-46所示。

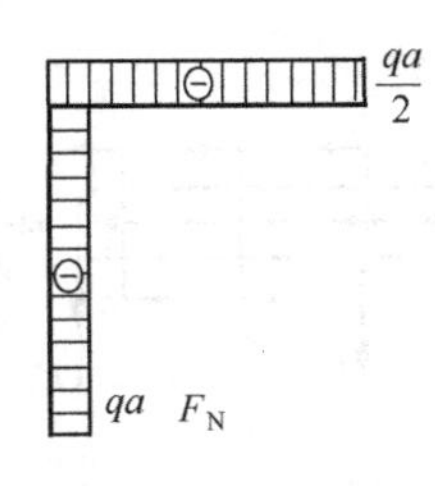

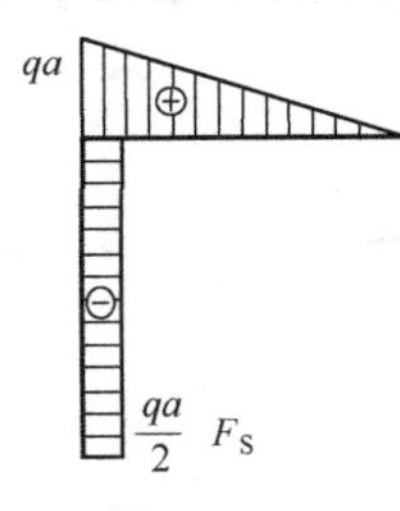

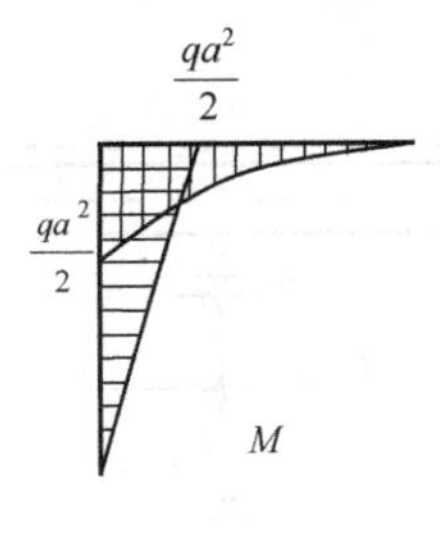

图 5-46

图 5-45(b):支反力 $F_{Ax}=15\text{kN}(\leftarrow)$,$F_{Ay}=2.5\text{kN}(\uparrow)$,$F_B=17.5\text{kN}(\uparrow)$,内力图如图 5-47所示。

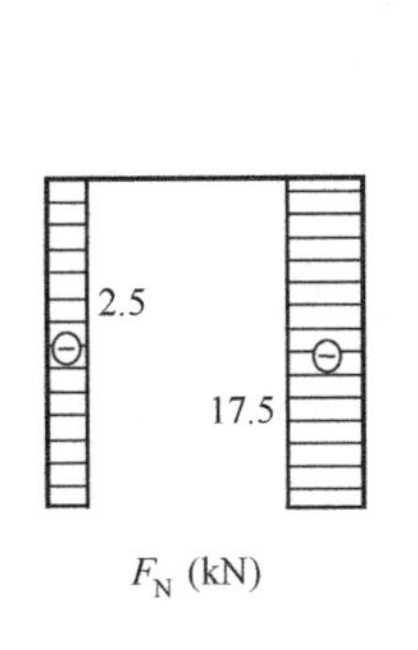

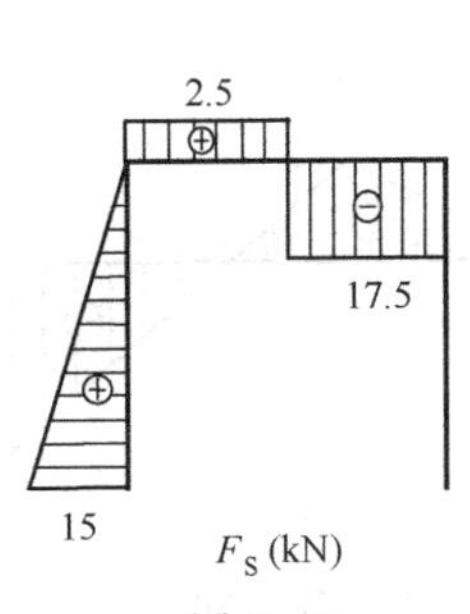

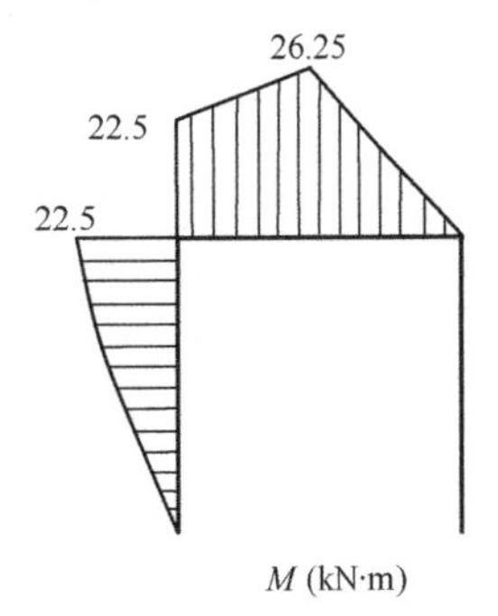

图 5-47

5-24 试作图 5-48 所示平面刚架的弯矩图。

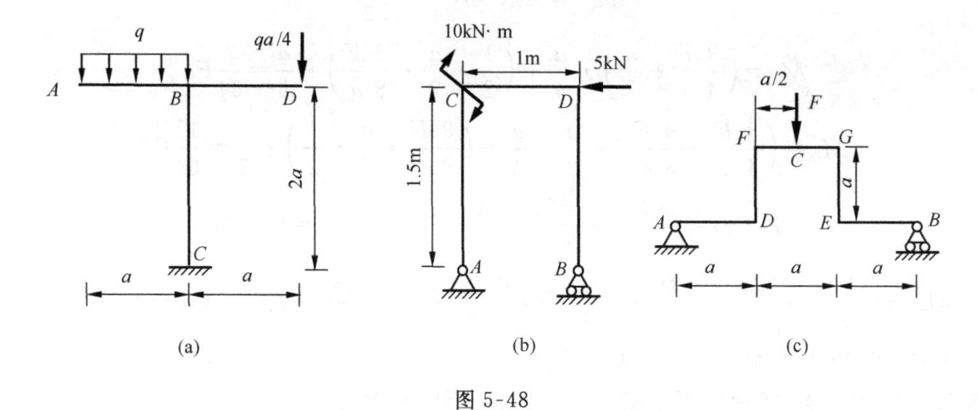

图 5-48

解 弯矩图如图 5-49 所示。

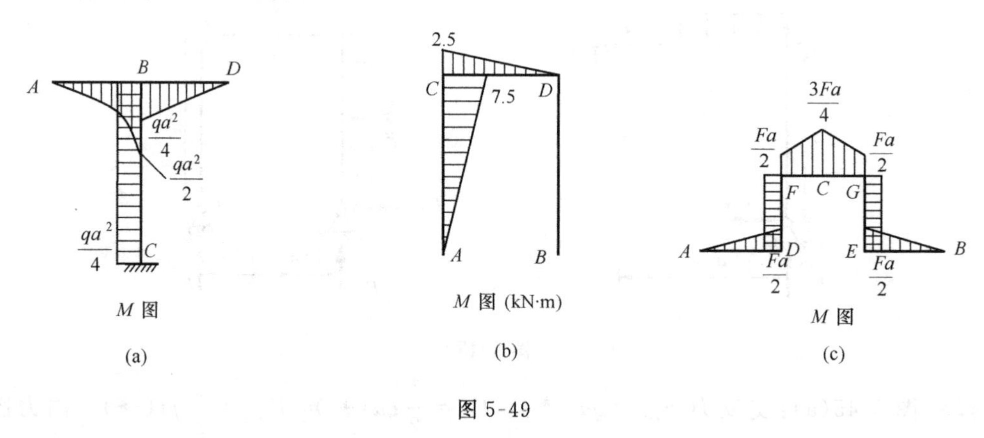

图 5-49

5-25* 试作图 5-50(a)所示梁的内力图,已知 q 为常数。

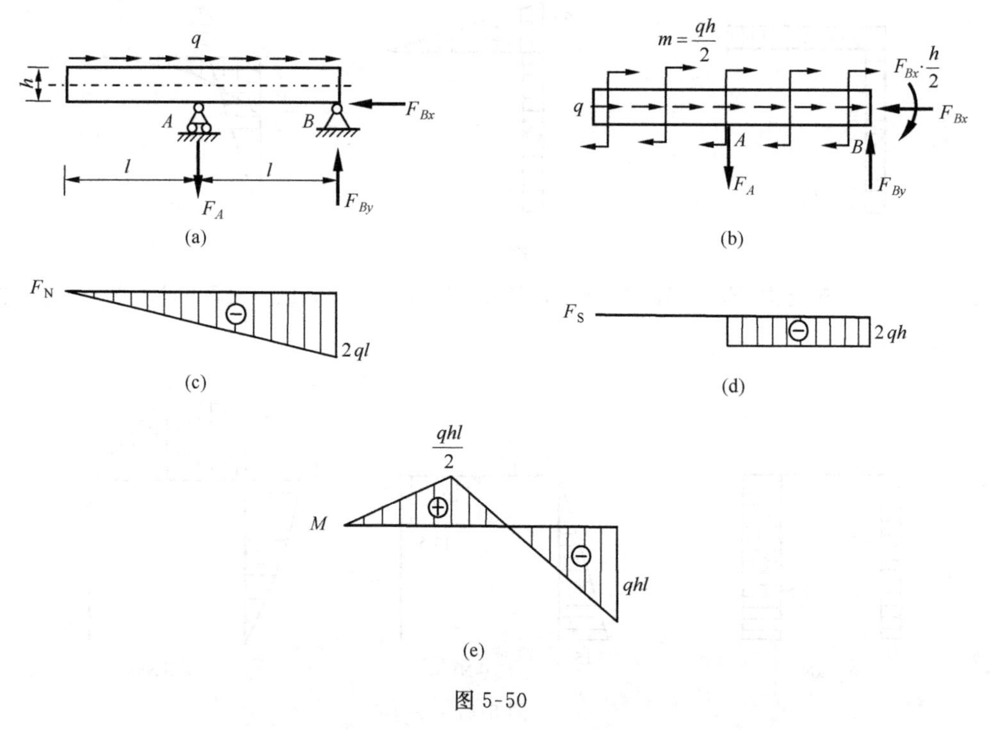

图 5-50

解 求支反力。

$$\sum F_x = 0,\quad F_{Bx} = 2ql(\leftarrow)$$

$$\sum M_A = 0,\quad F_{By}\cdot l - 2ql\cdot h = 0,\quad F_{By} = 2qh(\uparrow)$$

$$\sum F_y = 0,\quad F_A = 2qh(\downarrow)$$

将表面的切向分布载荷向轴线简化，成为轴向分布载荷和集度为 $m=\dfrac{qh}{2}$ 的弯曲力偶，将 F_{Bx} 也向轴线平移，受力图如图 5-50(b)所示。

$$M_A = ml = \frac{qhl}{2},\quad M_B = m\cdot 2l - F_A l = -qhl$$

F_N 图、F_S 图、M 图如图 5-50(c)～图 5-50(e)所示。

5-26 写出图 5-51(a)所示曲杆的轴力、剪力和弯矩的方程。设曲杆的轴线为圆形。

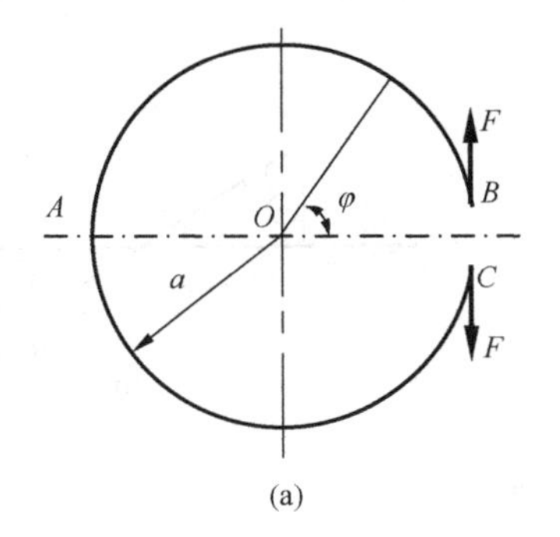

(a)

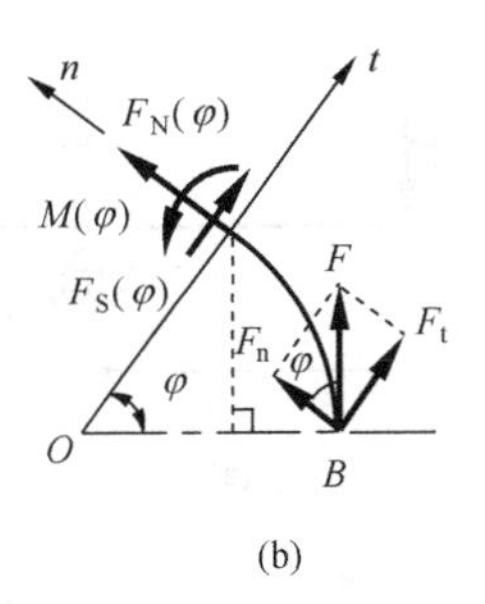

(b)

图 5-51

解 取分离体如图 5-51(b)所示，将力 F 沿截面的法向和切向分解，则

$$\left.\begin{aligned} F_N(\varphi) &= -F_n = -F\cos\varphi \\ F_S(\varphi) &= -F_t = -F\sin\varphi \\ M(\varphi) &= -Fa(1-\cos\varphi) \end{aligned}\right\}\quad (0<\varphi\leqslant\pi)$$

AC 段 $F_N(\varphi)$、$M(\varphi)$ 与 AB 段对称，$F_S(\varphi)$ 为反对称。

5-27 用钢绳起吊一根单位长度上自重为 q(N/m)、长度为 l 的等截面钢筋混凝土梁，如图 5-52(a)所示。试问吊点位置 x 的合理取值应为多少？

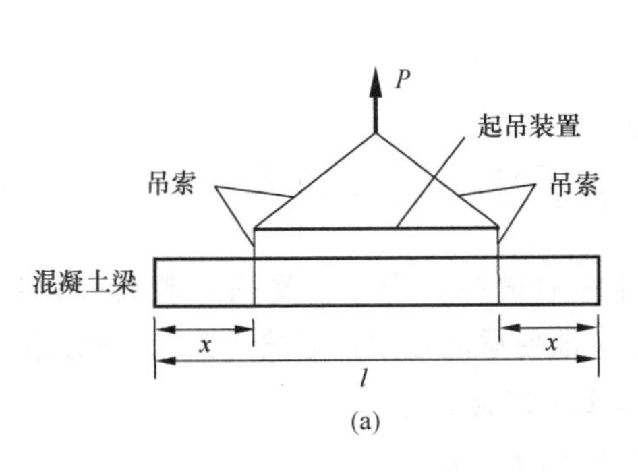

(a)

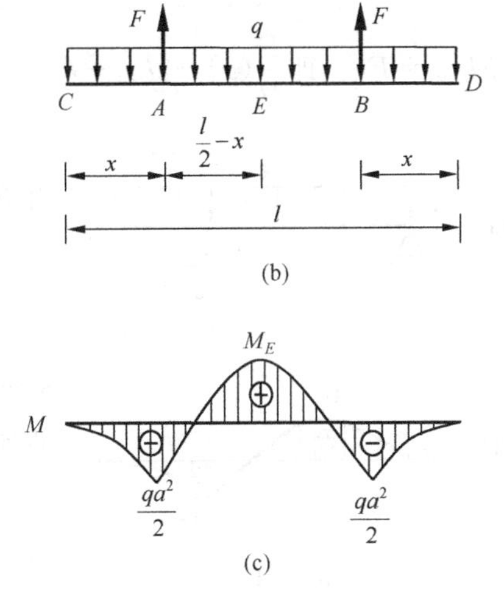

(c)

图 5-52

解 此梁的受力图和 M 图如图 5-52(b)、(c)所示。当 $M_E=-M_A=-M_B$ 时，最大弯矩最小，吊点位置最合理。

$$M_E=\frac{ql}{2}\left(\frac{l}{2}-a\right)-\frac{ql}{2}\cdot\frac{l}{4}=\frac{ql^2}{8}-\frac{qla}{2},\quad M_A=-\frac{qa^2}{2}$$

$$\frac{ql^2}{8}-\frac{qla}{2}=\frac{qa^2}{2}$$

得
$$\frac{a}{l}=0.207$$

5-28 图 5-53(a)所示梁上受两个集中力 $F_1=F$ 和 $F_2=F$ 作用。F_1 只允许作用在外伸段$\left(0\leqslant x_1\leqslant\frac{l}{4}\right)$，而 F_2 允许在支座间移动($0\leqslant x_2\leqslant l$)。试求 F_1 作用点的最佳位置 x_1，使 F_2 在支座间任意位置时，梁的弯矩都不超过许用弯矩[M]，并使 F 取得最大值。求 x_1 及对应的最大值。

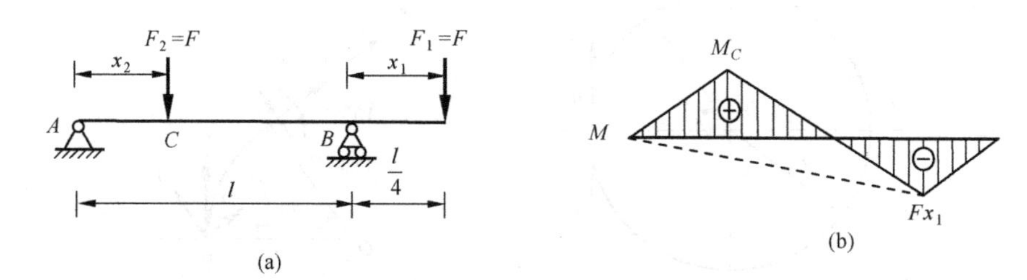

图 5-53

解 此梁的弯矩图如图 5-53(b)所示。应使 $M_{C\max}=Fx_1=[M]$。

$$M_C=\frac{Fx_2(l-x_2)}{l}-\frac{Fx_1}{l}x_2=\frac{F}{l}(lx_2-x_2^2-x_1x_2)$$

令$\frac{\mathrm{d}M_C}{\mathrm{d}x_2}=0$，即 $l-x_1-2x_2=0$，得

$$x_2=\frac{l}{2}-\frac{x_1}{2}$$

则
$$M_{C\max}=\frac{F}{l}\left[\left(\frac{l}{2}-\frac{x_1}{2}\right)\left(l-\frac{l}{2}+\frac{x_1}{2}\right)-x_1\left(\frac{l}{2}-\frac{x_1}{2}\right)\right]=\frac{F}{4l}(x_1^2-2lx_1+l^2)$$

令 $M_{C\max}=Fx_1$，即$\frac{F}{4l}(x_1^2-2lx_1+l^2)=Fx_1$，得

$$x_1=0.1716l$$

由 $Fx_1=[M]$，得

$$F=\frac{[M]}{x_1}=5.827\ \frac{[M]}{l}$$

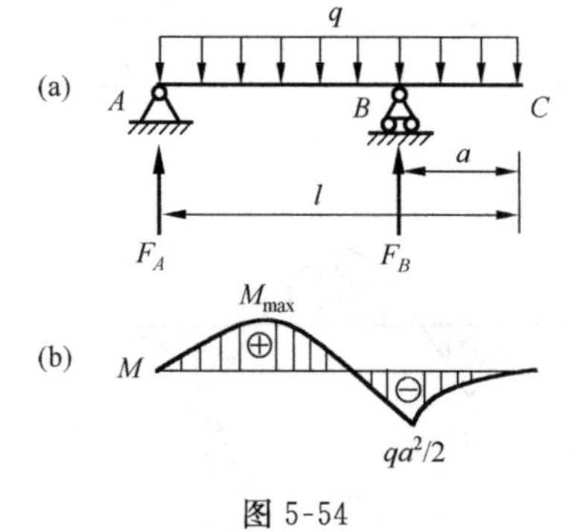

图 5-54

5-29 一端外伸的梁在其全长上受均布载荷 q 作用，如图 5-54(a)所示。欲使梁的最大弯矩值为最小，试求相应的外伸端长 a 与梁长 l 之比。

解 (1)计算支座约束反力。

$$\sum M_A=0,\quad F_B(l-a)-ql\cdot\frac{l}{2}=0,\quad F_B=\frac{ql^2}{2(l-a)}$$

$$\sum F_y = 0,\quad F_A + F_B - ql = 0,\quad F_A = \frac{ql(l-2a)}{2(l-a)}$$

(2)计算极值弯矩，如图 5-54(b)所示。

当 $F_S=0$ 处，有极值弯矩，$\frac{ql(l-2a)}{2(l-a)}-qx=0$，解得 $x=\frac{l(l-2a)}{2(l-a)}$。

极值弯矩为 $M_{\max}=\frac{ql^2(l-2a)^2}{8(l-a)^2}$。

当正负弯矩极值相等时，梁的最大弯矩值为最小，即$\frac{ql^2(l-2a)^2}{8(l-a)^2}=\frac{qa^2}{2}$。

解得 $a=0.293l$。

5-30 长度为 l 的外伸梁 AC 承受移动载荷 F 作用，如图 5-55(a)所示。欲使力 F 在移动过程中梁内最大弯矩值为最小，试求相应的支座 B 到梁端 C 的合理距离 x_0。

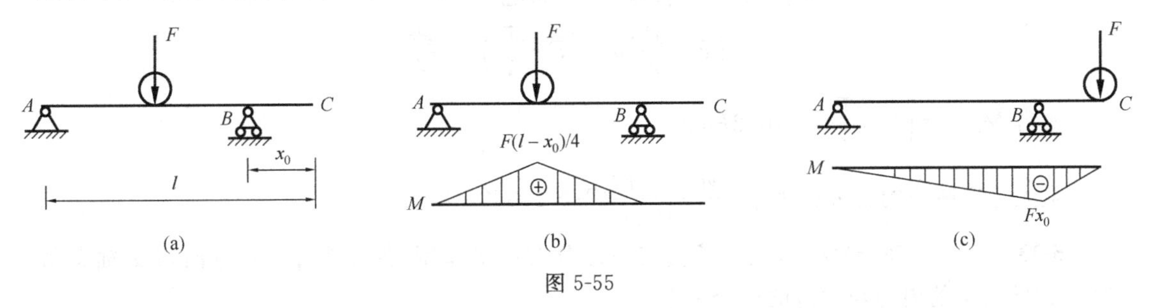

图 5-55

解 当载荷移动到 A、B 支座中间时有全梁最大正弯矩：$M^+_{\max}=\frac{F(l-x_0)}{4}$。

如图 5-55(b)所示，当载荷移动到外伸端 C 点时全梁有最大负弯矩：$M^-_{\max}=Fx_0$。

如图 5-55(c)所示，当正负弯矩极值相等时，有支座 B 到梁端 C 的合理距离 x_0，$Fx_0=\frac{F(l-x_0)}{4}$。

解得 $x_0=\frac{l}{5}$。

5-31 为了便于运输，将图 5-56 所示外伸梁沿 C、D 两横截面截断，并用铰链连接。试求在未截开前使 $M_C=0$ 的力 F_1，以及在此力 F_1 和其他外力作用下，铰 D 到右支座 B 的合理距离 x_0。（提示：使 $M_D=0$ 的 x_0 为合理距离。）

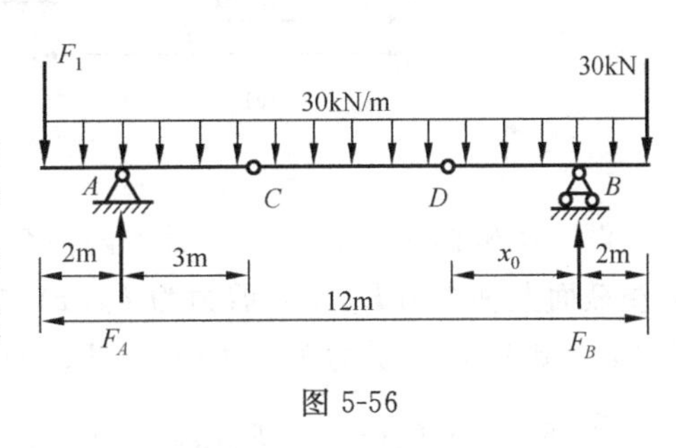

图 5-56

解 (1)计算支座约束反力。

$$\sum M_B = 0, F_1 \times 10 + 30 \times 12 \times 4 - 30 \times 2 - F_A \times 8 = 0, F_A = \frac{5F_1 + 690}{4}$$

(2)若 $M_C=0$，则 $F_A\times 3-F_1\times 5-\frac{1}{2}\times 30\times 5^2=0$，得 $F_1=114\text{kN}$。

$\sum F_y = 0, F_A + F_B - F_1 - 30 - 30 \times 12 = 0$，得 $F_B=189\text{kN}$。

(3)若 $M_D=0$，则 $F_B x_0-30\times(x_0+2)-\frac{1}{2}\times 30\times(x_0+2)^2=0$，得 $x_0=1.6\text{m}$。

5-32 简支梁的受力如图 5-57(a)所示，由于梁中的最大弯矩过大，可在梁的跨中 C 点处施加一个向上的集中力 P，若要使梁中的绝对值最大弯矩为最小，则载荷 P 应为多大？施加了这样的载荷 P 后，相对于原来情况，梁中的绝对值最大弯矩减小了多少个百分点？

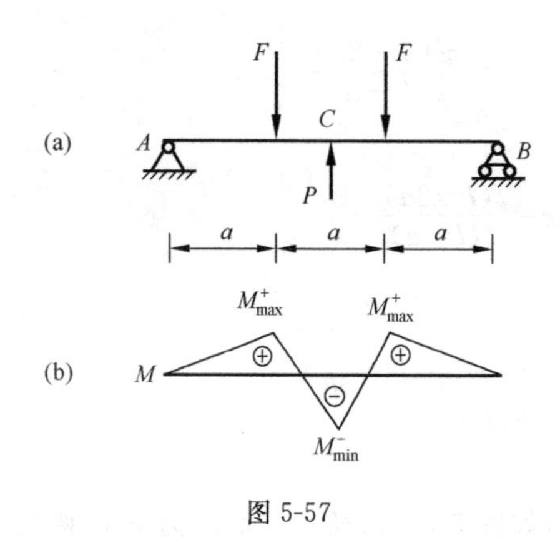

图 5-57

解 未施加一个集中力 P 时，梁内最大弯矩为

$$M_{\max1}=Fa$$

施加一个集中力 P 后，支座反力为

$$F_A=F_B=F-\frac{P}{2}$$

作弯矩图如图 5-57(b)所示。

梁内最大正弯矩 $M^{+}_{\max}=\left(F-\dfrac{P}{2}\right)a-\dfrac{Pa}{4}$

梁内最大负弯矩 $M^{-}_{\max}=(F-\dfrac{P}{2})a$

若使梁中的绝对值最大弯矩为最小，则

$$|M^{+}_{\max}|=|M^{-}_{\max}|$$

$$-\left(F-\frac{P}{2}\right)a=\left(F-\frac{P}{2}\right)a-\frac{Pa}{4}$$

解得 $M_{\max2}=\left(F-\dfrac{P}{2}\right)a=0.2Fa$。

最大弯矩减小的百分比为 $\xi=\dfrac{M_{\max1}-M_{\max2}}{M_{\max1}}\times100\%=80\%$。

5-33 如图 5-58(a)所示，梁上承受三角形分布载荷作用，集度为 $q(x)$，方向与 x 轴夹角为 α，试导出梁的内力与载荷的微分关系。

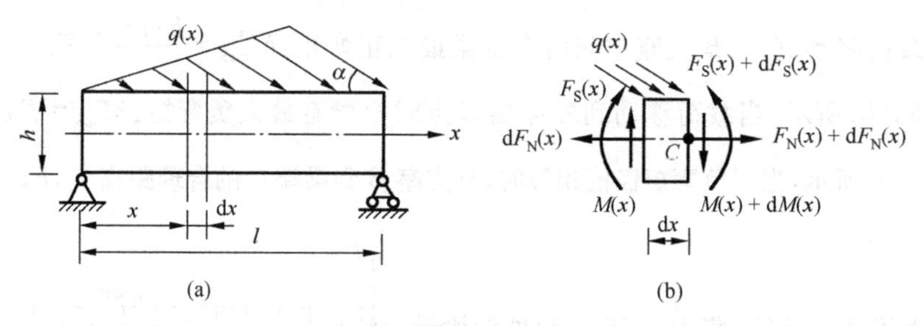

图 5-58

解 用坐标为 x 和 $x+\mathrm{d}x$ 处的两横截面截取出一梁段，如图 5-58(b)所示。坐标为 x 处的横截面上轴力为 $F_{\mathrm{N}}(x)$，剪力为 $F_{\mathrm{S}}(x)$，弯矩为 $M(x)$，坐标为 $x+\mathrm{d}x$ 处的横截面上轴力为 $F_{\mathrm{N}}(x)+\mathrm{d}F_{\mathrm{N}}(x)$，剪力为 $F_{\mathrm{S}}(x)+\mathrm{d}F_{\mathrm{S}}(x)$，弯矩为 $M(x)+\mathrm{d}M(x)$，梁段处于平衡。

$\sum F_x=0, F_{\mathrm{N}}(x)-[F_{\mathrm{N}}(x)+\mathrm{d}F_{\mathrm{N}}(x)]-q(x)\mathrm{d}x\cos\alpha=0$，得 $\dfrac{\mathrm{d}F_{\mathrm{N}}(x)}{\mathrm{d}x}=-q(x)\cos\alpha$。

$\sum F_y=0, F_{\mathrm{S}}(x)-[F_{\mathrm{S}}(x)+\mathrm{d}F_{\mathrm{S}}(x)]-q(x)\mathrm{d}x\sin\alpha=0$，得 $\dfrac{\mathrm{d}F_{\mathrm{S}}(x)}{\mathrm{d}x}=-q(x)\sin\alpha$。

对右侧截面形心 C 点取矩，得

$$\sum M_C=0, M(x)+\mathrm{d}M(x)-M(x)-F_{\mathrm{S}}(x)\mathrm{d}x-q(x)\mathrm{d}x\sin\alpha\cdot\frac{\mathrm{d}x}{2}-q(x)\mathrm{d}x\cos\alpha\cdot\frac{h}{2}=0$$

略去二阶无穷小项，得 $\dfrac{\mathrm{d}M(x)}{\mathrm{d}x}=F_{\mathrm{S}}(x)+\dfrac{q(x)h\cos\alpha}{2}$。

第 6 章　截面图形的几何性质

6.1　重点内容概要

1. 静矩与形心

图 6-1 所示图形，C 为形心，$\mathrm{d}A$ 为微面积。

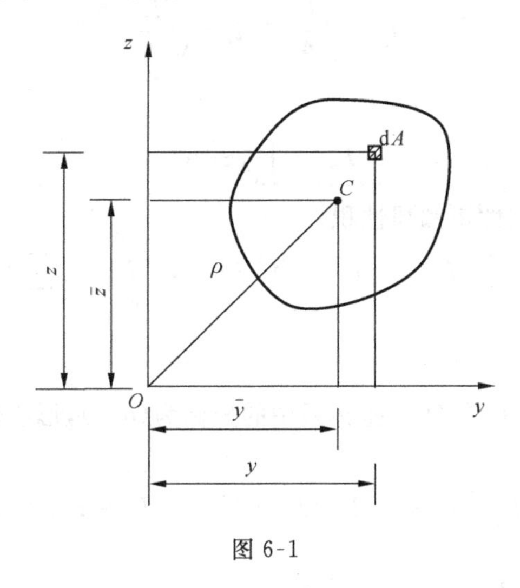

图 6-1

(1) 静矩的定义。

$$S_y = \int_A z\mathrm{d}A, \quad S_z = \int_A y\mathrm{d}A \tag{6-1}$$

(2) 静矩的计算。

① 当形心位置未知时，按式(6-1)计算。

② 当形心位置已知时，如图 6-1 所示，则

$$S_y = A \cdot \bar{z}, \quad S_z = A \cdot \bar{y} \tag{6-2}$$

(3) 形心位置。

$$\bar{y} = \frac{S_z}{A} = \frac{\int_A y\mathrm{d}A}{\int_A \mathrm{d}A}, \quad \bar{z} = \frac{S_y}{A} = \frac{\int_A z\mathrm{d}A}{\int_A \mathrm{d}A} \tag{6-3}$$

(4) 组合截面的静矩和形心。

$$S_y = \sum A_i \bar{z}_i, \quad S_z = \sum A_i \bar{y}_i \tag{6-4}$$

$$\bar{y} = \frac{\sum A_i \bar{y}_i}{\sum A_i}, \quad \bar{z} = \frac{\sum A_i \bar{z}_i}{\sum A_i} \tag{6-5}$$

2. 惯性矩、极惯性矩、惯性半径、惯性积

如图 6-1 所示。

（1）惯性矩。

$$I_y = \int_A z^2 \mathrm{d}A, \quad I_z = \int_A y^2 \mathrm{d}A \tag{6-6}$$

（2）极惯性矩。

$$I_\mathrm{p} = \int_A \rho^2 \mathrm{d}A \tag{6-7}$$

由于 $\rho^2 = y^2 + z^2$，所以有

$$I_\mathrm{p} = I_y + I_z$$

（3）惯性半径。

$$i_y = \sqrt{\frac{I_y}{A}}, \quad i_z = \sqrt{\frac{I_z}{A}} \tag{6-8}$$

（4）惯性积。

$$I_{yz} = \int_A yz \mathrm{d}A \tag{6-9}$$

（5）组合截面图形的惯性矩和惯性积。

$$I_y = \sum (I_y)_i, \quad I_z = \sum (I_z)_i, \quad I_{yz} = \sum (I_{yz})_i \tag{6-10}$$

3．平行移轴公式

图 6-2 所示图形，形心 C 在 Oyz 坐标系中的坐标为(b,a)，形心轴 y_C、z_C 轴分别与 y 轴、z 轴平行，则

$$I_y = I_{y_C} + a^2 A, \quad I_z = I_{z_C} + b^2 A, \quad I_{yz} = I_{y_C z_C} + abA \tag{6-11}$$

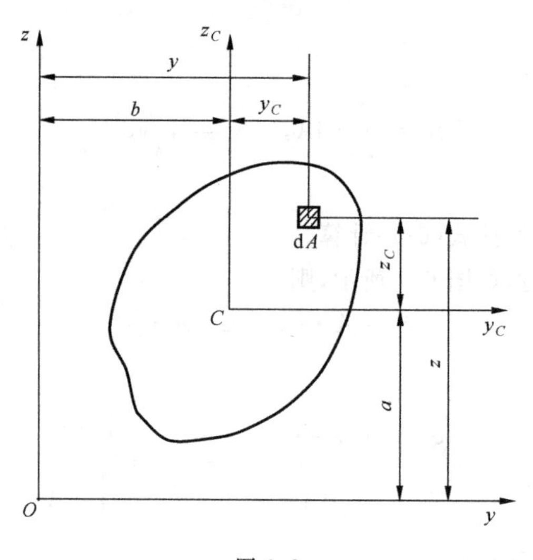

图 6-2

4．转轴公式

图 6-3 所示图形对 y 轴、z 轴的惯性矩和惯性积分别为 I_y、I_z 和 I_{yz}，将 y 轴、z 轴绕坐标原点 O 旋转 α 角（规定逆时针转向为正）后，得到新坐标轴 y_1、z_1，则

$$I_{y_1}=\frac{I_y+I_z}{2}+\frac{I_y-I_z}{2}\cos 2\alpha-I_{yz}\sin 2\alpha$$

$$I_{z_1}=\frac{I_y+I_z}{2}-\frac{I_y-I_z}{2}\cos 2\alpha+I_{yz}\sin 2\alpha \tag{6-12}$$

$$I_{y_1z_1}=\frac{I_y-I_z}{2}\sin 2\alpha+I_{yz}\cos 2\alpha$$

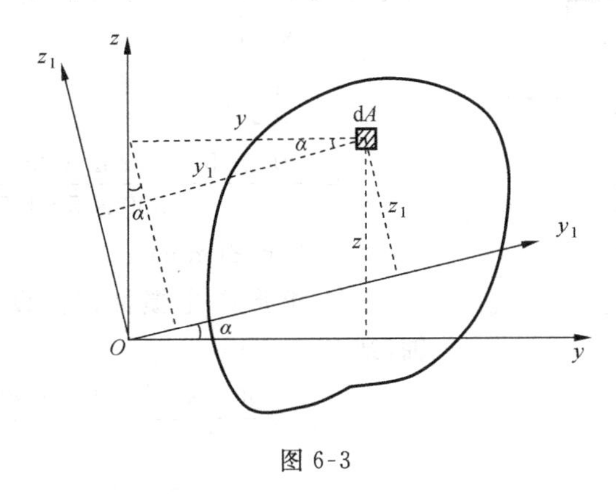

图 6-3

将式(6-12)的前两式相加，可得

$$I_{y_1}+I_{z_1}=I_y+I_z=常数$$

即截面图形对过同一点的任意一对正交轴的两个惯性矩之和恒为常数。

5. 主惯性轴和主惯性矩

(1) 主惯性轴。若截面图形对正交轴 y_0、z_0 的惯性积 $I_{y_0z_0}=0$，则 y_0、z_0 轴称为主惯性轴。设主惯性轴与 y 轴正向夹角为 α_0，则

$$\tan 2\alpha_0=-\frac{2I_{yz}}{I_y-I_z} \tag{6-13}$$

(2) 主惯性矩。截面图形对主惯性轴的惯性矩称为主惯性矩。

$$I_{y_0}=\frac{I_y+I_z}{2}+\sqrt{\left(\frac{I_y-I_z}{2}\right)^2+I_{yz}^2}$$

$$I_{z0}=\frac{I_y+I_z}{2}-\sqrt{\left(\frac{I_y-I_z}{2}\right)^2+I_{yz}^2} \tag{6-14}$$

主惯性矩之值就是截面图形对通过同一坐标原点的所有轴的惯性矩中的极大值 I_{max} 和极小值 I_{min}。

(3) 形心主惯性轴和形心主惯性矩。

通过截面图形形心的主惯性轴称为形心主惯性轴，相应的惯性矩称为形心主惯性矩。在计算弯曲应力和弯曲变形以及压杆柔度时用到的惯性矩都是截面的形心主惯性矩。

形心主惯性轴的确定方法如下。

① 若截面有对称轴，形心必在该对称轴上，则对称轴及过形心的另一正交轴为一对形心主惯性轴。

② 若截面无对称轴，则须计算出截面对形心轴 y、z 的 I_y、I_z 和 I_{yz}，应用式(6-13)确定形心主惯性轴与 y 轴的夹角为 α_0，形心主惯性矩则应用式(6-14)计算。

6.2 典型例题

例 6-1 试确定图 6-4 所示图形的形心位置,并计算形心主惯性矩。

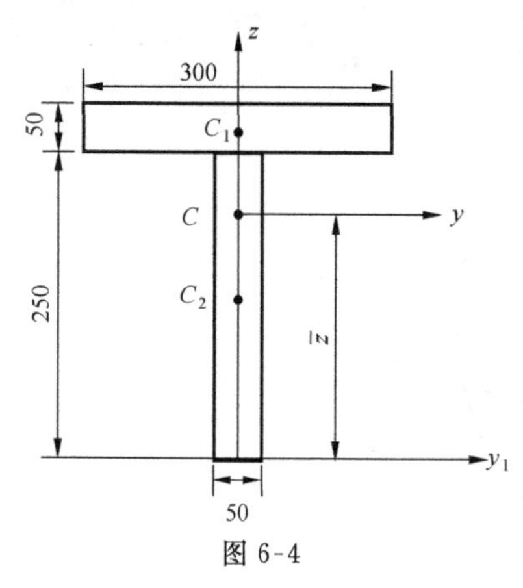

图 6-4

解 (1) 确定形心坐标 $\bar{y}$、$\bar{z}$。z 为对称轴,形心 C 位于 z 轴上,$\bar{y}=0$,取参考轴 y_1,则

$$\bar{z}=\frac{\sum A_i\bar{z}_i}{\sum A_i}=\frac{300\times50\times(250+25)+50\times250\times125}{300\times50+50\times250}=206.8(\text{mm})$$

(2) 求形心主惯性矩。设 y、z 轴为形心主惯性轴,则

$$I_z=\frac{50\times300^3}{12}+\frac{250\times50^3}{12}=115.1\times10^6(\text{mm}^4)$$

$$I_y=\frac{300\times50^3}{12}+(275-206.8)^2\times300\times50+\frac{50\times250^2}{12}+(206.8-125)^2\times50\times250$$
$$=221.6\times10^6(\text{mm}^4)$$

例 6-2* 试确定图 6-5 所示图形的形心主惯性轴位置,并求形心主惯性矩。

解 该图形由 14b 号槽钢和矩形组成。选槽钢的形心轴 y、z 为参考轴。查型钢表 14b 号槽钢有关数据为

$$A_1=21.316\text{cm}^2,\quad z_0=1.67\text{cm}$$
$$I_y=609\text{cm}^4,\quad I_z=61.1\text{cm}^4$$

在图 6-5 中标出相应的尺寸。

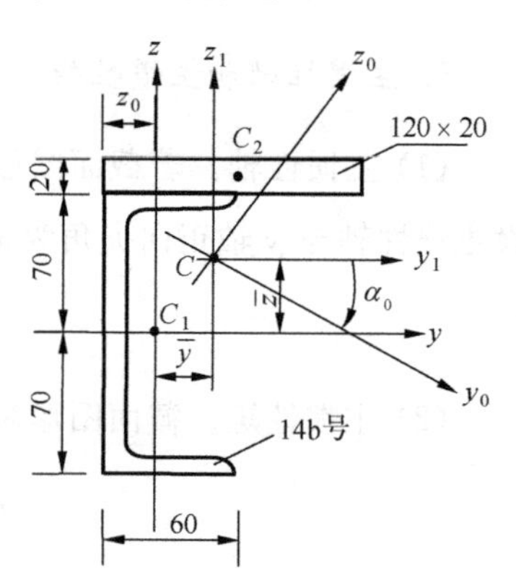

图 6-5

(1) 形心位置。

$$\bar{y}=\frac{\sum A_i\bar{y}_i}{\sum A_i}=\frac{0+12\times2\times(6-1.67)}{21.326+12\times2}=2.293(\text{cm})$$

$$\bar{z}=\frac{\sum A_i\bar{z}_i}{\sum A_i}=\frac{0+12\times2\times(7+1)}{21.316+12\times2}=4.237(\text{cm})$$

(2) 求图形对形心轴 y_1、z_1 的惯性矩、惯性积。

$$I_{y_1}=609+4.237^2\times21.316+\frac{12\times2^3}{12}+(8-4.237)^2\times24=1339.5(\text{cm}^4)$$

$$I_{z_1}=61.1+2.293^2\times21.316+\frac{2\times12^3}{12}+(6-1.67-2.293)^2\times24=560.8(\text{cm}^4)$$

$$I_{y_1z_1}=0+(-2.293)\times(-4.237)\times21.316+0+(8-4.237)\times(6-1.67-2.293)\times24$$
$$=391(\text{cm}^4)$$

(3) 形心主惯性轴的位置。

$$\tan2\alpha_0=\frac{-2\times391}{1339.5-560.8}=-1.00424,\quad 2\alpha_0=-45.12°$$

即
$$\alpha_0=-22.56°$$
形心主惯性轴如图 6-5 中 y_0、z_0 所示。

(4) 形心主惯性矩。

$$I_{y_0}=\frac{1339.5+560.8}{2}+\sqrt{\left(\frac{1339.5-560.8}{2}\right)^2+391^2}=950+552=1502(\text{cm}^4)$$

$$I_{z_0}=950-552=398(\text{cm}^4)$$

其中，$I_{y_0}=I_{\max}$，$I_{z_0}=I_{\min}$，且 $I_{y_0}+I_{z_0}=I_{y_1}+I_{z_1}$。

例 6-3 试证明通过正方形及等边三角形形心的任一轴均为形心主惯性轴，并由此得出一般性结论。

解 (1) 正方形如图 6-6(a)所示，y、z 为形心主惯性轴，且 $I_y=I_z=\frac{b^4}{12}$，$I_{yz}=0$，则过形心的任意轴 y_1、z_1，其惯性积为

$$I_{y_1z_1}=\frac{I_y-I_z}{2}\sin2\alpha+I_{yz}\cos2\alpha=0$$

所以，y_1、z_1 轴为形心主惯性轴，且 $I_{y_1}=I_{z_1}=I_y=\frac{b^4}{12}$。

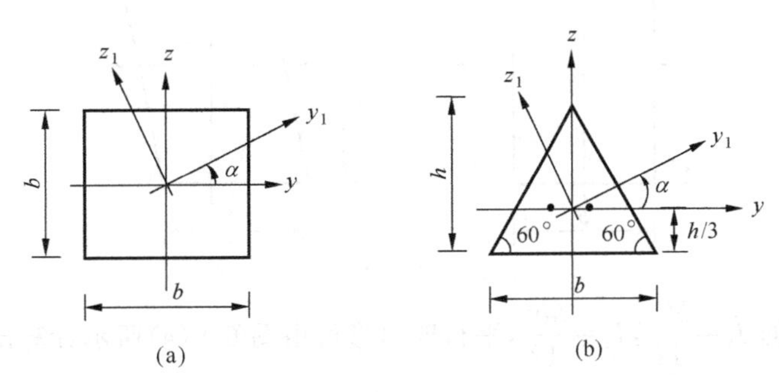

图 6-6

(2) 等边三角形如图 6-6(b)所示，y、z 为形心主惯性轴，$h=\frac{\sqrt{3}}{2}b$。

$$I_y=\frac{bh^3}{36}=\frac{b}{36}\cdot\left(\frac{\sqrt{3}}{2}b\right)^3=\frac{\sqrt{3}}{96}b^4$$

$$I_z=2\left[\frac{h\left(\frac{b}{2}\right)^3}{36}+\left(\frac{b}{6}\right)^2\cdot\frac{bh}{4}\right]=\frac{2b^3h}{96}=\frac{\sqrt{3}}{96}b^4$$

$$I_{yz}=0$$

则图形过形心的任意轴 y_1、z_1 的惯性积为

$$I_{y_1z_1}=\frac{I_y-I_z}{2}\sin2\alpha+I_{yz}\cos2\alpha=0$$

所以，y_1、z_1 轴为形心主惯性轴，且 $I_{y_1}=I_{z_1}=I_y=\frac{\sqrt{3}}{96}b^4$。

(3) 一般性结论。

任意正多边形的任一形心轴均为形心主惯性轴，其形心主惯性矩为常量。因为任意正多边形对其形心轴 y、z 均有 $I_y=I_z$，且 $I_{yz}=0$，$I_{y_1z_1}=0$。

6.3 习题选解

6-1 图 6-7 所示矩形截面，m-m 线以上部分和以下部分对形心轴 z 的两个静矩的________。

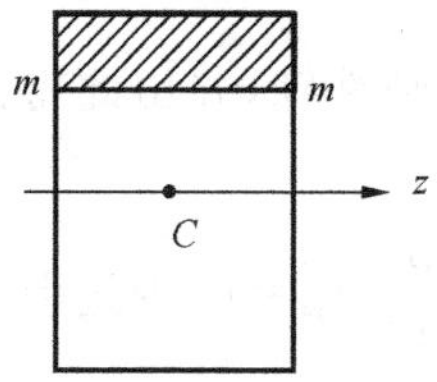

A. 绝对值相等，正负号相同；　B. 绝对值相等，正负号不同；

C. 绝对值不等，正负号相同；　D. 绝对值不等，正负号不同。

图 6-7

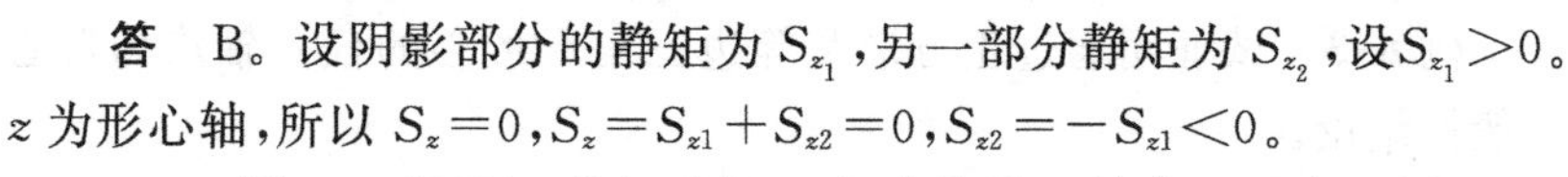

答 B。设阴影部分的静矩为 S_{z_1}，另一部分静矩为 S_{z_2}，设$S_{z_1}>0$。z 为形心轴，所以 $S_z=0$，$S_z=S_{z1}+S_{z2}=0$，$S_{z2}=-S_{z1}<0$。

6-2 图 6-8 所示矩形和平行四边形的形心均位于坐标原点。两图形的________。

A. I_z 相等，I_y 不等；　B. I_z 不等，I_y 相等；

C. I_y、I_z 均相等；　D. I_y、I_z 均不等。

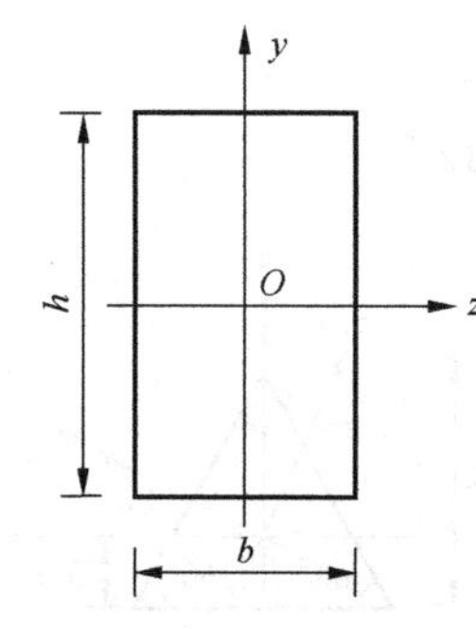

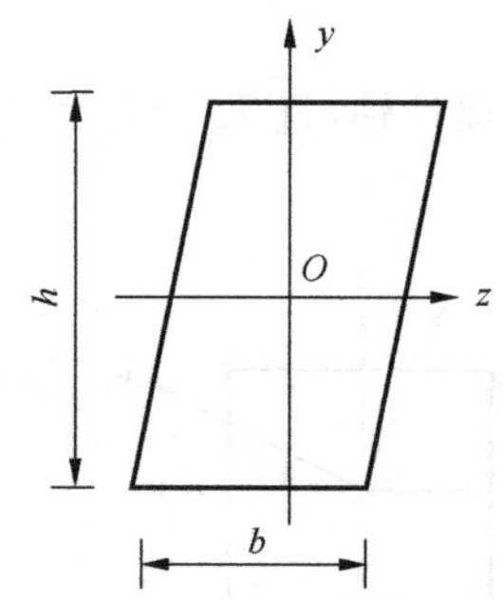

图 6-8

答 A。矩形的 $I_z=\dfrac{bh^3}{12}$，$I_y=\dfrac{hb^3}{12}$，平行四边形可由图 6-9(a)所示计算出

$$I_z=\int_A y^2\mathrm{d}A=\int_{-\frac{h}{2}}^{\frac{h}{2}} y^2 b\mathrm{d}y=\frac{bh^3}{12}$$

显然，I_z 与斜边的倾斜度无关，图 6-9(b)所示平行四边形也有 $I_z=\dfrac{bh^3}{12}$，而

$$I_y=2\left[\frac{hb^3}{36}+\left(\frac{b}{3}\right)^2\cdot\frac{bh}{2}\right]=\frac{hb^3}{6}$$

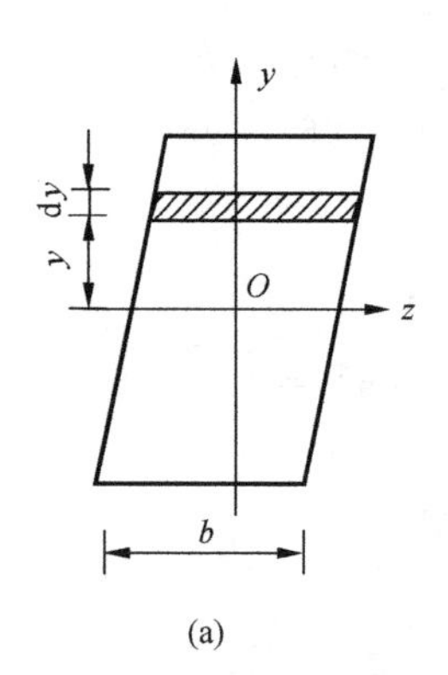

(a)

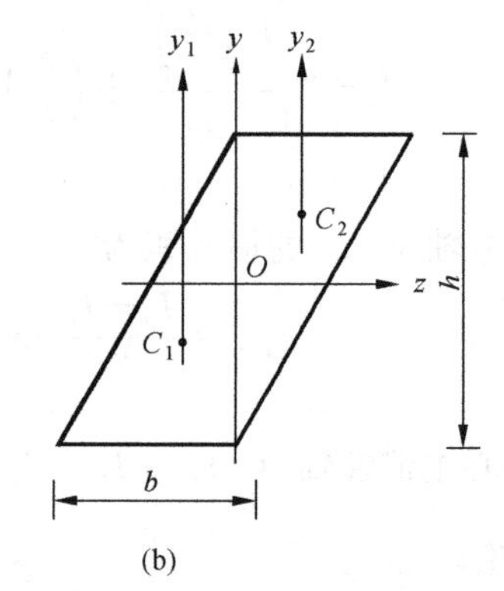

(b)

图 6-9

6-3 设图 6-10 所示(a)、(b)、(c)三个图形对形心轴的惯性矩分别为 I_a、I_b、I_c，惯性半径分别为 i_a、i_b、i_c，则________。

A. $I_a=I_b-I_c$，$i_a=i_b-i_c$；　　B. $I_a\neq I_b-I_c$，$i_a=i_b-i_c$；

C. $I_a=I_b-I_c$，$i_a\neq i_b-i_c$；　　D. $I_a\neq I_b-I_c$，$i_a\neq i_b-i_c$。

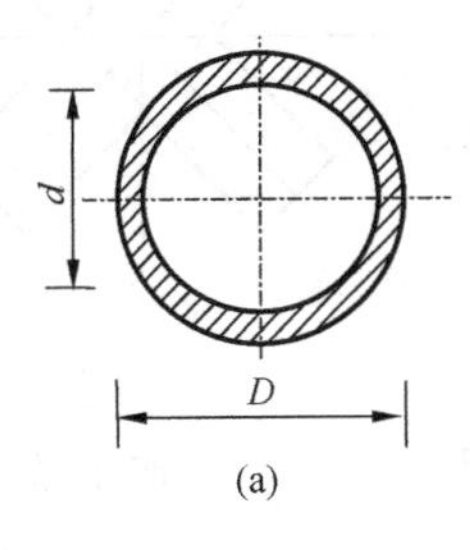

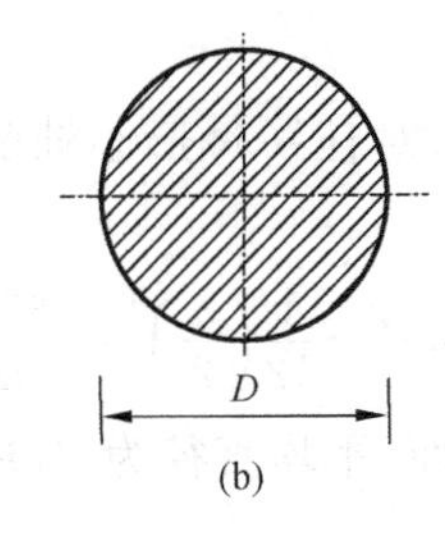

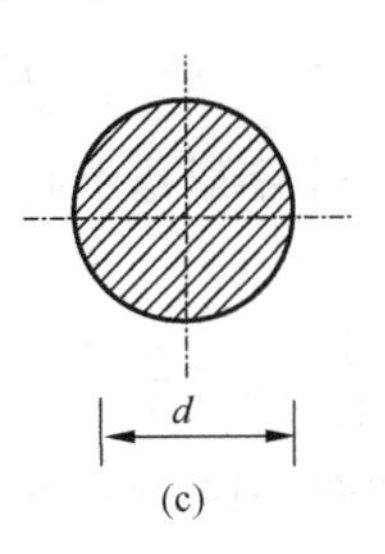

图 6-10

答 C。$I_a=\frac{\pi D^4}{64}-\frac{\pi d^4}{64}=I_b-I_c$，正确。但 $i_a=\sqrt{\frac{I_a}{A_a}}=\sqrt{\frac{I_b-I_c}{A_b-A_c}}$，而 $i_b=\sqrt{\frac{I_b}{A_b}}$，$i_c=\sqrt{\frac{I_c}{A_c}}$，$\sqrt{\frac{I_b-I_c}{A_b-A_c}}\neq\sqrt{\frac{I_b}{A_b}}-\sqrt{\frac{I_c}{A_c}}$。

6-4** 图 6-11(a)所示曲线 $y=f(z)$ 与坐标轴 y、z 围成的图形的面积为 A。计算其对 z 轴的惯性矩 I_z 时，若取图示的窄条微面积 $\mathrm{d}A$，设 $I_z=\alpha\int_A y^2\mathrm{d}A$，则式中 α________。

A. $=\frac{1}{4}$；　　B. $=\frac{1}{3}$；

C. $=1$；　　D. 与函数 $f(z)$ 有关。

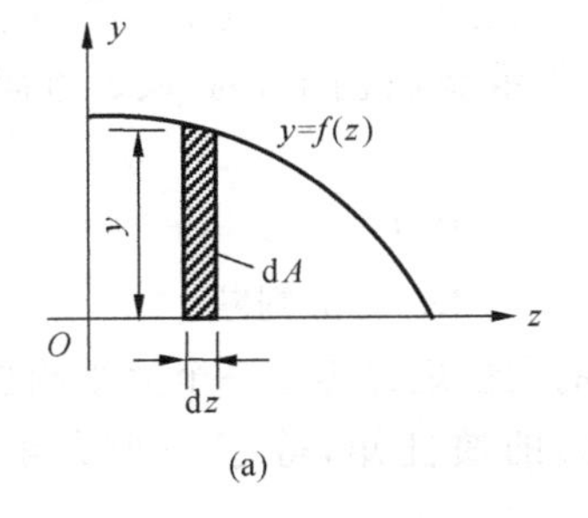

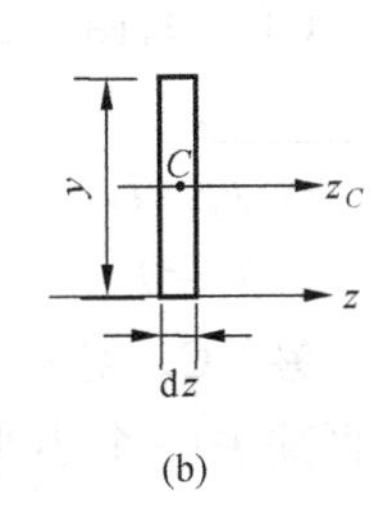

图 6-11

答 B。窄条图形如图 6-11(b)所示。

$$\mathrm{d}A=y\mathrm{d}z$$

$$\mathrm{d}I_z=\mathrm{d}I_{z_C}+\left(\frac{y}{2}\right)^2\cdot\mathrm{d}A=\frac{\mathrm{d}z\cdot y^3}{12}+\frac{y^2}{4}\cdot y\mathrm{d}z=\frac{1}{3}y^2\mathrm{d}A$$

$$I_z=\int\mathrm{d}I_z=\frac{1}{3}\int y^2\mathrm{d}A$$

6-5 如图 6-12 所示，边长为 a 的正方形截面，在其中心挖去一边长为 $a/2$ 的正方形，则截面对过形心 O 的轴的惯性矩 $I_k=$________。

A. $\frac{1}{64}a^4$；　　B. $\frac{5}{64}a^4$；

C. $\frac{15}{64}a^4$；　　D. $\frac{5}{32}a^4$。

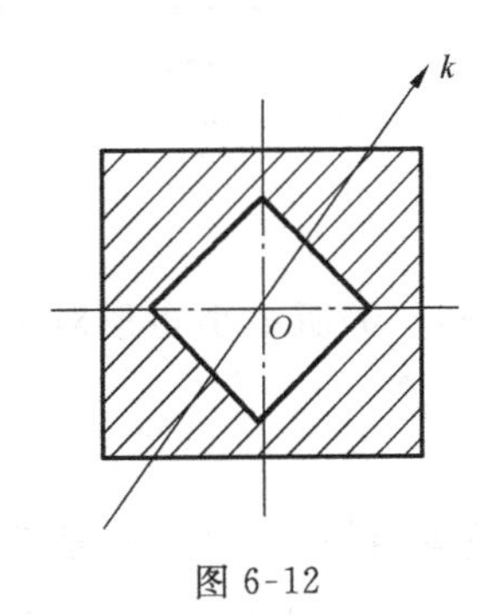

图 6-12

答 B。正多变形对任一过形心轴的惯性矩都相等。$I_k=\frac{1}{12}a^4-\frac{1}{12}\left(\frac{a}{2}\right)^4=\frac{5}{64}a^4$。

6-6 如图 6-13 所示十字形截面，其对 z 轴的惯性矩 $I_z=$ ________。

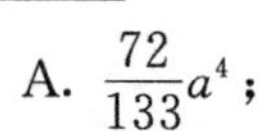

A. $\dfrac{72}{133}a^4$；　　B. $\dfrac{57}{148}a^4$；

C. $\dfrac{11}{132}a^4$；　　D. $\dfrac{67}{192}a^4$。

答　D。十字形是中心对称截面，对任一过形心轴的惯性矩都相等。

$$I_z=I_k=\frac{1}{12}(2a)\left(\frac{a}{2}\right)^3+\frac{1}{12}\left(\frac{a}{2}\right)(2a)^3-\frac{1}{12}\left(\frac{a}{2}\right)^4=\frac{67}{192}a^4$$

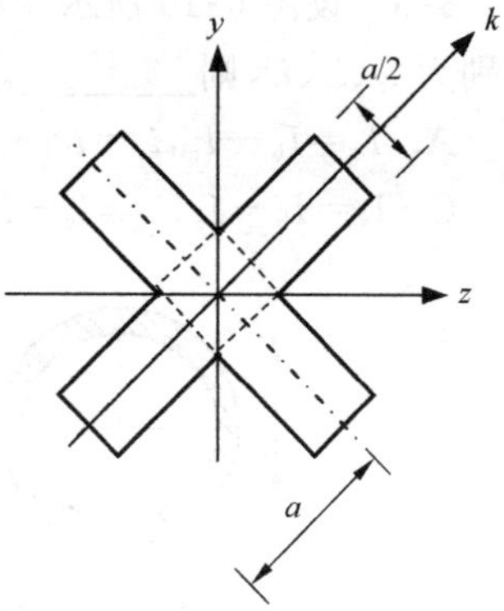

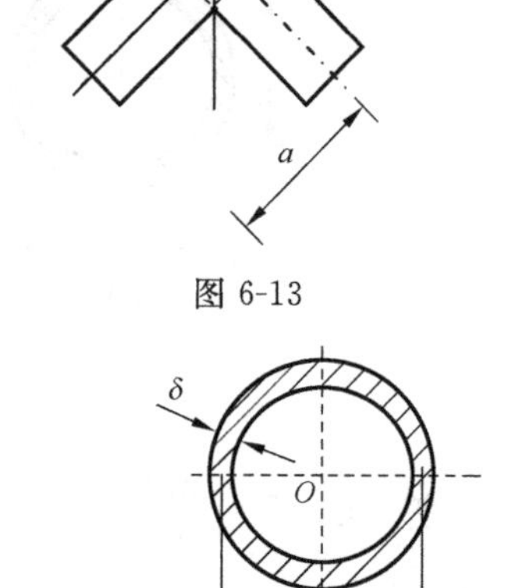

图 6-13

图 6-14

6-7 如图 6-14 所示薄圆环形截面，平均直径为 d，环厚为 δ，$d\gg\delta$，截面的形心主惯性矩为________。

A. $\dfrac{\pi}{8}\delta d^3$；　　B. $\dfrac{\pi}{12}\delta d^3$；

C. $\dfrac{\pi}{32}\delta d^3$；　　D. $\dfrac{\pi}{16}\delta d^3$。

答　A。对称截面，极惯性矩是形心主惯性矩的 2 倍。极惯性矩为

$$I_P=\int_A r^2\mathrm{d}A=\int_A\left(\frac{d}{2}\right)^2\mathrm{d}A=\left(\frac{d}{2}\right)^2A=\left(\frac{d}{2}\right)^2\pi d\delta=\frac{\pi}{4}\delta d^3$$

6-8 如图 6-15 所示截面图形，对 y、z 的惯性矩关系为________。

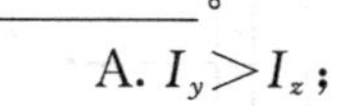

A. $I_y>I_z$；　　B. $I_y<I_z$；

C. $I_y=I_z$；　　D. 无法判断。

答　C。对 y、z 的惯性矩都等于一个大半圆加上一个小半圆再减去一个小半圆的惯性矩，等于一个大半圆形的惯性矩 $\dfrac{d^4}{128}$。

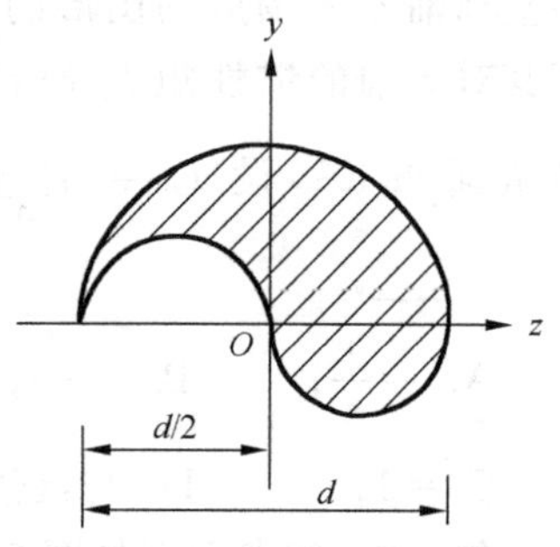

6-9 图 6-16(a)所示截面图形对 z 轴的惯性矩 I_z ________。

A. $=\dfrac{1}{12}HB^3-\dfrac{1}{12}hb^3$；

B. $=\dfrac{1}{12}BH^3-\dfrac{1}{12}bh^3$；

C. $>\dfrac{1}{12}BH^3-\dfrac{1}{12}bh^3$；

D. $<\dfrac{1}{12}BH^3-\dfrac{1}{12}bh^3$。

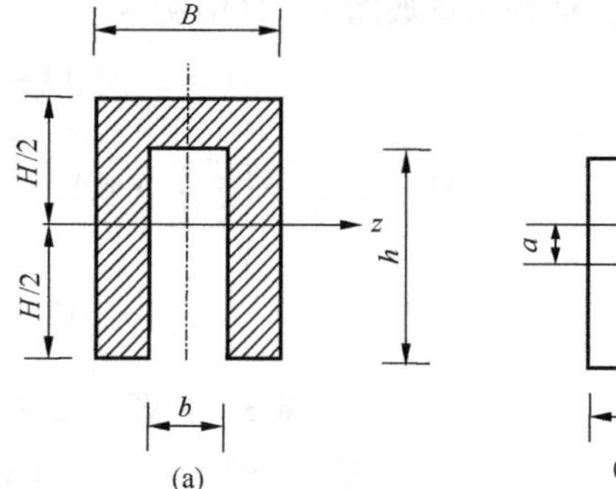

图 6-16

答　D。该图形为大矩形减去小矩形，$I_z=\dfrac{1}{12}BH^3-(I_z)_2$。图 6-16(b)所示小矩形对 z 轴的惯性矩 $(I_z)_2=\dfrac{1}{12}bh^3+a^2bh$。

6-10 一薄壁截面图形如图 6-17 所示，已知 AO、OB 两部分的壁厚相等，且中线长度相等，O、C 两点分别为截面中线交点和形心。在图中给出的 Oxy、Cx_1y_1、Cx_2y_2、Cx_2y_3，四对正交坐标轴中，(1)________不是主惯性轴；(2)________是形心主惯性轴。

答 (1) Cx_1y_1；(2) Cx_2y_2。因为 Ox_2 为对称轴，所以 Cx_2y_2 和 Ox_2y_3 都是主惯性轴。y 轴、x 轴分别是 AO、OB 两部分的对称轴，故 $I_{yz}=0$，Oxy 轴也是主惯性轴，只有 Cx_1y_1 轴不是。x_2、y_2 轴交于形心，为形心主惯性轴。

6-11 试求图 6-18 所示截面图形的形心主惯性矩。

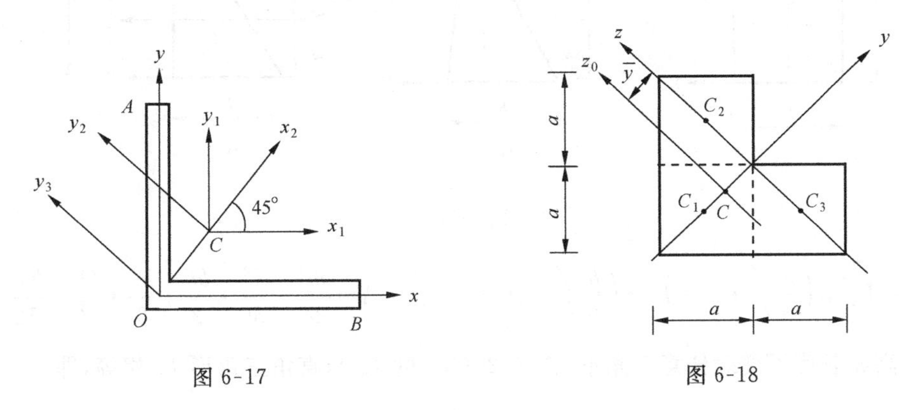

图 6-17　　　　　　图 6-18

解 该截面为三个正方形组合而成，对称轴 y 为一根形心主惯性轴，形心位置为

$$\bar{y}=\frac{0+a^2\left(-\frac{\sqrt{2}}{2}a\right)}{3a^2}=-\frac{\sqrt{2}}{6}a$$

$y-z_0$ 为形心主惯性轴，形心主惯性矩为

$$I_y=\frac{a^4}{12}+2\left[\frac{a^4}{12}+\left(\frac{\sqrt{2}}{2}a\right)^2\cdot a^2\right]=\frac{5}{4}a^4=I_{\max}$$

$$I_{z_0}=\frac{a^4}{12}+\left(\frac{\sqrt{2}}{2}a-\frac{\sqrt{2}}{6}a\right)^2\cdot a^2+2\left[\frac{a^4}{12}+\left(\frac{\sqrt{2}}{6}a\right)^2\cdot a^2\right]=\frac{19}{36}a^4=I_{\min}$$

6-12 由两个 No. 28a 槽钢组成的截面图形如图 6-19 所示，C 为形心。试求：欲使 $I_y=I_z$，a 的大小。

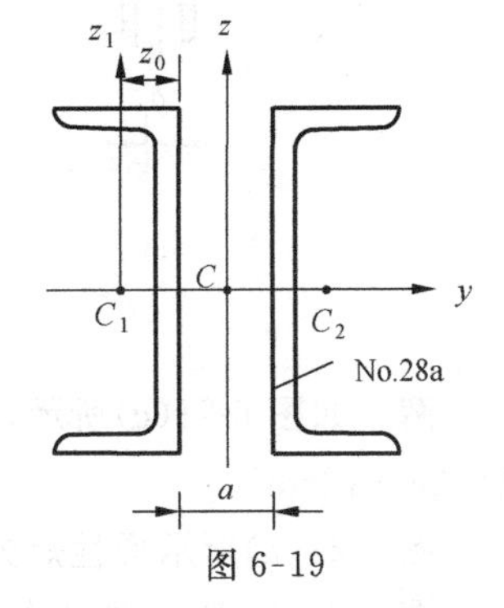

图 6-19

解 查型钢表得 No. 28a 槽钢的参数为

$$I_y=4760\ \text{cm}^4,\quad I_{z_1}=218\ \text{cm}^4$$

$$A=40.034\ \text{cm}^2,\quad z_0=2.10\text{cm}$$

组合截面 $\qquad I_y=2\times4760=9520(\text{cm}^4)$

$$I_z=2\times\left[218+\left(\frac{a}{2}+2.10\right)^2\times40.034\right]=I_y=9520(\text{cm}^4)$$

得 $a=17.1\text{cm}$。

6-13 试根据图 6-20(a)所示矩形截面的惯性矩 $(I_y)_0=\frac{bh^3}{12}$，求图 6-20(b)所示三角形截面对底边轴 y_1 的惯性矩 I_{y_1}。

解 矩形对角线将其分为两个三角形，每个 $I_y=\frac{1}{2}(I_y)_0=\frac{bh^3}{24}$，由图 6-20(c)可计算

$$I_{y_C}=I_y-\left(\frac{h}{6}\right)^2\cdot A$$

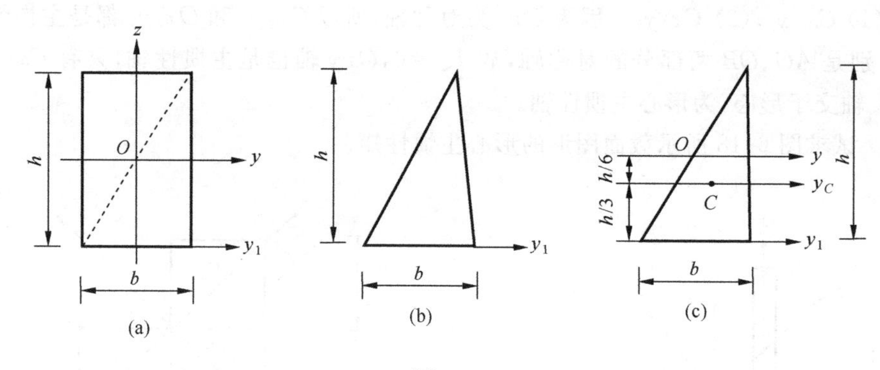

图 6-20

$$I_{y_1}=I_{y_C}+\left(\frac{h}{3}\right)^2\cdot A=I_y-\left(\frac{h}{6}\right)^2\cdot A+\left(\frac{h}{3}\right)^2\cdot A=\frac{bh^3}{24}-\frac{h^2}{36}\cdot\frac{bh}{2}+\frac{h^2}{9}\cdot\frac{bh}{2}=\frac{bh^3}{12}$$

在底边 b、高 h 长度不变时任意三角形(图 6-20(b))的 I_{y_1} 与直角三角形 I_{y_1} 相等，即

$$I_{y_1}=\frac{bh^3}{12}$$

6-14 四个等边角钢 125×125×12 组成如图 6-21(a)、(b)所示的两种图形，已知 $\delta=16\text{mm}$，试求形心主惯性矩的大小。

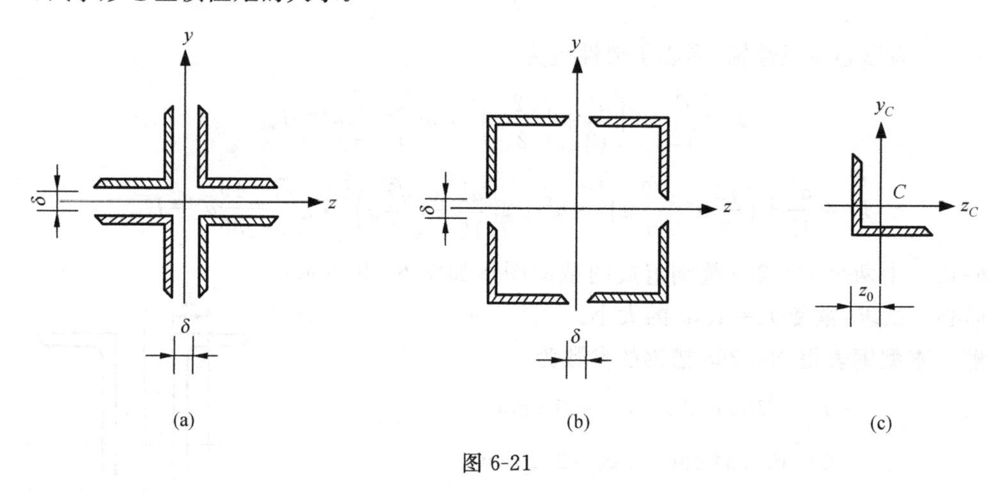

图 6-21

解 如图 6-21(c)所示，查表等边角钢 125×125×12，$I_{y_C}=I_{z_C}=423.16\text{cm}^4$，$z_0=3.53\text{cm}$，$A=28.912\text{cm}^2$。

图 6-21(a)所示惯性矩为 $I_y=I_z=4\times[423.16+(3.53+0.8)^2\times28.912]=3860.9(\text{cm}^4)$

图 6-21(b)所示惯性矩为 $I_y=I_z=4\times[423.16+(12.5-3.53+0.8)^2\times28.912]=12731.6(\text{cm}^4)$

6-15 如图 6-22 所示，边长为 a 的正 n 边形截面，求其形心主惯性矩。

解 图中 $\alpha=\frac{2\pi}{2n}=\frac{\pi}{n}$，$\overline{BC}=\frac{a}{2\tan\frac{\pi}{n}}$。

将正 n 边形截面分为 n 幅图形，设每幅图形对形心 O 点的极惯性矩为 $I_{\text{P}n}$，则正 n 边形截面对 O 点的极惯性矩为 I_{P}，于是正 n 边形截面的形心主惯性矩为 $I=\frac{I_{\text{P}}}{2}=\frac{n}{2}I_{\text{P}n}$。

每幅图形对形心 O 点的极惯性矩为 $I_{\text{P}n}=I_{yn}+I_{zn}$。

$$I_{yn}=2\times\frac{1}{12}\left(\frac{a}{2}\tan^{-1}\frac{\pi}{n}\right)\left(\frac{a}{2}\right)^3=\frac{1}{6}\left(\frac{a}{2}\right)^4\tan^{-1}\frac{\pi}{n}$$

$$I_{zn}=2\left[\frac{1}{2}\times\frac{1}{12}\left(\frac{a}{2}\right)\left(2\times\frac{a}{2}\tan^{-1}\frac{\pi}{n}\right)^3-\frac{1}{12}\left(\frac{a}{2}\right)\left(\frac{a}{2}\tan^{-1}\frac{\pi}{n}\right)^3\right]$$

上式中方括号里的第一项为矩形 $OABC$ 对 z 轴的惯性矩，第二项是三角形 OBC 对 z 轴的惯性矩。所以

$$I_{zn}=\frac{1}{2}\left(\frac{a}{2}\right)^4\tan^{-3}\frac{\pi}{n}$$

$$I_{Pn}=I_{yn}+I_{zn}=\frac{1}{6}\left(\frac{a}{2}\right)^4\left(\tan^{-1}\frac{\pi}{n}+3\tan^{-3}\frac{\pi}{n}\right)$$

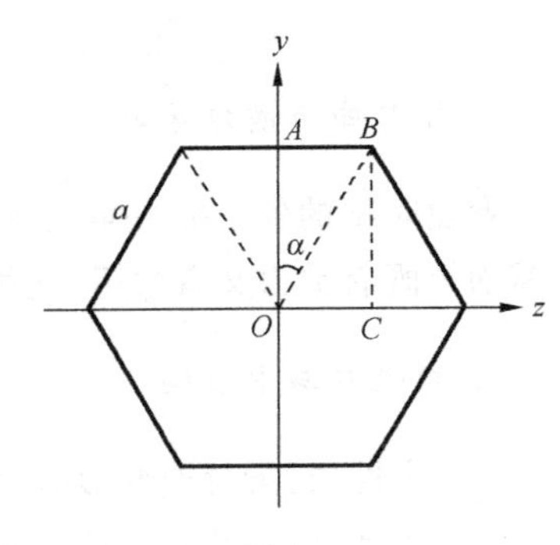

图 6-22

正 n 边形截面的形心主惯性矩为

$$I=\frac{n}{2}I_{Pn}=\frac{n}{12}\left(\frac{a}{2}\right)^4\left(\tan^{-1}\frac{\pi}{n}+3\tan^{-3}\frac{\pi}{n}\right)$$

即 $$I=\frac{n}{192}a^4\left(\tan^{-1}\frac{\pi}{n}+3\tan^{-3}\frac{\pi}{n}\right)$$

特例：

(1)正三角形：$n=3$。

$$I=\frac{3}{192}a^4\left(\tan^{-1}\frac{\pi}{3}+3\tan^{-3}\frac{\pi}{3}\right)=\frac{\sqrt{3}}{96}a^4$$

(2)正方形：$n=4$。

$$I=\frac{4}{192}a^4\left(\tan^{-1}\frac{\pi}{4}+3\tan^{-3}\frac{\pi}{4}\right)=\frac{1}{12}a^4$$

(3)正六边形：$n=6$。

$$I=\frac{6}{192}a^4\left(\tan^{-1}\frac{\pi}{6}+3\tan^{-3}\frac{\pi}{6}\right)=\frac{5\sqrt{3}}{16}a^4$$

6-16** 求图 6-23 所示花键轴截面的形心主惯性矩。

解 此截面图形为正多边形，任一形心轴均为形心主惯性轴，且 $I_y=I_z=\frac{1}{2}I_p$。

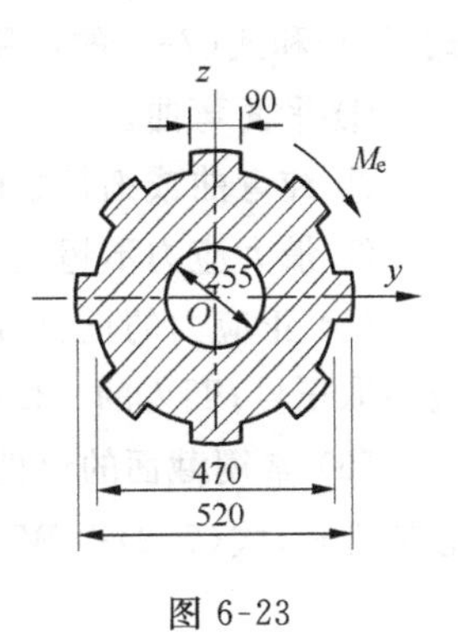

图 6-23

(1) 空心圆截面部分。

$$I_{p_1}=\frac{\pi}{32}(D^4-d^4)=\frac{\pi}{32}(47^4-25.5^4)=437551(\text{cm}^4)$$

(2) 小矩形。

$$\rho=\frac{47}{2}+\frac{1}{2}\left(\frac{52-47}{2}\right)=23.5+1.25=24.75(\text{cm})$$

$$A=9\times2.5=22.5(\text{cm}^2)$$

$$I_{p_C}=\frac{9\times2.5^3}{12}+\frac{2.5\times9^3}{12}=163.59(\text{cm}^4)$$

$$I_{p_2}=8(I_{p_C}+\rho^2A)=8\times(163.59+24.75^2\times22.5)=111570(\text{cm}^4)$$

(3) 花键轴。

$$I_p=I_{p_1}+I_{p_2}=549121(\text{cm}^4)$$

$$I_y=I_z=\frac{1}{2}I_p=274561\ \text{cm}^4=27.5\times10^4\ \text{cm}^4$$

注 此题计算用到了极坐标的移轴公式，$I_p=I_{yC}+I_{zC}+\rho^2A$，式中 I_p 为图形对某极点的极惯性矩，I_{yC}、I_{zC} 为图形的形心主惯性矩，ρ 为图形形心到极点的距离，A 为图形面积。

第7章 弯曲应力

7.1 重点内容概要

1. 纯弯曲与横力弯曲

弯曲时梁的各个横截面上剪力都等于零，弯矩为常量，这种弯曲称为纯弯曲。若弯曲时各横截面上既有剪力又有弯矩，这种弯曲称为横力弯曲。

2. 中性层与中性轴

(1) 中性层：梁弯曲变形时，有一层纵向纤维既不伸长也不缩短，这一层纤维称为中性层。

(2) 中性轴：中性层与横截面的交线称为中性轴。梁弯曲变形时，各横截面均绕中性轴发生转动。横截面中性轴上各点正应力都等于零。

(3) 中性轴的位置：直梁平面弯曲时，中性轴过形心且垂直于载荷作用面。

3. 梁横截面上的正应力

(1) 正应力公式

$$\sigma=\frac{My}{I_z} \tag{7-1}$$

$$\sigma_{\max}=\frac{M}{W_z} \tag{7-2}$$

式(7-1)和式(7-2)的适用范围如下。

① 平面弯曲。

② 纯弯曲或细长梁的横力弯曲($l\geqslant 5h$ 的梁属于细长梁)。

③ 最大应力不超过材料的比例极限。

(2) 正应力的正负号。可根据弯曲变形判断，以中性层为界，变形后凸出的一侧受拉，正应力取正号；凹入的一侧受压，正应力取负号。

(3) 常用截面的惯性矩 I_z 和抗弯截面模量 W_z。式(7-1)中 I_z 是截面对中性轴 z 轴的形心惯性轴，式(7-2)中 W_z 称为抗弯截面模量，由下式计算。

$$W_z=I_z/y_{\max} \tag{7-3}$$

矩形 $$I_z=\frac{bh^3}{12},\quad W_z=\frac{bh^2}{6}$$

其中，b 为与中性轴 z 平行的边长(宽度)；h 为垂直于中性轴的边长(高度)。

圆形 $$I_z=\frac{\pi D^4}{64},\quad W_z=\frac{\pi D^3}{32}$$

空心圆截面$\left(内外径之比\ \alpha=\dfrac{d}{D}\right)$

$$I_z=\frac{\pi D^4}{64}(1-\alpha^4),\quad W_z=\frac{\pi D^3}{32}(1-\alpha^4)$$

4. 梁横截面上的切应力

(1) 矩形截面梁的切应力公式

$$\tau=\frac{F_S S_z^*}{I_z b} \tag{7-4}$$

切应力的大小沿截面高度呈抛物线分布，最大切应力发生在中性轴处。切应力方向与该截面上的剪力方向平行。

$$\tau_{\max}=\frac{F_S S_{z\max}^*}{I_z b} \tag{7-5}$$

对于矩形截面
$$\tau_{\max}=\frac{3}{2}\frac{F_S}{bh} \tag{7-6}$$

式(7-4)～式(7-6)适用范围为 $h>b$ 的狭矩形截面梁，且与式(7-1)和式(7-2)范围相同。

(2) 其他截面梁的最大切应力。

工字形钢截面
$$\tau_{\max}=\frac{F_S}{\frac{I_z}{S_z}d} \tag{7-7}$$

$$\tau_{\max}\approx\frac{F_S}{A_{腹板}}$$

圆形截面
$$\tau_{\max}=\frac{4}{3}\frac{F_S}{A} \tag{7-8}$$

薄壁圆环形截面
$$\tau_{\max}=2\frac{F_S}{A} \tag{7-9}$$

5. 强度条件

(1) 弯曲正应力强度条件

$$\sigma_{\max}=\frac{M_{\max}}{W_z}\leqslant[\sigma] \tag{7-10}$$

(2) 弯曲切应力强度条件

$$\tau_{\max}=\frac{F_{S\max} S_{z\max}^*}{I_z b}\leqslant[\tau] \tag{7-11}$$

说明：① 通常细长梁弯曲正应力是控制强度的主要因素，校核强度、选择截面一般先考虑正应力强度，再校核切应力强度。

② 塑性材料制成的梁，正应力最大的点就是危险点，不必区分拉或压。而脆性材料制成的梁，必须分别对最大拉应力和最大压应力所在的点作强度计算，这是因为脆性材料的抗拉和抗压性能不同。

6. 弯曲中心

横力弯曲时，外力作用线必须与梁的形心主惯性平面平行且通过梁截面的弯曲中心，才产生平面弯曲。如果不与形心主惯性平面平行，会发生斜弯曲；如果不通过弯曲中心，还会产生扭转。

梁横截面的弯曲中心的位置，应由该截面上的剪力 F'_{Sy} 和 F'_{Sz} 的作用线交点来确定；F'_{Sy} 和 F'_{Sz} 分别是梁在形心主惯性平面 xy 和 xz 内弯曲时，横截面上的剪力。弯曲中心的位置仅与截面的形状和尺寸有关。

当横截面有两根对称轴时，此两轴的交点即为弯曲中心，它与截面形心重合。

当横截面只有一根对称轴时，其弯曲中心必在对称轴上。

实心截面的弯曲中心与形心距离很近，可近似地用形心代替弯曲中心，即不必考虑扭转的影响。但对于开口薄壁杆件，其截面刚度较小，为了避免扭转的影响，外力作用线必须通过弯曲中心。

7.2 典型例题

例 7-1 简支钢梁如图 7-1(a)所示，材料的许用弯曲正应力$[\sigma]=160\text{MPa}$，试按下列四种截面分别确定尺寸或型钢号，并比较所耗费材料的重量之比：(1)圆形；(2)正方形；(3)高宽比 $h/b=1.5$ 的矩形；(4)工字钢。

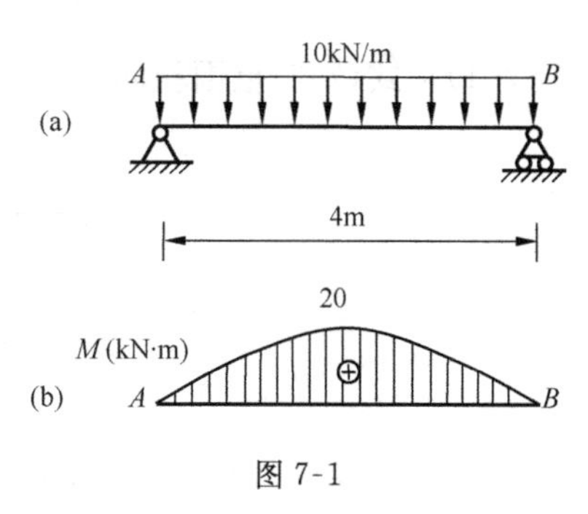

图 7-1

解 作 M 图如图 7-1(b)所示，最大弯矩为

$$M_{\max}=\frac{ql^2}{8}=\frac{10\times 4^2}{8}=20(\text{kN}\cdot\text{m})$$

由强度条件 $\sigma_{\max}=\dfrac{M_{\max}}{W_z}\leqslant[\sigma]$

得 $$W_z\geqslant\frac{M_{\max}}{[\sigma]}=\frac{20\times 10^3}{160\times 10^6}=125\times 10^{-6}(\text{m}^3)$$

(1) 求圆截面直径 d。

由 $$W_z=\frac{\pi d^3}{32}\geqslant 125\times 10^{-6}\text{m}^3=125\times 10^3\text{mm}^3$$

得 $$d\geqslant\sqrt[3]{\frac{125\times 10^3\times 32}{\pi}}=108.4(\text{mm})$$

面积 $$A_1=\frac{\pi d^2}{4}=\frac{\pi\times 108.4^2}{4}=9229(\text{mm}^2)$$

(2) 求正方形边长 a。

$$W_z=\frac{a^3}{6}\geqslant 125\times 10^3\text{mm}^3,\quad a\geqslant 90.86\text{mm}$$

面积 $$A_2=90.86^2=8255(\text{mm}^2)$$

(3) 求矩形截面。

$$W_z=\frac{bh^2}{6}=\frac{b\ (1.5b)^2}{6}\geqslant 125\times 10^3\text{mm}^3$$

$$b\geqslant\sqrt[3]{\frac{125\times 10^3\times 6}{1.5^2}}=69.3(\text{mm}),\quad h=104.0\text{mm}$$

面积 $$A_3=69.3\times 104=7207(\text{mm}^2)$$

(4) 求工字钢型号。

$W_z=125\times 10^3\ \text{mm}^3$，查型钢表，取 16 号工字钢，其 $W_z=141\times 10^3\ \text{mm}^3$，面积 $A_4=2613.1\ \text{mm}^2$。

(5) 四种截面梁所用材料的重量之比等于其横截面面积之比。

$$A_1:A_2:A_3:A_4=9229:8255:7207:2613$$

讨论：由于弯曲正应力 $\sigma=\dfrac{My}{I_z}$，当离中性轴最远的点应力等于$[\sigma]$时，中性轴附近的应力还非常小，所以中性轴附近的材料不能充分发挥作用，梁的合理截面形状应该是使截面面积分布远离中性轴。本题中圆形最不合理，因为它正好是面积聚集在中性轴附近，而工字梁最合理。

例 7-2*　18 号工字钢横截面面积如图 7-2(a)所示。若横截面上的弯矩为 20kN·m，剪力为 40kN，试求：(1)$\sigma_{\max}$；(2)翼缘所承担的弯矩；(3)腹板上的 $\tau_{\max}$和 $\tau_{\min}$。

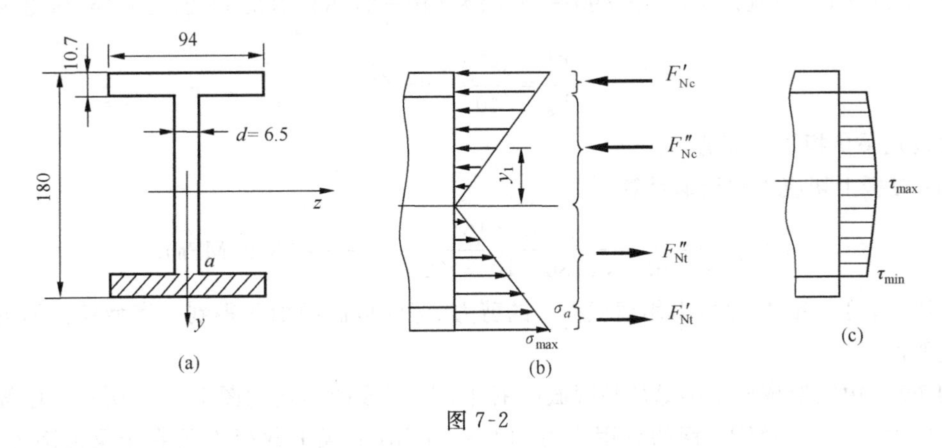

图 7-2

解　由型钢表可得 $I_z=1660\ \text{cm}^4$，$W_z=185\ \text{cm}^3$，$\dfrac{I_z}{S_z}=15.4\text{cm}$。

(1) 求 $\sigma_{\max}$。

$$\sigma_{\max}=\frac{M}{W_z}=\frac{20\times10^3}{185\times10^{-6}}=108.1(\text{MPa})$$

(2) 翼缘所承担的弯矩。

由图 7-2(b)所示的正应力分布图可知翼缘上的法向内力 F'_{Nt}与 F'_{Nc}之矩 M'为翼缘承担的弯矩，腹板上的法向内力 F''_{Nt}与 F''_{Nc}之矩 M''为腹板承担的弯矩，腹板上 F''_{Nc}作用线距 z 轴 $y_1=\dfrac{2}{3}\times(90-10.7)=52.9(\text{mm})$，$a$ 点的应力为

$$\sigma_a=\frac{My_a}{I_z}=\frac{20\times10^3\times(90-10.7)\times10^{-3}}{1660\times10^{-8}}=95.5(\text{MPa})$$

$$F''_{\text{Nt}}=F''_{\text{Nc}}=\frac{1}{2}\times95.5\times6.5\times(90-10.7)=24613(\text{N})=24.61(\text{kN})$$

$$M''=2\times24.61\times52.9\times10^{-3}=2.6(\text{kN}\cdot\text{m})$$

$$M'=M-M''=20-2.6=17.4(\text{kN}\cdot\text{m})$$

(3) 求腹板上的 $\tau_{\max}$和 $\tau_{\min}$。

$$\tau_{\max}=\frac{F_S}{\dfrac{I_z}{S_z}d}=\frac{40\times10^3}{15.4\times10^{-2}\times6.5\times10^{-3}}=40.0(\text{MPa})$$

$$S_z^*=94\times10.7\times\left(90-\frac{10.7}{2}\right)=85141(\text{mm}^3)=85.1(\text{cm}^3)$$

$$\tau_{\min}=\frac{F_S S_z^*}{I_z d}=\frac{40\times10^3\times85.1\times10^{-6}}{1660\times10^{-8}\times6.5\times10^{-3}}=31.6(\text{MPa})$$

讨论：

(1) 工字型截面翼缘承担的弯矩 M' 与总弯矩 M 的比值为 $\frac{M'}{M}=\frac{17.4}{20}=87\%$，说明绝大部分弯矩由翼缘负担。

(2) 腹板上的切应力分布图如图 7-2(c)所示，呈现为很平坦的二次抛物线，接近于均匀分布，其合力为

$$F'_{\mathrm{S}}=\left[31.6\times(90-10.7)+\frac{2}{3}\times(90-10.7)\times(40-31.6)\right]\times6.5\times2\times10^{-3}=38.3(\mathrm{kN})$$

$$\frac{F'_{\mathrm{S}}}{F_{\mathrm{S}}}=\frac{38.3}{40}=96\%$$

显然腹板几乎负担了全部剪力。

(3) 腹板上切应力的近似计算。

$$\tau=\frac{F_{\mathrm{S}}}{A_{腹板}}=\frac{40\times10^{3}}{6.5\times(180-10.7\times2)\times10^{-6}}=38.8(\mathrm{MPa})$$

此值只比 $\tau_{\max}$ 小 3%，所以可以用横截面上的剪力 F_{S} 除以腹板面积得到工字型横截面的切应力的近似值。

例 7-3 由矩形截面木梁 AB 和圆截面钢杆 CD 组成的结构如图 7-3(a)所示。已知木材的许用应力 $[\sigma]_1=10\mathrm{MPa}$，钢的许用应力 $[\sigma]_2=160\mathrm{MPa}$，梁上载荷 F 可在全梁范围内移动，试确定许可载荷 $[F]$。

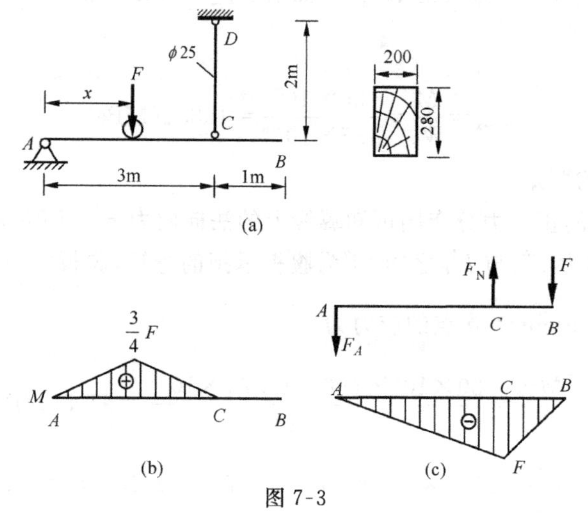

图 7-3

解 (1) 由梁的强度条件求 $[F]_1$。

梁 AB 的最不利载荷位置有两个，分别是力 F 位于 AC 中点($x=1.5\mathrm{m}$)和力 F 位于 B 端($x=4\mathrm{m}$)，两种情况下的 M 图分别如图 7-3(b)、图 7-3(c)所示。经比较知 $M_{\max}=F(\mathrm{kN\cdot m})$。

$$M_{\max}=[\sigma]_1W_z=10\times10^{6}\times\frac{20\times28^{2}}{6}\times10^{-6}=26.1(\mathrm{kN\cdot m})$$

$$[F]_1=26.1\mathrm{kN}$$

(2) 由杆的强度条件求 $[F]_2$。

当力 F 位于 B 端时，$F_{\mathrm{Nmax}}=\frac{4}{3}F$。

$$F_{\mathrm{Nmax}} \leqslant [\sigma]_2 A = 160 \times 10^6 \times \frac{\pi \times 25^2}{4} \times 10^{-6} = 78540(\mathrm{N}) = 78.54(\mathrm{kN})$$

$$[F]_2 = \frac{3}{4} F_{\mathrm{Nmax}} = 58.9\mathrm{kN}$$

此结构的许可载荷$[F]=26.1\mathrm{kN}$。

例 7-4 悬臂梁在自由端承受力 F,如图 7-4 所示。已知材料的许用应力$[\sigma]$、$[\tau]$,若该梁为矩形截面等强度梁,保持宽度 b 不变,试求截面高度 h 沿梁轴线的变化规律。

解

$$M(x) = Fx$$

$$\sigma_{\max} = \frac{M(x)}{W_z(x)} = [\sigma]$$

$$W_z(x) = \frac{M(x)}{[\sigma]} = \frac{F}{[\sigma]} x$$

$$\frac{bh^2(x)}{6} = \frac{F}{[\sigma]} x$$

$$h(x) = \sqrt{\frac{6F}{b[\sigma]}} x^{\frac{1}{2}}$$

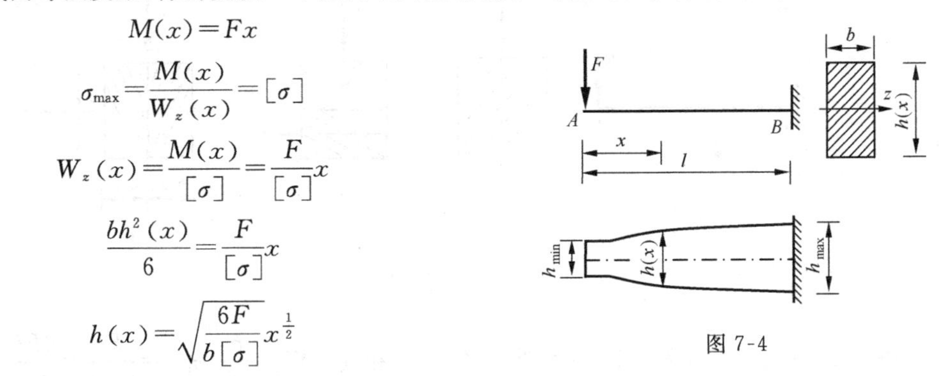

图 7-4

再根据切应力强度条件确定 $h_{\min}$

$$\tau_{\max} = \frac{3}{2}\frac{F_{\mathrm{S}}}{bh} \leqslant [\tau], \quad h_{\min} = \frac{3}{2}\frac{F_{\mathrm{S}}}{b[\tau]} = \frac{3}{2}\frac{F}{b[\tau]}$$

7.3 习题选解

7-1 梁发生平面弯曲时,其横截面绕________旋转。

A. 梁的轴线; B. 中性轴;

C. 截面的对称轴; D. 截面的上(或下)边缘。

答 B。扭转时横截面才绕梁轴线旋转,A 不对。弯曲时横截面是绕中性轴旋转的。中性轴不一定是对称轴,中性轴过形心,不会在上、下边缘,所以 C、D 不对。

7-2 材料和横截面均相同的两根梁,变形后其轴线为两同心圆弧,如图 7-5 所示。梁 a、b 内的最大弯曲正应力分别为 σ_a 和 σ_b,则比较二者可知________。

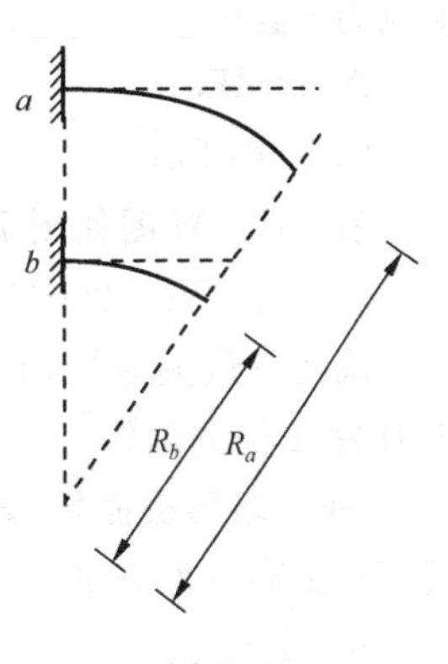

图 7-5

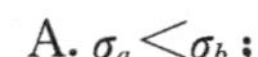

A. $\sigma_a < \sigma_b$; B. $\sigma_a = \sigma_b$;

C. $\sigma_a > \sigma_b$; D. 其大小关系不定。

答 A。$\rho_a = R_a$,$\rho_b = R_b$,显然 $\rho_a > \rho_b$,由 $\frac{1}{\rho} = \frac{M}{EI}$ 知,$M = \frac{EI}{\rho}$,所以 $M_a < M_b$,$\sigma_a < \sigma_b$。

7-3 图 7-6 所示截面的抗弯截面模量 $W_z =$________。

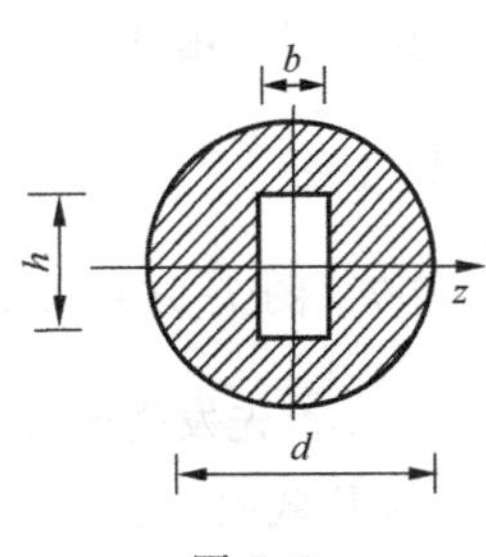

图 7-6

A. $\frac{\pi d^3}{32} - \frac{1}{6}bh^2$; B. $\frac{\pi d^4}{64} - \frac{1}{12}bh^3$;

C. $\frac{1}{d}\left(\frac{\pi d^4}{32} - \frac{1}{6}bh^3\right)$; D. $\frac{1}{h}\left(\frac{\pi d^4}{32} - \frac{1}{6}bh^3\right)$。

答 C。$W_z=\dfrac{I_z}{y_{\max}}$，其中 $I_z=\dfrac{\pi d^4}{64}-\dfrac{1}{12}bh^3$，$y_{\max}=\dfrac{d}{2}$。

7-4 三根正方形截面梁如图 7-7 所示，其长度、横截面面积和受力状态相同，其中图 7-7(c)、(d)梁的截面为两个形状相同的矩形拼合而成，拼合后无胶接。在三根梁中，________梁内的最大正应力相等。

A. (b)和(c)； B. (b)和(d)； C. (c)和(d)； D. (b)、(c)和(d)。

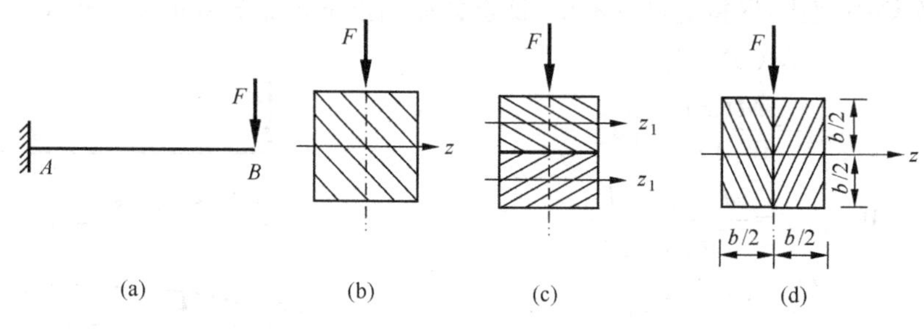

图 7-7

答 B。$M_{\max}=Fl$，图 7-7(b)和图 7-7(d)W_z 相同。$W_z=\dfrac{b^3}{6}$，$\sigma_{\max}=\dfrac{Fl}{b^3/6}=\dfrac{6Fl}{b^3}$，所以 $\sigma_{\max}$ 相等。而图 7-7(c)的两层截面各自的中性轴为 z_1，$W_{z_1}=\dfrac{1}{6}\cdot b\left(\dfrac{b}{2}\right)^2=\dfrac{b^3}{24}$，$\sigma_{\max}=\dfrac{Fl}{2}\Big/\left(\dfrac{b^3}{24}\right)=\dfrac{12Fl}{b^3}$。

7-5 图 7-8(a)所示工字钢简支梁，弹性模量 $E=200\text{GPa}$。若在力偶矩 M_0 作用下测得横截面 A 处梁顶面的纵向应变 $\varepsilon=3.0\times10^{-4}$，则梁内最大弯曲正应力 $\sigma_{\max}=$________。

A. 30MPa； B. 60MPa；

C. 120MPa； D. 180MPa。

答 C。M 图如图 7-8(b)所示，对截面 A，

$$\sigma=E\varepsilon=200\times10^3\times3.0\times10^{-4}=60(\text{MPa})$$

B 右截面有最大弯矩，且是 M_A 的两倍，该截面顶端的最大正应力为 A 处的两倍。

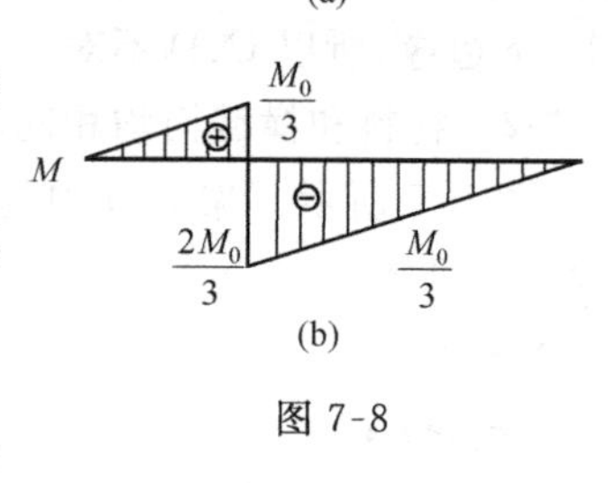

图 7-8

7-6 矩形截面梁，若截面的高度和宽度都增加一倍，则其强度将提高到原来的________倍。

A. 2； B. 4； C. 8； D. 16。

答 C。由 W_z 判断强度，$W_{z_1}=\dfrac{bh^2}{6}$，$W_{z_2}=\dfrac{2b\ (2h)^2}{6}=8W_{z_1}$。

7-7 图 7-9(a)所示 T 形截面铸铁梁，强度极限 $\sigma_b^+/\sigma_b^-=\dfrac{1}{3}$，在图示载荷作用下该梁将在________首先发生破坏。

A. B 截面上边缘； B. B 截面下边缘；

C. C 截面上边缘； D. C 截面下边缘。

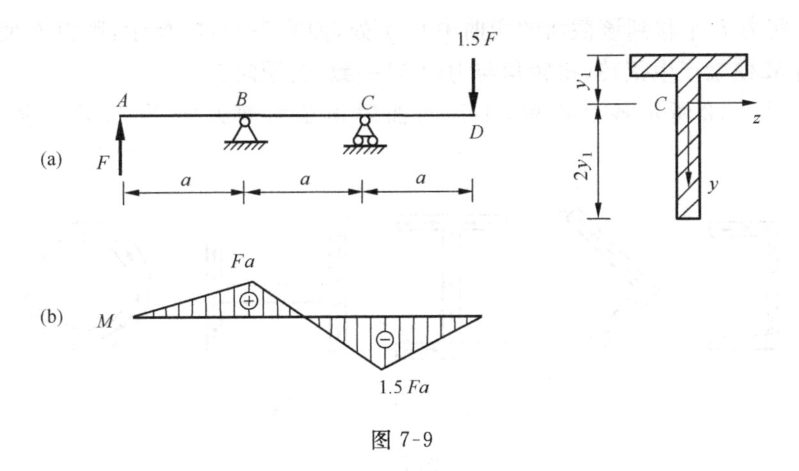

图 7-9

答　B。由 M 图(图 7-9(b))可知 $M_B=Fa, M_C=-1.5Fa$。C 截面 $\sigma_{\text{tmax1}}=\dfrac{1.5Fay_1}{I_z}$，$\sigma_{\text{cmax}}=\dfrac{1.5Fa(2y_1)}{I_z}=\dfrac{3Fay_1}{I_z}$；$B$ 截面 $\sigma_{\text{tmax2}}=\dfrac{Fa(2y_1)}{I_z}=\dfrac{2Fay_1}{I_z}$，$B$ 截面下边缘有 σ_{tmax}，$\dfrac{\sigma_{\text{tmax}}}{\sigma_{\text{cmax}}}=\dfrac{2}{3}>\dfrac{\sigma_b^+}{\sigma_b^-}$，在 B 下边缘先拉坏。

7-8　梁在横向力作用下发生平面弯曲时，横截面上________。

A. $\sigma_{\max}$点的竖向切应力一定为零，$\tau_{\max}$点的正应力不一定为零；

B. $\sigma_{\max}$点的竖向切应力一定为零，$\tau_{\max}$点的正应力也一定为零；

C. $\sigma_{\max}$点的竖向切应力不一定为零，$\tau_{\max}$点的正应力一定为零；

D. $\sigma_{\max}$点的竖向切应力不一定为零，$\tau_{\max}$点的正应力也不一定为零。

答　A。$\sigma_{\max}$在离中性轴最远的点(截面的上或下边缘处)，这些点的竖向 τ 一定为零。在中性轴上各点的 σ 为零，尽管多数情况下 $\tau_{\max}$在中性轴上，但有些截面的 $\tau_{\max}$却不在中性轴上，如在中性轴处宽度较大的截面，如图 7-10 所示的两种截面。

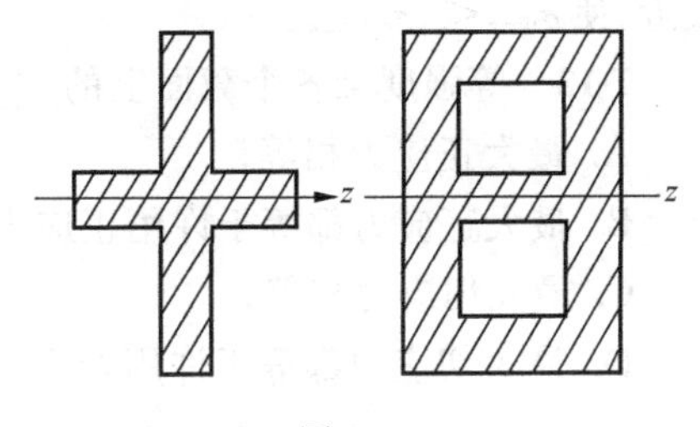

图 7-10

7-9　槽钢制成的悬臂梁，在自由端面上固定一个指针，如图 7-11(a)所示。当自由端的集中力 F 按图示方向逐渐加大时，指针的度数为________。

A. 负；　　B. 零；　　C. 正；　　D. 先正后负。

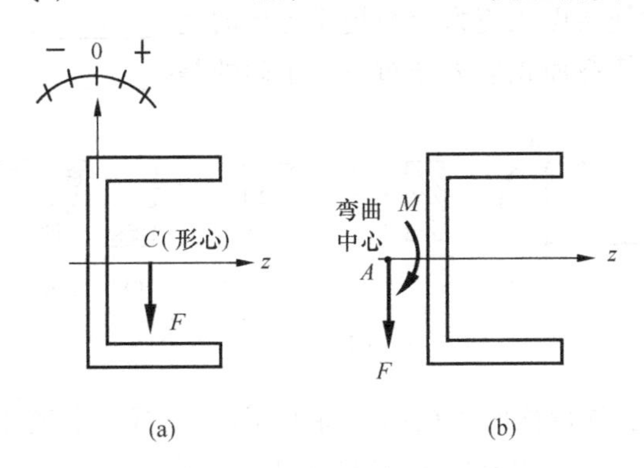

图 7-11

答 C。将力 F 平移到该截面的弯曲中心 A 处，如图 7-11(b)所示，则力 F 使梁产生平面弯曲，而力偶 M 使梁产生扭转，扭转角与力偶 M 一致，为顺时针。

7-10* 图 7-12 所示各截面梁，平面弯曲时横截面剪力向下，试画出各截面上的剪力流。

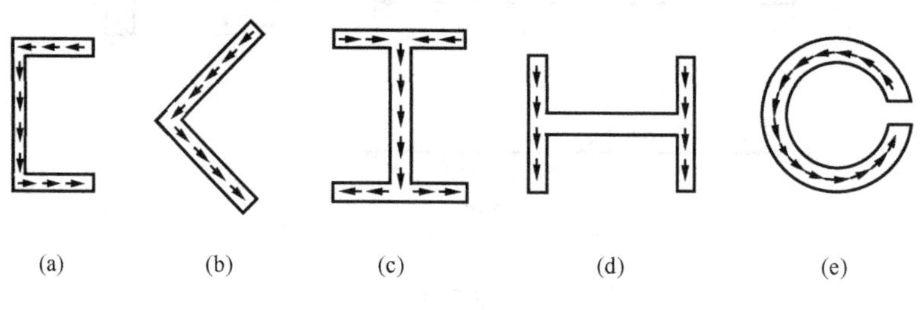

图 7-12

答 各截面剪力流如图 7-12 所示。

7-11 图 7-13 所示简支梁受均布载荷作用。若梁的材料为低碳钢，则截面形状采用________较合理。若梁的材料为铸铁，则截面形状采用________较合理。

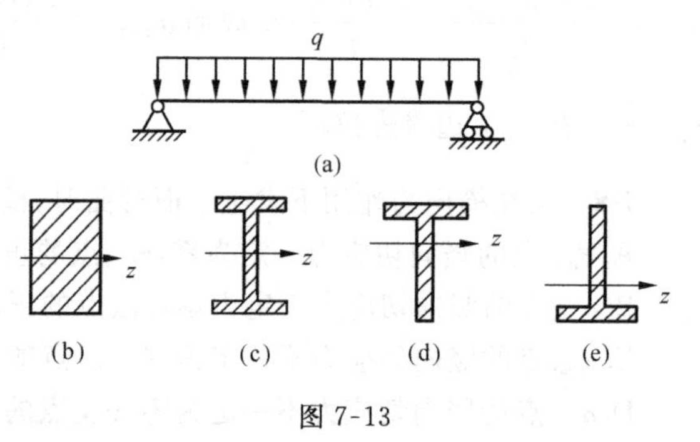

图 7-13

答 低碳钢用图 7-13(c)合理，因为材料的 $[\sigma_t]=[\sigma_c]$，图 7-13(c)的 W_z 最大，而且中性轴 z 轴为对称轴，能使 $\sigma_{tmax}=|\sigma_c|_{max}$。铸铁用图 7-13(e)合理，因为材料的 $[\sigma_t]<[\sigma_c]$，梁的 M_{max} 为正弯矩，截面的下侧受拉，上侧受压，图 7-13(e)的中性轴 z 轴距下边较近，使 $\sigma_{tmax}<|\sigma_c|_{max}$。

7-12 等强度梁各个截面上的________。

A. 最大正应力相等；

B. 最大正应力都等于许用正应力 $[\sigma]$；

C. 最大切应力相等；

D. 最大切应力都等于许用切应力 $[\tau]$。

答 B。等强度梁是变截面梁，设计时，使各截面的 $\sigma_{max}=\dfrac{M(x)}{W(x)}=[\sigma]$。

7-13 如图 7-14 所示，矩形截面直梁发生纯弯曲的。材料的拉、压弹性模量分别为 E_t、E_c，

(1) 若 $E_t<E_c$，图中横截面正应力分布规律正确的是________。

(2) 若 $E_t>E_c$，图中横截面正应力分布规律正确的是________。

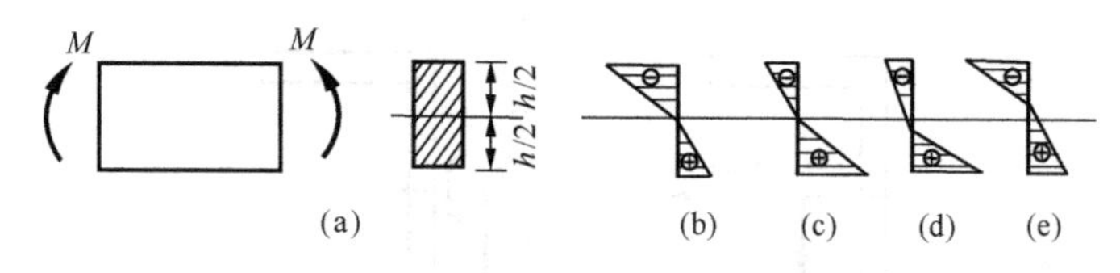

图 7-14

答 (1)(e)，(2)(d)。纯弯曲时横截面保持平面，则横截面上离中性轴等远的受拉侧(下侧)和受压侧(上侧)点的线应变数值相等，如图 7-15(a)所示。由 $\sigma_c=E_c\varepsilon_c$，$\sigma_t=E_t\varepsilon_t$，当 $E_t<E_c$

时，必有 $\sigma_t < |\sigma_c|$，如图 7-15(b)所示。但若中性轴过形心，受压一侧法向压力就会大于受拉一侧的法向拉力，不符合纯弯曲时横截面上 $F_N=0$，只有弯矩 M 的情况，所以中性轴会向受压一侧偏，即受压区域小于受拉区域，如图 7-14(e)所示。反之，若 $E_t > E_c$，就有 $\sigma_t > |\sigma_c|$，横截面上受拉区域小于受压区域，中性轴会偏向受拉一侧，如图 7-14(d)所示。

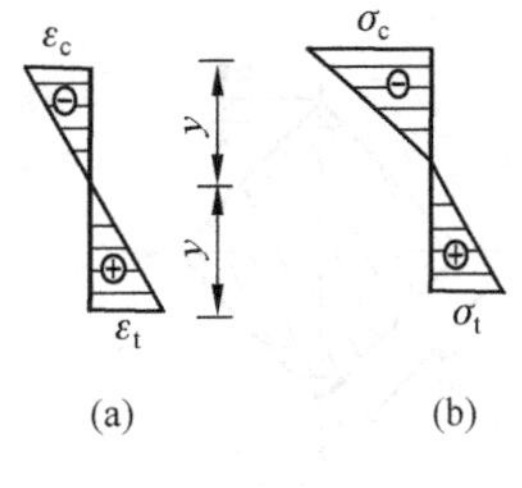

图 7-15

7-14 厚度为 $h=1.5$mm 的钢带，卷成直径为 $D=3$m 的圆环，试求钢带横截面上的最大正应力。已知钢的弹性模量 $E=210$GPa。

解

$$\frac{1}{\rho}=\frac{M}{EI_z},\quad M=\frac{EI_z}{\rho}$$

$$\sigma_{\max}=\frac{My_{\max}}{I_z}=\frac{Ey_{\max}}{\rho}=E\frac{\frac{h}{2}}{\frac{D}{2}}=\frac{210\times10^3\times1.5\times10^{-3}}{3}=105(\text{MPa})$$

7-15 简支梁的跨中受一集中载荷 F 作用，如图 7-16 所示。此梁若分别采用截面面积相等的实心和空心圆截面，且 $d_1=40$mm，$\frac{d_2}{D_2}=\alpha=\frac{3}{5}$。试分别计算它们的最大正应力。空心截面比实心截面最大正应力减小了百分之几？

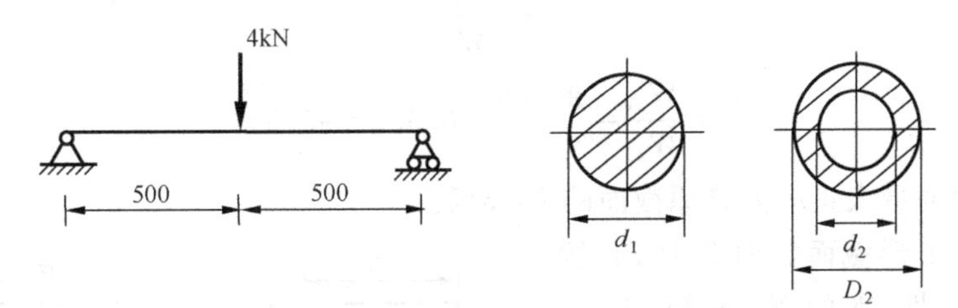

图 7-16

解

$$M_{\max}=\frac{Fl}{4}=\frac{4\times1}{4}=1(\text{kN}\cdot\text{m})$$

$$\sigma_{\max1}=\frac{M_{\max}}{W_{z1}}=\frac{1\times10^3}{\frac{\pi\times40^3}{32}\times10^{-9}}=159(\text{MPa})$$

$$\frac{\pi d_1^2}{4}=\frac{\pi D_2^2}{4}(1-\alpha^2)=\frac{\pi D_2^2}{4}(1-0.6^2),D_2=50\text{mm}$$

$$\sigma_{\max2}=\frac{M_{\max}}{W_{z2}}=\frac{1\times10^3}{\frac{\pi\times50^3}{32}\times(1-0.6^4)\times10^{-9}}=93.7(\text{MPa})$$

$$\frac{159-93.7}{159}=41.1\%$$

空心截面比实心截面最大正应力减小了 41.1%。

7-16 正方形截面梁的边长 $a=200$mm，以水平对角线为中性轴放置，如图 7-17(a)所示。试求：(1)上下尖角切去高度 $u=10$mm 时的抗弯截面模量 W_z 与未切角时相比有何变化？(2)若横截面的弯矩不变，切角后截面的最大弯曲正应力是原截面的几倍？

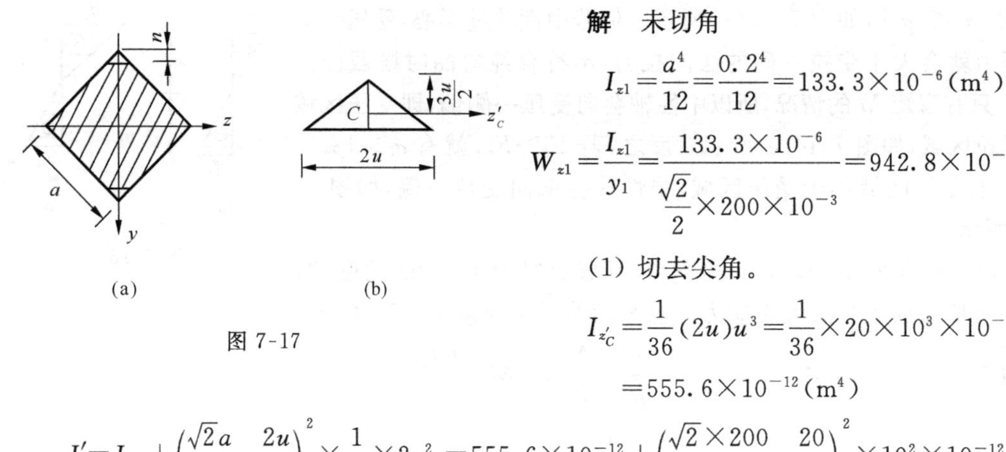

图 7-17

解 未切角

$$I_{z1}=\frac{a^4}{12}=\frac{0.2^4}{12}=133.3\times10^{-6}(\mathrm{m}^4)$$

$$W_{z1}=\frac{I_{z1}}{y_1}=\frac{133.3\times10^{-6}}{\frac{\sqrt{2}}{2}\times200\times10^{-3}}=942.8\times10^{-6}(\mathrm{m}^3)$$

(1) 切去尖角。

$$I_{z_C'}=\frac{1}{36}(2u)u^3=\frac{1}{36}\times20\times10^3\times10^{-12}$$
$$=555.6\times10^{-12}(\mathrm{m}^4)$$

$$I_z'=I_{z_C'}+\left(\frac{\sqrt{2}a}{2}-\frac{2u}{3}\right)^2\times\frac{1}{2}\times2u^2=555.6\times10^{-12}+\left(\frac{\sqrt{2}\times200}{2}-\frac{20}{3}\right)^2\times10^2\times10^{-12}$$
$$=1.81\times10^{-6}(\mathrm{m}^4)$$

$$I_{z2}=I_{z1}-2I'_z=133.3\times10^{-6}-2\times1.81\times10^{-6}=129.7\times10^{-6}(\mathrm{m}^4)$$

$$W_{z2}=\frac{I_{z2}}{(y_1-u)}=\frac{129.7\times10^{-6}}{(100\sqrt{2}-10)\times10^{-3}}=987.1\times10^{-6}(\mathrm{m}^3)$$

所以切去尖角后 W_z 增大。

(2)
$$\sigma=\frac{M}{W_z}$$

$$\frac{\sigma_1}{\sigma_2}=\frac{W_{z1}}{W_{z2}}=\frac{942.8}{987.1}=0.955=95.5\%$$

切去尖角后截面的最大正应力是原截面的 95.5%。

7-17 梁的T形截面如图 7-18(a)所示。截面对中性轴的惯性矩 $I_z=53.1\times10^{-6}\mathrm{m}^4$。若截面上的正值弯矩$M=3.1\mathrm{kN\cdot m}$,试求横截面上、下边缘的正应力以及中性轴以上部分截面上总压力的大小及作用位置。

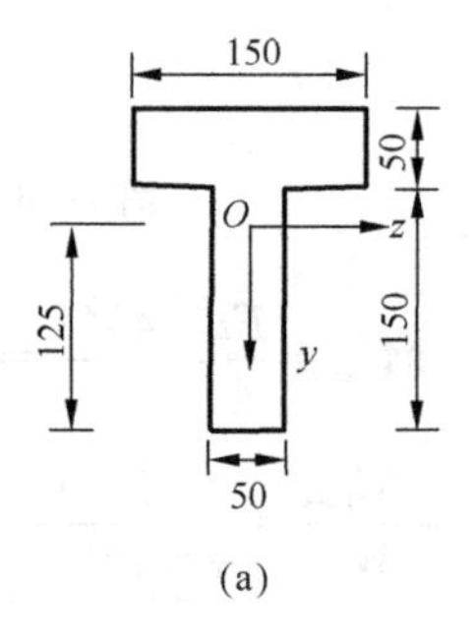

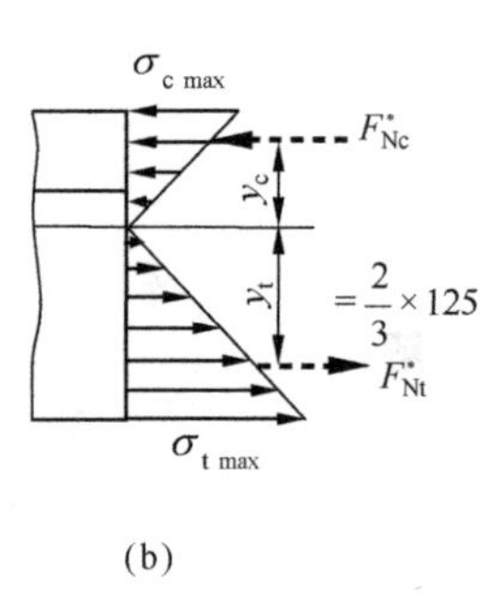

图 7-18

解 (1)求正应力。

上边缘

$y_1=200-125=75(\mathrm{mm})$

$$\sigma_{\mathrm{cmax}}=\frac{-My_1}{I_z}=\frac{-3.1\times10^3\times75\times10^{-3}}{53.1\times10^{-6}}$$
$$=-4.38(\mathrm{MPa})$$

下边缘

$$y_2=125\mathrm{mm},\quad \sigma_{\mathrm{tmax}}=\frac{My_2}{I_z}=\frac{3.1\times10^3\times125\times10^{-3}}{53.1\times10^{-6}}=7.30(\mathrm{MPa})$$

横截面上正应力分布如图 7-18(b)所示。

(2) 中性轴以下部分截面总拉力。

$$F^*_{\mathrm{Nt}}=\frac{1}{2}\times7.30\times125\times50\times10^{-3}=22.81(\mathrm{kN})$$

F^*_{Nt}作用点离中性轴 $y_t=\dfrac{2}{3}\times125=83.3(\text{mm})$

上半部分截面总压力 $F^*_{Nc}=F^*_{Nt}=22.81\text{kN}$， $F^*_{Nc}(y_c+y_t)=M$

总压力到中性轴的距离为

$$y_c=\frac{M}{F^*_{Nc}}-y_t=\frac{3.1}{22.81}\times10^3-83.3=52.6(\text{mm})$$

(3) 又解 $F^*_{Nc}=\int_{A^*}\sigma\text{d}A=\int_{A^*}\dfrac{My}{I_z}\text{d}A=\dfrac{M}{I_z}S^*_z$ 。

$$S^*_z=150\times50\times(75-25)\times10^{-9}+(150-125)\times50\times\frac{25}{2}\times10^{-9}=391\times10^{-6}(\text{m}^3)$$

$$F^*_{Nc}=\frac{3.1\times10^3}{53.1\times10^{-6}}\times391\times10^{-6}=22.8(\text{kN})$$

7-18 图 7-19 所示为一承受纯弯曲的铸铁梁，其截面为⊥形，材料的拉伸和压缩许用应力之比$[\sigma_t]/[\sigma_c]=1/4$。求水平翼板的合理宽度 b。

解 $\sigma_{\text{cmax}}=\dfrac{My_1}{I_z}$， $\sigma_{\text{tmax}}=\dfrac{My_2}{I_z}$

合理截面应使σ_{cmax}与σ_{tmax}同时达到许用应力，即$\dfrac{\sigma_{\text{tmax}}}{\sigma_{\text{cmax}}}=\dfrac{[\sigma_t]}{[\sigma_c]}=\dfrac{1}{4}$，应该使形心距为$\dfrac{y_c}{y_1}=\dfrac{1}{4}$，所以 $y_c=80\text{mm}$，$y_1=320\text{mm}$。

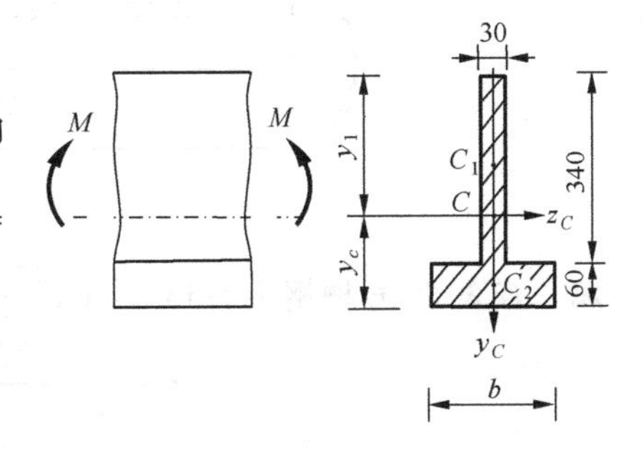

图 7-19

$$y_c=\frac{60b\times30+30\times340\times(170+60)}{60b+30\times340}=80(\text{mm})$$

得 $b=510\text{mm}$

7-19 ⊥形截面铸铁悬臂梁，尺寸及载荷如图 7-20(a)所示。若材料的拉伸许用应力$[\sigma_t]=40\text{MPa}$，压缩许用应力$[\sigma_c]=160\text{MPa}$，截面对形心 z 轴的惯性矩 $I_z=101.8\times10^{-6}\text{m}^4$，$y_1=9.64\text{cm}$，试计算该梁的许可载荷 F。

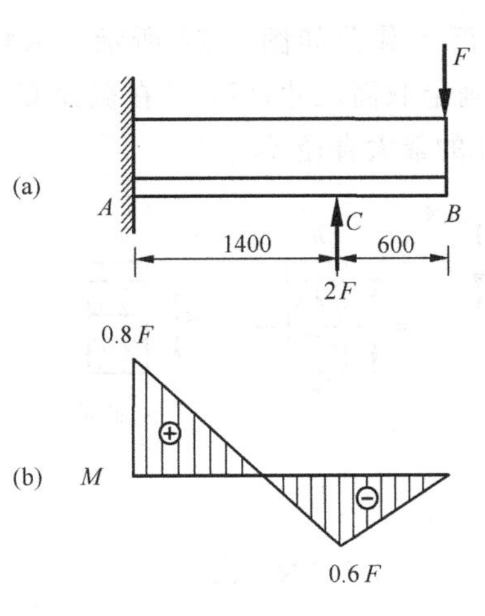

图 7-20

解 作 M 图如图 7-20(b)所示。

(1) 截面 A。 $$\sigma_{t1}=\frac{M_A y_1}{I_z}=\frac{0.8F\times 9.64\times 10^{-2}}{101.8\times 10^{-6}}\leqslant 40\text{MPa}$$

得 $$[F]_1=52800\text{N}=52.8\text{kN}$$

$$\sigma_c=\frac{M_A y_2}{I_z}=\frac{0.8F\times(25-9.64)\times 10^{-2}}{101.8\times 10^{-6}}\leqslant 160\text{MPa}$$

得 $$[F]_2=132552\text{N}=132.6\text{kN}$$

(2) 截面 C。 $$\sigma_{t2}=\frac{M_C y_2}{I_z}=\frac{0.6F\times(25-9.64)\times 10^{-2}}{101.8\times 10^{-6}}\leqslant 40\text{MPa}$$

得 $$[F]_3=44184\text{N}=44.2\text{kN}$$

所以 $$[F]=44.2\text{kN}$$

7-20 图 7-21 所示 20 号槽钢受纯弯曲变形时，测出 A、B 两点间长度的改变为 $\Delta l=27\times 10^{-3}$mm，材料的弹性模量 $E=200$GPa。试求梁截面上的弯矩 M。

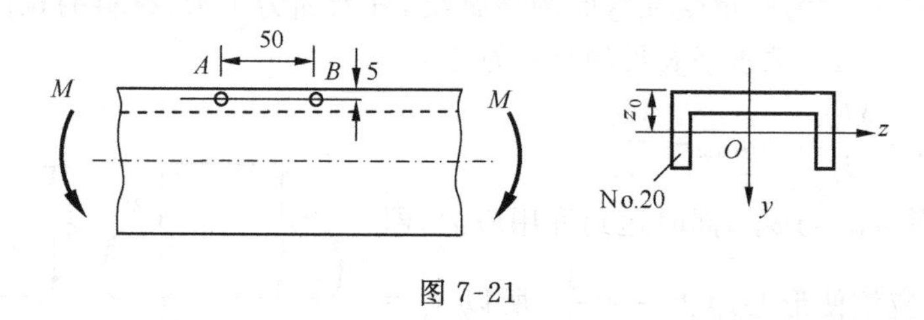

图 7-21

解 查表 20 号槽钢 $I_z=143.6\ \text{cm}^4$，$z_0=1.95$cm，

$$\varepsilon=\frac{\Delta l}{l_{AB}}=\frac{27\times 10^{-3}}{50}=0.54\times 10^{-3}$$

$$\sigma=E\varepsilon=200\times 10^9\times 0.54\times 10^{-3}=108(\text{MPa})$$

由 $\sigma=\frac{My}{I_z}$，得

$$M=\frac{\sigma I_z}{y}=\frac{108\times 10^6\times 143.6\times 10^{-8}}{(19.5-5)\times 10^{-3}}=10.7\times 10^3(\text{N}\cdot\text{m})=10.7(\text{kN}\cdot\text{m})$$

7-21 一矩形截面的悬臂木梁，其尺寸及所受载荷如图 7-22 所示。木材的许用应力 $[\sigma]=10$MPa，$h/b=3/2$。(1) 试根据强度条件确定截面尺寸；(2) 若在截面 C 的中性轴处钻直径为 d 的圆孔，试求保证该梁强度条件下圆孔的最大直径 d。

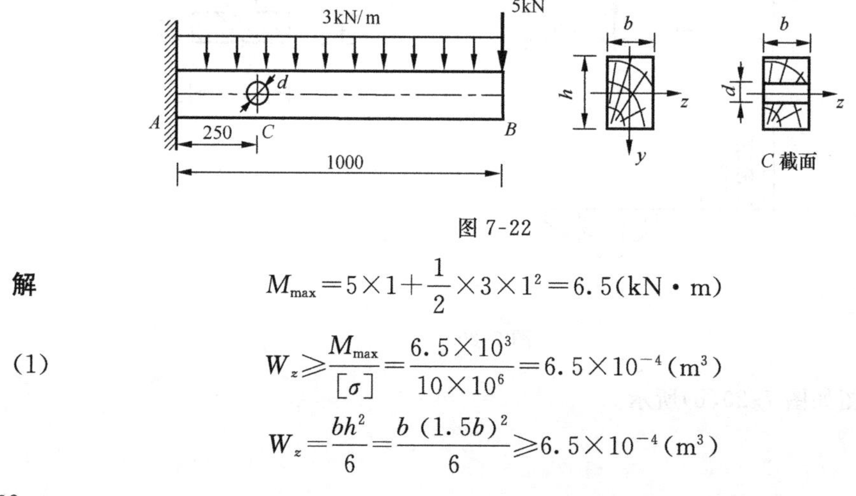

图 7-22

解 $$M_{\max}=5\times 1+\frac{1}{2}\times 3\times 1^2=6.5(\text{kN}\cdot\text{m})$$

(1) $$W_z\geqslant\frac{M_{\max}}{[\sigma]}=\frac{6.5\times 10^3}{10\times 10^6}=6.5\times 10^{-4}(\text{m}^3)$$

$$W_z=\frac{bh^2}{6}=\frac{b\,(1.5b)^2}{6}\geqslant 6.5\times 10^{-4}(\text{m}^3)$$

得 $$b=120\text{mm},\quad h=180\text{mm}$$

(2) $$M_C=5\times0.75+\frac{1}{2}\times3\times0.75^2=4.59(\text{kN}\cdot\text{m})$$

$$\sigma=\frac{M_C\cdot\frac{h}{2}}{I_{z1}}\leqslant[\sigma]$$

$$I_{z1}\geqslant\frac{M_C\cdot\frac{h}{2}}{[\sigma]}=\frac{4.59\times10^3\times90\times10^{-3}}{10\times10^6}=4.13\times10^{-5}(\text{m}^4)$$

$$I_{z1}=\frac{bh^3}{12}-\frac{bd^3}{12}\geqslant4.13\times10^{-5},\quad d^3=1.7\times10^6$$

得 $$d=119\text{mm}$$

7-22 如图 7-23 所示简支梁 AB，当集中载荷 F 直接作用于 AB 中点时，梁横截面上的最大正应力超过许用值 30%。为了消除此过载现象，设置了图示的副梁 CD。试求所需副梁的最小跨度 a。

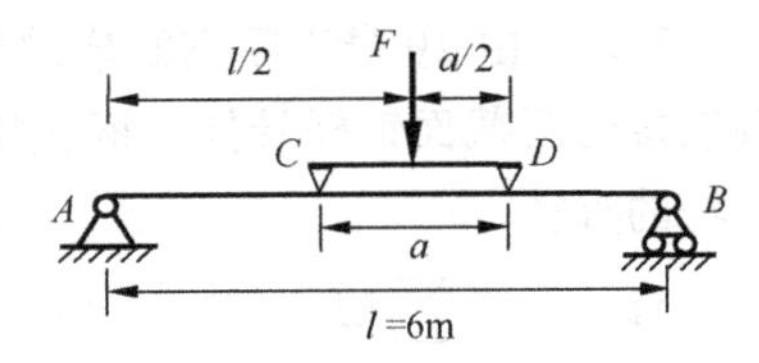

图 7-23

解 未设副梁时

$$M_{\max1}=\frac{Fl}{4},\quad \sigma_{\max1}=\frac{M_{\max1}}{W_z}=\frac{Fl}{4W_z}=1.3[\sigma]$$

设副梁后

$$M_{\max2}=M_C=\frac{F}{4}(l-a),\quad \sigma_{\max2}=\frac{M_{\max2}}{W_z}=\frac{F}{4W_z}(l-a)=[\sigma]$$

$$\frac{\sigma_{\max1}}{\sigma_{\max2}}=\frac{l}{(l-a)}=1.3$$

$$a=0.23l=1.38\text{m}$$

7-23 一矩形截面简支梁由圆柱形木材锯成，受力如图 7-24 所示。木材的许用应力 $[\sigma]=10\text{MPa}$，(1) 试确定抗弯截面模量为最大时矩形截面的高宽比 h/b；(2)求制作此梁所需原木的最小直径 d。

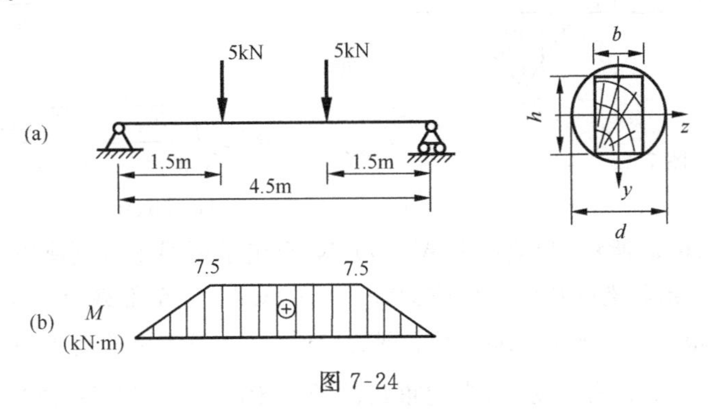

图 7-24

解 (1) 求高宽比。

$$M_{\max}=7.5\text{kN}\cdot\text{m},\quad W_z=\frac{bh^2}{6}=\frac{b(d^2-b^2)}{6}=\frac{bd^2-b^3}{6}$$

$$\frac{dW_z}{db}=0,\quad d^2-3b^2=0,\quad b=\frac{d}{\sqrt{3}},\quad h=\sqrt{d^2-b^2}=\frac{\sqrt{2}d}{\sqrt{3}}$$

所以
$$\frac{h}{b}=\sqrt{2}$$

(2) 求最小直径。
$$\frac{M_{max}}{W_z}\leqslant[\sigma]$$

$$W_z\geqslant\frac{M_{max}}{[\sigma]}=\frac{7.5\times10^3}{10\times10^6}=750\times10^{-6}(m^3)$$

$$W_z=\frac{bh^2}{6}=\frac{1}{6}\cdot\frac{d}{\sqrt{3}}\cdot\left(\frac{\sqrt{2}}{\sqrt{3}}d\right)^2=\frac{1}{9\sqrt{3}}d^3\geqslant750\times10^{-6}(m^3)$$

得
$$d_{min}=227mm$$

7-24 由10号工字钢制成的梁如图7-25(a)所示。在A端有铰链支承,在C处用一根两端铰接的圆截面钢杆悬挂。钢材的许用应力$[\sigma]=170MPa$。试求许可的分布载荷集度$[q]$和圆杆的直径。

解 $\sum M_A=0,\quad F_N\times2-3q\times1.5=0,\qquad F_N=2.25q\quad$(拉)

$\sum M_C=0,\quad -F_A\times2-3q\times0.5=0,\qquad F_A=0.75q\quad(\uparrow)$

作梁AB的M图,如图7-25(b)所示,$M_{max}=0.5q$,查表10号工字钢得$W_z=49\ cm^3$。

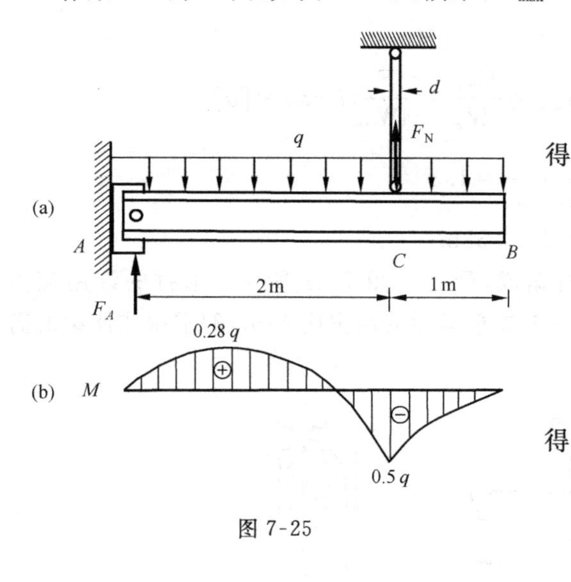

图 7-25

由梁的强度条件
$$\frac{M_{max}}{W_z}=\frac{0.5q}{49\times10^{-6}}\leqslant170\times10^6$$

得
$$q\leqslant16.66\times10^3N/m=16.66kN/m$$
$$F_N=2.25q=2.25\times16.66=37.485(kN)$$

由杆的强度条件
$$\frac{F_N}{A}\leqslant[\sigma],\qquad\frac{F_N}{\frac{\pi d^2}{4}}\leqslant[\sigma]$$

得
$$d\geqslant\sqrt{\frac{4F_N}{\pi[\sigma]}}=\sqrt{\frac{4\times37.485\times10^3}{\pi\times170\times10^6}}$$
$$=16.75(mm)$$

7-25 如图7-26(a)所示,起重机重$W=50kN$,行走于两根工字钢所组成的简支梁上。起重机的起重量$F=10kN$,梁材料的许用应力$[\sigma]=160MPa$,设全部载荷平均分配在两根梁上,试确定起重机对梁最不利位置,并选择工字钢的号码。(不考虑梁的自重。)

解 (1) 以起重机为研究对象,求起重机的两个轮压力F_C和F_D。由平衡方程$\sum M_C=0$和$\sum M_D=0$,可得$F_D=50kN,F_C=10kN$,如图7-26(b)所示。

(2) 求梁的支反力。

$\sum M_A=0,\quad F_B\times10-10x-50(x+2)=0,\quad F_B=6x+10(\uparrow)$

$\sum M_B=0,\quad -F_A\times10+10(10-x)+50(8-x)=0,\quad F_A=50-6x(\uparrow)$

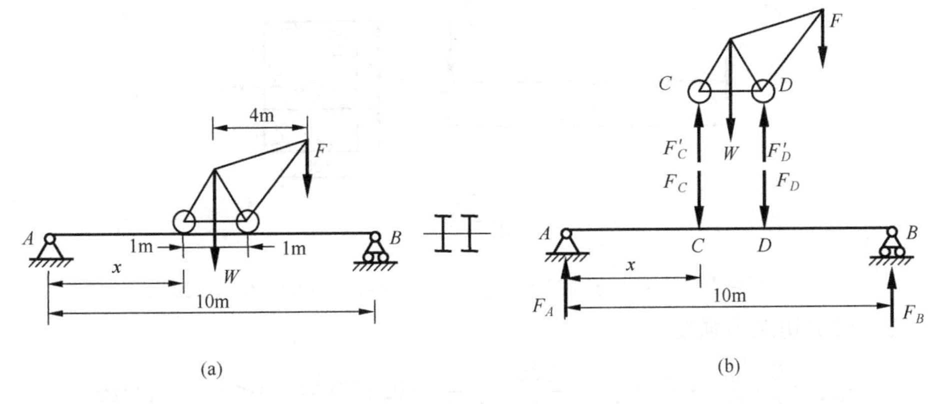

图 7-26

(3) 求最不利载荷位置及最大弯矩。

$$M_C=F_Ax=50x-6x^2$$

$$\frac{\mathrm{d}M_C}{\mathrm{d}x}=0,\quad 50-12x=0,\quad x=4.17\mathrm{m}$$

$$M_{C\max}=50\times4.17-6\times4.17^2=104.2(\mathrm{kN\cdot m})$$

$$M_D=F_B(8-x)=(6x+10)(8-x)=-6x^2+38x+80$$

$$\frac{\mathrm{d}M_D}{\mathrm{d}x}=0,\quad -12x+38=0,\quad x=3.17\mathrm{m}$$

$$M_{D\max}=-6\times3.17^2+38\times3.17+80=140.2(\mathrm{kN\cdot m})$$

所以,最不利位置是起重机的左轮位于离左端 A 为 $x=3.17\mathrm{m}$ 时。

$$M_{\max}=M_{D\max}=140.2\mathrm{kN\cdot m}$$

(4) 选工字钢号。

$$W_z\geqslant\frac{M_{\max}}{[\sigma]}=\frac{140\times10^3}{160\times10^6}=875\times10^{-6}(\mathrm{m}^3)=875(\mathrm{cm}^3)$$

每根工字钢 $W_{z1}\geqslant\frac{875}{2}=437\mathrm{cm}^3$,选 28a 号工字钢,其 $W_z=508\ \mathrm{cm}^3$。

(5) 校核切应力强度条件。

28a 号工字钢,$\frac{I_z}{S_z}=24.62\mathrm{cm}$,$d=8.5\mathrm{mm}$。当 $x=8\mathrm{m}$ 时,D 轮靠近支座 B。

$$F_{S\max}=F_B=58\mathrm{kN}$$

$$\tau_{\max}=\frac{F_{S\max}}{2\frac{I_z}{S_z}d}=\frac{58\times10^3}{2\times24.62\times8.5\times10^{-5}}=13.9(\mathrm{MPa})<[\tau]$$

所以,选用 No. 28a 工字钢可满足正应力和切应力强度条件。

7-26 一根由三块 50mm×100mm 的木板胶合而成的悬臂梁 AB,尺寸及载荷如图 7-27 所示。木板材料许用正应力$[\sigma]=10\mathrm{MPa}$,许用切应力$[\tau]=1\mathrm{MPa}$,胶合面的许用切应力$[\tau]=0.34\mathrm{MPa}$,试求自由端处的许用载荷$[F]$。

解 $$F_{S\max}=F,\quad M_{\max}=Fl$$

(1) 由正应力强度条件求$[F]$。

$$M_{\max}\leqslant[\sigma]\ W_z=10\times10^6\times\frac{100\times150^2}{6}\times10^{-9}=3750(\mathrm{N\cdot m})$$

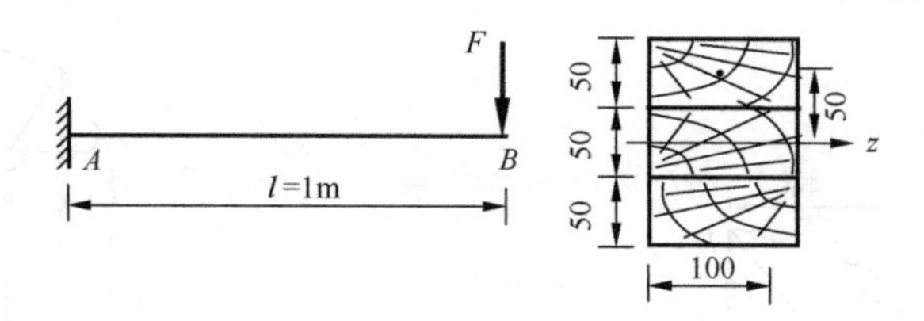

图 7-27

$$Fl=F\times1\leqslant3750(\text{N}\cdot\text{m}),\quad [F]=3750\text{N}=3.75\text{kN}$$

(2) 校核梁的切应力强度。

$$\tau_{\max}=\frac{3}{2}\frac{F_{\text{Smax}}}{bh}=\frac{3}{2}\times\frac{3750}{100\times150\times10^{-6}}=0.375(\text{MPa})<[\tau]=1\text{MPa}$$

(3) 胶合面上的切应力强度。

$$S_z^*=50\times100\times50=25\times10^4(\text{mm}^3)=25\times10^{-5}(\text{m}^3)$$

$$\tau=\frac{F_{\text{Smax}}S_z^*}{I_zb}=\frac{3750\times25\times10^{-5}}{\frac{10\times15^3}{12}\times10^{-8}\times0.1}=0.33(\text{MPa})<[\tau]_1=0.34\text{MPa}$$

所以，$[F]=3.75\text{kN}$。

7-27 木制悬臂梁 AB 由两根正方形截面木梁叠合而成，正方形边长 $h=120\text{mm}$，如图 7-28所示。试求：(1) 两根梁牢固地连接成整体时连接缝上的切应力 τ' 及剪切内力 F_S'。(2)若两根梁采用螺栓连接，螺栓的许用应力 $[\tau]=90\text{MPa}$，则螺栓的直径 d 应为多少？

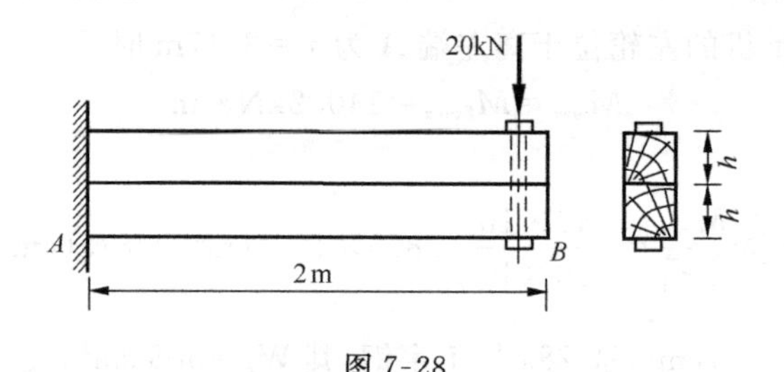

图 7-28

解
$$F_S=20\text{kN}$$

(1) 两根梁作为一个整体时，连接缝即为中性层，由切应力互等定理有

$$\tau'=\tau_{\max}=\frac{3}{2}\frac{F_S}{bh}=\frac{3}{2}\times\frac{20\times10^3}{120\times240\times10^{-6}}=1.04(\text{MPa})$$

中性层上的剪切内力

$$T=\tau'bl=1.04\times10^6\times120\times10^{-3}\times2=249.6(\text{kN})$$

(2) 二梁用螺栓连接，则

$$\tau=\frac{T}{A}=\frac{T}{\frac{\pi d^2}{4}}\leqslant[\tau],\quad d\geqslant\sqrt{\frac{4T}{\pi[\tau]}}=\sqrt{\frac{4\times249.6\times10^3}{\pi\times90\times10^6}}=59.4(\text{mm})$$

取 $d=60\text{mm}$。

7-28 用螺钉将四块木板连接而成的箱形梁如图 7-29 所示。每块木板横截面积皆为 150mm×25mm。若每一螺钉的许可剪力为 1.1kN，试确定螺钉的间距 s。设 $F=5.5\text{kN}$。

解
$$F_A=\frac{3}{4}F=4.125\text{kN},\quad F_B=\frac{1}{4}F=1.375\text{kN}$$

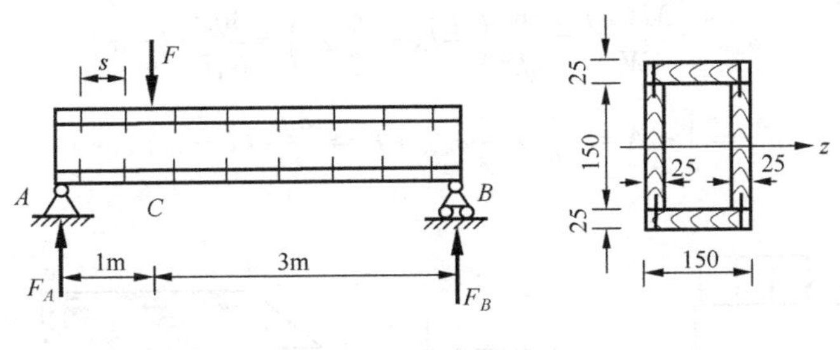

图 7-29

$$F_{S1}=F_A=4.125\text{kN},\quad F_{S2}=-F_B=-1.375\text{kN}$$

$$I_z=\frac{150\times200^3}{12}-\frac{100\times150^3}{12}=7187.5\times10^4(\text{mm}^4)$$

$$S_z^*=150\times25\times(100-12.5)=328125(\text{mm}^3)$$

$$\tau=\frac{F_{S1}S_z^*}{I_zb}=\frac{4125\times328125\times10^{-9}}{7187.5\times10^{-12}\times50\times10^{-3}}=0.377(\text{MPa})$$

纵截面上切应力 $\tau'=\tau=0.377\text{MPa}$，每个螺钉承受间距 s、宽 25mm 的一段纵截面上切应力 $\tau'\text{d}A$的合力，即

$$\tau' sb\leqslant[F_S'],\quad s\leqslant\frac{[F_S']}{\tau' b}=\frac{1.1\times10^3}{0.377\times10^6\times25\times10^{-3}}=117(\text{mm})$$

7-29* 图 7-30 所示梁的截面为宽翼缘工字形，横截面上的剪力为 F_S，试求翼缘上平行于 z 轴的切应力分布规律，并求最大切应力。

解 $$I_z=\frac{BH^3}{12}-\frac{(B-b)h^3}{12},\quad S_z^*=\xi\cdot\frac{H-h}{2}\cdot\frac{H+h}{4}$$

$$\tau=\frac{F_SS_z^*}{I_z\left(\dfrac{H-h}{2}\right)}=\frac{F_S}{I_z}\frac{H+h}{4}\xi,\quad 0\leqslant\zeta\leqslant\frac{B}{2}$$

可知翼缘上平行于 z 轴的切应力为线性分布，最大切应力位于中点，即 $\xi=\dfrac{B}{2}$时，$\tau_{\max}=\dfrac{F_SB}{8I_z}(H+h)$。

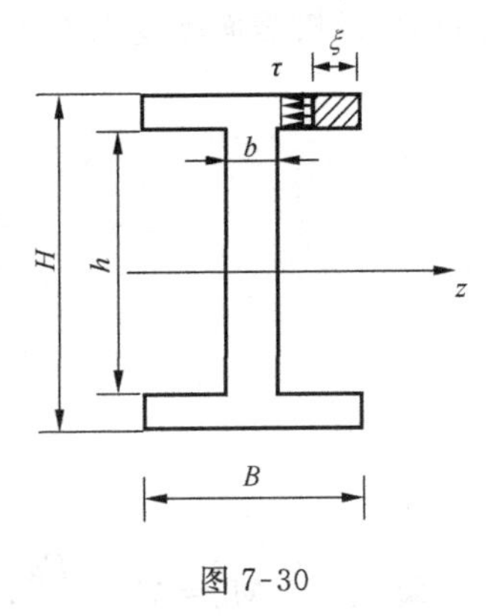

图 7-30

7-30 在图 7-31(a)中，若以虚线所示的纵向截面和横向面从梁中截出一部分，如图 7-31(b)所示，试求在纵向面 $abcd$ 上由 $\tau\text{d}A$ 组成的内力系的合成，并说明它与什么力平衡。

解 $$F_S(x)=\frac{q}{2}l-qx,\quad M(x)=\frac{q}{2}lx-qx^2$$

bc 为 x 截面的中性轴，

$$\tau_{\max}=\frac{3}{2}\frac{F_S}{bh}=\frac{3q}{2bh}\left(\frac{l}{2}-x\right)$$

相应的纵截面上 $\tau'=\tau_{\max}=\dfrac{3}{2}\dfrac{F_S}{bh}=\dfrac{3q}{2bh}\left(\dfrac{l}{2}-x\right)$，如图 7-31(c)所示。合力为

$$F_S'=\int\tau'\text{d}A=\int_0^x\frac{3q}{2bh}\left(\frac{l}{2}-x\right)\cdot b\text{d}x=\frac{3qx}{4h}(l-x)(\leftarrow)$$

此力与这一部分横截面上由 $\sigma\text{d}A$ 组成的内力系的合力 F_N'平衡，如图 7-31(d)所示。

$$\sigma_{\max}=\frac{M(x)}{W_z}=\frac{6}{bh^2}\left(\frac{q}{2}lx-\frac{q}{2}x^2\right)=\frac{3qx}{bh^2}(l-x)$$

$$F'_{\mathrm{N}}=\int\sigma\mathrm{d}A=\frac{1}{2}\cdot\frac{h}{2}\sigma_{\max}\cdot b=\frac{3qx}{4h}(l-x)(\rightarrow)$$

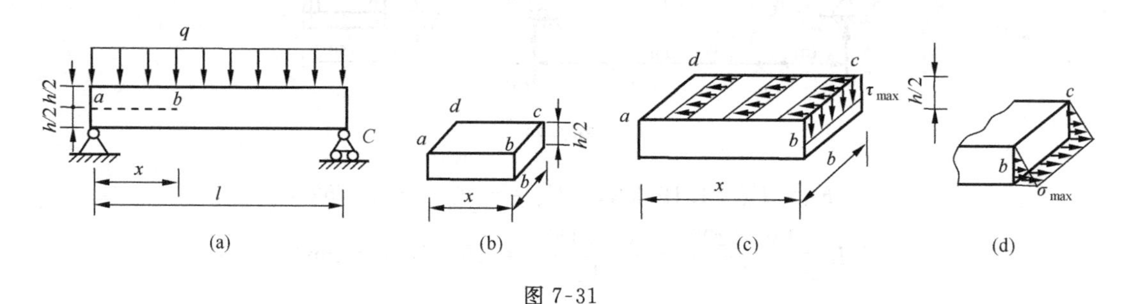

图 7-31

7-31 均布载荷作用下的等强度悬臂梁，其截面为矩形，若保持宽度 b 不变，试求截面高度 h 沿梁轴线的变化规律。

解
$$M(x)=\frac{q}{2}x^2,\quad W_z(x)=\frac{bh^2(x)}{6}=\frac{M(x)}{[\sigma]}=\frac{q}{2[\sigma]}x^2$$

$$h(x)=\sqrt{\frac{3q}{[\sigma]b}}x$$

7-32* 一矩形截面等宽度阶梯状直梁如图 7-32 所示。图中的 F 和 b 均为已知。在横截面 D、C 和 E 上的最大正应力均等于$[\sigma]$。试求梁在力 F 作用下体积为最小时，其尺寸 a 与 l 之比，以及横截面高度 h_1 与 h_2 之比。

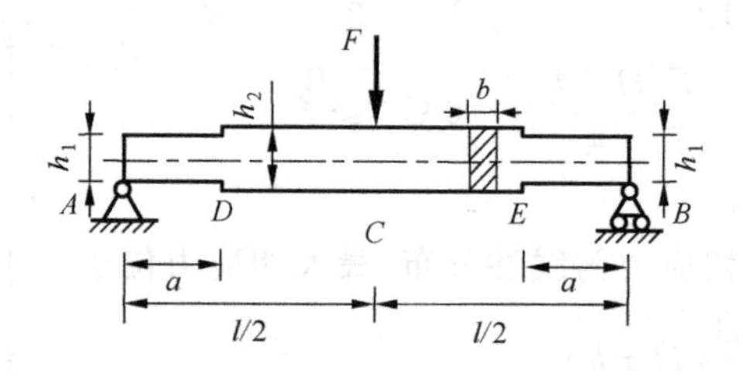

图 7-32

解
$$M_D=M_E=\frac{Fa}{2},\quad \sigma_D=\frac{M_D}{W_1}=\frac{6}{bh_1^2}\cdot\frac{Fa}{2}=\frac{3Fa}{bh_1^2}=[\sigma],\quad h_1=\sqrt{\frac{3Fa}{b[\sigma]}}$$

$$M_C=\frac{Fl}{4},\quad \sigma_C=\frac{M_C}{W_2}=\frac{6}{bh_2^2}\cdot\frac{Fl}{4}=\frac{3Fl}{2bh_2^2}=[\sigma],\quad h_1=\sqrt{\frac{3Fl}{2b[\sigma]}}$$

$$V=bh_1a\times2+bh_2(l-2a)=2ba\sqrt{\frac{3Fa}{b[\sigma]}}+b(l-2a)\sqrt{\frac{3Fl}{2b[\sigma]}}=\sqrt{\frac{3Fb}{[\sigma]}}\left[2a^{\frac{3}{2}}+\frac{\sqrt{l}}{\sqrt{2}}(l-2a)\right]$$

$$\frac{\mathrm{d}V}{\mathrm{d}a}=0,\quad 3a^{\frac{1}{2}}-2\frac{\sqrt{l}}{\sqrt{2}}=0,\quad \frac{a}{l}=\frac{2}{9},\quad \frac{h_1}{h_2}=\frac{\sqrt{\frac{3Fa}{b[\sigma]}}}{\sqrt{\frac{3Fl}{2b[\sigma]}}}=\sqrt{\frac{2a}{l}}=\frac{2}{3}$$

第8章 弯曲变形

8.1 重点内容概要

1. 挠曲线

弯曲变形时梁的轴线所弯成的曲线称为挠曲线。在平面弯曲时，梁的挠曲线是一条与外力作用面共面或平行的平面曲线。

2. 挠度与转角、挠曲线方程与转角方程

(1) 弯曲变形时的位移。梁的横截面形心在垂直于轴线方向的线位移 w，称为挠度。横截面绕中性轴转动的角位移 θ，称为转角。

挠度和转角都是代数量，正负号规定都与坐标系的选择有关。挠度方向与坐标轴 w 的正向一致时规定为正，反之为负。平面问题中选右手坐标系时，逆时针转向的转角为正，反之为负。

(2) 挠曲线方程。以轴线为 x 轴，挠曲线在坐标平面内的函数表达式称为挠曲线方程，记为 $w=f(x)$，其纵坐标即为挠度。

挠曲线是很平坦的曲线，任一点的斜率 w' 可足够精确地代表该点处横截面的转角 θ，即 $\theta\approx\tan\theta=w'$。

3. 挠曲线的曲率公式

$$\frac{1}{\rho}=\frac{M(x)}{EI} \tag{8-1}$$

公式的适用范围：①平面弯曲；②纯弯曲或细长梁横力弯曲，此时 $\rho=\rho(x)$；③应力不超过材料的比例极限。

4. 挠曲线近似微分方程

$$w''=\frac{M(x)}{EI} \tag{8-2}$$

此公式的坐标系为右手坐标系，即 x 轴向右，w 向上为正。

5. 积分法求梁的挠度和转角

由式(8-2)积分可得

$$\theta = w' = \int \frac{M(x)}{EI}\mathrm{d}x + C$$

$$w = \iint \frac{M(x)}{EI}\mathrm{d}x\mathrm{d}x + Cx + D$$

说明：① 当 $M(x)$ 分段列出时，需分段积分；② 积分常数根据边界条件和连续条件确定；③ 这是求弯曲变形的基本方法，适用于各种载荷作用下的等截面梁和变截面梁。

6. 叠加法求梁的挠度和转角

在微小变形和材料服从胡克定律条件下，当梁受几种载荷作用时，梁的任一截面的挠度或转角等于每种载荷单独作用所引起的同一截面挠度或转角的代数和。

7. 梁的刚度条件

$$\frac{w_{\max}}{l}=\left[\frac{w}{l}\right] \tag{8-3}$$

8. 简单静不定梁

由于存在多余约束，静不定梁的约束反力或内力不能只用平衡方程全部求出。用变形比较法求静不定梁的步骤如下。

(1) 解除多余约束，代之以相应的多余未知力，加上原载荷所得结构称原结构的相当系统；

(2) 建立变形协调条件——解除约束处的位移与原静不定梁的该处位移相同；

(3) 用叠加法求上述位移，并求出多余未知力；

(4) 应用平衡方程在相当系统上求出其他未知力。

有关静不定问题的更多内容详见第 13 章。

8.2 典型例题

例 8-1 试画出图 8-1 所示各等截面梁的挠曲线大致形状，并讨论图 8-1(c)与图 8-1(d)所示二梁的挠曲线有何异同。

解 根据 $w''=\dfrac{M(x)}{EI}$ 可知挠曲线的曲率与该截面的弯矩 $M(x)$ 有关。当 M 为正时，挠曲线向下凸，当 M 为负时，挠曲线向上凸，某段 M 为零，该段挠曲线为直线，某点 M 为零，该点应为挠曲线的拐点。所以分别画出各梁的 M 图，可判断挠曲线的凹凸性。再根据支座的约束条件和梁变形的连续条件确定挠曲线的大致形状。各梁的 M 图和挠曲线大致形状分别画在梁的受力图下方。

讨论：图 8-1(c)与图 8-1(d)两梁的 M 图完全相同，所以二梁各段的曲率相同。但由于支座约束情况不同，所以挠曲线形状并不一样。图 8-1(c)中，C 点为拐点，挠曲线是光滑连续的，即该处转角连续、挠度也连续。而图 8-1(d)中，C 为中间铰，只有挠度连续，转角却不连续，所以挠曲线在 C 处不光滑。

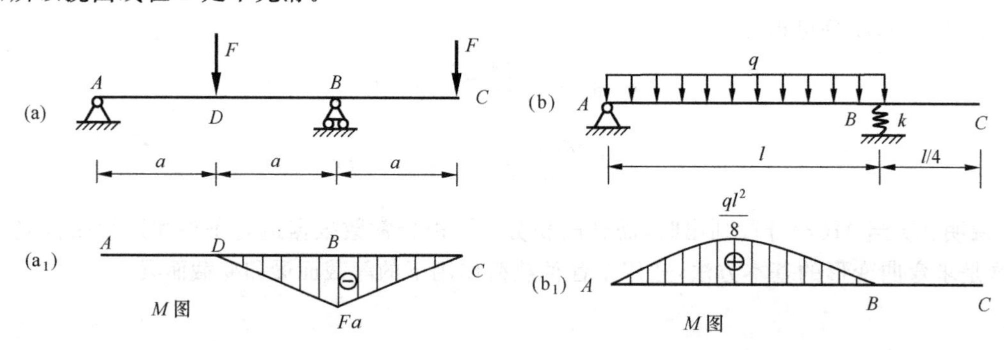

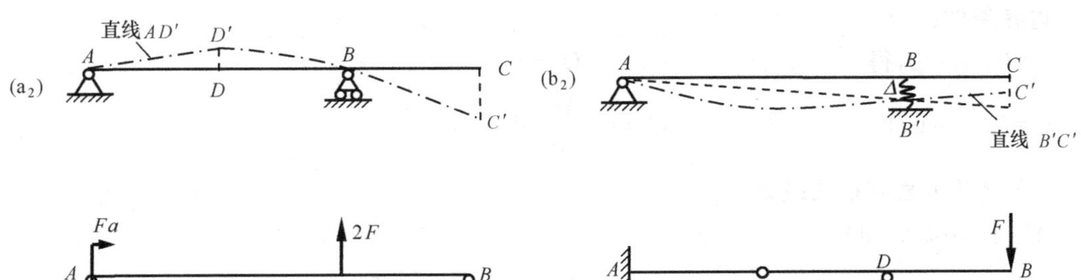

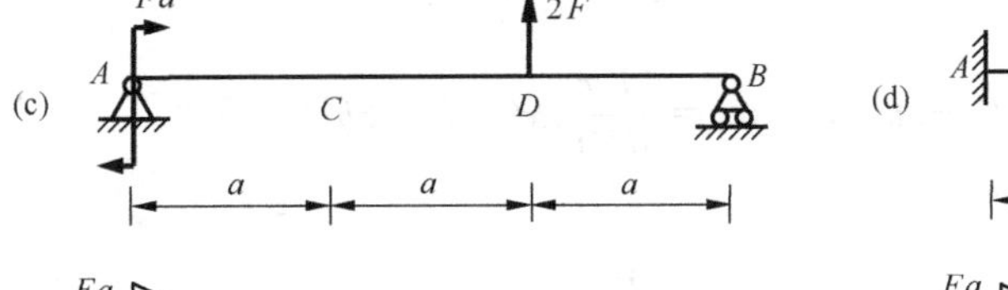

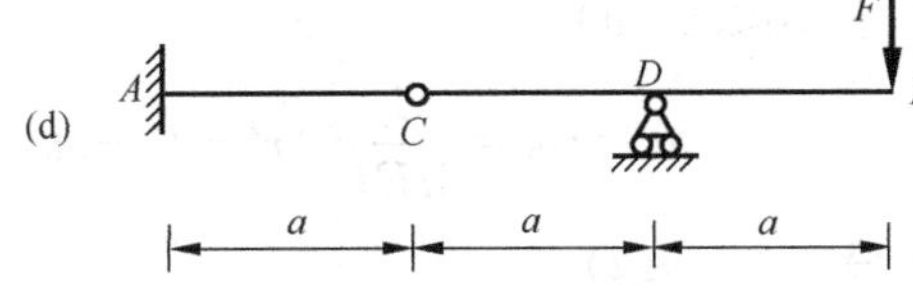

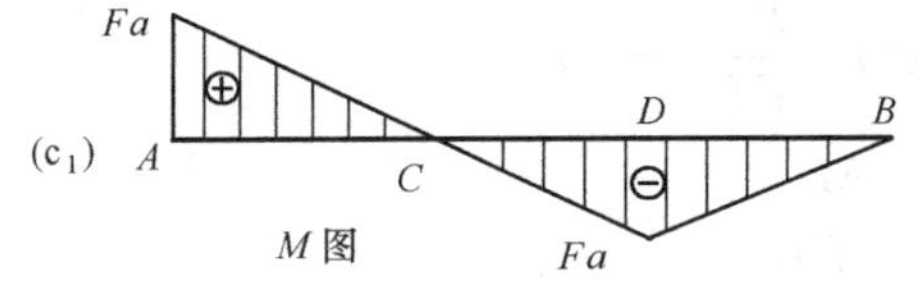

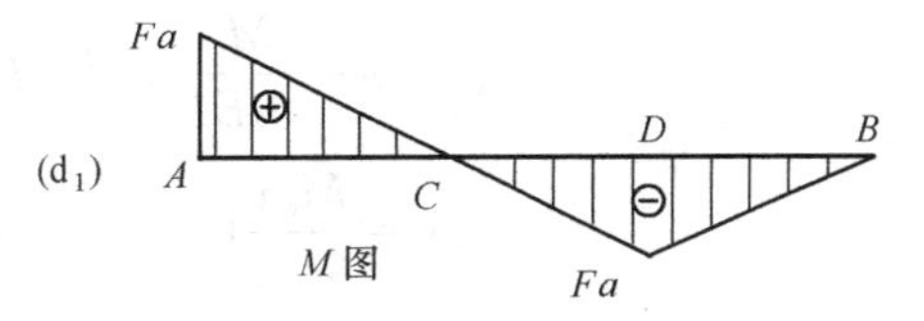

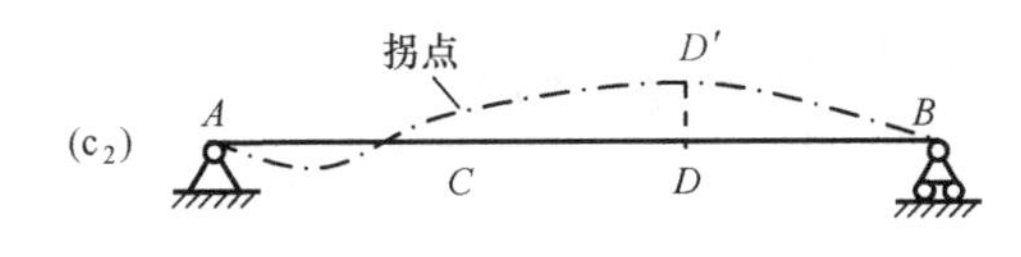

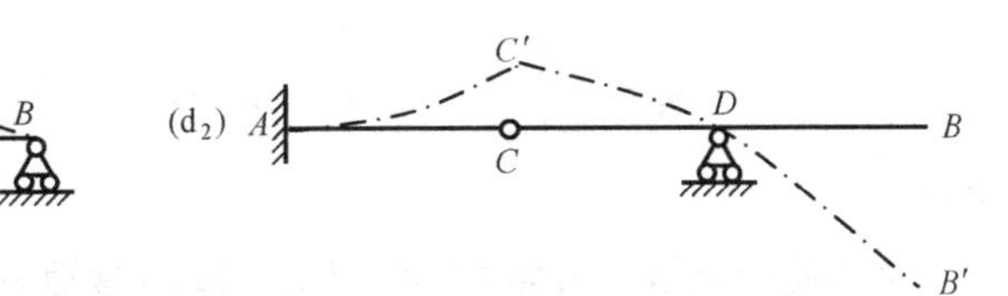

图 8-1

例 8-2 用积分法求图 8-2 所示梁的挠曲线方程和转角方程,并求 θ_C、w_C。

解 (1) 求支反力,由 $\sum M_B=0$,得 $F_A=\dfrac{M_e}{l}$。

(2) 分段列弯矩方程。

AC 段$(0\leqslant x<a)$ $\quad M(x)=\dfrac{M_e}{l}x$

CB 段$(a<x\leqslant l)$ $\quad M(x)=\dfrac{M_e}{l}x-M_e\,(x-a)^0$

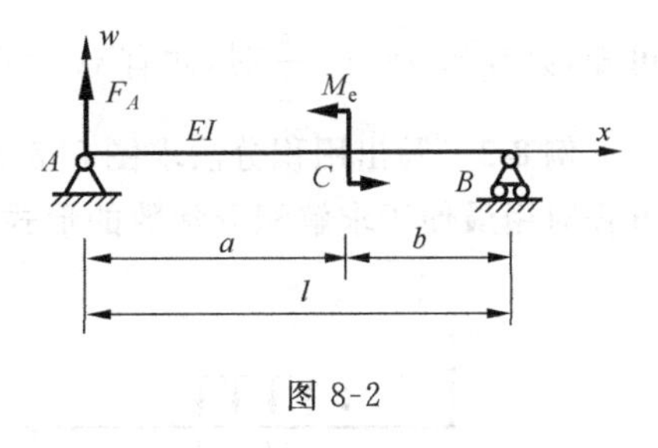

图 8-2

(3) 各段的挠曲线近似微分方程及积分如下。

AC 段$(0\leqslant x<a)$

$$EIw''_1=\frac{M_e}{l}x,\quad EIw'_1=\frac{M_e}{2l}x^2+C_1,\quad EIw_1=\frac{M_e}{6l}x^3+C_1x+D_1$$

CB 段$(a<x\leqslant l)$

$$EIw''_2=\frac{M_e}{l}x-M_e\,(x-a)^0,\quad EIw'_2=\frac{M_e}{2l}x^2-M_e(x-a)+C_2$$

$$EIw_2=\frac{M_e}{6l}x^3-\frac{M_e}{2}(x-a)^2+C_2x+D_2$$

(4) 确定积分常数。

连续条件:

$x=a, w'_1=w'_2$,得 $\qquad C_1=C_2$

$x=a, w_1=w_2$,得 $\qquad D_1=D_2$

边界条件：

$x=0, w_1=0$，得 $D_1=0$

$x=l, w_2=0$，得 $C_2=-\frac{M_e}{6l}(l^2-3b^2)$

(5) 转角方程和挠曲线方程。

AC 段 $(0\leqslant x<a)$

$$\theta_1=w_1'=\frac{M_e}{6lEI}(3x^2-l^2+3b^2), \quad w_1=\frac{M_e x}{6lEI}(x^2-l^2+3b^2)$$

CB 段 $(a<x\leqslant l)$

$$\theta_2=w_2'=\frac{M_e}{6lEI}(3x^2-l^2+3b^2)-\frac{M_e}{EI}(x-a)$$

$$w_2=\frac{M_e x}{6lEI}(x^2-l^2+3b^2)-\frac{M_e}{2EI}(x-a)^2$$

(6) 求 θ_C、w_C。

$$\theta_C=\frac{M_e}{6lEI}(3a^2-l^2+3b^2), \quad w_C=\frac{M_e a}{6lEI}(a^2-l^2+3b^2)$$

讨论：

(1) 为了便于求解积分常数，在列 CB 段的弯矩方程时，对载荷项 M_e 乘以 $(x-a)^0$ 并不改变原有载荷项 M_e 的作用。在积分时，则以 $(x-a)$ 作为积分变量进行积分计算。这样利用 $x=a$ 处的连续条件就会有 $C_1=C_2$ 和 $D_1=D_2$，使求解积分常数的运算得以简化。

(2) 此梁在 M_e 作用的 C 截面处 M 由正值变为负值，挠曲线出现拐点。从计算出的 w_C 可知，只有当 $a=b=\frac{l}{2}$ 时，才有 $w_C=0$。所以拐点只是曲率等于零，而挠度并不一定等于零。

例 8-3 写出用积分法求图 8-3(a)所示梁的挠曲线方程和转角方程的主要步骤。列弯矩方程时用最便于求解积分常数的形式。

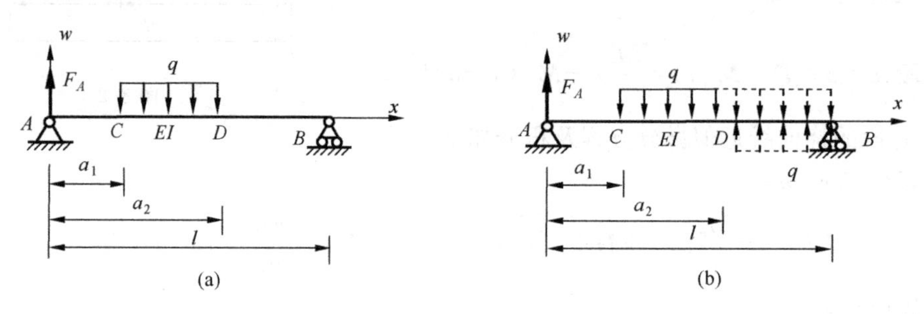

图 8-3

解 此梁须分三段列弯矩方程，用积分法求解后会出现六个积分常数。为了便于利用连续条件，使分段积分后的积分常数有 $C_1=C_2$、$D_1=D_2$，及 $C_2=C_3$、$D_2=D_3$，如图 8-3(b)所示，将原均布载荷 q 延长到梁的端点，同时在延长了载荷的那段梁上加上与 q 方向相反的均布载荷。

(1) 挠曲线近似微分方程及积分如下。

AC 段 $(0\leqslant x\leqslant a_1)$

$$EIw_1''=M(x)=F_A x, \quad EIw_1'=\frac{1}{2}F_A x^2+C_1, \quad EIw_1=\frac{1}{6}F_A x^3+C_1 x+D_1$$

CD 段($a_1 \leqslant x \leqslant a_2$)

$$EIw_2''=M(x)=F_Ax-\frac{q}{2}(x-a_1)^2,\quad EIw_2'=\frac{1}{2}F_Ax^2-\frac{q}{6}(x-a_1)^3+C_2$$

$$EIw_2=\frac{1}{6}F_Ax^3-\frac{q}{24}(x-a_1)^4+C_2x+D_2$$

DB 段($a_2 \leqslant x \leqslant l$)

$$EIw_3''=M(x)=F_Ax-\frac{q}{2}(x-a_1)^2+\frac{q}{2}(x-a_2)^2$$

$$EIw_3'=\frac{1}{2}F_Ax^2-\frac{q}{6}(x-a_1)^3+\frac{q}{6}(x-a_2)^3+C_3$$

$$EIw_3=\frac{1}{6}F_Ax^3-\frac{q}{24}(x-a_1)^4+\frac{q}{24}(x-a_2)^4+C_3x+D_3$$

(2) 确定积分常数。

由连续条件 $x=a_1$ 时,$w_1'=w_2'$ 和 $w_1=w_2$,可得 $C_1=C_2$ 和 $D_1=D_2$。由连续条件 $x=a_2$ 时,$w_2'=w_3'$ 和 $w_2=w_3$,可得 $C_2=C_3$ 和 $D_2=D_3$。最后由边界条件 $x=0$ 时,$w_1=0$,得 $D_1=0$;$x=l$ 时,$w_3=0$,可得出 C_3。

(3) 转角方程和挠曲线方程。

将所求出的积分常数 $D_1=D_2=D_3=0$,$C_1=C_2=C_3$ 的值代入前面各式,即可得转角方程和挠曲线方程。

例 8-4 用积分法求图 8-4 所示梁的转角方程和挠曲线方程,求该梁上的最大挠度和最大转角。

解 (1) 求支反力。

$$\sum M_B=0,\quad -F_Al+\frac{q_0}{2}l\cdot\frac{1}{3}l=0,\quad F_A=\frac{1}{3}q_0l\,(\uparrow)$$

(2) 挠曲线近似微分方程及积分。

$$EIw''=M(x)=\frac{1}{6}q_0lx-\frac{q_0}{6l}x^3$$

$$EIw'=\frac{1}{12}q_0lx^2-\frac{q_0}{24l}x^4+C$$

$$EIw=\frac{1}{36}q_0lx^3-\frac{q_0}{120l}x^5+Cx+D$$

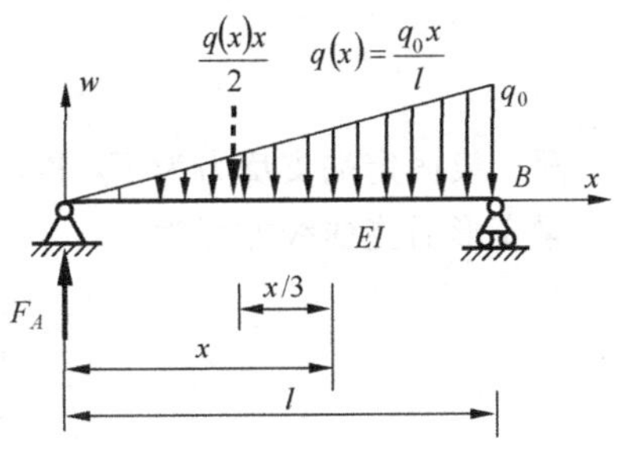

图 8-4

(3) 确定积分常数。

由 $x=0$,$w=0$,得 $D=0$。

由 $x=l$,$w=0$,$\frac{lq_0}{36}l^3-\frac{q_0}{120}l^5+Cl=0$,得 $C=-\frac{7}{360}q_0l^3$。

(4) 转角方程和挠曲线方程。

$$\theta=w'=\frac{q_0}{360lEI}(30l^2x^2-15x^4-7l^4)$$

$$w=\frac{q_0x}{360lEI}(10l^2x^2-3x^4-7l^4)$$

(5) 求最大挠度 $w_{\max}$。

令 $w'=0$,得 $30l^2x^2-15x^4-7l^4=0$,得 $x_0^2=0.27l^2$,即 $x_0=0.520l$。

$$w_{\max}=\frac{q_0\times0.52l}{360lEI}[10l^2\times(0.52l)^2-3\times(0.52l)^4-7l^4]=-0.00652\frac{q_0l^4}{EI}\ (\downarrow)$$

(6) 求最大转角 $\theta_{\max}$。

令 $\theta'=0$,即 $w''=0$,而 $w''=\dfrac{M}{EI}$,所以 $\theta_{\max}$发生在 $M=0$ 的截面上,此梁的 A 端或 B 端 $M=0$。

$$\theta_A=-\frac{7q_0l^3}{360EI}\text{(顺时针)},\quad \theta_B=\frac{8q_0l^3}{360EI}\text{(逆时针)}$$

所以

$$\theta_{\max}=\theta_B=\frac{8q_0l^3}{360EI}=\frac{q_0l^3}{45EI}$$

讨论:

(1) 最大挠度的计算。挠度的极值发生在 $\theta=0$ 的截面。此梁为简支梁,挠曲线无拐点,所以可以用跨中挠度 w_C 近似代替 $w_{\max}$。将 $x=\dfrac{l}{2}$代入挠曲线方程,得 $w_C=-0.00651\dfrac{q_0l^4}{EI}$,它只比 $w_{\max}$小 0.15%。

(2) 梁的最大转角位于 $M=0$ 的截面处,计算这些截面的转角,经比较后确定 $\theta_{\max}$。

例 8-5 图 8-5(a)所示的水平悬臂梁 EI=常量,在固定端下面有一曲面 $y=-Ax^3$(A 为常数),欲使梁变形后恰好与该曲面密合而曲面不受压力,试问:梁上应加什么载荷?确定载荷的数值和方向。

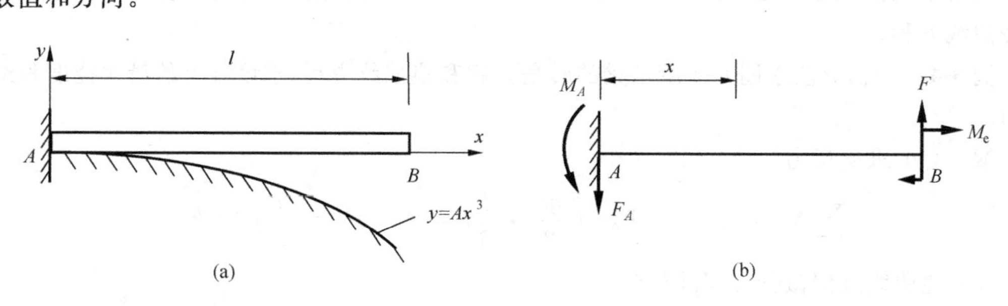

图 8-5

解 设固定端支反力为 F_A 和 M_A,如图 8-5(b)所示。

梁变形后挠曲线方程为

$$EIw=EIy=-EIAx^3$$
$$EIw'=-3EIAx^2$$
$$EIw''=-6EIAx=M(x)$$
$$EIw'''=-6EIA=F_S(x)$$

由题意知 A 为常数,所以 $F_S(x)$为负常数,而 $F_S(x)=-F_A$,所以 $F_A=6EIA$,方向向下。而

$$M(x)=M_A-F_Ax=-6EIAx$$

所以 $M_A=0$。

根据平衡条件 $\sum F_y=0$,B 端必作用力 $F=6EIA$,方向向上。再根据 $\sum M_B=0$,B 端应作用力偶 $M_e=F_Al=6EIAl$,为顺时针方向,如图 8-5(b) 所示。

例 8-6 试用叠加法求图 8-6(a)所示梁右端的转角 θ_E 和挠度 w_E。已知 EI=常量。

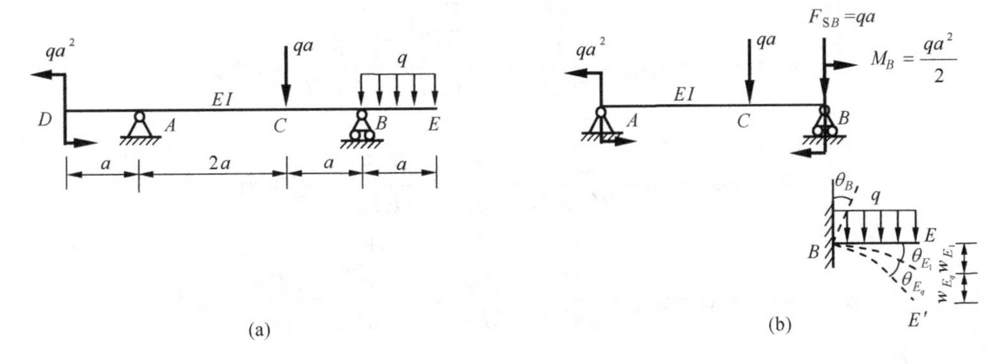

图 8-6

解 将外伸梁分成简支梁 AB 和悬臂梁 BE，将 A 截面的弯矩 $M_A=qa^2$（逆时针）和剪力 $F_{SA}=0$ 加在 A 端，B 截面的剪力 $F_{SB}=qa$ 和弯矩 $M_B=\dfrac{qa^2}{2}$（顺时针）加在 B 端，如图 8-6(b)所示。

$$\theta_B=\theta_{BF}+\theta_{BM_A}+\theta_{BM_B}=\frac{F(2a)\cdot a(3a+2a)}{6EI(3a)}-\frac{(qa)^2(3a)}{6EI}-\frac{\frac{qa^2}{2}(3a)}{3EI}=-\frac{4qa^2}{9EI}\quad（顺时针）$$

悬臂梁 B 端发生转角 θ_B 引起 E 端转角 $\theta_{E_1}=\theta_B$，挠度 $w_{E_1}=\theta_B\cdot a$，它们与载荷 q 引起的弯曲变形叠加，得

$$\theta_E=\theta_{E_1}+\theta_{E_q}=-\frac{4qa^3}{9EI}-\frac{qa^3}{6EI}=-\frac{11qa^3}{18EI}\quad（顺时针）$$

$$w_E=\theta_B\cdot a+w_{E_q}=-\frac{4qa^3}{9EI}\cdot a-\frac{qa^4}{8EI}=-\frac{41qa^4}{72EI}\quad(\downarrow)$$

例 8-7 阶梯状梁如图 8-7(a)所示，试用叠加法求梁在跨度中点 C 的挠度 w_C。

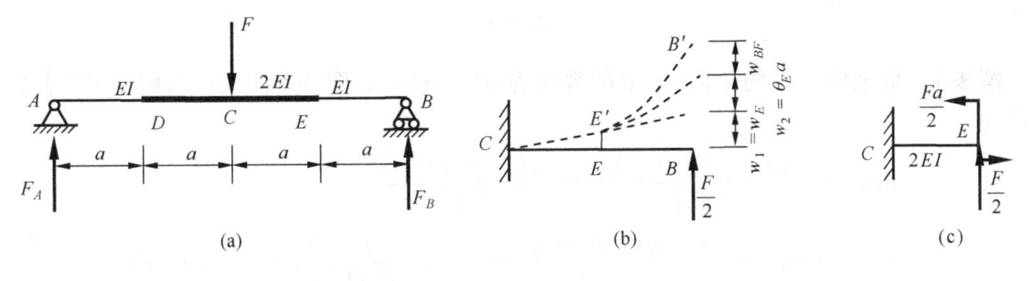

图 8-7

解 由梁上载荷的对称性可知

$$F_A=F_B=\frac{F}{2}\quad(\uparrow)$$

根据梁的形状和受力的对称性可知，跨中 C 截面转角为零，因此可取右半梁 CB 作为悬臂梁，并求其自由端挠度 w_B，如图 8-7(b)所示。原简支梁跨中挠度 w_C 与 w_B 大小相等，位移方向相反。

将 CB 从变截面 E 处切开，E 处的剪力 $F_S=\dfrac{F}{2}$、弯矩 $M_E=\dfrac{Fa}{2}$ 作为载荷加在悬臂梁 CE 的自由端，如图 8-7(c)所示。

$$w_E=w_{EF}+w_{EM}=\frac{\frac{F}{2}a^3}{3(2EI)}+\frac{\frac{Fa}{2}a^2}{2(2EI)}=\frac{5Fa^3}{24EI}\quad(\uparrow)$$

$$\theta_E=\theta_{EF}+\theta_{EM}=\frac{\frac{F}{2}a^2}{2(2EI)}+\frac{\frac{Fa}{2}a}{2EI}=\frac{3Fa^2}{8EI}\quad(\text{逆时针})$$

$$w_B=w_E+\theta_E a+w_{BF}=\frac{5Fa^3}{24EI}+\frac{3Fa^2}{8EI}\cdot a+\frac{\frac{F}{2}a^3}{3EI}=\frac{3Fa^3}{4EI}\quad(\uparrow)$$

原梁 $w_C=\dfrac{3Fa^3}{4EI}(\downarrow)$。

例 8-8 用叠加法求图 8-8(a)所示梁跨中 C 截面的挠度 w_C。EI 为常量。

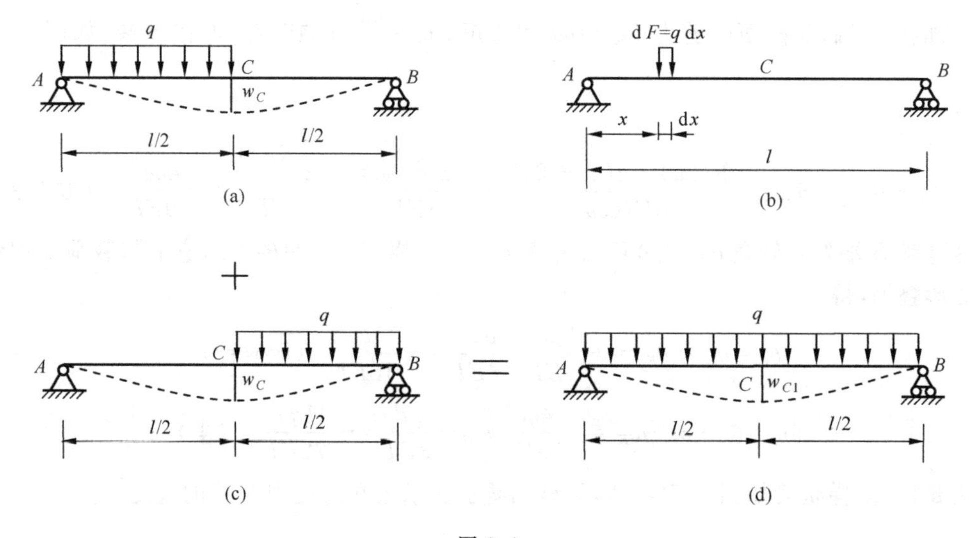

图 8-8

解法 1 取坐标 x 处的微段 dx 上的载荷为 $dF=qdx$，如图 8-8(b)所示，则由 dF 引起的挠度为

$$dw_C=-\frac{dFx(3l^2-4x^2)}{48EI}=-\frac{qx(3l^2-4x^2)dx}{48EI}$$

$$w_C=\int dw_C=\int_0^{\frac{l}{2}}-\frac{qx(3l^2-4x^2)dx}{48EI}=-\frac{q}{48EI}\int_0^{\frac{l}{2}}(3l^2x-4x^3)dx$$

$$=-\frac{q}{48EI}\left(\frac{3}{2}l^2x^2-x^4\right)\Bigg|_0^{\frac{l}{2}}=-\frac{5ql^4}{768EI}\quad(\downarrow)$$

解法 2 利用均布载荷 q 作用在半跨梁上的特点，叠加上右半跨梁上作用均布载荷，如图 8-8(c)所示，成为全跨梁作用均布载荷，如图 8-8(d)所示。而图 8-8(a)和(c)两种载荷产生的中点挠度相等，所以有

$$w_C+w_C=w_{C1}=\frac{5ql^4}{384EI}\quad(\downarrow),\quad w_C=\frac{w_{C1}}{2}=\frac{5ql^4}{768EI}\quad(\downarrow)$$

讨论：解法 1 适用于分布载荷作用在梁的任意区段上的情况，不仅可以求跨中挠度，而且可以求任意截面的挠度和转角。解法 2 只适用于与对称的另一半叠加后可成为满跨梁作用均布载荷的情况，而且仅限于求跨中挠度，因为图 8-8(a)和(c)两种情况只有中点挠度相等，而

同一坐标处的其他位移却不相等。

例 8-9 图 8-9(a)所示梁 A 端支承为弹簧常数为 k 的弹性支座，B 处由拉杆支承。试求自由端的挠度和转角。已知梁的 EI 和杆的 EA。

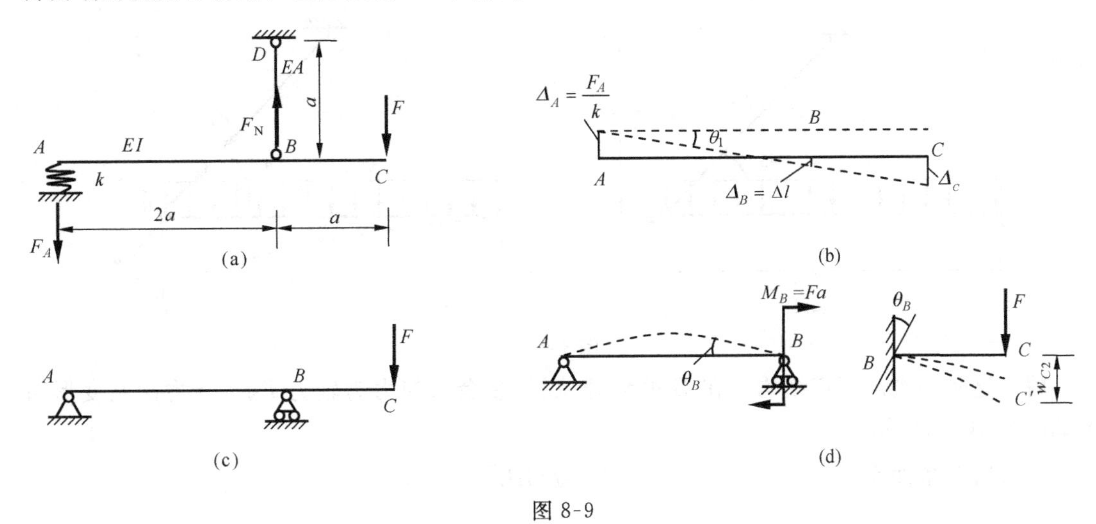

图 8-9

解 (1) 求支反力，以梁 AC 为研究对象

$$\sum M_A = 0,\quad F_N \cdot 2a - F \cdot 3a = 0,\qquad F_N = \frac{3F}{2}$$

$$\sum M_B = 0,\quad F_A \cdot 2a - F \cdot a = 0,\qquad F_A = \frac{F}{2}\quad (\downarrow)$$

(2) 求支座位移，如图 8-9(b)所示。

$$\Delta_A = \frac{F_A}{k} = \frac{F}{2k},\quad \Delta_B = \Delta l = \frac{F_N a}{EA} = \frac{3Fa}{2EA}$$

由于支座位移使梁发生刚性转动，所以

$$\theta_1 = \frac{\Delta_A + \Delta_B}{2a} = \frac{F}{4ka} + \frac{3F}{4EA}$$

$$\Delta_C = \theta_1 \cdot 3a - \Delta_A = \left(\frac{F}{4ka} + \frac{3F}{4EA}\right) \cdot 3a - \frac{F}{2k} = \frac{F}{4k} + \frac{9Fa}{4EA}$$

(3) 求由于弯曲变形产生的位移。

按外伸梁的受力情况(图 8-9(c))，分为图 8-9(d)所示的简支梁和悬臂梁，有

$$\theta_B = \frac{M_B l}{3EI} = \frac{Fa \cdot 2a}{3EI} = \frac{2Fa^2}{3EI},\quad \theta_{C2} = \theta_B + \theta_{CF} = \frac{2Fa^2}{3EI} + \frac{Fa^2}{2EI} = \frac{7Fa^2}{6EI}\quad (\text{顺时针})$$

$$w_{C2} = \theta_B \cdot a + w_{CF} = \frac{2Fa^2}{3EI} \cdot a + \frac{Fa^3}{3EI} = \frac{Fa^3}{EI}\quad (\downarrow)$$

(4) 求原结构的位移。

$$\theta_C = \theta_1 + \theta_{C2} = \frac{F}{4ka} + \frac{3F}{4EA} + \frac{7Fa^2}{6EI}\quad (\text{顺时针})$$

$$w_C = \Delta_C + w_{C2} = \frac{F}{4k} + \frac{9Fa}{4EA} + \frac{Fa^3}{EI}\quad (\downarrow)$$

例 8-10 图 8-10(a)所示悬臂梁由斜拉杆加强。已知 EI、EA、l、q，且 $I=\dfrac{1}{3}Al^2$，求拉杆所受轴力 F_N。

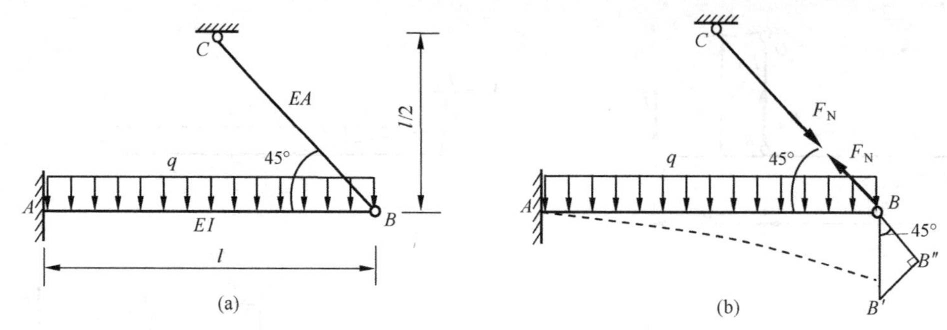

图 8-10

解 这是一次静不定结构。在 B 处切开拉杆，多余未知力为轴力 F_N。受力图及变形情况如图 8-10(b)所示。

变形协调条件为

$$BB'=\sqrt{2}BB''$$

$$BB'=|w_B|=|w_{Bq}+w_{BN}|=\frac{ql^4}{8EI}-\frac{\frac{\sqrt{2}}{2}F_Nl^3}{3EI}=\frac{ql^4}{8EI}-\frac{\sqrt{2}F_Nl^3}{6EI}$$

$$BB''=\Delta l=\frac{F_N\frac{\sqrt{2}}{2}l}{EA}=\frac{\sqrt{2}F_Nl}{2EA}$$

$$\frac{ql^4}{8EI}-\frac{\sqrt{2}F_Nl^3}{6EI}=\sqrt{2}\frac{\sqrt{2}F_Nl}{2EA}$$

将 $I=\dfrac{1}{3}Al^2$ 代入上式，得

$$\frac{3ql^4}{8EAl^2}-\frac{\sqrt{2}F_Nl^3}{2EAl^2}=\frac{F_Nl}{EA},\quad F_N=\frac{3(2-\sqrt{2})ql}{8}\quad（拉）$$

讨论：变形协调条件中的正负号需特别注意，不能生搬硬套关于挠度和变形的正负号规定。此处用位移的绝对值计算为宜。

8.3 习题选解

8-1 写出图 8-11 所示各梁在求梁的位移时的边界条件和连续条件。

答 图 8-11(a)：$x=0,w_1=0$；$x=l,w_2=-\dfrac{F}{2k}$；$x=\dfrac{l}{2},w_1'=w_2'$ 且 $w_1=w_2$。

图 8-11(b)：$x=0,w_1=0$；$x=l,w_1=w_2$；$x=l+a,w_2'=0$ 且 $w_2=0$。

图 8-11(c)：$x=0,w=-\Delta l=-\dfrac{ql^2}{4EA}$；$x=l,w=0$。

8-2 根据支座和载荷情况，画出图 8-12(a)～(f)所示各梁的挠曲线大致形状。EI 为常量。

答 首先作出各梁的 M 图，如图 8-12(a_1)～(f_1)所示，根据 M 图的正负号确定挠曲线的凹凸，再根据支座约束，作出挠曲线大致形状，分别用点画线表示，如图 8-12(a_2)～(f_2)所示。

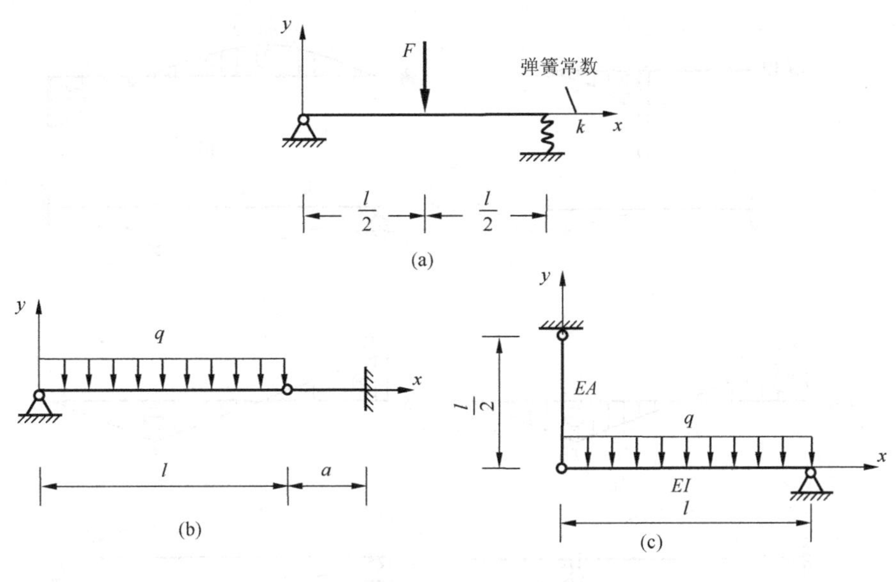
y
F
弹簧常数
k
x
l/2
l/2
(a)
y
q
x
l
a
(b)
y
l/2
EA
q
x
EI
l
(c)

图 8-11

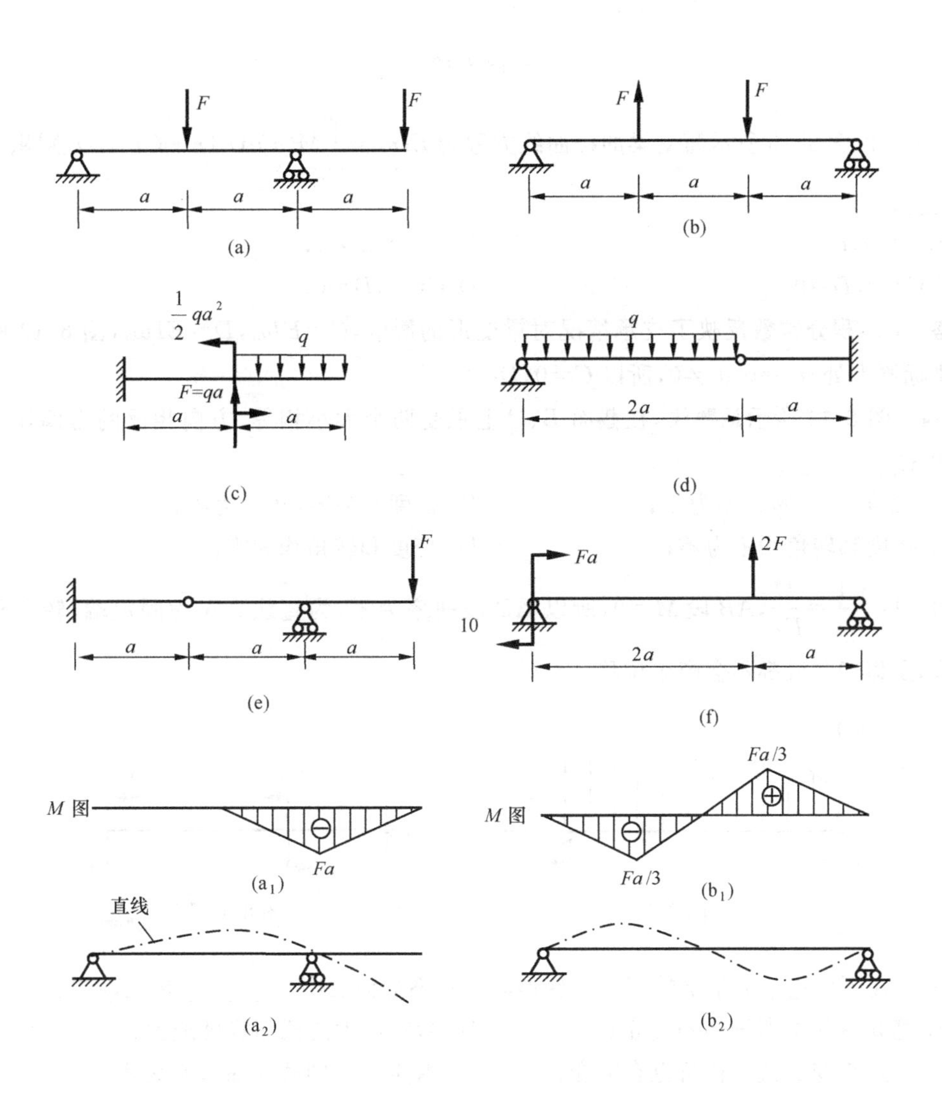
F
F
a
a
a
(a)
F
F
a
a
a
(b)
1/2 qa²
q
F=qa
a
a
(c)
q
2a
a
(d)
F
a
a
a
(e)
Fa
2F
10
2a
a
(f)
M 图
Fa
(a₁)
M 图
Fa/3
Fa/3
(b₁)
直线
(a₂)
(b₂)

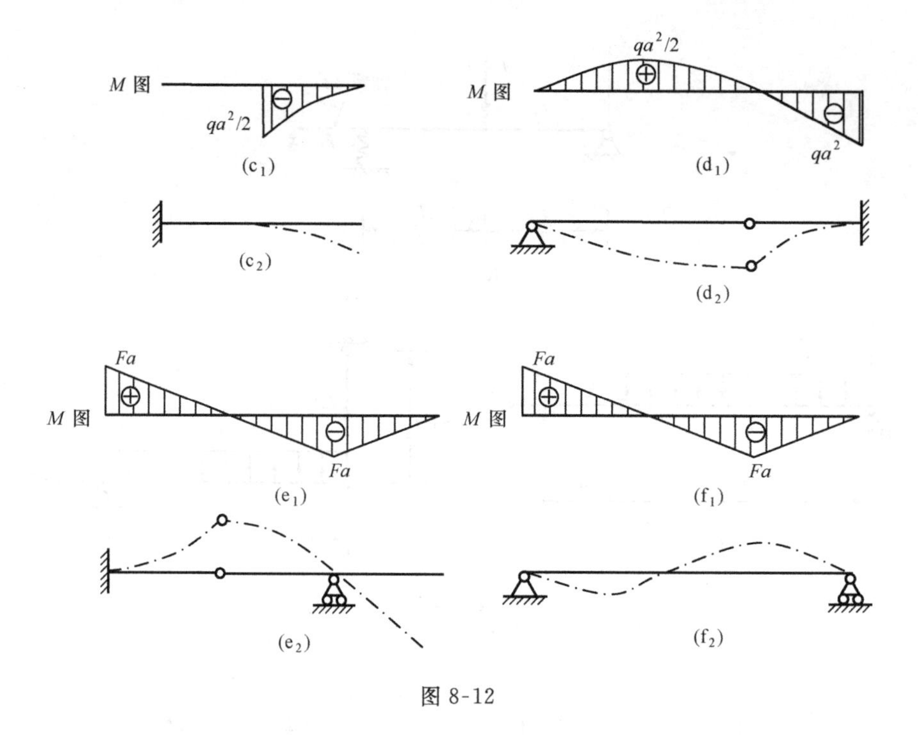

图 8-12

8-3 设图 8-13 所示简支梁的挠曲线方程为 $EIw=\iint M(x)\mathrm{d}x\mathrm{d}x+Cx+D$,则积分常数________。

A. $C=0,D=0$; B. $C=0,D\neq0$;

C. $C\neq0,D=0$ D. $C\neq0,D\neq0$。

答 C。积分常数反映了支承情况对梁变形的影响,$C=EI\theta_0$,$D=EIw_0$,图 8-13 所示简支梁坐标原点处 $w_0=0,\theta_0\neq0$,所以 $C\neq0,D=0$。

8-4 图 8-14 所示悬臂梁,在截面 B、C 上承受两个大小相等、方向相反的力偶作用。其截面 B 的________。

A. 挠度为零,转角不为零; B. 挠度不为零,转角为零;

C. 挠度和转角均不为零; D. 挠度和转角均为零。

答 D。$\dfrac{1}{\rho}=\dfrac{M}{EI}$,$AB$ 段 $M=0$,所以 AB 段曲率为零,为直线。A 为固定端,转角和挠度均为零,所以 AB 段都不会产生位移。

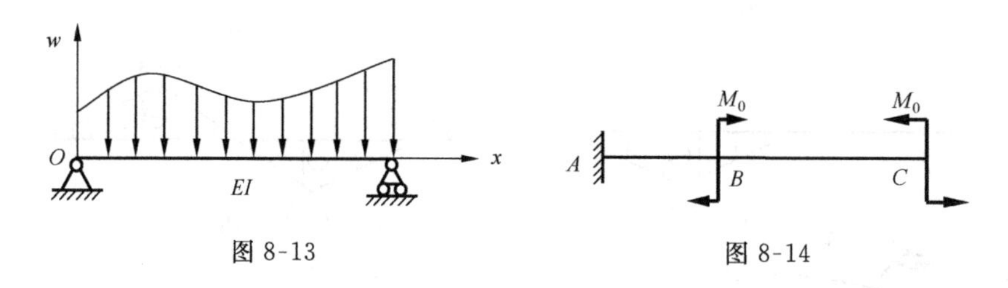

图 8-13　　图 8-14

8-5 在下面这些关于梁的弯矩与变形间的关系的说法中,________是正确的。

A. 弯矩为正的截面转角为正; B. 弯矩最大的截面挠度最大;

C. 弯矩突变的截面转角也有突变; D. 弯矩为零的截面曲率必为零。

答　D。$w''=\dfrac{M(x)}{EI}$，$M(x)=0$ 处曲率 w'' 必为零。其他的说法都不正确，应该说：弯矩为正的截面曲率为正，弯矩最大的截面曲率最大，弯矩突变的截面曲率有突变。

8-6　已知图 8-15(a)所示梁中点挠度 $w_{C1}=\dfrac{5ql^4}{384EI}$，则图 8-15(b)所示梁中点挠度 $w_{C2}=$________。

A. $\dfrac{5q_0l^4}{384EI}$；　　B. $\dfrac{5q_0l^4}{768EI}$；　　C. $\dfrac{5q_0l^4}{192EI}$；　　D. $\dfrac{5q_0l^4}{48EI}$。

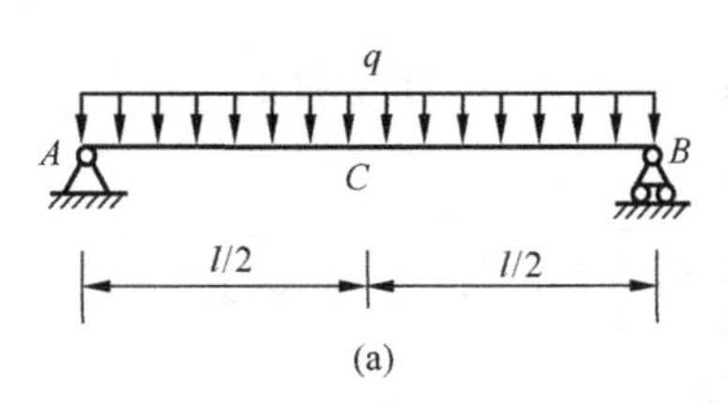

(a)

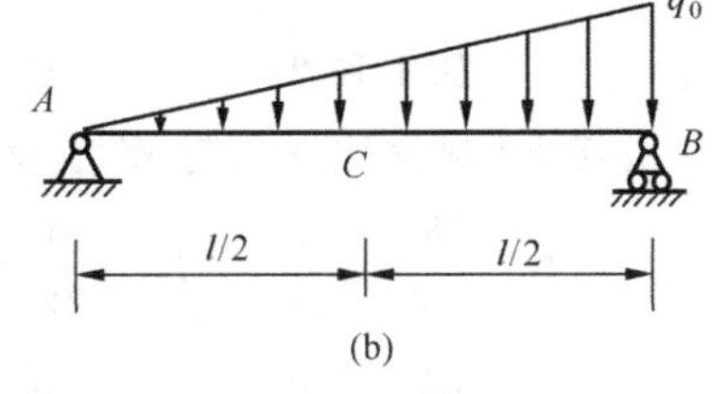

(b)

图 8-15

答　B。如图 8-16 所示的叠加关系，有 $w_{C2}+w_{C2}=w_{C1}$，$w_{C2}=\dfrac{1}{2}w_{C1}=\dfrac{5ql^4}{768EI}$。

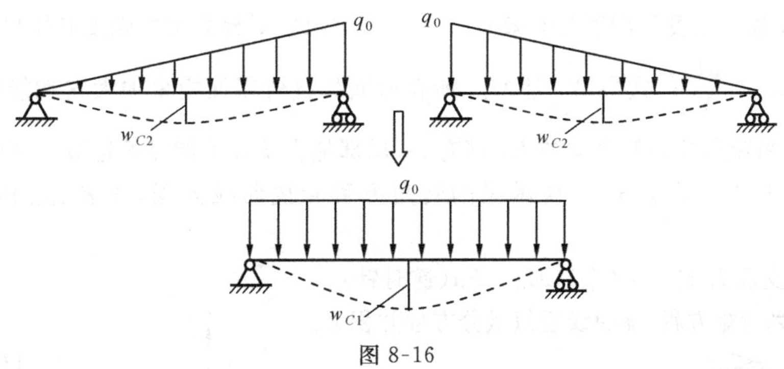

图 8-16

8-7　一端固定的板条，横截面为矩形，在自由端上的力偶 M 作用下，弯成了图 8-17 中虚线所示的 1/4 圆弧。假如板条始终处于线弹性阶段，此时，如用 $\sigma=\dfrac{My}{I_z}$ 计算应力，用 $w''=\dfrac{M}{EI}$ 计算变形，则得到的________。

A. 应力正确，变形错误；　　B. 应力错误，变形正确；

C. 应力和变形都正确；　　D. 应力和变形都错误。

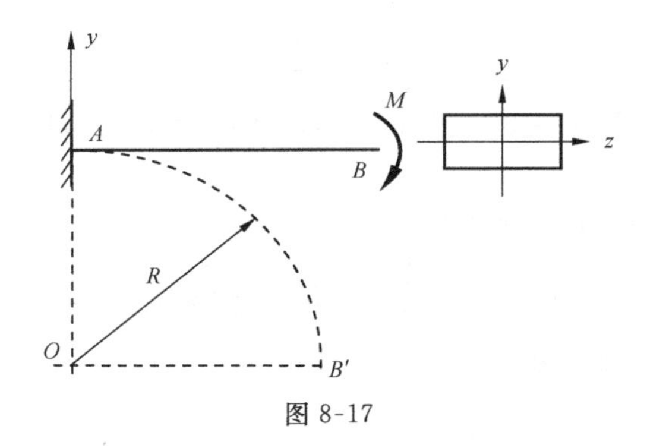

图 8-17

答 A。此梁为纯弯曲，在线弹性范围内应力公式是精确公式，而变形的精确公式为$\frac{1}{\rho}=\frac{M}{EI}$，公式$w''=\frac{M}{EI}$是挠曲线近似微分方程，它忽略了$w'^2$项，此梁的变形已是大变形，$w^2$不应忽略。

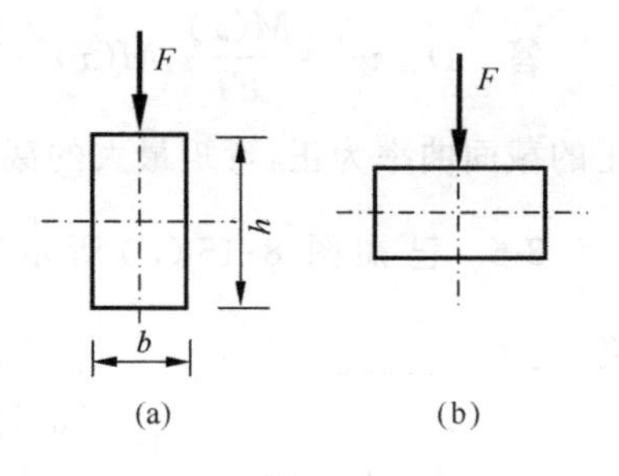

图 8-18

8-8 图 8-18 所示高宽比 $h/b=2$ 的矩形截面梁，若将梁的横截面由竖放(图 8-18(a))改为平放(图 8-18(b))，其他条件不变，则梁的最大挠度和最大正应力分别为原来的________倍。

A. 2 和 2；　　B. 4 和 2；　　C. 4 和 4；　　D. 8 和 4。

答 B。$w_{\max}$与 EI 成反比，$\sigma_{\max}$与 W 成反比。

$$I_1=\frac{bh^3}{12}=\frac{8b^4}{12},\quad I_2=\frac{hb^3}{12}=\frac{2b^4}{12}=\frac{1}{4}I_1,\quad w_{\max2}=4w_{\max1}$$

$$W_1=\frac{bh^3}{6}=\frac{4b^3}{6},\quad W_2=\frac{hb^2}{6}=\frac{2b^3}{6}=\frac{1}{2}W_1,\quad \sigma_{\max2}=2\sigma_{\max1}$$

8-9 在等直梁的最大弯矩所在截面附近，局部加大横截面的尺寸________。

A. 仅对提高梁的强度是有效的；　　B. 仅对提高梁的刚度是有效的；

C. 对提高梁的强度和刚度都有效；　　D. 对提高梁的强度和刚度都无效。

答 A。$\sigma_{\max}=\frac{M_{\max}}{W_z}$，式中 W_z 是 $M_{\max}$所在截面的抗弯截面模量加大它就能减小 $\sigma_{\max}$。而梁的最大挠度和转角却与整个梁的 EI 都有关，局部加大 I 并不能显著地减小变形。

8-10 用积分法求图 8-19 所示梁的转角方程和挠曲线方程，并求 $\theta_{\max}$ 和 $w_{\max}$。$EI=$常数。

解 (1) 支反力 $F_A=F(\uparrow)$，$M_A=Fa$(逆时针)。

(2) 分段列弯矩方程、挠曲线近似微分方程并积分。

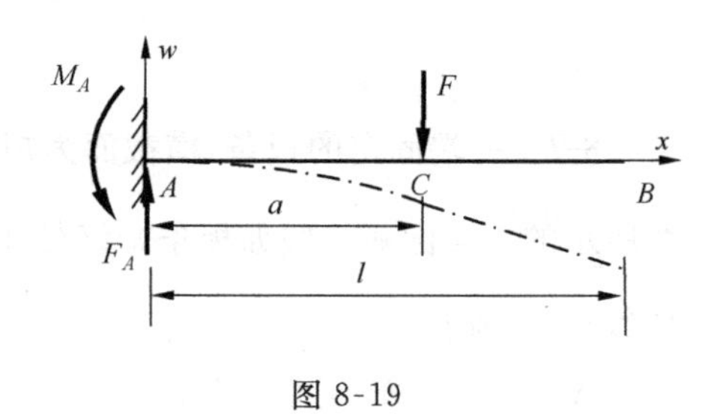

图 8-19

AC 段$(0<x\leqslant a)$

$$M(x)=Fx-Fa$$

$$EIw_1''=Fx-Fa$$

$$EIw_1'=\frac{1}{2}Fx^2-Fax+C_1$$

$$EIw_1=\frac{1}{6}Fx^3-\frac{1}{2}Fax^2+C_1x+D_1$$

CB 段$(a\leqslant x\leqslant l)$

$$M(x)=0$$

$$EIw_2''=0,\quad EIw_2'=C_2,\quad EIw_2=C_2x+D_2$$

(3) 确定积分常数。

$x=0$，$w_1'=0$ 且 $w_1=0$，得 $C_1=0$，$D_1=0$。

$x=a$，$w_1'=w_2'$且 $w_1=w_2$ 得 $C_2=-\frac{1}{2}Fa^2$，$D_2=\frac{1}{6}Fa^3$。

(4) 转角方程和挠曲线方程。

AC 段$(0\leqslant x\leqslant a)$

$$\theta_1=\frac{-Fx}{2EI}(2a-x),\quad w_1=\frac{-Fx^2}{6EI}(3a-x)$$

CB 段($a\leqslant x\leqslant l$)

$$\theta_2=\frac{-Fa^2}{2EI},\quad w_2=\frac{-Fa^2}{6EI}(3x-a)$$

(5) 求 $\theta_{\max}$ 和 $w_{\max}$。

在 $M=0$ 处,$\theta_{\max}=\dfrac{-Fa^2}{2EI}$(顺时针),发生在 CB 段各截面。

在 $x=l$ 处,$w_{\max}=-\dfrac{Fa^2}{6EI}(3l-a)$($\downarrow$)。

图 8-19 中点画线为挠曲线大致形状。

8-11 用积分法求图 8-20 所示变截面梁的挠曲线方程、端截面转角和最大挠度。

解 (1) 支反力 $F_A=2F$($\uparrow$),$F_B=F$($\uparrow$)。

(2) M 方程、挠曲线近似微分方程及积分。

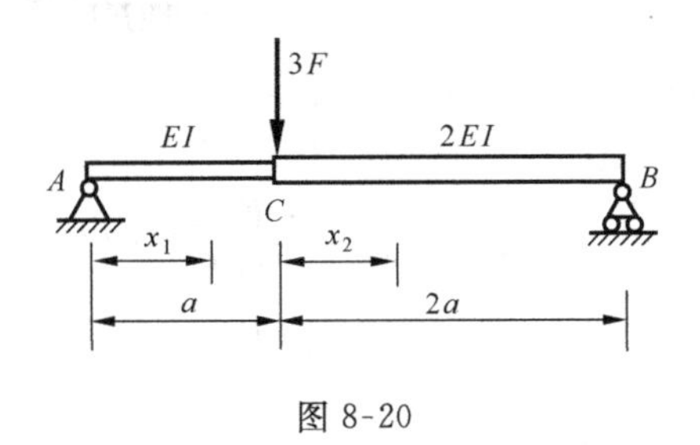

图 8-20

AC 段($0\leqslant x\leqslant a$)

$$EIw_1''=M(x)=2Fx$$
$$EIw_1'=Fx^2+C_1$$
$$EIw_1=\frac{F}{3}x^3+C_1x+D_1$$

CB 段($a\leqslant x\leqslant 3a$)

$$2EIw_2''=M(x)=2Fx-3F(x-a)$$
$$2EIw_2'=Fx^2-\frac{3}{2}F\,(x-a)^2+C_2$$
$$2EIw_2=\frac{F}{3}x^3-\frac{F}{2}(x-a)^3+C_2x+D_2$$

(3) 积分常数。

$x=0$,$w_1=0$,得 $D_1=0$。

$x=a$,$w_1'=w_2'$,$2EIw_1'=2EIw_2'$,即 $2Fa^2+2C_1=Fa^2+C_2$,得 $C_2=2C_1+Fa^2$。

$x=a$,$w_1=w_2$,$2EIw_1=2EIw_2$,即$\dfrac{2F}{3}a^3+2C_1a=\dfrac{F}{3}a^3+C_2a+D_2$,得 $D_2=-\dfrac{2}{3}Fa^3$。

$x=3a$,$w_2=0$,即 $\dfrac{F}{3}(3a)^3-\dfrac{F}{2}(2a)^3+C_2(3a)+\left(-\dfrac{2}{3}Fa^3\right)=0$,得 $C_2=-\dfrac{13}{9}Fa^2$,

$C_1=-\dfrac{11}{9}Fa^2$。

(4) 转角方程、挠曲线方程。

AC 段($0\leqslant x\leqslant a$)

$$\theta_1=\frac{-F}{9EI}(11a^2-9x^2)$$
$$w_1=-\frac{Fx}{9EI}(11a^2-3x^2)$$

CB 段($a\leqslant x\leqslant 3a$)

$$\theta_2=\frac{F}{18EI}(9x^2-13a^2)-\frac{3F}{4EI}(x-a)^2$$

$$w_2=\frac{F}{18EI}(3x^3-13a^2x-6a^3)-\frac{F}{4EI}(x-a)^3$$

(5) 端截面转角。

$$\theta_A=\theta_1\big|_{x=0}=-\frac{11Fa^2}{9EI}\quad(顺时针)$$

$$\theta_B=\theta_2\big|_{x=3a}=-\frac{7Fa^2}{9EI}\quad(逆时针)$$

(6) 最大挠度 w_{max}。

$\theta_C=-\frac{2Fa^2}{9EI}$(顺时针),说明挠曲线在 C 处的斜率为负,是向右下倾斜的,w_{max} 必在 CB 段。令 $\theta_2=0$,即

$$\frac{F}{18EI}(9x^2-13a^2)-\frac{3F}{4EI}(x-a)^2=0$$

得

$$x_0=1.236a$$

$$w_{max}=w_2\big|_{x_0}=\frac{F}{18EI}[3\times(1.236a)^3-13a^2\times1.236a-6a^3]-\frac{F}{4EI}(1.236a-a)^3$$
$$=-0.9146\frac{Fa^3}{EI}\quad(\downarrow)$$

讨论:

(1) 最大挠度与跨中挠度的比较。

令 $x=1.5a$,求得 $w_{中}=-0.8854\frac{Fa^3}{EI}(\downarrow)$,跨中挠度比 w_{max} 小 3.19%,可见阶梯状变截面简支梁在挠曲线无拐点时,跨中挠度也可以作为最大挠度的近似值。

(2) 积分常数的简化计算。

由于在 C 截面 EI 有改变,由连续条件也无法得到 $C_1=C_2$ 和 $D_1=D_2$,仍然必须确定四个积分常数。

(3) 分段积分时取不同的坐标原点可能带来方便。

在 AC 段内积分时,把原点放在这一段的左侧,有

$$0\leqslant x_1\leqslant a,\quad M=2Fx_1$$

$$\theta=w'=\frac{F}{EI}x_1^2+C_1 \tag{a}$$

$$w=\frac{F}{3EI}x_1^3+C_1x_1+D_1 \tag{b}$$

在截面 A,$x_1=0$,$\theta=\theta_A$,$w=0$,故有 $C_1=\theta_A$,$D_1=0$。

将 C_1 和 D_1 的值代入式(a)和式(b),并令 $x_1=a$,求得截面 C 的转角和挠度分别为

$$\theta_C=\frac{Fa^2}{EI}+\theta_A,\quad w_C=\frac{Fa^3}{3EI}+\theta_Aa$$

在 CB 段内积分时,把原点也放在这一段的左端,即放在截面 C 上。这时,$0\leqslant x_2\leqslant 2a$,弯曲刚度为 $2EI$。

$$M=2F(a+x_2)-3Fx_2$$

$$w''=\frac{2F}{2EI}(a+x_2)-\frac{3F}{2EI}x_2=\frac{Fa}{EI}-\frac{F}{2EI}x_2$$

$$\theta = w' = \frac{Fa}{EI}x_2 - \frac{F}{4EI}x_2^2 + C_2 \tag{c}$$

$$w = \frac{Fa}{2EI}x_2^2 - \frac{F}{12EI}x_2^3 + C_2 x_2 + D_2 \tag{d}$$

在截面 C 上，$x_2=0$，$\theta=\theta_C$，$w=w_C$，故有

$$C_2 = \theta_C = \frac{Fa^2}{EI} + \theta_A, \quad D_2 = w_C = \frac{Fa^3}{3EI} + \theta_A a$$

把 C_2 和 D_2 代入式(c)和式(d)，得 CB 段内的 θ 和 w 分别为

$$\theta = \frac{Fa}{EI}x_2 - \frac{F}{4EI}x_2^2 + \frac{Fa^2}{EI} + \theta_A \tag{e}$$

$$w = \frac{Fa}{2EI}x_2^2 - \frac{F}{12EI}x_2^3 + \left(\frac{Fa^2}{EI} + \theta_A\right)x_2 + \frac{Fa^3}{3EI} + \theta_A a \tag{f}$$

最后将 B 端的边界条件 $x_2=2a$，$w=w_B=0$ 代入式(f)，得

$$0 = \frac{Fa}{2EI}(2a)^2 - \frac{F}{12EI}(2a)^3 + \left(\frac{Fa^2}{EI} + \theta_A\right)2a + \frac{Fa^3}{3EI} + \theta_A a$$

由此求出 $$\theta_A = \frac{-11Fa^2}{9EI}$$

求得 θ_A 后，将其代入式(a)、式(b)、式(e)、式(f)，就完全确定了各段的 θ 和 w，进一步可以确定端截面的转角和最大挠度。

8-12 已知长度为 $4a$ 的静定梁的挠曲线方程为

$$EIw = -\frac{16qa^3}{3}x + qa^2x^2 + \frac{qa}{4}x^3 - \frac{q}{24}x^4$$

试画出此梁所受载荷及梁的支座，并求梁内最大弯矩。

解

$$EIw' = -\frac{16qa^3}{3} + 2qa^2x + \frac{3}{4}qax^2 - \frac{q}{6}x^3$$

$$EIw'' = 2qa^2 + \frac{3}{2}qax - \frac{q}{2}x^2 = M(x)$$

$$EIw''' = \frac{3}{2}qa - qx = F_S(x)$$

$$EIw'''' = -q = q(x)$$

由上述 $M(x)$、$F_S(x)$、$q(x)$ 可知梁的受力图如图 8-21(a)所示。

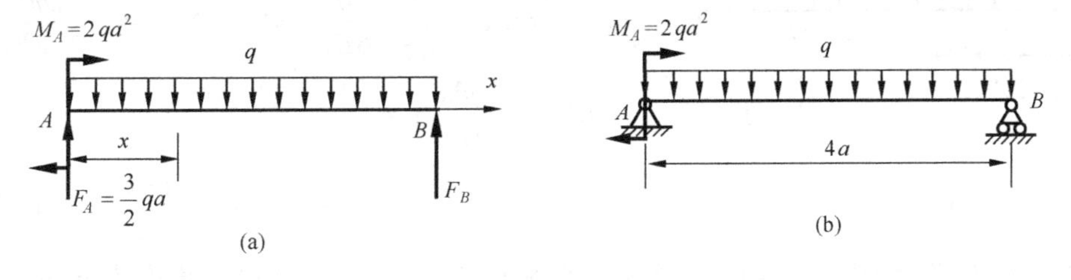

图 8-21

由 $\sum F_y = 0$，可得 $F_B = \frac{5}{2}qa(\uparrow)$。

边界条件为 $x=0$，$EIw=0$ 且 $EIw' = -\frac{16qa^3}{3} \neq 0$ 和 $x=4a$，$EIw=0$ 且 $EIw'=4qa^3 \neq 0$。

所以 A、B 端应为铰支座，此梁是简支梁，F_A 和 F_B 分别为支反力。载荷和支座情况如图 8-21(b)所示。

令 $F_S=0$，得 $x_0=\dfrac{3}{2}a$，则 $M_{max}=2qa^2+\dfrac{3}{2}qa\cdot\dfrac{3}{2}a-\dfrac{q}{2}\left(\dfrac{3}{2}a\right)^2=\dfrac{25}{8}qa^2$。

8-13 试求图 8-22(a)所示外伸梁的 w_C、w_D 值。已知此梁由 18 号工字钢制成，$E=210\text{GPa}$。

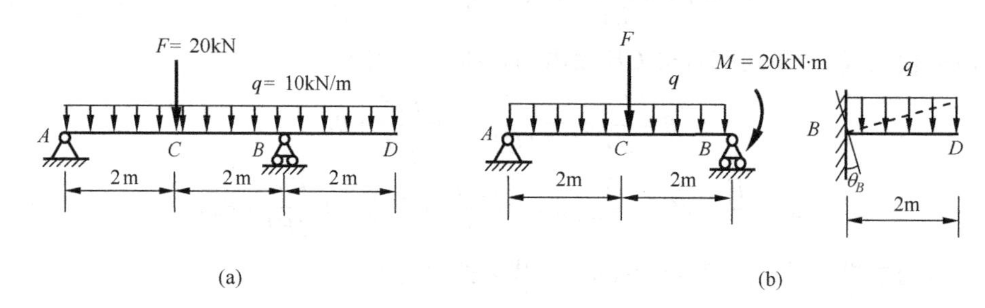

图 8-22

解 将外伸梁分解为简支梁 AB 和悬臂梁 BD，如图 8-22(b)所示。用叠加法求 w_C、w_D。

$$w_C=w_{CF}+w_{Cq}+w_{CM}=\frac{-Fl^3}{48EI}-\frac{5ql^4}{384EI}+\frac{Ml^2}{16EI}=-\frac{20\times4^3}{48EI}-\frac{5\times10\times4^4}{384EI}+\frac{20\times4^2}{16EI}=\frac{-40}{EI}(\downarrow)$$

$$\theta_B=\theta_{BF}+\theta_{Bq}+\theta_{BM}=\frac{Fl^2}{16EI}+\frac{ql^3}{24EI}-\frac{Ml}{3EI}=\frac{20\times4^2}{16EI}+\frac{10\times4^3}{24EI}-\frac{20\times4}{3EI}=\frac{20}{EI}\quad(\text{逆时针})$$

$$w_D=\theta_B\cdot a+w_{Dq}=\frac{20}{EI}\times2-\frac{10\times2^4}{8EI}=\frac{20}{EI}\quad(\uparrow)$$

查表 18 号工字钢 $I=1660\text{ cm}^4=1660\times10^{-8}\text{m}^4$，

$$EI=210\times10^9\times1660\times10^{-8}=3486\times10^3(\text{N}\cdot\text{m}^2)$$

$$w_C=\frac{-40\times10^3}{3486\times10^3}=-0.01147(\text{m})=-11.5(\text{mm})\quad(\downarrow)$$

$$w_D=\frac{20\times10^3}{3486\times10^3}=5.74(\text{mm})\quad(\uparrow)$$

8-14 求图 8-23 所示悬臂梁的 w_B、θ_B。EI=常量。

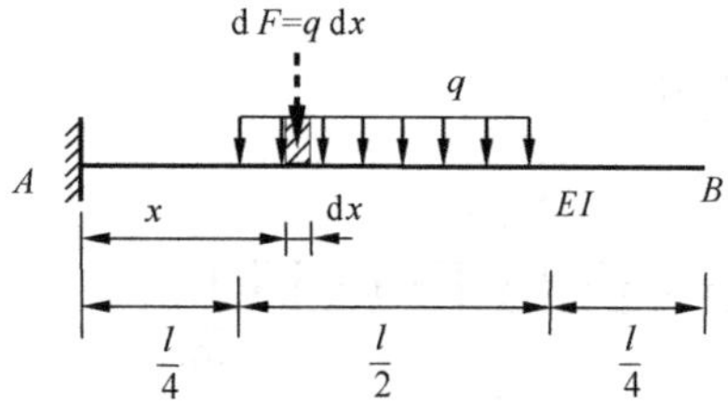

图 8-23

解 $\mathrm{d}w_B=\dfrac{-q\mathrm{d}x\cdot x^2}{6EI}(3l-x)$

$$w_B=\int\mathrm{d}w_B=\int_{\frac{l}{4}}^{\frac{3}{4}l}\frac{-qx^2}{6EI}(3l-x)\mathrm{d}x=-\frac{7ql^4}{128EI}(\downarrow)$$

$$\mathrm{d}\theta_B=-\frac{q\mathrm{d}x}{2EI}\cdot x^2$$

$$\theta_B=\int\mathrm{d}\theta_B=\int_{\frac{l}{4}}^{\frac{3}{4}l}\frac{-qx^2}{2EI}\mathrm{d}x=-\frac{13ql^3}{192EI}(\text{顺时针})$$

8-15 一悬臂梁如图 8-24 所示，梁的弯曲刚度 EI 为常量。当受到集度为 q 的均布载荷作用时，其自由端的挠度 $f=\dfrac{ql^4}{8EI}$。若欲使自由端的挠度等于零，试求在自由端应施加多大的向上集中力 F？并求此时梁的最大转角。

解 $w_B=w_{Bq}+w_{BF}=-\dfrac{ql^4}{8EI}+\dfrac{Fl^3}{3EI}=0$，得 $F=\dfrac{3}{8}ql$。

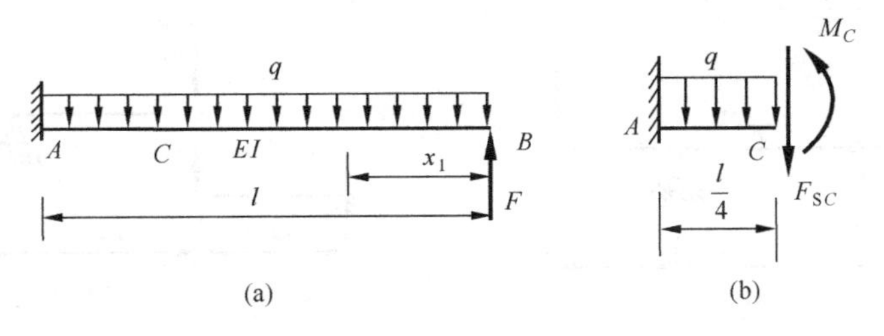

(a) (b)

图 8-24

令$\frac{d\theta}{dx}=w''=\frac{M(x)}{EI}=0$,可找到$\theta$极值点的位置。

由$M(x_1)=\frac{3}{8}qlx_1-\frac{1}{2}qx_1^2=0$,得$x_1=0$和$x_1=\frac{3}{4}l$,即$B$端和距$A$端$\frac{l}{4}$的$C$截面都有$\theta$的极值。

$$\theta_B=\frac{Fl^2}{2EI}-\frac{ql^3}{6EI}=\frac{\frac{3}{8}ql\cdot l^2}{2EI}-\frac{ql^3}{6EI}=\frac{ql^3}{48EI}\quad(\text{逆时针})$$

取AC段为悬臂梁,如图 8-24(b)所示。

$$F_{SC}=\frac{3}{4}ql-F=\frac{3}{4}ql-\frac{3}{8}ql=\frac{3}{8}ql,\quad M_C=0$$

则

$$\theta_C=-\frac{q\left(\frac{l}{4}\right)^3}{6EI}-\frac{\left(\frac{3}{8}ql\right)\left(\frac{l}{4}\right)^2}{2EI}=-\frac{11ql^3}{768EI}\quad(\text{顺时针}),\quad \theta_B=\theta_{\max}=\frac{ql^3}{48EI}$$

8-16 一多跨铰接静定梁如图 8-25(a)所示。若挠曲线在中间铰处有公切线,试求固定端到中间铰的距离a,图中F、l、b和EI为已知量。

解 将梁分解成悬臂梁AC和梁CBD,如图 8-25(b)所示。

由$\sum M_B=0$,得$F_C=\frac{b}{l-a}F$。

梁AC $$\theta_{C_1}=\frac{F_Ca^2}{2EI}=\frac{a^2}{2EI}\cdot\frac{b}{l-a}F\quad(\text{逆时针})$$

$$w_C=\frac{F_Ca^3}{3EI}=\frac{a^3}{3EI}\cdot\frac{b}{l-a}F\quad(\uparrow)$$

梁CBD由于支座C向上位移$CC'=w_C$而产生转角$\theta_{C_2}=\frac{w_C}{l-a}=\frac{Fa^3b}{3EI(l-a)^2}$(顺时针),如图 8-25(c)所示。由于弯曲变形产生转角$\theta_{C_3}=\frac{M(l-a)}{6EI}=\frac{Fb(l-a)}{6EI}$(逆时针),如图 8-25(d)所示。则总转角$\theta_C=\theta_{C_3}+\theta_{C_2}=\frac{Fb(l-a)}{6EI}-\frac{Fa^3b}{3EI(l-a)^2}$(逆时针)。

中间铰处有公切线,即

$$\theta_{C_1}=\theta_C,\quad \frac{Fa^2b}{2EI(l-a)}=\frac{Fb(l-a)}{6EI}-\frac{Fa^3b}{3EI(l-a)^2}$$

解得 $$a=\frac{l}{3}$$

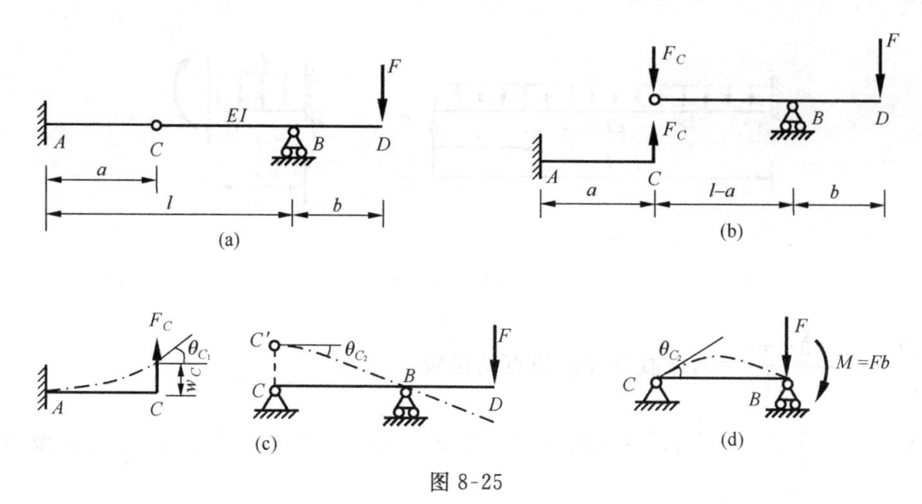

图 8-25

8-17 简支梁如图 8-26(a)所示。载荷 F 沿梁轴线移动，若使载荷移动时始终保持为水平，试问：梁的轴线预先应弯成什么样的曲线（写出曲线的方程）？设 EI＝常量。

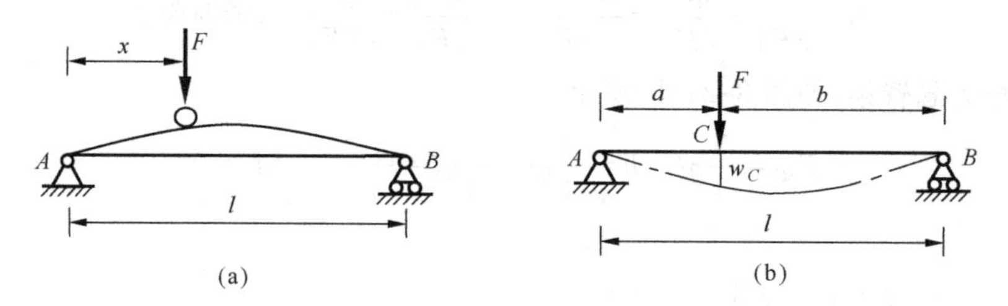

图 8-26

解 如图 8-26(b)所示，力 F 作用点的挠度为

$$w_C = -\frac{Fab}{6lEI}(l^2 - a^2 - b^2)$$

将 a、b 分别用 x、$l-x$ 代换，则

$$w_C = -\frac{Fx(l-x)}{6lEI}\left[l^2 - x^2 - (l-x)^2\right] = -\frac{F}{3lEI}x^2\ (l-x)^2$$

使梁轴线预先弯成 $w(x) = -w_C$ 即可使 F 作用点挠度为零，所以有

$$w(x) = \frac{F}{3lEI}x^2\ (l-x)^2$$

8-18 重量为 Q 的均质直杆放在水平的刚性平面上，在 A 端作用一大小为 $F = \dfrac{Q}{3}$ 的力，向上把杆提起，如图 8-27 所示。试问杆从平面上被提起的长度 a 等于多少？并求 A 端被提起的高度 w_A。设杆的 l、EI 已知。

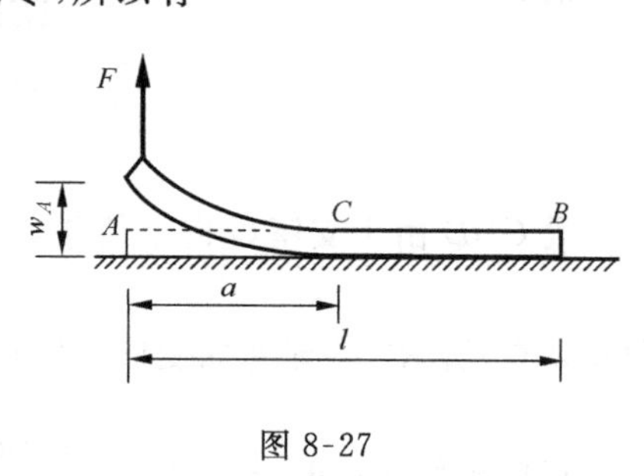

图 8-27

解 杆的自重 $q = \dfrac{Q}{l}$，则

$$M_C = Fa - \frac{q}{2}a^2 = \frac{Q}{3}a - \frac{Q}{2l}a^2$$

由于 $\dfrac{1}{\rho_C} = \dfrac{M_C}{EI}$，而 $\rho_C = \infty$，所以 $M_C = 0$，即

$$\frac{Q}{3}a-\frac{Q}{2l}a^2=0,\quad a=\frac{2}{3}l$$

$\theta_C=0$，$w_0=0$，C 相当于固定端，AC 为悬臂梁。

$$w_A=w_{AF}+w_{Aq}=\frac{Fa^3}{3EI}-\frac{qa^4}{8EI}=\frac{\frac{Q}{3}\left(\frac{2}{3}l\right)^3}{3EI}-\frac{\frac{Q}{l}\left(\frac{2}{3}l\right)^4}{8EI}=\frac{2Ql^3}{243EI}\quad(\uparrow)$$

8-19 如图 8-28(a)所示，悬臂梁长为 $l=4a$，弯曲刚度为 EI。梁的 C、B 两点由梁下一刚性摇臂支撑，梁在 B 端受集中力 F 作用。试求 C、B 两点的挠度。

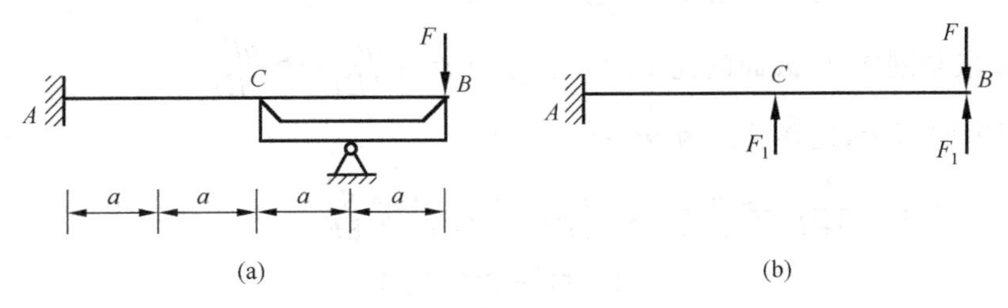

图 8-28

解 受力图如图 8-28(b)所示，根据变形关系，B 点向下位移等于 C 点向上位移。

$$w_B=\frac{(F-F_1)\cdot(4a)^3}{3EI}-\left[\frac{F_1(2a)^3}{3EI}+\frac{F_1(2a)^2}{2EI}\cdot 2a\right]=\frac{64(F-F_1)a^3}{3EI}-\frac{20F_1a^3}{3EI}$$

$$w_C=\frac{(2F_1-F)\cdot(4a)^3}{3EI}-\frac{2(F-F_1)a(2a)^2}{2EI}=\frac{8(2F_1-F)\cdot a^3}{3EI}-\frac{4(F-F_1)a^3}{EI}$$

因为 $w_B=w_C$，有 $\frac{64(F-F_1)}{3}-\frac{20F_1}{3}=\frac{8(2F_1-F)}{3}-4(F-F_1)$。

解得 $F_1=\frac{21}{28}F$，$w_B=w_C=\frac{Fa^3}{3EI}$。

8-20 如图 8-29(a)所示简支梁，BC 段为刚体，试求：(1)梁最大挠度、中点 C 的挠度；(2) A 截面、B 截面转角。

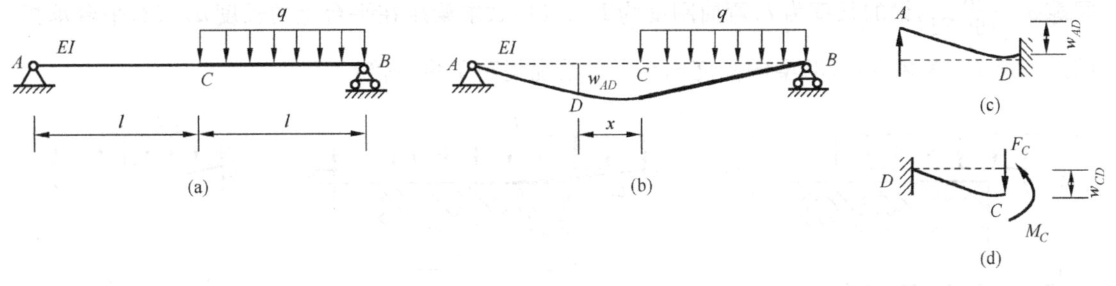

图 8-29

解 求支座约束反力，如图 8-29(b)所示。

$$\sum M_B=0,\frac{1}{2}ql^2-F_A\cdot 2l=0,F_A=\frac{1}{4}ql$$

设 D 截面转角为零，挠度为全梁最大值，CD 间距离为 x，并令 $\xi=\frac{x}{l}$。将 AD 段处理为悬臂梁，如图 8-29(c)所示，A、D 两截面相对位移为

$$w_{AD}=\frac{F_A(l-x)^3}{3EI}=\frac{ql(l-x)^3}{12EI}=(1-\xi)^3\frac{ql^4}{12EI}$$

A 截面转角为 $\theta_A=\dfrac{F_A(l-x)^2}{2EI}=(1-\xi)^2\dfrac{ql^3}{8EI}$。

将 CD 段处理为悬臂梁，如图 8-29(d)所示，C 截面上内力为

$$F_A=F_C=\frac{1}{4}ql,\quad M_C=\frac{1}{4}ql\cdot(l+x)$$

C 截面相对于 D 截面的位移为 $w_{CD}=\dfrac{M_Cx^2}{2EI}-\dfrac{F_Cx^3}{3EI}=\xi^2\dfrac{ql^4}{8EI}-\xi^3\dfrac{ql^4}{12EI}$。

C 截面转角为 $\theta_C=\dfrac{M_Cx}{EI}-\dfrac{F_Cx^2}{2EI}=\xi\dfrac{ql^3}{4EI}-\xi^2\dfrac{ql^3}{8EI}$。

由于 CB 段是刚体，C 截面的挠度为 $w_C=\theta_C\cdot l=\xi\dfrac{ql^4}{4EI}-\xi^2\dfrac{ql^4}{8EI}$。

如图 8-29(b)所示，位移关系为 $w_C=w_{AD}-w_{CD}$。

于是有 $\quad(1-\xi)^3\dfrac{ql^4}{12EI}=\xi^2\dfrac{ql^4}{8EI}-\xi^3\dfrac{ql^4}{12EI}+\xi\dfrac{ql^4}{4EI}-\xi^2\dfrac{ql^4}{8EI}$

整理后有 $\quad(1-\xi)^3=\xi(3-\xi^2)$

令 $t=1-\xi$，有 $t^3=(1-t)[3-(1-t)^2]$。

整理后有 $2-3t^2=0$，$t=\sqrt{\dfrac{2}{3}}$，$\xi=1-\sqrt{\dfrac{2}{3}}$，$x=(1-\sqrt{\dfrac{2}{3}})l$

(1)梁的最大挠度在 D 点：$w_{AD}=(1-\xi)^3\dfrac{ql^4}{12EI}=\dfrac{\sqrt{6}ql^4}{54EI}$(向下)。

(2)梁的中点 C 挠度：$w_C=\theta_C\cdot l=\dfrac{ql^4}{24EI}$(向下)。

(3)A 截面转角：$\theta_A=\dfrac{ql^3}{12EI}$(顺时针)。

(4)B 截面转角：$\theta_B=\theta_C=\dfrac{ql^3}{24EI}$(逆时针)。

8-21 如图 8-30(a)所示，受均布载荷 q 作用的悬臂梁下有一刚性平台，梁与平台间有一间隙 $\delta=\dfrac{ql^4}{160EI}$，梁的长度为 l，弯曲刚度为 EI。(1)试求梁压在平台上的长度 a。(2)平台承担的总载荷 F_T 为多少？(3)梁的强度比无平台情况提高了多少倍？

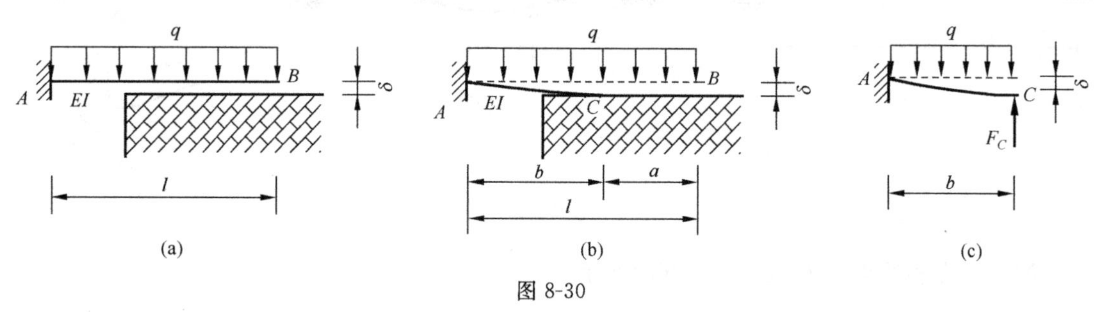

图 8-30

解 设梁 CB 段与平台接触，如图 8-30(b)所示，则有 $\theta_C=0$，$w_C=\delta$，$M_C=0$。

如图 8-30(c)所示，$\theta_C=\dfrac{qb^3}{6EI}-\dfrac{F_Cb^2}{2EI}=0$，$F_C=\dfrac{qb}{3}$

$$w_C=\frac{qb^4}{8EI}-\frac{F_Cb^2}{3EI}=\delta=\frac{ql^4}{160EI},\quad b=0.819l, a=0.181l,\quad F_C=\frac{qb}{3}=0.273ql$$

A 端约束反力：$\quad F_A=qb-F_C=0.546ql$

平台承担的总载荷为 $F_T = ql - F_A = 0.454ql$。

无平台时梁内最大弯矩在 A 截面：$M_A = \frac{1}{2}ql^2$。

加平台后，在剪力为零处存在弯矩极值，设离 C 点距离为 x，$qx = F_C$，$x = \frac{b}{3}$。

该截面极值弯矩为 $M_2 = F_C x - \frac{1}{2}qx^2 = \frac{qb^2}{18}$。

而 A 截面弯矩为 $M_3 = -F_C b + \frac{1}{2}qb^2 = \frac{qb^2}{6}$。

所以加平台后最大弯矩还是在 A 截面处：$M'_A = \frac{1}{6}qb^2 = 0.112ql^2$。

梁的强度比无平台情况提高的倍数为 $\xi = \frac{M_A}{M'_A} = \frac{0.5ql^2}{0.112ql^2} = 4.46$。

8-22 水平悬臂梁 AB 的固定端 A 下面有一半径为 R 的刚性圆柱面支撑，自由端 B 处作用集中载荷 F 如图 8-31(a)所示。梁的跨长为 l，横截面为 $b \times t$ 的矩形，EI = 常量，求自由端 B 的挠度及梁内最大正应力。

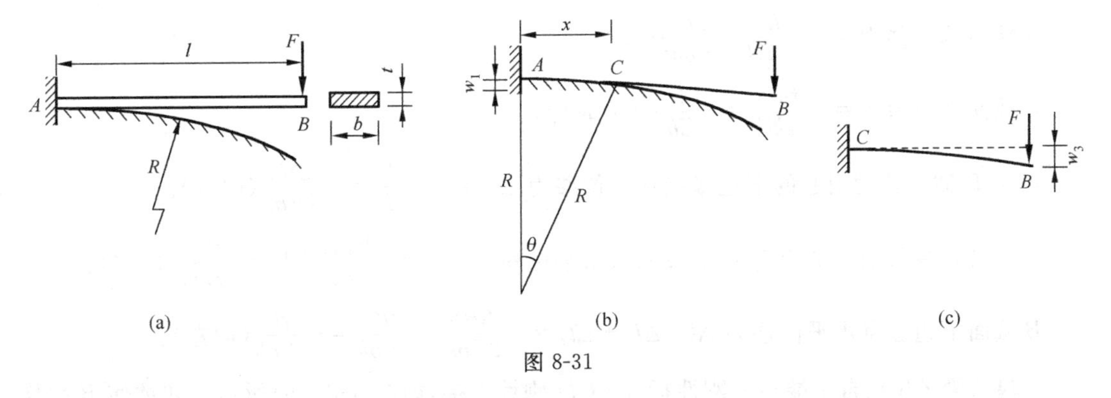

图 8-31

解 在外力 F 的作用下，AC 段与圆柱面贴合，设 C 截面弯矩为 $M_C = F(l-x)$。

因为 $\rho = R = \frac{EI}{M_C}$，得 $x = l - \frac{EI}{FR}$。

如图 8-31(b)所示，B 端的挠度由三部分组成。①由 C 截面挠度引起的：$w_1 = R(1-\cos\theta)$。②由 C 截面转角引起的：$w_2 = \theta_C(l-x) = \theta(l-x)$。③将 CB 端处理为悬臂梁，如图 8-31(c)所示，$w_3 = \frac{F(l-x)^3}{3EI}$。

在微小变形条件下有 $\theta \approx \frac{x}{R}$，$1-\cos\theta = 2(\sin\frac{\theta}{2})^2 \approx \frac{\theta^2}{2} = \frac{x^2}{2R^2}$。

当 B 未与刚性面接触时，解得

$$w_B = -\frac{l^2}{2R} + \frac{(EI)^2}{6F^2R^3}(\downarrow)$$

当 B 接触到刚性面时，解得

$$w_B = -\frac{l^2}{2R}(\downarrow)$$

8-23 如图 8-32(a)所示，梁 AB 上表面受切向载荷作用，集度为 t，材料的弹性模量为 E，试求 B 端截面下边缘点的水平位移和铅垂位移。

解 如图 8-32(b)所示，x 截面的内力有轴力和弯矩为

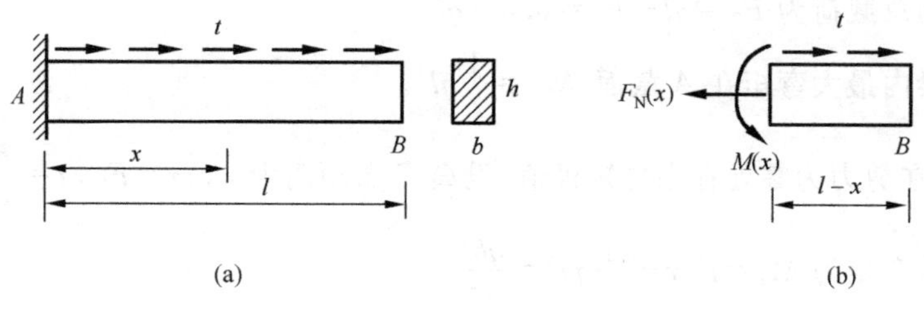

图 8-32

$$F_N(x)=t(l-x), \quad M(x)=-t(l-x)\cdot\frac{h}{2}$$

挠曲线近似微分方程为 $EIw''=-M(x)=\dfrac{th(l-x)}{2}$。

积分两次，得

$$EIw'=\frac{th(l-x)^2}{4}+C, \quad EIw=\frac{th(l-x)^3}{12}+Cx+D$$

边界条件为 $x=0$ 时，$w=0, w'=0$，可得 $C=0, D=0$。

B 端铅垂位移为 $w_B=\dfrac{thl^3}{6EI}=\dfrac{2tl^3}{Ebh^2}(\downarrow)$。

B 截面转角为 $\theta_B=-\dfrac{thl^2}{4EI}=-\dfrac{3tl^2}{Ebh^2}$（顺时针）。

由于 B 截面转动引起的下边缘点水平位移为 $\Delta l_1=\theta_B\cdot\dfrac{h}{2}=-\dfrac{3tl^2}{2Ebh}$（向左）。

由于拉伸变形引起的 B 截面下边缘点水平位移为 $\Delta l_2=\int_0^l\dfrac{F_N(x)}{EA}\mathrm{d}x=\dfrac{tl^2}{2Ebh}$（向右）。

B 截面下边缘点水平位移为 $\Delta l=\Delta l_1+\Delta l_2=-\dfrac{3tl^2}{2Ebh}+\dfrac{tl^2}{2Ebh}=-\dfrac{tl^2}{Ebh}$（向左）。

8-24 梁 AB 在自由端与一刚性折杆 BCD 刚性连接，如图 8-33(a)所示。如欲使 B 端挠度为零，则 DC 长度 a 应为多少？试画出此时 AB 梁的挠曲线的大致形状。

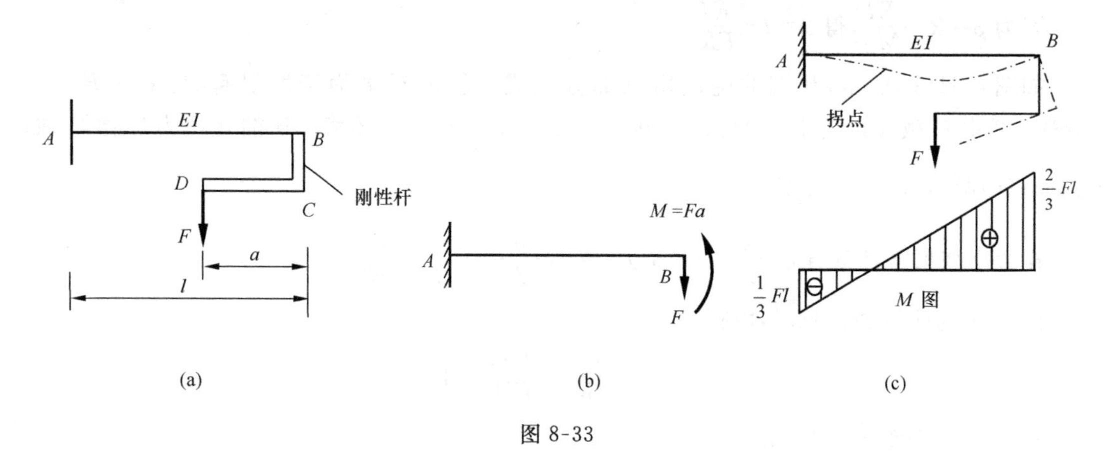

图 8-33

解 AB 梁受力如图 8-33(b)所示，$w_B=w_{BF}+w_{BM}=0$，即

$$-\frac{Fl^3}{3EI}+\frac{Fal^2}{2EI}=0$$

得 $a=\dfrac{2}{3}l$。

作此时 AB 杆的 M 图，画出挠曲线的大致形状如图 8-33(c)所示。

8-25 用叠加法求图 8-34(a)所示直角折杆的位移 Δ_{Cy}。EI 和 GI_p 为已知常量。

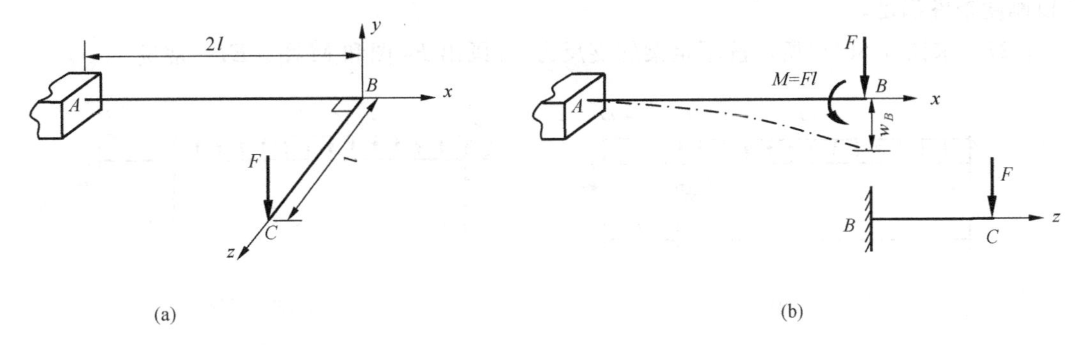

图 8-34

解 原折杆等价于悬臂梁 AB 和悬臂梁 BC，悬臂梁 BC 的 B 端固结于梁 AB 的 B 端，并随着 AB 的变形而发生刚性位移，如图 8-34(b)所示。

$$w_B=\frac{F(2l)^3}{3EI}=\frac{8Fl^3}{3EI}\quad(\downarrow),\quad \varphi_{AB}=\frac{(Fl)(2l)}{GI_p}=\frac{2Fl^2}{GI_p}$$

$$\Delta_{Cy}=w_B+\varphi_{AB}\cdot l+w_C=\frac{8Fl^3}{3EI}+\frac{2Fl^2}{GI_p}\cdot l+\frac{Fl^3}{3EI}=\frac{3Fl^3}{EI}+\frac{2Fl^3}{GI_p}\quad(\downarrow)$$

8-26 空心圆截面的外伸梁受载荷情况如图 8-35(a)所示。若梁的外直径 $D=85\text{mm}$，内直径 $d=51\text{mm}$，$E=200\text{GPa}$，$[w_{max}/l]=1/10000$，试校核此梁的刚度。

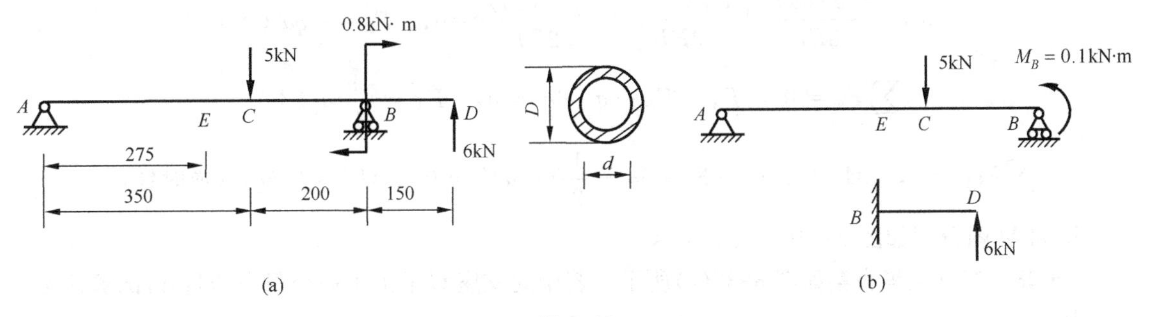

图 8-35

解 此梁分解成简支梁 AB 和悬臂梁 BD，如图 8-35(b)所示，

$$M_B=6\times0.15-0.8=0.1(\text{kN}\cdot\text{m})\quad(\text{逆时针})$$

AB 梁内全为正弯矩，挠曲线无拐点，可以用中点 E 的挠度 w_E 代替 w_{max}。

$$I=\frac{\pi}{64}(D^4-d^4)=\frac{\pi}{64}(85^4-51^4)=2.23\times10^6(\text{mm}^4)$$

$$EI=200\times10^9\times2.23\times10^6\times10^{-12}=4.46\times10^5(\text{N}\cdot\text{m}^2)$$

AB 段

$$w_E=\frac{5\times10^3\times0.2\times(3\times0.55^2-4\times0.2^2)}{48EI}+\frac{0.1\times10^3\times0.55^2}{16EI}=0.0391(\text{mm})\quad(\downarrow)$$

$$\theta_B=\frac{5\times0.35\times0.2\times(0.55+0.35)}{6\times0.55EI}+\frac{0.1\times10^3\times0.55}{3EI}=0.025\times10^{-2}(\text{rad})\quad(\text{逆时针})$$

BD 段 $$w_D=\frac{6\times10^3\times0.15^3}{3EI}+\theta_B\times0.15=0.0527(\text{mm})>w_E$$

校核刚度 $$\frac{w_{\max}}{l}=\frac{w_D}{150}=\frac{0.0527}{150}=3.4\times10^{-5}<\frac{1}{10000}$$

所以刚度条件满足。

8-27 求图 8-36(a)所示静不定梁的支反力,并画出 F_S 图和 M 图。EI=常量。

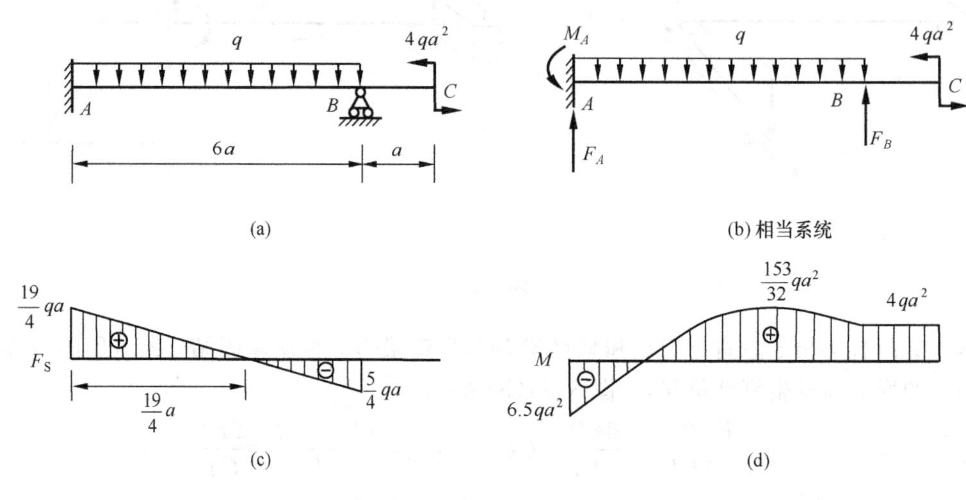

图 8-36

解 这是一次静不定问题,相当系统如图 8-36(b)所示。变形条件为

$$w_B=w_{Bq}+w_{BF_B}+w_{BM}=0$$

$$w_B=\frac{-q\,(6a)^4}{8EI}+\frac{F_B\,(6a)^3}{3EI}+\frac{4qa^2\,(6a)^2}{2EI}=0,\quad F_B=\frac{5}{4}qa\,(\uparrow)$$

$$\sum F_y=0,\quad F_A+F_B-q\cdot6a=0,\quad F_A=\frac{19}{4}qa\,(\uparrow)$$

$$\sum M_A=0,\quad M_A+4qa^2+F_B\cdot6a-\frac{1}{2}q\,(6a)^2=0,\quad M_A=6.5qa^2(\text{逆时针})$$

F_s 图和 M 图分别如图 8-36(c)、(d)所示。

8-28 三支点等直梁如图 8-37(a)所示。若中间支座 C 下沉了一个很小的量 Δ,试求各支反力。

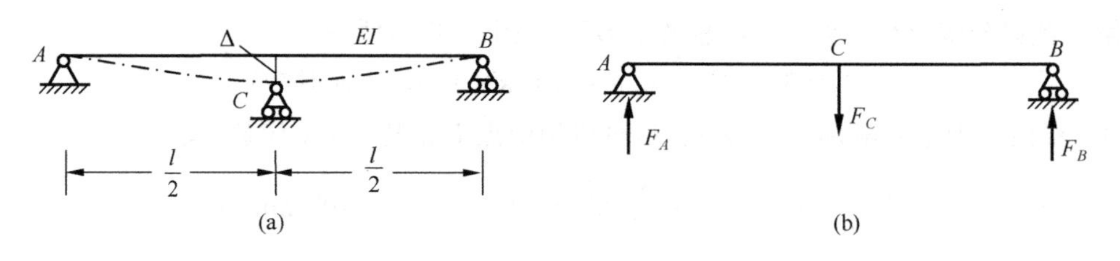

图 8-37

解 这是一次静不定问题,相当系统如图 8-37(b)所示,变形条件为 $w_C=\Delta$。由 $\frac{F_Cl^3}{48EI}=\Delta$,得 $F_C=\frac{48EI\Delta}{l^3}$ (↓)。由平衡方程得 $F_A=F_B=\frac{F_C}{2}=\frac{24EI\Delta}{l^3}$ (↑)。

8-29 如图 8-38(a)所示，两根长度为 l 的简支梁相互垂直，上梁 AB 和下梁 CD 间存在一微小间隙 δ，弯曲刚度分别为 EI 和 $2EI$。在上梁 AB 中点 G 作用载荷 F，两梁中点 G、H 接触在一起，试求下梁 CD 中点位移。

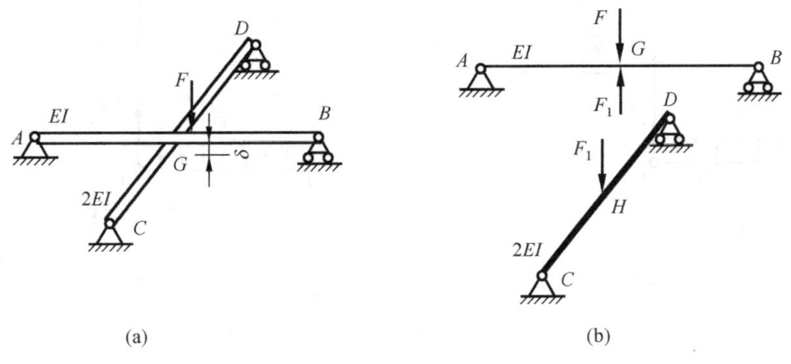

图 8-38

解 一次静不定问题，如图 8-38(b)所示。变形几何关系为 $w_1=w_2+\delta$。

物理方程

$$w_1=\frac{(F-F_1)l^3}{48EI},w_2=\frac{F_1l^3}{96EI}$$

解得 $F_1=\dfrac{2}{3}F-\dfrac{32EI\delta}{l^3},w_2=\dfrac{Fl^3}{144EI}+\dfrac{2}{3}\delta$。

8-30 一端固定，一端为可动铰支座的梁在全长度上受均布载荷 q 作用，如图 8-39(a)所示。如欲使梁内最大弯矩值最小，试问铰支座高于固定端的 δ 应为多少？EI 为常量。

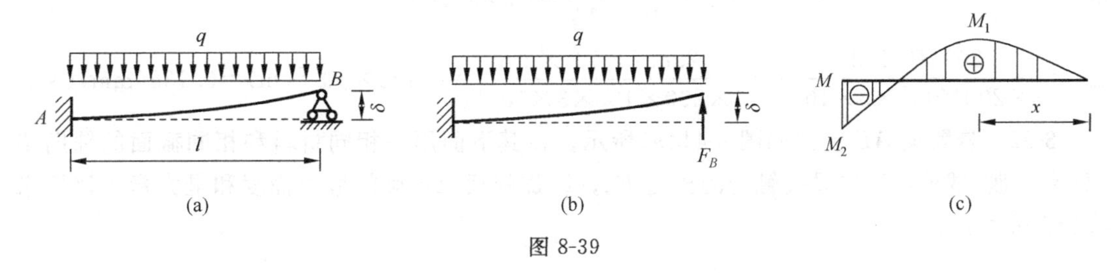

图 8-39

解 一次静不定问题，受力如图 8-39(b)所示。弯矩图如图 8-39(c)所示。

剪力为零截面，$F_S=qx-F_B=0$，有最大正弯矩 $M_1=F_Bx-\dfrac{1}{2}qx^2$。

最大负弯矩在 A 截面，$M_2=\dfrac{1}{2}ql^2-F_Bl$。

如欲使梁内最大弯矩值最小，则有 $M_1=M_2$，$F_Bx-\dfrac{1}{2}qx^2=\dfrac{1}{2}ql^2-F_Bl$。

物理方程

$$w_B=\frac{F_Bl^3}{3EI}-\frac{ql^4}{8EI}=\delta$$

解得 $\delta=0.013\dfrac{ql^4}{EI}$。

8-31 悬臂梁 AB 与简支梁 DE 的弯曲刚度均为 EI，由钢杆 BC 相连接，如图 8-40(a)所示。已知 $q=20\text{kN/m}$，$l=2\text{m}$，$E=200\text{GPa}$，$A=3\times10^{-4}\text{m}^2$，$I=Al^2$。试求 B 点的铅垂位移 Δ_B。

解 这是一次静不定结构。在 B 处将杆切开，代之以轴力 F_N，相当系统如图 8-40(b)所示。

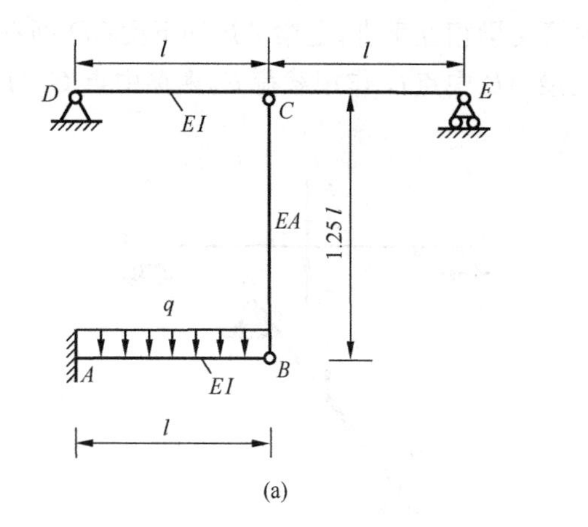

(a)

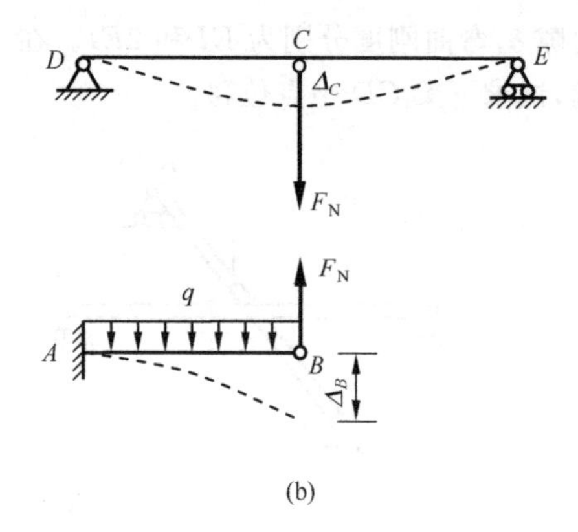

(b)

图 8-40

变形协调条件为　　　　$\Delta_B=\Delta l+\Delta_C$　（取 Δ 向下为正）

$$\Delta_B=w_{Bq}+w_{BN}=\frac{ql^4}{8EI}-\frac{F_Nl^3}{3EI}=\frac{ql^4}{8EAl^2}-\frac{F_Nl^3}{3EAl^2}=\frac{ql^2}{8EA}-\frac{F_Nl}{3EA}$$

$$\Delta_C=\frac{F_N(2l)^3}{48EI}=\frac{F_Nl^3}{6EI}=\frac{F_Nl^3}{6EAl^2}=\frac{F_Nl}{6EA},\quad \Delta l=\frac{F_N\times1.25l}{EA}=\frac{1.25F_Nl}{EA}$$

$$\frac{ql^2}{8EA}-\frac{F_Nl}{3EA}=\frac{F_Nl}{6EA}+\frac{1.25F_Nl}{EA}$$

得

$$F_N=\frac{ql}{14}=\frac{20\times2}{14}=2.857(\text{kN})$$

$$\Delta_B=\frac{20\times10^3\times2^2}{8\times200\times10^9\times3\times10^{-4}}-\frac{2.857\times10^3\times2}{3\times200\times10^9\times3\times10^{-4}}=0.135\times10^{-3}(\text{m})=0.135(\text{mm})(\downarrow)$$

8-32　悬臂梁 AB 受力如图 8-41(a)所示。在其下面用一相同材料和相同截面的辅助梁 CD 来加强，试求：(1)二梁接触处的压力 F_D；(2)加强后 AB 梁的最大挠度和最大弯矩比原来减少百分之几？

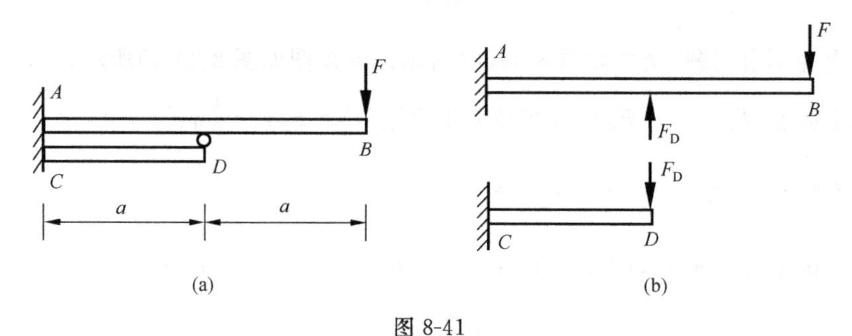

图 8-41

解　一次静不定问题，如图 8-41(b)所示

变形几何关系　　　　$w_{D1}=w_{D2}$

物理方程　　　　$w_{D1}=\dfrac{(F-F_D)a^3}{3EI}+\dfrac{(Fa)a^2}{2EI},\quad w_{D2}=\dfrac{F_Da^3}{3EI}$

解得　　　　$F_D=\dfrac{5}{4}F$

加强前 AB 梁的最大挠度为 $w_{\max}=\dfrac{F(2a)^3}{3EI}$。

加强后 AB 梁的最大挠度为 $w_{1\max}=\dfrac{F(2a)^3}{3EI}-\dfrac{F_D a^3}{3EI}-\dfrac{F_D a^2}{2EI}\cdot a=\dfrac{13Fa^3}{8EI}$。

加强后 AB 梁的最大挠度比原来减少百分比为 $\xi=\dfrac{w_{\max}-w_{1\max}}{w_{\max}}=39\%$。

加强前 AB 梁的最大弯矩在 A 截面 $M_{\max}=2Fa$。

加强后 AB 梁的最大弯矩在 D 截面 $M_{1\max}=Fa$。

加强后 AB 梁的最大弯矩比原来减少百分比为 $\xi_1=\dfrac{M_{\max}-M_{1\max}}{M_{\max}}=50\%$。

8-33* 图 8-42(a)所示长为 l 的悬臂梁，在距固定端为 s 处放一重量为 Q 的重物，重物与梁之间有摩擦系数 f，在自由端处作用力 F_P。梁的 EI 为常量。试求：(1) 什么条件下不加力 F_P，重物就能滑动；(2) 需加 F_P 才能滑动时求 F_P 的值。

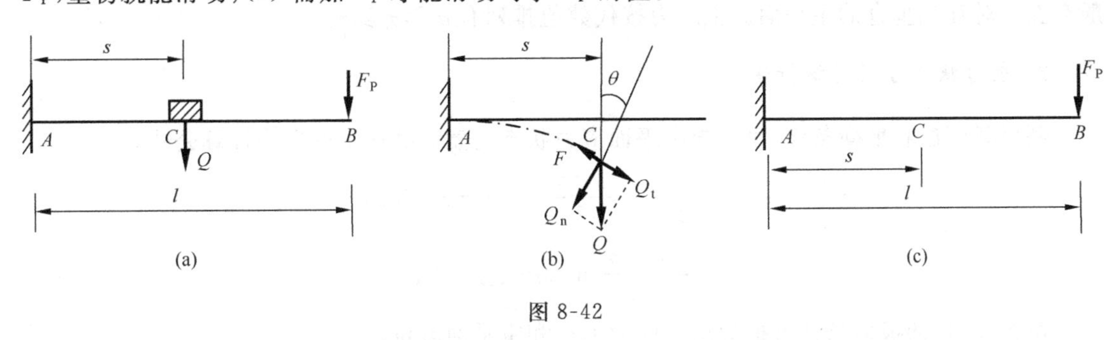

图 8-42

解 (1) 不加力 F_P 就能自行滑动的条件。

在 Q 的作用下，AC 段变形如图 8-42(b)所示。截面 C 产生转角 θ，$\theta=\dfrac{Qs^2}{2EI}$。力 Q 的两个分量为

$$Q_t=Q\sin\theta,\quad Q_n=Q\cos\theta$$

摩擦力

$$F=fQ_n=fQ\cos\theta$$

当 $Q_t>F$ 时，重物可自行滑动，此时 $\tan\theta>f$ 或 $\theta=\dfrac{Qs^2}{2EI}>\arctan f$。

(2) 需加力 F_P 才能滑动。

由图 8-42(c)可知若 $\theta=\dfrac{Qs^2}{2EI}<\arctan f$，需加力 F_P，力 F_P 使 Q 作用处 C 产生转角

$$\theta_{CP}=\arctan f-\frac{Qs^2}{2EI}$$

而

$$\theta_{CP}=\frac{F_P s^2}{2EI}+\frac{F_P s(l-s)}{EI}=F_P\frac{2sl-s^2}{2EI}$$

所以

$$F_P=\frac{2EI}{2sl-s^2}\left(\arctan f-\frac{Qs^2}{2EI}\right)$$

第9章　应力状态分析和强度理论

9.1　重点内容概要

1. 应力状态

受力构件内一点处各个截面上应力的集合，称为该点的应力状态。一点应力状态可以用应力单元体或应力圆表示。

只有正应力而无切应力的平面称为主平面，主平面上的正应力称为主应力。过一点处一般存在三对互相垂直的主平面。主应力按代数值排列有 $\sigma_1 \geqslant \sigma_2 \geqslant \sigma_3$。

2. 应力状态分析的解析法

利用截面法和平衡条件，可推导出平面应力状态任意斜截面上的应力计算公式。

$$\sigma_\alpha = \frac{\sigma_x + \sigma_y}{2} + \frac{\sigma_x - \sigma_y}{2}\cos 2\alpha - \tau_{xy}\sin 2\alpha$$

$$\tau_\alpha = \frac{\sigma_x - \sigma_y}{2}\sin 2\alpha + \tau_{xy}\cos 2\alpha \tag{9-1}$$

由式(9-1)的极值条件可推导出主应力大小和主平面方位。

$$\left.\begin{matrix}\sigma_{\max}\\ \sigma_{\min}\end{matrix}\right\} = \frac{\sigma_x + \sigma_y}{2} \pm \sqrt{\left(\frac{\sigma_x - \sigma_y}{2}\right)^2 + \tau_{xy}^2} \tag{9-2}$$

$$\tan 2\alpha_0 = -\frac{2\tau_{xy}}{\sigma_x - \sigma_y} \tag{9-3}$$

3. 应力状态分析的图解法——应力圆

应力圆的画法如下。

(1) 以适当的比例尺，建立 σ-τ 坐标系。

(2) 由单元体 x、y 面上的应力在坐标系中分别确定 $D_x(\sigma_x, \tau_{xy})$ 和 $D_y(\sigma_y, \tau_{yx})$ 两点。

(3) 以 D_x 和 D_y 两点连线为直径作圆，即为应力圆。

(4) 应力圆的圆心坐标是 $\left(\frac{\sigma_x + \sigma_y}{2}, 0\right)$，半径为 $\sqrt{\left(\frac{\sigma_x - \sigma_y}{2}\right)^2 + \tau_{xy}^2}$。

应力圆与应力单元体的对应关系：应力圆上一点的坐标对应应力单元体内某一截面的正应力和切应力；应力圆上任意两点所引半径的夹角是对应的应力单元体上两截面夹角的两倍，两者转向相同。

4. 应力的第一不变量

互相垂直的截面上正应力之和为不变量，称为应力第一不变量。对于平面应力状态有

$$\sigma_x + \sigma_y = \sigma_\alpha + \sigma_{\alpha+90^\circ} = \sigma_{\max} + \sigma_{\min}$$

5. 广义胡克定律

(1) 各向同性材料在线弹性小变形条件下，主应变分量与主应力分量之间的关系是

$$\begin{cases} \varepsilon_1 = \dfrac{1}{E}[\sigma_1 - \nu(\sigma_2 + \sigma_3)] \\ \varepsilon_2 = \dfrac{1}{E}[\sigma_2 - \nu(\sigma_3 + \sigma_1)] \\ \varepsilon_3 = \dfrac{1}{E}[\sigma_3 - \nu(\sigma_1 + \sigma_2)] \end{cases} \tag{9-4a}$$

(2) 广义胡克定律也适用于非主应力单元体，表达式为

$$\begin{cases} \varepsilon_x = \dfrac{1}{E}[\sigma_x - \nu(\sigma_y + \sigma_z)] \\ \varepsilon_y = \dfrac{1}{E}[\sigma_y - \nu(\sigma_z + \sigma_x)], \\ \varepsilon_z = \dfrac{1}{E}[\sigma_z - \nu(\sigma_x + \sigma_y)] \end{cases} \quad \begin{cases} \gamma_{xy} = \dfrac{\tau_{xy}}{G} \\ \gamma_{yz} = \dfrac{\tau_{yz}}{G} \\ \gamma_{zx} = \dfrac{\tau_{zx}}{G} \end{cases} \tag{9-4b}$$

6. 强度理论

关于材料破坏原因的假说，称为强度理论。常用的四个古典强度理论及其强度条件如下。

适用于脆性断裂的理论如下。

(1) 最大拉应力理论(第一强度理论)。

$$\sigma_{r1} = \sigma_1 \leqslant [\sigma] \tag{9-5}$$

(2) 最大伸长线应变理论(第二强度理论)。

$$\sigma_{r2} = \sigma_1 - \nu(\sigma_2 + \sigma_3) \leqslant [\sigma] \tag{9-6}$$

适用于屈服型破坏(塑性流动)的理论如下。

(1) 最大切应力理论(第三强度理论)。

$$\sigma_{r3} = \sigma_1 - \sigma_3 \leqslant [\sigma] \tag{9-7}$$

(2) 畸变能理论(第四强度理论)。

$$\sigma_{r4} = \sqrt{\frac{1}{2}[(\sigma_1 - \sigma_2)^2 + (\sigma_2 - \sigma_3)^2 + (\sigma_3 - \sigma_1)^2]} \leqslant [\sigma] \tag{9-8}$$

9.2 典型例题

例 9-1 矩形截面简支梁受力如图 9-1(a)所示。试画出 C 点处的应力单元体。已知 $F=20\text{kN}$，$a=1\text{m}$，$b=80\text{mm}$，$h=160\text{mm}$。

解 作梁的剪力图和弯矩图(图 9-1(b))，C 点所在横截面的内力为

$$F_S = 20\text{kN}, \quad M = 20\text{kN} \cdot \text{m}$$

C 点处横截面的弯曲正应力和切应力分别为

$$\sigma = \frac{M}{W_z} = \frac{20 \times 10^3}{\dfrac{80 \times 160^2}{6} \times 10^{-9}} = 58.6(\text{MPa})$$

$$\tau = \frac{F_S S_z^*}{I_z b} = \frac{20 \times 10^3 \times 0}{\dfrac{80 \times 160^3}{12} \times 10^{-12} \times 80 \times 10^{-3}} = 0$$

C 点的应力单元体如图 9-1(c)所示。作为练习，建议读者画出 D、E、F 点的应力单元体。

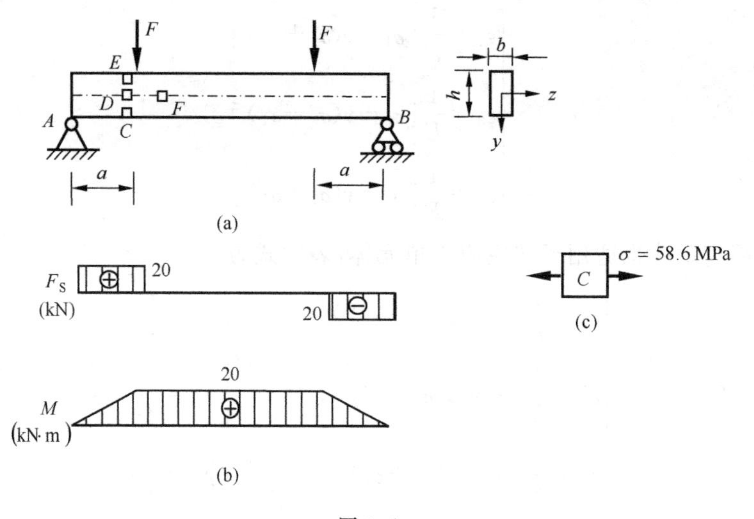

图 9-1

例 9-2 已知某点的应力单元体如图 9-2(a)所示(应力单位:MPa),试求图中指定截面的应力。

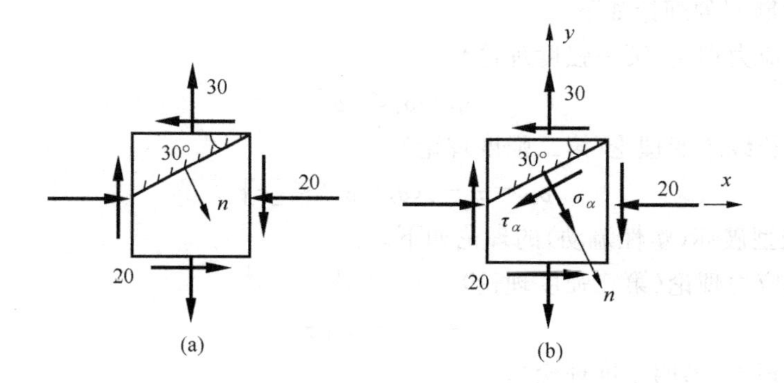

图 9-2

解 选坐标如图 9-2(b)所示,则 $\sigma_x=-20\text{MPa}$,$\sigma_y=30\text{MPa}$,$\tau_{xy}=20\text{MPa}$,$\alpha=-60°$。

$$\begin{aligned}\sigma_\alpha&=\frac{\sigma_x+\sigma_y}{2}+\frac{\sigma_x-\sigma_y}{2}\cos2\alpha-\tau_{xy}\sin2\alpha\\&=\frac{-20+30}{2}+\frac{-20-30}{2}\cos2(-60°)-20\sin2(-60°)=34.8(\text{MPa})\end{aligned}$$

$$\begin{aligned}\tau_\alpha&=\frac{\sigma_x-\sigma_y}{2}\sin2\alpha+\tau_{xy}\cos2\alpha\\&=\frac{-20-30}{2}\sin2(-60°)+20\cos2(-60°)=11.7(\text{MPa})\end{aligned}$$

将 σ_α 和 τ_α 按照其实际指向画在应力单元体上,如图 9-2(b)所示。

例 9-3 求例 9-2(图 9-2(a))所示应力单元体的主应力和主平面位置。

解 (1) 求平面内两个主应力。

$$\left.\begin{matrix}\sigma_{\max}\\\sigma_{\min}\end{matrix}\right.=\frac{\sigma_x+\sigma_y}{2}\pm\sqrt{\left(\frac{\sigma_x-\sigma_y}{2}\right)^2+\tau_{xy}^2}=\frac{-20+30}{2}\pm\sqrt{\left(\frac{-20-30}{2}\right)^2+(-20)^2}=\begin{matrix}37\\-27\end{matrix}(\text{MPa})$$

三个主应力分别为

$$\sigma_1=37\text{MPa},\quad \sigma_2=0,\quad \sigma_3=-27\text{MPa}$$

(2) 求主平面方位角 α_0。

$$\tan 2\alpha_0 = -\frac{2\tau_{xy}}{\sigma_x - \sigma_y} = -\frac{2\times 20}{-20-30} = 0.8,\quad 2\alpha_0 = 38.66°, \alpha_0 = 19.33°$$

主应力单元体如图 9-3 所示，σ_1 在 τ_{xy} 箭头所指的象限。

例 9-4 试用图解法(应力圆)求解例 9-2。

解 建立 σ-τ 直角坐标系，由单元体 x、y 面上的应力在坐标系中确定 $D_x(-20,20)$ 和 $D_y(30,-20)$ 两点(图 9-4)。

连接 D_xD_y 与 σ 轴交于 O，即为应力圆的圆心。以线段 D_xD_y 为直径，作应力圆如图 9-4 所示。

从半径线 OD_x 顺时针旋转 $2\alpha=-120°$，确定 D_α 点，读出该点的横坐标为 σ_α 值，纵坐标为 τ_α 值，得 $\sigma_\alpha=34.8\text{MPa}$，$\tau_\alpha=11.7\text{MPa}$。

应力圆与 σ 轴的两个交点坐标为两个主应力，第三个主应力为零。比较后得 $\sigma_1=37\text{MPa}$，$\sigma_2=0$，$\sigma_3=-27\text{MPa}$。

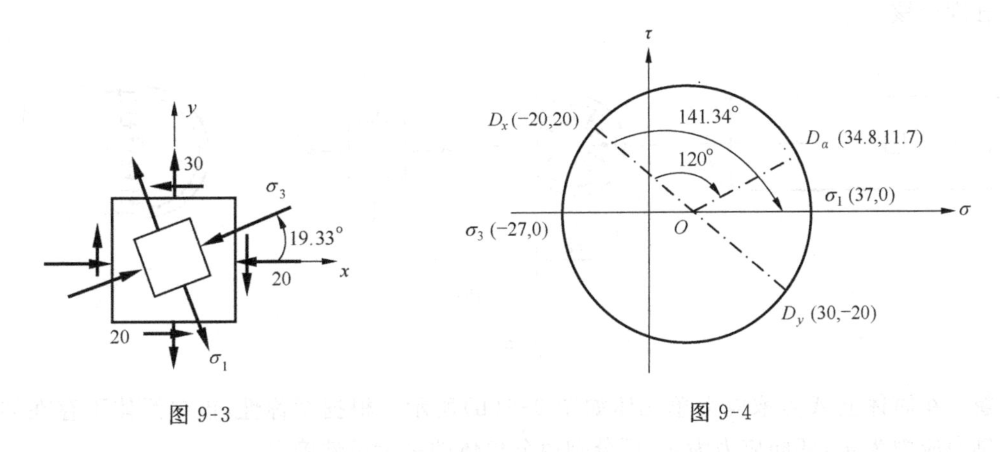

图 9-3　　　　图 9-4

讨论：此应力单元体的最大切应力值及其截面位置可以方便地由图 9-4 确定，建议读者以此作为练习，并与解析解比较。

例 9-5 在一块厚钢板上挖一个边长为 10mm 的立方体小孔，如图 9-5(a)所示。在这孔内恰好放一个钢立方块而不留间隙。这个立方块受合力为 $F=5\text{kN}$ 的均布压力作用，若立方块与小孔无摩擦，求立方块的主应力。设厚钢板不变形，钢块的 $E=200\text{GPa}$，$\nu=0.3$。

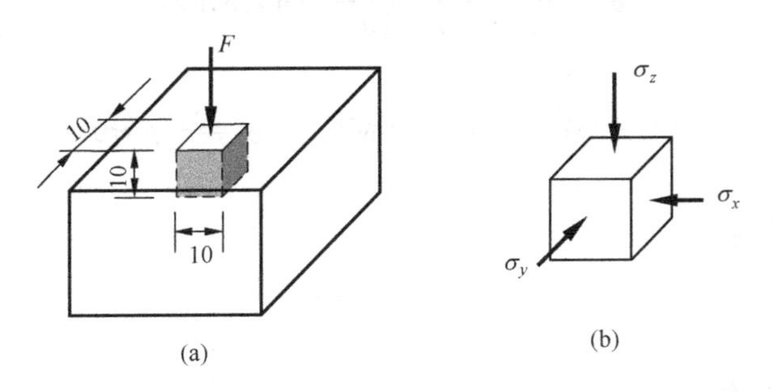

图 9-5

解 取立方块的应力单元体如图 9-5(b)所示。根据题意，在铅垂方向有 F 引起的压应力 σ_z，因而相应在水平方向产生伸长变形，但由于厚钢块对变形的限制，产生约束压应力 σ_x 和 σ_y，且两者数值应相等。

(1) 求 σ_z。因顶面均匀受压，所以

$$\sigma_z=\frac{F}{A}=\frac{-5000}{10\times10}=-50(\text{MPa})$$

(2) 求 σ_x 和 σ_y。对于 x 方向，由于变形为零，根据广义胡克定律，有

$$\varepsilon_x=\frac{1}{E}[\sigma_x-\nu(\sigma_y+\sigma_z)]=0$$

将 $\sigma_x=\sigma_y$ 代入上式，可得

$$\sigma_x=\sigma_y=\frac{\nu\sigma_z}{1-\nu}=\frac{0.3\times(-50)}{1-0.3}=-21.4(\text{MPa})$$

(3) 确定主应力。由于单元体的三个面都不存在切应力，故 σ_x、σ_y、σ_z 就是主应力。

$$\sigma_1=-21.4\text{MPa},\quad \sigma_2=-21.4\text{MPa},\quad \sigma_3=-50\text{MPa}$$

例 9-6 圆筒形压力容器受气体内压作用（图 9-6(a)）。已知气体压强 $p=1.2\text{MPa}$，直筒部分内直径 $D=1\text{m}$，壁厚 $t=10\text{mm}$，材料的许用应力 $[\sigma]=130\text{MPa}$，试对压力容器的筒体部分进行强度校核。

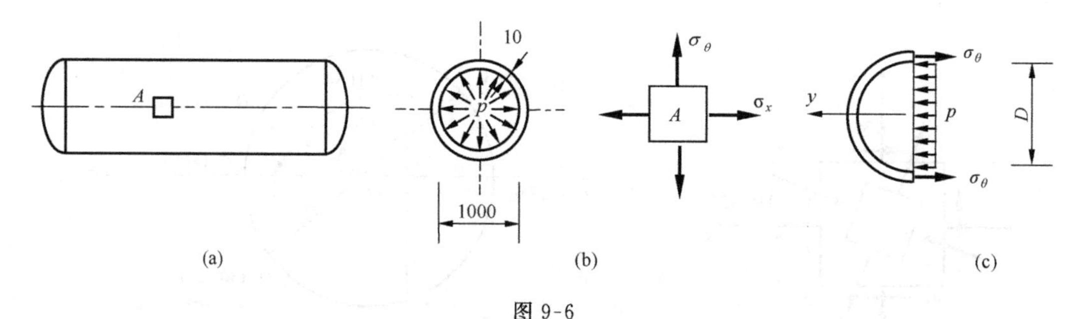

图 9-6

解 在筒体上 A 点取应力单元体如图 9-6(b)所示。根据对称性，该单元体不存在切应力。轴向应力为 σ_x，环向应力为 σ_θ，可分别由分离体的平衡条件确定。

(1) 求 σ_x。

$$\sigma_x=\frac{pD}{4t}=\frac{1.2\times1000}{4\times10}=30(\text{MPa})$$

(2) 求 σ_θ。由图 9-6(c)，y 方向建立投影平衡方程，可得

$$\sigma_\theta=\frac{pD}{2t}=\frac{1.2\times1000}{2\times10}=60(\text{MPa})$$

(3) 确定主应力。

$$\sigma_1=60\text{MPa},\quad \sigma_2=30\text{MPa},\quad \sigma_3=-p\approx0$$

(4) 强度校核。

按第三强度理论，有

$$\sigma_{r3}=\sigma_1-\sigma_3=60\text{MPa}<[\sigma]$$

满足强度条件。

按第四强度理论，有

$$\sigma_{r4}=\sqrt{\frac{1}{2}[(\sigma_1-\sigma_2)^2+(\sigma_2-\sigma_3)^2+(\sigma_3-\sigma_1)^2]}$$

$$=\sqrt{\frac{1}{2}[(60-30)^2+(30-0)^2+(0-60)^2]}=52(\text{MPa})<[\sigma]$$

满足强度条件。

讨论:强度理论的选用依据是可能的破坏形式。一般情况下,压力容器用塑性材料制造,可能的破坏形式为屈服,应采用第三或第四强度理论建立强度条件。此例说明采用第三强度理论较第四强度理论偏于安全。

9.3 习题选解

9-1 厚壁玻璃杯注入沸水时,其内、外壁任一点处的应力状态________。

A. 分别是单向拉伸和单向压缩;　　B. 分别是单向压缩和单向拉伸;

C. 均是单向压缩;　　D. 均是单向拉伸。

答 B。沸水注入厚玻璃后,内壁温度显然高于外壁温度,因而壁内部有膨胀变形的趋势,但由于壁外部限制了此变形,所以内壁产生压应力。壁内部的膨胀变形迫使壁外部伸长,故使其产生拉应力。如果杯子破裂,则应是从外壁开始的。

9-2 图 9-7 所示悬臂梁,给出点 1、2、3、4 的应力状态,其中图________所示的应力状态是错误的。

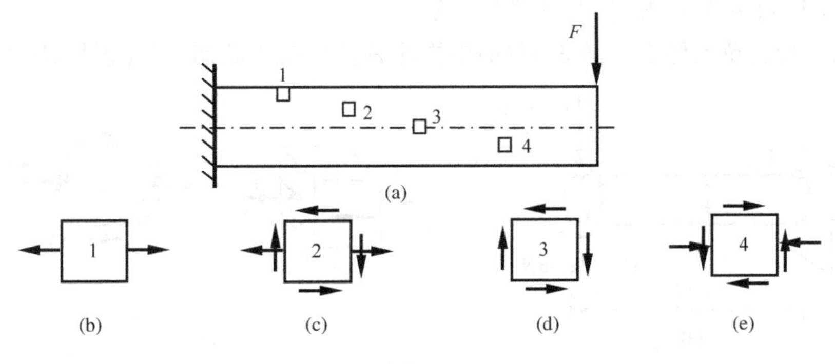

图 9-7

答 (e)。梁上的外力产生负弯矩和正剪力。任一横截面中性轴的上方各点受拉应力作用,中性轴下方各点受压应力作用,中性轴上各点正应力为零。切应力分布规律是横截面上下两端为零,向中部逐渐增大,方向与剪力平行,即切应力为正。据此,(e)是错的,切应力方向错。

9-3 如图 9-8 所示,单元体的斜截面上无应力,它属于________。

A. 单向应力状态;　　B. 二向应力状态;

C. 三向应力状态;　　D. 零应力状态。

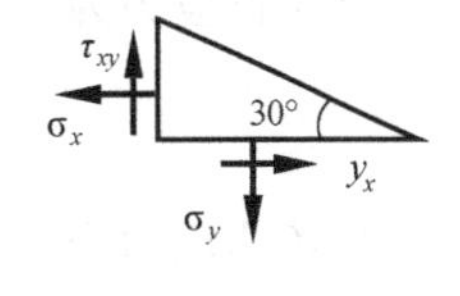

图 9-8

答 A。根据题意,已知法线垂直纸面的面和图中斜面是主平面,主应力都为零。另一个主应力不为零,因此单元体属于单向应力状态。

9-4 图 9-9 所示受力构件内 A 点沿 AB 方向的线应变为 ε_x,AD 方向的线应变为 ε_y,若设 AC 方向的线应变为 ε,则有________。

A. $\varepsilon=\dfrac{\varepsilon_x}{\cos\alpha}$;　　B. $\varepsilon=\dfrac{\varepsilon_y}{\sin\alpha}$;

C. $\varepsilon=\sqrt{\varepsilon_x^2+\varepsilon_y^2}$;　　D. 以上关系都不对。

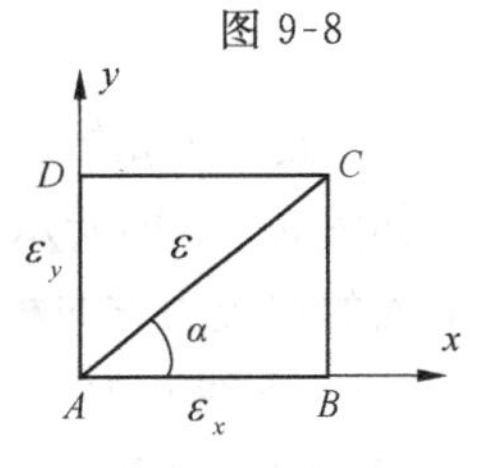

图 9-9

答 D。ε 与 ε_x 和 ε_y 的关系不是向量与其分量的关系,答案 A、B、C 都不正确,应选 D。正确的关系是

$$\varepsilon=\frac{\varepsilon_x+\varepsilon_y}{2}+\frac{\varepsilon_x-\varepsilon_y}{2}\cos2\alpha-\frac{\gamma_{xy}}{2}\sin2\alpha$$

9-5 图 9-10 所示的两个单元体，若材料相同且均为线弹性，比较它们的线应变 ε_x 和最大切应变 γ_{xy}，有下列几种说法，其中正确的是________。

A. ε_x 相等，γ_{xy}不相等；

B. ε_x 相等，γ_{xy}相等；

C. ε_x 不相等，γ_{xy}相等；

D. ε_x 不相等，γ_{xy}不相等。

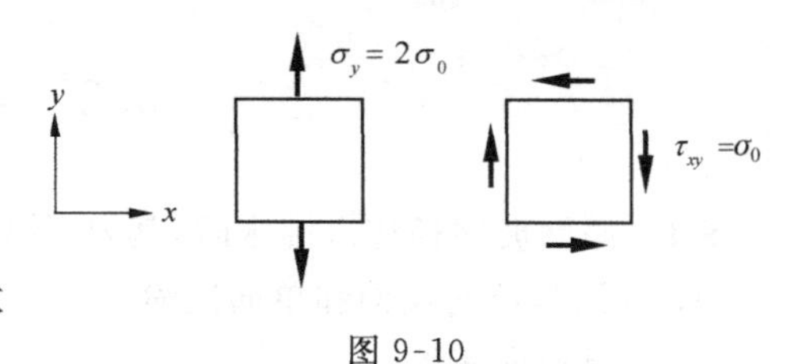

图 9-10

答 C。根据广义胡克定律，单向拉伸应力状态的 ε_x 不等于零，而纯剪切的 ε_x 等于零，两者 ε_x 不相等。纯剪切应力状态的三个主应力为 σ_0、0、$-\sigma_0$，其最大切应力为

$$\tau_{\max}=(\sigma_1-\sigma_3)/2=\sigma_0$$

对于单向拉伸应力状态作同样计算亦得

$$\tau_{\max}=(\sigma_1-\sigma_3)/2=\sigma_0$$

由剪切胡克定律知两者 γ_{xy} 相等，故正确答案是 C。

9-6 试用应力单元体表示图 9-11(a)中构件 A 点的应力状态，圆杆直径 $d=20\text{mm}$。

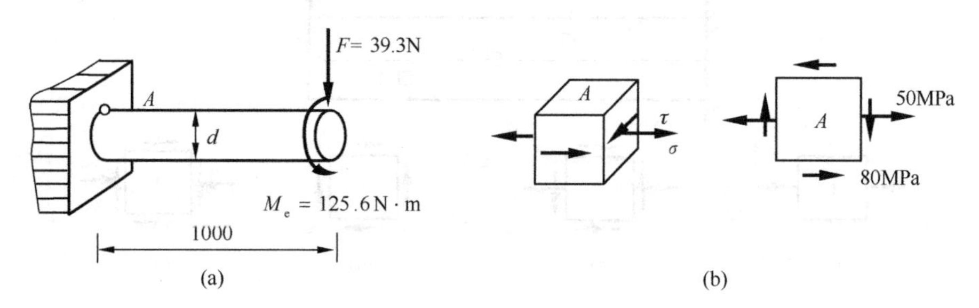

图 9-11

解 (1) 内力分析。

A 点所在截面的弯矩和扭矩为

$$M=39.3\times1=39.3(\text{N}\cdot\text{m}),\quad T=M_e=125.6\text{N}\cdot\text{m}$$

(2) 应力分析。

弯曲正应力为 $$\sigma=\frac{M}{W}=\frac{39.3\times10^3}{\frac{\pi\times20^3}{32}\times10^{-9}}=50.0(\text{MPa})$$

扭转切应力为 $$\tau=\frac{T}{W_t}=\frac{125.6\times10^3}{\frac{\pi\times20^3}{16}\times10^{-9}}=80(\text{MPa})$$

(3) 截取单元体。

如图 9-11(b)所示，标注 A 的面为杆的自由上表面。将求得的 σ 和 τ 画于横截面上。纵向截面的切应力方向根据切应力互等定理画出。

9-7 求图 9-12(a)所示应力单元体的：(1)主应力；(2)主平面；(3)最大切应力。

解 (1) 求主应力。

图 9-12(a)中的-50MPa 是主应力，另两个主应力与它无关，可取左视图如图 9-12(b)所

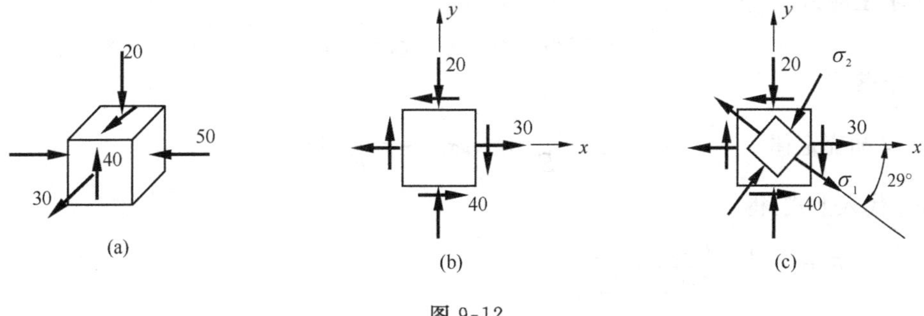

图 9-12

示，此时 $\sigma_x=30\text{MPa}$，$\sigma_y=-20\text{MPa}$，$\tau_{xy}=40\text{MPa}$。

$$\left.\begin{matrix}\sigma_{\max}\\ \sigma_{\min}\end{matrix}\right\}=\frac{\sigma_x+\sigma_y}{2}\pm\sqrt{\left(\frac{\sigma_x-\sigma_y}{2}\right)^2+\tau_{xy}^2}=\frac{30-20}{2}\pm\sqrt{\left(\frac{30+20}{2}\right)+(40)^2}=\begin{matrix}52.2\\ -42.2\end{matrix}(\text{MPa})$$

三个主应力为 $\sigma_1=52.2\ \text{MPa}$，$\sigma_2=-42.2\ \text{MPa}$，$\sigma_3=-50\ \text{MPa}$。

(2) 求主平面。

σ_3 所在主平面已知，另两个主平面方位可由图 9-12(b)计算。

$$\tan 2\alpha_0=\frac{-2\tau_{xy}}{\sigma_x-\sigma_y}=\frac{-2\times 40}{30+20}=-1.6$$

即 $\alpha_0=-29°$。另两个主平面的方位如图 9-12(c)所示。

(3) 求最大切应力。

$$\tau_{\max}=\frac{\sigma_1-\sigma_3}{2}=\frac{52.2-(-50)}{2}=51.1(\text{MPa})$$

其作用面平行于 σ_2，与 σ_1、σ_3 所在面夹角45°。

9-8 由试验测得图 9-13(a)所示简支梁(28a 号工字钢)A 点处沿与轴线成45°方向的线应变 $\varepsilon=-2.8\times10^{-5}$，试求梁上的外力 F。已知 $E=210\text{GPa}$，$\nu=0.3$。

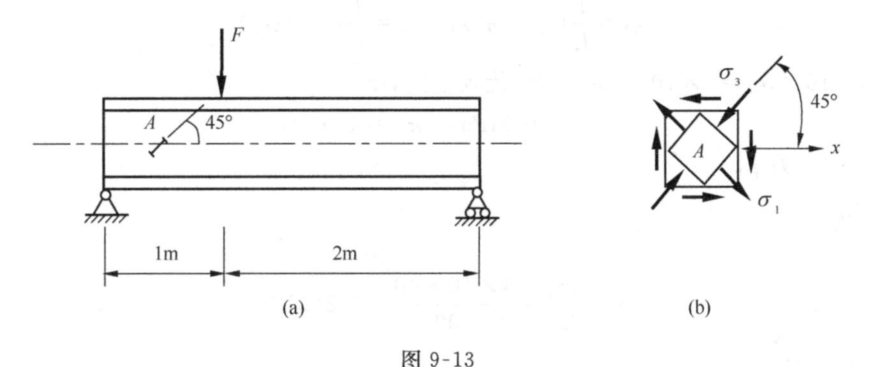

图 9-13

解 (1) 求 A 点应力。

从 A 点截取应力单元体如图 9-13(b)所示，为纯剪切应力状态。A 点所在横截面的剪力为 $F_S=2F/3$。

由型钢表查得 28a 号工字钢截面计算参数如下。

$$d=8.5\ \text{mm},\quad I_z/S_{z\max}=23.8\ \text{cm}$$

横截面的切应力为

$$\tau=\frac{F_S S_{z\max}}{I_z d}=\frac{2F}{3d}\frac{S_{z\max}}{I_z}$$

(2) 求主应力。

$$\sigma_1=\tau,\quad \sigma_2=0,\quad \sigma_3=-\tau$$

(3) 求载荷。

由广义胡克定律 $$\varepsilon_{45^\circ}=\varepsilon_3=\frac{1}{E}(\sigma_3-\nu\sigma_1)=-\frac{\tau}{E}(1+\nu)$$

将 τ 和 ε_{45° 代入上式，得

$$F=-\frac{3}{2}\times\frac{Ed\varepsilon_3}{1+\nu}\times\frac{I_z}{S_{z\max}}$$

$$=\frac{3}{2}\times\frac{210\times10^9\times8.5\times10^{-3}\times2.8\times10^{-5}}{1+0.3}\times238\times10^{-3}=13.73(\text{kN})$$

9-9 图 9-14(a)、(b)所示薄壁容器受内压 p，现用电阻片测得周向应变 $\varepsilon_A=3.5\times10^{-4}$，轴向应变 $\varepsilon_B=1\times10^{-4}$，若 $E=200$ GPa，$\nu=0.25$，求：(1) 筒壁轴向及周向应力及内压 p；(2) 材料的许用应力 $[\sigma]=80$GPa，试用第四强度理论校核筒壁强度。

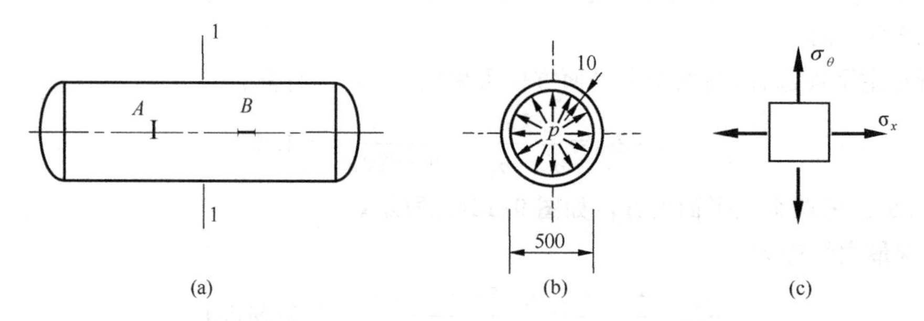

图 9-14

解 (1) 求单元体应力。

从筒体中部截取单元体，如图 9-14(c)所示。根据广义胡克定律，有

$$\varepsilon_\theta=\frac{1}{E}(\sigma_\theta-\nu\sigma_x),\quad \varepsilon_x=\frac{1}{E}(\sigma_x-\nu\sigma_\theta)$$

将 $\varepsilon_\theta=3.5\times10^{-4}$，$\varepsilon_x=1\times10^{-4}$，$\nu=0.25$ 代入上式，得

$$\sigma_\theta=80\ \text{MPa},\quad \sigma_x=40\ \text{MPa}$$

(2) 求内压力 p。

由 $\sigma_x=\dfrac{pD}{4t}$ 得

$$p=\frac{4t\sigma_x}{D}=\frac{4\times10\times40}{500}=3.2(\text{MPa})$$

(3) 强度校核。

略去径向应力的影响后，单元体为二向应力状态见图 9-14(c)，三个主应力为

$$\sigma_1=80\ \text{MPa},\quad \sigma_2=40\ \text{MPa},\quad \sigma_3=0$$

代入第四强度理论的强度条件，得

$$\sigma_{r4}=\sqrt{\frac{1}{2}[(\sigma_1-\sigma_2)^2+(\sigma_2-\sigma_3)^2+(\sigma_3-\sigma_1)^2]}$$

$$=\sqrt{\frac{1}{2}[(80-40)^2+(40-0)^2+(0-80)^2]}=69.3(\text{MPa})<[\sigma]$$

满足强度条件。

9-10 图 9-15 所示的圆球形压力容器内直径 $D=200\text{mm}$，承受内压力 $p=15\text{MPa}$，已知材料的许用应力 $[\sigma]=160\text{MPa}$，试用第三强度理论求出容器所需的壁厚 t。

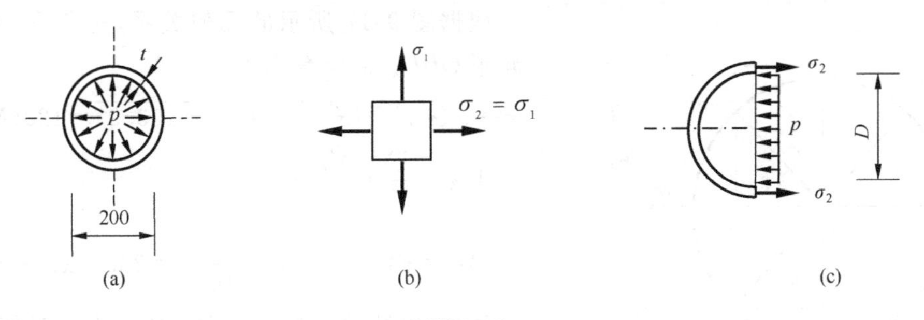

图 9-15

解 (1) 求主应力。从容器上截取单元体，利用对称性可知它属于二向等拉应力状态(图 9-15(b))。取球体一半(连同压力介质)为研究对象，如图 9-15(c)所示。

$$\sum F_x = 0, \quad \sigma_2 \pi D t - p\pi D^2/4 = 0$$

解得

$$\sigma_2 = \frac{pD}{4t}$$

三个主应力为

$$\sigma_1 = \sigma_2 = \frac{pD}{4t}, \quad \sigma_3 = 0$$

(2) 壁厚设计。由 $\sigma_{r3} = \sigma_1 - \sigma_3 = \dfrac{pD}{4t} \leqslant [\sigma]$，得

$$t \geqslant \frac{pD}{4[\sigma]} = \frac{15\times 200}{4\times 160} = 4.69(\text{mm})$$

可取壁厚为 5mm。

9-11** 直径为 D 的圆轴两端承受扭转力偶作用，如图 9-16 所示。今测得轴表面一点处任意两个互为45°方向的应变值为 $\varepsilon'=3.9\times 10^{-4}$，$\varepsilon''=6.76\times 10^{-4}$。已知 $E=200\text{GPa}$，$\nu=0.3$，$D=100\text{mm}$，试求外扭转力偶矩 M_e 的值。

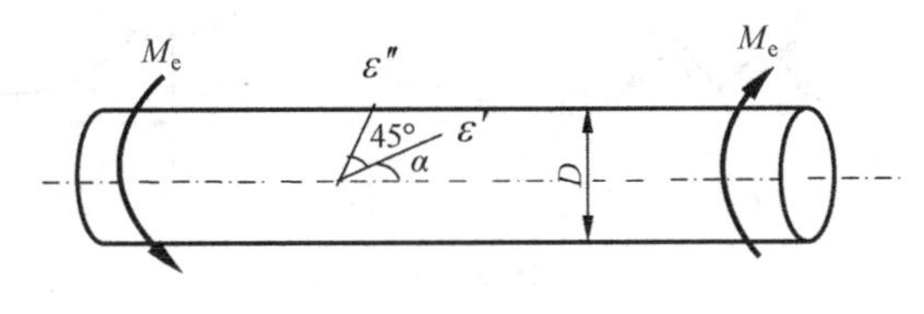

图 9-16

解 圆轴表面任一点为纯剪切应力状态，其应力圆如图 9-17 所示，应力圆半径 r 与轴横截面上的最大切应力 τ 数值相等。设与 ε' 方向对应的正应力为 σ'，与 ε'' 方向对应的正应力为 σ''，由广义胡克定律知

$$\varepsilon' = \frac{1}{E}[\sigma' - \nu(-\sigma')] = \frac{1+\nu}{E}\sigma', \quad \varepsilon'' = \frac{1+\nu}{E}\sigma''$$

代入已知量，得

$$\sigma' = \frac{E}{1+\nu}\varepsilon' = \frac{200\times 10^3}{1+0.3}\times 3.9\times 10^{-4} = 60(\text{MPa})$$

$$\sigma''=\frac{E}{1+\nu}\varepsilon''=\frac{200\times10^3}{1+0.3}\times6.76\times10^{-4}=103.9(\mathrm{MPa})$$

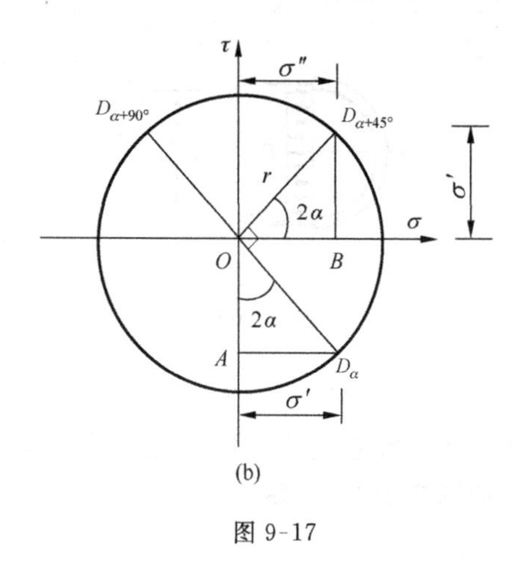

(b)

图 9-17

根据图 9-17 所示的几何关系，三角形 OAD_α 与三角形 $OBD_{\alpha+45°}$ 全等，所以

$$\tau=\sqrt{(\sigma')^2+(\sigma'')^2}=\sqrt{60^2+103.9^2}=120(\mathrm{MPa})$$

由 $\tau=\frac{T}{W_t}=\frac{M_e}{W_t}$，得

$$M_e=\tau W_t=120\times\frac{\pi\times100^3}{16}=23.6(\mathrm{kN\cdot m})$$

讨论：由纯剪切应力圆知，单元体上互相垂直的截面上的正应力数值相等，正负号相反。因此，任一方向的正应力与线应变呈正比关系，比例系数为 $\frac{1+\nu}{E}$，这是解此题的关键。

9-12 已知直径为 D 的圆轴发生扭转和轴向拉伸组合变形，如图 9-18(a)所示。若要采用电测法确定其扭矩 T 和轴力 F_N 的值，试问至少要贴几片应变片且如何布置？写出计算关系式。设材料常数 E、G、ν 均为已知。

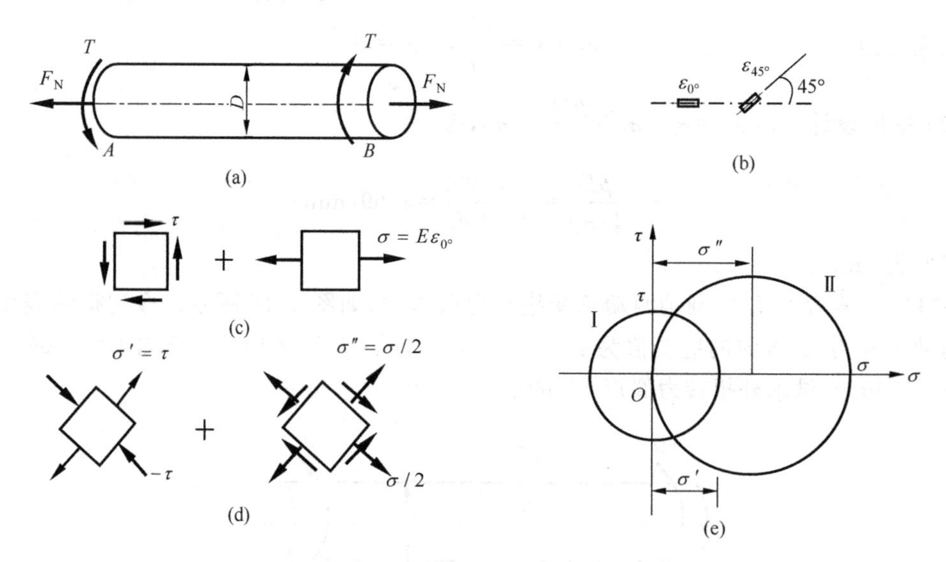

图 9-18

解 至少应贴两片应变片，分别布置在轴向和与轴线成45°方向(图 9-18(b))。圆轴表面任一点分别在扭矩 T 和轴力 F_N 单独作用下的应力状态如图 9-18(c)所示，其应力圆如图 9-18(e)所示，其中Ⅰ和Ⅱ分别为扭矩 T 和轴力 F_N 单独作用时横截面的应力圆。

轴力可由轴向线应变直接确定。

$$F_N=\sigma A=E\varepsilon_{0°}\frac{\pi D^2}{4}$$

利用广义胡克定律求图 9-18(d)所示两个45°方向应力单元体的线应变

$$\varepsilon'_{45°}=\frac{1}{E}(\tau+\nu\tau)=\frac{1+\nu}{E}\tau,\quad \varepsilon''_{45°}=\frac{1-\nu}{E}\frac{\sigma}{2}$$

叠加可得

$$\varepsilon_{45^\circ}=\varepsilon'_{45^\circ}+\varepsilon''_{45^\circ}=\frac{1}{E}\left[(1+\nu)\tau+(1-\nu)\frac{\sigma}{2}\right]=\frac{1}{E}\left[(1+\nu)\frac{T}{W_{\mathrm{t}}}+(1-\nu)\frac{E\varepsilon_{0^\circ}}{2}\right]$$

解得扭矩 T 为

$$T=\frac{EW_{\mathrm{t}}}{1+\nu}\left(\varepsilon_{45^\circ}-\frac{1-\nu}{2}\varepsilon_{0^\circ}\right)$$

讨论: 任意两组载荷作用下一点处的应力分量可由叠加法求得。通常叠加法比应力状态分析中求解斜截面的应力更简便,特别是当涉及单向拉伸和纯剪切应力状态的时候,尤其如此。

9-13 已知某平面应力状态由第一组载荷引起的应力如图 9-19(a)所示,由第二组载荷引起的应力如图 9-19(b)所示,图中应力单位为 MPa。试求两组载荷同时作用时的主应力。

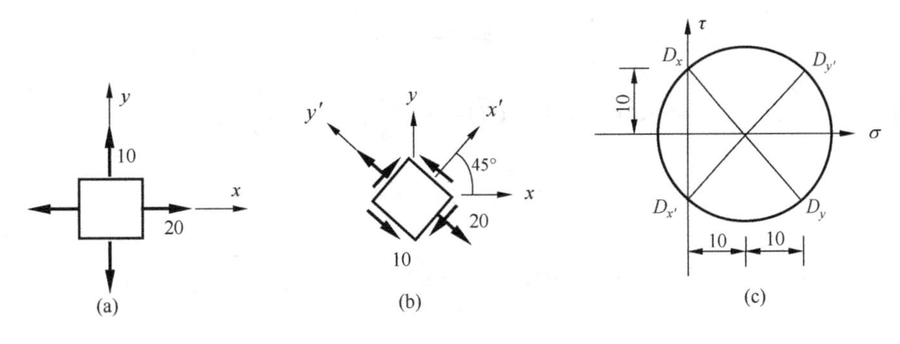

图 9-19

解 利用叠加法求解。先求两个单元体在 xy 面的应力分量。

对于图 9-19(a)单元体,有

$$\sigma_x=20\text{MPa},\quad \sigma_y=10\text{MPa},\quad \tau_{xy}=0$$

对于图 9-19(b)单元体,作应力圆如图 9-19(c)所示,其中 $D_{x'}$ 和 $D_{y'}$ 分别代表给定的 x' 和 y' 面的应力。其 x 面的应力在应力圆上由 $D_{x'}$ 点顺时针转90°确定(D_x 点);y 面的应力在应力圆上由 $D_{y'}$ 点顺时针转90°确定(D_y 点),有

$$\sigma_x=0,\quad \sigma_y=20\text{MPa},\quad \tau_{xy}=10\text{MPa}$$

叠加后得

$$\sigma_x=20+0=20(\text{MPa}),\quad \sigma_y=10+20=30(\text{MPa})$$
$$\tau_{xy}=0+10=10(\text{MPa})$$

xy 平面内的两个主应力为

$$\left.\begin{matrix}\sigma_{\max}\\ \sigma_{\min}\end{matrix}\right\}=\frac{\sigma_x+\sigma_y}{2}\pm\sqrt{\left(\frac{\sigma_x-\sigma_y}{2}\right)^2+\tau_{xy}^2}=\frac{20+30}{2}\pm\sqrt{\left(\frac{20-30}{2}\right)^2+10^2}=\begin{matrix}36.2\\ 13.8\end{matrix}(\text{MPa})$$

三个主应力为 $\sigma_1=36.2$ MPa, $\sigma_2=13.8$ MPa, $\sigma_3=0$。

9-14 已知 $\sigma=\tau$,试求图 9-20(a)所示应力状态的主应力和最大切应力。

解 (1)几何法,作应力圆如图 9-20(b)所示,圆心在 C 点。

图 9-20(a)中 x 面上的应力值对应应力圆上的 A 点坐标(σ,τ),n 面上的应力值对应应力圆上的 B 点坐标($\sigma,-\tau$),x 面与 n 面法线夹角 120°,应力圆半径 AC 逆时针旋转 240°到 BC 位置。

图 9-20(b)中,$r=\dfrac{\tau}{\sin 60^\circ}=\dfrac{2\sqrt{3}}{3}\tau$,$\overline{CD}=\tau\cot 60^\circ=\dfrac{\sqrt{3}}{3}\tau$。

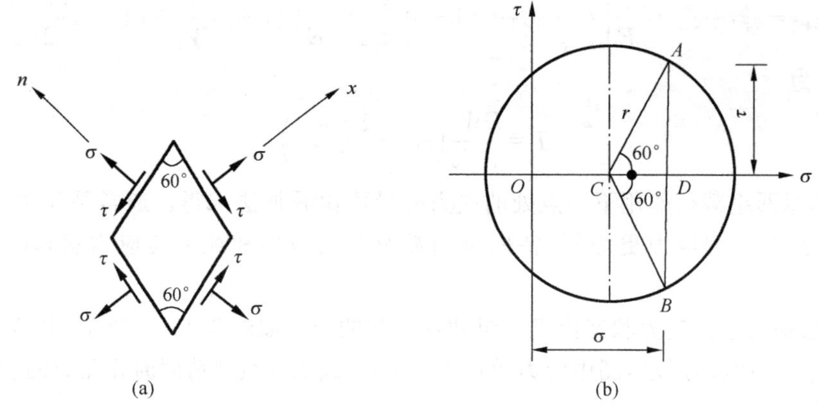

图 9-20

因为 $$\sigma=\tau,\overline{OC}=\overline{OD}-\overline{CD}=\sigma-\frac{\sqrt{3}}{3}\tau=\left(1-\frac{\sqrt{3}}{3}\right)\sigma$$

$$\sigma_1=r+\overline{OC}=\frac{2\sqrt{3}}{3}\tau+\left(1-\frac{\sqrt{3}}{3}\right)\sigma=\left(1+\frac{\sqrt{3}}{3}\right)\sigma$$

$$\sigma_3=-(r-\overline{OC})=-\left[\frac{2\sqrt{3}}{3}\tau-\left(1-\frac{\sqrt{3}}{3}\right)\sigma\right]=(1-\sqrt{3})\sigma$$

$$\sigma_2=0$$

解得 $$\tau_{\max}=r=\frac{2\sqrt{3}}{3}\sigma$$

(2)解析法。

根据公式 $$\sigma_\alpha=\frac{\sigma_x+\sigma_y}{2}+\frac{\sigma_x-\sigma_y}{2}\cos2\alpha-\tau_{xy}\sin2\alpha$$

x 面上 $\tau_{xy}=\sigma$，n 面上的正应力等于 σ，从 x 面到 n 面法线逆时针转过角度 $\alpha=120°$。

所以有 $$\sigma=\frac{\sigma+\sigma_y}{2}+\frac{\sigma-\sigma_y}{2}\cos240°-\sigma\sin240°$$

解得 $$\sigma_y=\frac{3-2\sqrt{3}}{3}\sigma$$

主应力计算得

$$\left.\begin{matrix}\sigma_{\max}\\ \sigma_{\min}\end{matrix}\right.=\frac{\sigma_x+\sigma_y}{2}\pm\sqrt{\left(\frac{\sigma_x-\sigma_y}{2}\right)^2+\tau_{xy}^2}=\frac{\sigma+\left(\frac{3-2\sqrt{3}}{3}\right)\sigma}{2}\pm\sqrt{\left[\frac{\sigma-\left(\frac{3-2\sqrt{3}}{3}\right)\sigma}{2}\right]^2+\sigma^2}$$

解得 $$\sigma_1=\left(1+\frac{\sqrt{3}}{3}\right)\sigma,\sigma_3=(1-\sqrt{3})\sigma,\sigma_2=0$$

$$\tau_{\max}=\frac{\sigma_1-\sigma_3}{2}=\frac{2\sqrt{3}}{3}\sigma$$

9-15 如图 9-21(a)所示，在刚性模槽内无间隙地放两块边长为 a 的立方体，其材料相同，弹性模量和泊松比均为 E、ν，若在立方体 1 上施加 F 力，在不计摩擦时，求立方体 1 的三个主应力。

解 两立方体应力状态如图 9-21(b)所示，$\sigma_z=-\frac{F}{A}=-\frac{F}{a^2}$。

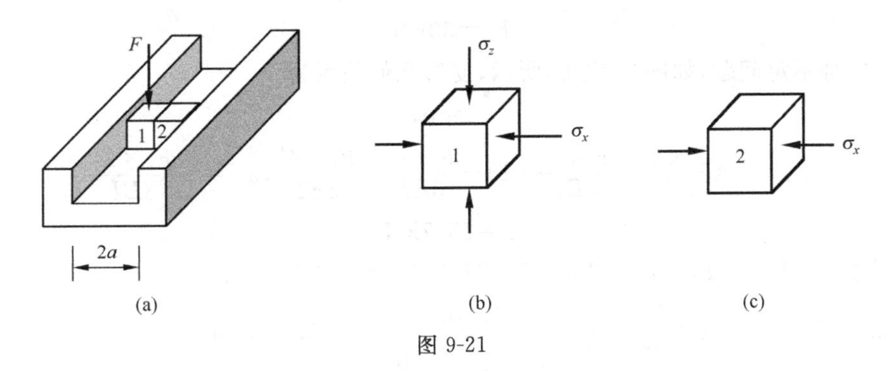

图 9-21

因为刚性模槽无变形，所以两个立方体的变形关系为 $\varepsilon_{x1}\cdot a+\varepsilon_{x2}\cdot a=0$。

根据广义胡克定律有 $\quad \varepsilon_{x1}=\dfrac{1}{E}(\sigma_x-\nu\sigma_z),\quad \varepsilon_{x2}=\dfrac{\sigma_x}{E}$

解得
$$\sigma_x=-\frac{Fv}{2a^2}$$

所以
$$\sigma_1=0,\quad \sigma_2=-\frac{Fv}{2a^2},\quad \sigma_3=-\frac{F}{a^2}$$

9-16 某钢梁结构如图 9-22(a)所示，材料的弹性模量 $E=200\text{GPa}$，泊松比 $\nu=0.3$。在 AB 梁上施加载荷过程中，测得 CD 梁中点 K 处(中性层)两个垂直方向线应变分别为 $\varepsilon_{45^\circ}=39\times10^{-6}$、$\varepsilon_{-45^\circ}=-39\times10^{-6}$。试求：(1)载荷 F 的大小；(2)AB 梁中点最下边缘 G 点处沿 45° 方向线应变。

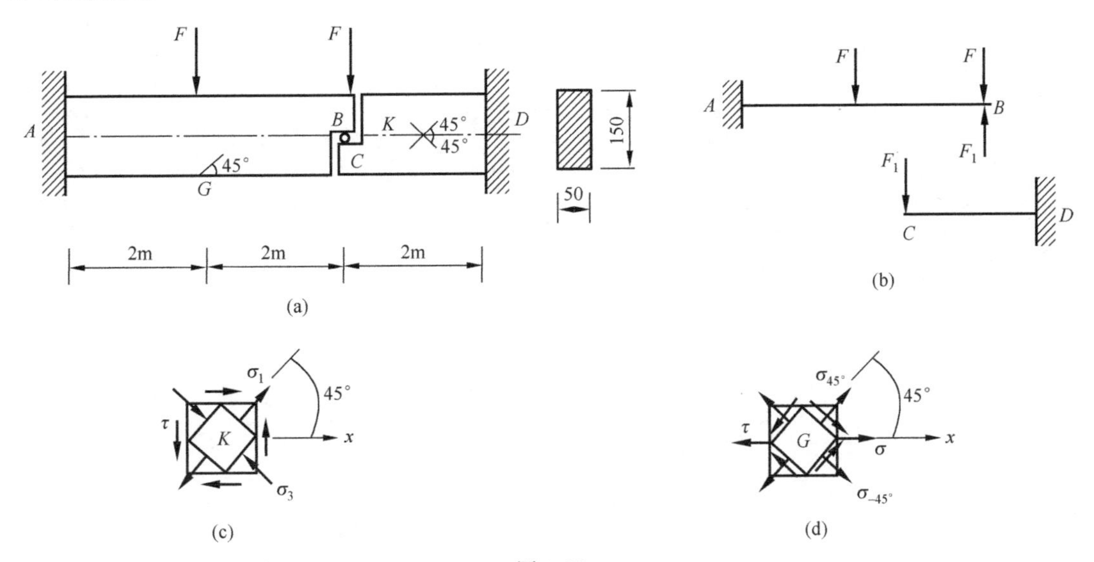

图 9-22

解 (1)K 点应力状态分析如图 9-22(c)所示，属于纯剪切应力状态，$\sigma_1=\tau$，$\sigma_2=0$，$\sigma_3=-\tau$。由广义胡克定律得

$$\varepsilon_{45^\circ}=\frac{1}{E}(\sigma_1-\nu\sigma_3)=\frac{1}{E}(\tau+\nu\tau)=\frac{1}{200\times10^9}(1+0.3)\tau=39\times10^{-6}$$
$$\tau=6\text{MPa}$$

K 点切应力为

$$\tau=\frac{3F_S}{2A}=\frac{3F_1}{2\times50\times150\times10^{-6}}=6\text{MPa}$$

解得 $$F_1=30\text{kN}$$

(2)一次静不定问题,如图 9-22(b)所示,变形几何关系为

$$w_B=w_C$$

$$w_B=-\left(\frac{F\times 2^3}{3EI}+\frac{F\times 2^2}{2EI}\times 2\right)-\frac{F\times 4^3}{3EI}+\frac{F_1\times 4^3}{3EI},w_C=-\frac{F_1\times 2^3}{3EI}$$

得 $$F=25.7\text{kN}$$

G 点弯矩： $M_G=(F_1-F)\times 2=(30-25.7)\times 2=8.6(\text{kN}\cdot\text{m})$

G 点正应力： $$\sigma=\frac{M_G}{W}=\frac{8.6\times 10^3}{\frac{1}{6}\times 50\times 150^2\times 10^{-9}}=45.7(\text{MPa})$$

G 点应力状态如图 9-22(d)所示。

$$\sigma_{45^\circ}=\frac{\sigma}{2}+\frac{\sigma}{2}\cos 90^\circ=22.85(\text{MPa}),\quad \sigma_{-45^\circ}=\frac{\sigma}{2}+\frac{\sigma}{2}\cos(-90^\circ)=22.85(\text{MPa})$$

G 点沿 45°方向线应变为

$$\varepsilon_{45^\circ}=\frac{1}{E}(\sigma_{45^\circ}-\nu\sigma_{-45^\circ})=\frac{1}{200\times 10^9}(1-0.3)\times 22.85\times 10^6=80.1\times 10^{-6}$$

第10章　组合变形

10.1　重点内容概要

1. 组合变形强度计算方法

计算组合变形杆件的强度，需要特别注意的是掌握计算原理和方法，而不是简单记公式。

组合变形强度计算采用的是叠加法，其基本原理是：在线弹性和小变形条件下，杆件上各种外力作用是互不影响的，几种外力共同作用时引起的杆内应力和变形，等于这几种外力分别作用时引起杆内应力和变形的和。

叠加法的基本步骤如下。

(1) 将外力分成几组，每一组外力对应着同一种基本变形。

(2) 对每一种基本变形进行内力分析，一般需要画内力图，目的是判断危险截面的位置。

(3) 分析危险截面在各种基本变形下的应力分布，叠加后确定危险点的位置及应力状态。

(4) 选择适当的强度理论进行强度计算。

2. 斜弯曲

对于有凸角的截面(矩形、工字形等)，危险点在截面的某个角点上，为单向应力状态，强度条件为

$$\sigma_{\max}=\frac{|M_y|}{W_y}+\frac{|M_z|}{W_z}\leqslant[\sigma] \tag{10-1}$$

如果是拉、压强度不同的材料，应对最大拉应力和最大压应力分别校核。

对于圆形截面，危险点位于截面外边缘的某点上，应对弯矩分量进行合成，$M=\sqrt{M_y^2+M_z^2}$，强度条件为

$$\sigma_{\max}=\frac{\sqrt{M_y^2+M_z^2}}{W}\leqslant[\sigma] \tag{10-2}$$

3. 拉伸(压缩)与弯曲的组合(含偏心拉压)

危险点为单向应力状态。危险截面通常由弯矩分析决定。矩形截面杆的强度条件为

$$\sigma_{\max}=\frac{|F_N|}{A}+\frac{|M_y|}{W_y}+\frac{|M_z|}{W_z}\leqslant[\sigma] \tag{10-3}$$

对于圆截面有

$$\sigma_{\max}=\frac{|F_N|}{A}+\frac{\sqrt{M_y^2+M_z^2}}{W}\leqslant[\sigma] \tag{10-4}$$

4. 弯扭组合

危险截面通常由弯矩分析决定。危险点处于二向应力状态，应采用适当的强度理论进行

强度计算。对于用塑性材料制成的圆形截面杆件，强度条件通常为

$$\sigma_{r3}=\frac{\sqrt{M^2+T^2}}{W}\leqslant[\sigma] \tag{10-5}$$

$$\sigma_{r4}=\frac{\sqrt{M^2+0.75T^2}}{W}\leqslant[\sigma] \tag{10-6}$$

如果危险截面存在 M_y、M_z 两个弯矩分量，应对其进行合成，合弯矩 $M=\sqrt{M_y^2+M_z^2}$，再代入式(10-5)或式(10-6)进行计算。

10.2 典型例题

例 10-1 图 10-1(a)所示的桥式起重机大梁由 45a 号工字钢制成，材料为 Q235 钢，$[\sigma]=160\text{MPa}$，梁长 $l=9\text{m}$。吊车行进时载荷 F 的方向偏离铅垂线一个角度 φ，若 $\varphi=15°$，$F=20\text{kN}$，试校核梁的强度。

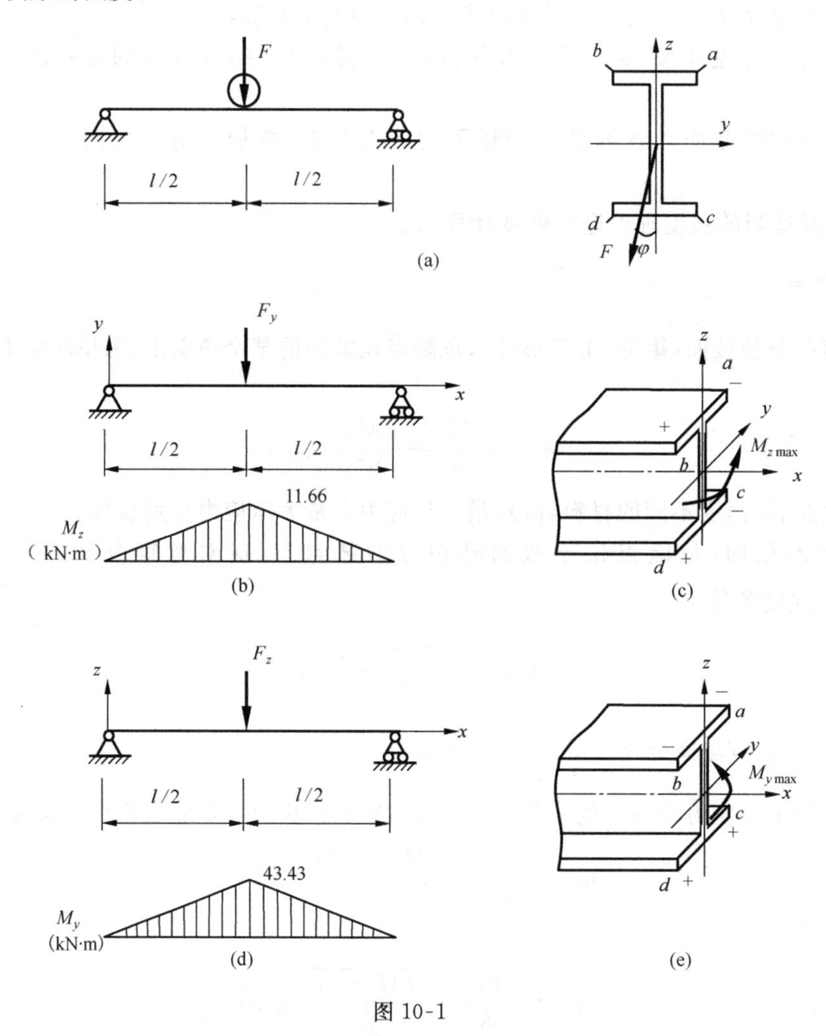

图 10-1

解 此题为斜弯曲问题。当吊车行进到跨中时梁的弯矩最大，危险截面为跨中截面。

(1) 外力分解。

将 F 向截面的对称轴 y、z 轴分解得

$$F_y = F\sin 15° = 5.18\text{kN}, \quad F_z = F\cos 15° = 19.3\text{kN}$$

(2) 求危险截面上的内力和危险点的应力。

由 F_y 引起的最大弯矩(图 10-1(b))为

$$M_{z\max} = \frac{F_y l}{4} = \frac{5.18\times 9}{4} = 11.66(\text{kN}\cdot\text{m})$$

横截面前、后边缘点的正应力数值最大(图 10-1(c))。

由 F_z 引起的最大弯矩(图 10-1(d))为

$$M_{y\max} = \frac{F_z l}{4} = \frac{19.3\times 9}{4} = 43.43(\text{kN}\cdot\text{m})$$

相应的截面上、下边缘点的正应力数值最大(图 10-1(e))。

将各个点应力叠加后可判定点 d、点 a 分别有数值相等的最大拉应力和最大压应力，它们是危险点。由型钢表查得 45a 号工字钢的两个抗弯截面模量为

$$W_y = 1430\ \text{cm}^3, \quad W_z = 114\ \text{cm}^3$$

所以
$$\sigma_{\max} = \frac{M_{z\max}}{W_z} + \frac{M_{y\max}}{W_y} = \frac{11.66\times 10^3}{114\times 10^{-6}} + \frac{43.43\times 10^3}{1430\times 10^{-6}} = 132.7(\text{MPa})$$

(3) 强度校核。

由于钢材的抗拉和抗压强度相同，可校核 d、a 两点中任一点

$$\sigma_{\max} = 132.7\ \text{MPa} < [\sigma] = 160\text{MPa}$$

满足强度条件。

若载荷不偏离铅垂线，即 $\varphi = 0$，则最大正应力为

$$\sigma_{\max} = \frac{M_{\max}}{W_y} = \frac{Fl/4}{W_y} = \frac{20\times 10^3\times 9/4}{1430\times 10^{-6}} = 31.5(\text{MPa})$$

可见载荷 F 虽只偏离了15°，最大正应力却增加了 3.2 倍。这是因为 45a 号工字钢的 W_z 仅为 W_y 的 8%。因此，当梁横截面的 W_y 和 W_z 相差较大时，应尽量避免斜弯曲；对于双向受弯构件应采用宽翼缘的 H 形钢，其截面对两个主轴的抗弯截面模量比较接近。

例 10-2 设屋面与水平面成 φ 角，如图 10-2 所示，试由正应力强度证明屋架上矩形截面的纵梁用料量最经济时的高宽比为 $h/b = \cot\varphi$。

解 此题为斜弯曲问题。梁受向下的力 F 作用，在纵向平面内的最大弯矩设为 M，它在截面的两个形心主惯性轴上的分量为

$$M_{y\max} = M\sin\varphi, \quad M_{z\max} = M\cos\varphi$$

梁内最大正应力为

$$\sigma_{\max} = \frac{M_{y\max}}{W_y} + \frac{M_{z\max}}{W_z} = \frac{M\sin\varphi}{hb^2/6} + \frac{M\cos\varphi}{h^2b/6} = \frac{6M}{A}\left(\frac{\sin\varphi\cdot h}{A} + \frac{\cos\varphi}{h}\right)$$

其中，$A = bh$。

由极值条件 $\dfrac{\mathrm{d}\sigma_{\max}}{\mathrm{d}h} = 0$，并利用 $A = bh =$ 常数，得

$$\frac{h}{b} = \cot\varphi$$

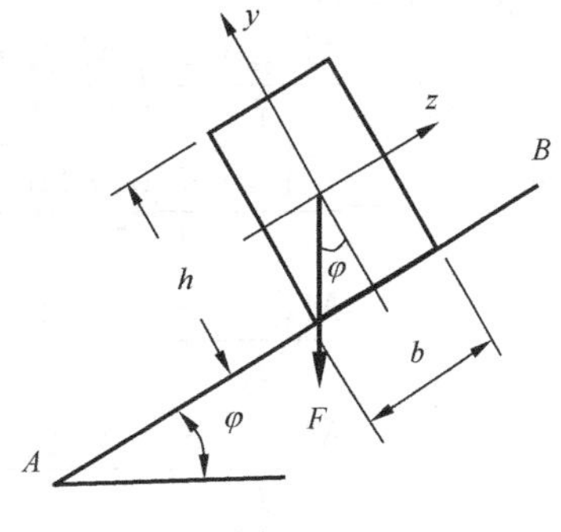

图 10-2

例 10-3 图 10-3(a)、(b)所示的简支梁截面为 100×100×10 等边角钢，求跨中 C 截面上的点 1、2、3 的正应力。

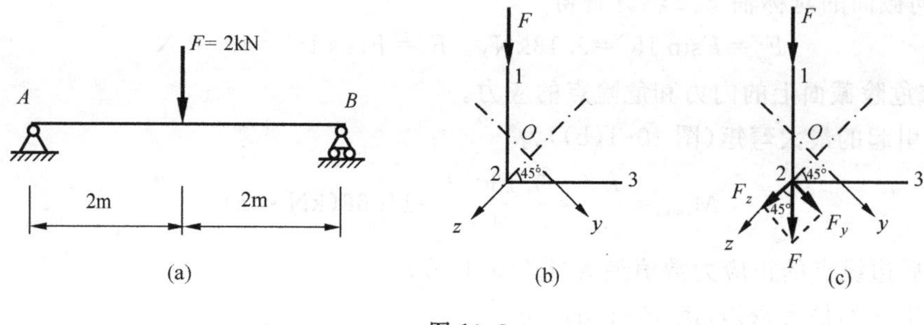

图 10-3

解 此题为斜弯曲问题,截面为开口薄壁型,需考虑弯曲中心的概念。

(1) 外力分解。

等边角钢两肢中线交点 2 是截面的弯曲中心。横向外力 F 通过弯曲中心,向两个主惯性轴方向分解,如图 10-3(c)所示。

$$F_y=F_z=F\cos 45^\circ$$

(2) 内力分析。

最大弯矩在跨中 C 截面为

$$M_{ymax}=\frac{F_z l}{4}=\frac{2\cos 45^\circ\times 4}{4}=1.41(\text{kN}\cdot\text{m})$$

同理

$$M_{zmax}=1.41\text{kN}\cdot\text{m}$$

(3) 应力计算。

跨中截面上任一点的应力表达式为

$$\sigma=\frac{M_{ymax}\cdot z}{I_y}+\frac{M_{zmax}\cdot y}{I_z}$$

查角钢数据得

$$I_y=74.35\ \text{cm}^4,\quad I_z=284.68\ \text{cm}^4$$

在 yOz 坐标系中,点 1、2、3 的坐标分别为

$$y_1=-70.7\text{mm},\qquad z_1=-30.5\text{mm}$$

$$y_2=0,\qquad z_2=40.2\text{mm}$$

$$y_3=70.7\text{mm},\qquad z_3=-30.5\text{mm}$$

求各点应力

$$\sigma_{C1}=\frac{M_{ymax}\cdot z_1}{I_y}+\frac{M_{zmax}\cdot y_1}{I_z}$$

$$=\frac{-1.41\times10^3\times30.5\times10^{-3}}{74.35\times10^{-8}}+\frac{-1.41\times10^3\times70.7\times10^{-3}}{284.68\times10^{-8}}=-93.1(\text{MPa})$$

$$\sigma_{C2}=\frac{M_{ymax}\cdot z_2}{I_y}=\frac{1.41\times10^3\times40.2\times10^{-3}}{74.35\times10^{-8}}=76.5(\text{MPa})$$

$$\sigma_{C3}=\frac{M_{ymax}\cdot z_3}{I_y}+\frac{M_{zmax}\cdot y_3}{I_z}$$

$$=\frac{-1.41\times10^3\times30.5\times10^{-3}}{74.35\times10^{-8}}+\frac{1.41\times10^3\times70.7\times10^{-3}}{284.68\times10^{-8}}=-22.9(\text{MPa})$$

讨论:应力叠加时,也可以不考虑坐标的正负号,应力的正负号根据弯曲变形直观地确定。

例 10-4　图 10-4 所示斜梁 AB 的横截面为 100mm×100mm 的正方形，$F=3\text{kN}$，试作轴力图及弯矩图，并求最大拉应力及最大压应力。

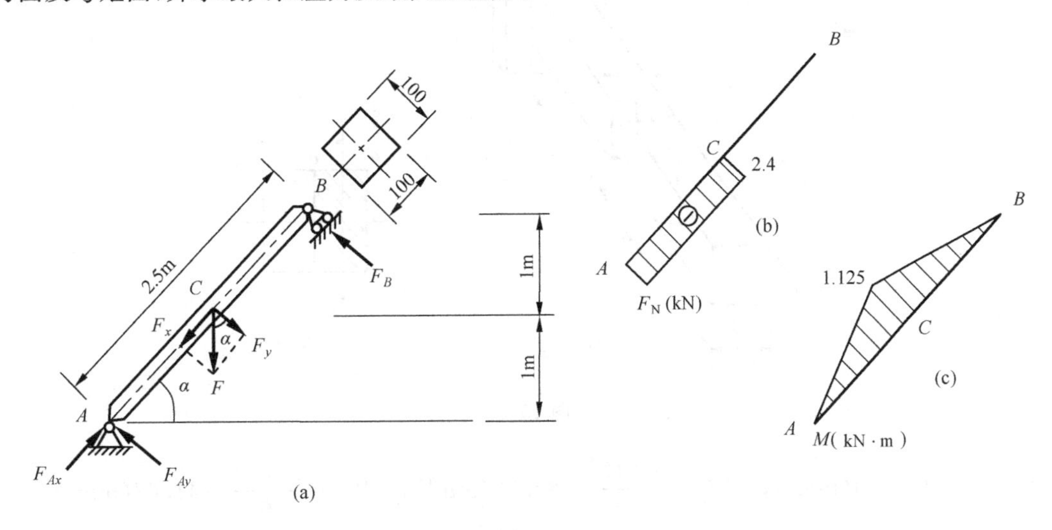

图 10-4

解　(1) 外力分解。

将外力 F 向梁的轴向及其垂直方向分解，分别得到 F_x 和 F_y。

$$F_x=F\sin\alpha=3\times\frac{2}{2.5}=2.4(\text{kN})$$

由 $\sin\alpha=\dfrac{2}{25}$，得

$$\alpha=53.13°$$

则

$$F_y=F\cos\alpha=3\times\cos 53.13°=1.8(\text{kN})$$

(2) 求支反力。

$$F_{Ax}=F_x=2.4\text{kN},\quad F_{Ay}=F_B=0.9\text{kN}$$

方向如图 10-4(a)所示。

(3) 内力分析。

作梁的轴力图和弯矩图如图 10-4(b)和(c)所示，可见 AC 段为轴向压缩与弯曲的组合变形。

(4) 应力计算。

$$\sigma_{\text{tmax}}=\frac{M_{\max}}{W}=\frac{1.125\times10^3}{0.1^3/6}=6.75(\text{MPa})$$

$$\sigma_{\text{cmax}}=\frac{F_{\text{N}}}{A}-\frac{M_{\max}}{W}=-\frac{2.4\times10^3}{0.1^2}-\frac{1.125\times10^3}{0.1^3/6}=-6.99(\text{MPa})$$

讨论：最大拉应力发生在 C 右邻截面，为弯曲正应力。最大压应力发生在 C 左邻截面，为弯曲正应力与压缩正应力之和。

例 10-5　一端固定，具有切槽的杆如图 10-5 所示，试指出危险点的位置。若 $F=1\text{kN}$，求杆的最大正应力。

解　此题为偏心拉伸问题，危险截面为切槽段各截面。

(1) 切槽截面的几何性质。

切槽截面如图 10-5(b)中阴影部分所示。

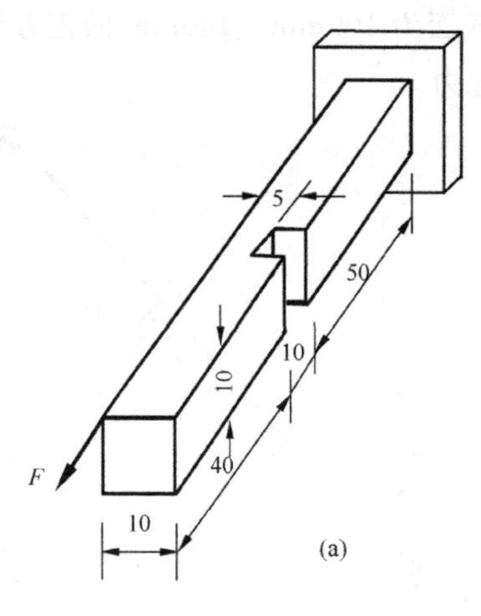

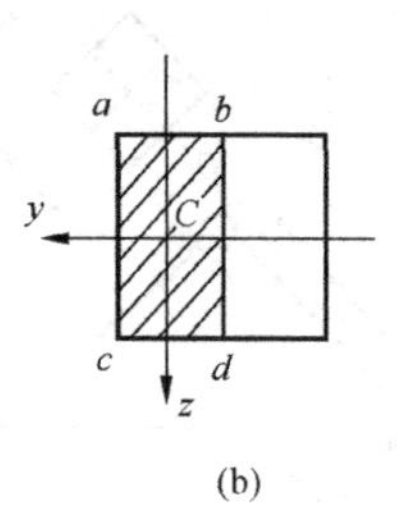

图 10-5

$$A=5\times10=50(\mathrm{mm}^2),\quad W_y=\frac{5\times10^2}{6}=83.33(\mathrm{mm}^3),\quad W_z=\frac{10\times5^2}{6}=41.67(\mathrm{mm}^3)$$

(2) 内力分析。

将力 F 向切槽截面形心简化，得到各内力为

$$F_N=F=1\mathrm{kN}$$

$$M_y=F\times5=5(\mathrm{kN\cdot mm})=5(\mathrm{N\cdot m}),\quad M_z=F\times2.5=2.5(\mathrm{N\cdot m})$$

(3) 应力计算。

$$\sigma_{\max}=\frac{F_N}{A}+\frac{M_y}{W_y}+\frac{M_z}{W_z}=\frac{1\times10^3}{50\times10^{-6}}+\frac{5}{83.33\times10^{-9}}+\frac{2.5}{41.67\times10^{-9}}=140(\mathrm{MPa})$$

危险点位于切槽面的 a 点。

例 10-6 图 10-6 所示铁道路标的圆信号板装在外径 $D=60\mathrm{mm}$ 的空心圆柱上。若信号板上作用的最大风载压强 $p=2\mathrm{kPa}$，圆柱的许用应力 $[\sigma]=60\mathrm{MPa}$，试按第三强度理论选择空心圆柱的壁厚 δ。

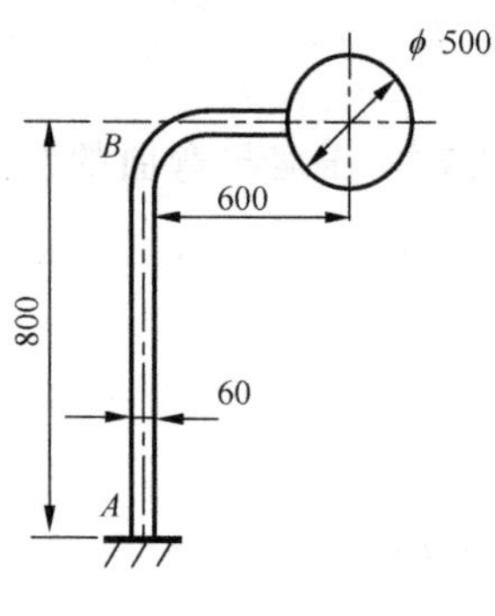

图 10-6

解 (1) 求风载的合力。

$$F=p\,\frac{\pi d^2}{4}=2\times\frac{\pi\times0.5^2}{4}=0.393(\mathrm{kN})$$

(2) 内力分析。

将 F 向立柱的轴线简化后，可知立柱受力为弯扭组合，危险截面为固定端，其内力为

$$M=0.8F=0.8\times0.393=0.314(\mathrm{kN\cdot m})$$

$$T=0.63F=0.63\times0.393=0.248(\mathrm{kN\cdot m})$$

(3) 截面的壁厚计算。

采用第三强度理论建立强度条件，有

$$\sigma_{r3}=\frac{\sqrt{M^2+T^2}}{W}\leqslant[\sigma]$$

即

$$\frac{\sqrt{0.314^2+0.248^2}\times10^3}{\dfrac{\pi\times60^3\times10^{-9}}{32}(1-\alpha^4)}\leqslant60\times10^6$$

得

$$\alpha=0.91$$

$$d=0.91D=0.91\times 60=54.6(\text{mm})$$

壁厚为

$$\delta=\frac{D-d}{2}=\frac{60-54.6}{2}=2.7(\text{mm})$$

10.3 习题选解

10-1 图10-7所示正方形、菱形、平行四边形和等腰梯形四种截面的梁，若外力作用于通过形心轴 Oy 的纵向平面内，则图________所示的梁发生斜弯曲变形。

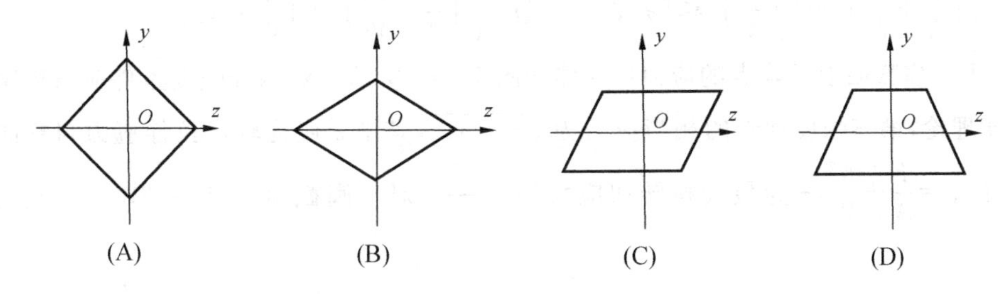

图10-7

答 C。图A、B、D所示截面中的 y、z 是形心主惯性轴，而C不是，因此正确答案是C。

10-2 横力弯曲薄壁梁的横截面如图10-8所示，各截面壁厚处处相等，图A、B、D具有一个对称轴，图C具有两个对称轴。外力作用线位置如图中虚线所示。其中图________所示的梁发生斜弯曲变形。

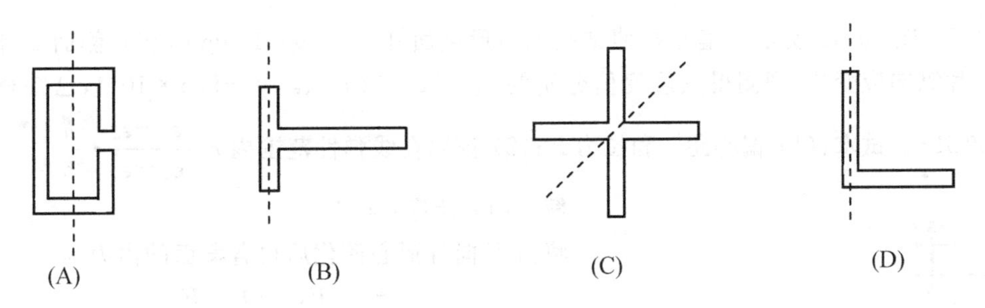

图10-8

答 D。图A中的虚线未通过截面的弯曲中心，产生平面弯曲与扭转；图B中的虚线平行于截面的形心主轴；图C的十字形截面通过其形心的所有的轴线都是形心主惯性轴，这两个梁发生平面弯曲。图D所示截面的形心主惯性轴是包括对称轴的一对正交轴，而图中虚线显然与主轴不平行，故发生斜弯曲。

10-3 拉力 F 作用于不等边角钢双肢中线交点如图10-9所示，其变形属于________。

A. 轴向拉伸；　　B. 轴向拉伸＋斜弯曲；

C. 轴向拉伸＋扭转；　　D. 斜弯曲。

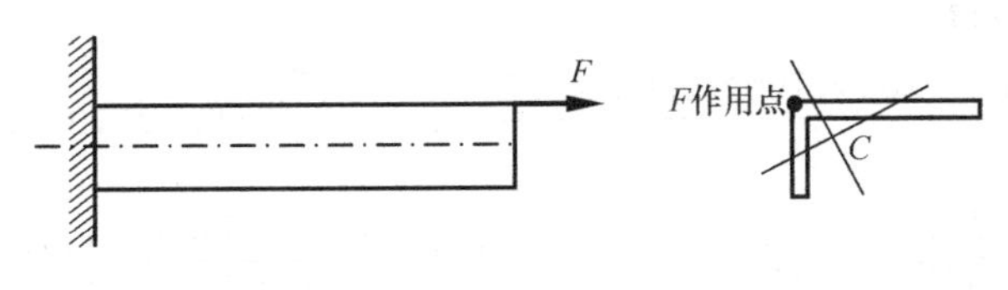

图10-9

答 B。外力 F 未通过截面形心，显然变形不是轴向拉伸，而是偏心拉伸，将 F 向截面形心 C 简化后，出现两个附加力偶作用于两个互相正交的主惯性平面内，它们产生斜弯曲。故答案B是正确的。根据上述分析，C、D显然不正确。

10-4 图10-10所示钢质圆杆 W、A 已知，同时受到轴向拉力 F、扭转力偶 T 和弯曲力偶 M 作用，下列强度条件正确的是________。

A. $\dfrac{F}{A}+\dfrac{\sqrt{M^2+T^2}}{W}\leqslant[\sigma]$；　　B. $\sqrt{\left(\dfrac{F}{A}\right)^2+\left(\dfrac{M}{W}\right)^2+\left(\dfrac{T}{W}\right)^2}\leqslant[\sigma]$；

C. $\sqrt{\left(\dfrac{F}{A}+\dfrac{M}{W}\right)^2+4\left(\dfrac{T}{W}\right)^2}\leqslant[\sigma]$；　　D. $\sqrt{\left(\dfrac{F}{A}+\dfrac{M}{W}\right)^2+\left(\dfrac{T}{W}\right)^2}\leqslant[\sigma]$。

答 D。横截面上危险点的应力单元体如图10-11所示。对钢杆强度条件应采用第三或第四强度理论，第三强度理论的相当应力为 $\sqrt{\sigma^2+4\tau^2}$，其中 σ 应为轴向拉伸应力与弯曲正应力的和，即 $\sigma=\dfrac{F}{A}+\dfrac{M}{W}$，$\tau$ 为最大扭转切应力，$\tau=\dfrac{T}{W_t}$。对于圆截面有 $W_t=2W$。由此判断D正确。

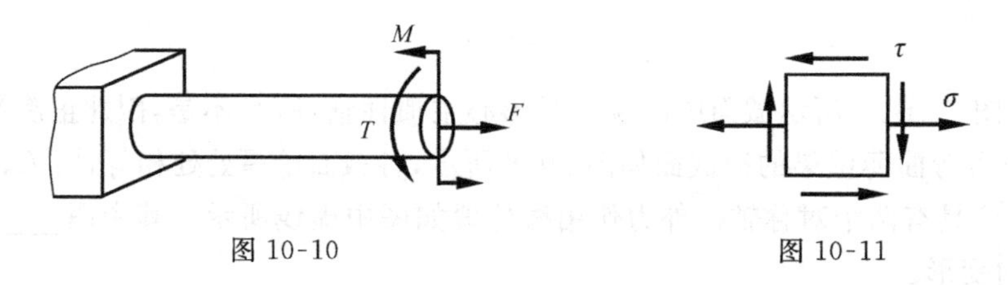

图10-10　　图10-11

10-5 图10-12所示为偏心拉伸试验的矩形截面杆，$h=2b=100\text{mm}$，在其侧面 a 和 b 处各贴一片纵向应变片，现测得其应变值分别为 $\varepsilon_a=520\times10^{-6}$、$\varepsilon_b=-9.5\times10^{-6}$，已知材料的 $E=200\text{GPa}$。试求：(1) 偏心距 e 和拉力 F；(2) 证明在线弹性范围内 $e=\dfrac{\varepsilon_a-\varepsilon_b}{\varepsilon_a+\varepsilon_b}\cdot\dfrac{h}{6}$。

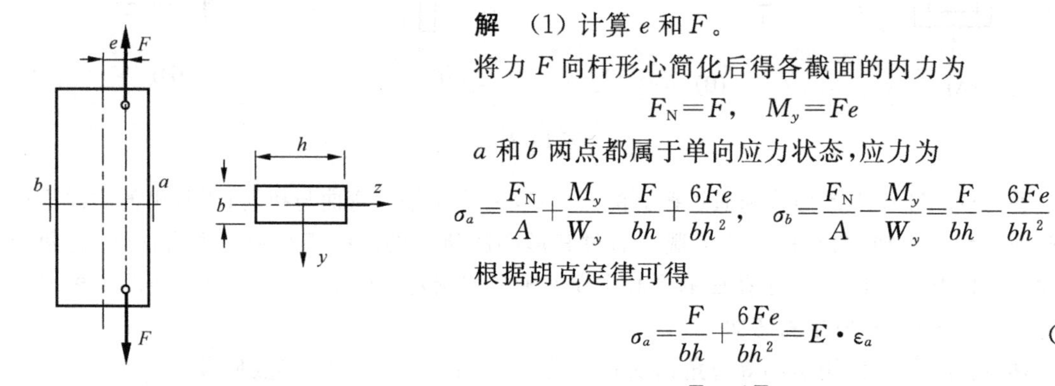

图10-12

解 (1) 计算 e 和 F。

将力 F 向杆形心简化后得各截面的内力为

$$F_N=F,\quad M_y=Fe$$

a 和 b 两点都属于单向应力状态，应力为

$$\sigma_a=\frac{F_N}{A}+\frac{M_y}{W_y}=\frac{F}{bh}+\frac{6Fe}{bh^2},\quad \sigma_b=\frac{F_N}{A}-\frac{M_y}{W_y}=\frac{F}{bh}-\frac{6Fe}{bh^2}$$

根据胡克定律可得

$$\sigma_a=\frac{F}{bh}+\frac{6Fe}{bh^2}=E\cdot\varepsilon_a \tag{1}$$

$$\sigma_b=\frac{F}{bh}-\frac{6Fe}{bh^2}=E\cdot\varepsilon_b \tag{2}$$

联解式(1)、式(2)得

$$F=\frac{Ebh(\varepsilon_a+\varepsilon_b)}{2}=\frac{200\times10^9\times0.05\times0.1}{2}(520\times10^{-6}-9.5\times10^{-6})=255.3(\text{kN})$$

$$e=\frac{\left(E\varepsilon_a-\dfrac{F}{bh}\right)bh^2}{6F}=\frac{\left(200\times10^9\times520\times10^{-6}-\dfrac{255.3}{0.05\times0.1}\right)\times0.05\times0.1^2}{6\times255.3}$$

$=0.017(\mathrm{m})=17(\mathrm{mm})$

(2) 证明 e 的表达式。

将式(1)、式(2)的左、右两端分别代入关系式$\frac{(1)-(2)}{(1)+(2)}$,得

$$\frac{\frac{F}{bh}+\frac{6Fe}{bh^2}-\left(\frac{F}{bh}-\frac{6Fe}{bh^2}\right)}{\frac{F}{bh}+\frac{6Fe}{bh^2}+\frac{F}{bh}-\frac{6Fe}{bh^2}}=\frac{2\times\frac{6Fe}{bh^2}}{2\times\frac{F}{bh}}=\frac{E(\varepsilon_a-\varepsilon_b)}{E(\varepsilon_a+\varepsilon_b)}$$

化简后得
$$e=\frac{\varepsilon_a-\varepsilon_b}{\varepsilon_a+\varepsilon_b}\cdot\frac{h}{6}$$

因式(1)、式(2)应用了胡克定律,故上式仅在线弹性条件下成立。

10-6 一金属构件受力如图 10-13 所示,已知材料的弹性模量 $E=150\mathrm{GPa}$,测得 A 点在 x 方向的线应变为 500×10^{-6},求载荷 F 的值。

解 各截面上的内力为

$$F_{\mathrm{N}}=-F,\quad M_y=F\times0.06,\quad M_z=F\times0.09$$

横截面上 A 点的应力为

$$\sigma_A=-\frac{F}{A}+\frac{M_y z}{I_y}+\frac{M_z y}{I_z}=E\varepsilon \tag{1}$$

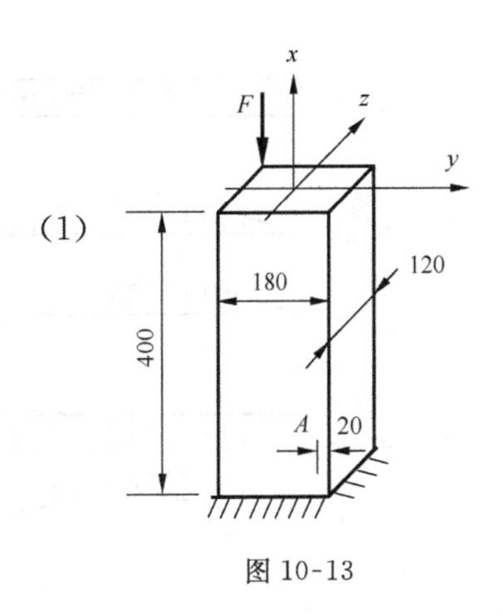

图 10-13

截面的几何参数为

$$A=0.12\times0.18=0.0216(\mathrm{m}^2)$$

$$I_y=\frac{0.18\times0.12^3}{12}=25.92\times10^{-6}(\mathrm{m}^4)$$

$$I_z=\frac{0.18^3\times0.12}{12}=58.32\times10^{-6}(\mathrm{m}^4)$$

A 点的坐标为 $y=0.07\mathrm{m}$,$z=0.06\mathrm{m}$。代入式(1)得

$$\sigma_A=-\frac{F}{0.0216}+\frac{0.06F\times0.06}{25.92\times10^{-6}}+\frac{0.09F\times0.07}{58.32\times10^{-6}}=150\times10^9\times500\times10^{-6}(\mathrm{Pa})$$

解得
$$F=374\mathrm{kN}$$

10-7 图 10-14(a)所示传动轴传递功率 $P=7\mathrm{kW}$,转速 $n=200\mathrm{r/min}$,皮带轮 D 的重量 $W=1.8\mathrm{kN}$,左齿轮 C 上啮合力 F_{n} 与齿轮节圆切线的夹角(压力角)为$20°$,轴的材料为低碳钢,许用应力$[\sigma]=80\mathrm{MPa}$,试分别在忽略和考虑皮带轮重量的情况下,按第三强度理论估算轴的直径。

解 (1) 受力分析。

外力偶矩
$$M_{\mathrm{e}}=9549\times\frac{7}{200}=334(\mathrm{N\cdot m})$$

皮带拉力
$$F_2=\frac{334}{0.25}=1337(\mathrm{N}),\quad F_1=2F_2=2674\mathrm{N}$$

齿轮啮合力
$$F_{\mathrm{n}}=\frac{334}{0.15\cos20°}=2371\mathrm{N}$$

将皮带拉力 F_1、F_2 和齿轮啮合力 F_{n} 分别向轴线简化,并将 F_{n} 分别向 y、z 方向分解,得轴的受力图如图 10-14(b)所示。

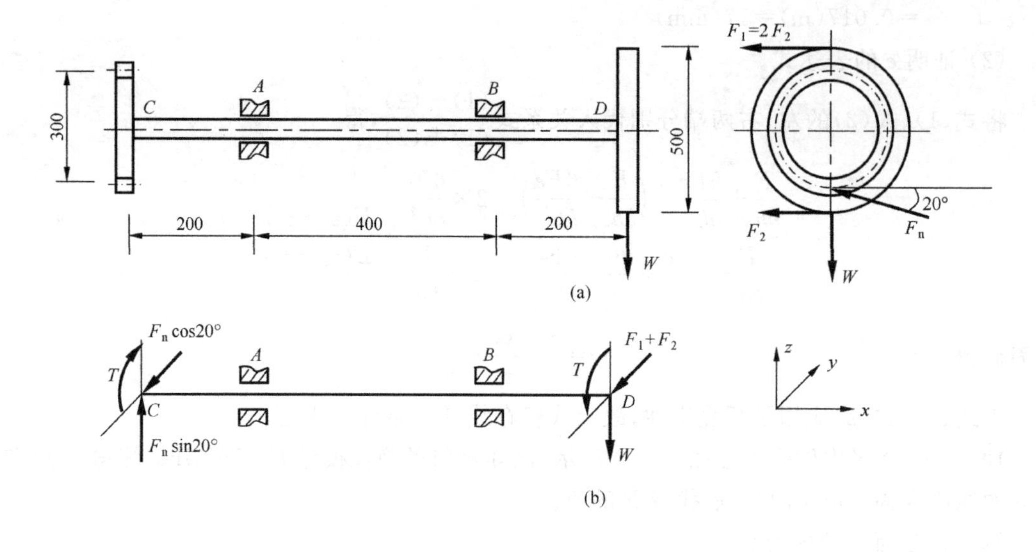

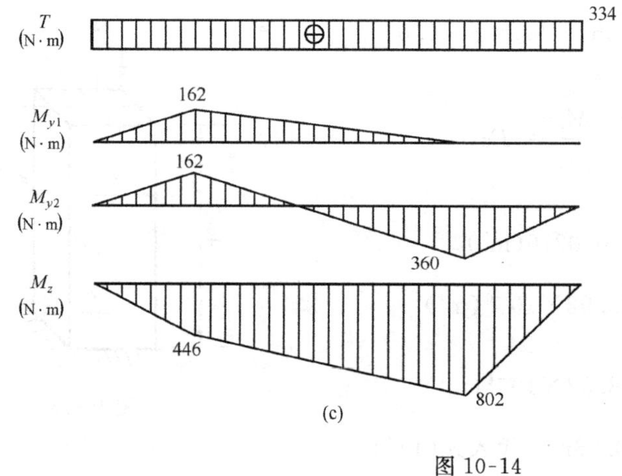

图 10-14

(2) 内力分析。

作扭矩、弯矩图如图 10-14(c)所示。

扭矩 $$T=M_e=334\text{N}$$

弯矩 M_y 在 x-z 平面画出，弯矩 M_z 在 x-y 平面画出。其中 M_{y1} 和 M_{y2} 分别为不考虑轮重和考虑轮重时的弯矩图。

(3) 忽略轮重时轴的直径计算。

危险截面在 B 处，采用第三强度理论，有

$$\sigma_{r3}=\frac{\sqrt{M_y^2+M_z^2+T^2}}{W}\leqslant[\sigma],\quad \frac{\sqrt{0+802^2+334^2}}{\dfrac{\pi d^3}{32}}\leqslant 80\times10^6$$

得 $$d\geqslant 48.0\text{mm}$$

(4) 考虑轮重时轴的直径计算。

危险截面在 B 处，采用第三强度理论，有

$$\sigma_{r3}=\frac{\sqrt{M_y^2+M_z^2+T^2}}{W}\leqslant[\sigma],\quad \frac{\sqrt{360^2+802^2+334^2}}{\dfrac{\pi d^3}{32}}\leqslant 80\times10^6$$

得 $d \geqslant 49.0\text{mm}$

讨论:轴承反力有水平和铅垂两个分量,求解时将外力分解到两个坐标面内较为方便。对于两个平面内的弯矩分量 M_y 和 M_z 应进行合成,以确定危险截面。

10-8 圆截面等直杆受横向力 F 和扭转外力偶 M_0 作用,如图 10-15(a)所示。由试验测得杆表面 A 点处沿轴线方向的线应变 $\varepsilon_{0^\circ}=4\times10^{-4}$,杆表面 B 点处沿与母线成 -45° 方向的线应变 $\varepsilon_{-45^\circ}=3.75\times10^{-4}$,已知杆的抗弯截面模量 $W=6000\ \text{mm}^3$,材料的弹性模量 $E=200$ GPa,泊松比 $\nu=0.25$,许用应力 $[\sigma]=140\text{MPa}$,试按第三强度理论校核杆的强度。

解 (1) 作轴的扭矩图和弯矩图如图 10-15(b)所示,由图可知危险截面为 CD 间各截面,其内力为 $T=M_0$,$M=-Fa$。

(2) A、B 两点的应力单元体如图 10-16 所示,B 点为纯剪切应力状态。

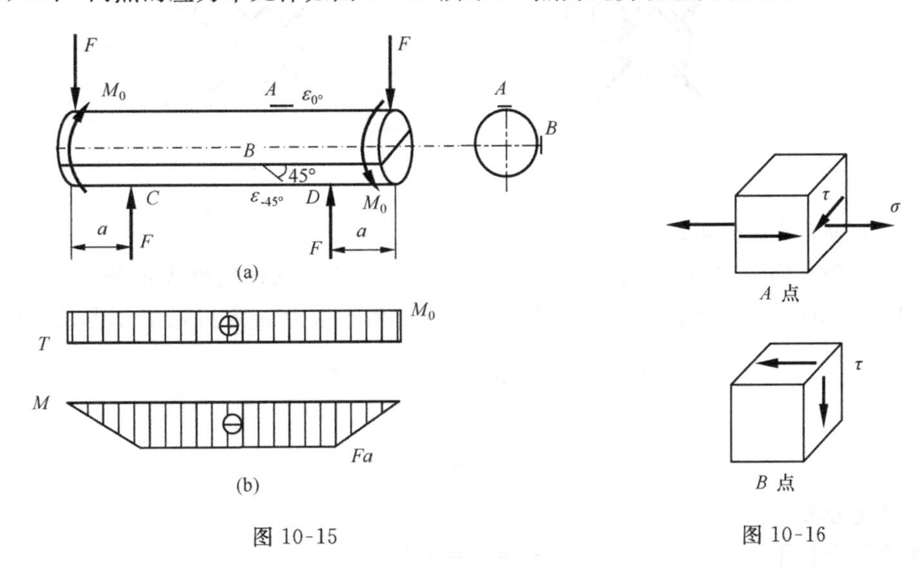

图 10-15　　图 10-16

(3) 应力分析。

对 A 点,由胡克定律可得轴线方向的线应变为

$$\varepsilon_{0^\circ}=\frac{\sigma_{0^\circ}}{E}=\frac{\sigma}{E}=4\times10^{-4}$$

正应力 σ 为　$\sigma=E\varepsilon=200\times10^9\times4\times10^{-4}=80(\text{MPa})$

对 B 点,$\sigma_{-45^\circ}=\tau$,$\sigma_{45^\circ}=-\tau$,沿 -45° 方向的线应变为

$$\varepsilon_{-45^\circ}=\frac{1}{E}(\sigma_{-45^\circ}-\nu\sigma_{45^\circ})=\frac{\tau}{E}(1+\nu)=3.75\times10^{-4}$$

切应力 τ 为　$\tau=\dfrac{E\varepsilon_{-45^\circ}}{1+\nu}=\dfrac{200\times10^9\times3.75\times10^{-4}}{1+0.25}=60(\text{MPa})$

此切应力 τ 虽然由 B 点应变算出,但因 A、B 两点都位于横截面外边缘,故也是 A 点单元体上的切应力。

(4) 按第三强度理论建立强度条件,A 点为危险点,有

$$\sigma_{r3}=\sqrt{\sigma^2+4\tau^2}=\sqrt{80^2+4\times60^2}=144.2(\text{MPa})<1.05[\sigma]$$

可认为仍满足强度条件。

10-9 图 10-17(a)所示的圆截面杆同时受到扭转力偶 M_e 和轴向拉力 F 的作用。已知杆

的直径 d 和材料的 E、ν。现测得杆表面上沿轴向和与轴线成45°方向的线应变分别为 ε_{0° 和 ε_{45°。试求 M_e 和 F 的值。

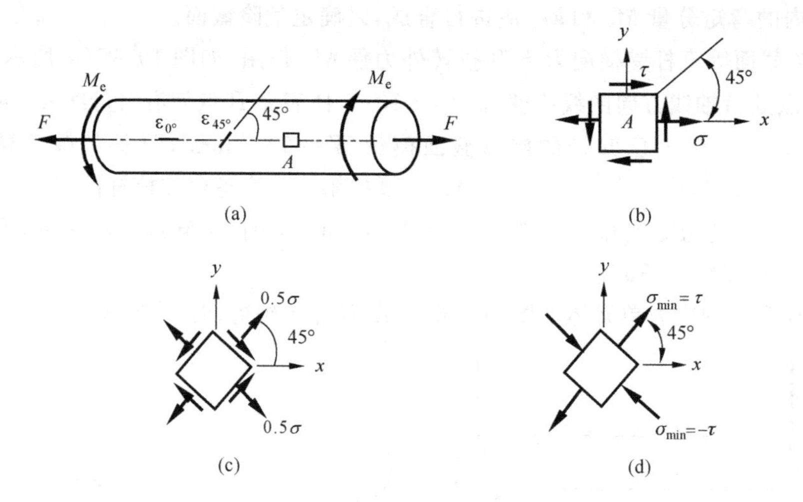

图 10-17

解 (1) 应力状态分析。

杆的任一横截面上的内力有轴力 $F_N=F$,扭矩 $T=M_e$。从杆的外表面任一点 A 取单元体,如图 10-17(b)所示,横截面上的 σ 为轴力 F_N 引起的正应力,τ 为扭矩 T 引起的切应力,即

$$\sigma=\frac{F_N}{A} \tag{1}$$

$$\tau=\frac{T}{W_t} \tag{2}$$

(2) 应变分析。

在小变形条件下
$$\varepsilon_x=\varepsilon_{0^\circ}=\sigma/E \tag{3}$$

对于45°方向的线应变,可通过叠加法求得。为此,将图 10-17(b)应力状态分解为单向拉伸与纯剪切两组,其中单向拉伸在图示45°方向的应力状态如图 10-17(c)所示,纯剪切在图示45°方向的应力状态如图 10-17(d)所示。分别应用广义胡克定律求图 10-17(c)、(d)两单元体沿45°方向的线应变,叠加得

$$\varepsilon_{45^\circ}=\frac{1}{E}[0.5\sigma-\nu(0.5\sigma)]+\frac{1}{E}[\tau-\nu(-\tau)]=\frac{\sigma}{2E}(1-\nu)+\frac{\tau}{E}(1+\nu) \tag{4}$$

(3) 求 F 和 M_e。

由式(1)、式(3)得

$$F=F_N=\sigma A=E\varepsilon_x A=\frac{E\varepsilon_x\pi d^2}{4}=\frac{E\varepsilon_{0^\circ}\pi d^2}{4} \tag{5}$$

由式(4)解出 τ,其中 $\sigma=E\varepsilon_{0^\circ}$,$W_t=\dfrac{\pi d^3}{16}$,再将结果代入式(2)可得

$$M_e=T=\frac{E\pi d^3}{16(1+\nu)}\left[\varepsilon_{45^\circ}-\frac{\varepsilon_{0^\circ}}{2}(1-\nu)\right]$$

10-10 矩形截面杆如图 10-18(a)所示,杆的两端作用有按三角形分布的拉力,载荷集度 q 为已知。在杆的顶部开沟槽,试确定:(1)未开槽截面最大正应力;(2)开槽的合理深度 x 及最大正应力。

解 (1)计算未开槽截面最大正应力。

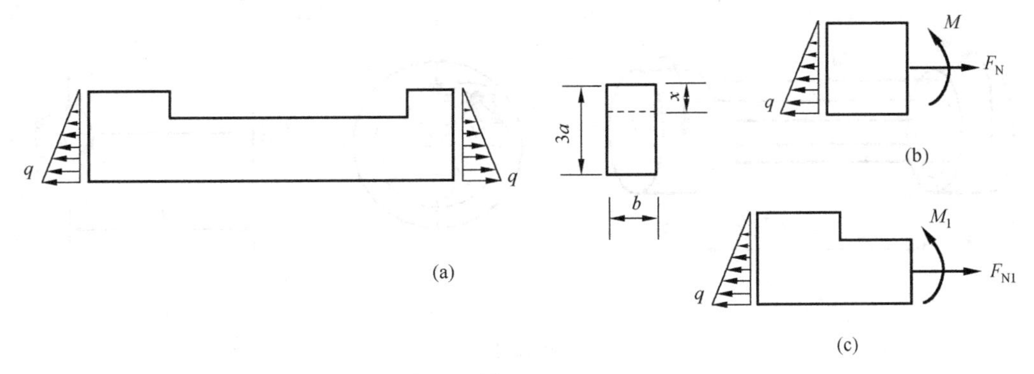

图 10-18

外力的合力大小为

$$F=\frac{1}{2}\cdot q\cdot 3a=\frac{3}{2}qa$$

合力作用线位置距底边为 a。

如图 10-18(b)所示，未开槽截面内力如下。

轴力
$$F_N=\frac{3}{2}qba$$

弯矩
$$M=\frac{3}{2}qba\cdot(\frac{3a}{2}-a)=\frac{3}{4}qba^2$$

未开槽截面最大正应力在截面下边缘，即

$$\sigma_{max}=\frac{F_N}{A}+\frac{M}{W}=\frac{3qab}{2b(3a)}+\frac{\frac{3}{2}qab\cdot\left(\frac{3a}{2}-a\right)}{\frac{b(3a)^2}{6}}=q$$

(2)如图 10-18(c)所示，开槽截面内力为

轴力
$$F_{N1}=\frac{3}{2}qba$$

弯矩
$$M_1=\frac{3}{2}qba\cdot\left(\frac{3a-x}{2}-a\right)$$

开槽的最合理 x 值是截面弯矩为零，由弯曲引起拉应力等于零，所以有

$$M_1=\frac{3}{2}qba\cdot\left(\frac{3a-x}{2}-a\right)=0,x=a$$

未开槽截面最大正应力为 $\sigma_{max1}=\frac{F_{N1}}{A_1}=\frac{3qab}{2b(2a)}=0.75q$

$$\sigma_{max}=\frac{F_N}{A}+\frac{M}{W}=\frac{3qa}{2b(3a-x)}+\frac{\frac{3}{2}qa\cdot\left(\frac{3a-x}{2}-a\right)}{\frac{b(3a-x)^2}{6}}$$

10-11* 如图 10-19(a)所示，两刚性板间用 $n(n\geqslant3)$ 根材料和尺寸相同的圆形截面杆固接，这 n 根杆件在刚性板上均匀分布在直径为 D 的圆周上，杆件的弯曲刚度为 EI，抗弯截面系数为 W，扭转刚度为 $GI_P=0.8EI$，材料的许用应力为$[\sigma]$，两刚性板的间距为 $l=10D$。当两刚性板上分别作用大小相等、方向相反的扭转外力偶 M_e 时，试求：(1)两刚性板的相对扭转角 φ；(2)根据第三强度理论确定扭转外力偶的最大值。

解 (1)求刚性板的相对扭转角 φ。

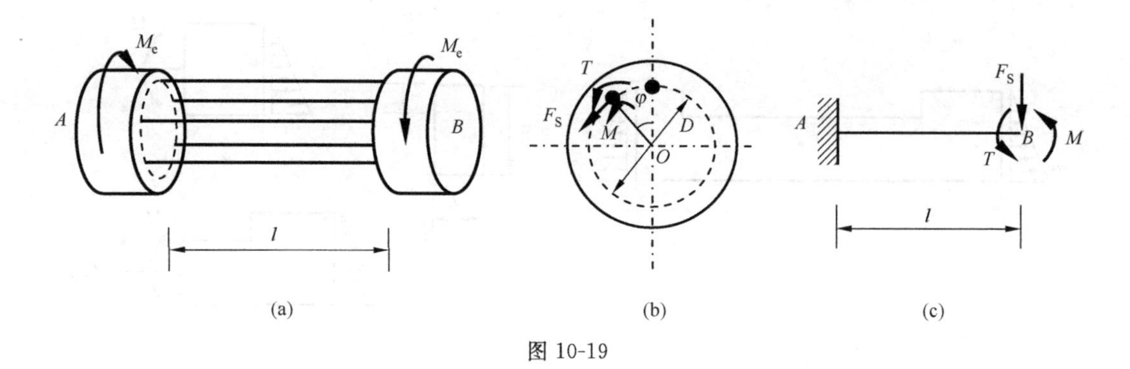

图 10-19

以左边刚性板 A 为参考，假设其不动。根据对称性，每根杆件的变形完全相同。考虑一根杆件，其扭转的角度也是 φ，如图 10-19(b)所示。去掉刚性板 B，杆端 B 截面的内力如图 10-19(c)所示，有剪力 F_S、弯矩 M 和扭矩 T。

杆件 B 端位移为 $w_B=\dfrac{\varphi D}{2}$；B 截面转角为 $\theta_B=0$；相对扭转角为 φ。

由静力学方程得

$$M_e=n\left(T+\frac{F_S D}{2}\right)$$

变形计算 $\quad w_B=\dfrac{F_S l^3}{3EI}-\dfrac{Ml^2}{2EI}=\dfrac{\varphi D}{2},\quad \theta_B=\dfrac{F_S l^2}{2EI}-\dfrac{Ml}{EI}=0,\quad \varphi=\dfrac{Tl}{GI_P}$

解得

$$M=\frac{F_S l}{2},F_S=\frac{6EI}{l^3}\cdot\varphi D,T=\frac{GI_P}{l}\varphi,M_e=n\left(\frac{GI_P}{l}\varphi+\frac{3EID^2}{l^3}\varphi\right)$$

故两刚性板间的相对扭转角为

$$\varphi=\frac{M_e l^3}{n(GI_P l^2+3EID^2)}=\frac{M_e(10D)^3}{n(0.8\times10^2+3)EID^2}=\frac{10^3 M_e D}{83nEI}\approx12\,\frac{M_e D}{nEI}$$

因此

$$F_S=\frac{6EI}{(10D)^3}\cdot\frac{10^3 M_e D}{83nEI}=\frac{6M_e}{83nD}$$

$$M=\frac{10D}{2}=\frac{6M_e}{83nD}=\frac{30M_e}{83n}$$

$$T=\frac{0.8EI}{10D}\cdot\frac{10^3 M_e D}{83nEI}=\frac{80M_e}{83n}$$

(2)求最大扭矩。

杆件处于弯曲与扭转组合变形状态，危险截面在 A 截面或 B 截面处，截面的内力为

$$M_A=F_S l-M=\frac{60M_e}{83n}-\frac{30M_e}{83n}=\frac{30M_e}{83n}=M_B$$

$$T_A=T_B=\frac{80M_e}{83n}$$

根据第三强度理论，有

$$\sigma_{r3}=\frac{\sqrt{M_A^2+T_A^2}}{W}=\frac{1}{W}\sqrt{\left(\frac{30M_e}{83n}\right)^2+\left(\frac{80M_e}{83n}\right)^2}=\frac{10\sqrt{73}M_e}{83nW}=1.03\,\frac{M_e}{nW}\leqslant[\sigma]$$

$$T_A=T_B=\frac{80M_e}{83n}$$

扭转外力偶的最大值为 $M_{emax}=\dfrac{nW[\sigma]}{1.03}$。

第 11 章　压 杆 稳 定

11.1　重点内容概要

1. 压杆稳定的概念

压杆的稳定性是指其维持原有平衡位置(直线形式)的能力。外界干扰能使压杆暂时偏离其平衡位置,如果去除干扰,压杆仍能恢复其平衡位置,则压杆原来的平衡是稳定的,否则是不稳定的。压杆直线形式的平衡由稳定转变为不稳定的现象称为失稳。压杆的平衡处于稳定平衡和不稳定平衡的中间状态,称为临界状态。

2. 临界力与临界应力

临界力是指压杆在临界状态下所对应的轴向压力。临界力除以横截面面积等于临界应力。本章的核心问题是计算压杆的临界力或临界应力。

3. 细长压杆的临界力 F_{cr} 和临界应力 σ_{cr}

$$F_{cr}=\frac{\pi^2 EI}{(\mu l)^2} \tag{11-1}$$

式中,对于沿各个方向杆端约束相同的情况,惯性矩 I 应取最小值。

$$\sigma_{cr}=\frac{F_{cr}}{A}=\frac{\pi^2 E}{\lambda^2} \tag{11-2}$$

4. 柔度 λ

柔度 λ 是反映杆端约束条件、长度和截面几何性质对临界(应)力综合影响的参数。$\lambda=\frac{\mu l}{i}$,其中,μ 是长度因子,l 是杆长,i 是截面的惯性半径。μ 值增大意味着杆端约束程度减弱。$i=\sqrt{\frac{I}{A}}$,对于圆截面杆有 $i=\frac{d}{4}$。当压杆可能在不同平面内失稳时,应采用其中较大的 λ 值进行临界力计算。

5. 临界应力总图

压杆的临界应力随其柔度 λ 值的增大而减小,欧拉公式仅适用于细长杆,$\lambda\leqslant\lambda_0$ 的压杆称为短粗(小柔度)杆,其承载力属于强度问题。对于塑性材料的杆,$\sigma_{cr}=\sigma_s$。

介于细长杆与短粗杆之间的是中柔度杆,其临界应力已超过材料的比例极限,应按经验公式进行计算,如直线公式

$$\sigma_{cr}=a-b\lambda,\quad \lambda_0\leqslant\lambda\leqslant\lambda_p \tag{11-3}$$

其中,a、b 为与材料有关的常数,$\lambda_0=\frac{a-\sigma_s}{b}$。常用的结构钢材 Q235 钢,$\lambda_p=100$,$\lambda_0=61$。

6. 压杆的稳定计算

采用安全因子法
$$n=\frac{\sigma_{cr}}{\sigma}=\frac{F_{cr}}{F}\geqslant n_w \tag{11-4}$$

7. 稳定分析应注意的问题

(1) 压杆的柔度取决于横截面面积的大小及其形状等诸多参数，因此，按稳定条件进行截面设计时往往需要采用试算法。

(2) 压杆的失稳是一种整体性行为，杆件的局部削弱对临界应力影响不大，故稳定计算可不考虑个别截面局部削弱，横截面面积按未削弱的计算。

(3) 细长压杆的临界应力与弹性模量成正比，与材料强度无直接关系。柔度接近短粗杆时，材料强度的影响才变得显著。一般地说，提高压杆稳定性的最有效措施是设法减小其柔度。

(4) 对于非细长压杆，不同的规范推荐有具体的经验公式，计算时应予注意。

8. 纵横弯曲

纵横弯曲时，轴向压力会在横向力作用产生的变形上引起附加弯矩，这两种外力的效应不是互相独立的，因此叠加法不再适用。

11.2 典型例题

例 11-1 图 11-1(a)所示结构中，分布载荷 $q=20\text{kN/m}$。梁 AD 的截面为矩形，$b=90\text{mm}$，$h=130\text{mm}$。柱 BC 的截面为圆形，直径 $d=80\text{mm}$。梁和柱均为 Q235 钢，$E=200\text{GPa}$，$\lambda_p=100$，$a=304\text{MPa}$，$b=1.12\text{MPa}$，$[\sigma]=160\text{MPa}$，规定稳定安全因数 $n_w=3$。试校核结构的安全。

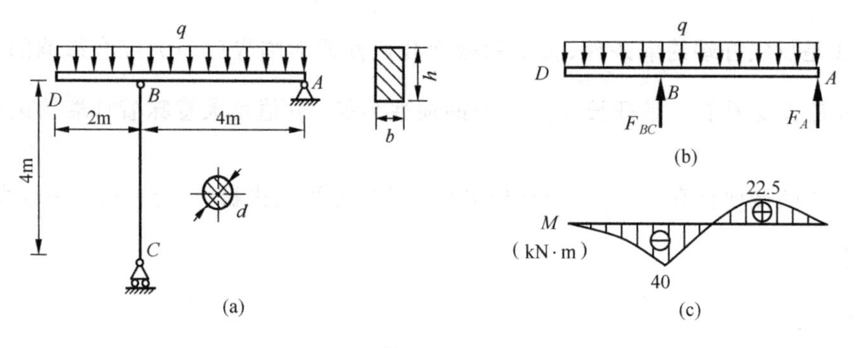

图 11-1

解 (1) 对 AD 杆按梁进行校核。

其受力图如图 11-1(b)所示，$F_A=30\text{kN}$，$F_{BC}=90\text{kN}$。

弯矩图如图 11-1(c)所示，危险截面在 B 截面，B 截面的弯矩与应力为

$$M_{max}=40\text{kN}\cdot\text{m}$$

$$\sigma_{max}=\frac{M_{max}}{W}=\frac{40\times10^3}{\dfrac{90\times130^2}{6}\times10^{-9}}=158(\text{MPa})<[\sigma]$$

该部分安全。

(2) 对 BC 杆进行稳定性校核。

$$\lambda=\frac{\mu l}{i}=\frac{1\times 4}{0.08/4}=200>\lambda_p$$

其为细长杆。

$$F_{cr}=\frac{\pi^2 E}{\lambda^2}\cdot A=\frac{3.14^2\times 200\times 10^9}{200^2}\times\frac{3.14\times 80^2}{4}\times 10^{-6}=247.67(\text{kN})$$

$$n=\frac{F_{cr}}{F_{BC}}=\frac{247.67}{90}=2.75<n_w$$

该部分不安全。

例 11-2 一柱高 3.0m，由 25a 号工字钢制成。试计算图 11-2 中两种约束情况下柱的临界力。假定在 xy 平面和 xz 平面内的约束情况是相同的。

解 图 11-2(a)：上端铰支，下端固定。

柱的长度因子 $\mu=0.7$。由型钢表查得 25a 号工字钢 $i_y=10.2\text{cm}$，$i_z=2.4\text{cm}$，$A=48.54\ \text{cm}^2$。Q235 钢 $\lambda_p=100$，$\lambda_0=61$。$a=304\text{MPa}$，$b=1.12\text{MPa}$。

(1) 计算柔度。

$$\lambda=\frac{\mu l}{i_z}=\frac{0.7\times 3000}{24}=87.5<\lambda_p$$

属于中柔度杆。

(2) 计算临界应力和临界力。由直线型经验公式得

$$\sigma_{cr}=a-b\lambda=304-1.12\times 87.5=206(\text{MPa})$$

$$F_{cr}=\sigma_{cr}A=206\times 4854=999924(\text{N})\approx 1000(\text{kN})$$

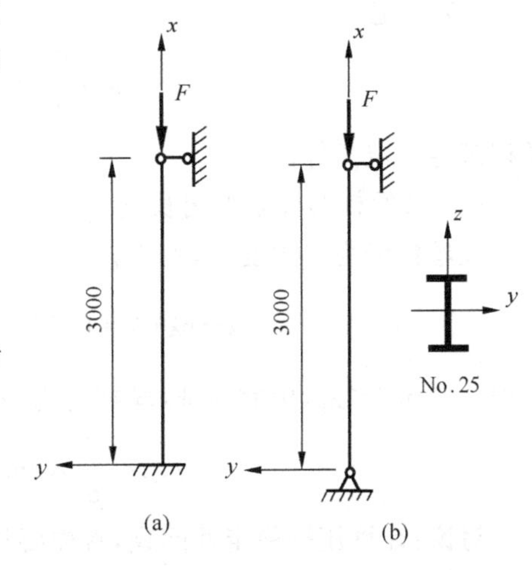

图 11-2

图 11-2(b)：两端铰支。

(1) 计算柔度 λ。柱的长度因子 $\mu=1.0$。

$$\lambda=\frac{\mu l}{i_z}=\frac{1.0\times 3000}{24}=125>\lambda_p$$

属于细长杆。

(2) 计算临界应力和临界力。由欧拉公式得

$$\sigma_{cr}=\frac{\pi^2 E}{\lambda^2}=\frac{\pi^2\times 200\times 10^9}{125^2}=126.3(\text{MPa})$$

$$F_{cr}=\sigma_{cr}A=126.3\times 4854=613000(\text{N})=613(\text{kN})$$

讨论：因为柱的约束情况不随形心轴的方向改变，为了求得最大柔度值，只需考虑横截面惯性半径的最小值，即取 i_z 计算 λ。

细长压杆图 11-2(b)的临界应力只达屈服极限的 54%，说明细长压杆的设计应以稳定条件为主。

例 11-3 图 11-3(a)所示的千斤顶丝杠伸出长度 $l=375\text{mm}$，有效直径 $d=40\text{mm}$，材料为 45 号钢，最大起重量 $F=80\text{kN}$，规定稳定安全因数 $n_w=4$。试校核该丝杠的稳定性并讨论丝杠的极限伸出长度。

解 (1) 计算丝杠柔度。

丝杠可简化为一端固定另一端自由的压杆(图 11-3(b))，长度因子 $\mu=2$。圆截面的惯性

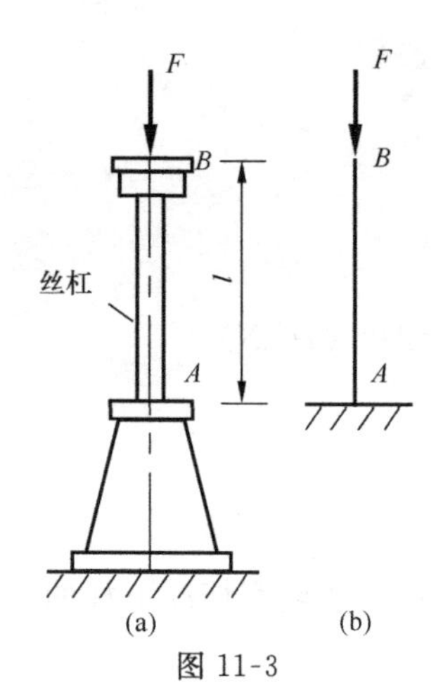

图 11-3

半径为

$$i=\frac{d}{4}=\frac{40}{4}=10(\mathrm{mm})$$

柔度为

$$\lambda=\frac{\mu l}{i}=\frac{2\times 375}{10}=75$$

查表可知，45 号钢 $\lambda_p=100$，$\lambda_0=60$，所以属于中柔度杆。

(2) 计算临界力。

45 号钢，$a=578\mathrm{MPa}$，$b=3.744\mathrm{MPa}$，则由直线型经验公式得

$$F_{cr}=\sigma_{cr}A=(a-b\lambda)A$$
$$=(578-3.744\times 75)\cdot\frac{\pi\times 40^2}{4}=373.5(\mathrm{kN})$$

(3) 稳定校核。

$$n=\frac{F_{cr}}{F}=\frac{373.5}{80}=4.67>n_w=4$$

丝杠满足稳定条件。

(4) 求丝杠的极限伸出长度。

设丝杠仍为中柔度杆，令 $F_{cr}=n_wF=4\times 80=320(\mathrm{kN})$。由

$$(a-b\lambda)A=(578-3.744\lambda)\cdot\frac{\pi\times 40^2}{4}=320000(\mathrm{N})$$

解得 $\lambda=86.4<\lambda_p$，由此验证，丝杠仍为中柔度杆。于是极限伸出长度为

$$l_{max}=\frac{i}{\mu}\times 86.4=\frac{10}{2}\times 86.4=432(\mathrm{mm})$$

讨论：计算压杆稳定性问题，首先要计算压杆的柔度，根据柔度判断压杆的类型，然后选择适当的公式计算临界力。如果参数有所变化，如本题丝杠长度改变，则还应校核柔度变化是否改变了压杆的类型。

例 11-4*　某结构受力简图如图 11-4(a)所示。直径为 d 的钢制圆轴 BC 水平放置，C 端固定，B 端与竖直杆 AB 固接。AB 杆可视为刚性杆，可绕 BC 的轴线转动。BC 轴的切变模量为 G。求：(1)作用于竖杆顶端 A 的临界力 F_{cr}；(2)若 $l_1=200\mathrm{mm}$，$l_2=300\mathrm{mm}$，$G=80\mathrm{GPa}$，当临界力为 100kN 时 BC 轴所需的最小直径。

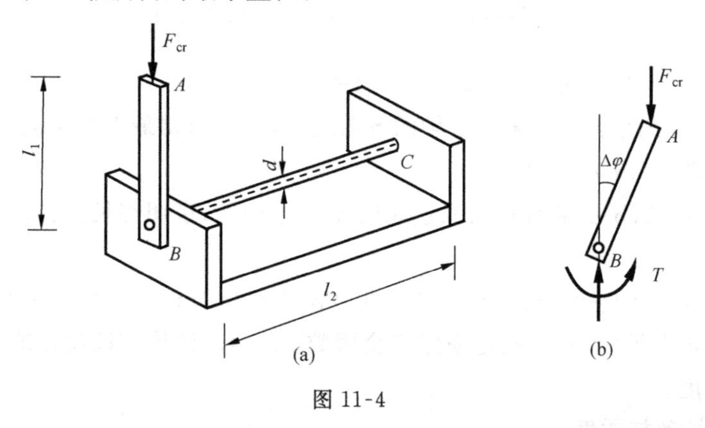

图 11-4

解　(1) 求临界力 F_{cr}。

设钢杆 AB 绕 B 转过一小角度 $\Delta\varphi$ 后平衡，如图 11-4(b)所示，图中 T 为 BC 轴对 AB 杆的反力偶矩，数值等于轴的扭矩。根据稳定性的概念，能够使外力矩与反力偶矩保持平衡的最小压力 F_{cr} 即为临界力。因此

$$F_{cr}l_1\sin\Delta\varphi=T \tag{1}$$

对 BC 轴

$$\Delta\varphi=\frac{Tl_2}{GI_p} \tag{2}$$

联解式(1)、式(2)，得

$$F_{cr}=\frac{GI_p\Delta\varphi}{l_1l_2\sin\Delta\varphi}$$

小变形 $\dfrac{\Delta\varphi}{\sin\Delta\varphi}\approx1$，因此

$$F_{cr}=\frac{GI_p}{l_1l_2}=\frac{G\pi d^4}{32l_1l_2} \tag{3}$$

(2) 求临界状态下 BC 的最小直径 d。

将已知量代入式(3)，得

$$F_{cr}=\frac{G\pi d^3}{32l_1l_2}=\frac{80\times10^9\cdot\pi d^4}{32\times0.2\times0.3}=100\times10^3$$

解得

$$d=29.6\text{mm}$$

讨论：有弹性支承的刚性杆的稳定性问题可归结为在刚性杆偏离其原有平衡位置的任意微小位移状态下，求能与弹性恢复力达到平衡的外加压力的最小值，求解时应注意小变形条件。

例 11-5 某工作台柱如图 11-5(a)所示。柱的上端固定铰支，中部沿 z 方向有一侧向支承。下端与端板焊接，在 xy 平面内可视为固支；在 xz 平面内可近似看作铰支。柱顶最大轴向压力 $F=1000$kN，规定的稳定安全因数 $n_w=1.8$。柱的材料为 16Mn 钢，$\lambda_p=102$，$E=200$GPa。若柱采用 56a 号工字钢，试校核柱的稳定性。

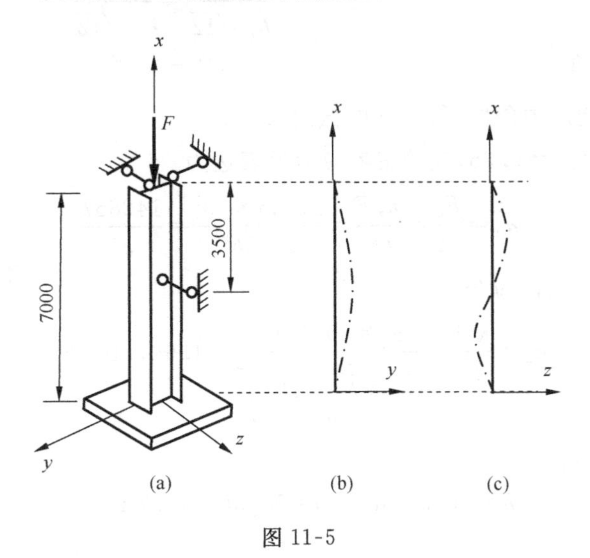

图 11-5

解 (1) 计算柱的柔度。

查 56a 号工字钢，$A=135.44\ \text{cm}^4$，$i_y=3.18$cm，$i_z=22.0$cm。在 xy 平面，按照一端铰支一端固定，$\mu=0.7$；在 xz 平面，按照两端简支，$\mu=1.0$。

$$\lambda_y=\frac{0.7\times7000}{220}=22.3,\quad \lambda_z=\frac{1.0\times3500}{31.8}=110.1$$

$\lambda_{\max}=\lambda_z>\lambda_p$，可能在 xz 平面内失稳，属于细长杆。

(2) 稳定性校核。

由欧拉公式

$$F_{cr}=\frac{\pi^2E}{\lambda^2}A=\frac{\pi^2\times200\times10^9}{110.1^2}\times135.44\times10^{-4}=2205(\text{kN})$$

$$\frac{F_{cr}}{F}=\frac{2205}{1000}=2.21>n_w=1.8$$

满足稳定条件。

例 11-6 矩形截面钢杆如图 11-6 所示，下端固定，上端在 xz 平面可视为铰支，在 xy 平面则可视为自由端。(1)求按照稳定性要求确定截面边长的最佳比值 b/h。(2)已知轴向压力 $F=25\text{kN}$，$l=500\text{mm}$，材料为 Q235 钢，$n_w=2.0$，求柱的截面尺寸。

图 11-6

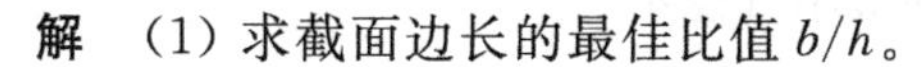

解 (1) 求截面边长的最佳比值 b/h。

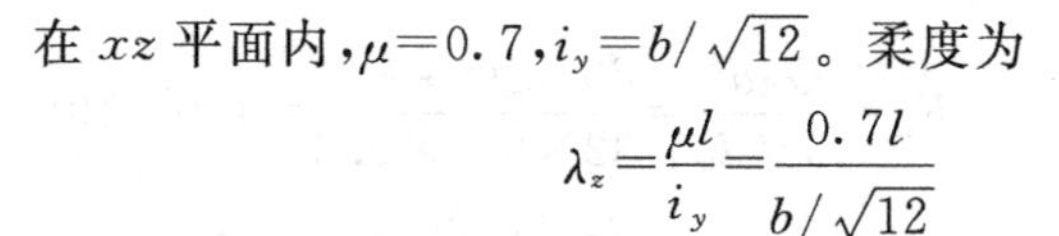

在 xz 平面内，$\mu=0.7$，$i_y=b/\sqrt{12}$。柔度为

$$\lambda_z=\frac{\mu l}{i_y}=\frac{0.7l}{b/\sqrt{12}}$$

在 xy 平面内，$\mu=2.0$，$i_z=\dfrac{h}{\sqrt{12}}$。柔度为

$$\lambda_y=\frac{\mu l}{i_z}=\frac{2l}{h/\sqrt{12}}$$

截面边长的最佳比值应使 $\lambda_y=\lambda_z$，此时柱具有最大的稳定承载力，令

$$\frac{0.7l}{b/\sqrt{12}}=\frac{2l}{h/\sqrt{12}}$$

得

$$b/h=0.35$$

(2) 在给定的轴向压力条件下，求柱的截面尺寸。

利用 $n_w=2.0$ 和 $b/h=0.35$，柱的临界应力可表达为

$$\sigma_{cr}=\frac{F_{cr}}{A}=\frac{n_wF}{bh}=\frac{2\times25\times10^3}{0.35h^2}=\frac{142857}{h^2}\tag{1}$$

假定此柱属于细长杆。由欧拉公式

$$\sigma_{cr}=\frac{\pi^2E}{\lambda^2}=\frac{\pi^2\times200\times10^9}{\left(\dfrac{2\sqrt{12}\times0.5}{h}\right)^2}=1.64\times10^{11}h^2\tag{2}$$

令式(1)与式(2)相等，得

$$h=30.6\text{ mm},\quad b=0.35h=10.7\text{ mm}$$

验算压杆的柔度得

$$\lambda=\frac{2\sqrt{2}\times500}{30.6}=113.2>\lambda_p$$

符合欧拉公式的适用条件。

讨论：为了获得最大的稳定承载力，应使压杆沿两个主轴方向的柔度大致相等。

对于设计型问题，事先不知道压杆的柔度，可采用试算法，对于初选的截面按照估计的柔度范围进行稳定性计算，然后再对适用条件进行校核。

11.3 习题选解

11-1 压杆的一端自由，另一端固结在弹性墙上，如图 11-7(a)所示。其长度因子的范围为________。

A. $0.5<\mu<0.7$；　　B. $0.7<\mu<1$；　　C. $1<\mu<2$；　　D. $\mu>2$。

答 D。运用相当长度的概念，一端固定一端自由的细长压杆如图 11-7(b)所示，它相当于两端铰支长度为 $2l$ 的细长压杆，长度因子为 2。对于弹性支座的情况，由于约束端允许有转角，如图 11-7(c)所示，故对应两端铰支的压杆的相当长度大于 $2l$，即长度因子大于 2。

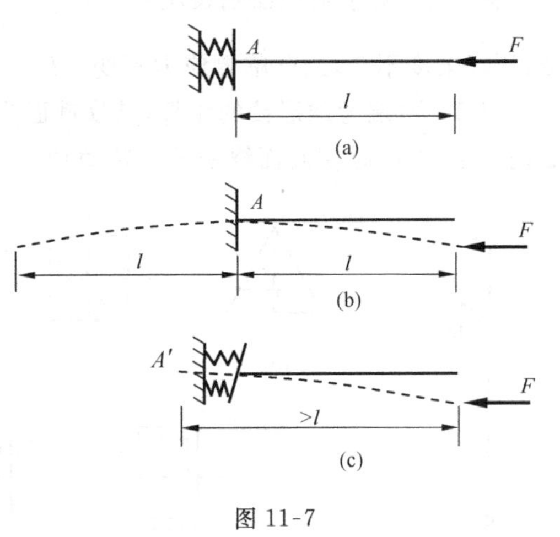

图 11-7

11-2 图 11-8 所示的各段杆均为材料相同、直径相等的圆截面细长杆，但杆长不同，在图中分别以直径 d 的倍数表示。在轴向压力 F 作用下，________将首先失稳。

答 D。对各杆的柔度进行比较，柔度最大者首先失稳。各杆的截面相同，即惯性半径相等，故只需对各杆的相当长度进行比较。A 杆：$\mu l=0.5\times55d=27.5d$。B 杆：$\mu l=0.7\times40d=28d$。C 杆：$\mu l=1\times29d=29d$。D 杆：$\mu l=2\times15d=30d$。D 杆的相当长度最大。

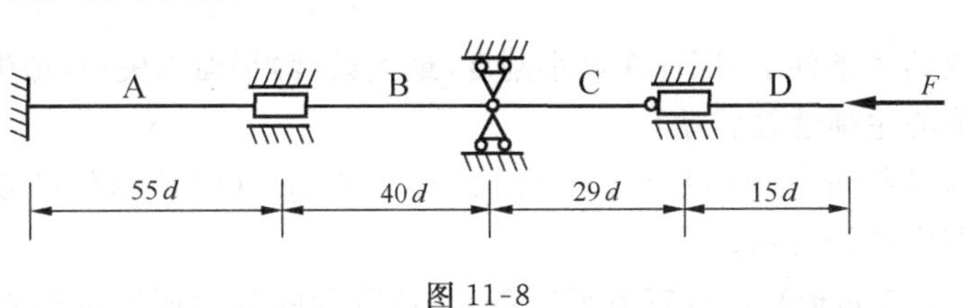

图 11-8

11-3 在稳定性计算中，对压杆临界力的计算可能发生两类错误，一类是对中柔度杆的临界力应用了欧拉公式，另一类是对细长杆应用了经验公式。其后果是________。

A. 前者偏于安全，后者偏于危险；

B. 前者偏于危险，后者偏于安全；

C. 两者都偏于危险；

D. 两者都偏于安全。

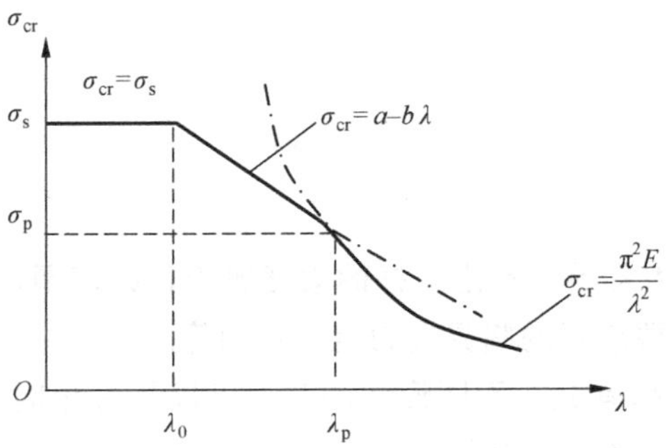

图 11-9

答 C。可利用临界应力总图进行分析，如图 11-9 所示。当横坐标 λ 大于 λ_p 时，属于细长杆，应采用欧拉公式计算临界应力和临界力，相应的临界应力如图 11-9 中实曲线所示。如果误用了直线公式，如图 11-9 中细点画直线所示，表明过高估计了临界应力值，也就是过高估计了临界应力值，后果也偏于危险。

同理，如果对于 λ 小于 λ_p 的中柔度杆使用了欧拉公式，如图 11-9 中细点画曲线所示，其临界应力计算值也比直线公式偏大，如图 11-9 中粗实线所示，表明过高估计了临界应力值，后果也偏于危险。

11-4 圆截面细长压杆的材料及支承情况保持不变，将其横向及轴向尺寸同时增大一倍，压杆的________。

A. 临界应力不变，临界力增大；　　B. 临界应力增大，临界力不变；

C. 临界应力和临界力都增大；　　D. 临界应力和临界力都不变。

答 A。对于圆截面细长压杆 $\lambda=\dfrac{\mu l}{i}=\dfrac{4\mu l}{d}$，杆长 l 和直径 d 同时增加一倍，比值 l/d 不变，压杆柔度不变，因此临界应力不变。$F_{cr}=\sigma_{cr}A$，A 增加，所以临界力也增大。

11-5 两端为球形铰的压杆，其横截面为如图 11-10 所示的不同形状时，压杆会在哪个平面内失稳（失稳时横截面绕哪根轴转动）？

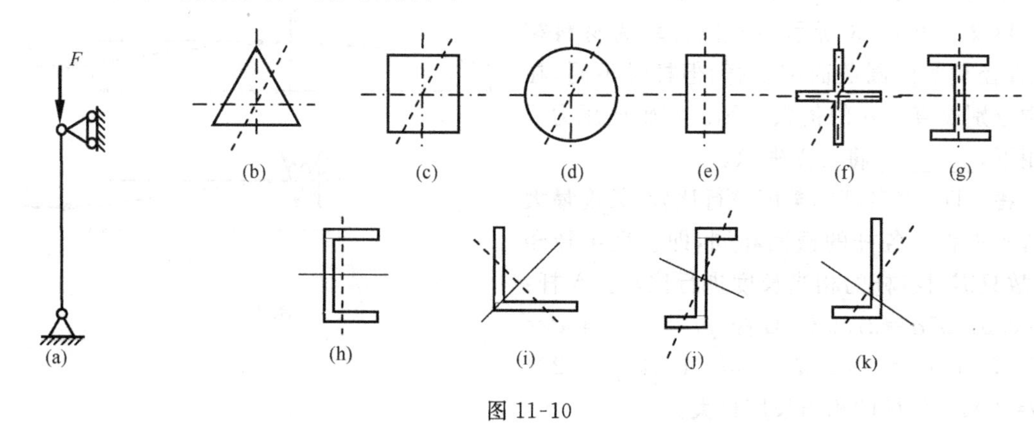

图 11-10

答 在球形铰约束条件下，压杆在最小刚度（最大柔度）平面内失稳，即失稳时横截面绕具有最小惯性矩的形心主惯性轴转动。

图 11-10 所示各截面中，图 11-10(e)、(g)、(h)、(i)、(j)、(k)所示的各截面的具有最小惯性矩的形心轴如图中虚线所示。

图 11-10(b)（正三角形）、(c)（正方形）、(d)、(f)所示的各截面通过形心的任意轴都是形心主惯性轴，故失稳时可绕通过形心的任意轴转动，如图中虚线所示。

11-6 两根材料和柔度都相同的压杆，________。

A. 临界应力一定相等，临界力不一定相等；

B. 临界应力不一定相等，临界力一定相等；

C. 临界应力和临界力都一定相等；

D. 临界应力和临界力都不一定相等。

答 A。对于给定的材料，具有确定的临界应力总图。不论压杆的柔度属于什么范围，临界应力只随柔度变化。因此材料和柔度都相同时，两压杆的临界应力就一定相等。

除了材料和柔度，临界力还与压杆的横截面面积有关。不同形状的截面可以具有相同的柔度但却可能具有不同的横截面面积，因而其临界力不一定相同。

11-7*　图 11-11 所示的平面桁架中三个细长杆的材料、截面形状和尺寸完全相同。设杆

长为 l，截面弯曲刚度为 EI，则桁架在平面内失稳的临界力 F_{cr} = ________。

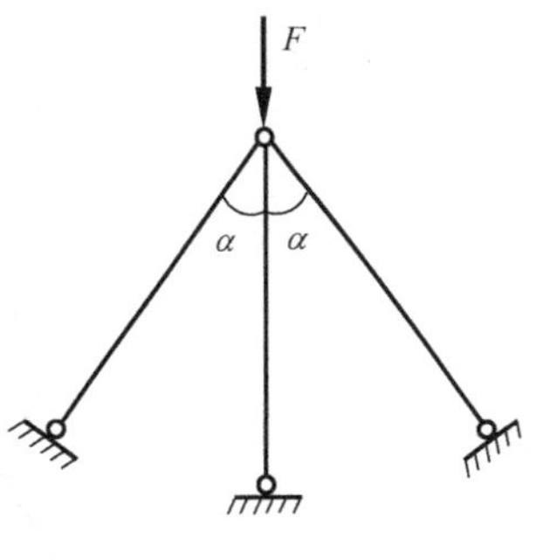

图 11-11

A. $\dfrac{\pi^2 EI}{l^2}$；　　　　B. $\dfrac{2\pi^2 EI}{l^2}$；

C. $\dfrac{3\pi^2 EI}{l^2}$；　　　　D. $(1+2\cos\alpha)\dfrac{\pi^2 EI}{l^2}$。

答　D。此题的关键在于如何理解桁架结构的失稳。对于静定结构，一个压杆的失稳会导致整个结构的破坏。在静不定结构中，因存在多余约束，一个压杆的失稳并不一定导致整个结构的破坏。此结构是静不定结构，失稳前中间的压杆轴力较大，首先失稳，其临界内力为两端铰支压杆的欧拉临界力。中间压杆失稳后，两侧的压杆仍可作为静定结构继续承受外力。在小变形条件下，可认为中间压杆失稳后将保持其临界内力不变，载荷增量全部由两侧压杆承担。由于对称性，两侧的压杆将随后同时失稳，即此结构失稳的条件是所有压杆的轴力达到各自的临界力。根据平衡条件，结构的临界力等于三杆（均为二力杆）临界力的向量和。答案 D 是正确的。如果结构不对称，三压杆桁架结构的失稳条件将是两个受力较大的压杆首先达到各自的临界力，从而导致整个结构的破坏。

11-8　两根相同的细长柱，上下端分别与刚性板固结，如图 11-12 所示。在轴向压力 $2F$ 作用下系统失稳时，其中一根柱的变形形态如图 11-12 中________所示。

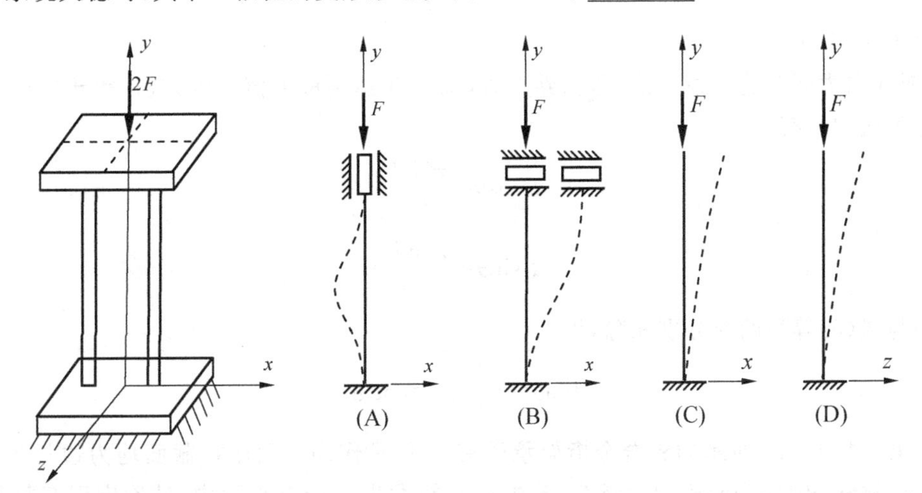

图 11-12

答　D。前三种情况是在 xy 平面内失稳，第四种情况是在 yz 平面内失稳。其中 C 所示的失稳变形不符合上端转角为零的约束条件，是错误的。其余三种情况 A、B、D 的长度因子分别是 0.5、1.0、2.0，D 的柔度最大，是实际可能的失稳变形形态。

与独立压杆不同的是，结构的稳定性分析除了要考虑杆件在不同平面内失稳的可能性，还要考虑上端有侧移的情况。

11-9　图 11-13(a)所示的结构中 AB、AC 均为细长压杆，两杆材料及横截面形状尺寸完全相同。若此结构由于杆在 ABC 平面内失稳破坏，试确定当 θ 角为多大时载荷 F 可达最大 $(0°<\theta<\pi/2)$？

解　(1) 内力分析。

取节点 A 为研究对象，如图 11-13(b)所示。

$$\sum F_x = 0, \quad F_{NAB} = F\cos\theta \tag{1}$$

$$\sum F_y = 0, \quad F_{NAC} = F\sin\theta \tag{2}$$

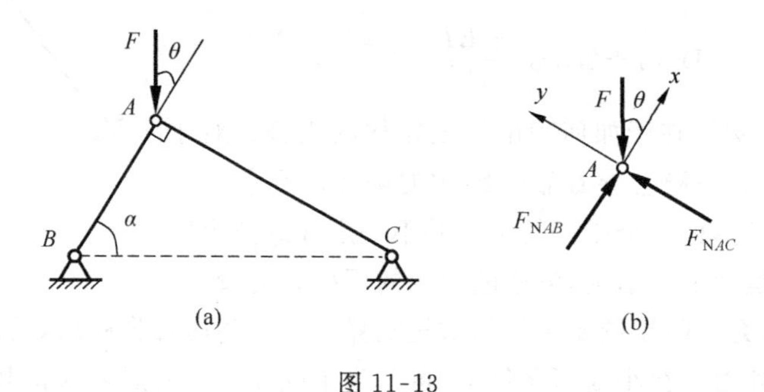

图 11-13

(2) 各杆临界力。

设 AB 杆长为 l_1，AC 杆长为 l_2，由欧拉公式得

$$F_{AB,cr}=\frac{\pi^2 EI}{l_1^2} \tag{3}$$

$$F_{AC,cr}=\frac{\pi^2 EI}{l_2^2} \tag{4}$$

(3) 确定 θ 角。

当两杆内力同时达到最大值，即临界力时，载荷 F 达到最大值。令式(1)等于式(3)，并令式(2)等于式(4)，有

$$F\cos\theta=\frac{\pi^2 EI}{l_1^2} \tag{5}$$

$$F\sin\theta=\frac{\pi^2 EI}{l_2^2} \tag{6}$$

将式(6)与式(5)等号两端分别相除，得

$$\tan\theta=\left(\frac{l_1}{l_2}\right)^2=\cot^2\alpha$$

11-10 图 11-14 所示的铝合金桁架承受集中力 F 作用。两压杆截面均为边长为 50mm 的正方形，材料的 $E=70\text{GPa}$，$\lambda_p=88$。若失稳只能发生在桁架平面内，试确定引起桁架失稳的 F 值。

解 (1) 计算柔度。

杆长 $\quad l_1=\sqrt{1.6^2+1.2^2}=2(\text{m})$， $l_2=\sqrt{0.9^2+1.2^2}=1.5(\text{m})$

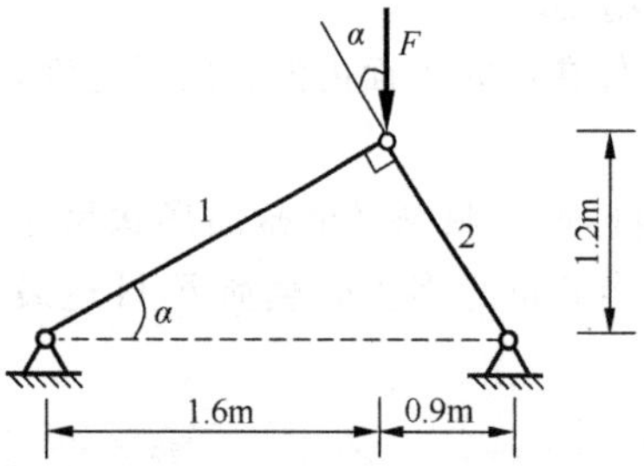

图 11-14

$$\cos\alpha=\frac{1.6}{2}=0.8, \quad \sin\alpha=\frac{1.2}{2}=0.6$$

$$i=\frac{50}{\sqrt{12}}=14.43(\text{mm})$$

$$\lambda_1=\frac{\mu l_1}{i}=\frac{1\times 2000}{14.43}=138.6 \tag{1}$$

$$\lambda_2=\frac{\mu l_2}{i}=\frac{1\times 1500}{14.43}=104 \tag{2}$$

$\lambda_1 > \lambda_p, \lambda_2 > \lambda_p$ 都是细长杆。

(2) 轴力分析。

$$F_{N1} = F\sin\alpha = 0.6F$$
$$F_{N2} = F\cos\alpha = 0.8F \tag{3}$$

(3) 单个压杆的临界力，由欧拉公式有

$$F_{1,cr} = \frac{\pi^2 E}{\lambda_1^2} A = \frac{\pi^2 \times 70 \times 10^9}{138.6^2} \times 50^2 \times 10^{-6} = 89.8(\text{kN}) \tag{4}$$

$$F_{2,cr} = \frac{\pi^2 E}{\lambda_2^2} A = \frac{\pi^2 \times 70 \times 10^9}{104^2} \times 50^2 \times 10^{-6} = 159.5(\text{kN}) \tag{5}$$

(4) 求桁架结构的失稳载荷 F。

将式(4)、式(5)分别等于式(3)中的 F_{N1}、F_{N2}，得

$$F_1 = \frac{89.8}{0.6} = 149.7(\text{kN})$$

$$F_2 = \frac{159.5}{0.8} = 199.4(\text{kN})$$

取较小值，$F = 149.7\text{kN}$。

11-11* 图 11-15(a)所示的结构由两根圆管铰接而成。已知圆管的横截面面积 $A = 55\text{mm}^2$，$I = 4200\text{mm}^4$，材料的应力-应变曲线如图 11-15(b)所示，$E = 210\text{GPa}$。试问随着载荷 F 的增加，哪个杆先破坏？求结构能承受的最大载荷。

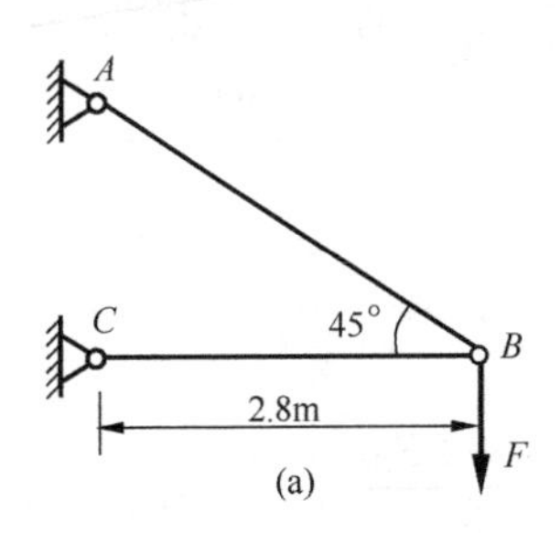

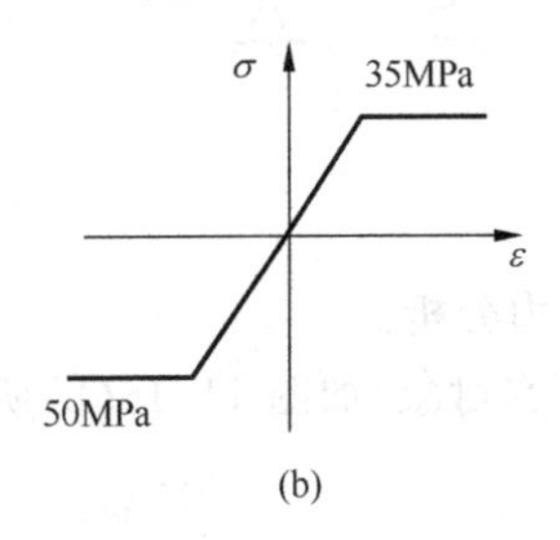

图 11-15

解 (1) 内力分析。

取节点 B 为研究对象，可得

$$F_{NAB} = 1.414F\ (\text{拉}) \tag{1}$$

$$F_{NBC} = F\ (\text{压}) \tag{2}$$

(2) 压杆的柔度分析。

由于

$$i = \sqrt{\frac{I}{A}} = \sqrt{\frac{4200}{55}} = 8.74(\text{mm}) \tag{3}$$

则 BC 杆的柔度为

$$\lambda = \frac{\mu l}{i} = \frac{1 \times 2800}{8.74} = 320.4 \tag{4}$$

$$\lambda_p = \sqrt{\frac{\pi^2 E}{\sigma_p}} = \sqrt{\frac{\pi^2 \times 210 \times 10^9}{50 \times 10^6}} = 203.5 < \lambda \tag{5}$$

属于细长杆。

(3) 求压杆临界力。

由欧拉公式

$$F_{cr}=\frac{\pi^2 E}{\lambda^2}A=\frac{\pi^2\times210\times10^9}{320.4^2}\times55^2\times10^{-6}=1110(\mathrm{N})=1.11(\mathrm{kN}) \tag{6}$$

(4) 由压杆临界力求最大载荷。

根据式(2)和式(6)得 $F=1.11\mathrm{kN}$。

(5) 校核拉杆应力。

$$\sigma=\frac{F_{NAB}}{A}=\frac{1.414\times1.11\times10^3}{55\times10^{-6}}=28.5(\mathrm{MPa})<35(\mathrm{MPa})$$

可见,压杆失稳时,拉杆应力还处于弹性范围。故知,压杆 BC 首先破坏,结构的最大承载力为 1.11kN。

11-12 图 11-16(a)所示的结构中,AB 为刚性杆,CD 和 EF 均为弯曲刚度为 EI 的细长杆。试求结构所能承受载荷的极限值 F_{max}。

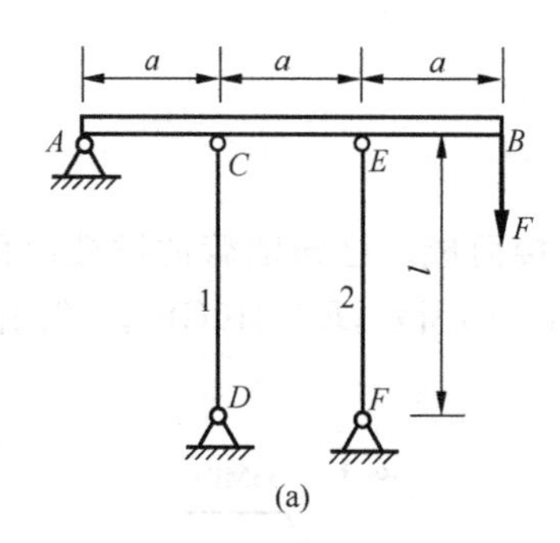

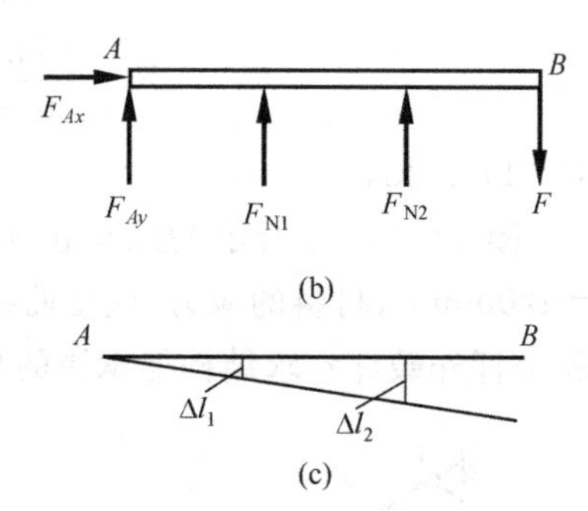

图 11-16

解 (1) 内力分析。

取 AB 为研究对象,如图 11-16(b)所示。

$$\sum M_A=0,\quad F=\frac{F_{N1}+2F_{N2}}{3} \tag{1}$$

(2) 几何方程。

两压杆的变形如图 11-16(c)所示,有

$$2\Delta l_1=\Delta l_2 \tag{2}$$

在线弹性压缩变形时,两压杆的内力与变形成正比,因而有 $2F_{N1}=F_{N2}$。随着载荷 F 的增加,EF 杆首先达到其临界力而失稳。因变形微小,可认为压杆的临界力不随变形继续增长,直至 CD 杆也达到临界力。此时,结构达到承载力极限状态,相应的载荷为 F_{max}。

(3) 压杆的临界力。

CD 杆和 EF 杆的临界力相等,同为

$$F_{cr}=\frac{\pi^2 EI}{l^2} \tag{3}$$

(4) 求 F_{max}。

将 $F_{N1}=F_{N2}=F_{cr}$ 代入式(1),得

$$F=\frac{\pi^2 EI}{l^2}$$

第12章 能 量 法

12.1 重点内容概要

1. 功能原理

在静载荷的作用下，弹性体储存的应变能 V_ε，在数值上等于外力功 W，即

$$V_\varepsilon = W \tag{12-1}$$

2. 外力功计算

在线弹性范围内

$$W = \sum \frac{1}{2} F_i \Delta_i \tag{12-2}$$

其中，F_i 为广义力，Δ_i 为与 F_i 相应的广义位移，即力 F_i 作用点沿 F_i 方向的位移。

3. 杆件的应变能

在线弹性范围内，有

(1) 轴向拉压 。

$$V_\varepsilon = \int \frac{F_N^2(x)\,dx}{2EA} \tag{12-3}$$

等直杆、桁架

$$V_\varepsilon = \sum \frac{F_{N_i}^2 L_i}{2E_i A_i} \tag{12-4}$$

(2) 扭转(圆截面杆)。

$$V_\varepsilon = \int \frac{T^2(x)\,dx}{2GI_p} \tag{12-5}$$

(3)弯曲。

$$V_\varepsilon = \int \frac{M^2(x)\,dx}{2EI} \tag{12-6}$$

(4) 组合变形。

$$V_\varepsilon = \int \frac{F_N^2(x)\,dx}{2EA} + \int \frac{T^2(x)\,dx}{2GI_p} + \int \frac{M^2(x)\,dx}{2EI} \tag{12-7}$$

若材料为非线性的，则应变能为

$$V_\varepsilon = \int F_N\,d(\Delta l) + \int T\,d\varphi + \int M\,d\theta \tag{12-8}$$

必须指出：

① 应变能与载荷的关系是非线性的，不能用叠加法计算。但在组合变形中，当一种载荷所引起的变形不影响另一种载荷所做的功时，这两种载荷所引起的应变能可以叠加。

② 在总应变能中都未考虑剪切变形的影响，因为对细长杆剪切应变能相对于其他应变能非常微小，通常可以忽略不计(见 12.2 节的例 12-2)。

4. 单位载荷法

(1) 一般公式为

$$\Delta=\int\overline{F}_{\mathrm{N}}(x)\mathrm{d}(\Delta l)+\int\overline{T}(x)\mathrm{d}\varphi+\int\overline{M}(x)\mathrm{d}\theta \tag{12-9}$$

式中，$\overline{F}_{\mathrm{N}}(x)$、$\overline{T}(x)$、$\overline{M}(x)$为在欲求位移的截面沿位移方向加单位力，该单位力使构件产生的内力；$\mathrm{d}(\Delta l)$、$\mathrm{d}\varphi$、$\mathrm{d}\theta$ 为实际载荷使构件产生的微变形。式(12-9)对线性和非线性材料都适用。

(2) 莫尔积分。线弹性体的单位载荷法又称为莫尔积分，公式为

$$\Delta=\int\frac{F_{\mathrm{N}}(x)\overline{F}_{\mathrm{N}}(x)\mathrm{d}x}{EA}+\int\frac{M(x)\overline{M}(x)\mathrm{d}x}{EI}+\int\frac{T(x)\overline{T}(x)\mathrm{d}x}{GI_{\mathrm{p}}} \tag{12-10}$$

式中，$F_{\mathrm{N}}(x)$、$M(x)$、$T(x)$为实际载荷使构件产生的内力；$\overline{F}_{\mathrm{N}}(x)$、$\overline{M}(x)$、$\overline{T}(x)$同式(12-9)。

(3) 支座有位移时的单位载荷法公式为

$$\Delta=-\sum\overline{F}_{\mathrm{R}}C+\int\overline{F}_{\mathrm{N}}(x)\mathrm{d}(\Delta l)+\int\overline{M}(x)\mathrm{d}\theta+\int\overline{T}(x)\mathrm{d}\varphi \tag{12-11}$$

式中，$\overline{F}_{\mathrm{R}}$ 为与待求位移相应的单位力产生的支座反力；C 为支座发生的位移量。$\overline{F}_{\mathrm{R}}$ 与 C 同方向时取正号，反之取负号。

(4) 莫尔积分的几种具体形式。

桁架
$$\Delta=\sum\frac{F_{\mathrm{N}i}\overline{F}_{\mathrm{N}i}l_i}{E_iA_i} \tag{12-12}$$

直梁、刚架
$$\Delta=\sum\int\frac{M(x)\overline{M}(x)\mathrm{d}x}{EI} \tag{12-13}$$

小曲率圆弧曲杆
$$\Delta=\int\frac{M(\varphi)\overline{M}(\varphi)R\mathrm{d}\varphi}{EI} \tag{12-14}$$

(5) 单位力与所求位移 Δ 的关系。

Δ 为广义位移，所加的单位力是与 Δ 相应的广义力，即求某点线位移，则在该点加沿位移方向的单位力；求某截面的转角，则在该截面加与转角相应的单位力偶；求某两点的相对位移，则在该两点沿两点连线各加一方向相反的单位力；求两截面的相对转角，则在该两处各加一转向相反的单位力偶。若计算结果为正，说明位移与所加单位力方向相同；结果为负，说明位移与所加单位力方向相反。

5. 图乘法

图乘法又称图形互乘法，是莫尔积分的图解形式。计算式为

$$\Delta=\sum\frac{1}{EA}\omega_N\overline{F}_{\mathrm{N}C}+\sum\frac{1}{EI}\omega_M\overline{M}_C+\sum\frac{1}{GI_{\mathrm{p}}}\omega_T\overline{T}_C \tag{12-15}$$

式中，ω_N、ω_M、ω_T 分别是载荷作用下各种内力图的面积，$\overline{F}_{\mathrm{N}C}$、$\overline{M}_C$、$\overline{T}_C$分别是与载荷内力图形心位置处对应的单位力内力图上的坐标值。常用的图形面积及形心位置见《材料力学》(王博，2018)(以下简称主教材)表 12-1。

注意：

(1) 图乘法只适用于直杆，如直梁、刚架等。

(2) 单位力的内力图是折线时，必须分段计算。

(3) 当载荷的内力图是一条直线，而单位力的内力图是折线时，可以反乘以简化运算，即用单位力内力图的面积乘该面积形心位置处对应的载荷内力图上的坐标数值。

(4) 当两种内力图位于轴线同侧时，结果为正；位于异侧时，结果为负。

6. 卡氏定理

$$\Delta_i = \frac{\partial V_\varepsilon}{\partial F_i} \tag{12-16}$$

式中，V_ε 为结构的应变能；Δ_i 为所求的位移；F_i 为所求位移的相应外力。

实际计算的常用公式为

$$\Delta_i = \int \frac{F_N(x)}{EA} \frac{\partial F_N(x)}{\partial F_i} dx + \int \frac{M(x)}{EI} \frac{\partial M(x)}{\partial F_i} dx + \int \frac{T(x)}{GI_p} \frac{\partial T(x)}{\partial F_i} dx \tag{12-17}$$

7. 互等定理

(1) 功的互等定理。

$$F_1 \Delta_{12} = F_2 \Delta_{21} \tag{12-18}$$

F_1 在由 F_2 引起的位移 Δ_{12} 上所做的功等于 F_2 在由 F_1 引起的位移 Δ_{21} 上所做的功。

(2) 位移互等定理。

$$\Delta_{12} = \Delta_{21} \tag{12-19}$$

载荷作用在点 2 时所引起的点 1 的位移 Δ_{12} 等于同一载荷作用在点 1 时所引起的点 2 的位移 Δ_{21}。

卡氏定理和互等定理只适用于线弹性体。式(12-17)～式(12-19)中 F_i、F_1、F_2 为广义力，Δ_i、Δ_{12}、Δ_{21} 为广义位移。

8. 图乘法常见图形面积及形心位置

必须指出：① 主教材中表 12-1 中各种抛物线都要求有一个边界点为顶点，即该点的斜率必须等于零；② 在图乘法中用到的均布载荷的弯矩图为二次抛物线，但常常并不符合表 12-1 的条件。此外，表 12-1 中二次抛物线的面积及形心也不太容易记忆。在此推荐一种更方便的叠加方法，把均布载荷弯矩图归结为两种情况，如图 12-1 所示。图 12-1(a)中 $\omega = \omega_1 + \omega_2$，图 12-1(b)中 $\omega = \omega_1 - \omega_2$。其中，$\omega_1$ 为三角形面积，ω_2 为二次抛物线面积，$\omega_2 = \frac{2}{3} b h_2$，其形心 C_2 位于中点，无论边界点是否为抛物线顶点都可以应用。而且其中抛物线高度 h_2 正好等于跨长为 b 的简支梁受均布载荷作用下弯矩图中点弯矩值，即 $h_2 = \frac{qb^2}{8}$。这种叠加图形的用法详见例 12-5。

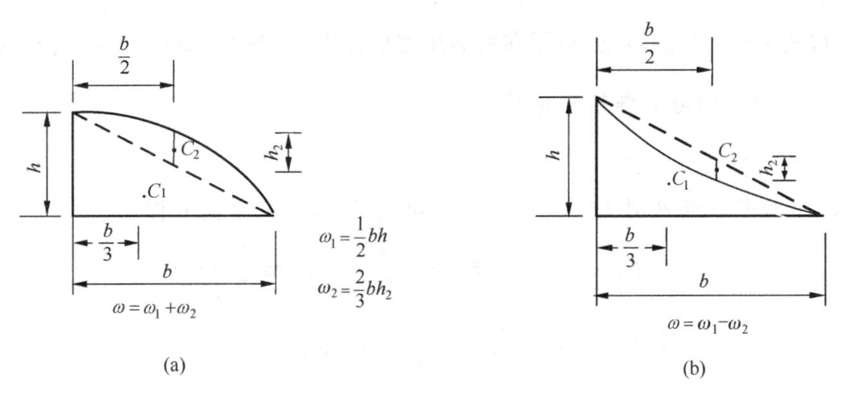

图 12-1

注意：在下列题目中，凡无特别说明的，均认为梁和杆是等直的，曲杆的曲率是小的，曲杆、桁架和刚架是平面结构，变形微小，材料在线弹性范围内工作，自重忽略不计，对刚架和小曲率曲杆忽略不计剪切和拉伸(压缩)变形的影响。

12.2 典型例题

例 12-1 由两根相同的杆组成的铰接杆系，如图 12-2(a)所示。图中的 F、L、θ 和 EA 均已知。试用莫尔积分求杆系受力后，杆 AB 所转动的角度。

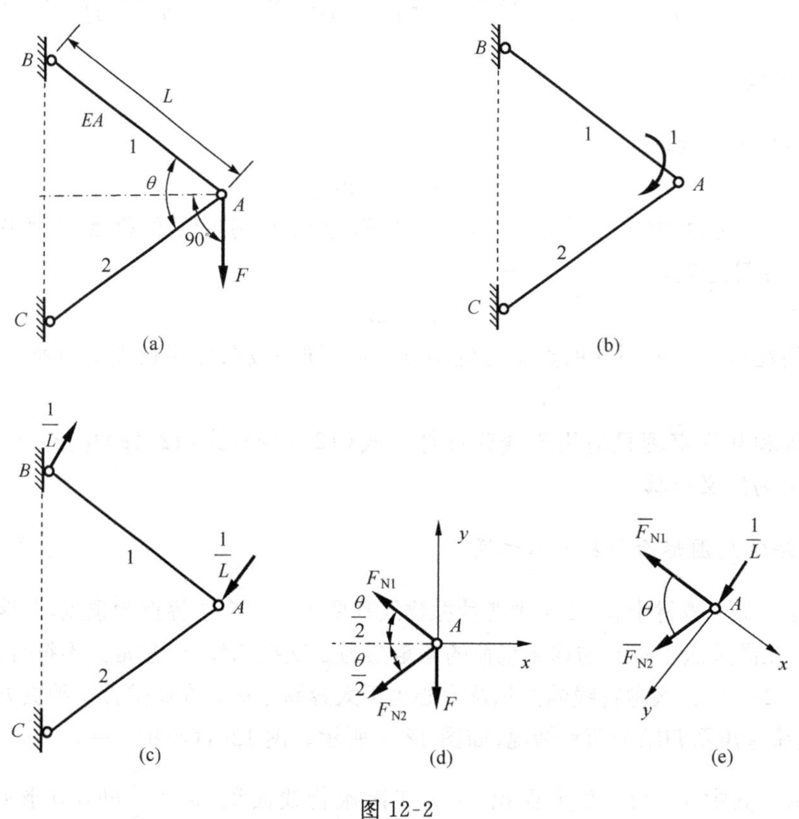

图 12-2

解 用式(12-12)$\Delta=\sum\dfrac{F_{Ni}\overline{F}_{Ni}l_i}{EA}$ 计算。

(1) 加单位力。

由于待求的是杆 AB 的转动，故需在杆 AB 加单位力偶(图 12-2(b))。将其转变为节点载荷$\dfrac{1}{L}$(图 12-2(c))后，即可求得各杆的 $\overline{F}_{Ni}$。

(2) 求 F_{Ni} 和 $\overline{F}_{Ni}(i=1,2)$。

按图 12-2(d)中节点 A 处的受力图和所选定的坐标系，列平衡方程。

$$\sum F_x=0,\quad -F_{N1}\cos\frac{\theta}{2}-F_{N2}\cos\frac{\theta}{2}=0$$

$$\sum F_y=0,\quad F_{N1}\sin\frac{\theta}{2}-F_{N2}\sin\frac{\theta}{2}-F=0$$

即

$$F_{N1}=\frac{F}{2\sin\frac{\theta}{2}},\quad F_{N2}=-\frac{F}{2\sin\frac{\theta}{2}}$$

按图 12-2(e)中节点 A 处的受力图和所选定的坐标系,列平衡方程。

$$\sum F_x=0,\quad -\overline{F}_{N2}\cos\theta-\overline{F}_{N1}=0$$

$$\sum F_y=0,\quad \overline{F}_{N2}\sin\theta+\frac{1}{L}=0$$

得
$$\overline{F}_{N2}=-\frac{1}{L\sin\theta},\quad \overline{F}_{N1}=\frac{\cot\theta}{L}$$

(3) 求杆 AB 的转动角度 Δ_{AB}。

由上述各结果,可列表 12-1。

表 12-1

杆号	L_i	F_{Ni}	$\overline{F}_{Ni}$	$F_{Ni}\overline{F}_{Ni}L_i$
1	L	$\frac{F}{2\sin\frac{\theta}{2}}$	$\frac{\cot\theta}{L}$	$\frac{F\cot\theta}{2\sin\frac{\theta}{2}}$
2	L	$-\frac{F}{2\sin\frac{\theta}{2}}$	$-\frac{1}{L\sin\theta}$	$\frac{F}{2\sin\frac{\theta}{2}\sin\theta}$
$\sum_1^2$	—	—	—	$\frac{F(1+\cos\theta)}{2\sin\frac{\theta}{2}\sin\theta}$

计算 Δ_{AB} 如下:

$$\Delta_{AB}=\Delta=\sum_1^2\frac{F_{Ni}\overline{F}_{Ni}L_i}{E_iA_i}=\frac{F}{EA}\cdot\frac{1+\cos\theta}{2\sin\frac{\theta}{2}\sin\theta}=\frac{F}{2EA\sin\frac{\theta}{2}\tan\frac{\theta}{2}}$$

结果为正,说明 Δ_{AB} 的转向与图 12-2(b)中的单位力偶的方向相同,即杆 AB 按顺时针向转动。

讨论:本题中求杆 AB 的转角,应在杆 AB 上加单位力偶求 $\overline{F}_{Ni}$。由于桁架只在节点受力且各杆为二力杆,所以将单位力偶等效转化为在节点 A、B 的一对节点载荷,如图 12-2(c)所示。

例 12-2 一外伸梁如图 12-3(a)所示。图中的 F、a 和 EI 均为已知。试用莫尔积分、卡氏定理和图乘法求外伸端 D 的挠度 w_D。

解法 1 用莫尔积分 $\Delta=\int\frac{M(x)\overline{M}(x)}{EI}dx$ 求解。

(1) 加单位力。在梁上 D 点加与挠度 w_D 相应的单位力,如图 12-3(b)所示。

(2) 求支反力。由平衡方程可得载荷系统和单位力系统的支反力

$$F_A=\frac{2F}{3}(\uparrow),\quad F_B=\frac{F}{3}(\uparrow)$$

以及
$$\overline{F}_A=\frac{1}{3}(\downarrow),\quad \overline{F}_B=\frac{4}{3}(\uparrow)$$

(3) 列弯矩方程。分段设立坐标的原点,如图 12-3(a)所示。

AC 段: $M_1(x_1)=F_Ax_1=\frac{2F}{3}x_1,\quad \overline{M}_1(x_1)=-\overline{F}_Ax_1=-\frac{1}{3}x_1\quad(0\leqslant x_1<a)$

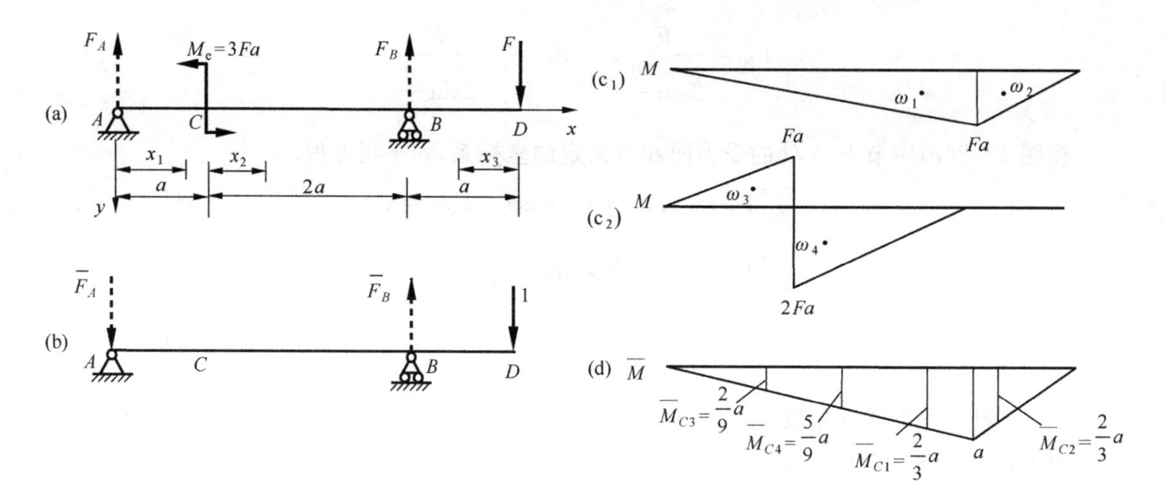

图 12-3

CB 段：

$$M_2(x_2)=F_Aa+F_Ax_2-M_e=\frac{2F}{3}x_2-\frac{7Fa}{3}$$

$$\overline{M}_2(x_2)=-\overline{F}_Aa-\overline{F}_Ax_2=-\frac{a}{3}-\frac{1}{3}x_2 \quad (0<x_2\leqslant 2a)$$

DB 段：$M_3(x_3)=-Fx_3$，$\overline{M}_3(x_3)=-1\cdot x_3=-x_3 \quad (0\leqslant x_3\leqslant a)$

(4) 求 w_D。

$$w_D=\Delta=\int_0^a\frac{M_1(x_1)\overline{M}_1(x_1)}{EI}\mathrm{d}x_1+\int_0^{2a}\frac{M_2(x_2)\overline{M}_2(x_2)}{EI}\mathrm{d}x_2+\int_0^a\frac{M_3(x_3)\overline{M}_3(x_3)}{EI}\mathrm{d}x_3$$

$$=\frac{1}{EI}\left[\int_0^a\frac{2F}{3}x_1\left(-\frac{x_1}{3}\right)\mathrm{d}x_1+\int_0^{2a}\left(\frac{2F}{3}x_2-\frac{7Fa}{3}\right)\left(-\frac{a}{3}-\frac{x_2}{3}\right)\mathrm{d}x_2+\int_0^a(-Fx_3)(-x_3)\mathrm{d}x_3\right]$$

$$=\frac{7Fa^3}{3EI}\ (\downarrow)$$

结果为正，说明 w_D 的方向与单位力的方向相同，即向下。

解法 2 用卡氏定理 $\Delta_i=\frac{\partial V_\varepsilon}{\partial F_i}=\int\frac{M(x)}{EI}\frac{\partial M(x)}{\partial F_i}\mathrm{d}x$ 求解。

(1) 求支反力。将作用在 D 点的力 F 记为 F_D，由平衡方程可得

$$F_A=F-\frac{F_D}{3},\quad F_B=\frac{4}{3}F_D-F$$

(2) 写弯矩方程及其对 F_D 的偏导数（取与解法 1 相同的坐标原点）。

AC 段：$M_1(x_1)=\left(F-\frac{F_D}{3}\right)x_1$，$\frac{\partial M_1(x_1)}{\partial F_D}=-\frac{x_1}{3} \quad (0\leqslant x_1<a)$

CB 段：

$$M_2(x_2)=\left(F-\frac{F_D}{3}\right)(a+x_2)-3Fa$$

$$\frac{\partial M_2(x_2)}{\partial F_D}=-\frac{a}{3}-\frac{x_2}{3} \quad (0<x_2\leqslant 2a)$$

BD 段：$M_3(x_3)=-F_Dx_3$，$\frac{\partial M_3(x_3)}{\partial F_D}=-x_3 \quad (0\leqslant x_3\leqslant a)$

(3) 求 w_D。

$$w_D=\frac{\partial V_\varepsilon}{\partial F_D}=\sum\int\frac{M_i(x_i)}{EI}\frac{\partial M_i(x_i)}{\partial F_D}\mathrm{d}x_i$$

$$=\frac{1}{EI}\left\{\int_0^a\left(F-\frac{F_D}{3}\right)x_1\left(-\frac{x_1}{3}\right)\mathrm{d}x_1+\int_0^{2a}\left[\left(F-\frac{F_D}{3}\right)(a+x_2)-3Fa\right]\right.$$

$$\left.\times\left(-\frac{a}{3}-\frac{x_2}{3}\right)\mathrm{d}x_2+\int_0^a(-F_Dx_3)(-x_3)\mathrm{d}x_3\right\}$$

将 $F_D=F$ 代入上式，得

$$w_D=\frac{1}{EI}\left[\int_0^a\left(\frac{2F}{3}x_1\right)\left(-\frac{x_1}{3}\right)\mathrm{d}x_1+\int_0^{2a}\left(\frac{2F}{3}x_2-\frac{7Fa}{3}\right)\left(-\frac{a}{3}-\frac{x_2}{3}\right)\mathrm{d}x_2+\int_0^a(-Fx_3)(-x_3)\mathrm{d}x_3\right]$$

$$=\frac{7Fa^3}{3EI}(\downarrow)$$

解法 3 用图乘法求解。

作 M 图，如图 12-3(c_1)、(c_2)所示。为了便于计算 M 图的面积，分别作了两种载荷的 M 图。图 12-3(c_1)是 D 处力 F 的 M 图，图 12-3(c_2)是 C 处力偶 M_e 的 M 图。作 $\overline{M}$ 图，如图 12-3(d)所示。

$$w_C=\Delta=\sum\frac{1}{EI}\omega_i\overline{M}_{Ci}$$

$$=\frac{1}{EI}\left(\frac{3Fa^2}{2}\cdot\frac{2}{3}a+\frac{Fa^2}{2}\cdot\frac{2}{3}a+2Fa^2\cdot\frac{5}{9}a-\frac{Fa^2}{2}\cdot\frac{2}{9}a\right)=\frac{7Fa^3}{3EI}\ (\downarrow)$$

讨论：

(1) 通过对三种解法的比较，图乘法较为方便。在求直梁或刚架的位移时，常用图乘法。在计算 ω_i 所对应的$\overline{M}_{Ci}$的坐标值时，可利用相似三角形对应边的比例关系。例如本题图 12-3(c_2)中 ω_3 对应的$\overline{M}_{C3}$，由 $\frac{\overline{M}_{C3}}{a}=\frac{2a/3}{3a}$ 得 $\overline{M}_{C3}=\frac{2a}{9}$，$\omega_4$ 对应的$\overline{M}_{C4}$，由 $\frac{\overline{M}_{C4}}{a}=\frac{3a-4a/3}{3a}$ 得 $\overline{M}_{C4}=\frac{5a}{9}$。

(2) 在用卡氏定理求某点位移 Δ_i 时，只能对该点作用的相应的广义力 F_i 求偏导，即 $\Delta_i=\frac{\partial V_\varepsilon}{\partial F_i}$。若结构上有几个力数值上都与 F_i 相等，如都等于 F，则$\frac{\partial V_\varepsilon}{\partial F}$等于这几个力作用点的相应位移之代数和。所以必须将待求位移 Δ_i 相应的广义力加上下标，记为 F_i 与其他力区别开。

(3) 将卡氏定理计算式 $\Delta=\int\frac{M(x)}{EI}\frac{\partial M(x)}{\partial F_i}\mathrm{d}x$ 与莫尔积分公式 $\Delta=\int\frac{M(x)\overline{M}(x)}{EI}\mathrm{d}x$ 作比较，其中$\frac{\partial M(x)}{\partial F_i}$就是 F_i 为单位力时的内力 $\overline{M}(x)$，所以这两种解法是等价的。当结构上在待求位移 Δ_i 上有相应的力 F_i 且只有 F_i 作用时，用卡氏定理方便，否则用莫尔积分方便。

例 12-3* 简支梁如图 12-4(a)所示，图中 M_e、l 和 EI 均为已知。试用单位载荷法求梁的挠曲线方程。

解 (1) 加单位力。由于待求的是挠曲线方程，需求梁在任一截面处的挠度，故将单位力加在任一截面 C 处，其坐标为 x，如图 12-4(b)所示。

(2) 用图乘法求 w_C。作 M 图和 $\overline{M}$ 图，分别如图 12-4(c)和(d)所示。由于 M 图是一条直线而 $\overline{M}$ 图是折线，故反乘能简化计算。根据相似三角形对应边成比例的方法，从图 12-4(c)、(d)可知

$$M_{C1}=\frac{2x}{3l}M_e,\quad M_{C2}=\left[l-\frac{2}{3}(l-x)\right]\frac{M_e}{l}=\frac{l+2x}{3l}M_e$$

$$\Delta=w_C=\frac{1}{EI}(\bar{\omega}_1 M_{C1}+\bar{\omega}_2 M_{C2})$$

$$=\frac{1}{EI}\left[\frac{x^2(l-x)}{2l}\cdot\frac{2x}{3l}M_e+\frac{x(l-x)^2}{2l}\cdot\frac{l+2x}{3l}M_e\right]=\frac{M_e x}{6EIl}(l^2-x^2)\ (\downarrow)$$

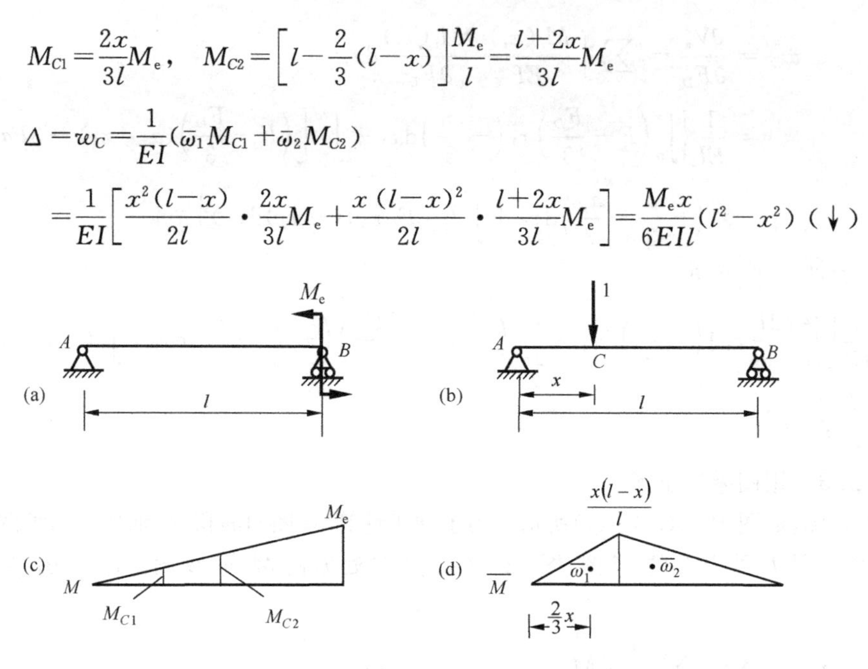

图 12-4

结果为正，说明 w_C 向下，与所加的单位力方向相同。若按第 8 章对梁的挠曲线坐标轴的规定取向上为正，则该梁挠曲线方程为 $w=-\frac{M_e x}{6EIl}(l^2-x^2)$。

例 12-4 圆环状曲杆在其平面内受集中力作用，如图 12-5(a)所示。图中的 F、R 和 EI 均为已知。试用莫尔积分求 B 点的线位移。

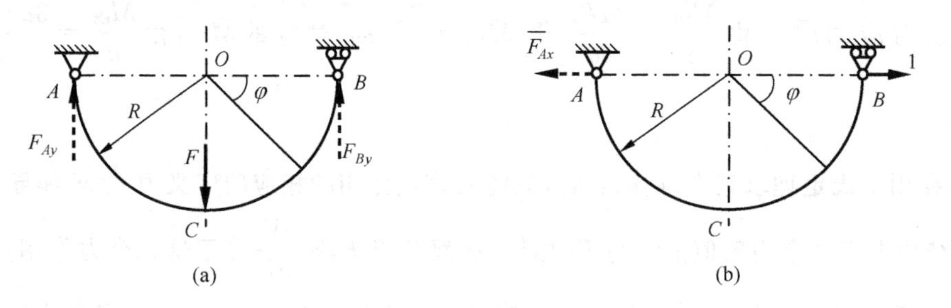

图 12-5

解 用莫尔积分 $\Delta=\int\frac{M(\varphi)\overline{M}(\varphi)R\mathrm{d}\varphi}{EI}$ 求解。

(1) 加单位力。由于在滑动铰支座 B 处只可能有水平位移，故在 B 处加水平单位力，如图 12-5(b)所示。

(2) 求支反力。由对称性可得 $F_{Ay}=F_{By}=\frac{F}{2}(\uparrow)$，$\overline{F}_{Ax}=1(\leftarrow)$。

(3) 列弯矩方程。

$$\begin{cases}M(\varphi)=F_{By}\cdot R(1-\cos\varphi)=\dfrac{FR}{2}(1-\cos\varphi)\\ \overline{M}(\varphi)=-1\cdot R\sin\varphi=-R\sin\varphi\end{cases}\quad\left(0\leqslant\varphi\leqslant\frac{\pi}{2}\right)$$

(4) 求 Δ_{Bx}。

$$\Delta_{Bx}=\Delta=\frac{2}{EI}\int_0^{\frac{\pi}{2}}\frac{FR}{2}(1-\cos\varphi)(-R\sin\varphi)R\mathrm{d}\varphi=-\frac{FR^3}{2EI}\ (\leftarrow)$$

结果为负,说明 Δ_{Bx} 方向与所加单位力方向相反,即向左。

例 12-5* 试用图乘法求图 12-6(a)所示变截面梁跨中 C 点的挠度 w_C。

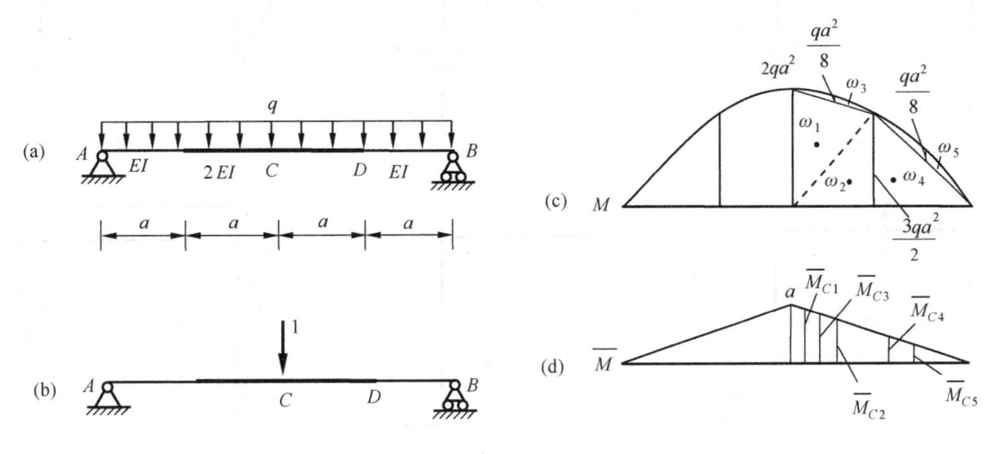

图 12-6

解 加单位力如图 12-6(b)所示,作载荷弯矩图和单位力弯矩图如图 12-6(c)、(d)所示。由于结构和载荷都对称,可以计算右半部分再乘以 2。将右半 M 图分为五块,分别为 ω_1、ω_2、ω_4 三个三角形和 ω_3、ω_5 两个二次抛物线,其面积和对应的 $\overline{M}_{Ci}$ 分别为

$$\omega_1=\frac{1}{2}a\cdot 2qa^2=qa^3,\qquad \overline{M}_{C1}=\frac{5}{6}a$$

$$\omega_2=\frac{1}{2}a\cdot\frac{3}{2}qa^2=\frac{3}{4}qa^3,\quad \overline{M}_{C2}=\frac{2}{3}a$$

$$\omega_3=\frac{2}{3}a\cdot\frac{qa^2}{8}=\frac{qa^3}{12},\qquad \overline{M}_{C3}=\frac{3}{4}a$$

$$\omega_4=\omega_2=\frac{3qa^3}{4},\qquad \overline{M}_{C4}=\frac{a}{3}$$

$$\omega_5=\omega_3=\frac{qa^3}{12},\qquad \overline{M}_{C5}=\frac{a}{4}$$

$$\begin{aligned}w_C&=\sum\frac{1}{EI_i}\omega_i\overline{M}_{Ci}\\&=2\left[\frac{1}{2EI}\left(qa^3\cdot\frac{5}{6}a+\frac{3}{4}qa^3\cdot\frac{2}{3}a+\frac{qa^3}{12}\cdot\frac{3}{4}a\right)+\frac{1}{EI}\left(\frac{3qa^3}{4}\cdot\frac{a}{3}+\frac{qa^3}{12}\cdot\frac{a}{4}\right)\right]\\&=\frac{93qa^4}{48EI}\ (\downarrow)\end{aligned}$$

讨论:本题中阶梯状梁在截面突变处应将 M 图分段图乘。分段后 DB 段弯矩图的二次抛物线边界不是顶点,不能用表中的计算公式计算面积,所以采用叠加方法。CD 段 C 处 M 图是顶点,仍采用叠加方法,优点是形心位置为中点,方便计算和记忆。

例 12-6* 一刚架如图 12-7(a)所示。图中的 F、L 和 EI 均为已知。各杆的 EI 相同。试用图乘法求紧靠铰 C 两侧的截面的相对转角。

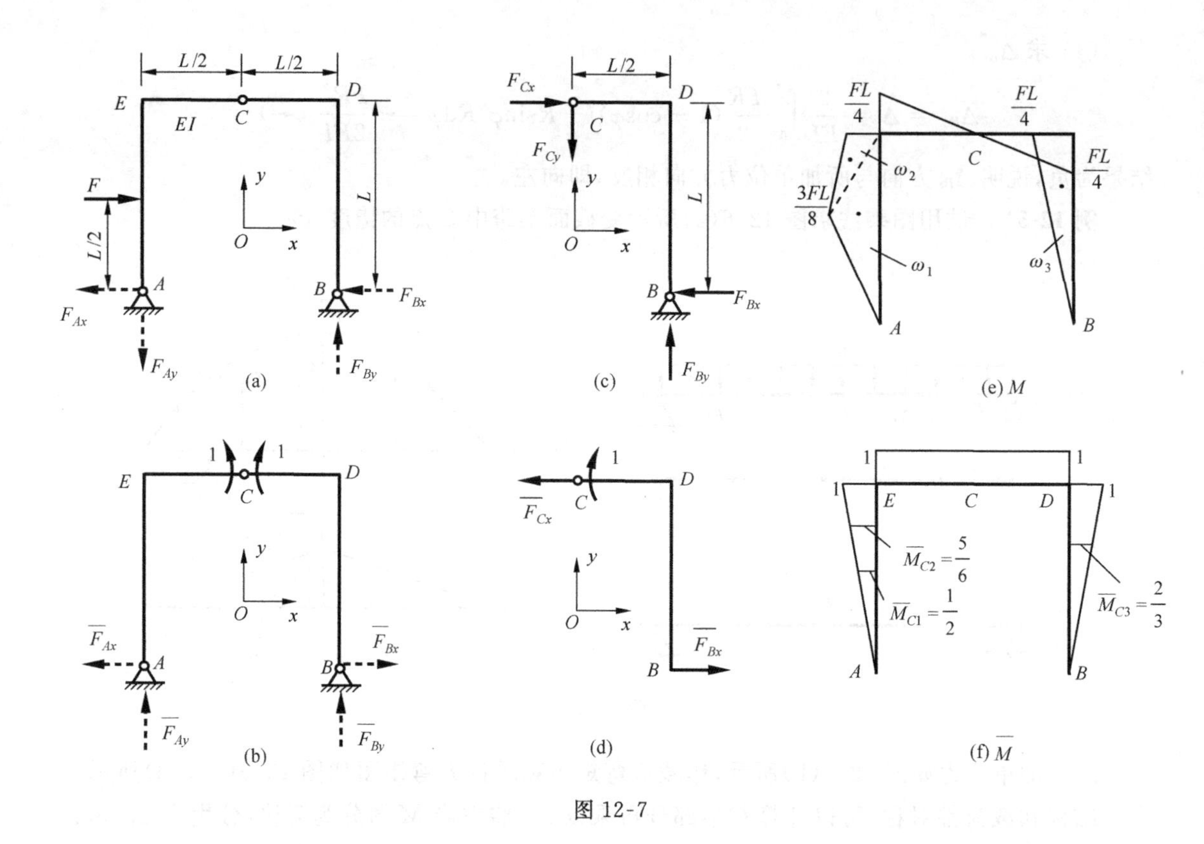

图 12-7

解 (1) 加单位力。

由于待求的是铰 C 两侧的相对转角$\overline{\Delta}_C$,应在铰 C 的两侧加一对转向相反的单位力偶,如图 12-7(b)所示。

(2) 求支反力。

求载荷作用下的支反力时,以整个刚架(图 12-7(a))为对象,由平衡方程 $\sum M_A = 0$ 和 $\sum F_y = 0$ 可分别得

$$F_{By} = F/2(\uparrow),\quad F_{Ay} = F/2(\downarrow)$$

以刚架的右半(图 12-7(c))为对象,由平衡方程 $\sum M_C = 0$ 和 F_{By} 可得

$$F_{Bx} = F/4\ (\leftarrow)$$

由整个刚架的平衡方程 $\sum F_x = 0$ 和 F、F_{Bx} 可得

$$F_{Ax} = 3F/4\ (\leftarrow)$$

以上求得的各个力的方向示于图 12-7(a)中。

求单位力偶作用下的支反力时,先以整个刚架(图 12-7(b))为对象,由平衡方程 $\sum M_B = 0$ 和 $\sum F_y = 0$,得$\overline{F}_{Ay} = 0$ 和$\overline{F}_{By} = 0$;再以右半(图 12-7(d))为对象,由平衡方程 $\sum M_C = 0$,得$\overline{F}_{Bx} = 1/L(\rightarrow)$。

(3) 作 M 图和$\overline{M}$ 图,如图 12-7(e)和(f)所示。

(4) 求$\overline{\Delta}_C$。由于 ED 杆的 M 图反对称而$\overline{M}$ 图对称,故其 $\omega\overline{M}_C$ 必为零,只需对 AE、BD 两杆图乘。

$$\overline{\Delta}_C = \frac{1}{EI}\left[\left(\frac{L}{2}\cdot\frac{3}{8}FL\right)\cdot\frac{1}{2} + \left(\frac{1}{2}\cdot\frac{L}{2}\cdot\frac{FL}{4}\right)\cdot\frac{5}{6} - \left(\frac{L}{2}\cdot\frac{FL}{4}\right)\cdot\frac{2}{3}\right] = \frac{FL^2}{16EI}()()$$

结果为正，说明铰 C 两侧截面的转动方向与所加单位力偶转向相同。

例 12-7[**] 刚架 ABC 如图 12-8(a)所示，由于温差变化产生弯曲变形。已知刚架外侧温度变化为 T_1，内侧温度变化为 T_2，设温度沿截面高度 h 为直线变化，材料的线膨胀系数为 α，试用单位载荷法求自由端的铅直位移 $w_C(T_2>T_1)$。

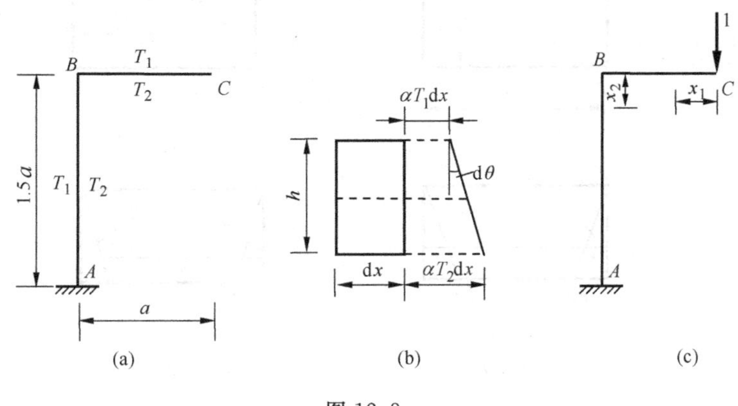

图 12-8

解 $\Delta=\int\overline{M}(x)\mathrm{d}\theta$，其中 $\overline{M}(x)$ 是单位力产生的弯矩，$\mathrm{d}\theta$ 是由于内外温度差使杆件微段 $\mathrm{d}x$ 的两端截面产生的转角。由图 12-8(b) 可知

$$\mathrm{d}\theta=\frac{\alpha T_2\mathrm{d}x-\alpha T_1\mathrm{d}x}{h}=\frac{\alpha(T_2-T_1)\mathrm{d}x}{h}$$

加单位力，如图 12-8(c)所示。列弯矩方程

$$\overline{M}(x_1)=-1\cdot x_1=-x_1\quad(0\leqslant x_1\leqslant a)$$

$$\overline{M}(x_2)=-a\quad(0\leqslant x_2<1.5a)$$

$$w_C=\Delta=\int\overline{M}(x)\mathrm{d}\theta$$

$$=\int_0^a(-x_1)\frac{\alpha(T_2-T_1)}{h}\mathrm{d}x_1+\int_0^{1.5a}(-a)\frac{\alpha(T_2-T_1)}{h}\mathrm{d}x_2=\frac{-2\alpha(T_2-T_1)a^2}{h}\ (\uparrow)$$

结果为负，说明位移与单位力方向相反，即向上。

讨论：上述题解中只考虑了弯曲变形。如果还要考虑温度变化所引起的轴向变形对位移的影响，则还应增加 $\int\overline{F}_{\mathrm{N}}(x)\mathrm{d}(\Delta l)$ 项，其中 $\mathrm{d}(\Delta l)$ 是温度改变引起的杆件微段的轴向变形，由图 12-8(b) 可知

$$\mathrm{d}(\Delta l)=\frac{\alpha T_2\mathrm{d}x+\alpha T_1\mathrm{d}x}{2}=\frac{\alpha(T_2+T_1)}{2}\mathrm{d}x$$

由图 12-8(c)写轴力方程 $\overline{F}_{\mathrm{N}}(x_1)=0$，$\overline{F}_{\mathrm{N}}(x_2)=-1$，故

$$w_{CN}=\int\overline{F}_{\mathrm{N}}(x)\mathrm{d}(\Delta l)=\int_0^{1.5a}(-1)\frac{\alpha(T_2+T_1)}{2}\mathrm{d}x=-\frac{1.5\alpha(T_2+T_1)a}{2}$$

例 12-8 图 12-9(a)所示矩形框架各段的 EI 相同。开口处有一微小的缝隙 Δ，要使开口两端正好接触，需要在 A、B 两处加多大的力？

解 用图乘法求解。

(1) 加单位力。本题求开口处 C、D 两点的水平相对位移，故在 C、D 两点加一对单位力，如图 12-9(b)所示。

(2) 作 M 图和 $\overline{M}$ 图，如图 12-9(c)、(d)所示。图乘求 Δ_{CD} 得

$$\Delta_{CD}=\sum\frac{1}{EI}\omega_i\overline{M}_{Ci}=\frac{1}{EI}\left(\frac{Fa^2}{2}\cdot\frac{2}{3}a\times 2+2Fa^2\cdot a\right)=\frac{8Fa^3}{3EI}$$

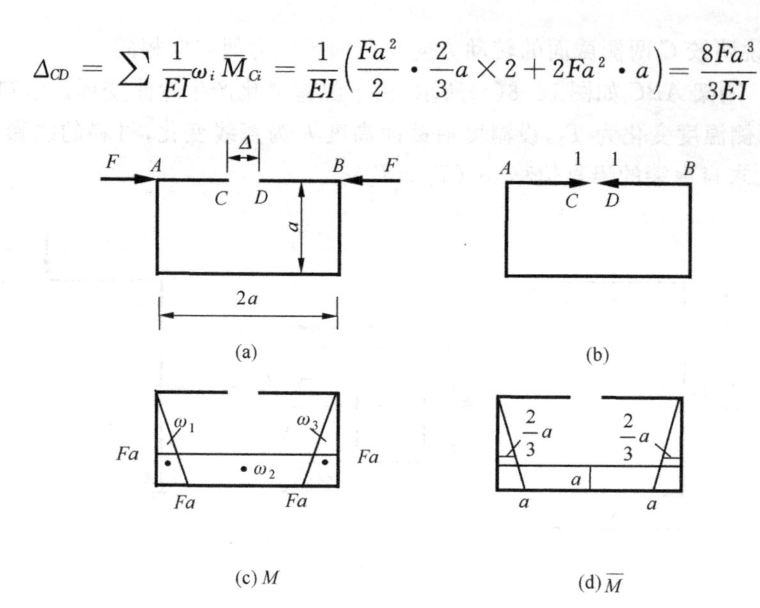

图 12-9

(3) 求 F。

由 $\Delta_{CD}=\Delta$,即$\frac{8Fa^3}{3EI}=\Delta$,得 $F=\frac{3EI\Delta}{8a^3}$。

例 12-9 计算图 12-10(a)所示桁架的应变能。各杆 EA 相同。利用功能原理计算节点 D 的水平位移 u_D。

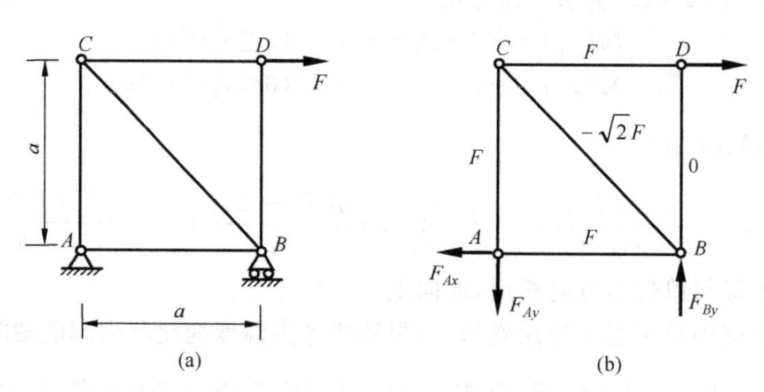

图 12-10

解 (1) 求支反力。

由平衡方程可得 $F_{Ax}=F(\leftarrow)$,$F_{Ay}=F(\downarrow)$,$F_{By}=F(\uparrow)$。

(2) 求各杆轴力。

用节点法求出杆各杆轴力,将轴力标注在图 12-10(b)中。

(3) 求应变能 V_ε。

$$V_\varepsilon=\sum\frac{F_{Ni}^2 l_i}{2EA}=\frac{1}{2EA}[F^2a\times 3+(-\sqrt{2}F)^2\cdot\sqrt{2}a]=\frac{(3+2\sqrt{2})F^2a}{2EA}$$

(4) 求 u_D。

$$W=\frac{1}{2}F\cdot u_D$$

由功能原理 $W=V_\varepsilon$，得

$$u_D=\frac{2V_\varepsilon}{F}=\frac{(3+2\sqrt{2})Fa}{EA}\ (\rightarrow)$$

例 12-10* 图 12-11(a)所示刚架的各组成部分的弯曲刚度 EI 相同，扭转刚度 GI_p 也相同。在力 F 作用下，试求截面 A 和 C 的水平位移。

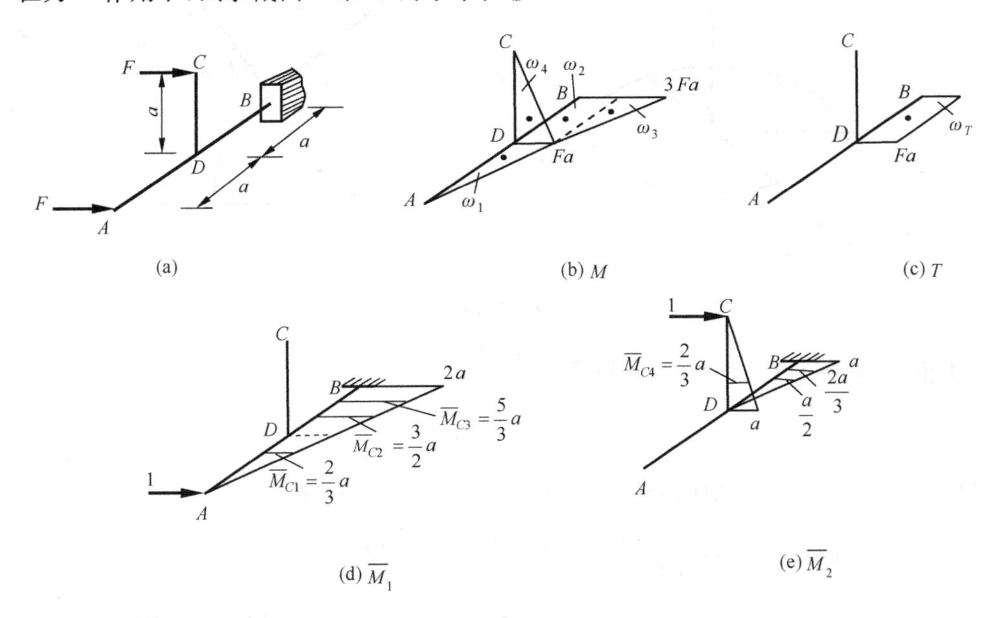

(a) (b) M (c) T (d) $\overline{M}_1$ (e) $\overline{M}_2$

图 12-11

解 作 M 图和 T 图，分别如图 12-11(b)、(c)所示。

(1) 求 Δ_A。在 A 处加水平单位力，并作 $\overline{M}_1$ 图，如图 12-11(d)所示，此单位力作用下的 $\overline{T}=0$，由图 12-11(b)、(d)互乘，得

$$\Delta_A=\sum\frac{1}{EI}\omega_i\overline{M}_{Ci}=\frac{1}{EI}\left(\frac{Fa^2}{2}\cdot\frac{2a}{3}+Fa^2\cdot\frac{3a}{2}+\frac{2Fa^2}{2}\cdot\frac{5a}{3}\right)=\frac{7Fa^3}{2EI}\ (\rightarrow)$$

(2) 求 Δ_C。在 C 处加水平单位力，并作 $\overline{M}_2$ 图，如图 12-11(e)所示。此时的 $\overline{T}$ 图可由图 12-11(c)中令 $F=1$ 得到。由图 12-11(b)、(e)互乘，及 T 图与 $\overline{T}$ 图互乘，得到

$$\begin{aligned}\Delta_C&=\sum\frac{1}{EI}\omega_i\overline{M}_{Ci}+\sum\frac{1}{GI_p}\omega_T\overline{T}_{Ci}\\&=\frac{1}{EI}\left(Fa^2\cdot\frac{a}{2}+\frac{2Fa^2}{2}\cdot\frac{2a}{3}+\frac{Fa^2}{2}\cdot\frac{2a}{3}\right)+\frac{1}{GI_p}Fa^2\cdot a\\&=\frac{3Fa^3}{2EI}+\frac{Fa^3}{GI_p}=Fa^3\left(\frac{3}{2EI}+\frac{1}{GI_p}\right)\end{aligned}$$

讨论：当载荷与刚架不在同一平面内时，通常会产生弯曲与扭转组合变形，有时还会有双向弯曲。在图乘时必须注意 M 图与 $\overline{M}$ 图互乘(而且必须是 M_y 与 $\overline{M}_y$ 图乘，M_z 与 $\overline{M}_z$ 图乘)，T 与 $\overline{T}$ 互乘。

例 12-11* 图 12-12 所示 3/4 圆环位于水平面内，在自由端的刚性臂 AO 的端部 O 处，有一个铅垂方向的力 F 作用。圆环的 EI、GI_p 为已知。试计算截面 O 的铅垂位移 Δ_{Oz}。

解 用截面法取极坐标为 φ 的任意截面，其脱离体的俯视图如图 12-12(b)所示，将该截面上的弯矩图 $M(\varphi)$ 和扭矩图 $T(\varphi)$ 用矢量表示。

由平衡方程$\sum M_t = 0$，得 $M(\varphi) = 0$

由$\sum M_n = 0$，得 $T(\varphi) = FR \quad \left(0 \leqslant \varphi \leqslant \frac{3}{2}\pi\right)$

所以此曲杆发生扭转变形。

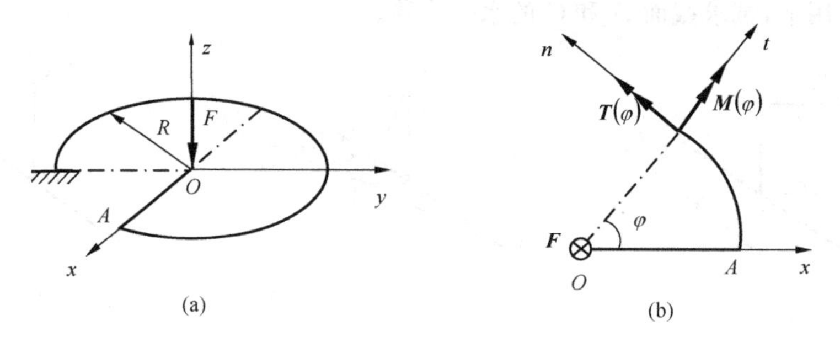

图 12-12

加单位力，只要令图 12-12(a)中的 $F=1$，可得

$$\overline{T}(\varphi)=R \quad \left(0\leqslant\varphi\leqslant\frac{3}{2}\pi\right)$$

OA 段 $\quad M(x)=Fx,\quad \overline{M}(x)=x \quad (0\leqslant x\leqslant R)$

$$\Delta_{Oz} = \int \frac{M(x)\overline{M}(x)\mathrm{d}x}{EI} + \int \frac{T(\varphi)\overline{T}(\varphi)R\mathrm{d}\varphi}{GI_p}$$

$$= \frac{1}{EI}\int_0^R Fx \cdot x\mathrm{d}x + \frac{1}{GI_p}\int_0^{\frac{3\pi}{2}} FR \cdot R \cdot R\mathrm{d}\varphi = \frac{FR^3}{3EI} + \frac{3\pi FR^3}{2GI_p}$$

$$EI=\infty$$

所以 $$\Delta_{Oz}=\frac{3\pi FR^3}{2GI_p}(\downarrow)$$

例 12-12* 一端固定、另一端自由的圆截面圆弧状曲杆，在自由端受位于端面平面内的力偶 M_e 作用，如图 12-13(a)所示。M_e、R 为已知，杆的 $EI=1.25GI_p$。试求自由端垂直于曲杆平面的线位移。

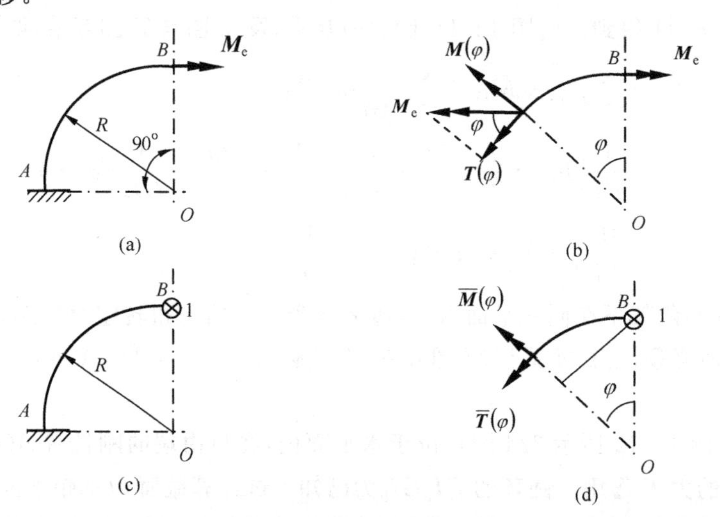

图 12-13

解 在自由端加垂直于曲杆平面(离开观察者指向纸面)的单位力,如图 12-13(c)所示。取任意坐标 φ 的截面写弯矩方程和扭矩方程。

由图 12-13(b)所示的曲杆部分平衡条件,可得

$$M(\varphi)=M_{\mathrm{e}}\sin\varphi,\quad T(\varphi)=M_{\mathrm{e}}\cos\varphi\quad\left(0<\varphi<\frac{\pi}{2}\right)$$

由图 12-13(d)的曲杆部分平衡条件可得

$$\overline{M}(\varphi)=-1\cdot R\sin\varphi,\quad \overline{T}(\varphi)=1\cdot R(1-\cos\varphi)\quad\left(0\leqslant\varphi<\frac{\pi}{2}\right)$$

$$\begin{aligned}\Delta&=\int\frac{M(\varphi)\overline{M}(\varphi)R\mathrm{d}\varphi}{EI}+\int\frac{T(\varphi)\overline{T}(\varphi)R\mathrm{d}\varphi}{GI_{\mathrm{p}}}\\&=\frac{1}{EI}\int_0^{\frac{\pi}{2}}M_{\mathrm{e}}\sin\varphi(-R\sin\varphi)R\mathrm{d}\varphi+\frac{1}{GI_{\mathrm{p}}}\int_0^{\frac{\pi}{2}}M_{\mathrm{e}}\cos\varphi\cdot R(1-\cos\varphi)R\mathrm{d}\varphi\\&=-\frac{M_{\mathrm{e}}R^2}{EI}\int_0^{\frac{\pi}{2}}\sin^2\varphi\mathrm{d}\varphi+\frac{M_{\mathrm{e}}R^2}{GI_{\mathrm{p}}}\int_0^{\frac{\pi}{2}}(\cos\varphi-\cos^2\varphi)\mathrm{d}\varphi\\&=-\frac{M_{\mathrm{e}}R^2\pi}{4EI}+\frac{M_{\mathrm{e}}R^2}{GI_{\mathrm{p}}}\left(1-\frac{\pi}{4}\right)=-\frac{M_{\mathrm{e}}R^2\pi}{5GI_{\mathrm{p}}}+\frac{M_{\mathrm{e}}R^2}{GI_{\mathrm{p}}}\left(1-\frac{\pi}{4}\right)\\&=-\frac{M_{\mathrm{e}}R^2}{GI_{\mathrm{p}}}\left(\frac{9\pi}{20}-1\right)=-27.27\frac{M_{\mathrm{e}}R^2}{GI_{\mathrm{p}}}\end{aligned}$$

结果为负,说明自由端位移与所加单位力方向相反,即从纸面指向观察者。

例 12-13 一端固定、另一端自由的平面刚架如图 12-14(a)所示。图中的 F、l 和 EI 均为已知。试用位移互等定理和主教材中表 8-1 中的有关公式,求杆在横截面 C 处的转角和水平位移。

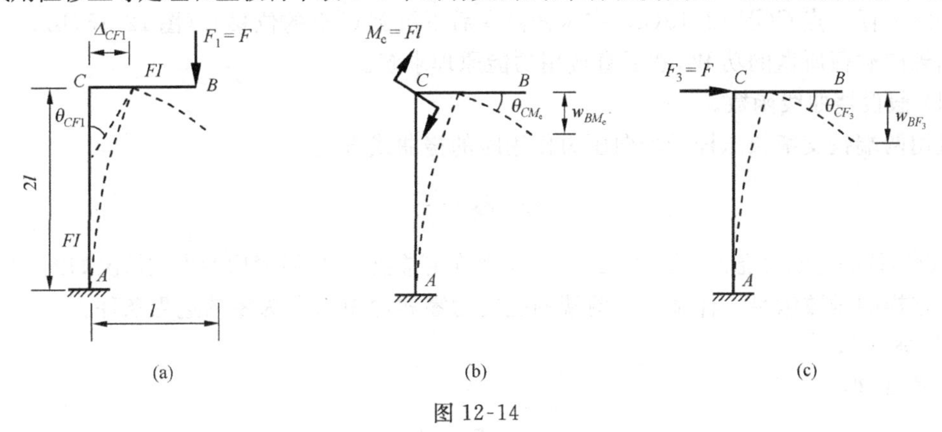

图 12-14

解 (1)设图 12-14(a)中 B 点的力为 $F_1=F$,引起的 C 点处转角为 θ_{CF_1},C 处水平位移为 Δ_{CF_1}。如图 12-14(b)所示,在 C 处加力偶 M_{e},并使其与 Fl 数值上相等,即 $M_{\mathrm{e}}=Fl$。图 12-14(b)中 CB 段无变形,则此时引起的 B 处竖直位移 $w_{BM_{\mathrm{e}}}=\theta_{CM_{\mathrm{e}}}\cdot l$。由表 8-1 中可查到

$$\theta_{CM_{\mathrm{e}}}=\frac{M_{\mathrm{e}}(2l)}{EI}=\frac{2Fl^2}{EI}$$

根据功的互等定理有

$$M_{\mathrm{e}}\cdot\theta_{CF_1}=F_1\cdot w_{BM_{\mathrm{e}}}$$

故

$$\theta_{CF_1}=\frac{2Fl^2}{EI}(\text{顺时针})$$

(2)如图 12-14(c)所示,在 C 处加水平力 $F_3=F$,由表 8-1 中可查到引起的 C 截面转角为

$$\theta_{CF_3}=\frac{F_3(2l)^2}{2EI}=\frac{2Fl^2}{EI}$$

由于 BC 段不变形,所以 $w_{BF_3}=\theta_{CF_3}\cdot l=\frac{2Fl^3}{EI}$。根据功的互等定理有

$$F_3\cdot\Delta_{CF_1}=F_1\cdot w_{BF_3},故\ \Delta_{CF_1}=\frac{2Fl^3}{EI}(\rightarrow)$$

例 12-14** 一两端铰支的压杆受轴向均布载荷作用,如图 12-15(a)所示。图中的 L 和 EI 均为已知,试用能量方法求均布载荷集度 q 的临界值 q_{cr}。

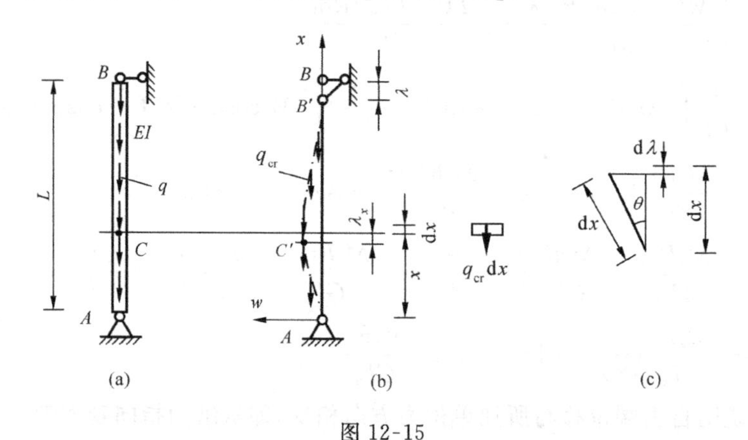

图 12-15

解 由于压杆受均布载荷作用,故需在选定坐标系和假设近似的挠曲线函数以后,先求出压杆轴线上任一点 C(图 12-15(a))在压杆微弯后下沉到 C'点的位移λ_x(图 12-15(b)),以便从它求出轴向载荷所做的功 W,然后直接用功能原理求解。

(1) 假设挠曲线函数。

选用两端铰支细长压杆受轴向压力作用时的挠曲线方程

$$w=\delta\sin\frac{\pi x}{L} \tag{1}$$

作为本题压杆的近似的挠曲线函数。式中的 δ 为待定常数,压杆微弯后的大致情况如图 12-15(b)所示。这样的函数满足压杆微弯时两端的挠度为零和弯矩(w'')为零的边界条件。

(2) 求 w',w''。

由式(1)得

$$w'=\frac{\delta\pi}{L}\cos\frac{\pi x}{L} \tag{2}$$

和

$$w''=-\frac{\delta\pi^2}{L^2}\sin\frac{\pi x}{L} \tag{3}$$

(3) 求 λ_x 和 W。

压杆微弯时,微段由于倾斜 θ 而引起轴向位移 $\mathrm{d}\lambda$,如图 12-15(c)所示。

$$\mathrm{d}\lambda=\mathrm{d}x-\mathrm{d}x\cos\theta=(1-\cos\theta)\mathrm{d}x\approx\frac{1}{2}\theta^2\mathrm{d}x$$

在变形微小时,$\theta\approx w'$,所以 $\mathrm{d}\lambda=\frac{1}{2}(w')^2\mathrm{d}x$,可得

$$\lambda_x=\frac{1}{2}\int(w')^2\mathrm{d}x=\frac{1}{2}\int_0^x\left(\frac{\delta\pi}{L}\cos\frac{\pi x}{L}\right)^2\mathrm{d}x=\frac{\delta^2\pi}{2L}\left(\frac{\pi x}{2L}+\frac{1}{4}\sin\frac{2\pi x}{L}\right) \tag{4}$$

由于压杆微弯时，杆上均布载荷已达到临界值，故在长为 $\mathrm{d}x$ 的微段杆(图 12-15(b))上的微力 $q_{cr}\mathrm{d}x$ 对前面所述的位移 λ_x 所做功为常力做功，它可表示为 $\mathrm{d}W=(q_{cr}\mathrm{d}x)\lambda_x$。由此可得全压杆上均布载荷所做的功为

$$W=\int_0^L \mathrm{d}W=\int_0^L (q_{cr}\mathrm{d}x)\lambda_x=q_{cr}\int_0^L \lambda_x \mathrm{d}x=q_{cr}\int_0^L \frac{\delta^2\pi}{2L}\left(\frac{\pi x}{2L}+\frac{1}{4}\sin\frac{2\pi x}{L}\right)\mathrm{d}x$$

$$=q_{cr}\frac{\delta^2}{2}\left[\frac{1}{4}\left(\frac{\pi x}{L}\right)^2-\frac{1}{8}\cos\frac{2\pi x}{L}\right]\Bigg|_0^L=\frac{\pi^2 q_{cr}\delta^2}{8}$$

(4) 求 V_ε。

由 $w''=\dfrac{M(x)}{EI}$，有 $M^2(x)=(EIw'')^2$，得

$$V_\varepsilon=\int_L \frac{M^2(x)\mathrm{d}x}{2EI}=\int_L \frac{EI}{2}(w'')^2\mathrm{d}x$$

$$=\frac{EI}{2}\int_0^L\left(-\frac{\delta\pi^2}{L^2}\sin\frac{\pi x}{L}\right)^2\mathrm{d}x=\frac{EI\delta^2\pi^3}{2l^3}\left(\frac{\pi x}{2L}-\frac{1}{4}\sin\frac{2\pi x}{L}\right)\Bigg|_0^L=\frac{\pi^4 EI\delta^2}{4L^3}$$

(5) 求 q_{cr}。

由 $V_\varepsilon=W$，得

$$\frac{\pi^4 EI\delta^2}{4L^3}=\frac{\pi^2 q_{cr}\delta^2}{8},\quad q_{cr}=\frac{2\pi^2 EI}{L^3}$$

12.3 习 题 选 解

12-1 一梁在集中力 F 作用下，其应变能 V_ε。若将力改为 $2F$，其他条件不变，则其应变能为________。

A. $V_\varepsilon/2$；　　B. $2V_\varepsilon$；　　C. $4V_\varepsilon$；　　D. $8V_\varepsilon$。

答　C。$V_\varepsilon=\int\dfrac{M^2(x)\mathrm{d}x}{2EI}$，当力为 $2F$ 时，$M_2(x)=2M_1(x)$。

12-2 图 12-16 所示拉杆，在截面 B、C 上分别作用有集中力 F 和 $2F$。在下列关于该梁变形能的说法中，________是正确的。

A. 先加 F、再加 $2F$ 时，杆的应变能最大；

B. 先加 $2F$、再加 F 时，杆的应变能最大；

C. 同时按比例加 F 和 $2F$ 时，杆的应变能最大；

D. 按不同次序加 F 和 $2F$ 时，杆的应变能一样大。

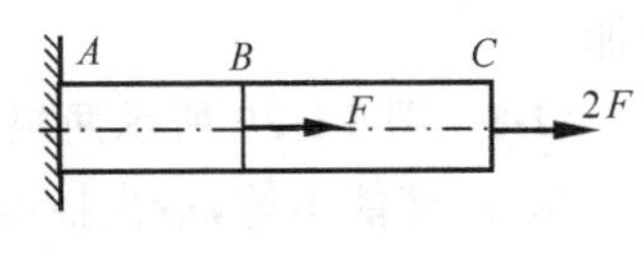

图 12-16

答　D。应变能只与载荷的最终值有关，与加载次序无关。

12-3 一简支梁的四种受载情况如图 12-17 所示。其中在图________所示载荷作用下，梁的应变能最大。

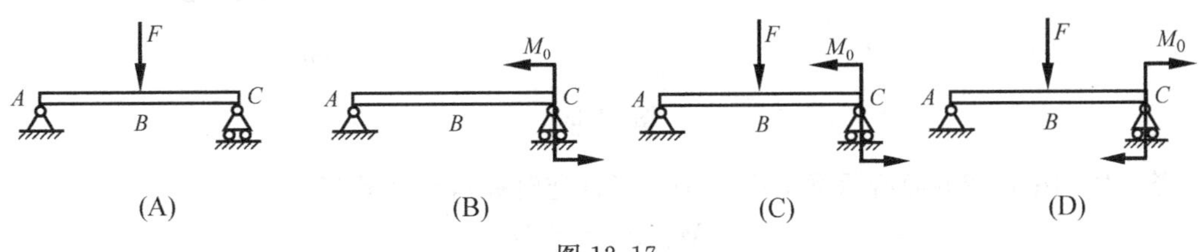

图 12-17

答　C。$V_\varepsilon = M_0$。这种情况下，F 和 M_0 对自己产生的位移做功之外，F 要对 M_0 引起的挠度 w_B 做正功，M_0 要对 F 引起的转角 θ_C 做正功，W 是最大的，所以 V_ε 也最大。

12-4*　拉压刚度为 EA 的等值杆如图 12-18(a)所示，受力前其右端与墙面的间隙为 δ，设力 F 作用后 C 截面的位移为 $\Delta(>\delta)$，则外力功 W ________。

A. $<\frac{1}{2}F\Delta$；　　B. $>\frac{1}{2}F\Delta$；　　C. $=F\Delta$；　　D. $=\frac{1}{2}F\Delta$。

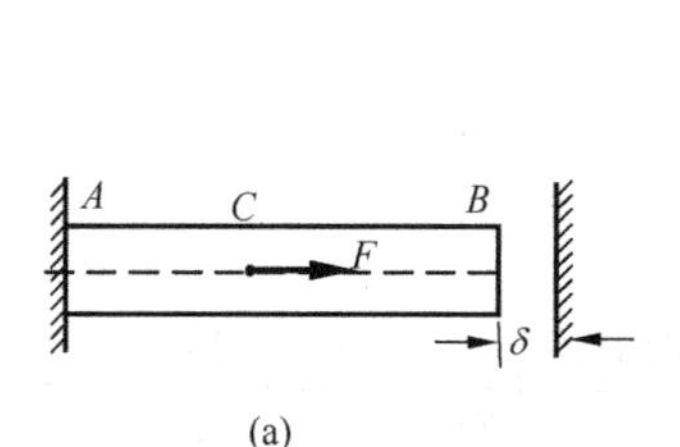

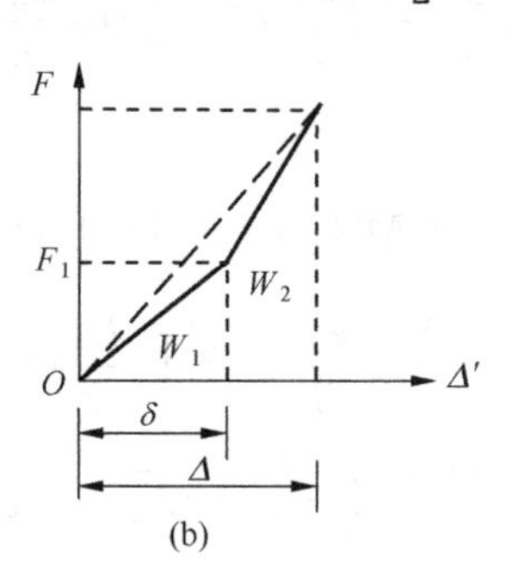

图 12-18

答　A。此杆的 F-Δ 曲线如图 12-18(b)所示，当 $\Delta \leqslant \delta$ 时，$W_1 = \frac{1}{2}F_1\Delta$；当 $\Delta > \delta$ 时，由于 B 端受到约束，C 截面的位移与力 F 的关系与 B 端无约束时不同。$W = W_1 + W_2 < \frac{1}{2}F\Delta$。

12-5　图 12-19 所示悬臂梁 AB，当 F_1 单独作用于 B 端时，其应变能为 $V_{\varepsilon1}$，B 点挠度为 w_1；当 F_2 单独作用时为 $V_{\varepsilon2}$、w_2。若 F_1、F_2 同时作用，则杆的应变能 V_ε 和挠度 w 的结果是________。

A. $V_\varepsilon = V_{\varepsilon1} + V_{\varepsilon2}$，$w = w_1 + w_2$；

B. $V_\varepsilon = V_{\varepsilon1} + V_{\varepsilon2}$，$w \neq w_1 + w_2$；

C. $V_\varepsilon \neq V_{\varepsilon1} + V_{\varepsilon2}$，$w = w_1 + w_2$；

D. $V_\varepsilon \neq V_{\varepsilon1} + V_{\varepsilon2}$，$w \neq w_1 + w_2$。

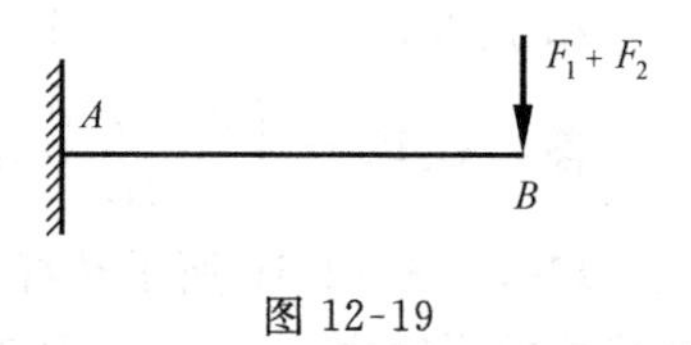

图 12-19

答　C。F_1 与 F_2 不是互相独立的，应变能与载荷关系是非线性的，所以应变能不能叠加，但变形与力为线性关系，可以叠加。

12-6　图 12-20 所示两根梁，材料、截面和梁长均相同，它们的________。

A. 应变能不等，最大挠度相等；　　B. 应变能相等，最大挠度不等；

C. 应变能和最大挠度均相等；　　D. 应变能和最大挠度均不等。

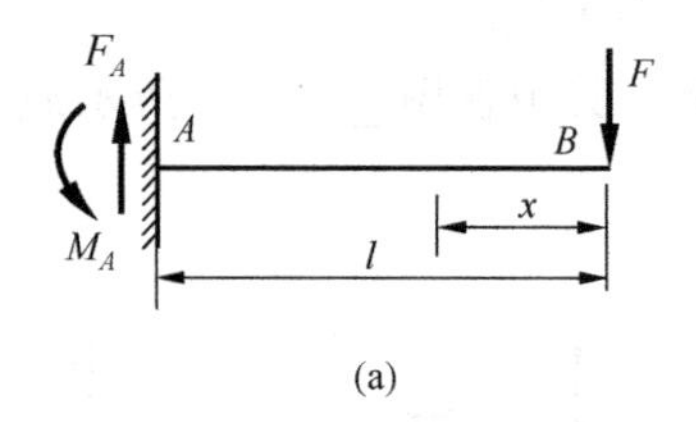

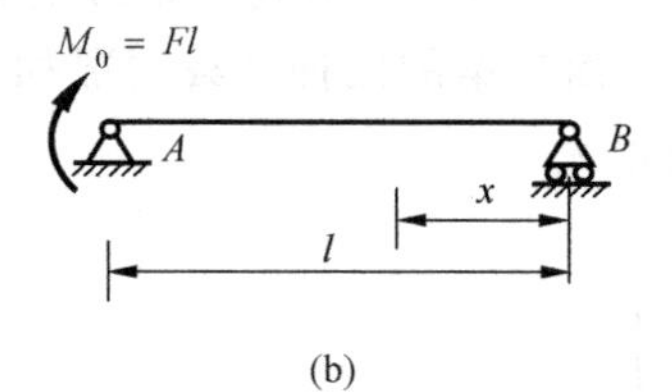

图 12-20

答　B。图 12-20(a)所示梁支反力 $M_A = Fl$（逆时针），$F_A = F(\uparrow)$。

$$M_A(x) = -Fx$$

$$V_{\varepsilon A}=\int_0^l \frac{M_A^2(x)\mathrm{d}x}{2EI}=\int_0^l \frac{F^2x^2\mathrm{d}x}{2EI},\quad w_{\max A}=\frac{Fl^3}{3EI}$$

图 12-20(b)所示梁支反力 $F_B=F(\uparrow)$。

$$M_B(x)=Fx,\quad V_{\varepsilon B}=\int_0^l \frac{M_B^2(x)\mathrm{d}x}{2EI}=\int_0^l \frac{F^2x^2\mathrm{d}x}{2EI},\quad w_{\max B}=\frac{Fl^3}{16EI}$$

内力相等,应变能就相等。但位移与支座情况有关。

12-7 图 12-21 所示变截面圆轴,在截面 A 承受扭转力偶矩 M_1 时,轴的应变能为 $V_{\varepsilon1}$、截面 A 的扭转角为 φ_1;在截面 B 承受扭转力偶矩 M_2 时,轴的应变能为 $V_{\varepsilon2}$,截面 B 的扭转角为 φ_2。若该轴同时承受 M_1 和 M_2,则轴的应变能为________。

A. $V_\varepsilon=V_{\varepsilon1}+V_{\varepsilon2}$;

B. $V_\varepsilon=V_{\varepsilon1}+V_{\varepsilon2}+M_1\varphi_2$;

C. $V_\varepsilon=V_{\varepsilon1}+V_{\varepsilon2}+M_2\varphi_1$;

D. $V_\varepsilon=V_{\varepsilon1}+V_{\varepsilon2}+M_1\varphi_2/2+M_2\varphi_1/2$。

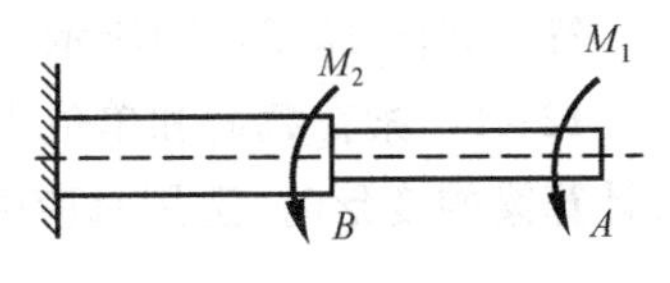

图 12-21

答 B。根据 $V_\varepsilon=W$ 判断。依题意 $V_{\varepsilon1}=\frac{1}{2}M_1\varphi_1$,$V_{\varepsilon2}=\frac{1}{2}M_2\varphi_2$。同时承受 M_1 和 M_2 时,可以先加 M_1,后加 M_2。当加 M_1 时,M_1 做功 $W_1=\frac{1}{2}M_1\varphi_1$;再加 M_2 时,M_2 做功 $W_2=\frac{1}{2}M_2\varphi_2$,这时 M_1 要对 M_2 所引起的截面 A 的扭转角 φ_A 做功,而 $\varphi_A=\varphi_2$,所以外力所做的总功为 $W=\frac{1}{2}M_1\varphi_1+\frac{1}{2}M_2\varphi_2+M_1\varphi_2=V_{\varepsilon1}+V_{\varepsilon2}+M_1\varphi_2$。若先加 M_2,后加 M_1,则外力总功为 $W=\frac{1}{2}M_2\varphi_2+\frac{1}{2}M_1\varphi_1+M_2\varphi_B$,但此时 $\varphi_B\neq\varphi_1$,所以 C 不对。

12-8* 图 12-22 所示简支梁,在分布载荷 q 和集中力偶 M_0 共同作用下的应变能为 V_ε。根据 $\frac{\partial V_\varepsilon}{\partial q}$ 和 $\frac{\partial V_\varepsilon}{\partial M_0}$ 的几何意义可知________。

A. $\frac{\partial V_\varepsilon}{\partial q}>0,\frac{\partial V_\varepsilon}{\partial M_0}>0$;　　B. $\frac{\partial V_\varepsilon}{\partial q}=0,\frac{\partial V_\varepsilon}{\partial M_0}<0$;

C. $\frac{\partial V_\varepsilon}{\partial q}=0,\frac{\partial V_\varepsilon}{\partial M_0}>0$;　　D. $\frac{\partial V_\varepsilon}{\partial q}<0,\frac{\partial V_\varepsilon}{\partial M_0}<0$。

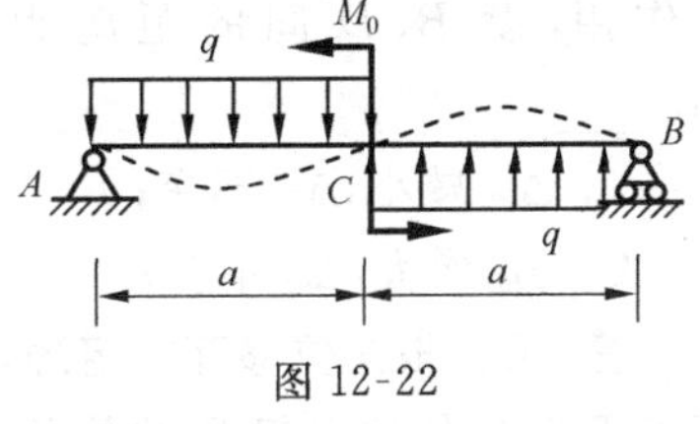

图 12-22

答 A。此梁在反对称载荷作用下,变形是反对称的,挠曲线如图 12-22 中虚线所示。$\frac{\partial V_\varepsilon}{\partial M_0}$ 为 M_0 作用处的转角 θ_C,θ_C 与 M_0 转向一致,所以 $\frac{\partial V_\varepsilon}{\partial M_0}>0$。$\frac{\partial V_\varepsilon}{\partial q}$ 为均布载荷 q 作用下挠曲线与原轴线所围成的面积之和。

12-9* 一刚架受载情况如图 12-23 所示。设其应变能为 V_ε,则由卡氏定理 $\Delta=\frac{\partial V_\varepsilon}{\partial F}$ 求得的位移 Δ 为截面 A 的________。

A. 水平位移和竖直位移的代数和;

B. 水平位移和竖直位移的矢量和;

C. 总位移;

D. 沿 45°方向的线位移;

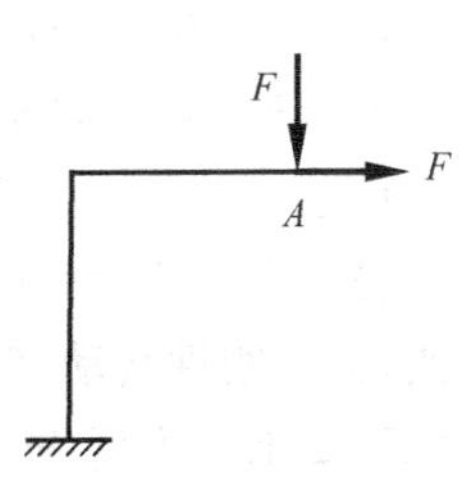

图 12-23

答 A。

12-10*　图 12-24(a)所示弯扭组合变形的圆轴,欲用莫尔积分公式求 C、B 截面的相对扭转角应如何加单位力？在图 12-24(b)中表示出来。

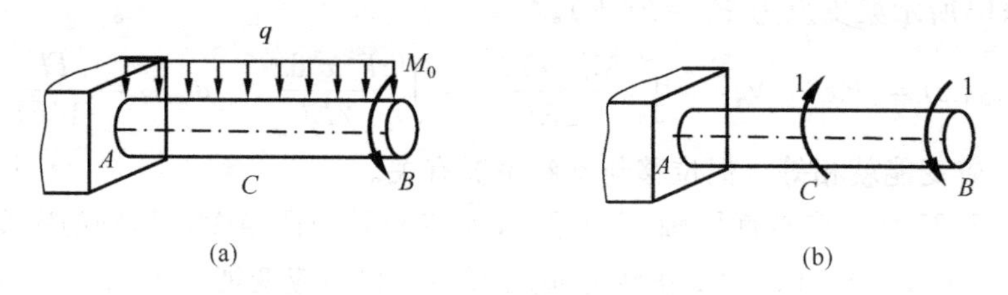

图 12-24

答　如图 12-24(b)所示,加一对单位力偶。

12-11　梁在载荷和单位力作用下的弯矩图(M 图和$\overline{M}$ 图)如图 12-25 所示。用图形互乘法计算梁的变形时,选用对应关系________是正确的。

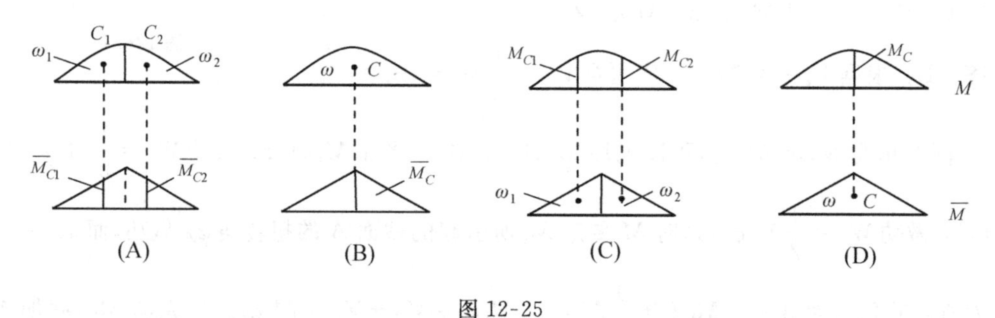

图 12-25

答　A。$\overline{M}$ 图为折线图,所以 M 图应分段。B 未分段,C 和 D 都作了反乘,只有 M 图是直线时才可以反乘,所以 B、C、D 都不对。

12-12　图 12-26 所示两个悬臂梁的 EI 相同,各自受集中力 F 作用,设 B、D 间的距离为 Δ_{BD},C、E 间的距离为 Δ_{CE},则________。

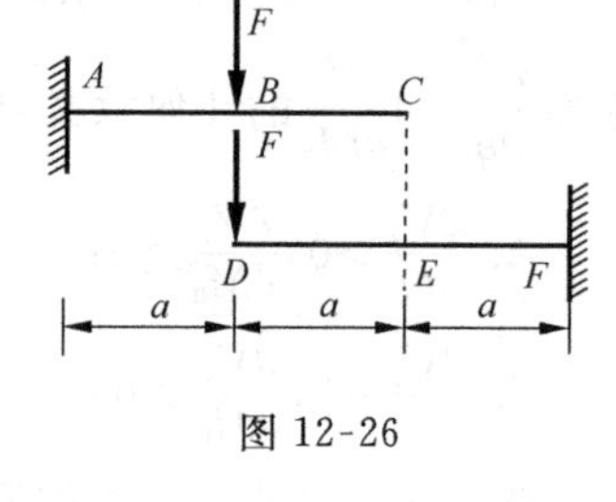

图 12-26

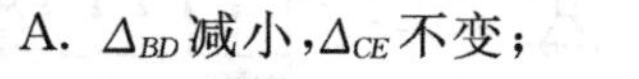

A. Δ_{BD}减小,Δ_{CE}不变；　　B. Δ_{BD}减小,Δ_{CE}改变；

C. Δ_{BD}增大,Δ_{CE}不变；　　D. Δ_{BD}增大,Δ_{CE}改变。

答　C。根据位移互等定理,F 在 B 作用引起 C 的位移 Δ_{CF_B} 等于 F 在 C 作用引起 B 的位移 Δ_{BF_C},由于此二梁相同,故后者 Δ_{BF_C} 与 F 作用于 D 所引起的 E 点位移 Δ_{EF_D} 相同,所以 Δ_{CE} 不变。而 $w_B=\dfrac{Fa^3}{3EI}$,$w_D=\dfrac{F\,(2a)^3}{3EI}$,因此 Δ_{BD} 增大。

12-13　图 12-27 所示外伸梁,若在截面 1 处受集中力 $F_1=6\text{kN}$ 时,测得端面 3 的转角 $\theta_{31}=0.012\text{rad}$。那么梁在截面 2 处承受________时,其截面 1 产生向下挠度 $w_{12}=2\text{mm}$。

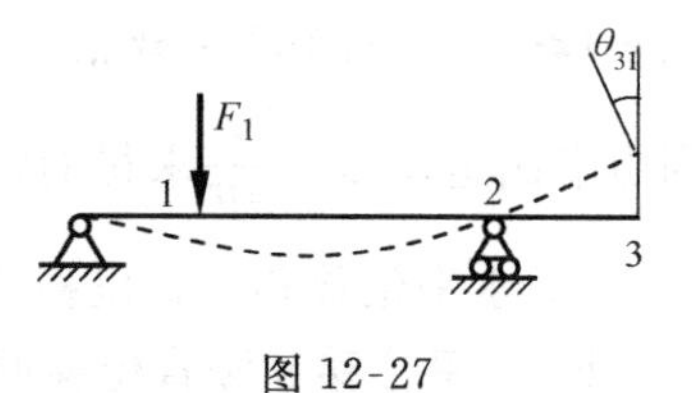

图 12-27

答　力偶 $M_2=1000\text{N}\cdot\text{m}$(逆时针)。$F_1$ 作用时外伸端不弯曲,只有刚性转动,$\theta_{21}=\theta_{31}=0.012\text{rad}$。根据功的互等定理,在截面 2 承受力偶 M_2,就有

$$M_2\theta_{21}=F_1w_{12}$$

$$M_2=\frac{F_1w_{12}}{\theta_{21}}=\frac{6\times10^3\times2\times10^{-3}}{0.012}=1000(\text{N}\cdot\text{m})$$

12-14 图 12-28(a)、(b)所示梁上于 A、B 两点作用两个大小相同的力 F，图 12-28(a)梁上二力同向，图 12-28(b)梁上二力反向。(1) 解释$\dfrac{\partial V_\varepsilon}{\partial F}$的物理意义；(2) 用卡氏定理求 B 点的挠度。

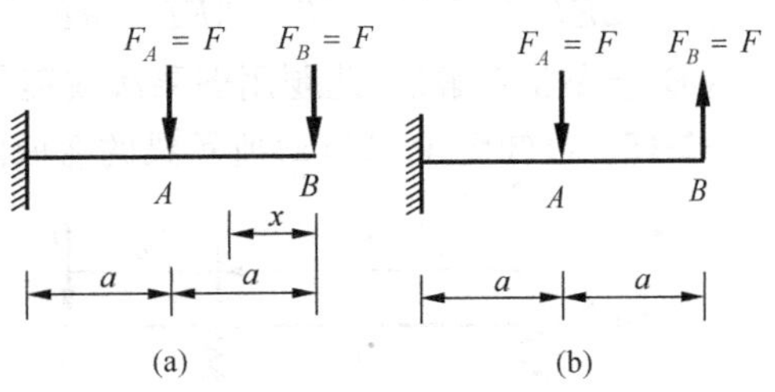

图 12-28

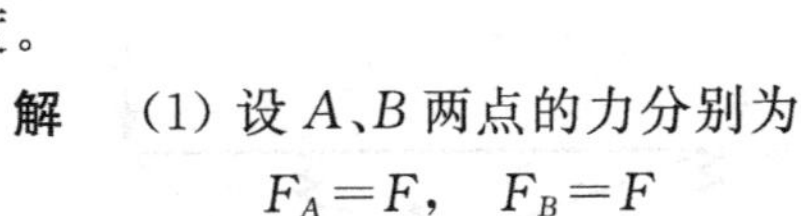

解 (1) 设 A、B 两点的力分别为

$$F_A = F,\quad F_B = F$$

则

$$\frac{\partial V_\varepsilon}{\partial F} = w_A + w_B$$

对于图 12-28(a)梁，$\dfrac{\partial V_\varepsilon}{\partial F}$是 A、B 两点向下挠度之和。

对于图 12-28(b)梁，$\dfrac{\partial V_\varepsilon}{\partial F}$是 A、B 两点竖直方向的相对位移。

(2) 求图 12-28(a)梁的 w_B。

$$M(x) = \begin{cases} -F_B x & (0 \leqslant x \leqslant a) \\ -F_B x - F(x-a) & (a \leqslant x \leqslant 2a) \end{cases}$$

$$\frac{\partial M(x)}{\partial F_B} = \begin{cases} -x & (0 \leqslant x \leqslant a) \\ -x & (a \leqslant x \leqslant 2a) \end{cases}$$

$$w_B = \frac{\partial V_\varepsilon}{\partial F_B} = \frac{1}{EI}\int_0^a (-Fx)(-x)\mathrm{d}x + \int_a^{2a}[-Fx - F(x-a)](-x)\mathrm{d}x = \frac{7Fa^3}{2EI}\ (\downarrow)$$

(3) 求图 12-28(b)梁的 w_B。

$$M(x) = \begin{cases} F_B x & (0 \leqslant x \leqslant a) \\ F_B x - F(x-a) & (a \leqslant x \leqslant 2a) \end{cases}$$

$$\frac{\partial M(x)}{\partial F_B} = \begin{cases} x & (0 \leqslant x \leqslant a) \\ x & (a \leqslant x \leqslant 2a) \end{cases}$$

$$w_B = \frac{\partial V_\varepsilon}{\partial F_B} = \frac{1}{EI}\left[\int_0^a Fx \cdot x\mathrm{d}x + \int_a^{2a} Fa \cdot x\mathrm{d}x\right] = \frac{11Fa^3}{6EI}\ (\uparrow)$$

讨论：

(1) 在写弯矩方程 $M(x)$ 时，必须将待求 w_B 相应的力写成 F_B，以便求$\dfrac{\partial M}{\partial F_B}$，而在计算$\displaystyle\int \frac{M(x)}{EI}\frac{\partial M}{\partial F_B}$时，就可以将 $M(x)$ 中的 F_B 还原成 F，以简化运算步骤。

(2) 若在写弯矩方程时，不注明 F_B，而直接写成 F，则图 12-28(b)梁有

$$M(x) = \begin{cases} Fx & (0 \leqslant x \leqslant a) \\ Fx - F(x-a) = Fa & (a \leqslant x \leqslant 2a) \end{cases}$$

$$\frac{\partial M(x)}{\partial F} = \begin{cases} x & (0 \leqslant x \leqslant a) \\ a & (a \leqslant x \leqslant 2a) \end{cases}$$

$$\frac{\partial V_\varepsilon}{\partial F} = \frac{1}{EI}\int_0^a Fx \cdot x\mathrm{d}x + \int_a^{2a} Fa \cdot a\mathrm{d}x = \frac{4Fa^3}{3EI}$$

$w_A=\dfrac{Fa^3}{2EI}(\uparrow)$，$w_B-w_A=\dfrac{4Fa^3}{3EI}=\dfrac{\partial V_\varepsilon}{\partial F}$即为$AB$两点相对位移。

(3) 若不指定解法，此题用图乘法或莫尔积分更方便。

12-15 已知图12-29(a)所示梁的弯曲刚度EI和支座弹簧刚度k，试求截面A的挠度。

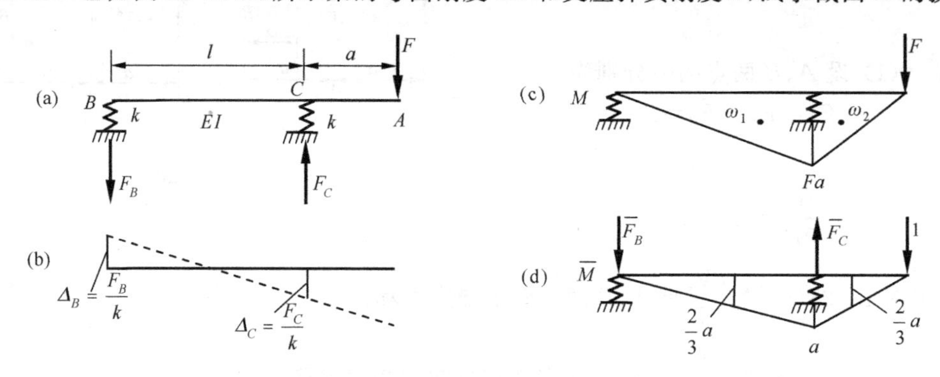

图 12-29

解 用有支座位移的单位载荷法求解。

$$\Delta=-\sum\overline{F}_{\mathrm{R}}C+\int\overline{M}(x)\mathrm{d}\theta$$

其中，第二项用图乘法计算。

(1) 求支座位移。由平衡方程可得支反力$F_B=\dfrac{Fa}{l}(\downarrow)$，$F_C=F+\dfrac{Fa}{l}(\uparrow)$。则支座位移为$\Delta_B=\dfrac{F_B}{k}=\dfrac{Fa}{kl}$，$\Delta_C=\dfrac{F_C}{k}=\dfrac{F}{k}+\dfrac{Fa}{kl}$，如图12-29(b)所示。

(2) 加单位力，如图12-29(d)所示，支反力为

$$\overline{F}_B=\frac{a}{l}(\downarrow),\quad \overline{F}_C=1+\frac{a}{l}(\uparrow)$$

(3) 作M图和$\overline{M}$图，如图12-29(c)、(d)所示。

(4) 求w_A。

$$\begin{aligned}w_A=\Delta&=-\sum\overline{F}_C+\sum\frac{1}{EI}\omega_i\overline{M}_{Ci}\\&=-\left[-\frac{a}{l}\cdot\frac{Fa}{kl}-\left(1+\frac{a}{l}\right)\cdot\frac{F}{k}\cdot\left(1+\frac{a}{l}\right)\right]\\&\quad+\frac{1}{EI}\left(\frac{Fal}{2}\cdot\frac{2a}{3}+\frac{Fa^2}{2}\cdot\frac{2a}{3}\right)\\&=\frac{F}{kl^2}[a^2+(l+a)^2]+\frac{Fa^2}{3EI}(l+a)\ (\downarrow)\end{aligned}$$

12-16 图12-30(a)所示钢梁受线性分布载荷作用，已知$E=200\mathrm{GPa}$，$I=2.5\times10^{-5}\mathrm{m}^4$，试求$A$点挠度$w_A$。

解 加单位力，如图12-30(b)所示。

$$M(x)=-\frac{q(x)}{2}\cdot x\cdot\frac{x}{3}=-\frac{2}{3}x^3$$

$$\overline{M}(x)=-x$$

$$w_A = \int_0^5 \frac{1}{EI}\left(-\frac{2}{3}x^3\right)(-x)\mathrm{d}x = \frac{1}{EI} \cdot \frac{2 \times 5^5}{15} \times 10^3$$

$$= \frac{1}{200 \times 10^9 \times 2.5 \times 10^{-5}} \times \frac{2 \times 5^4 \times 10^3}{3} = 0.0833(\mathrm{m}) = 83.3(\mathrm{mm})\ (\downarrow)$$

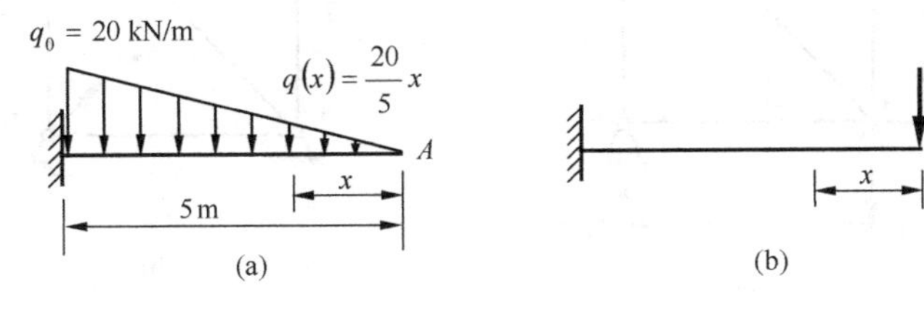

图 12-30

12-17 用图乘法求图 12-31(a)所示梁的中间铰链 B 左、右两截面的相对转角。EI、F、a 为已知。

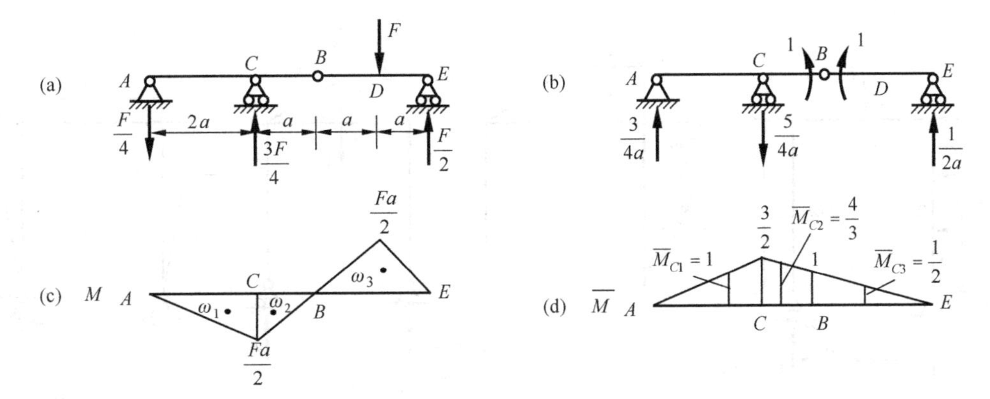

图 12-31

解 在中间铰 B 的左、右两侧加一对转向相反的单位力偶，如图 12-31(b)所示。用平衡方程求得支反力，分别示于图 12-31(a)、(b)中。

作 M 图和 $\overline{M}$ 图，如图 12-31(c)、(d)所示。

$$\bar{\theta}_B = \Delta = \frac{1}{EI}\left[\left(-\frac{1}{2} \cdot \frac{Fa}{2} \cdot 2a\right) \cdot 1 - \left(\frac{1}{2} \cdot \frac{Fa}{2} \cdot a\right) \cdot \frac{4}{3} + \left(\frac{1}{2} \cdot \frac{Fa}{2} \cdot 2a\right) \cdot \frac{1}{2}\right]$$

$$= -\frac{7Fa^2}{12EI}()()$$

12-18 图 12-32(a)所示桁架各杆材料相同，横截面面积相等。在载荷 F 作用下，试求结点 B 与 D 间的相对位移。

解 用莫尔积分求解。在 B 与 D 两节点上加上一对沿 BD 连线的方向相反的单位力，如图 12-32(b)。用平衡方程求出支反力画在图 12-32(a)中，并求出各杆的轴力 F_{Ni}、$\overline{F}_{Ni}$，也标注在图中。

$$\bar{\Delta}_{BD} = \sum \frac{F_{Ni}\overline{F}_{Ni}l_i}{EA} = \frac{1}{EA}\left[\sqrt{2}F \cdot 1 \cdot \sqrt{2}l + (-F)\left(-\frac{\sqrt{2}}{2}\right)l\right]$$

$$= \frac{(4+\sqrt{2})Fl}{2EA} = 2.71\frac{Fl}{EA} \quad (\text{相互靠拢})$$

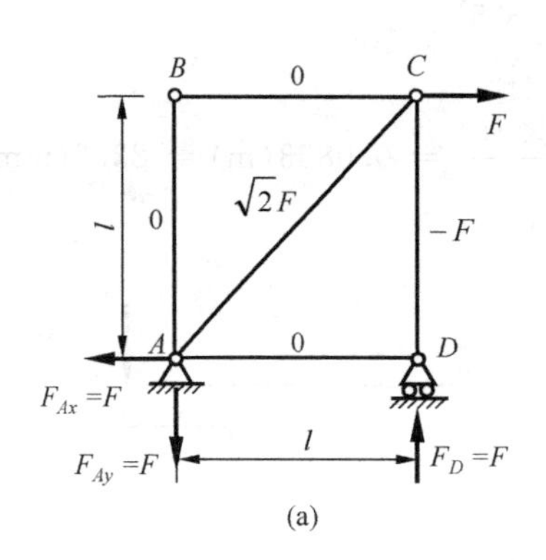

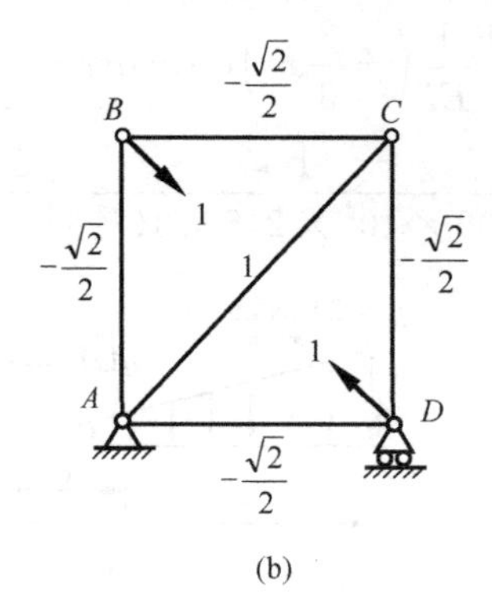

图 12-32

12-19 一刚架各段的刚度如图 12-33(a)所示，试求 A 截面的挠度 w_A 和可动铰支座 B 的水平位移 u_B。

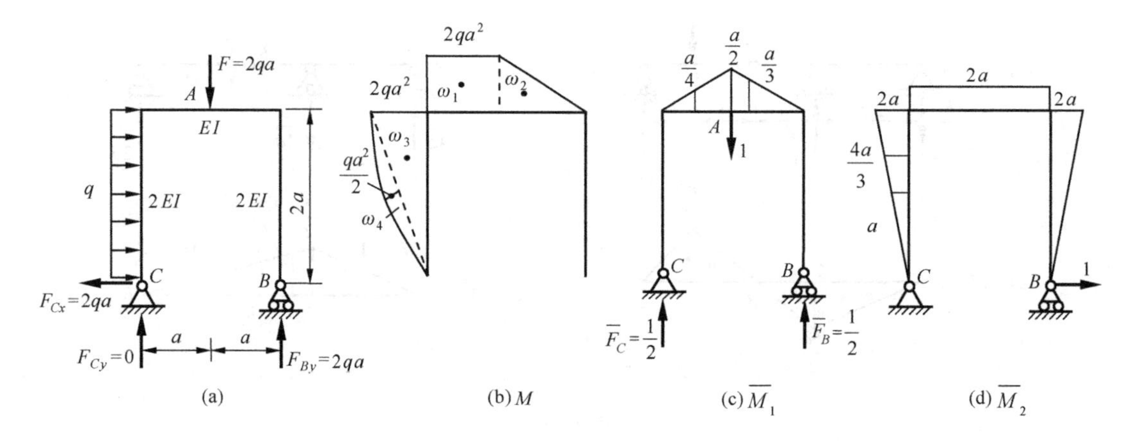

图 12-33

解 分别在 A 点加竖向单位力(图 12-33(c))、在 B 点加水平单位力(图 12-33(d))。分别作载荷弯矩图(图 12-33(b))、单位力弯矩图(图 12-33(c)、(d))。

由图 12-33(b)和图 12-33(c)图乘，得

$$\Delta_1 = w_A = \frac{1}{EI}\left(2qa^2 \cdot a \cdot \frac{a}{4} + \frac{1}{2} \cdot 2qa^3 \cdot \frac{a}{3}\right) = \frac{5qa^4}{6EI}\ (\downarrow)$$

由图 12-33(b)与图 12-33(d)图乘，得

$$\Delta_2 = u_B = \frac{1}{EI}\left(2qa^2 \cdot a \cdot 2a + \frac{2qa^2 \cdot a}{2} \cdot 2a\right) + \frac{1}{2EI}\left(\frac{2}{3}\frac{qa^2}{2} \cdot 2a \cdot a + \frac{1}{2} \cdot 2qa^2 \cdot 2a \cdot \frac{4a}{3}\right) = \frac{23qa^4}{3EI}\ (\rightarrow)$$

12-20 图 12-34(a)所示简易吊车的吊重 $F=2.83\text{kN}$。撑杆 AC 长为 2m，截面的惯性矩为 $I=8.53\times10^6\text{mm}^4$。拉杆 BD 的横截面面积为 600mm^2。如撑杆只考虑弯曲的影响，试求 C 点的铅垂位移。设 $E=200\text{GPa}$。

解 在 C 点加铅垂单位力如图 12-34(c)所示。

以 AC 为研究对象，$\sum M_A=0$，$F_N\cdot1-F\sin45°\cdot2=0$，得 $F_N=\sqrt{2}F$。同理，$\overline{F}_N=\sqrt{2}$。作 AC 杆的 M 图和 $\overline{M}$ 图，如图 12-34(b)、(d) 所示。

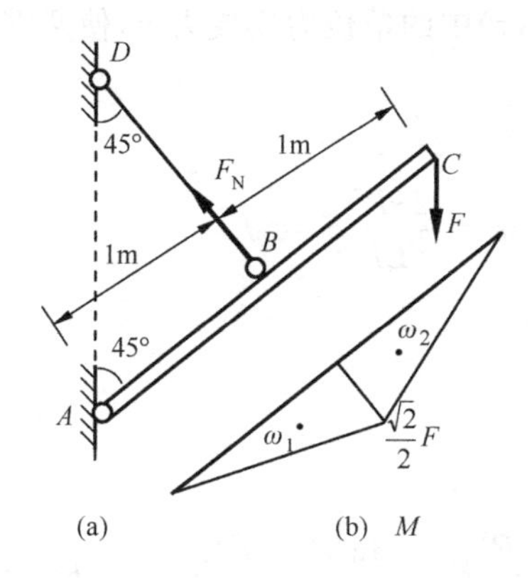

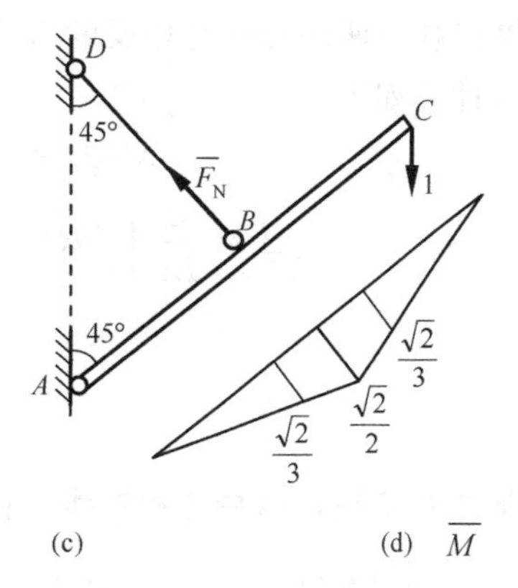

图 12-34

$$
\begin{aligned}
w_C &= \Delta = \frac{F_N \overline{F}_N l}{EA} + \sum \frac{1}{EI}\omega_i \overline{M}_{Ci} = \frac{\sqrt{2}F \cdot \sqrt{2}l}{EA} + \frac{2}{EI}\left(\frac{l}{2}\cdot\frac{\sqrt{2}}{2}F\right)\frac{\sqrt{2}}{3} \\
&= \frac{2Fl}{EA} + \frac{Fl}{3EI} = \frac{2\times 2.83\times 10^3\times 1}{200\times 10^9\times 600\times 10^{-6}} + \frac{2.83\times 10^3\times 1}{3\times 200\times 10^9\times 8.53\times 10^6\times 10^{-12}} \\
&= 6.00\times 10^{-4}(\text{m}) = 0.6(\text{mm})(\downarrow)
\end{aligned}
$$

12-21 图 12-35(a)所示圆环开口角度 θ 很小，试问在缺口两截面上加怎样的力才能使两截面恰好密合？EI 为已知。

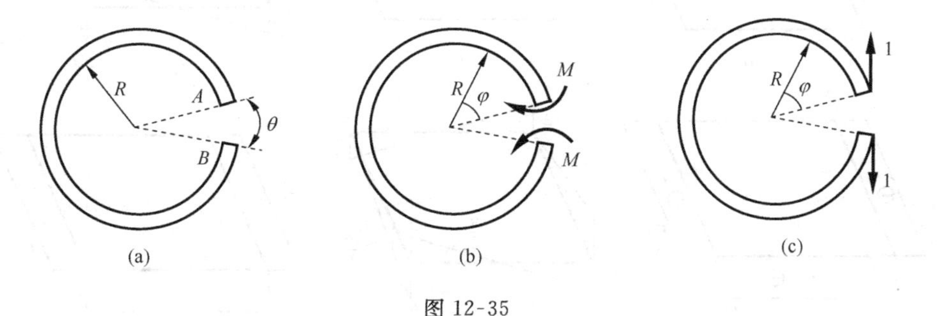

图 12-35

解 在开口两截面加一对转向相反的力偶，如图 12-35(b)所示。用莫尔积分求两端相对转角 Δ，则只需将这一对力偶换成单位力偶，令 $M=1$，就可得到 $\overline{M}$。

$$M(\varphi)=M,\quad \overline{M}(\varphi)=1\quad (0<\varphi\leqslant\pi)$$

$$\Delta = \int \frac{M(\varphi)\overline{M}(\varphi)R\mathrm{d}\varphi}{EI} = \frac{2}{EI}\int_0^{\pi} M\cdot 1R\mathrm{d}\varphi = \frac{2\pi RM}{EI}$$

令 $\Delta=\theta$，得 $M=\dfrac{EI\theta}{2\pi R}$。

检查力偶 M，使缺口处 A、B 的相对线位移 Δ_{AB}。为此，在 A、B 沿连线加一对单位力，如图 12-35(c)所示。

$$\overline{M}(\varphi)=R(1-\cos\varphi)$$

$$\Delta_{AB} = \frac{2}{EI}\int_0^{\pi} MR(1-\cos\varphi)R\mathrm{d}\varphi = \frac{2\pi R^2 M}{EI} = \frac{2\pi R^2}{EI}\cdot\frac{EI\theta}{2\pi R} = R\theta$$

$R\theta$ 正好是原来缺口的相对张开量，所以加一对力偶 $M=\dfrac{EI\theta}{2\pi R}$ 正好使缺口密合。

讨论：此问题的关键是缺口的密合条件，既要求相对转角等于 θ，又要求相对线位移等于

$R\theta$。如果在缺口两端加一对相反的力 F,即将图 12-35(c)中的单位力换成力 F,使两端相对转角等于 θ,计算如下。

$$M(\varphi)=FR(1-\cos\varphi),\quad \overline{M}(\varphi)=1$$

$$\Delta=\frac{2}{EI}\int_0^{\pi}FR(1-\cos\varphi)\cdot 1\cdot R\mathrm{d}\varphi=\frac{2\pi R^2}{EI}F=\theta$$

得

$$F=\frac{EI\theta}{2\pi R^2}$$

检查力 F 使缺口两端的相对线位移

$$\Delta_{AB}=\frac{2}{EI}\int_0^{\pi}FR(1-\cos\varphi)\cdot R(1-\cos\varphi)R\mathrm{d}\varphi=\frac{3\pi R^3}{EI}F=\frac{3\pi R^3}{EI}\cdot\frac{EI\theta}{2\pi R^2}=\frac{3}{2}R\theta>R\theta$$

不符合密合条件。

12-22 图 12-36(a)所示正方形开口框架位于水平面内,在开口两端作用一对大小相等、方向相反的铅直力 F,试求在 F 作用下开口处的张开量。各段 EI、GI_p为已知。

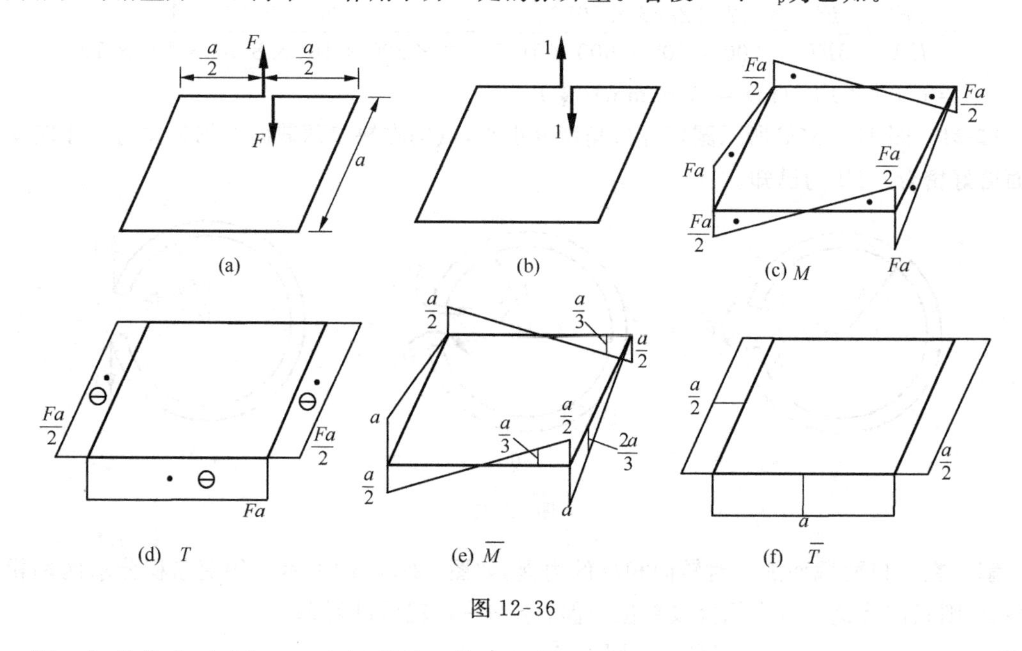

图 12-36

解 加单位力,如图 12-36(b)所示。作 M 图和 T 图,如图 12-36(c)、(d)所示。作 $\overline{M}$ 图和 $\overline{T}$ 图,如图 12-36(e)、(f)所示。

$$\begin{aligned}\Delta&=\sum\frac{1}{EI}\omega_{Mi}\overline{M}_{Ci}+\sum\frac{1}{GI_p}\omega_{Ti}\overline{T}_{Ci}\\&=\frac{2}{EI}\left(\frac{1}{2}\cdot\frac{Fa}{2}\cdot\frac{a}{2}\cdot\frac{a}{3}\times 2+\frac{1}{2}Fa\cdot a\cdot\frac{2}{3}a\right)\\&\quad+\frac{1}{GI_p}\left(\frac{Fa}{2}\cdot a\cdot\frac{a}{2}\times 2+Fa^2\cdot a\right)=\frac{5Fa^3}{6EI}+\frac{3Fa^3}{2GI_p}\end{aligned}$$

12-23 图 12-37(a)所示平面刚架中的 F、L 和 EI 均为已知。若杆自由端 B 的总位移发生在与力 F 相同的方向,试问力 F 作用线的倾角 α(图 12-37(a))应为多大?

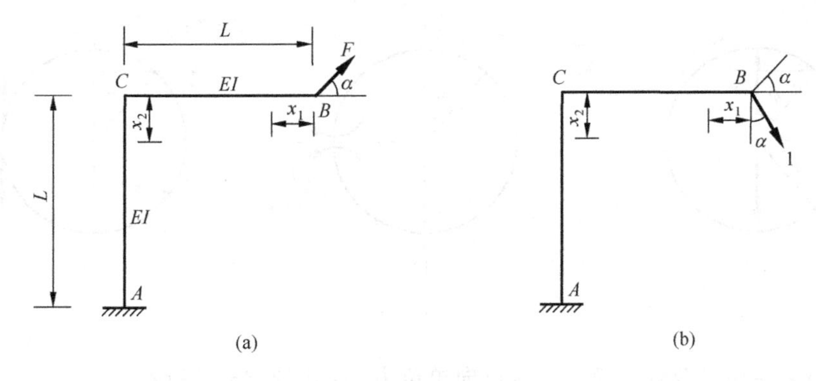

图 12-37

解 若 B 端与力 F 作用线垂直方向的线位移等于零，则总位移 Δ_B 就与力 F 方向相同。故沿与力 F 作用线垂直方向加单位力，如图 12-37(b)所示。

$$M(x_1)=F\sin\alpha x_1,\quad \overline{M}(x_1)=-1\cdot\cos\alpha x_1\quad(0\leqslant x_1\leqslant L)$$

$$M(x_2)=F\sin\alpha\cdot L-F\cos\alpha\cdot x_2$$

$$\overline{M}(x_2)=-1\cdot\cos\alpha\cdot L-1\cdot\sin\alpha\cdot x_2\quad(0\leqslant x_2\leqslant L)$$

$$\begin{aligned}\Delta&=\sum\int\frac{M(x)\overline{M}(x)\mathrm{d}x}{EI}\\&=\frac{1}{EI}\int_0^L F\sin\alpha x_1(-\cos\alpha x_1)\mathrm{d}x_1+\frac{1}{EI}\int_0^L(FL\sin\alpha-F\cos\alpha x_2)(-L\cos\alpha-\sin\alpha x_2)\mathrm{d}x_2\\&=-\frac{FL^3}{6EI}\sin2\alpha-\frac{FL^3}{3EI}\sin2\alpha+\frac{FL^3}{2EI}(\cos^2\alpha-\sin^2\alpha)\\&=-\frac{FL^3}{2EI}\sin2\alpha+\frac{FL^3}{2EI}\cos2\alpha=0\end{aligned}$$

$$\sin2\alpha=\cos2\alpha$$

即

$$\tan2\alpha=1$$

$$2\alpha=\frac{\pi}{4},\frac{5\pi}{4},\frac{\pi}{4}+2\pi,\frac{5\pi}{4}+2\pi$$

$$\alpha=\frac{\pi}{8},\frac{5\pi}{8},\frac{9\pi}{8},\frac{13\pi}{8}$$

12-24*　图 12-38(a)所示圆形曲杆的横截面尺寸远小于曲杆的半径 R，试求切口处两侧截面的相对转角 $\bar{\theta}$ 和相对线位移 $\bar{\Delta}$。

解
$$M(\varphi)=-FR\sin\varphi\quad\left(0\leqslant\varphi\leqslant\frac{\pi}{2}\right)$$

(1) 求 $\bar{\theta}$。在切口两侧截面加一对单位力偶，如图 12-38(b)所示。

$$\overline{M}(\varphi)=-1\quad\left(0\leqslant\varphi\leqslant\frac{\pi}{2}\right)$$

$$\bar{\theta}=\frac{2}{EI}\int_0^{\frac{\pi}{2}}(-FR\sin\varphi)(-1)R\mathrm{d}\varphi=\frac{2FR^2}{EI}\cos\varphi\Big|_{\frac{\pi}{2}}^{0}=\frac{2FR^2}{EI}$$

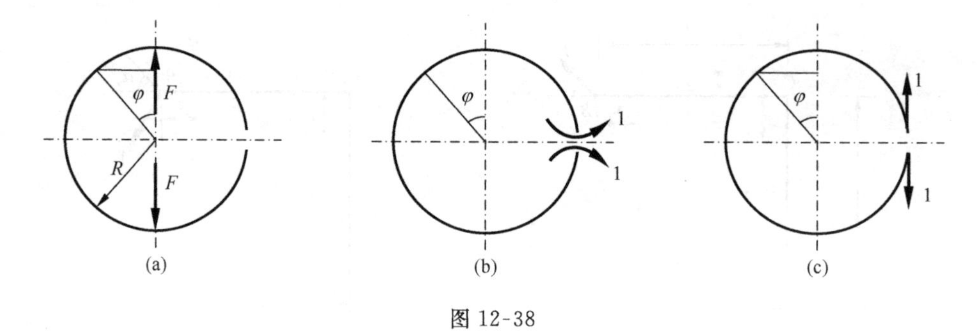

图 12-38

(2) 求 $\bar{\Delta}$。在切口两侧截面加一对反向单位力,如图 12-38(c)所示。

$$\overline{M}(\varphi)=-R(1+\sin\varphi)\quad\left(0\leqslant\varphi\leqslant\frac{\pi}{2}\right)$$

$$\bar{\Delta}=\frac{2}{EI}\int_{0}^{\frac{\pi}{2}}(-FR\sin\varphi)[-R(1+\sin\varphi)]R\mathrm{d}\varphi$$

$$=\frac{2FR^{3}}{EI}\left(-\cos\varphi+\frac{\varphi}{2}-\frac{\sin 2\varphi}{4}\right)\bigg|_{0}^{\frac{\pi}{2}}=\frac{2FR^{3}}{EI}\left(1+\frac{\pi}{4}\right)$$

12-25 一端固定并位于水平平面内的半圆环如图 12-39 所示。图中铅垂方向的力 F 和 R 均为已知。曲杆横截面形状为圆形,其直径为 d。材料的弹性模量和切变模量分别为 E 和 G。试用卡氏定理求力 F 作用点的竖直位移。

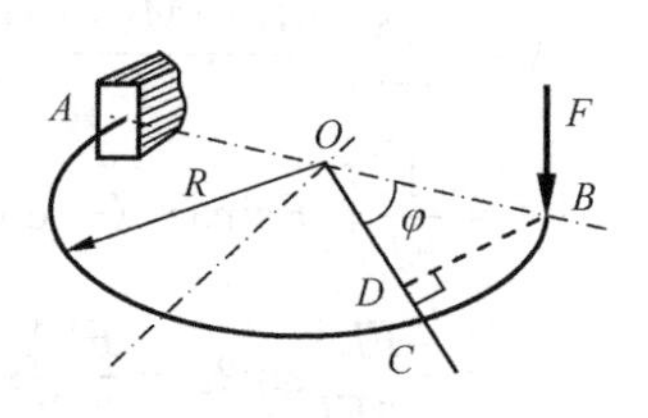

图 12-39

解 $M(\varphi)=F\cdot R\sin\varphi,\quad \dfrac{\partial M(\varphi)}{\partial F}=R\sin\varphi\quad(0\leqslant\varphi\leqslant\pi)$

$T(\varphi)=FR\cdot(1-\cos\varphi),\quad \dfrac{\partial T(\varphi)}{\partial F}=R\cdot(1-\cos\varphi)\quad(0\leqslant\varphi\leqslant\pi)$

$$\Delta_{Bw}=\Delta=\int\frac{M(\varphi)}{EI}\frac{\partial M(\varphi)}{\partial F}R\,\mathrm{d}\varphi+\int\frac{T(\varphi)}{GI_{\mathrm{p}}}\cdot\frac{\partial T(\varphi)}{\partial F}R\,\mathrm{d}\varphi$$

$$=\int_{0}^{\pi}\frac{FR^{3}\sin^{2}\varphi}{EI}\mathrm{d}\varphi+\int_{0}^{\pi}\frac{FR^{3}(1-\cos\varphi)^{2}}{GI_{\mathrm{p}}}\mathrm{d}\varphi$$

$$=\frac{FR^{3}}{EI}\left(\frac{\varphi}{2}-\frac{\sin 2\varphi}{4}\right)\bigg|_{0}^{\pi}+\frac{FR^{3}}{GI_{\mathrm{p}}}\left(R-2\sin\varphi+\frac{\varphi}{2}+\frac{\sin 2\varphi}{4}\right)\bigg|_{0}^{\pi}$$

$$=\frac{\pi FR^{3}}{2}\left(\frac{1}{EI}+\frac{3}{GI_{\mathrm{p}}}\right)(\downarrow)$$

其中,$I=\dfrac{\pi d^{4}}{64}$,$I_{\mathrm{p}}=\dfrac{\pi d^{4}}{32}$。

12-26 图 12-40(a)所示为变截面梁,试用位移互等定理和主教材表 8-1 求力 F 作用下截面 B 的竖向位移和截面 A 的转角。

解 (1) 求 w_B。

设 A 为点 1,B 为点 2,则图 12-40(a)中 B 点的挠度为 Δ_{21}。在 B 点加竖向力 F,如图 12-40(b)所示,此时 A 点的挠度为 Δ_{12},查主教材表 8-1,得 $w_B=\dfrac{Fa^{3}}{3(2EI)}$,$\theta_B=\dfrac{Fa^{2}}{2(2EI)}$。

$$\Delta_{12}=w_B+\theta_B\cdot a=\frac{Fa^{3}}{6EI}+\frac{Fa^{2}}{4EI}\cdot a=\frac{5Fa^{3}}{12EI}(\downarrow)$$

根据位移互等定理，$w_B=\Delta_{21}=\Delta_{12}=\dfrac{5Fa^3}{12EI}$。

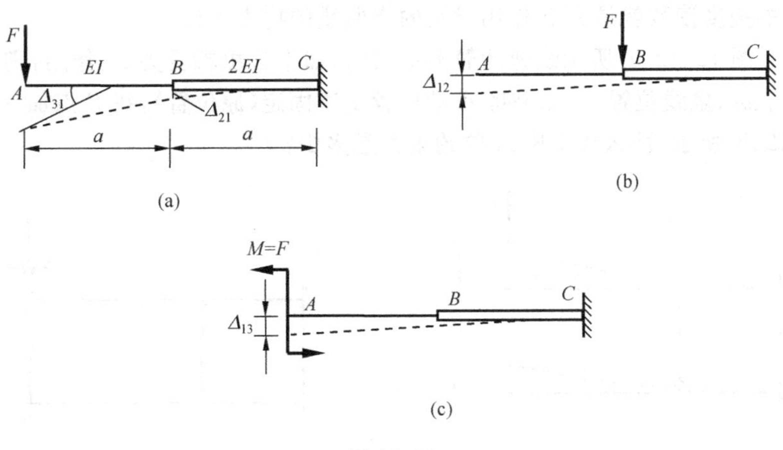

图 12-40

(2) 求 θ_A。

设图 12-40(a)中力 F 引起的截面 A 的转角 $\theta_A=\Delta_{31}$，则在 A 处加力偶如图 12-40(c)所示，若此时力偶 M 在数值上等于 F，所引起的 A 端挠度即为 Δ_{13}。查主教材表 8-1，得

$$w_B=\frac{Ma^2}{2(2EI)}=\frac{Fa^2}{4EI},\quad \theta_B=\frac{Ma}{2EI}=\frac{Fa}{2EI},\quad w_A=\frac{Ma^2}{2EI}=\frac{Fa^2}{2EI}$$

用叠加法有

$$\Delta_{13}=w_B+\theta_B\cdot a+w_A=\frac{Fa^2}{4EI}+\frac{Fa}{2EI}\cdot a+\frac{Fa^2}{2EI}=\frac{5Fa^2}{4EI}$$

根据位移互等定理，$\theta_A=\Delta_{31}=\Delta_{13}=\dfrac{5Fa^2}{4EI}$(逆时针)。

12-27 一不规则的变截面梁在 A 点处受一集中力作用，如图 12-41(a)所示。若仅用一个千分表测定该梁在许多个横截面处的挠度，从而可画出梁的挠曲线。试在挠度与力 F 成正比的情况下，设计一最简单的测定过程。

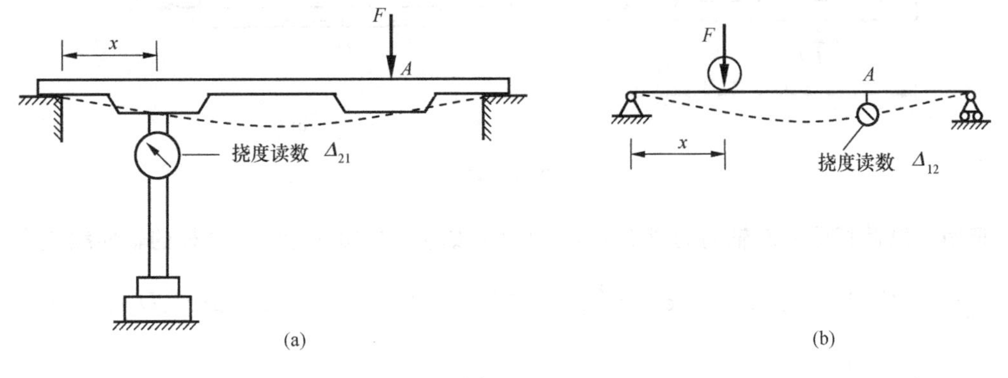

图 12-41

解 如果用本题所述方法测此梁的挠曲线，需要反复在许多点安装千分表，读出挠度读数，很不方便。

现利用位移互等定理，可大大简化测定过程。设 A 点(点 1)受力 F 作用时，引起的任意截面(点 2，即安装千分表处)的挠度为 Δ_{21}，如图 12-41(a)所示。若将千分表安装在 A 截面处，使力 F 作用在任意截面上，这时千分表的挠度读数为 Δ_{12}，如图 12-41(b)所示。根据位移互等定理 $\Delta_{12}=\Delta_{21}$，所以将千分表安装在 A 截面处，使力 F 作为移动载荷，作用位置为 $x(0<x<L)$，千分表的挠度读数就是力 F 作用时梁的挠曲线的挠度坐标。

12-28** 图 12-42(a)所示线弹性静不定结构，如果自由端受力 F_R 作用，则 A、B 两点的挠度分别为 δ_A、δ_B(虚线位置)。如果将 A 端用铰支座固定(原位置)，在 B 点加一向下力 F_p 作用，如图 12-42(b)所示，那么铰支座 A 的约束力是多少?

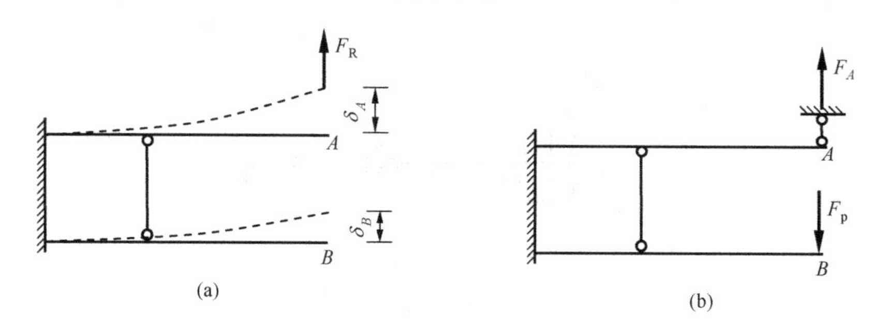

图 12-42

解 根据功的互等定理，图 12-42(b)状态的力对图 12-42(a)状态的位移所做的虚功等于图 12-42(a)状态的力对图 12-42(b)状态的位移所做的虚功，即

$$F_A\delta_A - F_p\delta_B = F_R \cdot 0$$

所以得

$$F_A=\frac{\delta_B}{\delta_A}F_p$$

讨论：初看此题时似乎很复杂，而且缺少解静不定结构的许多数据(如尺寸、刚度等)。应用功的互等定理就巧妙地解决了这个问题。

12-29** 图 12-43(a)所示等直杆，受一对大小相等、方向相反的横向力 F 作用。若已知杆的拉压刚度 EA 和材料的泊松比 ν，试根据功的互等定理证明该杆的轴向变形 $\Delta l=\dfrac{\nu Fb}{EA}$。

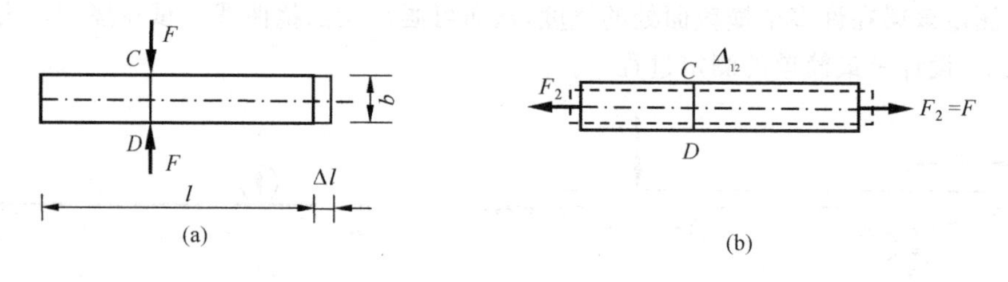

图 12-43

证明 设此杆受一对轴向力 F 作用，记为 F_2，如图 12-43(b)所示，全杆的轴向线应变 $\varepsilon=\dfrac{F_N}{EA}=\dfrac{F}{EA}$，而横向线应变 $\varepsilon'=-\nu\varepsilon=-\dfrac{\nu F}{EA}$，横向尺寸改变量为 $\Delta b=\varepsilon' b$，故 C、D 两点的相应位移 $\Delta_{12}=|\Delta b|=\dfrac{\nu Fb}{EA}$。

设图 12-43(a)中横向力为 $F_1=F$，产生的轴向变形为 $\Delta_{21}=\Delta l$，由功的互等定理

$$F_2\Delta_{21}=F_1\Delta_{12}$$

所以 $\Delta l=\Delta_{21}=\dfrac{F_1}{F_2}\Delta_{12}=\dfrac{\nu Fb}{EA}$，得证。

12-30** 图 12-44(a)所示悬臂梁受均布载荷 q 作用。材料的应力-应变曲线如图 12-44(b)所示,其中 C 为常量,σ 与 ε 皆取绝对值。试用单位载荷法求自由端挠度 w_B。

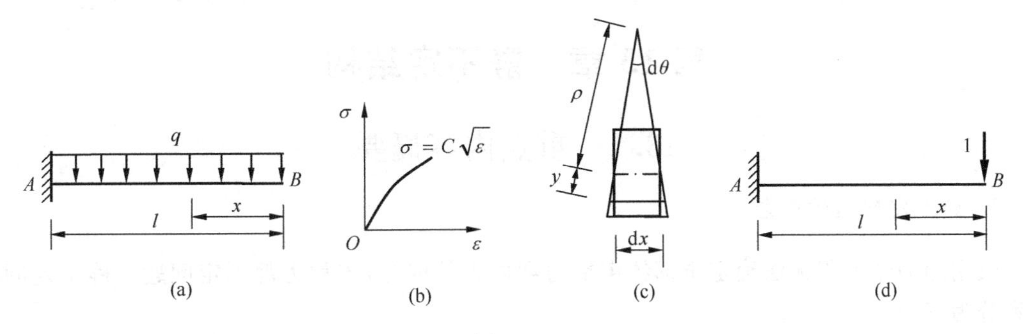

图 12-44

解 用式 $\Delta = \int \overline{M}(x)\mathrm{d}\theta$ 求解。

(1) 求 $\mathrm{d}\theta$。

设弯曲变形后平面假设仍成立,则由图 12-44(c)可知

$$\mathrm{d}\theta = \frac{\mathrm{d}x}{\rho} \tag{1}$$

$$\varepsilon = \frac{y}{\rho} \tag{2}$$

$$\sigma = C\sqrt{\varepsilon} = C\sqrt{\frac{y}{\rho}} = C\rho^{-\frac{1}{2}}y^{\frac{1}{2}} \tag{3}$$

因
$$M = \int_A y\sigma\,\mathrm{d}A = C\rho^{-\frac{1}{2}}\int_A y^{\frac{3}{2}}\,\mathrm{d}A$$

记
$$I^* = \int_A y^{\frac{3}{2}}\,\mathrm{d}A \tag{4}$$

则有
$$M = C\rho^{-\frac{1}{2}}I^* \tag{5}$$

可得
$$\frac{1}{\rho} = \frac{M^2}{(CI^*)^2} \tag{6}$$

故
$$\mathrm{d}\theta = \frac{M^2}{(CI^*)^2}\mathrm{d}x \tag{7}$$

于是
$$\Delta = \int \overline{M}\mathrm{d}\theta = \int \frac{\overline{M}M^2}{(CI^*)^2}\mathrm{d}x \tag{8}$$

(2) 加单位力,如图 12-44(d)所示。弯矩方程为

$$\begin{cases} \overline{M}(x) = x \\ M(x) = \dfrac{q}{2}x^2 \end{cases} \quad (0 \leqslant x < l)$$

(3) 求 w_B。

$$w_B = \Delta = \int \frac{\overline{M}M^2}{(CI^*)^2}\mathrm{d}x = \frac{1}{(CI^*)^2}\int_0^l x\left(\frac{q}{2}x^2\right)^2\mathrm{d}x = \frac{q^2 l^6}{24C^2 I^{*2}}$$

其中,$I^* = \int_A y^{\frac{3}{2}}\,\mathrm{d}A$。

第13章　静不定结构

13.1　重点内容概要

1. 静不定问题的概念

仅用静力学方程无法确定全部约束反力和内力的问题，统称为静不定问题。静不定问题大致分为三类。

(1) 外力静不定结构——仅在结构外面存在多余约束。

(2) 内力静不定结构——仅在结构内部存在多余约束。

(3) 内力和外力都为静不定的结构——结构内部、外部都存在多余约束。

2. 静不定次数的判断

静不定次数＝多余约束数。对于平面结构且外力作用在结构平面内时，维持平衡的充分必要约束数为3，若结构内有中间铰，则相当于解除一个约束，所以

外力静不定次数＝总约束数－3－中间铰数

平面刚架任意截面上的内力有轴力、剪力和弯矩，即三个内部约束。所以一个闭合框的内力静不定次数等于3，静不定结构的内力静不定次数为

内力静不定次数＝3×闭合框数－中间铰数

静不定问题的具体解法有很多种，本章只介绍常用的两种：变形比较法、力法正则方程。

3. 变形比较法

此方法适用于求解静不定次数低的简单静不定问题。求解步骤如下。

(1) 判断静不定次数。

(2) 解除多余约束，得到静定的基本结构，简称静定基，在静定基上加上与多余约束相应的多余未知力及原有载荷，这个静定的基本结构即为原静不定结构的相当系统。

(3) 写出变形协调条件和物理关系，得到补充方程。

(4) 写出平衡方程，与补充方程联解，可得全部未知力。

(5) 进行强度、刚度计算。

4. 力法正则方程

此方法适用于求解变形关系比较复杂的或静不定次数较高的结构，如刚架、桁架等。求解步骤如下。

(1) 判断静不定次数。

(2) 解除多余约束，代之以相应的多余未知力 $X_i(i=1,2,\cdots,n)$。

(3) 列力法正则方程。以三次静不定问题为例，力法正则方程为

$$\begin{cases}\delta_{11}X_1+\delta_{12}X_2+\delta_{13}X_3+\Delta_{1F}=0\\ \delta_{21}X_1+\delta_{22}X_2+\delta_{23}X_3+\Delta_{2F}=0\\ \delta_{31}X_1+\delta_{32}X_2+\delta_{33}X_3+\Delta_{3F}=0\end{cases} \tag{13-1}$$

力法正则方程就是解除多余约束处的变形协调条件。

(4) 计算柔度系数 δ_{ij} 和载荷项 Δ_{iF}。通常可用莫尔积分或者图乘法计算。δ_{ij} 是当未知力 X_j 为单位力时所引起的与未知力 X_i 相应的位移，根据位移互等定理，有 $\delta_{ij}=\delta_{ji}$。Δ_{iF} 是载荷所引起的与 X_i 相应的位移。

(5) 解力法正则方程得到多余未知力。

(6) 由平衡方程得其余未知力。

(7) 进行强度、刚度计算。

5. 静不定问题解法的特点

上述各种解法都是用静定的基本结构代替静不定结构，利用二者变形完全相同因而受力也完全相同的性质求解出多余未知力。在作强度、刚度计算时，可以仍然在静定基上计算。

利用结构的对称性或反对称可以减少多余未知力个数、简化计算。

6. 静不定结构的特点

(1) 强度、刚度一般都好于对应的静定结构。

(2) 各部分的内力分配与各部分的刚度比有关，"能者多劳"，即相对刚度大的部分内力也大。

(3) 温度变化、尺寸误差或支座沉陷都会产生内力和应力。

13.2 典型例题

例 13-1 图 13-1(a)、(c)、(e)所示平面结构，若载荷作用在结构平面内，试判断静不定次数，画出静定基及相应的多余未知力。

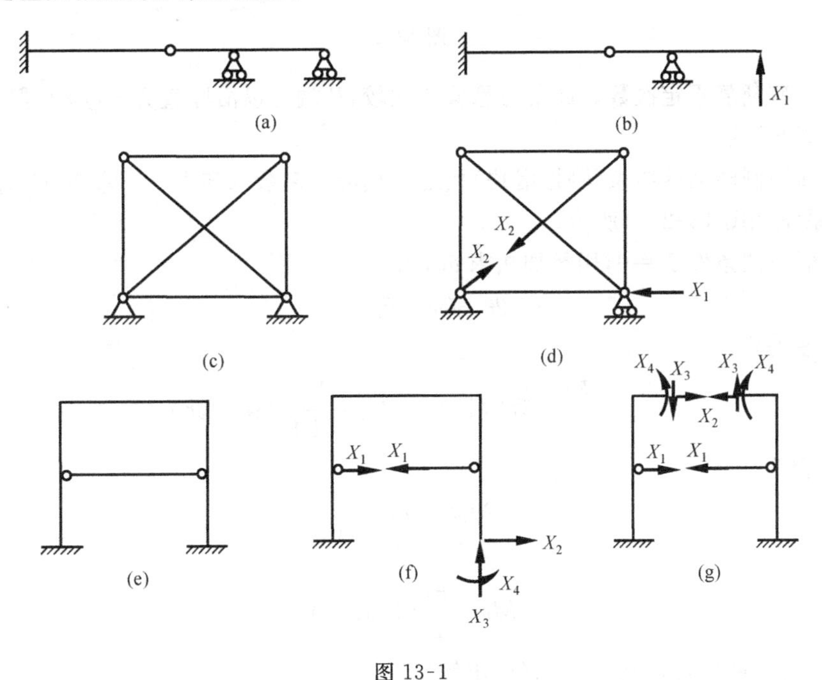

图 13-1

解 图 13-1(a)为一次静不定梁，图 13-1(b)为其静定基。图 13-1(c)为二次静不定桁架

(外力一次,内力一次),图 13-1(d)为其静定基。图 13-1(e)为四次静不定刚梁,若取图 13-1(f)所示静定基,表示内力一次静不定,外力三次静不定;也可以取图 13-1(g)所示的静定基,即从对称轴处切开,成为对称的两个静定刚架,内力四次静不定。

讨论:静不定梁的判断,可以与熟悉的三种静定梁作比较,看有几个多余约束,再减去中间铰数。图 13-1(a)所示梁与悬臂梁相比较多了两个约束,但有一个中间铰,所以为一次静不定。

平面静不定桁架的判断,先观察外部支座约束,保留三个维持平衡的必要约束,确定外力静不定次数;再看内力是否静不定,桁架的基本结构是三杆两两铰接而成的三角形,在基本三角形上延伸出的三角形仍为静定的,若有多余杆件就是内力静不定。

平面静不定刚架的判断是先观察外力静不定次数,再看内力静不定次数。图 13-1(e)所示刚架有两个固定端,为外力三次静不定,另有一个闭合框,但有两个中间铰,故内力为一次静不定。

例 13-2 图 13-2(a)所示梁的左端固定,右端固定连接于能沿竖直刚性光滑面滑动的刚性滑块,滑块上作用有集中力。图中的 F、l 和 EI 均为已知。试用变形比较法求梁在其与滑块连接处的弯矩 M_B 和挠度 w_B,以及梁的数值为最大的转角。

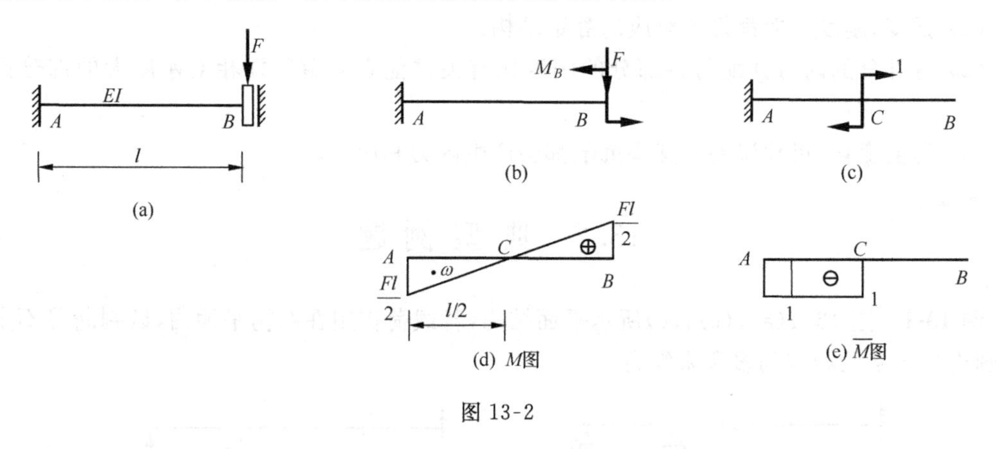

图 13-2

解 (1) 判断静不定次数。此梁与悬臂梁比较,B 端可以沿竖直方向移动,但不能自由转动,故为一次静不定。

(2) 解除限制转动的约束(刚性滑块)代之以相应的多余未知力——弯矩 M_B,静定基为悬臂梁,相当系统如图 13-2(b)所示。

(3) 变形协调条件 $\theta_B=0$,用叠加法求 θ_B,为

$$\theta_B=\theta_{BF}+\theta_{BM}=0$$

(4) 物理关系。

$$\theta_{BF}=\frac{Fl^2}{2EI}(\text{顺时针}),\quad \theta_{BM}=\frac{M_Bl}{EI}(\text{逆时针})$$

所以补充方程为

$$\frac{M_Bl}{EI}-\frac{Fl^2}{2EI}=0$$

可得

$$M_B=\frac{Fl}{2}(\text{逆时针})$$

(5) 求 w_B。对相当系统图 13-2(b)求解,有

$$w_B = w_{BF} + w_{BM} = \frac{-Fl^3}{3EI} + \frac{\left(\frac{Fl}{2}\right)l^2}{2EI} = -\frac{Fl^3}{12EI} \quad (\downarrow)$$

(6) 求 $\theta_{\max}$。

由于$\theta=\frac{dw}{dx}$和$\frac{d^2w}{dx^2}=\frac{d\theta}{dx}=\frac{M(x)}{EI}$,故由求极值的方法可知,在$M(x)=0$处的横截面转角值为最大。为了确定这一横截面的位置,作相当系统的 M 图如图 13-2(d)所示。由图可见,在梁长度的中点 C 的横截面上 $M(x)=0$,该截面的转角 θ_C 即为待求的最大转角。

在 C 截面加单位力偶,如图 13-2(c)所示,作 $\overline{M}$ 图见图 13-2(e)。由图乘法得

$$\theta_{\max} = \theta_C = \frac{1}{EI}\left(\frac{1}{2}\cdot\frac{Fl}{2}\cdot\frac{l}{2}\right)\cdot 1 = \frac{Fl^2}{8EI} \quad (\text{顺时针})$$

讨论:本题中 θ_{BF} 和 θ_{BM} 是根据主教材表 8-1 梁的变形公式查到的。也可以应用单位载荷法求出。

例 13-3 图 13-3(a)所示杆系中,杆 6 比设计长度略短,误差为 δ,诸杆的刚度同为 EA,试求将杆 6 装配到 A、C 之间后该杆的内力。

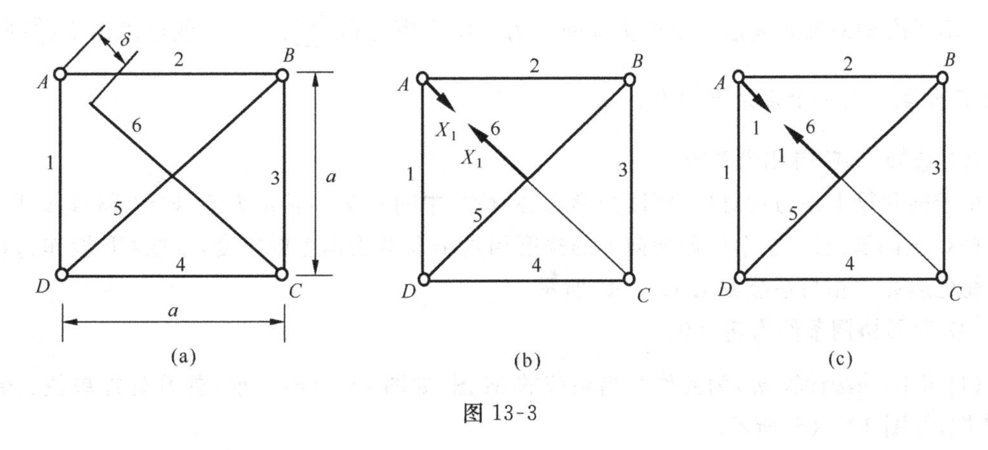

图 13-3

解 该题为一次静不定问题。

(1) 设将杆 6 装配后,杆 6 的内力为 X_1,如图 13-3(b)所示。其他各杆内力为

$$F_{N1}=F_{N2}=F_{N3}=F_{N4}=-\frac{\sqrt{2}}{2}X_1, \quad F_{N5}=F_{N6}=X_1$$

(2) 求单位载荷 1 作用下各杆内力。如图 13-3(c)所示。

$$\overline{F}_{N1}=\overline{F}_{N2}=\overline{F}_{N3}=\overline{F}_{N4}=-\frac{\sqrt{2}}{2}, \quad \overline{F}_{N5}=\overline{F}_{N6}=1$$

正则方程 $$\delta_{11}X_1=\delta$$

$$\delta_{11}=\frac{1}{EA}\sum \overline{F}_{Ni}\overline{F}_{Ni}l_i=\frac{1}{EA}\left(4\times\frac{\sqrt{2}}{2}\times\frac{\sqrt{2}}{2}\times a+2\times 1\times 1\times\sqrt{2}a\right)=\frac{2a(1+\sqrt{2})}{EA}$$

代入正则方程得 $$\frac{2a(1+\sqrt{2})X_1}{EA}=\delta$$

得 $$X_1=\frac{EA\delta}{2a(1+\sqrt{2})}=0.207\frac{EA\delta}{a}$$

例 13-4* 一两端固定的阶梯状梁如图 13-4(a)所示，试求梁的支反力。

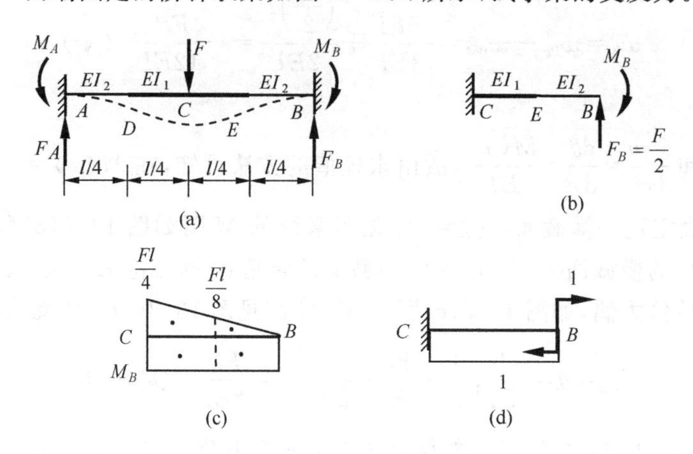

图 13-4

解 (1) 判断静不定次数。

此梁为三次静不定，但因结构对称，且载荷也对称，所以支反力必对称，即 $F_A=F_B$，$M_A=M_B$，在不考虑梁的轴向变形时不产生轴向反力。由平衡方程 $\sum F_y=0$ 就可求出 $F_A=F_B=\dfrac{F}{2}$，所以此梁只有一个多余未知力。

(2) 选静定基，得相当系统。

由于梁和梁上外力均对称，所以变形也必对称，中间 C 截面转角为零，如图 13-4(a)所示。可以把 C 截面看成固定端，C 截面向下的挠度相当于 B 截面向上的挠度，故取 CB 段作为悬臂梁以简化运算。相当系统如图 13-4(b)所示。

(3) 变形协调条件为 $\theta_B=0$。

(4) 用图乘法计算 θ_B，为此作相当系统的 M 图，如图 13-4(c)所示，在 B 处加单位力偶并作 $\overline{M}$ 图，如图 13-4(d)所示。

$$\theta_B=\sum\frac{1}{EI}\omega_i\overline{M}_{Ci}=\frac{1}{EI_1}\left[M_B\frac{l}{4}\cdot 1-\frac{1}{2}\left(\frac{Fl}{4}+\frac{Fl}{8}\right)\frac{l}{4}\cdot 1\right]+\frac{1}{EI_2}\left(M_B\frac{l}{4}\cdot 1-\frac{1}{2}\frac{Fl}{8}\frac{l}{4}\cdot 1\right)$$

$$=\frac{M_Bl}{4EI_1}+\frac{M_Bl}{4EI_2}-\frac{3Fl^2}{64EI_1}-\frac{Fl^2}{64EI_2}=0$$

解出

$$M_B=\frac{Fl}{16}\left(1+\frac{2}{1+\dfrac{I_1}{I_2}}\right)$$

结果为正，说明原来所设转向正确。

例 13-5 如图 13-5(a)所示，AB 梁两端为固定端约束，试求 B 端约束反力。

解 忽略轴向变形，为二次静不定问题，相当系统如图 13-5(b)所示。静定基上只有原载荷作用如图 13-5(c)所示，静定基上只有相应的单位载荷作用如图 13-5(d)、(e)所示。

力法正则方程为

$$\delta_{11}X_1+\delta_{12}X_2+\Delta_{1F}=0$$
$$\delta_{21}X_1+\delta_{22}X_2+\Delta_{2F}=0$$

如图 13-5(c)所示，CB 段弯矩为

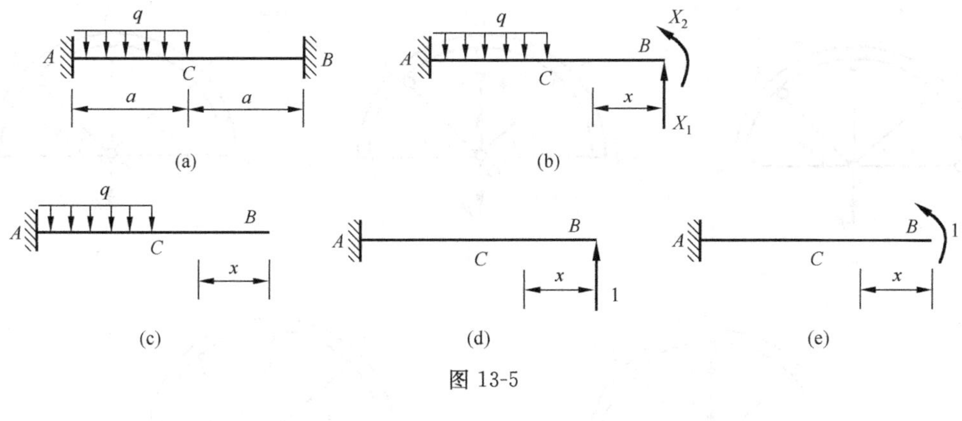

图 13-5

$$M_1=0 \qquad (0\leqslant x\leqslant a)$$

AC 段弯矩为

$$M_2=-\frac{1}{2}q(x-a)^2 \qquad (a\leqslant x<2a)$$

如图 13-5(d)、(e)所示，AB 梁弯矩为

$$\overline{M}_1=x \qquad (0\leqslant x<2a)$$

$$\overline{M}_2=1 \qquad (0\leqslant x<2a)$$

所以有

$$\delta_{11}=\int_0^{2a}\frac{\overline{M}_1^2}{EI}\mathrm{d}x=\frac{8a^3}{3EI},\delta_{12}=\int_0^{2a}\frac{\overline{M}_1\overline{M}_2}{EI}\mathrm{d}x=\frac{2a^2}{EI},\delta_{22}=\int_0^{2a}\frac{\overline{M}_2^2}{EI}\mathrm{d}x=\frac{2a}{EI}$$

$$\Delta_{1F}=\int_a^{2a}\frac{\overline{M}_1M_2}{EI}\mathrm{d}x=-\frac{q}{2EI}\int_a^{2a}(x-a)^2x\mathrm{d}x=-\frac{7qa^4}{24EI}$$

$$\Delta_{2F}=\int_a^{2a}\frac{\overline{M}_2M_2}{EI}\mathrm{d}x=-\frac{q}{2EI}\int_a^{2a}(x-a)^2\mathrm{d}x=-\frac{qa^3}{6EI}$$

代入力法正则方程有

$$\frac{8a^3}{3EI}X_1+\frac{2a^2}{EI}X_2-\frac{7qa^4}{24EI}=0$$

$$\frac{2a^2}{EI}X_1+\frac{2a}{EI}X_2-\frac{qa^3}{6EI}=0$$

解得
$$X_1=\frac{3}{16}qa,X_2=-\frac{5}{48}qa$$

例 13-6 如图 13-6(a)所示，半径为 R 的半圆形刚性墙壁上对称地分布五根杆件，杆件的拉压刚度为 EA，在中心点 O 处受竖直向下的载荷 F 作用，试求杆的轴力和 O 点位移。

解 (1)静不定问题，根据对称性，O 点的位移竖直向下，在小变形条件下，由 O 点新位置向 OA、OB 杆原位置作垂线，可得 OA、OB 杆变形为零，内力为零。将 OO' 杆从任一截面截开，取而代之内力作用，编号 X_1，建立相当系统如图 13-6(b)所示。

如图 13-6(c)所示，静定基上只有原载荷作用时，各杆的内力为

$$F_{NOO'}=0,F_{NOC}=F_{NOD}=\frac{\sqrt{2}}{2}F(\text{拉力})$$

如图 13-6(d)所示，静定基上只有相应的单位载荷作用，各杆的内力为

$$\overline{F}_{NOO'}=1(\text{拉力}),\overline{F}_{NOC}=\overline{F}_{NOD}=-\frac{\sqrt{2}}{2}(\text{压力})$$

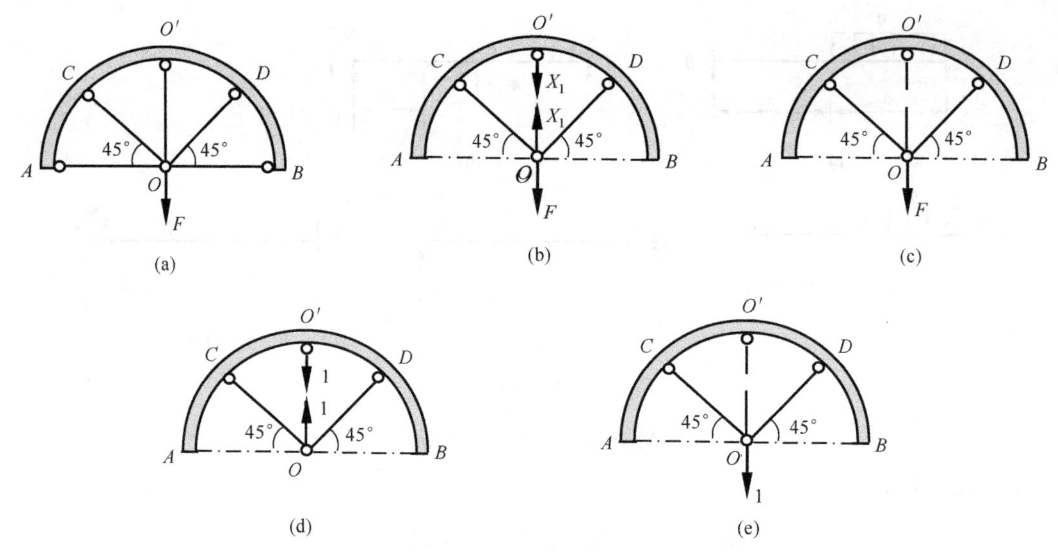

图 13-6

所以有

$$\delta_{11}=2\times\frac{R}{2EA}+\frac{R}{EA}=\frac{2R}{EA}$$

$$\Delta_{1F}=2\times\frac{R}{EA}\times\frac{\sqrt{2}}{2}F\times\left(-\frac{\sqrt{2}}{2}\right)=-\frac{FR}{EA}$$

力法正则方程为

$$\delta_{11}X_1+\Delta_{1F}=0,\frac{2R}{EA}X_1-\frac{FR}{EA}=0$$

解得

$$X_1=\frac{F}{2}$$

如图 13-6(d)所示各杆的内力为

$$F_{NOO'}=\frac{F}{2}(\text{拉力}),F_{NOC}=F_{NOD}=\frac{\sqrt{2}}{4}F(\text{拉力})$$

(2)计算 O 点位移,在静定基上加单位力,如图 13-6(e)所示,各杆的内力为

$$\overline{F}_{NOC}=\overline{F}_{NOD}=\frac{\sqrt{2}}{2}(\text{拉力})$$

O 点位移为

$$w_O=2\times\frac{R}{EA}\times\frac{\sqrt{2}}{4}F\times\frac{\sqrt{2}}{2}=\frac{FR}{2EA}(\text{向下})$$

例 13-7* 一端固定、另一端为可动铰支座的梁在全长度上受均布载荷作用,如图 13-7(a)所示。如欲使梁内最大弯矩的值为最小,试问铰支座高于固定端的 δ 应为多少?

解 (1) 判断静不定次数。此梁为一次静不定。

(2) 选择静定基,得到相当系统,如图 13-7(b)所示。

(3) 变形协调条件为 $\quad w_B=w_{Bq}+w_{BF}=\delta$

(4) 物理关系为 $\quad w_{Bq}=\dfrac{qL^4}{8EI},\quad w_{BF}=\dfrac{F_BL^3}{3EI}$

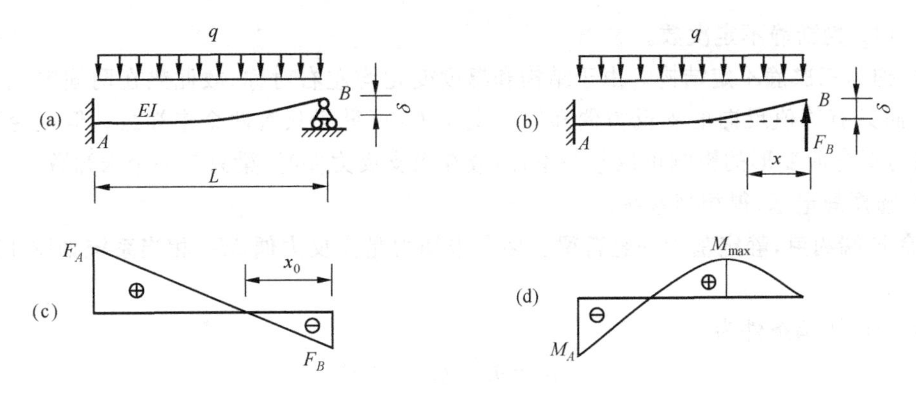

图 13-7

(5) 补充方程为

$$-\frac{qL^4}{8EI}+\frac{F_BL^3}{3EI}=\delta \tag{1}$$

(6) 求 δ。

此梁的 F_S、M 图大致图形如图 13-7(c)、(d)所示，要使梁内最大弯矩的值为最小，则最大正弯矩与最大负弯矩的值应相等，即

$$M_{max}=|M_A| \tag{2}$$

$$M(x)=F_Bx-\frac{q}{2}x^2 \quad (0\leqslant x\leqslant L)$$

由 $F_S(x)=-F_B+qx=0$，得 $x_0=\frac{F_B}{q}$，可知极值弯矩位于离 B 端 $x_0=\frac{F_B}{q}$处。

$$M_{max}=F_Bx_0-\frac{qx_0^2}{2}=\frac{F_B^2}{2q} \tag{3}$$

最大负弯矩为

$$M_A=F_BL-\frac{qL^2}{2} \tag{4}$$

将式(3)和式(4)代入式(2)，有

$$\frac{F_B^2}{2q}=\frac{qL^2}{2}-F_BL$$

由此解得

$$F_B=(\sqrt{2}-1)qL=0.414qL$$

将 F_B 代入式(1)，得

$$\delta=\left(\frac{0.414}{3}-\frac{1}{8}\right)\frac{qL^4}{EI}=0.013\,\frac{qL^4}{EI}$$

例 13-8** 一两端固定的梁在安装后，其顶层和底层的温度分别上升到 t_1 和 t_2，如图 13-8(a)所示。温度沿梁横截面高度 h 按线性规律变化，$t_2>t_1$，材料的线膨胀系数为 α。试求梁的支反力偶。

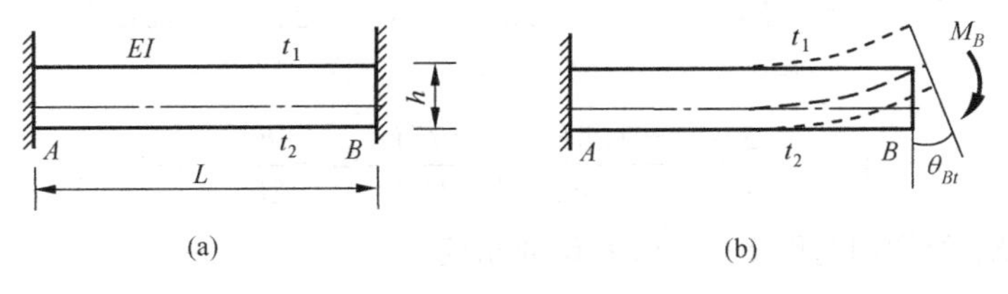

图 13-8

解 (1) 判断静不定次数。

此结构为三次静不定结构。由于结构和温度变化均左右对称，故此梁在两固定端无横向支反力，而只有等值反向的支反力偶和轴向支反力，可见梁只有两个未知数。但在变形微小时，轴向力对弯曲变形的影响可以忽略不计，故在求支反力偶时，梁只有一个未知数。

(2) 选择静定基，得相当系统。

解除 B 端约束，静定基为一悬臂梁。多余未知力是支反力偶 M_B，相当系统如图 13-8(b)所示。

(3) 变形协调条件为

$$\theta_B = \theta_{Bt} + \theta_{BM} = 0$$

(4) 物理关系为

$$\theta_{BM} = \frac{-M_B L}{EI}\text{（顺时针）}, \quad \theta_{Bt} = \frac{\alpha(t_2 - t_1)}{h} L\text{（逆时针）}$$

其中，θ_{Bt} 应用了第 12 章例 12-7 的计算式。

(5) 补充方程为

$$\frac{\alpha(t_2 - t_1)}{h} L - \frac{M_B L}{EI} = 0$$

解得

$$M_B = \frac{EI\alpha(t_2 - t_1)}{h} \quad \text{（顺时针）}$$

结果为正，说明 M_B 与所设转向相同。

(6) 关于轴向支反力。

由于安装好以后温度升高，故梁的中性层欲伸长，从而使梁受到来自固定端的轴向压力。

在需要求上述轴向压力时，应先从 t_1 和 t_2 求出中性层上温度 t_n，然后求它与安装时的温度 t_0 之差 $\Delta t_n = (t_n - t_0)$。由此即可按拉压静不定问题中的温度应力问题求解。

例 13-9 用力法求作图 13-9(a)所示刚架的 M 图。

解 (1) 选静定基，得相当系统。

此刚架为一次静不定。解除支座 B 对水平位移的约束，代之以水平未知力 X_1，相当系统如图 13-9(b)所示。

(2) 力法正则方程为

$$\delta_{11} X_1 + \Delta_{1F} = 0$$

(3) 求系数 δ_{11} 和 Δ_{1F}。

作静定基的 M_F 图和 $\overline{M}_1$ 图，如图 13-9(c)、(d)所示。$\overline{M}_1$ 图是令 X_1 为单位力 $X_1 = 1$ 时作出的。

$$\delta_{11} = \sum \frac{1}{EI} \omega_{\overline{M}_1} \overline{M_{1C}} = \frac{1}{EI}\left[\left(\frac{1.5L \times 1.5L}{2}\right)L + \left(\frac{1.5L \cdot L}{2}\right)L\right] = \frac{3.75L^3}{2EI}$$

$$\Delta_{1F} = \sum \frac{1}{EI} \omega_{M_F} \overline{M}_{1C} = \frac{1}{EI}\left(\frac{L}{2}\,\frac{FL}{4}\right)\frac{1.5L}{2} = \frac{1.5FL^3}{16EI}$$

(4) 求 X_1。

$$X_1 = -\frac{\Delta_{1F}}{\delta_{11}} = \frac{-1.5FL^3}{16EI} \bigg/ \frac{3.75L^3}{2EI} = -\frac{F}{20} \quad (\leftarrow)$$

结果为负，说明 X_1 的指向与图 13-9(b)所设的相反。

(5) 作 M 图，如图 13-9(e)所示，可以利用已作出的 M_F 图和 $\overline{M}_1$ 图，用叠加法作总 M 图。

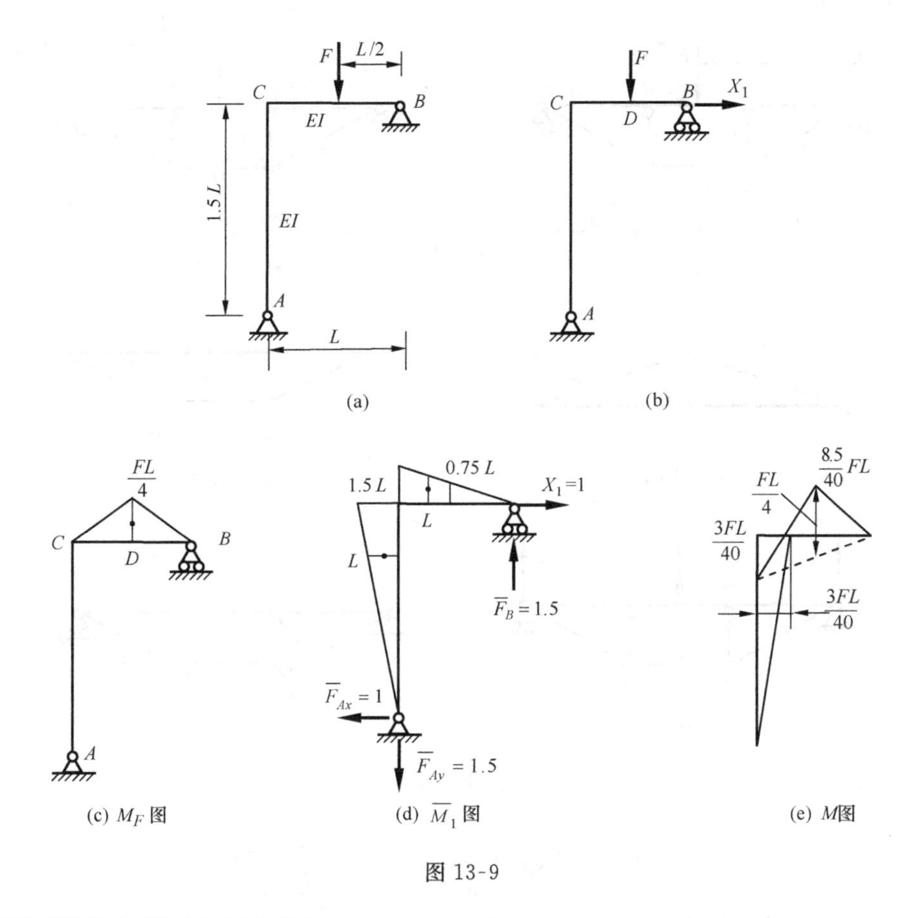

图 13-9

各控制截面的弯矩值可由下式求得。

$$M=\overline{M}_1 \cdot X_1+M_F$$

例如，$M_D=\dfrac{1.5L}{2}\left(-\dfrac{F}{20}\right)+\dfrac{FL}{4}=\dfrac{8.5}{40}FL$。

例 13-10　由铰接杆系加固的简支梁如图 13-10(a)所示。图中的 F、a，梁的 EI 和杆的 EA 均为已知。各杆的 EA 相同。若不计梁内的轴力对变形的影响，试求梁内的最大弯矩，并与加固以前的梁内最大弯矩相比较。

解　(1) 判断静不定次数。

加固后结构的支反力仍是静定的，但铰接杆系为内力静不定。按桁架的基本三角形判断可知杆 1 为多余约束，故为一次静不定。

(2) 选择静定基，得相当系统。

切开杆 1，得静定基。加上相应的多余未知 X_1（杆 1 的轴力）及载荷，得相当系统，如图 13-10(b)所示。

(3) 力法正则方程为

$$\delta_{11}X_1+\Delta_{1F}=0$$

(4) 求 δ_{11} 和 Δ_{1F}。

在静定基上加载荷 F，如图 13-10(e)所示，作内力计算知 $F_{NiF}=0$ $(i=1,2,3)$，作 AB 梁的弯矩图(M_F 图)，如图 13-10(c)所示。

在静定基上加单位力 $X_1=1$，如图 13-10(f)所示，作内力计算，由节点 G 的平衡方程，可得

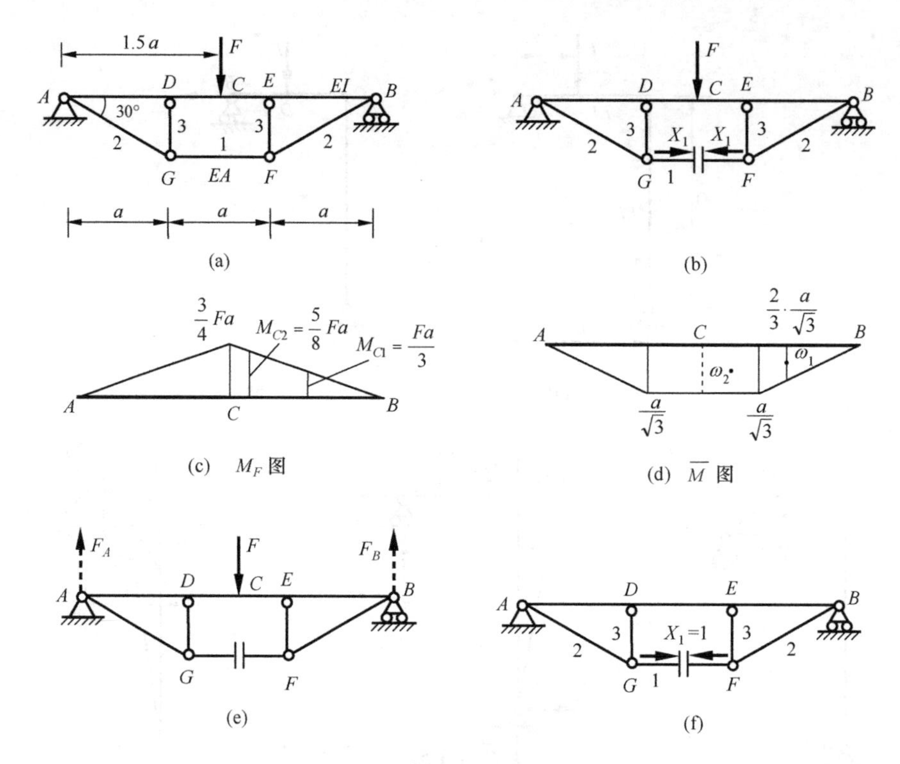

图 13-10

$$\overline{F}_{N11}=1,\quad \overline{F}_{N21}=\frac{2}{\sqrt{3}},\quad \overline{F}_{N31}=-\frac{1}{\sqrt{3}}(\text{压})$$

此系统结构和受力都是对称的，故对称地对桁架的杆编号。将杆 3 的力加在梁 AB 上，作出$\overline{M}_1$ 图，如图 13-10(d)所示。

$$\begin{aligned}\delta_{11}&=\sum\frac{\overline{F}_{Ni1}\,\overline{F}_{Ni1}\,l_i}{EA}+\sum\frac{1}{EI}\bar{\omega}_i\,\overline{M}_{Ci}\\&=\frac{1}{EA}\left[1^2a+\left(\frac{2}{\sqrt{3}}\right)^2\frac{2a}{\sqrt{3}}\times2+\left(-\frac{1}{\sqrt{3}}\right)^2\frac{a}{\sqrt{3}}\times2\right]\\&\quad+\frac{2}{EI}\left(\frac{a}{2}\frac{a}{\sqrt{3}}\frac{a}{\sqrt{3}}+\frac{a}{2}\frac{a}{\sqrt{3}}\frac{2a}{3\sqrt{3}}\right)=\frac{(1+2\sqrt{3})a}{EA}+\frac{5a^3}{9EI}\end{aligned}$$

$$\begin{aligned}\Delta_{1F}&=\sum\frac{1}{EI}\bar{\omega}_iM_{Ci}\\&=-\frac{2}{EI}\left(\frac{a}{2}\frac{a}{\sqrt{3}}\frac{5}{8}Fa+\frac{a}{2}\frac{a}{\sqrt{3}}\frac{Fa}{3}\right)=-\frac{23\sqrt{3}Fa^3}{72EI}\end{aligned}$$

(5) 求 X_1。

$$X_1=-\frac{\Delta_{1F}}{\delta_{11}}=\frac{69a^2AF}{72(6+\sqrt{3})I+40\sqrt{3}a^2A}$$

(6) 求加固后梁 AB 内的最大弯矩。

$$\begin{aligned}M_{\max}&=M_C=M_{FC}+\overline{M}_{1C}\cdot X_1\\&=\frac{3}{4}Fa-\frac{a}{\sqrt{3}}\cdot\frac{69a^2AF}{72(6+\sqrt{3})I+40\sqrt{3}a^2A}\end{aligned}$$

$$=\left(\frac{3}{4}-\frac{1}{\sqrt{3}}\cdot\frac{69a^2A}{72(6+\sqrt{3})I+40\sqrt{3}a^2A}\right)Fa$$

$$=\left(\frac{3}{4}-\frac{1}{1.74+\frac{14}{a^2}\cdot\frac{I}{A}}\right)Fa$$

上式中第二项为加固后所减少的弯矩值，每个杆的横截面 A 越大，则加固后减少的弯矩越多。

例 13-11 作图 13-11(a)所示刚架的弯矩图。各杆 EI 为相同常量。

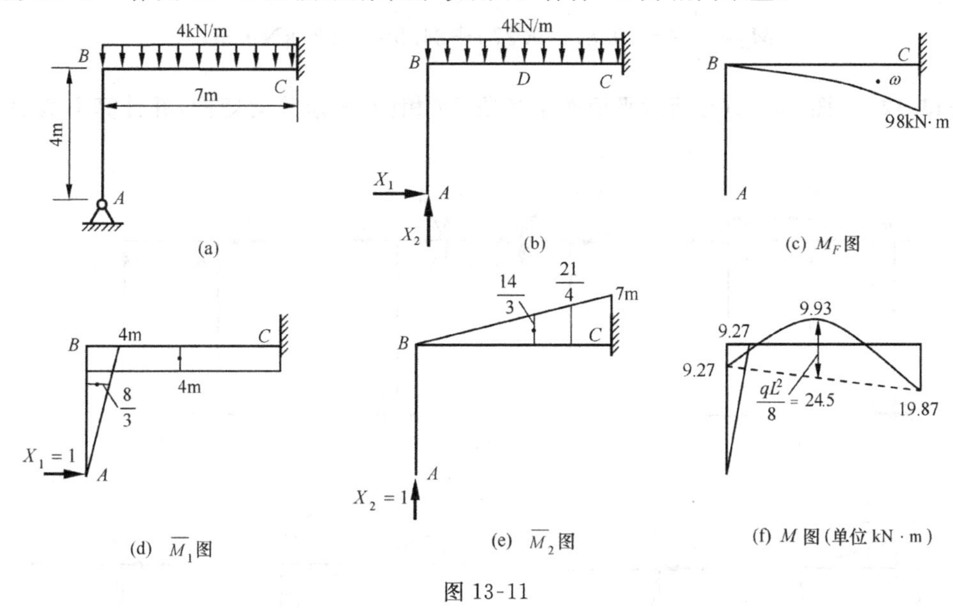

图 13-11

解 (1) 判断静不定次数。

此刚架有五个约束，为二次静不定。

(2) 取静定基，得相当系统。

解除固定铰支座 A，静定基为悬臂刚架，其相当系统如图 13-11(b)所示。

(3) 力法正则方程为

$$\delta_{11}X_1+\delta_{12}X_2+\Delta_{1F}=0$$
$$\delta_{21}X_1+\delta_{22}X_2+\Delta_{2F}=0$$

(4) 计算系数 δ_{ij} 和 Δ_{iF}，并求解 X_1、X_2。

作 M_F 图、$\overline{M}_1$ 图和 $\overline{M}_2$ 图，分别如图 13-11(c)、(d)、(e)所示。用图乘法得

$$\delta_{11}=\frac{1}{EI}\left(\frac{4\times4}{2}\times\frac{8}{3}+4\times7\times4\right)=\frac{400}{3EI}$$

$$\delta_{22}=\frac{1}{EI}\left(\frac{7\times7}{2}\times\frac{14}{3}\right)=\frac{343}{3EI},\quad \delta_{12}=\delta_{21}=\frac{-1}{EI}\times4\times7\times\frac{7}{2}=-\frac{98}{EI}$$

$$\Delta_{1F}=\frac{1}{EI}\times\frac{7\times98}{3}\times4=\frac{2744}{3EI},\quad \Delta_{2F}=\frac{-1}{EI}\times\frac{7\times98}{3}\times\frac{21}{4}=\frac{-2401}{2EI}$$

将以上数据代入力法正则方程，有

$$\frac{400}{3EI}X_1-\frac{98}{EI}X_2+\frac{2744}{3EI}=0$$

$$-\frac{98}{EI}X_1-\frac{343}{3EI}X_2-\frac{2401}{2EI}=0$$

从而解出 $X_1=2.318\text{kN}, X_2=12.486\text{kN}$。

(5) 作 M 图，如图 13-11(f)所示。

该弯矩是利用 M_F 图、$\overline{M}_1$ 图和$\overline{M}_2$ 图叠加作出的。各控制截面的弯矩为

$$M_B=X_1\times 4=2.318\times 4=9.27(\text{kN}\cdot\text{m})$$

$$M_C=98+9.27-7\times 12.486=19.87(\text{kN}\cdot\text{m})$$

BC 段中点 D 的弯矩为

$$M_D=\frac{1}{2}(-19.87-9.27)+24.5=9.93(\text{kN}\cdot\text{m})$$

例13-12* 图 13-12(a)所示平面刚架各段 EI 相同，试求作弯矩图，并计算 B 截面的水平位移 u_B。

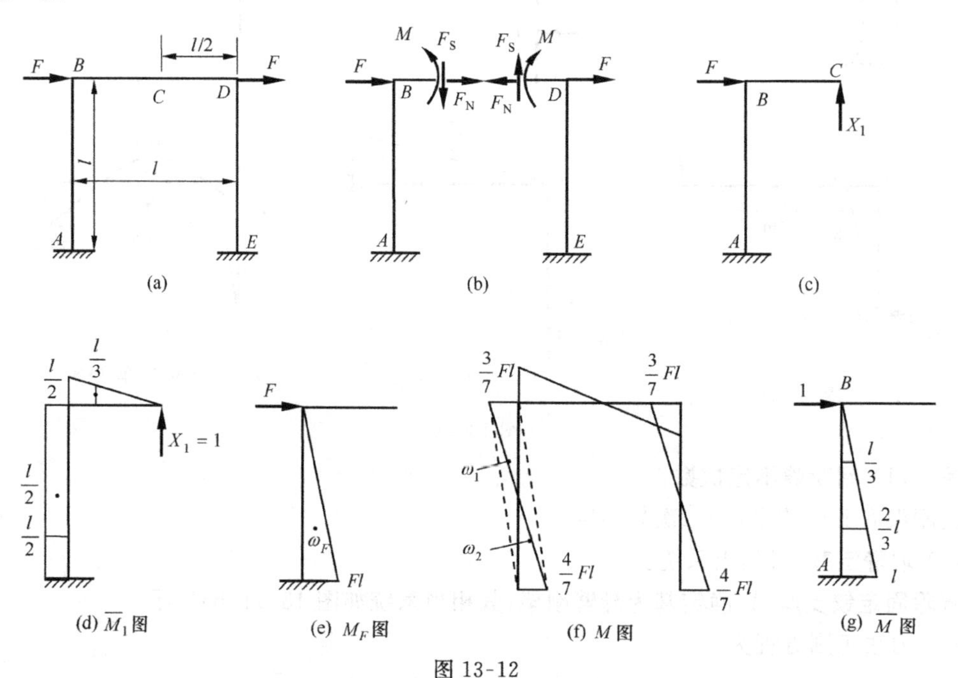

图 13-12

解 (1) 判断静不定次数。

此刚架支座有三个多余约束，是三次静不定。但利用其结构对称而载荷反对称的特点，可以减少多余未知力个数。若从对称截面 C 将刚架分成两部分，C 截面上的三组内力中，轴力 F_N 和弯矩 M 都是对称的，这就是不符合此刚架在反对称载荷作用下，左右对应截面上的力也应该是反对称的规律，故必然有 $F_N=0$ 和 $M=0$，于是只有剪力 F_S 一个多余约束力。

(2) 选静定基，得相当系统。

取左半个悬臂刚架为静定基，相当系统如图 13-12(c)所示，其中 X_1 即剪力 F_S。

(3)力法正则方程为

$$\delta_{11}X_1+\Delta_{1F}=0$$

这是在 C 处必须满足 X_1 方向挠度为零的变形协调条件，否则左、右两部分在 C 处就分开了。

(4) 求系数 δ_{11} 和 Δ_{1F}，并求解 X_1。

作$\overline{M}_1$ 图和 M_F 图，分别如图 13-12(d)、(e)所示。

$$\delta_{11}=\frac{1}{EI}\left(\frac{l}{2}l\,\frac{l}{2}+\frac{1}{2}\,\frac{l}{2}\,\frac{l}{2}\,\frac{l}{3}\right)=\frac{7l^3}{24EI},\quad \Delta_{1F}=-\frac{1}{EI}\frac{l}{2}Fl\,\frac{l}{2}=-\frac{Fl^3}{4EI}$$

得
$$X_1=-\frac{\Delta_{1F}}{\delta_{11}}=\frac{6}{7}F$$

(5) 作 M 图，如图 13-12(f)所示。

(6) 求 u_B。

为了计算方便，取图 13-12(g)所示的静定基，并在 B 处加水平单位力，作 $\overline{M}$ 图。

$$u_B=\frac{1}{EI}\left(\frac{l}{2}\cdot\frac{4}{7}Fl\cdot\frac{2}{3}l-\frac{l}{2}\cdot\frac{3}{7}Fl\cdot\frac{l}{3}\right)=\frac{5Fl^3}{42EI}\quad(\rightarrow)$$

讨论：

(1) 利用结构的对称性减少多余未知力个数的常用方法。

对称结构受对称载荷时，结构对称截面上的剪力必为零，若是刚架，就只有弯矩 M 和轴力 F_N 两个未知力，相应的变形协调条件是该截面的轴向位移为零和转角为零。若此处有中间铰，就只有轴力一个未知力。

对称结构受反对称载荷时，结构对称截面上的轴力、弯矩都必为零，刚架此处的未知力只有剪力 F_S 一个未知力，相应的变形协调条件是该处的挠度为零。

所以通常在对称截面处将对称结构分为两部分，取任意一半做静定基，处理为内力静不定问题，可减少未知力个数。例 13-12 对此作了简化。当对称结构上的载荷既非对称又非反对称时，仍然可以转化为对称和反对称问题作简化，详见例 13-13。

(2) 计算静不定结构的位移时，单位力加在什么系统上的问题。

在已经求出静不定结构的内力后，要计算静不定结构的位移时，如果把单位力加在静不定结构上，就又要重新求解静不定问题。其实没有必要这样加单位力。因为静不定结构与其相当系统的变形完全相同，而且选择了不同的静定基均会得到完全相同的结果，所以可以把单位力加在原静不定结构的任意一种静定基上。显然取使计算尽量简便的静定基为宜，例 13-12 中求 u_B 时就是这样做的。

例 13-13* 平面刚架受力如图 13-13(a)所示，各段 EI 相同，试作 M 图。

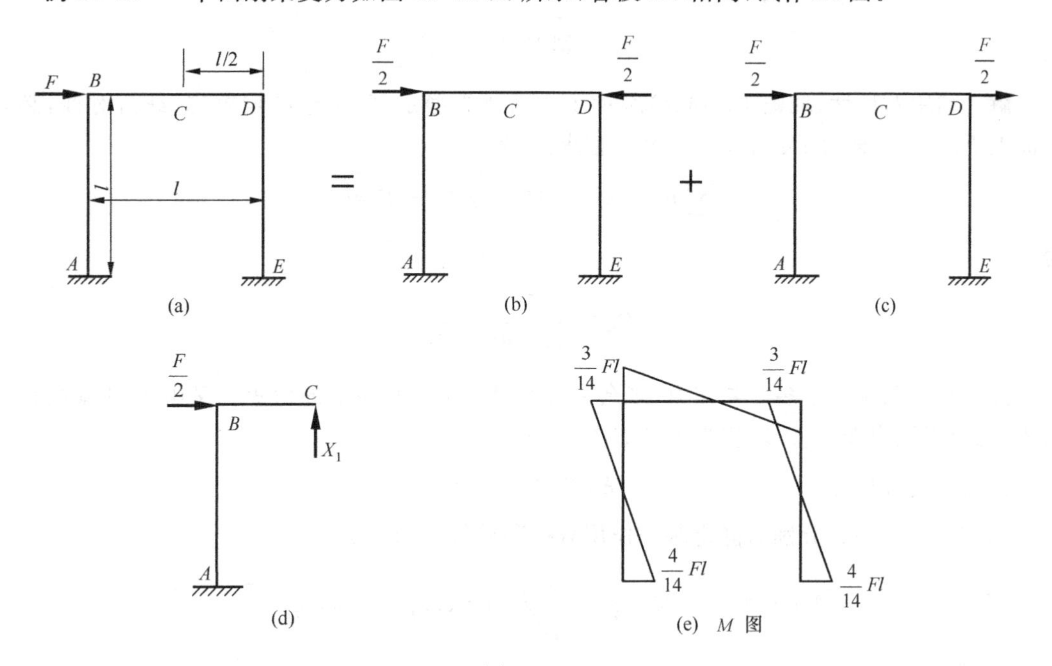

图 13-13

解 此刚架结构对称，但载荷却既不对称又非反对称。可以利用叠加原理，将原载荷转化为图 13-13(b)和图 13-13(c)两种载荷的叠加。

图 13-13(b)属于对称结构受对称载荷作用。由于载荷作用在刚节点 B、D 上，而且为轴向载荷，在不考虑轴向变形的情况下，不会引起节点 B、D 的水平位移，因此刚架不产生弯曲变形，各段 $M=0$。

图 13-13(c)属于对称结构受反对称载荷作用。在 C 截面截开取左半部分为静定基，相当系统如图 13-13(d)所示。不难看出，只需将例 13-12 中的力换成 $F/2$，就会得到图 13-13(c)所示刚架的弯矩图，如图 13-13(e)所示。这也就是原刚架的 M 图。

必须指出，此例中力 F 作用于节点上，才会有图 13-13(b)中弯矩为零的结果，若不在节点受力，就必须求解对称载荷的静不定问题。

例 13-14* 车床夹具如图 13-14(a)所示，EI 已知。试求夹具 A 截面上的弯矩。

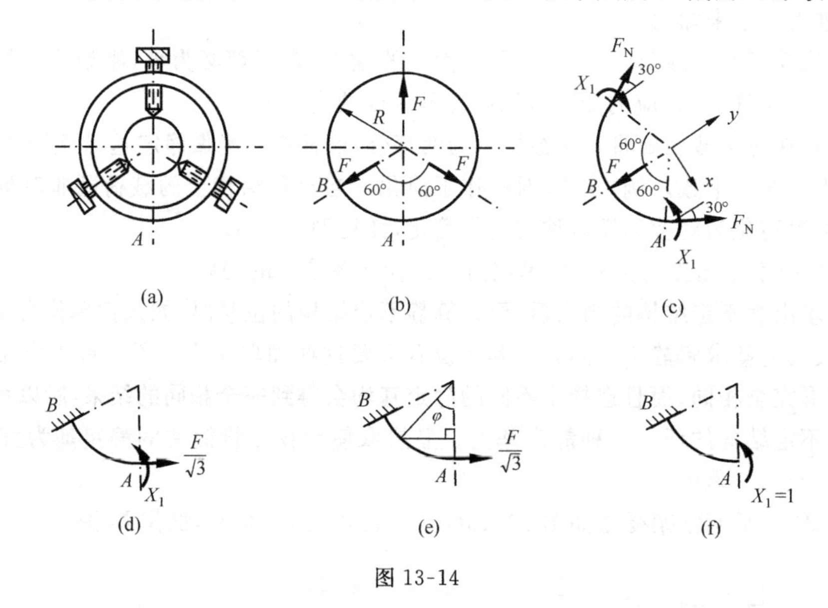

图 13-14

解 利用对称性，取图 13-14(c)所示 1/3 圆弧为静定基，由于结构对称、载荷对称，必有截面上 $F_S=0$，而轴力 F_N 可应用平衡方程求出，为

$$\sum F_y=0,\quad 2F_N\cos 30°-F=0$$

得

$$F_N=\frac{F}{2\cos 30°}=\frac{F}{\sqrt{3}}$$

故本问题只剩一个多余未知力，多余未知力 X_1 为该截面上的弯矩。又由于 B 截面转角为零，相当于固定端，所以取相当系统如图 13-14(c)所示。

力法正则方程为 $\delta_{11}X_1+\Delta_{1F}=0$

图 13-14(e)、(f)分别为静定基上作用载荷和单位力的情况。

$$\overline{M}_1(\varphi)=1,\quad M_F(\varphi)=\frac{F}{\sqrt{3}}R(1-\cos\varphi)\quad\left(0\leqslant\varphi<\frac{\pi}{3}\right)$$

$$\delta_{11}=\int\frac{\overline{M}_1\,\overline{M}_1R\mathrm{d}\varphi}{EI}=\frac{R}{EI}\int_0^{\frac{\pi}{3}}\mathrm{d}\varphi=\frac{\pi R}{3EI}$$

$$\Delta_{1F}=\int\frac{M_F\overline{M}_1R\mathrm{d}\varphi}{EI}=\frac{1}{EI}\int_0^{\frac{\pi}{3}}\frac{FR^2}{\sqrt{3}}(1-\cos\varphi)\mathrm{d}\varphi=\frac{FR^2}{3EI}\left(\frac{\pi}{\sqrt{3}}-\frac{3}{2}\right)$$

得
$$X_1=-\frac{\Delta_{1F}}{\delta_{11}}=-FR\left(\frac{1}{\sqrt{3}}-\frac{3}{2\pi}\right)=-0.0999FR$$

13.3 习题选解

13-1 对图 13-15 所示各静不定系统，试判断其静不定次数。选择基本系统，画出相应的相当系统，以及列出相应的变形协调条件。

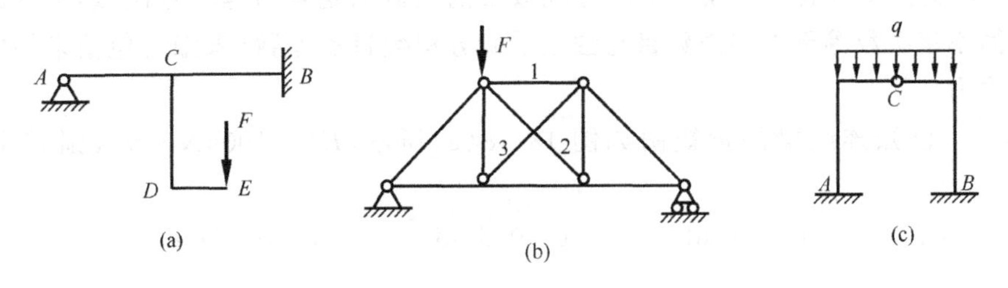

图 13-15

解 图 13-15(a)为二次静不定。相当系统如图 13-16(a)所示，变形协调条件为 $\Delta_1=0$，$\Delta_2=0$，即 A 点水平位移和铅垂位移都为零。

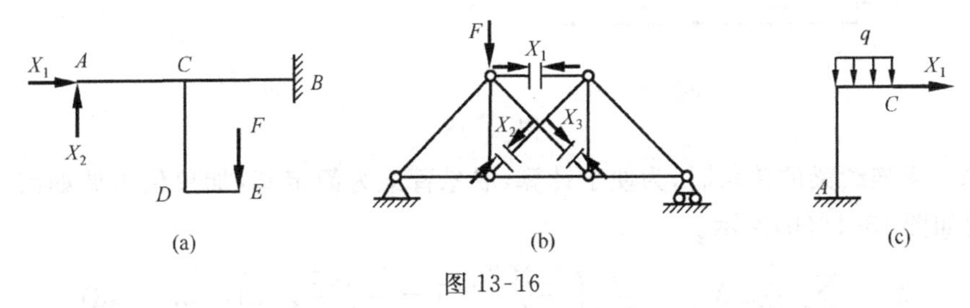

图 13-16

图 13-15(b)所示梁与桁架混合结构为三次内力静不定，将三根二力杆切开，其轴力 X_1、X_2、X_3 为多余未知力，相当系统如图 13-16(c)所示。变形协调条件为 $\Delta_1=0$，$\Delta_2=0$，$\Delta_3=0$，即切口处相对轴向位移等于零。

图 13-15(c)所示刚架原为二次静不定，但利用对称性，取半个刚架为静定基，则截面 E 处剪力为零，只有轴力 X_1，相当系统如图 13-16(c)所示，变形协调条件为 $\Delta_1=0$，即 C 处水平位移等于零。

13-2 当系统的温度升高时，图 13-17 所示结构中的________不会产生温度应力。

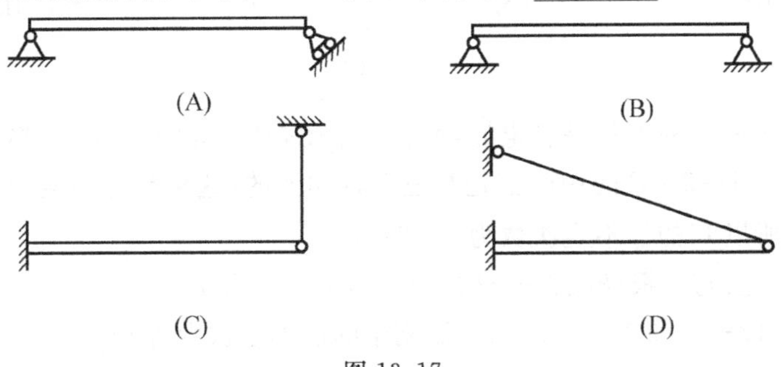

图 13-17

答　A。A是静定梁，B、C、D都是静不定的，静不定结构温度变化时会产生温度应力。

13-3　判断下列叙述是否正确。

(1) 静不定系统与其相当系统相比，二者的内力相同，变形不同。

(2) 用单位力法求解静不定结构的位移时，单位力只能加在原静不定结构上。

(3) 结构的静不定次数等于支座反力数目与独立平衡方程数目的差数。

答　(1) 错。二者内力和变形都完全相同。

(2) 错。单位力既可以加在原静不定结构上，也可以加在静定基上，而且还可以加在与求解时所取的静定基不同的其他静定基上。所以为了计算简便，通常将单位力加在最便于计算的静定基上。

(3) 错。支座反力数目与独立平衡方程数目的差数只是外力静不定次数，准确的说法应是结构的静不定次数等于未知力数目与独立平衡方程数目的差数(未知力包括未知的支反力和未知的内力)。

13-4**　已知连续梁的弯矩图如图13-18(a)所示，$EI=100\text{kN}\cdot\text{m}^2$，则$C$截面转角为________。

A. 0.1rad；　B. 0.2rad；　C. 0.5rad　D. 0.01rad。

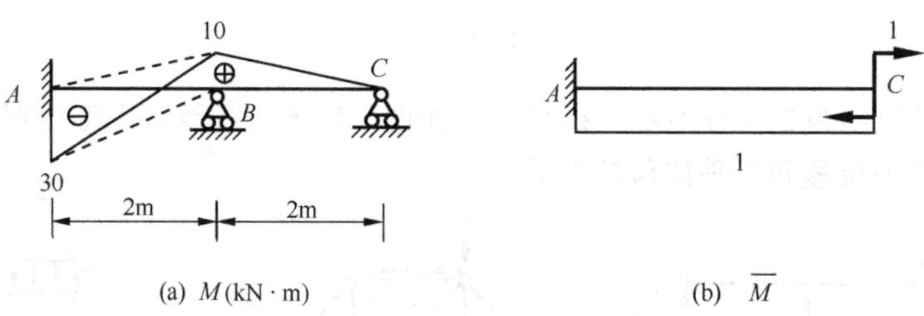

图 13-18

答　A。求连续梁的转角时，为便于计算，取悬臂梁为静定基，加单位力偶如图13-18(b)所示，$\overline{M}$图如图13-18(b)所示。

$$\theta_C=\sum\frac{1}{EI}\omega\overline{M}_C=\frac{1}{100}\left(\frac{30\times 2}{2}\times 1-\frac{10\times 4}{2}\times 1\right)=0.1(\text{rad})$$

13-5　在图13-19所示四个结构中，________的静不定次数最低。

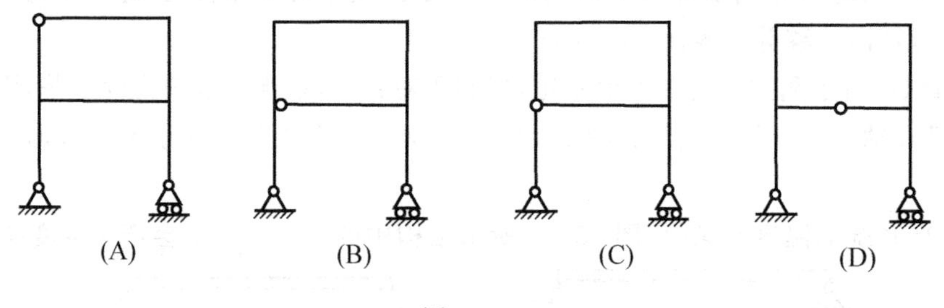

图 13-19

答　C。这四个刚架外力都是静定的，都有一个闭合框，其中A、B、D都有一个中间铰，所以静不定次数为3－1＝2。C的中间铰是与三个杆相连的，这种铰称为复铰，它相当于两个单铰，所以C的静不定次数为3－2＝1。

注：与n根杆相连的复铰相应的单铰数为$n-1$。

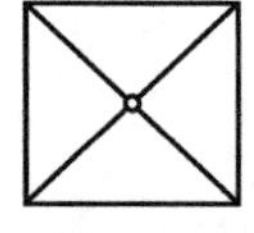

图 13-20

13-6　图13-20所示平面刚架的静不定次数等于________。

A. 6；　B. 7；　C. 8；　D. 9。

答 D。它有四个闭合框，中间复铰与四个杆相连，相当于三个单铰，静不定次数为 $3\times4-3=9$。

13-7 设图 13-21 所示静不定刚架的四个相当系统分别如图 A、B、C、D 所示。则其中错误的是________。

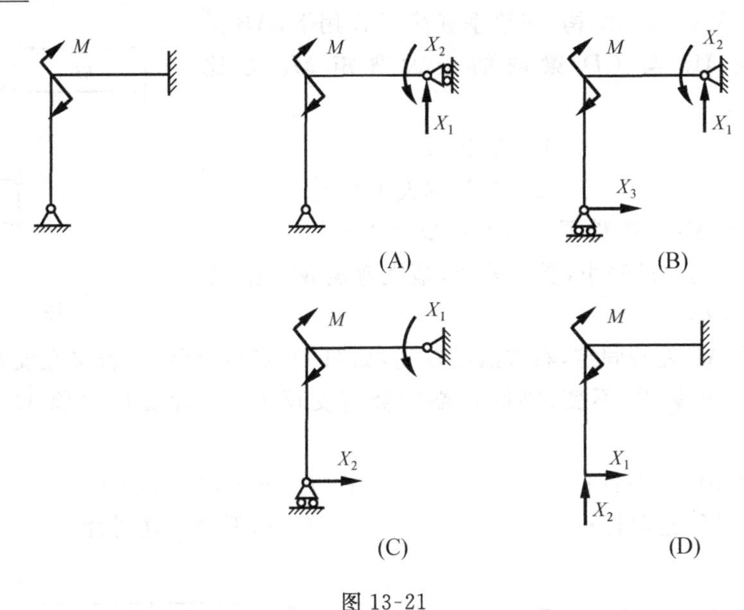

图 13-21

答 B。此刚架是二次静不定，应该解除两个多余约束。而图 B 解除了三个约束。

13-8 图 13-22 所示构架，梁 AB 的弯曲刚度为 EI，杆 CB 的拉压刚度为 EA。设杆 CB 与梁在 B 端的相互作用力 F_N 为多余约束力，则变形协调条件为________(已知悬臂梁承受均布载荷 q 和自由端受集中力 F 时，其自由端挠度的公式分别为 $w(q)=\dfrac{ql^4}{8EI}$，$w(F)=\dfrac{Fl^3}{3EI}$)。

A. $\dfrac{ql^4}{8EI}=\dfrac{F_Na}{EA}$;

B. $\dfrac{ql^4}{8EI}=\dfrac{F_Nl^3}{3EI}$;

C. $-\dfrac{ql^4}{8EI}+\dfrac{F_Nl^3}{3EI}=-\dfrac{F_Na}{EA}$;

D. $-\dfrac{ql^4}{8EI}+\dfrac{F_Nl^3}{3EI}=\dfrac{F_Na}{EA}$。

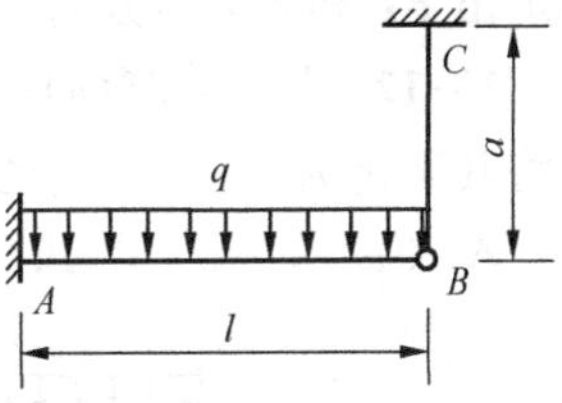

图 13-22

答 C。此问题的变形协调条件是梁的 B 端向下的挠度 w_B 等于杆 CB 由于伸长 Δl 产生的 B 端位移 Δ_B。而 $\Delta_B=-\Delta l=-\dfrac{F_Nl}{EA}$，$w_B=w_{Bq}+w_{BN}=-\dfrac{ql^4}{8EI}+\dfrac{F_Nl^3}{3EI}$。

A 缺了 w_{BN} 一项，B 缺了杆 BC 的变形 Δl 一项，D 未考虑到杆 BC 伸长产生的 B 端位移 Δ_B 向下所应加的负号，所以都不对。

13-9 图 13-23 所示梁，C 点铰接。在力 F 作用下，端面 A、B 的弯矩之比为________

A. 1∶2;　　B. 1∶1;

C. 2∶1;　　D. 无法确定。

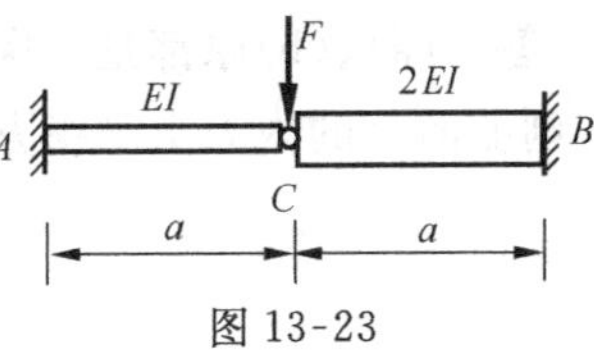

图 13-23

答　A。$w_{C1}=w_{C2}$，其中 $w_{C1}=\dfrac{F_1a^3}{3EI}$，$w_{C2}=\dfrac{F_2a^3}{3(2EI)}$，得到$\dfrac{F_1}{F_2}=\dfrac{1}{2}$，$M_A=F_1a$，$M_B=F_2a$，所以$\dfrac{M_A}{M_B}=\dfrac{1}{2}$。

13-10　图 13-24 所示结构，在铅垂载荷 F 作用下，AB 梁内的最大弯矩 M_1 与 CD 梁内的最大弯矩 M_2 之比 M_1/M_2________。

A. 大于 1；　　B. 等于 1；

C. 小于 1；　　D. 与 F 的大小有关。

答　C。变形协调条件是 $|w_B|+\Delta l=|w_C|$，$|w_B|<|w_C|$，所以 AB 梁的变形较小，受力较小，最大弯矩 M_1 比 CD 梁的最大弯矩 M_2 小。

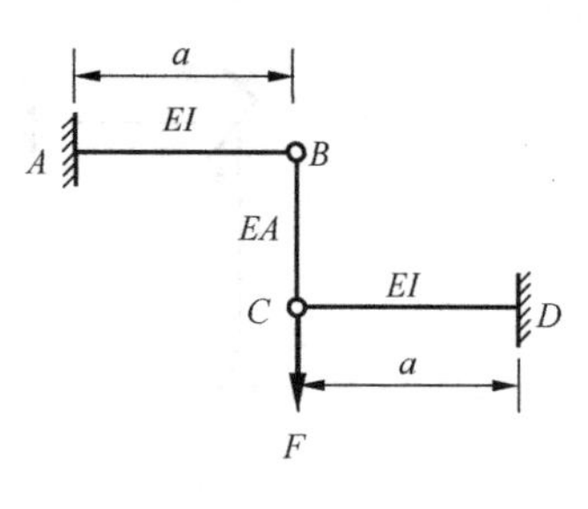

图 13-24

13-11*　梁 AB 左端固定，右端活动铰支，如图 13-25(a)所示。若梁在安装后其顶面温度 T_1 升高，底面温度 T_2 不变，则固定端的竖直支反力 F_{Ay} 和支反力偶 M_A 的方向分别为________。

A. F_{Ay} 向上，M_A 顺时针；　　B. F_{Ay} 向下，M_A 顺时针；

C. F_{Ay} 向上，M_A 逆时针；　　D. F_{Ay} 向下，M_A 逆时针。

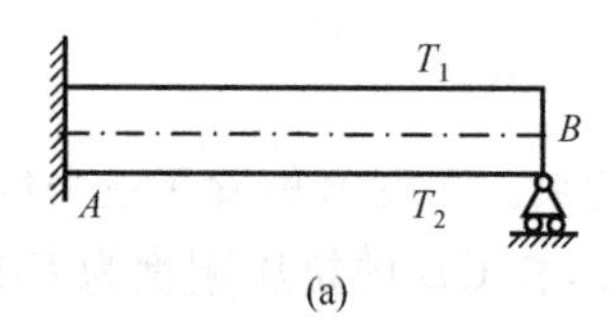

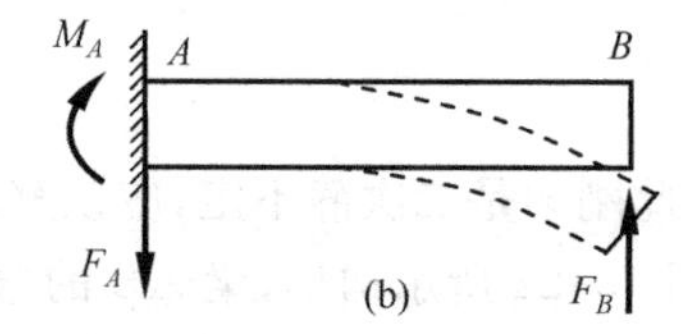

图 13-25

答　B。根据静定基在 $T_1>T_2$ 时的变形情况(图 13-25(b))可确定 F_B 向上，由平衡条件确定出 F_{Ay} 和 M_A 的方向。

13-12　图 13-26(a)所示四次静不定对称梁承受反对称均布载荷 q 作用。利用对称性，可将其简化为________个多余未知力的问题。

A. 0；　　B. 1；　　C. 2；　　D. 3。

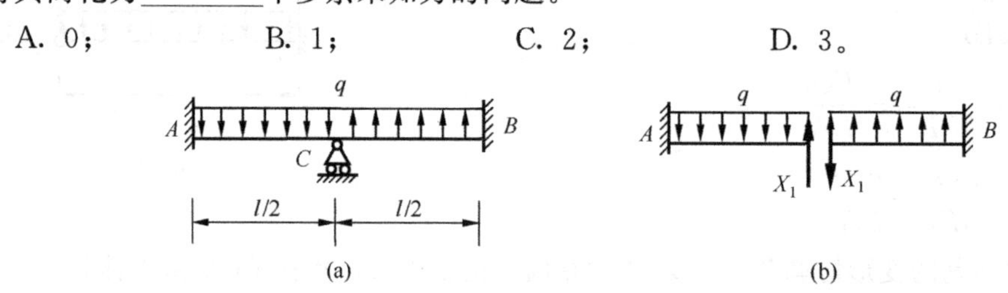

图 13-26

答　B。从对称中心 C 处截开，只有剪力 $F_S\neq0$，相当系统如图 13-26(b)所示。

13-13　图 13-27(a)、(b)所示两个结构及其受力状态，试利用对称性原理建立其简化的相当系统。

答　(a)、(b)原都是一次静不定的，但受对称载荷作用。取图 13-27(c)、(d)所示相当系统，则截面上的内力由平衡方程就能确定。

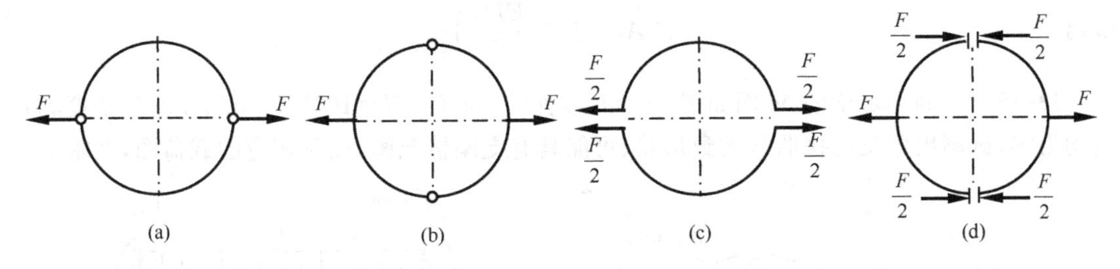

图 13-27

13-14 简支梁在跨度中点由一根两端铰接的短柱支撑，在梁未承受均布载荷以前，柱顶与梁端的两支座在同一水平线上，如图 13-28(a)所示。图中的 l、H 和 EI 均为已知。当梁受均布载荷 q 时，若要求梁内最大弯矩的值为最小，试问柱的抗压刚度 E_0A_0 应为多大？

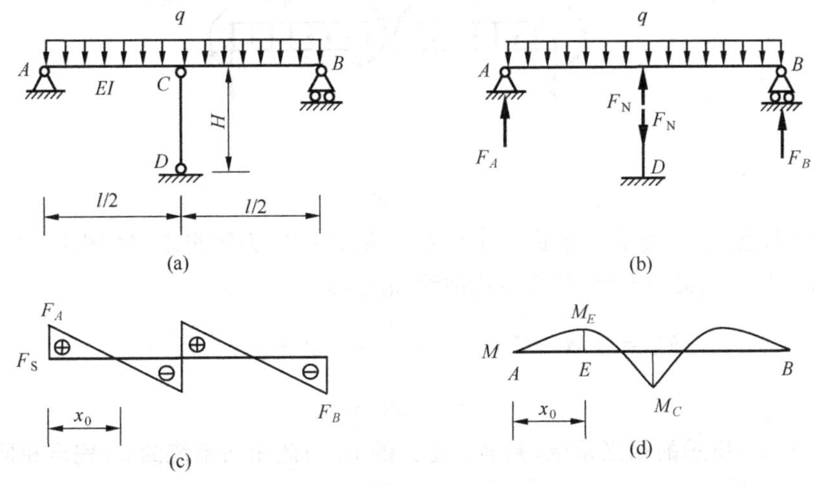

图 13-28

解 本题为一次静不定，相当系统如图 13-28(b)所示。变形协调条件为

$$|w_C|=|\Delta l|$$

其中

$$|w_C|=\frac{5ql^4}{384EI}-\frac{F_Nl^3}{48EI},\quad |\Delta l|=\frac{F_NH}{E_0A_0}$$

$$\frac{5ql^4}{384EI}-\frac{F_Nl^3}{48EI}=\frac{F_NH}{E_0A_0} \tag{1}$$

此梁的 F_S 图、M 图大致如图 13-28(c)、(d)所示，其中极值 M 位于 E 点，令 $F_S(x)=F_A-qx_0=0$，得 $x_0=\dfrac{F_A}{q}$。

$$M_E=F_Ax_0-\frac{q}{2}x_0^2=\frac{F_A^2}{2q},\quad M_C=F_A\frac{l}{2}-\frac{ql^2}{8}$$

令 $M_E=-M_C$，即 $\dfrac{F_A^2}{2q}=\dfrac{ql^2}{8}-\dfrac{F_Al}{2}$，得

$$F_A=\frac{(\sqrt{2}-1)}{2}ql=0.2071ql$$

由平衡条件可得 $F_N=ql-2F_A=0.5858ql$，将此值代入式(1)，得

$$\frac{5ql^4}{384EI}-\frac{0.5858ql^4}{48EI}=\frac{0.5858qlH}{E_0A_0}$$

解出
$$E_0A_0=717\left(\frac{EIH}{l^3}\right)$$

13-15 一静不定梁的 M 图如图 13-29(a)所示。梁的 $EI=100\text{kN}\cdot\text{m}^2$，$A$ 端的挠度和转角均为零，试画出此梁的挠曲线大致形状、可能具有支座情况图，以及相应的载荷图，并求 w_C。

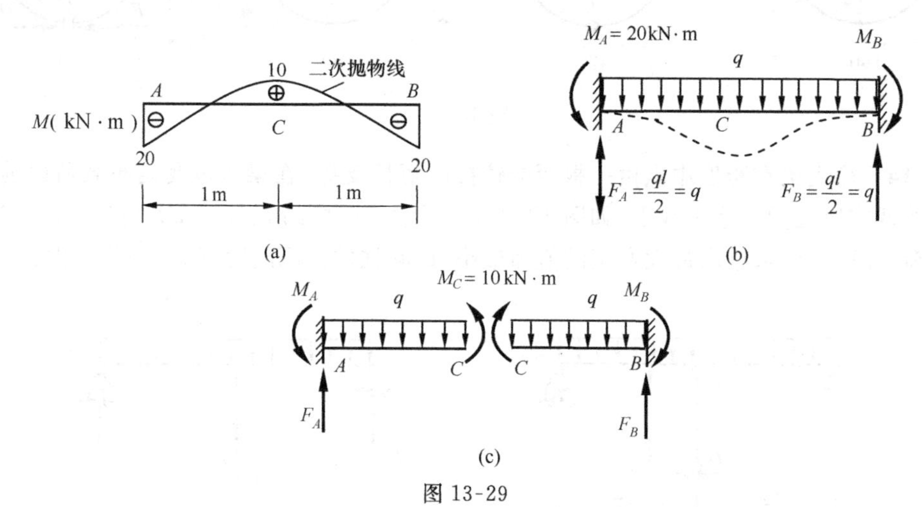

图 13-29

解 此梁 M 图对称，受力必对称。A 为固定端，B 也应为固定端，M 图为二次抛物线，应受均布载荷作用，所以梁的支座、载荷及挠曲线如图 13-29(b)所示。

$$M_C=-M_A+F_A\cdot 1-q\frac{1}{2}=-20+q-\frac{q}{2}=10$$

得
$$q=60\text{kN/m}$$

取图 13-29(c)所示的相当系统，原静不定梁的 w_C 与此相当系统的 w_C 完全相同。

$$w_C=w_{Cq}+w_{CM}=-\frac{q\left(\frac{l}{2}\right)^4}{8EI}+\frac{M_C\left(\frac{l}{2}\right)^2}{2EI}=-\frac{60\times1^4}{8\times100}+\frac{10\times1^2}{2\times100}$$
$$=-0.025(\text{m})=-25(\text{mm})\ (\downarrow)$$

13-16 求图 13-30(a)所示桁架中杆 BC 的轴力。已知各杆材料相同，AB、BC、CD 三杆的横截面面积为 A_1，其余各杆的横截面面积 $A=A_1/2$，$F=100\text{kN}$。

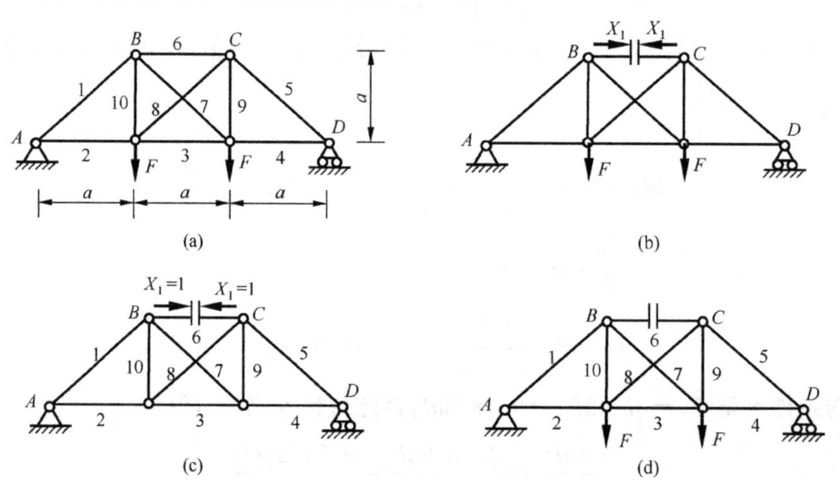

图 13-30

解 本题桁架为一次内力静不定。切开 BC 杆作为静定基，相当系统如图 13-30(b)所示。

力法正则方程为 $\delta_{11}X_1+\Delta_{1F}=0$

在静定基上加 $X_1=1$，如图 13-30(c)所示，在静定基上加载荷，如图 13-30(d)所示，计算两种情况下各杆的轴力，将结果如表 13-1 所示。

表 13-1

杆号 i	1	2	3	4	5	6	7	8	9	10
$\overline{F}_{Ni}$	0	0	1	0	0	1	$-\sqrt{2}$	$\sqrt{2}$	1	1
F_{NiF}	$-\sqrt{2}F$	F	$2F$	F	$-\sqrt{2}F$	0	$-\sqrt{2}F$	$-\sqrt{2}F$	$2F$	$2F$
杆长 l_i	$\sqrt{2}a$	a	a	a	$\sqrt{2}a$	a	$\sqrt{2}a$	$\sqrt{2}a$	a	a

$$\delta_{11}=\sum\frac{\overline{F}_{Ni}\overline{F}_{Ni}l_i}{EA}=\frac{1^2\cdot a}{EA_1}+\frac{1}{EA}\left[1^2\times a\times 3+(-\sqrt{2})^2\cdot\sqrt{2}a\times 2\right]$$

$$=\frac{a}{EA_1}+\frac{(3+4\sqrt{2})a}{EA}=\frac{a}{2EA}(7+8\sqrt{2})$$

$$\Delta_{1F}=\sum\frac{F_{NiF}\overline{F}_{Ni}l_i}{EA}=\frac{1}{EA}\left[2F\times 1\cdot a\times 3+(-\sqrt{2}F)(-\sqrt{2})\sqrt{2}a\times 2\right]$$

$$=\frac{Fa}{EA}(6+4\sqrt{2})$$

得
$$X_1=-\frac{\Delta_{1F}}{\delta_{11}}=-2F\left(\frac{6+4\sqrt{2}}{7+8\sqrt{2}}\right)=-1.273F=127.3(\text{kN})$$

13-17 图 13-31(a)所示悬臂梁 AB 和 CD 的弯曲刚度同为 $EI=25\times10^6\text{N}\cdot\text{m}^2$，由钢杆 BE 相连接，BE 杆的拉压刚度 $EA=60\times10^6\text{N}$，$l=3\text{m}$，$q=10\text{kN/m}$，试求 CD 梁的自由端挠度 w_D。

解 悬臂梁 AB 和 CD 之间的杆 BE 为多余约束，此系统为一次内力静不定。切开 BE 杆，成为静定基。相当系统如图 13-31(b)所示。

力法正则方程为 $\delta_{11}X_1+\Delta_{1F}=0$

静定基受 $\overline{X}_1=1$ 作用，如图 13-31(c)所示；静定基受均布载荷作用，如图 13-31(d)所示。这两种情况的弯矩图及轴力分别如图 13-31(c)、(d)所示。

$$\delta_{11}=\frac{1}{EI}\frac{l^2}{2}\cdot\frac{2}{3}l\times 2+\frac{1^2 l}{EA}=\frac{2l^3}{3EI}+\frac{l}{EA}=\frac{2\times3^3}{3\times25\times10^6}+\frac{3}{60\times10^6}=0.77\times10^{-6}$$

$$\Delta_{1F}=-\frac{1}{EI}\left[\frac{ql^2}{2}l\,\frac{l}{2}+\frac{l}{2}\frac{3ql^2}{2}\frac{2l}{3}-\frac{2}{3}l\,\frac{ql^2}{8}\frac{l}{2}\right]=-\frac{17ql^4}{24EI}$$

$$=-\frac{17\times10\times10^3\times3^4}{24\times25\times10^6}=-22950\times10^{-6}$$

得
$$X_1=-\frac{\Delta_{1F}}{\delta_{11}}=\frac{22950\times10^{-6}}{0.77\times10^{-6}}=29805(\text{N})=29.805(\text{kN})$$

为求 w_D，在静定基上 D 点加单位力，并作 $\overline{M}$ 图，如图 13-31(f)所示，此时 AB 梁和 BE 杆都不受力，故未在图中画出。

按已求出的 BE 杆力 X_1 的值作出 CD 梁的 M 图，如图 13-31(e)所示，用图乘法求 w_D。

$$w_D=\frac{1}{EI}\left(\frac{1}{3}\times180\times6\times4.5-\frac{1}{2}\times89.4\times3\times5\right)\times10^3=\frac{949.5}{EI}\times10^3$$

$$=\frac{949.5\times10^3}{25\times10^6}=37.98\times10^{-3}(\text{m})=38(\text{mm})$$

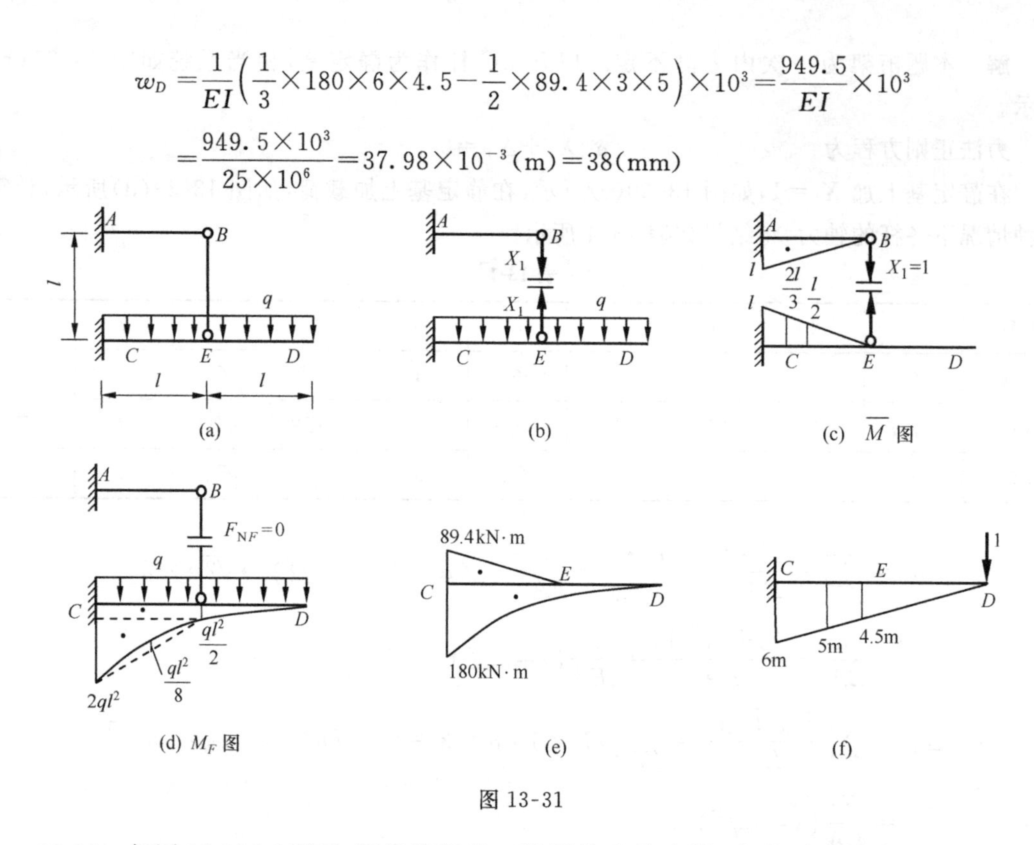

图 13-31

13-18 如图 13-32(a)所示，层叠放置的三根梁均为简支梁，弯曲刚度均为 EI，最上面的 AB 梁承受均布载荷作用，集度为 q，试求各支座约束反力。

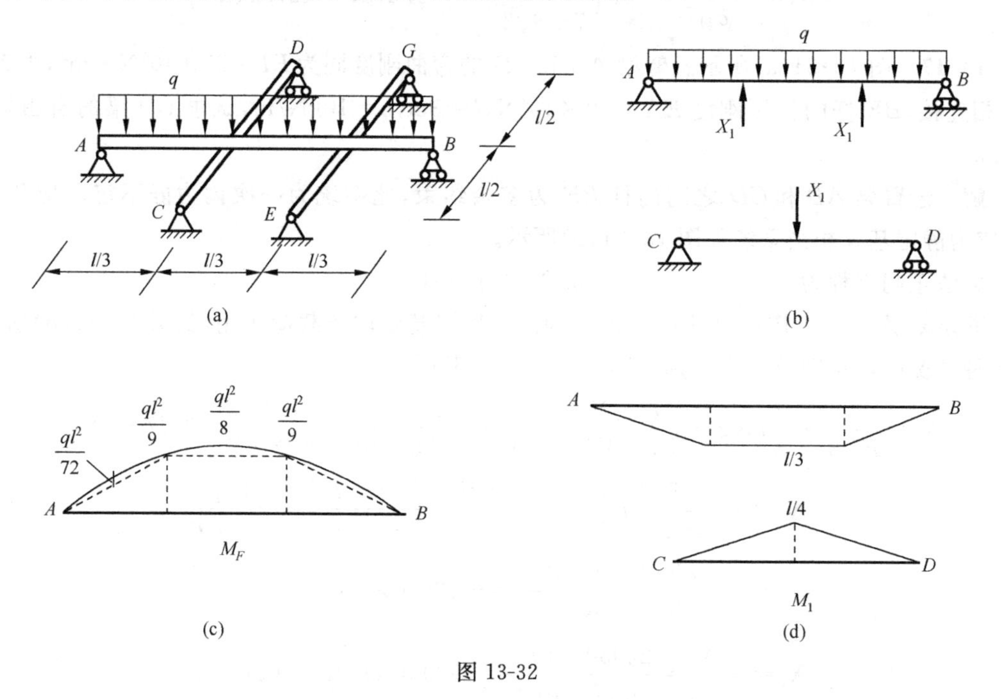

图 13-32

解 (1)一次静不定问题，建立相当系统如图 13-32(b)所示。

力法正则方程为 $\delta_{11}X_1+\Delta_{1F}=0$

静定基上只有原载荷作用如图 13-32(c)所示，静定基上只有相应的单位载荷作用如

图 13-32(d)所示。

$$\delta_{11}=\frac{1}{EA}\left(\frac{1}{2}\cdot\frac{l}{3}\cdot\frac{l}{3}\cdot\frac{2}{3}\cdot\frac{l}{3}\times2+\frac{l}{3}\cdot\frac{l}{3}\cdot\frac{l}{3}+\frac{1}{2}\cdot\frac{l}{4}\cdot\frac{l}{2}\cdot\frac{2}{3}\cdot\frac{l}{4}\times2\times2\right)=\frac{67l^3}{648EI}$$

$$\Delta_{1F}=-\frac{1}{EA}\left[\left(\frac{1}{2}\cdot\frac{ql^2}{9}\cdot\frac{l}{3}\cdot\frac{2}{3}\cdot\frac{l}{3}+\frac{2}{3}\cdot\frac{ql^2}{72}\cdot\frac{l}{3}\cdot\frac{1}{2}\cdot\frac{l}{3}\right)\right.$$
$$\left.\times2+\frac{l}{3}\cdot\frac{ql^2}{9}\cdot\frac{l}{3}+\frac{2}{3}\cdot\frac{ql^2}{72}\cdot\frac{l}{3}\cdot\frac{l}{3}\right]=-\frac{11ql^4}{486EI}$$

解得

$$X_1=\frac{44}{201}ql$$

(2)计算支座约束反力。

$$F_A=F_B=\frac{ql}{2}-X_1=\frac{ql}{2}-\frac{44}{201}ql=\frac{113}{402}ql(\uparrow)$$

$$F_C=F_D=F_E=F_G=\frac{X_1}{2}=\frac{22}{201}ql(\uparrow)$$

13-19 作图 13-33(a)所示刚架的弯矩图。设刚架各杆的 EI 皆相同。

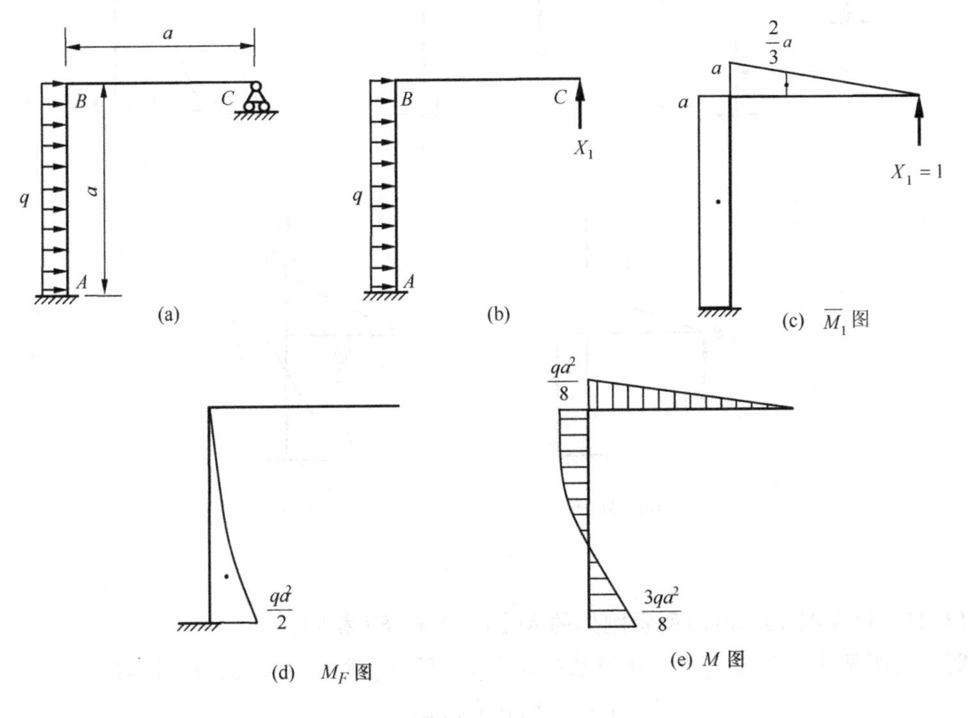

图 13-33

解 此刚架为一次静不定。相当系统如图 13-33(b)所示。力法正则方程为

$$\delta_{11}X_1+\Delta_{1F}=0$$

作静定基的$\overline{M}_1$ 图,如图 13-33(c)所示。作 M_F 图,如图 13-33(d)所示。

$$\delta_{11}=\frac{1}{EI}\left(a^2\cdot a+\frac{a^2}{2}\cdot\frac{2}{3}a\right)=\frac{4a^3}{3EI}$$

$$\Delta_{1F}=-\frac{1}{EI}\left(\frac{1}{3}a\,\frac{qa^2}{2}\cdot a\right)=-\frac{qa^4}{6EI}$$

得

$$X_1=-\frac{\Delta_{1F}}{\delta_{11}}=\frac{qa}{8}\quad(\uparrow)$$

刚架弯矩图如图 13-33(e)所示。

13-20 图 13-34(a)所示平面刚架各段 EI 相同，试作 M 图。

解 本问题为一次静不定。相当系统如图 13-34(b)所示。作静定基的 M_F 图和$\overline{M}_1$ 图，分别如图 13-34(c)、(d)所示。

力法正则方程为

$$\delta_{11}X_1+\Delta_{1F}=0$$

$$\delta_{11}=\frac{1}{EI}\left(\frac{a^2}{2}\cdot\frac{2a}{3}+a^2\cdot a\right)=\frac{4a^3}{3EI},\quad \Delta_{1F}=-\frac{1}{EI}\left(\frac{qa^2}{2}+\frac{3qa^2}{2}\right)\frac{a}{2}a=-\frac{qa^4}{EI}$$

得

$$X_1=-\frac{\Delta_{1F}}{\delta_{11}}=\frac{3}{4}qa\quad(\uparrow)$$

由 M_F 图和$\overline{M}_1$ 图以及所求 X_1 的值叠加可作出 M 图，如图 13-34(e)所示。

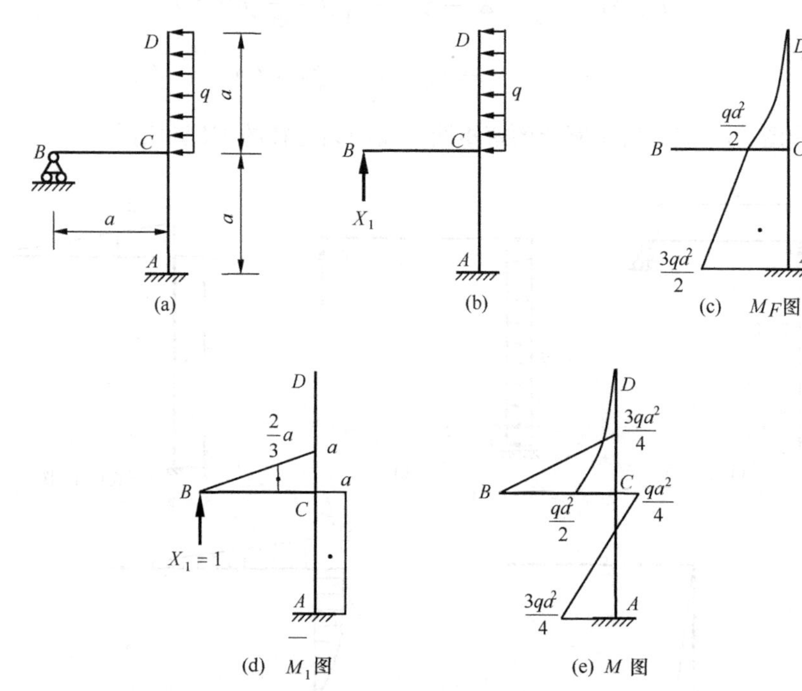

图 13-34

13-21 试作图 13-35(a)所示刚架的 M 图。各杆 EI 相同。

解 此刚架为二次静不定。相当系统如图 13-35(b)所示，力法正则方程为

$$\delta_{11}X_1+\delta_{12}X_2+\Delta_{1F}=0$$

$$\delta_{21}X_1+\delta_{22}X_2+\Delta_{2F}=0$$

作静定基的 M_F 图、$\overline{M}_1$ 图、$\overline{M}_2$ 图，分别如图 13-35(c)、(d)、(e)所示。

$$\delta_{11}=\frac{1}{EI}\frac{a^2}{2}\cdot\frac{2a}{3}=\frac{a^3}{3EI},\quad \delta_{22}=\frac{1}{EI}(a\cdot 1+a\cdot 1)=\frac{2a}{EI}$$

$$\delta_{12}=\delta_{21}=\frac{1}{EI}a\cdot\frac{a}{2}=\frac{a^3}{2EI}$$

$$\Delta_{1F}=-\frac{1}{EI}M_ea\cdot\frac{a}{2}=-\frac{M_ea^2}{2EI},\quad \Delta_{2F}=-\frac{1}{EI}M_ea\cdot 1=-\frac{M_ea}{2EI}$$

代入力法正则方程，有

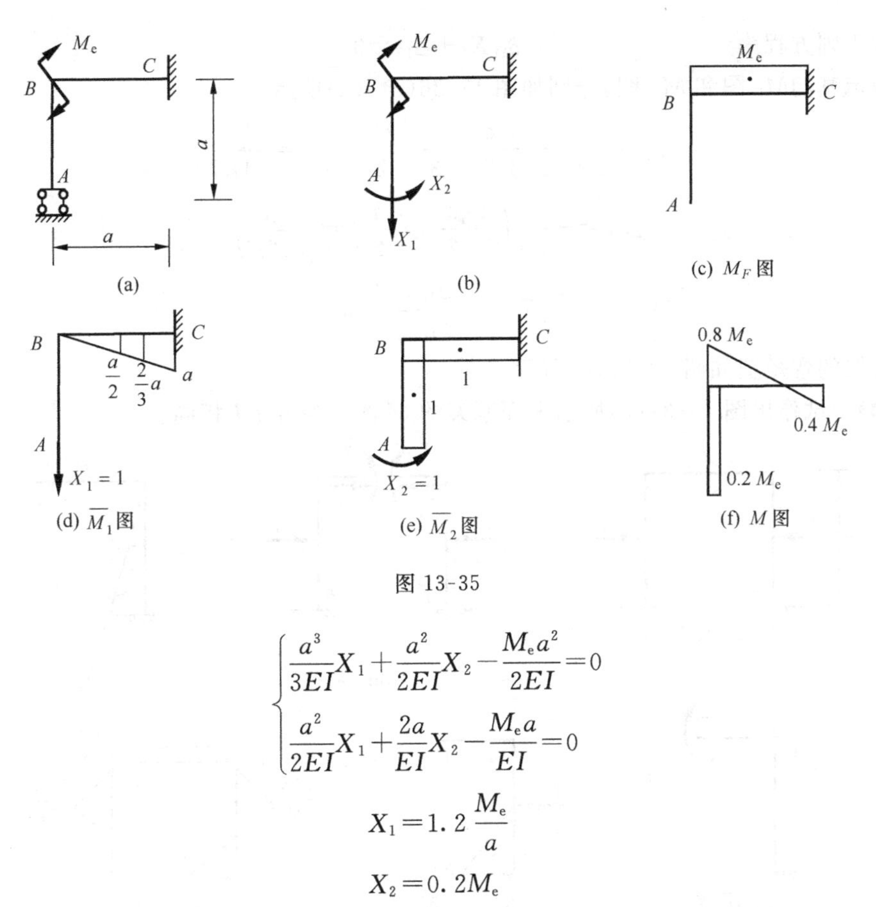

图 13-35

$$
\begin{cases}
\dfrac{a^3}{3EI}X_1+\dfrac{a^2}{2EI}X_2-\dfrac{M_e a^2}{2EI}=0 \\
\dfrac{a^2}{2EI}X_1+\dfrac{2a}{EI}X_2-\dfrac{M_e a}{EI}=0
\end{cases}
$$

解得

$$X_1=1.2\frac{M_e}{a}$$

$$X_2=0.2M_e$$

M 图如图 13-35(f)所示。

13-22 图 13-36(a)所示平面刚架各段 EI 相同，试作 M 图。

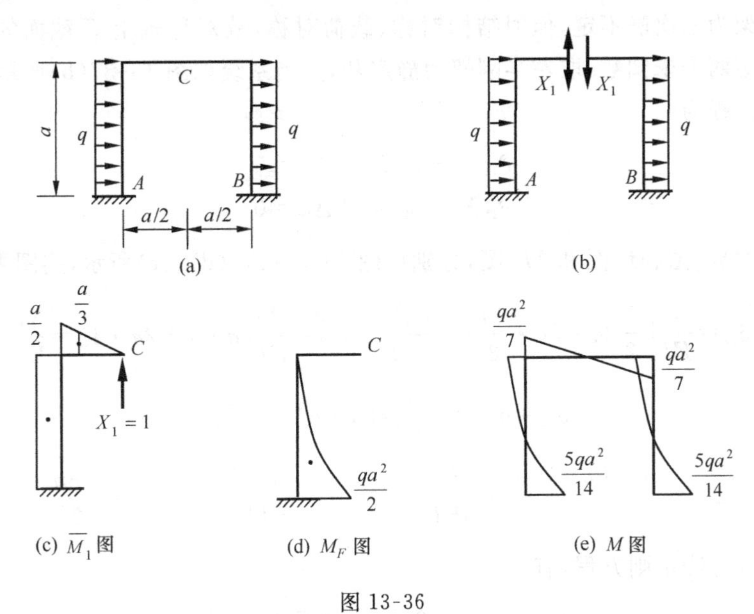

图 13-36

解 本问题为三次静不定，但结构对称、载荷反对称，故可在对称中心截面 C 处截开，C 截面只有剪力 $F_S=X_1$，轴力和弯矩都为零，为一个未知数。取左半部分刚架为静定基，相当系统如图 13-36(b)所示。

力法正则方程为 $$\delta_{11}X_1+\Delta_{1F}=0$$

作静定基的$\overline{M}_1$图和M_F图，分别如图13-36(c)、(d)所示。

$$\delta_{11}=\frac{1}{EI}\left(\frac{1}{2}\frac{a}{2}\frac{a}{2}\cdot\frac{a}{3}+\frac{a^2}{2}\cdot\frac{a}{2}\right)=\frac{7a^3}{24EI}$$

$$\Delta_{1F}=-\frac{1}{EI}\left(\frac{1}{3}\frac{qa^2}{2}a\cdot\frac{a}{2}\right)=-\frac{qa^4}{12EI}$$

得 $$X_1=-\frac{\Delta_{1F}}{\delta_{11}}=\frac{2}{7}qa$$

作刚架的弯矩图如图13-36(e)所示。

13-23 试作出图13-37(a)所示平面刚架的M图。各杆EI相同。

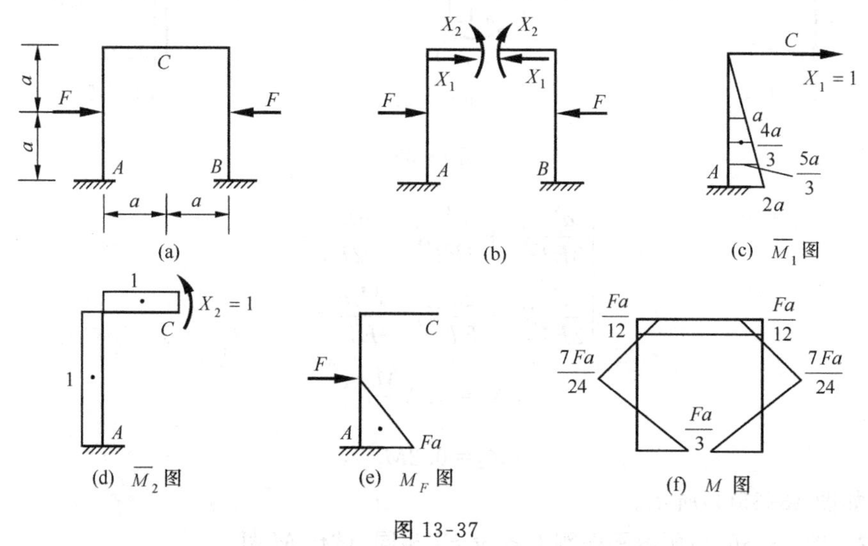

图 13-37

解 此刚架为三次静不定，但因结构对称、载荷对称，故对称轴上C截面的剪力等于零，只有轴力和弯矩两个未知数，取左半刚架为静定基，相当系统如图13-37(b)所示。

力法正则方程为

$$\delta_{11}X_1+\delta_{12}X_2+\Delta_{1F}=0$$
$$\delta_{21}X_1+\delta_{22}X_2+\Delta_{2F}=0$$

作静定基的$\overline{M}_1$图、$\overline{M}_2$图和M_F图，分别如图13-37(c)、(d)、(e)所示，用图乘法求系数。

$$\delta_{11}=\frac{1}{EI}\left(\frac{1}{2}2a\cdot 2a\cdot\frac{4a}{3}\right)=\frac{8a^3}{3EI},\quad \delta_{22}=\frac{1}{EI}(a\cdot 1+2a\cdot 1)=\frac{3a}{EI}$$

$$\delta_{12}=\delta_{21}=-\frac{1}{EI}(2a\cdot a)=-\frac{2a^2}{EI}$$

$$\Delta_{1F}=\frac{1}{EI}\left(\frac{Fa^2}{2}\frac{5}{3}a\right)=\frac{5Fa^3}{6EI},\quad \Delta_{2F}=-\frac{1}{EI}\left(\frac{Fa^2}{2}\cdot 1\right)=-\frac{Fa^2}{2EI}$$

将上述数据代入力法正则方程，有

$$\frac{8a^3}{3EI}X_1-\frac{2a^2}{EI}X_2+\frac{5Fa^3}{6EI}=0$$

$$-\frac{2a^2}{EI}X_1+\frac{3a}{EI}X_2-\frac{Fa^2}{2EI}=0$$

解得 $$X_1=-\frac{3}{8}F(\text{压}),\quad X_2=-\frac{Fa}{12}$$

利用 X_1 和 X_2 的值以及 $\overline{M}_1$ 图、$\overline{M}_2$ 图和 M_F 图，用叠加法作出 M 图，如图 13-37(f)所示。

13-24* 图 13-38(a)所示刚架 C 为对称中心。试证明截面 C 上的轴力及剪力皆等于零。

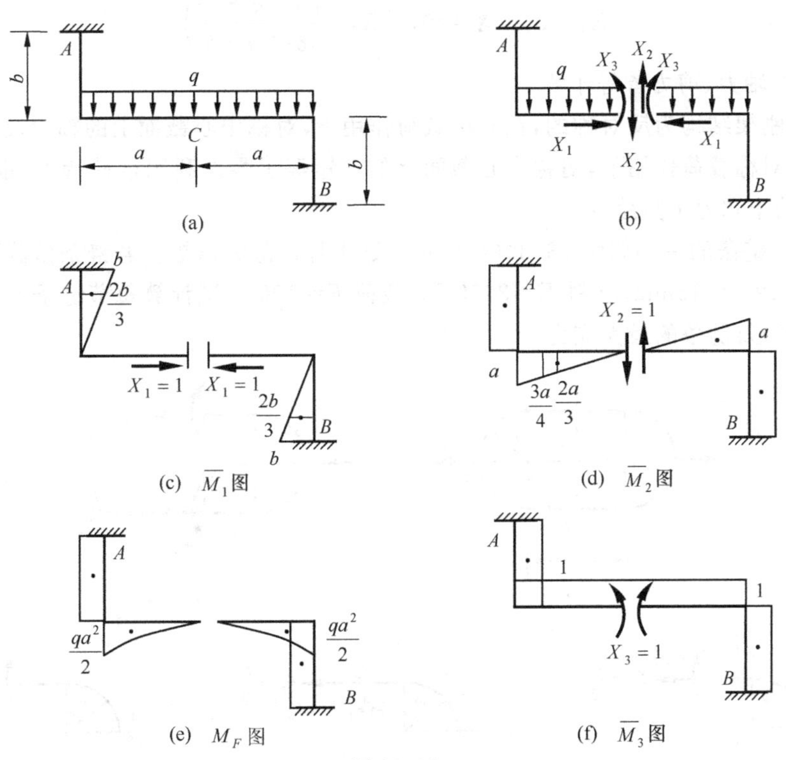

图 13-38

解 取图 13-38(b)所示相当系统，则力法正则方程为

$$\delta_{11}X_1+\delta_{12}X_2+\delta_{13}X_3+\Delta_{1F}=0$$
$$\delta_{21}X_1+\delta_{22}X_2+\delta_{23}X_3+\Delta_{2F}=0$$
$$\delta_{31}X_1+\delta_{32}X_2+\delta_{33}X_3+\Delta_{3F}=0$$

作 $\overline{M}_1$ 图、$\overline{M}_2$ 图、$\overline{M}_F$ 图和 M_3 图，如图 13-38(c)～(f)所示。

$$\delta_{11}=\frac{2}{EI}\frac{b^2}{2}\frac{2b}{3}=\frac{2b^3}{3EI},\quad \delta_{22}=\frac{2}{EI}\left(ab\cdot a+\frac{a^2}{2}\frac{2a}{3}\right)=\frac{2a^2}{EI}\left(b+\frac{a}{3}\right)$$

$$\delta_{33}=\frac{2}{EI}(b+a)\times 1=\frac{2(a+b)}{EI}$$

$$\delta_{12}=\delta_{21}=-\frac{ab^2}{EI},\quad \delta_{13}=\delta_{31}=0,\quad \delta_{23}=\delta_{32}=0$$

$$\Delta_{1F}=0,\quad \Delta_{2F}=0$$

$$\Delta_{3F}=\frac{-2}{EI}\left(\frac{qa^2}{2}b\times 1+\frac{a}{3}\frac{qa^2}{2}\times 1\right)=-\frac{qa^2}{EI}\left(b+\frac{a}{3}\right)$$

将有关数据代入力法正则方程，有

$$\frac{2b^3}{3EI}X_1-\frac{ab^2}{EI}X_2=0$$

$$-\frac{ab^2}{EI}X_1+\frac{2a^2}{EI}\left(b+\frac{a}{3}\right)X_2=0$$

$$\frac{2(a+b)}{EI}X_3-\frac{qa^2}{EI}\left(b+\frac{a}{3}\right)=0$$

解得 $X_1=0,\quad X_2=0,\quad X_3=\frac{qa^2}{6}\left(\frac{a+3b}{a+b}\right)$

即 C 截面上的轴力、剪力皆等于零。

讨论:此刚架结构为反对称的,在对称载荷作用下,对称中心截面上的轴力及剪力均为零;反之,若在反对称载荷作用下,对称中心截面上的弯矩等于零。利用这种特点,也能使类似的静不定结构的未知力个数减少。

13-25*　链条的一环如图 13-39(a)所示。试求环内最大弯矩。若链条横截面为圆形,直径 $d=4\text{mm}$,$R=a=15\text{mm}$,材料 $E=200\text{GPa}$,载荷 $F=100\text{N}$,试计算每节链条的伸长(不计轴力引起的变形)及链条的最大应力。

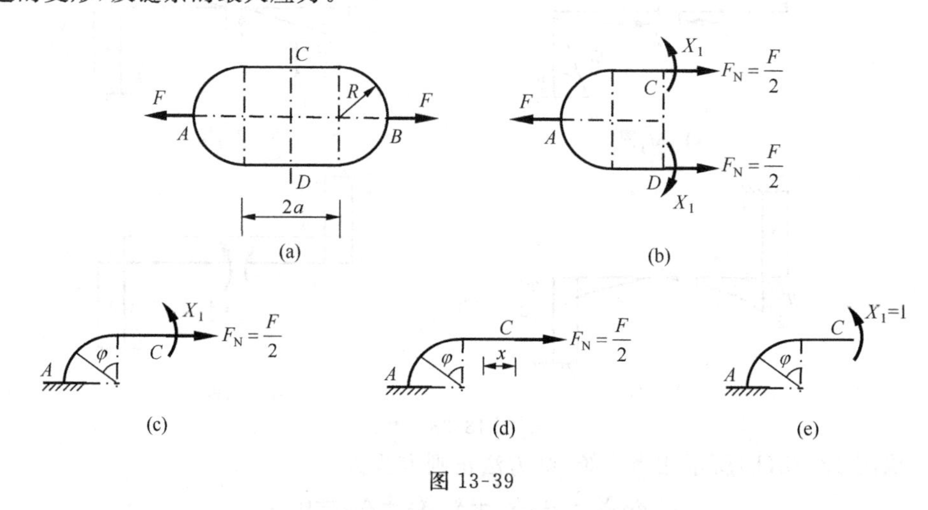

图 13-39

解　此刚架属于对称结构受对称载荷作用,沿铅垂对称轴截开,取左半部分,如图 13-39(b)所示,截面上只有轴力和弯矩。又因为其上下仍然对称,由平衡条件 $\sum F_x=0$,可求得 $F_N=F/2$,所以只有弯矩 $M=X_1$ 一个多余未知力。A 截面转角和铅垂位移都等于零,可看作固定端,取 1/4 部分为静定基,相当系统如图 13-39(c)所示。

力法正则方程为 $\delta_{11}X_1+\Delta_{1F}=0$

静定基上受载荷作用如图 13-39(d)所示,静定基上受单位力 $\overline{X}_1=1$,如图 13-39(e)所示。弯矩方程分别为

$$\overline{M}_1(x)=-1,\quad M_F(x)=0\quad (0\leqslant x\leqslant a)$$

$$\overline{M}_1(\varphi)=-1,\quad M_F(\varphi)=\frac{F}{2}R(1-\cos\varphi)\quad \left(0\leqslant\varphi\leqslant\frac{\pi}{2}\right)$$

$$\delta_{11}=\int\frac{\overline{M}_1^2(x)\mathrm{d}x}{EI}+\int\frac{\overline{M}_1^2(x)R\mathrm{d}\varphi}{EI}=\int_0^a\frac{(-1)^2\mathrm{d}x}{EI}+\int_0^{\frac{\pi}{2}}\frac{(-1)^2R\mathrm{d}\varphi}{EI}$$

$$=\frac{1}{EI}\left(a+\frac{\pi R}{2}\right)=\frac{\pi R+2a}{2EI}$$

$$\Delta_{1F}=\int_0^{\frac{\pi}{2}}\frac{(-1)FR(1-\cos\varphi)}{2EI}R\,\mathrm{d}\varphi=-\frac{FR^2}{2EI}\left(\frac{\pi}{2}-1\right)$$

得
$$X_1=-\frac{\Delta_{1F}}{\delta_{11}}=\frac{FR}{2}\left(\frac{\pi R-2R}{\pi R+2a}\right)\tag{1}$$

圆弧部分的弯矩方程为

$$M(\varphi)=\frac{FR}{2}(1-\cos\varphi)-\frac{FR}{2}\left(\frac{\pi R-2R}{\pi R+2a}\right)=FR\left(\frac{R+a}{\pi R+2a}-\cos\varphi\right)\tag{2}$$

当 $\varphi=\frac{\pi}{2}$，即在 A 截面有

$$M_{\max}=FR\left(\frac{R+a}{\pi R+2a}\right)\tag{3}$$

链条的伸长等于 A、B 两点的相对线位移，显然令 $F=1$ 就可由式(1)、式(2)得到单位力的内力。用莫尔积分计算 Δ_{AB}，将已知数据 $R=a$ 代入式(1)～式(3)。

$$X_1=\frac{Fa}{2}\left(\frac{\pi-2}{\pi+2}\right)=0.111Fa$$

$$M(\varphi)=\frac{Fa}{2}(0.778-\cos\varphi),\quad \overline{M}(\varphi)=\frac{a}{2}(0.778-\cos\varphi)\quad\left(0\leqslant\varphi\leqslant\frac{\pi}{2}\right)$$

$$M(x)=0.111Fa,\quad \overline{M}(x)=0.111a\quad(0\leqslant x\leqslant a)$$

则
$$\begin{aligned}\Delta_{AB}&=\frac{4}{EI}\int_0^a(0.111Fa)(0.111a)\mathrm{d}x+\frac{4}{EI}\int_0^{\frac{\pi}{2}}\frac{Fa^2}{4}(0.778-\cos\varphi)^2a\,\mathrm{d}\varphi\\&=\frac{4\times0.111^2Fa^3}{EI}+\frac{Fa^3}{EI}\left(0.778^2\varphi-1.556\sin\varphi+\frac{\varphi}{2}+\frac{\sin2\varphi}{4}\right)\bigg|_0^{\frac{\pi}{2}}\\&=\frac{Fa^3}{EI}\times0.2294=\frac{100\times15^3\times10^{-9}}{200\times10^9\times\dfrac{\pi\times4^4}{64}\times10^{-12}}\times0.2294\\&=0.0308\times10^{-3}(\mathrm{m})=0.0308(\mathrm{mm})\end{aligned}$$

$$M_{\max}=Fa\left(\frac{2}{\pi+2}\right)=100\times15\times10^{-3}\times\frac{2}{\pi+2}=0.5835(\mathrm{N\cdot m})$$

当链条轴线的曲率不很大时，可用直梁公式近似计算其最大正应力为

$$\sigma_{\max}=\frac{M_{\max}}{W_z}=\frac{0.5835\times32}{\pi\times4^3\times10^{-9}}=92.9(\mathrm{MPa})$$

13-26 图 13-40(a)闭合框架中各段 EI 相同，试作出弯矩图，并求力作用点的相对位移 Δ_{AB} 以及 C、D 两点的相对位移 Δ_{CD}。

解 (1) 作 M 图。

此刚架是三次静不定问题，结构和载荷都对称，从对称轴 CD 截开可知，截面上剪力为零，只有轴力 F_N 和弯矩 M，如图 13-40(b)所示。半刚架仍然对称，由平衡方程可得 $F_N=\frac{F}{2}$，只有弯矩 $M=X_1$ 一个多余未知力。又由于对称性可知 A 截面角位移和水平位移都等于零，可看作固定端，所以取 1/4 刚架为静定基，相当系统如图 13-40(c)所示。

力法正则方程为
$$\delta_{11}X_1+\Delta_{1F}=0$$

作静定基的 M_F 图和 $\overline{M}_1$ 图，如图 13-40(d)、(e)所示，图乘得

$$\delta_{11}=\frac{1}{EI}\left(a\times1\times1+\frac{a}{2}\times1\times1\right)=\frac{3a}{2EI}$$

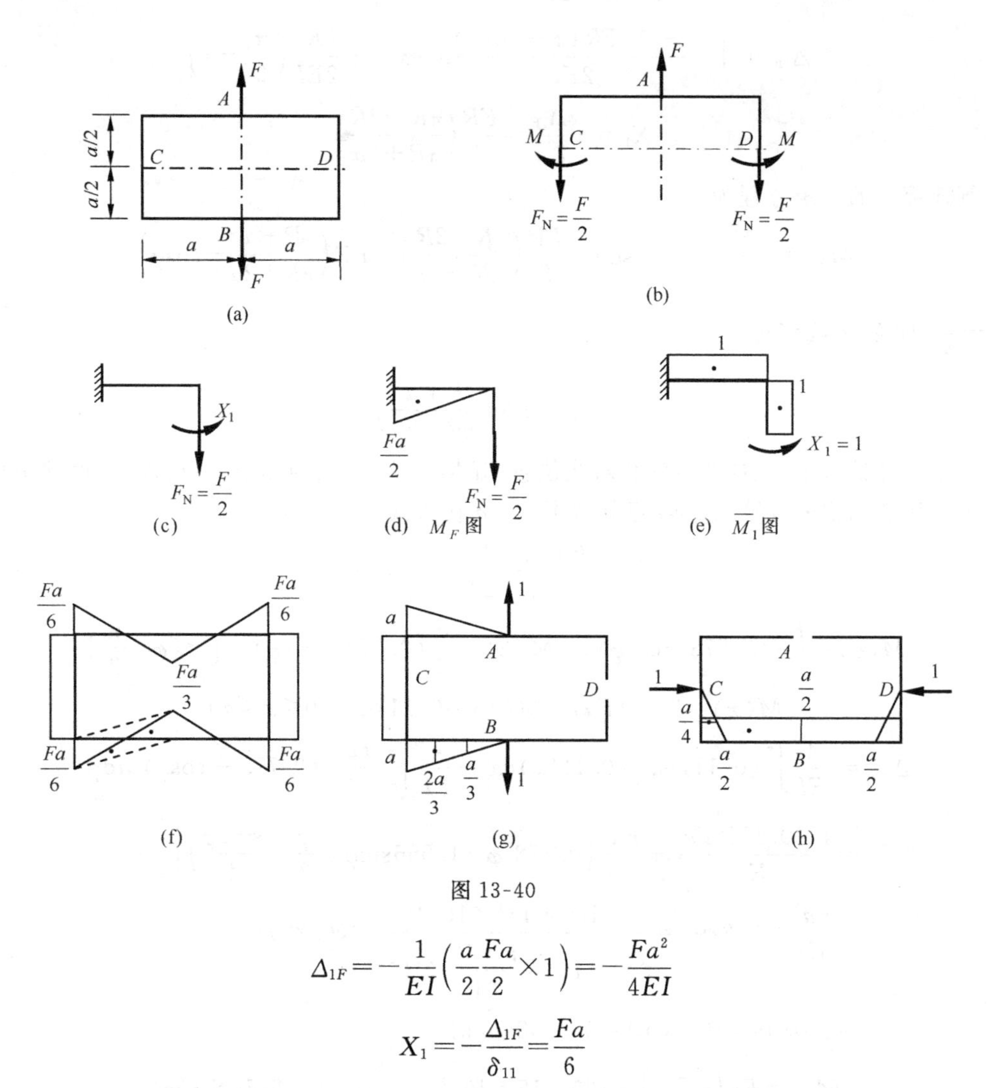

图 13-40

$$\Delta_{1F}=-\frac{1}{EI}\left(\frac{a}{2}\frac{Fa}{2}\times 1\right)=-\frac{Fa^2}{4EI}$$

得
$$X_1=-\frac{\Delta_{1F}}{\delta_{11}}=\frac{Fa}{6}$$

作出刚架的 M 图如图 13-40(f)所示。

(2) 求 Δ_{AB}。

为便于计算，选静定基如图 13-40(g)所示，并在 A、B 加反向的单位力，作 $\overline{M}$ 图。

$$\Delta_{AB}=\frac{2}{EI}\left(\frac{a}{2}\cdot\frac{Fa}{6}\cdot\frac{2a}{3}-\frac{a}{2}\cdot\frac{Fa}{3}\cdot\frac{a}{3}+\frac{a}{2}\cdot\frac{Fa}{6}\cdot a\right)=\frac{Fa^3}{6EI}\quad(\text{相互分开})$$

(3) 求 Δ_{CD}。

选静定基如图 13-40(h)所示，并在 C、D 加反向的单位力，作 $\overline{M}$ 图。

$$\Delta_{CD}=\frac{2}{EI}\left(-\frac{Fa}{6}\cdot\frac{a}{2}\cdot\frac{a}{4}+\frac{a}{2}\cdot\frac{Fa}{3}\cdot\frac{a}{2}-\frac{a}{2}\cdot\frac{Fa}{6}\cdot\frac{a}{2}\right)=\frac{Fa^3}{24EI}\quad(\text{相互靠近})$$

讨论：在求 Δ_{AB} 时，也可以利用已作出的 M 图令 $F=1$ 得到在 A、B 加单位力时的 $\overline{M}$ 图，相互图乘。建议读者这样计算，把两种算法作一个比较。

13-27* 图 13-41(a)所示折杆截面为圆形，直径 $d=20\text{mm}$。$a=0.2\text{m}$，$l=1\text{m}$，$F=650\text{N}$，$E=200\text{GPa}$，$G=80\text{GPa}$。试求力 F 作用点的铅垂位移。

解 刚架结构对称、载荷对称，在对称轴 C 截面上剪力等于零，只有轴力和弯矩，又因为载荷 F 为铅垂方向，对水平内的轴向变形无影响，所以轴力也为零，C 截面只有弯矩一个未知量，取半刚架为静定基，相当系统如图 13-41(b)所示。

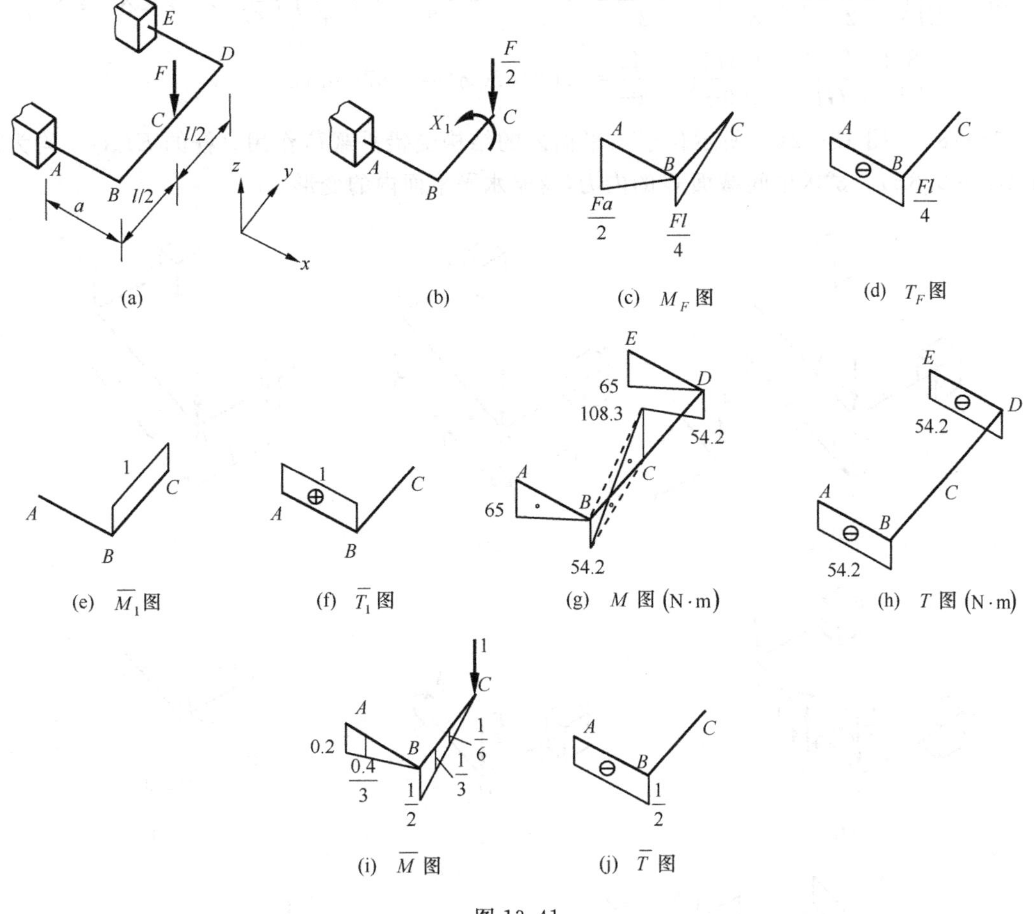

图 13-41

力法正则方程为 $$\delta_{11}X_1+\Delta_{1F}=0$$

作 M_F 图和 T_F 图，如图 13-41(c)、(d)所示。作$\overline{M}_1$ 图和$\overline{T}_1$ 图，如图 13-41(e)、(f)所示。

$$\delta_{11}=\frac{1}{EI}\frac{l}{2}\times1\times1+\frac{1}{GI_{\mathrm{p}}}a\times1\times1=\frac{l}{2EI}+\frac{a}{GI_{\mathrm{p}}}$$

$$\Delta_{1F}=-\frac{1}{EI}\left(\frac{1}{2}\frac{l}{2}\frac{Fl}{4}\times1\right)+\frac{-1}{GI_{\mathrm{p}}}\left(\frac{Fl}{4}a\times1\right)=-\frac{Fl}{4}\left(\frac{l}{4EI}+\frac{a}{GI_{\mathrm{p}}}\right)$$

得
$$X_1=-\frac{\Delta_{1F}}{\delta_{11}}=\frac{Fl}{4}\left(\frac{l}{4EI}+\frac{a}{GI_{\mathrm{p}}}\right)\bigg/\left(\frac{l}{2EI}+\frac{a}{GI_{\mathrm{p}}}\right)$$

其中
$$EI=200\times10^9\times\frac{\pi\times2^4}{64}\times10^{-8}=500\pi$$

$$GI_{\mathrm{p}}=80\times10^9\times\frac{\pi\times2^4}{32}\times10^{-8}=400\pi$$

$$X_1=\frac{650\times1}{4}\left(\frac{1}{2000\pi}+\frac{0.2}{400\pi}\right)\bigg/\left(\frac{1}{1000\pi}+\frac{0.2}{400\pi}\right)=108.3(\mathrm{N\cdot m})$$

作刚架的 M 图和 T 图，如图 13-41(g)、(h)所示。

求 C 点的铅垂位移，在静定基上 C 点处加单位力，并作出 $\overline{M}$ 图和 $\overline{T}$ 图，分别如图 13-41(i)、(j)所示。

$$w_C=\frac{1}{EI}\left(\frac{65\times0.2}{2}\times\frac{0.4}{3}+\frac{54.2\times0.5}{2}\times\frac{1}{3}-\frac{108.3\times0.5}{2}\times\frac{1}{6}\right)+\frac{1}{GI_p}\times54.2\times0.2\times\frac{1}{2}$$

$$=\frac{0.871}{EI}+\frac{5.42}{GI_p}=\frac{0.871}{500\pi}+\frac{5.42}{400\pi}=0.00487(\text{m})=4.87(\text{mm})$$

13-28*　图 13-42(a)所示位于水平面内的结构受铅垂载荷作用。杆的 EI、GI_p 均为已知，$GI_p=0.8EI$。试求中间截面 C 的内力(忽略水平平面内的变形)。

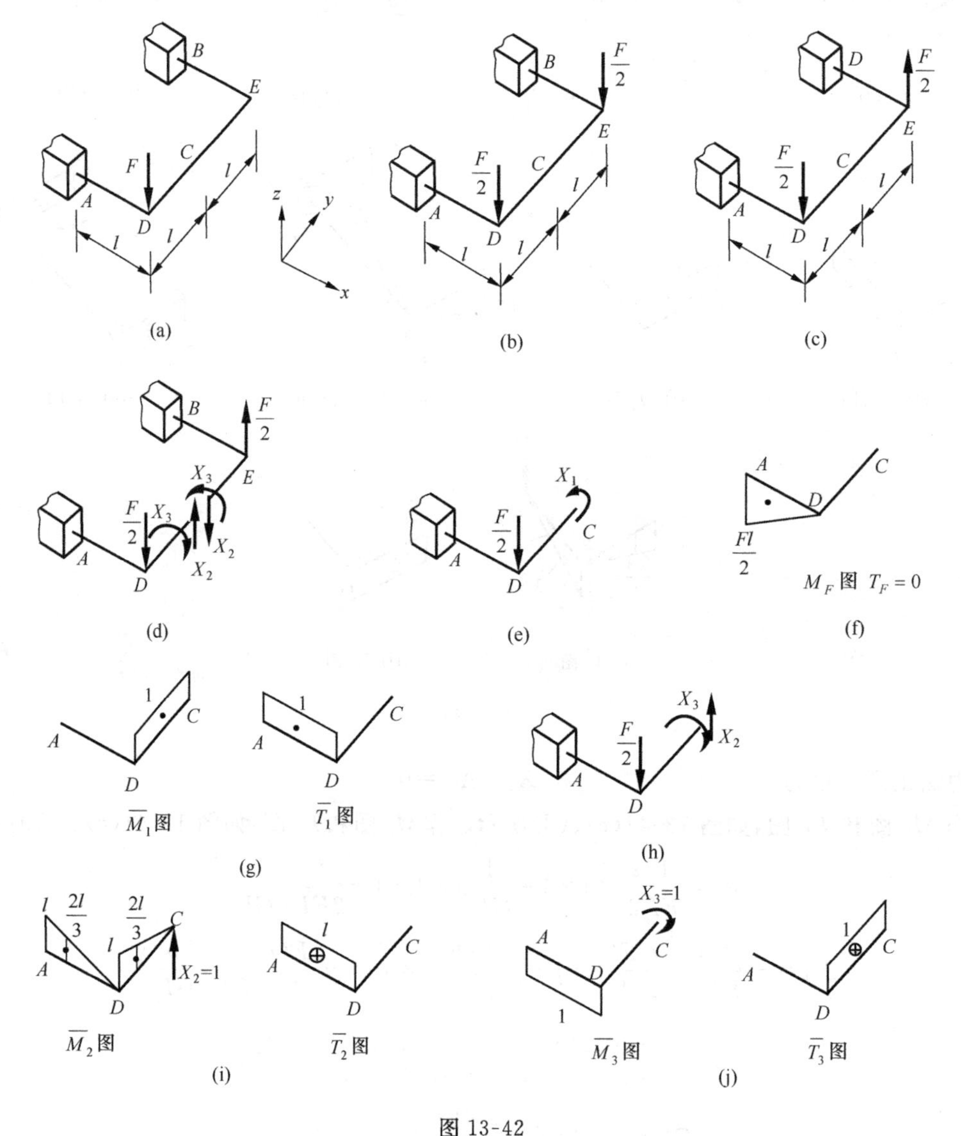

图 13-42

解　由于结构对称，所以可以将原载荷转化为对称载荷(图 13-42(b))与反对称载荷(图 13-42(c))的叠加。

对于图 13-42(b)所示的对称问题，中间截面 C 上只有对称内力——弯矩 X_1(由于忽略水平面内的变形，故轴力可忽略)，取半刚架为静定基，相当系统如图 13-42(e)所示，力法正则方程为 $\delta_{11}X_1+\Delta_{1F}=0$。

对静定基作 M_F 图和 T_F 图，如图 13-42(f)所示，作 $X_1=1$ 时的$\overline{M}_1$ 图和$\overline{T}_1$ 图，如图 13-42(g)所示。由图乘可得 $\Delta_{1F}=0$，所以 $X_1=0$。

对图 13-42(c)所示的反对称问题，中间截面 C 上只有反对称内力——剪力 X_2 和扭矩 X_3，如图 13-42(d)所示。取半刚架为静定基，相当系统如图 13-42(h)所示，力法正则方程为

$$\delta_{22}X_2+\delta_{23}X_3+\Delta_{2F}=0$$
$$\delta_{32}X_2+\delta_{33}X_3+\Delta_{3F}=0$$

静定基上 M_F 图和 T_F 图与对称问题的 M_F 图、T_F 图相同，如图 13-42(f)所示，令 $X_2=1$ 和 $X_3=1$ 作出$\overline{M}_2$ 图和$\overline{T}_2$ 图，如图 13-42(i)所示，$\overline{M}_3$ 图和$\overline{T}_3$ 图如图 13-42(j)所示。

$$\delta_{22}=\frac{1}{EI}\left(\frac{l^2}{2}\frac{2l}{3}+\frac{l^2}{2}\frac{2l}{3}\right)+\frac{1}{GI_{\mathrm{p}}}(l^2\cdot l)=\frac{2l^3}{3EI}+\frac{l^3}{GI_{\mathrm{p}}}=\frac{23l^3}{12EI}$$

$$\delta_{23}=\delta_{32}=-\frac{1}{EI}\frac{l^2}{2}\cdot 1=-\frac{l^2}{2EI},\quad \delta_{33}=\frac{l}{EI}+\frac{l}{GI_{\mathrm{p}}}=\frac{9l}{4EI}$$

$$\Delta_{2F}=-\frac{1}{EI}\left(\frac{Fl^2}{4}\frac{2l}{3}\right)=-\frac{Fl^3}{6EI},\quad \Delta_{3F}=\frac{1}{EI}\left(\frac{Fl^2}{4}\cdot 1\right)=\frac{Fl^2}{4EI}$$

代入力法正则方程，可解得

$$X_2=\frac{4}{65}F=0.0615F$$

$$X_3=-\frac{19}{195}Fl=-0.0974Fl$$

故原问题中间截面 C 的内力为

$$F_{\mathrm{N}}=0,\quad M=0,\quad F_{\mathrm{S}}=0.0615F,\quad T=0.0974Fl$$

13-29** 一刚架安装后，杆 CB 在顶层和底层的温度分别上升到 t_1 和 t_2，如图 13-43(a)所示。温度沿杆 CB 的横截面高度 h 按线性规律变化，$t_2>t_1$，材料的线膨胀系数为 α。杆 CB 的轴向温度变形很小，其影响可以忽略不计。试求 C 点处杆横截面上弯矩。

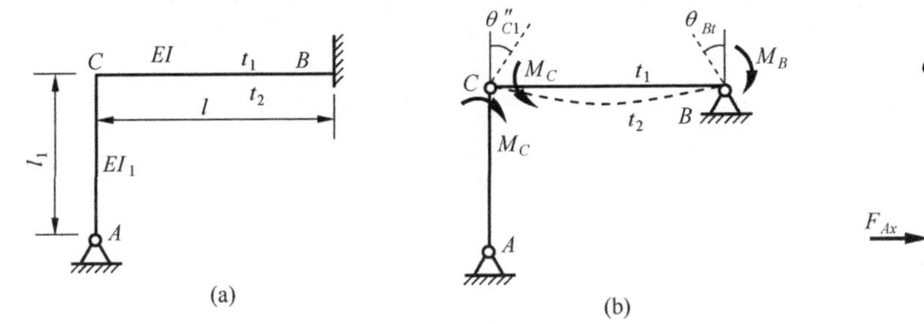

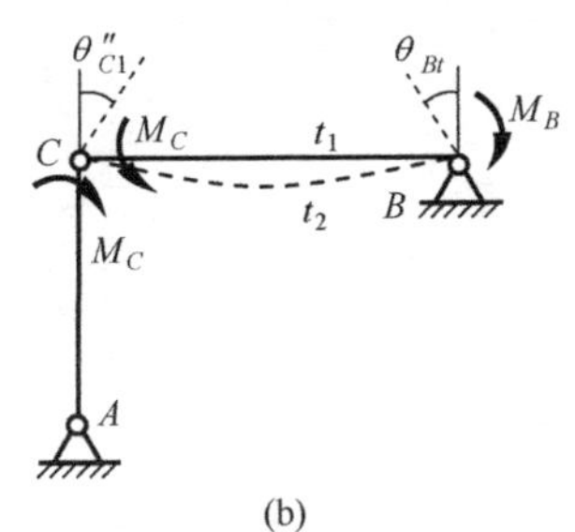

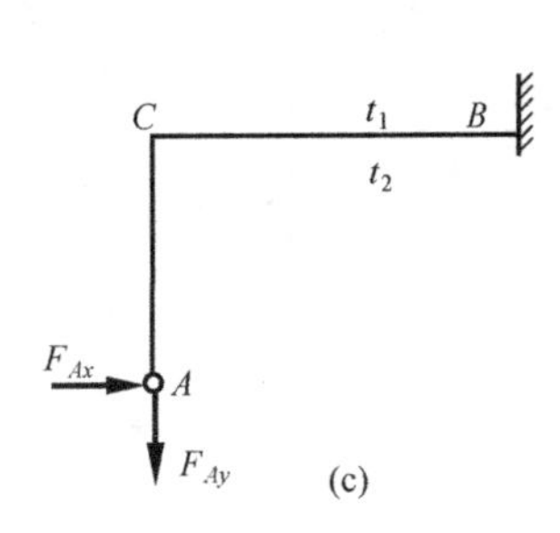

图 13-43

解 此刚架为二次静不定。在 C、B 两处加中间铰，相当系统如图 13-43(b)所示，图中虚线表示静定基在 $t_2>t_1$ 温度变形后的大致情况。

变形协调条件为 $\theta_B=0$ 和 $\theta'_{C左}=\theta''_{C右}$，即

$$\begin{cases}\theta_B=\theta_{Bt}+\theta_{B1}+\theta_{B2}=0\\ \theta'_{C左}=\theta''_{Ct}+\theta''_{C1}+\theta''_{C2}\end{cases}\tag{1}$$

物理关系

$$\theta_{Bt}=\frac{\alpha(t_2-t_1)l}{2h}\text{(逆时针)},\quad \theta''_{Ct}=-\frac{\alpha(t_2-t_1)l}{2h}\text{(顺时针)}$$

$$\theta_{B1}=-\frac{M_Cl}{6EI}\text{(顺时针)},\quad \theta_{B2}=-\frac{M_Bl}{3EI}\text{(顺时针)}$$

$$\theta'_{C1}=\frac{M_C l}{3EI}(\text{逆时针}), \quad \theta'_{C2}=\frac{M_B l}{6EI}(\text{逆时针})$$

$$\theta'_{C左}=-\frac{M_C l_1}{3EI_1}(\text{顺时针}) \tag{2}$$

将上述有关的量代入式(1)得

$$\frac{\alpha(t_2-t_1)l}{2h}-\frac{M_C l}{6EI}-\frac{M_B l}{3EI}=0$$

$$-\frac{M_C l_1}{3EI_1}=-\frac{\alpha(t_2-t_1)l}{2h}+\frac{M_C l}{3EI}+\frac{M_B l}{6EI}$$

解得

$$M_C=\frac{EI\alpha(t_2-t_1)}{h\left(1+\dfrac{4}{3}\dfrac{Il_1}{I_1 l}\right)}$$

讨论:此题中在刚节点 C、B 处加中间铰,选择简支梁作为静定基,是为了便于应用主教材表 8-1 中有关简支梁的计算式。本题还可选用解除固定铰支座后的静定基,相应的相当系统如图 13-43(c)所示。建议读者按此相当系统求 M_C。

第14章 动 载 荷

14.1 重点内容概要

1. 动载荷

与加速度有关的载荷称为动载荷。构件在动载荷作用下的应力和变形计算比较复杂，本章涉及两种常见的动载荷问题:等加速直线运动和等速转动、冲击。

2. 等加速直线运动和等速转动

这类问题的加速度为已知或可求的常量，用动静法求解，即加上与加速度方向相反的惯性力，构件在外力和惯性力作用下处于平衡状态。

3. 冲击

当一个运动着的物体受到另外物体的阻碍而在瞬间停止运动，就属于冲击问题。这类问题的加速度难以确定，故难以精确计算某瞬时的惯性力，可采用能量守恒原理求解，即列出整个系统(包括冲击物与被冲击物)能量守恒公式。

$$E_{k0}+E_{p0}+V_{\varepsilon 0}=E_{kd}+E_{pd}+V_{\varepsilon d} \tag{14-1}$$

其中，E_{k0}、E_{p0}、$V_{\varepsilon 0}$分别为冲击前的动能、势能、应变能；E_{kd}、E_{pd}、$V_{\varepsilon d}$分别为冲击力 F_d 达到最大时的动能、势能、应变能，多数情况下 E_{kd}和 E_{pd}都等于零。

4. 动荷因数 K_d

K_d 表示构件受到的动载荷 F_d 与相应的静载荷 F_{st}之比，它与动载荷的类型有关。

$$K_d=F_d/F_{st} \tag{14-2}$$

(1) 自由落体冲击

$$K_d=1+\sqrt{1+\frac{2h}{\Delta_{st}}} \tag{14-3}$$

(2) 水平冲击

$$K_d=\sqrt{\frac{v^2}{g\Delta_{st}}} \tag{14-4}$$

5. 动位移 Δ_d 和动应力 σ_d

$$\Delta_d=K_d\Delta_{st} \tag{14-5}$$

$$\sigma_d=K_d\sigma_{st} \tag{14-6}$$

式(14-3)～式(14-6)中 Δ_{st}是将冲击物的重量 P 作为静载荷沿冲击方向加在被冲击物上时冲击点产生的相应位移，σ_{st}是相应的静应力。

6. 动载荷作用下构件材料的力学性能

动载荷达到最大值时，构件仍在线弹性范围内工作，即动载荷 F_d 与动位移 Δ_d 成正比。材料的弹性常量 E、G 仍然与静载荷时的相同。材料的许用应力仍然用静载荷时的许用应力，其结果是偏于安全的。

14.2 典型例题

例 14-1 图 14-1(a)所示杆长 l，重 P_1，横截面积 A，一端固定在竖直轴上，另一端连接一重量为 P 的重物。当此杆绕铅直轴在水平面内以等角速度 ω 转动时，试求此杆内的最大应力和杆的伸长。已知材料的弹性模量为 E。

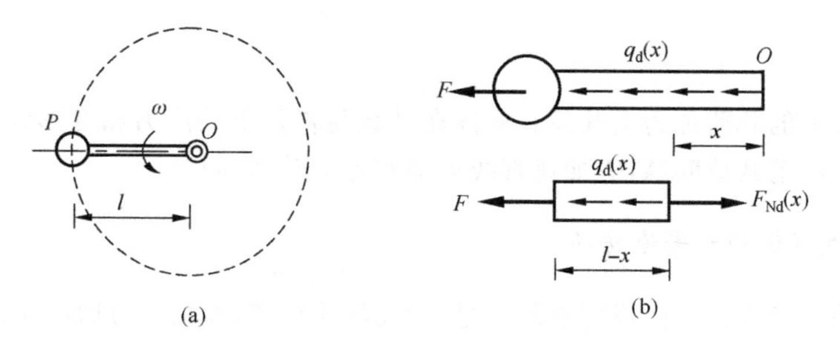

图 14-1

解 用动静法。重物的惯性力 $F=\dfrac{P}{g}\omega^2 l$，杆上距轴心 O 点 x 处的惯性力集度 $q_{\rm d}(x)=\dfrac{P_1}{gl}\omega^2 x$，如图 14-1(b)所示。该截面上的轴力为

$$F_{\rm Nd}(x)=F+\int_x^l q_{\rm d}(x)\,{\rm d}x=\frac{P\omega^2 l}{g}+\int_x^l\frac{P_1\omega^2}{gl}x\,{\rm d}x=\frac{P\omega^2 l}{g}+\frac{P_1\omega^2}{2gl}(l^2-x^2) \tag{a}$$

在轴心 O 相邻横截面上有最大轴力和最大应力，为

$$F_{\rm Ndmax}=\frac{P\omega^2 l}{g}+\frac{P_1\omega^2 l}{2g}=\frac{\omega^2 l}{g}\left(P+\frac{P_1}{2}\right) \tag{b}$$

$$\sigma_{\rm dmax}=\frac{F_{\rm Ndmax}}{A}=\frac{\omega^2 l}{gA}\left(P+\frac{P_1}{2}\right) \tag{c}$$

杆的伸长量为

$$\Delta l=\int\frac{F_{\rm Nd}(x)\,{\rm d}x}{EA}=\frac{1}{EA}\int_0^l\left[\frac{P\omega^2 l}{g}+\frac{P_1\omega^2(l^2-x^2)}{2lg}\right]{\rm d}x=\frac{\omega^2 l^2}{gEA}\left(P+\frac{P_1}{3}\right)$$

例 14-2 图 14-2(a)所示悬臂梁 AB 长为 l，弯曲刚度 EI 为常量，抗弯截面模量为 W，CD 杆为长 l 的刚性杆，C 为固定铰支座，D 端固连一个重量为 P 的重物，在图示位置以水平速度 v 绕 C 落下，垂直作用于 AB 梁的 B 端，求梁横截面内产生的最大冲击正应力。

解 冲击前 $\qquad E_{\rm k0}+E_{\rm p0}+V_{\varepsilon 0}=\dfrac{P}{2g}v^2+P(l+\Delta_{\rm d})$

冲击后 $\qquad E_{\rm kd}+E_{\rm pd}+V_{\varepsilon\rm d}=\dfrac{1}{2}F_{\rm d}\Delta_{\rm d}$

能量守恒，有

$$\frac{1}{2}F_{\rm d}\Delta_{\rm d}=\frac{Pv^2}{2g}+P(l+\Delta_{\rm d}) \tag{1}$$

将 $F_{\rm d}=K_{\rm d}P$，$\Delta_{\rm d}=K_{\rm d}\Delta_{\rm st}$ 代入上式，化简为

$$K_{\rm d}^2-2K_{\rm d}-\frac{2l+v^2/g}{\Delta_{\rm st}}=0$$

解得
$$K_d=1+\sqrt{1+\frac{2l+v^2/g}{\Delta_{st}}} \tag{2}$$

Δ_{st}为静载荷 $F_{st}=P$ 加于 AB 梁上时 B 端位移，如图 14-2(b)所示，σ_{st}为此时梁横截面最大正应力。

$$\Delta_{st}=\frac{Pl^3}{3EI},\quad \sigma_{st}=\frac{Pl}{W}$$

所以
$$K_d=1+\sqrt{1+\frac{3EI(2lg+v^2)}{gPl^3}} \tag{3}$$

$$\sigma_d=K_d\sigma_{st}=\left(1+\sqrt{1+\frac{3EI(2lg+v^2)}{gPl^3}}\right)\frac{Pl}{W} \tag{4}$$

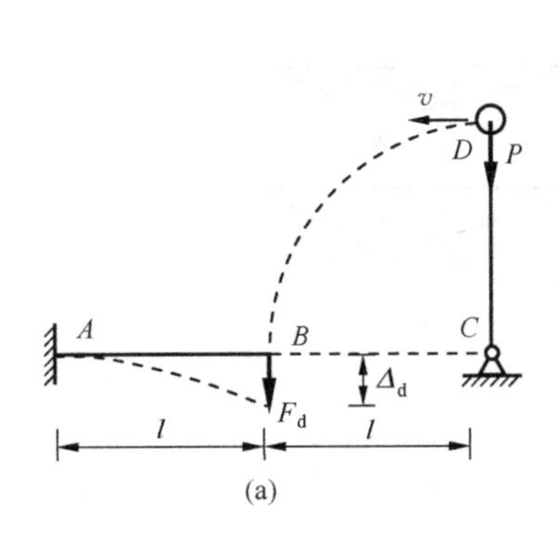

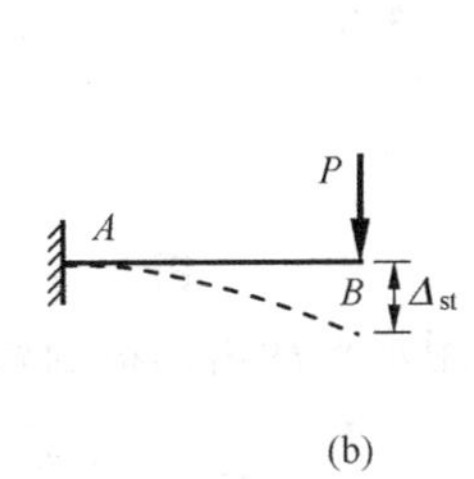

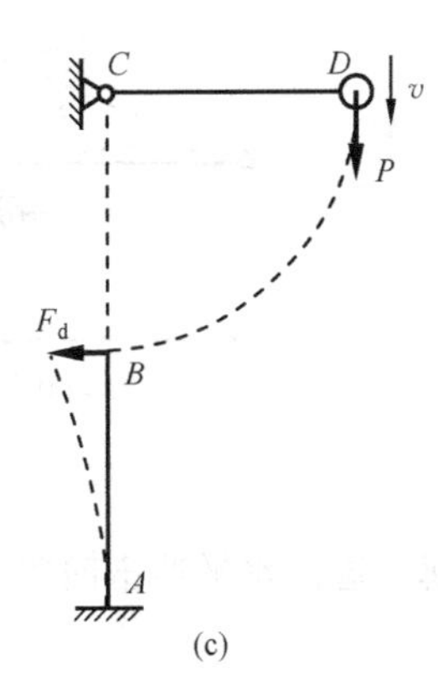

图 14-2

讨论：

(1) 重物 P 冲击到梁 AB 上，虽然不是自由落体冲击，但按照能量守恒定律，系统冲击前的机械能即重物消耗的动能和势能，全部都转化为冲击后梁的弹性应变能。可以将动能按机械能守恒原理折算成相当高度具有的势能，这样就能够按自由落体冲击问题求解此问题。

相当高度
$$h_0=\frac{v^2}{2g}$$

$$h=l+h_0=l+\frac{v^2}{2g}$$

$$K_d=1+\sqrt{1+\frac{2h}{\Delta_{st}}}=1+\sqrt{1+\frac{2l+v^2/g}{\Delta_{st}}}$$

显然得到与式(2)相同的结果。

(2) 如果此问题变为 AB 梁为铅直方向，CD 杆在水平位置，重物以竖直速度 v 绕 C 下落，冲击到梁的 B 端，如图 14-2(c)所示。如何计算动荷因数？

由于冲击到 B 端时，冲击力 F_d 水平作用于梁上，应用机械能守恒定律得

$$\frac{1}{2}mv^2+mgl=\frac{1}{2}mv_1^2$$

$$v_1^2=v^2+2gl$$

v_1 即为水平冲击速度。可直接应用水平冲击动荷因数公式。

$$K_d=\sqrt{\frac{v_1^2}{g\Delta_{st}}}=\sqrt{\frac{3(v^2+2gl)EI}{gPl^3}}$$

式中，$\Delta_{st}=\dfrac{Pl^3}{3EI}$，即将冲击物的重量作为静载荷作用到 AB 梁 B 端引起的相应位移。

例 14-3 在一端固结一物体 C 的直杆 AC，绕其另一端的竖直轴 A 在水平平面内以等角速度 ω 旋转，杆在旋转过程中遇到障碍 B 而突然停止，其俯视图如图 14-3(a)所示。图中的 l、a 和 EI 均为已知。物体 C 的重量为 Q，杆的自重可以忽略不计。试求旋转突然停止时杆内的最大弯矩。

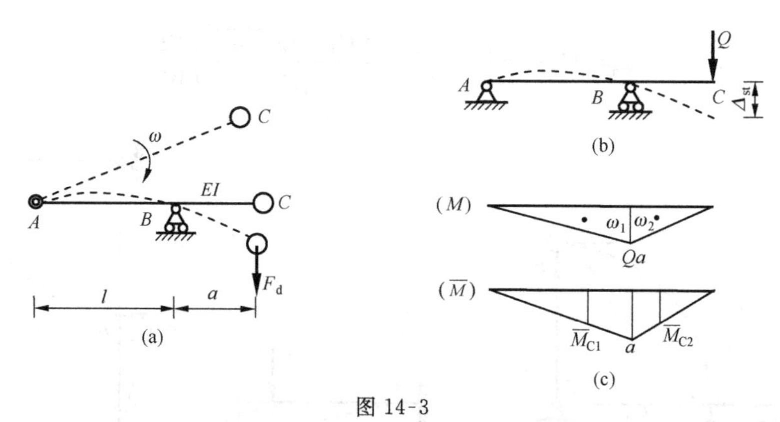

图 14-3

解 这是水平冲击问题，应用水平冲击动荷因数

$$K_d=\sqrt{\frac{v^2}{g\Delta_{st}}}$$

式中，v 为冲击瞬时的速度，$v=\omega(l+a)$；Δ_{st} 为将物体 C 的重量 Q 作为静载荷沿冲击方向加于杆 AC 的 C 端时的相应位移，如图 14-3(b)所示。

$$\Delta_{st}=\frac{Qa^2}{3EI}(l+a) \tag{1}$$

$$K_d=\sqrt{\frac{3EI\omega^2l^2(l+a)}{gQa^2}} \tag{2}$$

最大弯矩为

$$M_d=QaK_d=\sqrt{\frac{3EIQ\omega^2l^2(l+a)}{g}} \tag{3}$$

讨论：本题中 Δ_{st} 可以用图乘法得到，作 M 图和 $\overline{M}$ 图，如图 14-3(c)所示。

$$\Delta_{st}=\frac{1}{EI}(\omega_1\overline{M}_{C1}+\omega_2\overline{M}_{C2})=\frac{1}{EI}\left(\frac{Qal}{2}\cdot\frac{2}{3}a+\frac{Qa^2}{2}\cdot\frac{2}{3}a\right)=\frac{Qa^2}{3EI}(l+a)$$

例 14-4 一起吊装置以匀速 v 下放重物时的示意图如图 14-4 所示。图中吊索的 EA，缓冲弹簧的弹簧常数 k 和下放物体的重量 Q 均为已知。当吊索长度 AB 为 l 时，转动轮突然停住，试求吊索所受到的动载荷。吊索、弹簧和转动轮的重量均可忽略不计。

解 由于转动轮突然停住，被吊物体的下降速度很快地从 v 变到零，故吊索和弹簧受到沿铅垂方向的冲击。当重物降到最低点 C_d 时，受到最大冲击动载荷 F_d。

冲击前一瞬间重物位于弹簧末端 C_1 处，此时吊索和弹簧都受重物的静载荷作用，有弹性变形，CC_1 为静位移 Δ_{st}，冲击前系统的总能量为

$$E_{k0}+E_{p0}+V_{\varepsilon 0}=\frac{Q}{2g}v^2+Q(\Delta_d-\Delta_{st})+\frac{1}{2}Q\Delta_{st}$$

其中重力势能是以 C_1 相对于最低点 C_d 计算的。

冲击后系统的总能量中 E_{kd} 和 E_{pd} 都变为零，只有应变能 $V_{\varepsilon d}=\frac{1}{2}F_d\Delta_d$，根据能量守恒定律，有

$$\frac{1}{2}F_d\Delta_d=\frac{Q}{2g}v^2+Q(\Delta_d-\Delta_{st})+\frac{1}{2}Q\Delta_{st} \tag{1}$$

将 $F_d=K_dQ$，$\Delta_d=K_d\Delta_{st}$ 代入式(1)，化简后得

$$K_d^2-2K_d+1-\frac{v^2}{g\Delta_{st}}=0 \tag{2}$$

解得

$$K_d=1+\sqrt{\frac{v^2}{g\Delta_{st}}} \tag{3}$$

动荷因数中 Δ_{st} 为 C 点受到静载荷所产生的位移，此位移为吊索和弹簧的总伸长量，即

$$\Delta_{st}=\frac{Ql}{EA}+\frac{Q}{k}=Q\left(\frac{l}{EA}+\frac{1}{k}\right) \tag{4}$$

故

$$K_d=1+\sqrt{\frac{v^2}{gQ\left(\frac{l}{EA}+\frac{1}{k}\right)}} \tag{5}$$

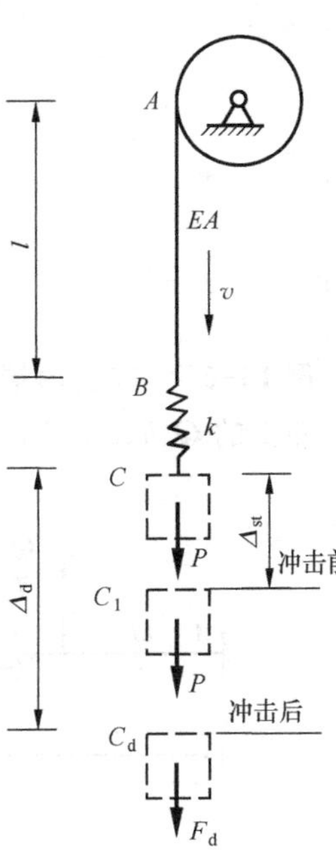

图 14-4

所以动载荷

$$F_d=K_dQ=Q+\sqrt{\frac{Qv^2}{g\left(\frac{l}{EA}+\frac{1}{k}\right)}} \tag{6}$$

讨论：由动荷因数表达式(3)中可见 Δ_{st} 越大 K_d 越小，式(4)表示 Δ_{st} 包含两项，前一项是吊索伸长量，后一项是弹簧伸长量，如果没有弹簧，则

$$\Delta_{st}=\frac{Ql}{EA}$$

$$K_d=1+\sqrt{\frac{v^2EA}{gQl}} \tag{7}$$

式(7)的 K_d 比式(5)的 K_d 大，说明了缓冲弹簧的作用。

例 14-5** 图 14-5 所示直径为 d 的圆截面轴 AB，B 端装有飞轮 C，轴与飞轮以角速度 ω 等速转动。飞轮对旋转轴的转动惯量为 J。试计算当轴的 A 端突然被刹住时轴内的最大扭转切应力。轴的转动惯量与飞轮的变形均忽略不计。

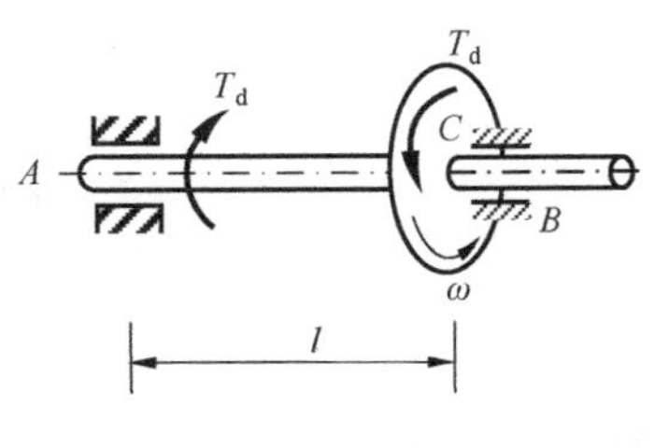

图 14-5

解 这是冲击问题。冲击前系统动能 $E_{k0}=\frac{1}{2}J\omega^2$，势能 $E_{p0}=0$，应变能 $V_{\varepsilon 0}=0$；冲击后由于惯性，飞轮转过一个角度 φ_d 后转速变为零，轴的扭转应变能为

$$V_{\varepsilon d}=\frac{1}{2}T_{kd}\varphi_d=\frac{T_{kd}^2l}{2GI_p}=\frac{16T_{kd}^2l}{G\pi d^4}$$

根据能量守恒定律，有

$$\frac{16T_{\mathrm{kd}}^{2}l}{G\pi d^{4}}=\frac{J\omega^{2}}{2} \tag{1}$$

可得
$$T_{\mathrm{kd}}=\frac{\omega d^{2}}{4}\sqrt{\frac{G\pi J}{2l}} \tag{2}$$

所以
$$\tau_{\mathrm{dmax}}=\frac{16T_{\mathrm{kd}}}{\pi d^{3}}=\frac{4\omega}{d}\sqrt{\frac{GJ}{2\pi l}} \tag{3}$$

例 14-6* 在自由端处相连的两悬臂梁 1 和 2,受自由落体冲击前的情况如图 14-6(a)所示。图中的 Q、h、l 和 EI 均为已知。试求在冲击载荷作用下,被冲击系统中的最大弯矩。

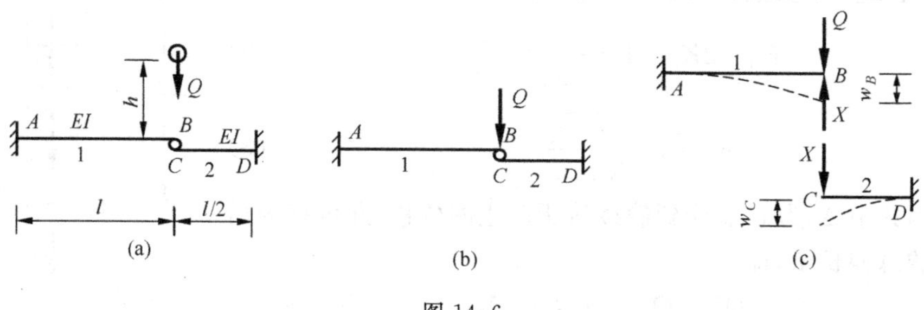

图 14-6

解 本题可用公式 $K_{\mathrm{d}}=1+\sqrt{1+\frac{2h}{\Delta_{\mathrm{st}}}}$ 求解。由于被冲击的是静不定系统,故需按对静不定系统求位移的方法先求出该公式中的 Δ_{st}。

(1) 求 Δ_{st}。

将 Q 按静载荷加在静不定系统上,如图 14-6(b)所示。其相当系统如图 14-6(c)所示。几何方程为

$$w_B=w_C \tag{1}$$

物理关系为
$$w_B=\frac{(Q-X)l^{3}}{3EI},\quad w_C=\frac{X\left(\frac{l}{2}\right)^{3}}{3EI} \tag{2}$$

由式(1)、式(2)可得

$$\frac{(Q-X)l^{3}}{3EI}=\frac{X\left(\frac{l}{2}\right)^{3}}{3EI} \tag{3}$$

从而解出
$$X=\frac{8Q}{9} \tag{4}$$

$$w_B=w_C=\frac{Ql^{3}}{27EI} \tag{5}$$

静不定系统与相当系统同一处的位移相同,故

$$\Delta_{\mathrm{st}}=w_B=\frac{Ql^{3}}{27EI} \tag{6}$$

(2) 求 K_{d} 和最大弯矩。

$$K_{\mathrm{d}}=1+\sqrt{1+\frac{2h}{\Delta_{\mathrm{st}}}}=1+\sqrt{1+\frac{54EIh}{Ql^{3}}} \tag{7}$$

$$M_A=Ql-\frac{8}{9}Ql=\frac{1}{9}Ql,\quad M_B=\frac{8}{9}Q\cdot\frac{l}{2}=\frac{4}{9}Ql$$

$$M_{\max}=M_B$$

$$M_{\mathrm{dmax}}=K_{\mathrm{d}}\cdot M_{\max}=\frac{4}{9}\left(1+\sqrt{1+\frac{54EIh}{Ql^3}}\right)Ql \tag{8}$$

讨论:静不定系统的冲击问题,关键仍然是求动荷因数。为了求动荷因数,必须首先求出在静荷下静不定系统的变形及位移。复杂结构的位移可以应用能量法。

14.3 习题选解

14-1 构件作匀变速直线运动时,其内的动应力和相应的静应力之比,即动载荷因数 K_{d} ________。

A. 等于 1;　　B. 不等于 1;　　C. 恒大于 1;　　D. 恒小于 1。

答 B。因为 $K_{\mathrm{d}}=1+\frac{a}{g}$,当匀加速时,$a>0$,$K_{\mathrm{d}}>1$;当匀减速时,$a<0$,$K_{\mathrm{d}}<1$。

14-2 圆截面梁 AB 上装有一个无摩擦滑轮。在 F 力作用下,重物以加速度 a 上升,如图 14-7 所示。此时梁上某点的应力 $\sigma_{\mathrm{d}}=K_{\mathrm{d}}\sigma_{\mathrm{st}}$,设 σ_{st} 为该点的静应力($a=0$ 时的应力),则 $K_{\mathrm{d}}=$________。

A. $1+\frac{a}{g}$;　　B. 1;　　C. $1+2\frac{a}{g}$;　　D. $2\left(1+\frac{a}{g}\right)$。

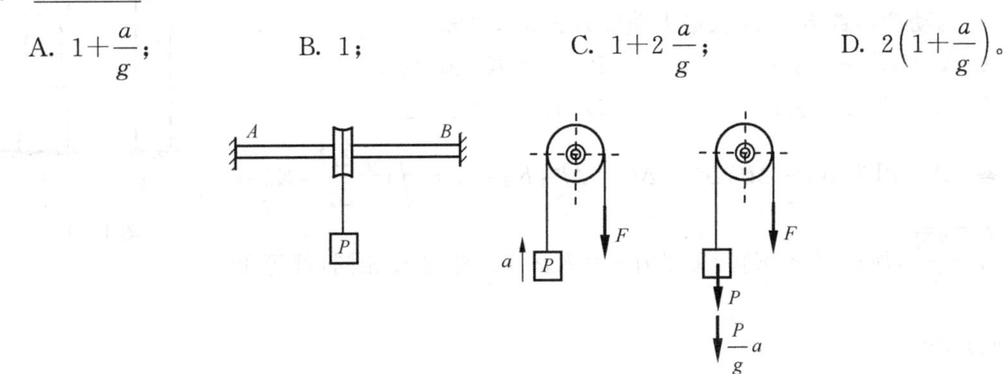

图 14-7

答 A。因为 $a=0$ 时,滑轮上 $F=P$,梁所受的力为 $2P$;当力 F 使重物匀加速上升时,惯性力为$\frac{P}{g}a$,滑轮上的力 $F=P+\frac{P}{g}a$,梁所受的力为 $F+P+\frac{P}{g}a=2P\left(1+\frac{a}{g}\right)$。

14-3 半径为 R 的薄壁圆环,绕其圆心以等角速度 ω 转动,采用________的措施可以有效地减小圆环内的动应力。

A. 增大圆环的横截面面积;　　B. 减小圆环的横截面面积;

C. 增大圆环的半径 R;　　D. 降低圆环的角速度 ω。

答 D。因为等速转动薄壁圆环动应力 $\sigma_{\mathrm{d}}=\frac{\gamma D^2}{4g}\omega^2$,其大小与横截面面积无关,与圆环半径平方成正比,增大 R 只会使 σ_{d} 加大,降低 ω 能有效地减小 σ_{d}。

14-4 在冲击应力和变形实用计算的能量法中,因为不计冲击物的变形,所以计算与实际情况相比,________。

A. 冲击应力偏大，冲击变形偏小；　　B. 冲击应力偏小，冲击变形偏大；

C. 冲击应力和变形均偏大；　　D. 冲击应力和变形均偏小。

答　C。因为冲击物变形也会吸收一部分能量，但不计这部分能量，认为全部能量都转化成被冲击物的应变能，计算出的冲击应力和冲击变形就会偏大。

14-5　梁在图 14-8(a)、(b)所示两种冲击载荷作用下的最大动应力分别为 σ_a、σ_b，梁的最大动位移分别为 Δ_a、Δ_b。其中________。

A. $\sigma_a<\sigma_b, \Delta_a<\Delta_b$；　　B. $\sigma_a>\sigma_b, \Delta_a>\Delta_b$；

C. $\sigma_a>\sigma_b, \Delta_a<\Delta_b$；　　D. $\sigma_a<\sigma_b, \Delta_a>\Delta_b$。

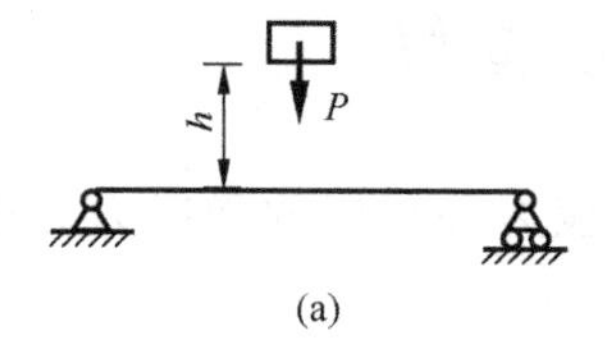

(a)

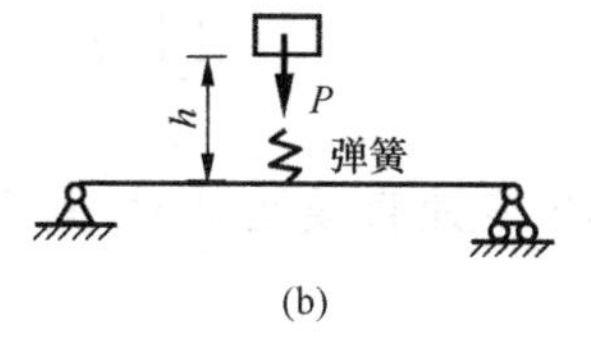

(b)

图 14-8

答　B。因为原有的机械能相同，但图 14-8(b)的弹簧吸收一部分能量，起到缓冲作用。

14-6　图 14-9 所示两正方形截面柱，图 14-9(a)为等截面，图 14-9(b)为变截面。设两柱承受同样冲击物的冲击作用，则比较图(a)柱和图(b)柱的动荷因数 K_d^a、K_d^b 及最大动应力 σ_d^a、σ_d^b，可知________。

A. $K_d^a<K_d^b, \sigma_d^a<\sigma_d^b$；　　B. $K_d^a<K_d^b, \sigma_d^a>\sigma_d^b$；

C. $K_d^a>K_d^b, \sigma_d^a>\sigma_d^b$；　　D. $K_d^a>K_d^b, \sigma_d^a<\sigma_d^b$。

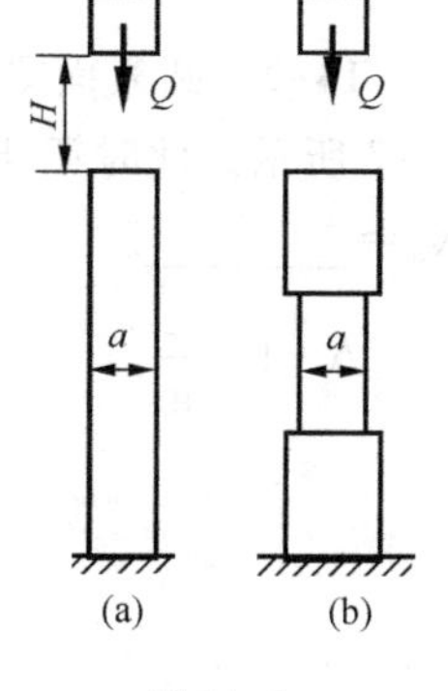

图 14-9

答　A。因为 $\Delta_{st}^a=\Delta l^a, \Delta_{st}^b=\Delta l^b<\Delta l^a, K_d^a=1+\sqrt{1+\dfrac{2H}{\Delta_{st}^a}}, K_d^b=1+\sqrt{1+\dfrac{2H}{\Delta_{st}^b}}$，所以 $K_d^a<K_d^b$。又因为 $\sigma_d=K_d\sigma_{st}$，二杆的 σ_{st} 相同，都等于 $\dfrac{Q}{a^2}$，所以 $\sigma_d^a<\sigma_d^b$。

14-7　自由落体冲击时，当冲击物重量 Q 增加一倍时，若其他条件不变，则被冲击物内的动应力________。

A. 不变；　　B. 增加一倍；　　C. 增加不足一倍；　　D. 增加一倍以上。

答　C。因为

$$\sigma_{st2}=2\sigma_{st1},\quad \Delta_{st2}=2\Delta_{st1}$$

$$K_{d2}=1+\sqrt{1+\frac{2H}{\Delta_{st2}}}=1+\sqrt{1+\frac{2H}{2\Delta_{st1}}}<K_{d1}=1+\sqrt{1+\frac{2H}{\Delta_{st1}}}$$

$$\sigma_{d2}=K_{d2}\cdot\sigma_{st2}<2K_{d1}\sigma_{st1}=2\sigma_{d1}$$

14-8　两根等宽度、等跨度的简支梁如图 14-10 所示，在跨度中央均受到相同冲击物的冲击作用。已知梁图 14-10(b)中位于跨度中央的槽的长度 δ 远小于 l，若不计应力集中效应，且设图 14-10(a)梁、(b)梁中的最大冲击应力分别为 σ_d^a 和 σ_d^b，最大冲击挠度分别为 Δ_d^a 和 Δ_d^b，则比较二者可知，________。

A. $\sigma_d^a<\sigma_d^b, \Delta_d^a<\Delta_d^b$；　　B. $\sigma_d^a<\sigma_d^b, \Delta_d^a>\Delta_d^b$；

C. $\sigma_d^a>\sigma_d^b, \Delta_d^a<\Delta_d^b$；　　D. $\sigma_d^a>\sigma_d^b, \Delta_d^a>\Delta_d^b$。

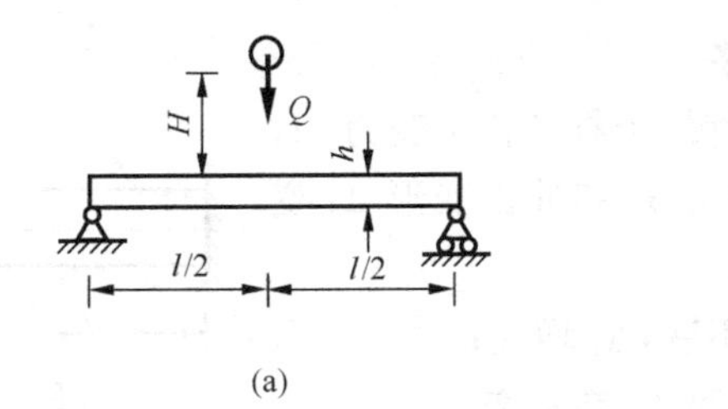

(a)

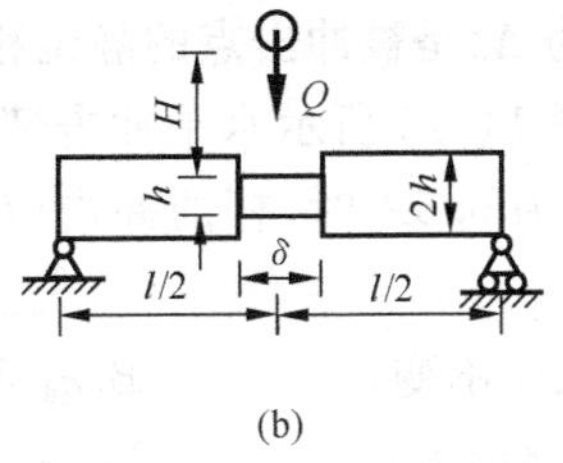

(b)

图 14-10

答 B。$\Delta_{st}^{a}=\dfrac{Ql^3}{48EI_1}$，其中 $I_1=\dfrac{bh^3}{12}$。$\Delta_{st}^{b}=\dfrac{Ql^3}{48EI_2}$，依题意 $\delta\ll l$，可以按高为 $2h$ 计算 I_2，$I_2=\dfrac{b\,(2h)^3}{12}=8I_1$。故

$$\Delta_{st}^{a}=8\Delta_{st}^{b},\quad K_d^a=1+\sqrt{1+\frac{2H}{\Delta_{st}^{a}}}=1+\sqrt{1+\frac{2H}{8\Delta_{st}^{b}}}<K_d^b=1+\sqrt{1+\frac{2H}{\Delta_{st}^{b}}}$$

二梁的 σ_{st} 相同，因为 $M_{st}=\dfrac{1}{4}Ql$ 和 $W=\dfrac{bh^2}{6}$ 相同，$\sigma_{st}=\dfrac{M_{st}}{W}$ 就相同。所以

$$\sigma_d^a=K_d^a\cdot\sigma_{st}<\sigma_d^b=K_d^b\cdot\sigma_{st}$$

$$\Delta_d^a=K_d^a\cdot\Delta_{st}^a=\left(1+\sqrt{1+\frac{2H}{\Delta_{st}^{a}}}\right)\cdot\Delta_{st}^{a}=\left(1+\sqrt{1+\frac{2H}{8\Delta_{st}^{b}}}\right)8\Delta_{st}^{b}=\left(8+\sqrt{64+\frac{16H}{\Delta_{st}^{b}}}\right)\Delta_{st}^{b}$$

$$\Delta_d^b=K_d^b\Delta_{st}^b=\left(1+\sqrt{1+\frac{2H}{\Delta_{st}^{b}}}\right)\cdot\Delta_{st}^{b}$$

显然

$$\Delta_d^a>\Delta_d^b$$

14-9 图 14-11 所示四根悬臂梁均受到重量为 Q 的重物由高度 h 的自由落体冲击。其中________梁的 K_d 最大。

(A) (B) (C) (D)

图 14-11

答 D。A 梁 $\Delta_{st1}=\dfrac{Ql^3}{3EI}$；B 梁 $\Delta_{st2}=\dfrac{Ql^3}{3(2EI)}=\dfrac{Ql^3}{6EI}$；C 梁 $\Delta_{st3}=\dfrac{Q\left(\frac{l}{2}\right)^3}{3EI}=\dfrac{Ql^3}{24EI}$；D 梁 $\Delta_{st4}=\dfrac{Q\left(\frac{l}{2}\right)^3}{3(2EI)}=\dfrac{Ql^3}{48EI}$。$K_d=1+\sqrt{1+\dfrac{2H}{\Delta_{st}}}$，$\Delta_{st4}$ 最小，K_d 最大。

14-10 如图 14-12 所示，重量为 Q 的物体自高度 h 处下落在梁上截面 D 处，梁上截面 C 的动应力为 $\sigma_{Cd}=K_d\sigma_{Cst}$，其中 $K_d=1+\sqrt{1+\dfrac{2h}{\Delta_{st}}}$，取式中 Δ_{st} 应取静载荷作用下梁上________。

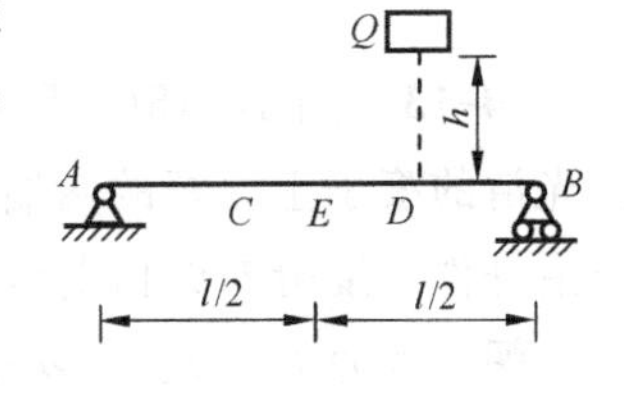

图 14-12

A. 截面 C 的挠度；　　B. 截面 D 的挠度；

C. 截面 E 的挠度；　　D. 最大挠度。

答　B。因为Δ_{st}是被冲击点的静位移。

14-11　对图14-13所示水平冲击情况，当杆长由l变为$2l$，截面面积由A变为$0.5A$时，杆的冲击应力σ_d和冲击变形Δ_d变化情况是________。

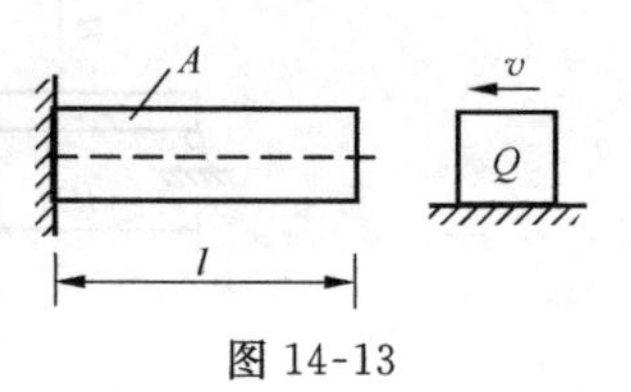

图14-13

A. σ_d增大，Δ_d不变；　　B. σ_d不变，Δ_d增大；

C. σ_d和Δ_d都增大；　　D. σ_d和Δ_d都不变。

答　B。

$$\Delta_{st2}=\Delta l_2=\frac{Q\cdot 2l}{E(0.5A)}=\frac{4Ql}{EA}=4\Delta_{st1}$$

$$\sigma_{st2}=\frac{Q}{0.5A}=2\frac{Q}{A}=2\sigma_{st1}$$

$$K_{d2}=\sqrt{\frac{v^2}{g\Delta_{st2}}}=\sqrt{\frac{v^2}{4g\Delta_{st1}}}=\frac{1}{2}\sqrt{\frac{v^2}{g\Delta_{st1}}}=\frac{1}{2}K_{d1}$$

$$\sigma_{d2}=K_{d2}\cdot\sigma_{st2}=\frac{1}{2}K_{d1}\cdot 2\sigma_{st1}=\sigma_{d1}$$

$$\Delta_{d2}=K_{d2}\cdot\Delta_{st2}=\frac{1}{2}K_{d1}\cdot 4\Delta_{st1}=2\Delta_{d1}$$

14-12　图14-14所示二立柱的材料和横截面均相同。欲使其冲击强度也相同，则应使二立柱的长度比$l_1/l=$________。

A. $\frac{1}{2}$；　　B. 2；

C. $\frac{1}{4}$；　　D. 4。

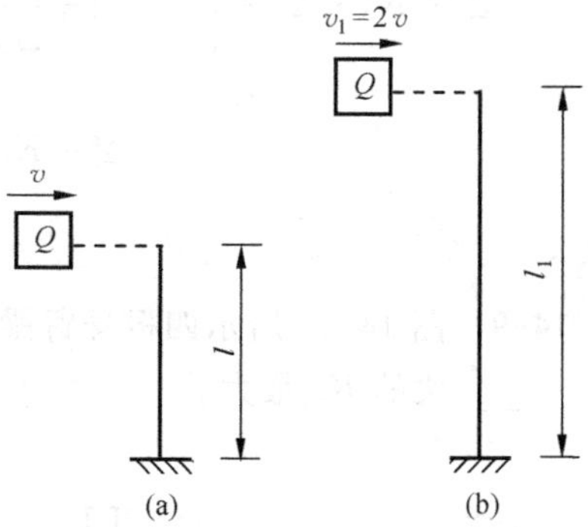

图14-14

答　D。应使二者σ_d相同。

图14-14(a)杆　$\sigma_{st}^a=\dfrac{Ql}{W}$，　$\Delta_{st}^a=\dfrac{Ql^3}{3EI}$

$$K_d^a=\sqrt{\frac{v^2}{g\Delta_{st}^a}}=\sqrt{\frac{3EIv^2}{gQl^3}}$$

$$\sigma_d^a=\sigma_{st}^aK_d^a=\frac{Ql}{W}\sqrt{\frac{3EIv^2}{gQl^3}}=\frac{v}{W}\sqrt{\frac{3EIQ}{gl}}$$

图14-14(b)杆　$\sigma_{st}^b=\dfrac{Ql_1}{W}$，　$\Delta_{st}^b=\dfrac{Ql_1^3}{3EI}$，　$K_d^b=\sqrt{\dfrac{(2v)^2}{g\Delta_{st}^b}}=\sqrt{\dfrac{12EIv^2}{gQl_1^3}}$

$$\sigma_d^b=\sigma_{st}^bK_d^b=\frac{Ql_1}{W}\sqrt{\frac{12EIv^2}{gQl_1^3}}=\frac{v}{W}\sqrt{\frac{12EIQ}{gl_1}}$$

$$\sigma_d^a=\sigma_d^b,\quad \frac{3EIQ}{gl}=\frac{12EIQ}{gl_1},\quad \frac{l_1}{l}=4$$

14-13　图14-15(a)所示均质等截面杆，长为l，重为G，横截面面积为A，水平放置在一排光滑的滚子上。杆的两端受轴向力F_1和F_2作用，且$F_2<F_1$。试作轴力图，并求杆内正应力沿杆件长度分布的情况(设滚动摩擦可以忽略不计)。

解　因为$F_1>F_2$，所以杆件做匀加速直线运动，加速度a和相应的惯性力q_d如图14-15(b)所示。用动静法列方程

$$F_1-F_2-q_dl=0$$

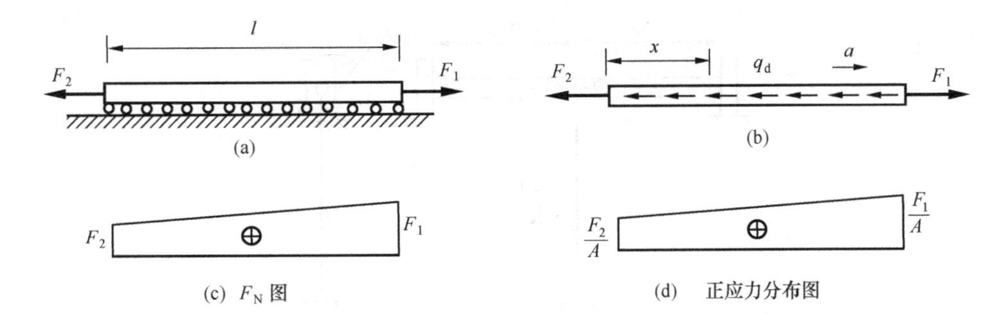

图 14-15

得
$$q_{\mathrm{d}}=\frac{F_1-F_2}{l}$$

距左端 x 处横截面上的轴力和正应力分别为

$$F_{\mathrm{N}}(x)=F_2+q_{\mathrm{d}}x=F_2+\frac{(F_1-F_2)}{l}x$$

$$\sigma(x)=\frac{F_{\mathrm{N}}(x)}{A}=\frac{1}{A}\left(F_2+\frac{F_1-F_2}{l}x\right)$$

轴力图和正应力分布图分别如图 14-15(c)、(d)所示。

14-14* 图 14-16(a)所示机车车轮以 $n=300\mathrm{r/min}$的转速旋转。平行杆 AB 的横截面为矩形，$h=56\mathrm{mm}$，$b=28\mathrm{mm}$，长度 $l=2\mathrm{m}$，$r=250\mathrm{mm}$，材料的密度为 $\rho=7.8\ \mathrm{g/cm^3}$。试确定平行杆最危险的位置和杆内最大正应力。

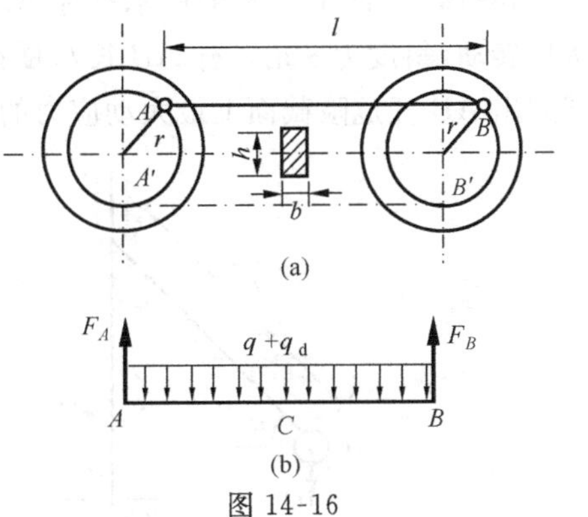

图 14-16

解 AB 杆各点都做等速转动，$\omega=\dfrac{2\pi n}{60}=10\pi$，向心加速度为

$$a=\omega^2r=(10\pi)^2\times0.25=246.74(\mathrm{m/s^2})$$

惯性力集度 $q_{\mathrm{d}}=\rho Aa$，其中 $\rho=7.8\times10^{-3}/10^{-6}=7.8\times10^3\ \mathrm{kg/m^3}$。当 AB 杆位于车轮下方 $A'B'$时是最危险位置，此时受力图如图 14-16(b)所示。

$$\begin{aligned}q+q_{\mathrm{d}}&=\rho Ag+\rho Aa=\rho A(g+a)\\&=7.8\times10^3\times28\times56\times10^{-6}\times(9.8+246.74)=3138(\mathrm{N/m})\end{aligned}$$

AB 杆中 C 截面上有最大弯矩和最大正应力，分别为

$$M_{\mathrm{dmax}}=\frac{(q+q_{\mathrm{d}})l^2}{8}=1569(\mathrm{N\cdot m})$$

$$\sigma_{\mathrm{dmax}}=\frac{M_{\mathrm{dmax}}}{W}=\frac{6M_{\mathrm{dmax}}}{bh^2}=\frac{6\times1569}{2.8\times5.6^2\times10^{-6}}=107(\mathrm{MPa})$$

14-15 图 14-17 所示桥式吊车由两根 16 号工字钢组成，现吊重物 $P=50\mathrm{kN}$ 水平移动，速度为 $v=1\mathrm{m/s}$，若吊车突然停止，求停止瞬间梁内最大正应力和吊索内应力将增加多少？吊索横截面积 $a=500\ \mathrm{mm^2}$，其重量不计。

解 停止瞬间重物做以 C 为圆心的圆周运动，向心加速度 $a=\dfrac{v^2}{l}$，惯性力 $F_{\mathrm{d}}=\dfrac{P}{g}a=$

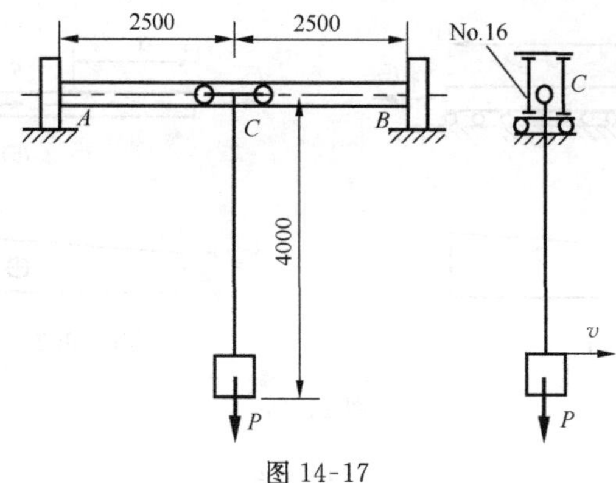

图 14-17

$\frac{Pv^2}{gl}=\frac{50\times1^2}{9.8\times4}=1.2755(\text{kN})$，梁内正应力和吊索内应力的增加量都由 F_d 引起，分别为

$$\sigma_{梁}=\frac{M_d}{W}=\frac{\frac{1}{4}\times1.2755\times5\times10^3}{2\times141\times10^{-6}}=5.65(\text{MPa})$$

$$\sigma_{索}=\frac{F_d}{A}=\frac{1.2755\times10^3}{500\times10^{-6}}=2.55(\text{MPa})$$

14-16*　图 14-18(a)所示杆件 AB 顶端链接一个重量为 Q 的钢球一起以角速度 ω 绕轴 OO_1 转动，斜度为 α 角。杆 AB 长 l，横截面面积为 A，单位长度自重为 q，抗弯截面模量为 W。试列出 AB 杆危险截面上最大动应力的计算式。

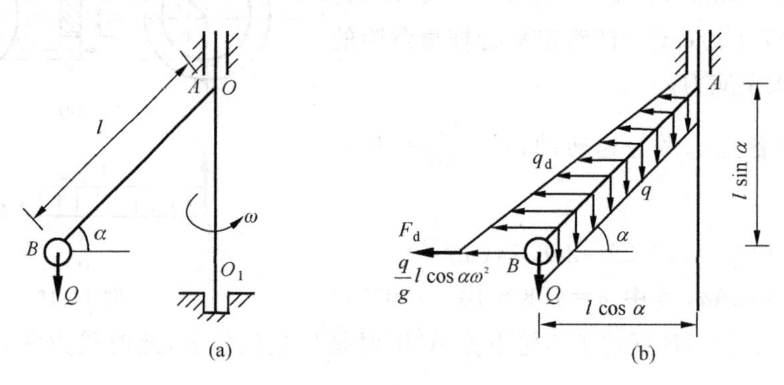

图 14-18

解　用动静法，球的惯性力 $F_d=\frac{Q}{g}l\cos\alpha\omega^2$，杆的惯性力集度为线性分布载荷，最大值为 $\frac{q}{g}l\cos\alpha\omega^2$，如图 14-18(b)所示。$A$ 端截面为危险截面，内力为

$$\begin{aligned}M_A&=F_d l\sin\alpha+\frac{ql}{2g}\cos\alpha\omega^2 l\sin\alpha\cdot\frac{2}{3}l-Ql\cos\alpha-\frac{ql^2}{2}\cos\alpha\\&=\frac{Ql^2}{g}\omega^2\sin\alpha\cos\alpha+\frac{ql^3}{3g}\omega^2\sin\alpha\cos\alpha-Ql\cos\alpha-\frac{ql^2}{2}\cos\alpha\end{aligned}$$

$$\begin{aligned}F_{NA}&=F_d\cos\alpha+\frac{ql}{2g}\cos\alpha\omega^2 l\cos\alpha+Q\sin\alpha+ql\sin\alpha\\&=\frac{Ql}{g}\omega^2\cos^2\alpha+\frac{ql^2}{2g}\omega^2\cos^2\alpha+(Q+ql)\sin\alpha\end{aligned}$$

最大动应力为

$$\sigma_{\max}=\frac{F_{NA}}{A}+\frac{M_A}{W}\quad（拉应力）$$

14-17 图 14-19 所示矩形截面梁受自由落体冲击作用。若将截面由竖放改为横放，其他条件不变，试分析动荷因数 K_d 和最大动应力的变化情况。

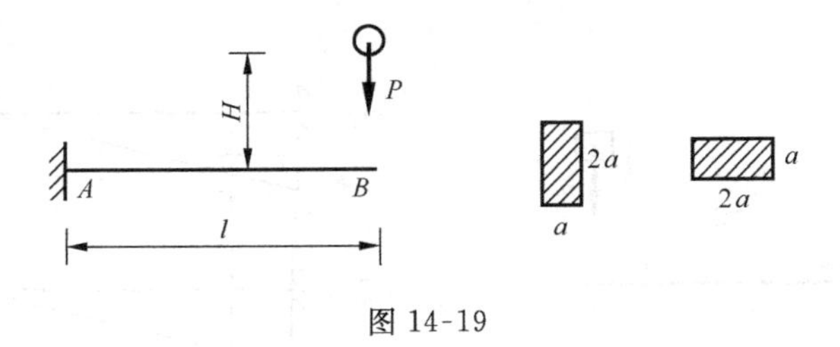

图 14-19

解 (1) 竖放时

$$\Delta_{st1}=\frac{Pl^3}{3E\cdot\dfrac{a\,(2a)^3}{12}}=\frac{Pl^3}{2Ea^4},\quad \sigma_{st1}=\frac{Pl}{\dfrac{a\,(2a)^2}{6}}=\frac{3Pl}{2a^3}$$

$$K_{d1}=1+\sqrt{1+\frac{2H}{\Delta_{st1}}}=1+\sqrt{1+\frac{4Ea^4H}{Pl^3}}\tag{1}$$

$$\sigma_{d1}=K_{d1}\sigma_{st1}=\frac{3Pl}{2a^3}\left(1+\sqrt{1+\frac{4Ea^4H}{Pl^3}}\right)\tag{2}$$

(2) 横放时

$$\Delta_{st2}=\frac{Pl^3}{3E\cdot\dfrac{2a\cdot a^3}{12}}=\frac{2Pl^3}{Ea^4},\quad \sigma_{st2}=\frac{Pl}{\dfrac{2a\cdot a^2}{6}}=\frac{3Pl}{a^3}$$

$$K_{d2}=1+\sqrt{1+\frac{2H}{\Delta_{st2}}}=1+\sqrt{1+\frac{Ea^4H}{Pl^3}}\tag{3}$$

$$\sigma_{d2}=K_{d2}\sigma_{st2}=\frac{3Pl}{a^3}\left(1+\sqrt{1+\frac{Ea^4H}{Pl^3}}\right)\tag{4}$$

比较式(1)与式(3)以及式(2)与式(4)可见，横放时 Δ_{st} 增大，所以 K_d 减小。但由于静应力也增大了，所以动应力却比竖放时大。

14-18 图 14-20(a)所示悬臂梁 AB 段弯曲刚度为 $2EI$，弯曲截面模量为 $1.5W$；BC 段弯曲刚度为 EI，抗弯截面模量为 W。现有重量为 P 的物体在 C 端上方以速度 v 开始下落，求梁内最大冲击应力。

解 可用自由落体动荷因数 $K_d=1+\sqrt{1+\dfrac{2h}{\Delta_{st}}}$ 计算。先用图乘法求变截面梁的 Δ_{st}，作 M 图和 $\overline{M}$ 图如图 14-20(b)所示。

$$\Delta_{st}=\frac{1}{EI}\left(\frac{1}{2}\cdot\frac{l}{2}\cdot\frac{Pl}{2}\right)\cdot\frac{l}{3}+\frac{1}{2EI}\left[\left(\frac{l}{2}\cdot\frac{Pl}{2}\right)\cdot\frac{3}{4}l+\left(\frac{1}{2}\cdot\frac{l}{2}\cdot\frac{Pl}{2}\right)\cdot\frac{5}{6}l\right]=\frac{3Pl^3}{16EI}\tag{1}$$

相当高度

$$H_0=H+\frac{v^2}{2g}$$

$$K_d=1+\sqrt{1+\frac{2H_0}{\Delta_{st}}}=1+\sqrt{1+\frac{16EI(2H+v^2/g)}{3Pl^3}}\tag{2}$$

静应力
$$\sigma_A=\frac{PL}{1.5W},\quad \sigma_B=\frac{\frac{PL}{2}}{W}=\frac{PL}{2W},\quad \sigma_A>\sigma_B \tag{3}$$

$$\sigma_{\mathrm{dmax}}=\sigma_A\cdot K_{\mathrm{d}}=\frac{PL}{1.5W}\left(1+\sqrt{1+\frac{16EI(2H+v^2/g)}{3Pl^3}}\right) \tag{4}$$

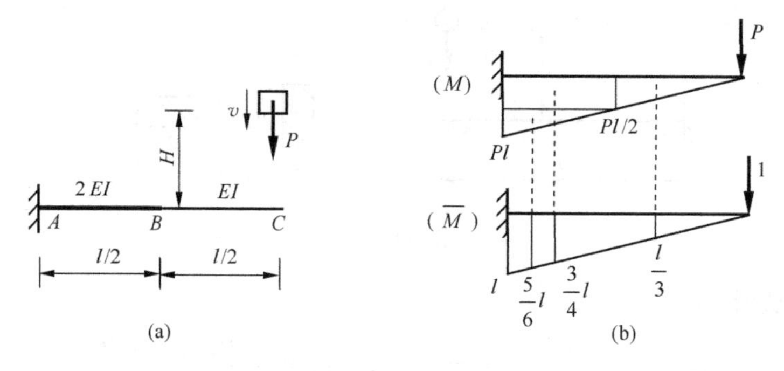

图 14-20

14-19 图 14-21 所示重量 $P=5\text{kN}$ 的重物自由落到直杆下端，杆的弹性模量 $E=200\text{GPa}$，横截面面积 $A=900\ \text{mm}^2$。求冲击时杆内最大正应力。若杆的许用应力 $[\sigma]=120\text{MPa}$。则该重物冲击的允许高度 H 为多少？

解 (1)
$$\Delta_{\mathrm{st}}=\frac{F_{\mathrm{N}}L}{EA}=\frac{5000\times4}{200\times10^9\times900\times10^{-6}}$$
$$=\frac{1}{9}\times10^{-3}(\mathrm{m})=\frac{1}{9}(\mathrm{mm})$$
$$\sigma_{\mathrm{st}}=\frac{F_{\mathrm{N}}}{A}=\frac{5000}{900\times10^{-6}}=5.556(\mathrm{MPa})$$
$$K_{\mathrm{d}}=1+\sqrt{1+\frac{2H}{\Delta_{\mathrm{st}}}}=1+\sqrt{1+\frac{2\times10}{1/9}}=14.45$$
$$\sigma_{\mathrm{d}}=K_{\mathrm{d}}\sigma_{\mathrm{st}}=80.2\mathrm{MPa}$$

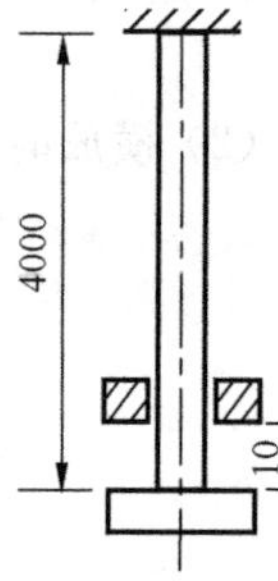

4000

10

图 14-21

(2) $\sigma_{\mathrm{dmax}}\leqslant[\sigma]$，即
$$K_{\mathrm{dmax}}\sigma_{\mathrm{st}}\leqslant[\sigma]$$

故
$$K_{\mathrm{dmax}}=\frac{[\sigma]}{\sigma_{\mathrm{st}}}=\frac{120}{5.556}=21.6,\quad 1+\sqrt{1+\frac{2\times H}{1/9}}\leqslant21.6$$

得
$$H\leqslant23.52\mathrm{mm}$$

14-20* 图 14-22(a)所示梁 AB 弯曲刚度为 EI，抗弯截面模量为 W，B 端由拉压刚度为 EA 的杆 BD 连接，已知 $I=\frac{1}{3}Aa^2$，若重量为 P 的重物以水平速度 v 冲击在梁的中点 C 处，求(1)动荷因数；(2)杆 BD 和梁 AB 内的最大冲击动应力。

解 动荷因数 $K_{\mathrm{d}}=\sqrt{\frac{v^2}{g\Delta_{\mathrm{st}}}}$，由图 14-22(b)可知
$$\Delta_{\mathrm{st}}=\frac{\Delta l}{2}+w_C=\frac{Pa}{4EA}+\frac{P\ (2a)^3}{48EI}=\frac{3Pa}{4EA}$$

故
$$K_{\mathrm{d}}=\sqrt{\frac{4v^2EA}{3gPa}}$$

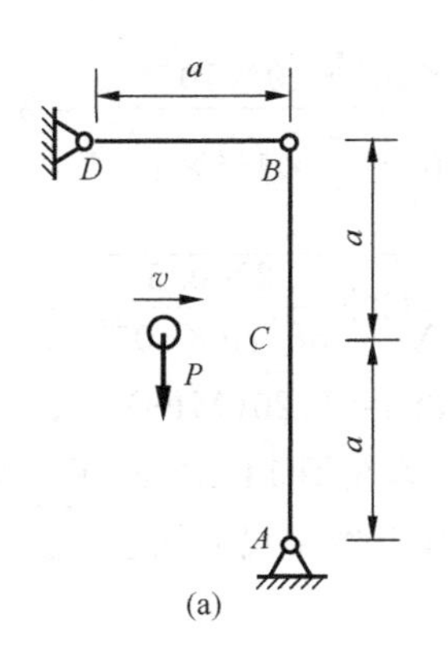

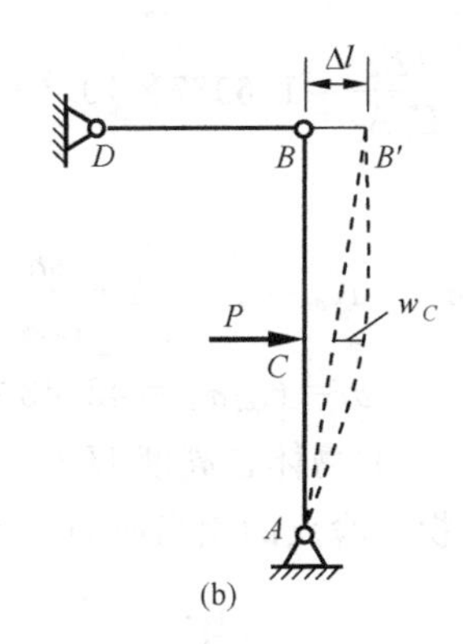

图 14-22

杆 BD：
$$F_N=\frac{P}{2},\quad \sigma_{st1}=\frac{F_N}{A}=\frac{P}{2A}$$

$$\sigma_{d1}=K_d\sigma_{st1}=\frac{P}{2A}\sqrt{\frac{4v^2EA}{3gPa}}=\sqrt{\frac{PE}{3gAa}}\cdot v$$

梁 AB：
$$M_{max}=\frac{Pa}{2},\quad \sigma_{st2}=\frac{M_{max}}{W}=\frac{Pa}{2W}$$

$$\sigma_{d2}=K_d\sigma_{st2}=\frac{Pa}{2W}\sqrt{\frac{4v^2EA}{3gPa}}=\frac{v}{W}\sqrt{\frac{EAPa}{3g}}$$

14-21 图 14-23 所示直径 $d=300$mm、长为 $l=6$m 的圆木桩，下端固定，上端受重 $Q=2$kN 的重锤作用。木材 $E_1=10$GPa。求下列三种情况下，木桩内的最大正应力：

(1) 重锤以静载荷的方式作用于木桩上(图 14-23(a))；

(2) 重锤从离桩顶 0.5m 的高度自由落下(图 14-23(b))；

(3) 在桩顶放置直径为 150mm、厚为 40mm 的橡皮垫，橡皮的弹性模量 $E_2=8$MPa。重锤也是从离橡皮垫顶面 0.5m 的高度自由落下(图 14-23(c))。

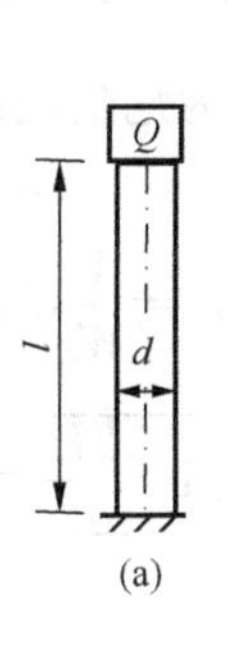

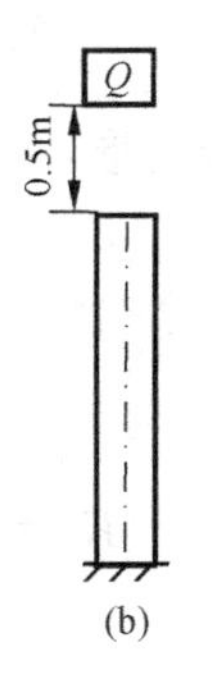

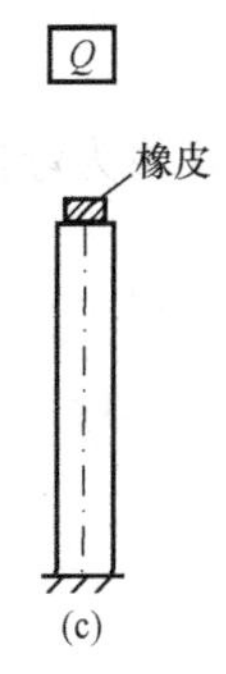

图 14-23

解 (1) 由图 14-23(a)得

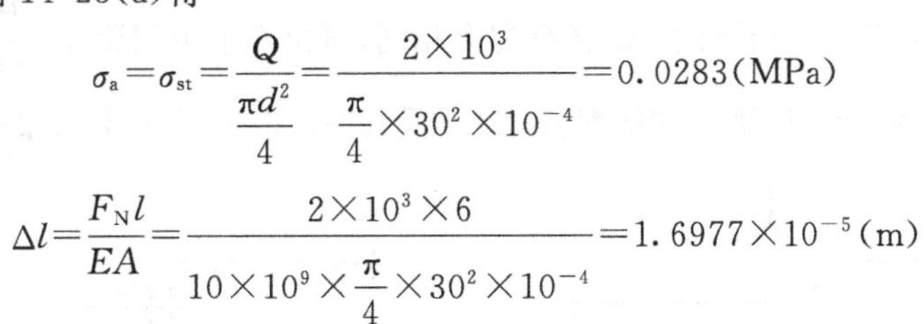

$$\sigma_a=\sigma_{st}=\frac{Q}{\frac{\pi d^2}{4}}=\frac{2\times10^3}{\frac{\pi}{4}\times30^2\times10^{-4}}=0.0283(\text{MPa})$$

$$\Delta l=\frac{F_N l}{EA}=\frac{2\times10^3\times6}{10\times10^9\times\frac{\pi}{4}\times30^2\times10^{-4}}=1.6977\times10^{-5}(\text{m})$$

(2) 由图 14-23(b)得

$$\Delta_{st1}=\Delta l,\quad \sigma_{st1}=\sigma_a,\quad K_{d1}=1+\sqrt{1+\frac{2h}{\Delta_{st1}}}=1+\sqrt{1+\frac{2\times0.5}{1.6977\times10^{-5}}}=243.7$$

$$\sigma_b=K_{d1}\sigma_{st1}=243.7\times0.0283=6.90(\text{MPa})$$

(3) 由图 14-23(c)得

$$\Delta_{st2}=\Delta l+\frac{Ql_2}{E_2A_2}=1.6977\times10^{-5}+\frac{2\times10^3\times40\times10^{-3}}{8\times10^6\times\frac{\pi}{4}\times15^2\times10^{-4}}=58.29\times10^{-5}(\mathrm{m})$$

$$\sigma_{st2}=\sigma_a，\quad K_{d2}=1+\sqrt{1+\frac{2h}{\Delta_{st2}}}=1+\sqrt{1+\frac{2\times0.5}{58.29\times10^{-5}}}=42.43$$

$$\sigma_c=K_{d2}\sigma_{st2}=42.43\times0.0283=1.20(\mathrm{MPa})$$

14-22* 重量为 P 的物体自高度 H 处自由下落在图 14-24(a)所示曲拐的自由端，试按第三强度理论写出曲拐危险点的相当应力。设 E、G 及图中尺寸均已知。

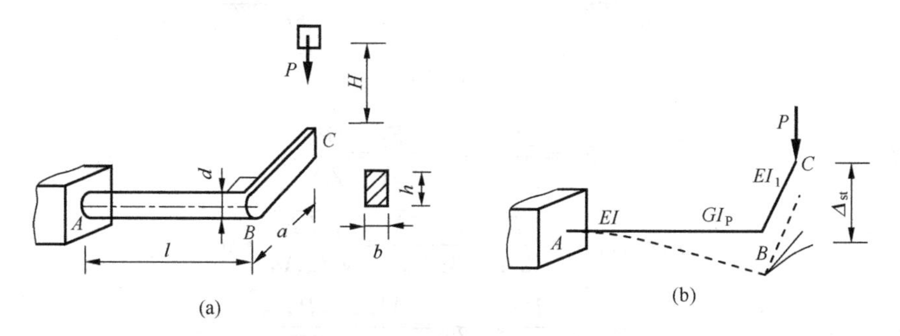

图 14-24

解 先求图 14-24(b)所示静载荷的 Δ_{st} 和 σ_{st}。

$$\Delta_{st}=w_B+\varphi_{AB}\cdot a+w_C=\frac{Pl^3}{3EI}+\frac{Pal}{GI_P}\cdot a+\frac{Pa^3}{3EI_1}$$

AB 段为弯扭组合变形，A 截面为危险截面。

$$M=Pl,\quad T=Pa$$

$$\sigma_{r3}=\frac{1}{W}\sqrt{M^2+T^2}=\frac{32P}{\pi d^3}\sqrt{l^2+a^2}\tag{1}$$

$$K_d=1+\sqrt{1+\frac{2H}{\Delta_{st}}}=1+\sqrt{1+\frac{2H}{\frac{Pl^3}{3EI}+\frac{Pal}{GI_P}\cdot a+\frac{Pa^3}{3EI_1}}}\tag{2}$$

$$\sigma_{d,r3}=K_d\sigma_{r3}\tag{3}$$

将式(1)、式(2)代入式(3)即为所求。其中，$I=\frac{\pi d^4}{64}$，$I_p=\frac{\pi d^4}{32}$，$I_1=\frac{bh^3}{12}$。

14-23* 图 14-25(a)所示两梁 AB、CD 完全相同，自由端上下间距 $\delta=\frac{Pl^3}{3EI}$，当重量为 P 的物体突然加到 B 端时，求 CD 梁 C 端挠度和 AB 梁受到的冲击力，并计算二梁吸收能量之比。

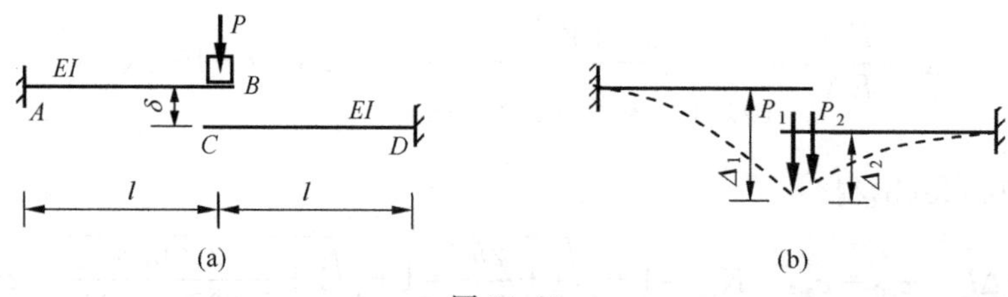

图 14-25

解 (1) 因为间距 $\delta=\Delta_{st}=\dfrac{Pl^3}{3EI}$，所以在突加载荷作用下，$AB$ 梁的 B 端会接触到 CD 梁的 C 端并一起到最低点，这时二梁均受到最大动载荷，设分别为 P_1、P_2，如图 14-25(b)所示。

几何方程为
$$\Delta_1=\delta+\Delta_2=\frac{Pl^3}{3EI}+\Delta_2$$

物理关系为
$$\Delta_1=\frac{P_1l^3}{3EI},\quad \Delta_2=\frac{P_2l^3}{3EI}$$

所以
$$P_1=P+P_2 \tag{1}$$

冲击前

$$E_{k0}+E_{p0}+V_{\varepsilon0}=\frac{1}{2}P_1\Delta_1+\frac{1}{2}P_2\Delta_2=\frac{1}{2}(P+P_2)(\delta+\Delta_2)+\frac{1}{2}P_2\Delta_2$$

根据能量守恒定律，有

$$\frac{1}{2}(P+P_2)(\delta+\Delta_2)+\frac{1}{2}P_2\Delta_2=P(\delta+\Delta_2) \tag{2}$$

将 $P_2=K_{d2}P$，$\Delta_2=K_{d2}\Delta_{st}$ 代入式(2)，解出 $K_{d2}=\dfrac{\sqrt{2}}{2}=0.7071$。

C 端挠度为
$$\Delta_2=K_{d2}\Delta_{st}=\frac{\sqrt{2}Pl^3}{6EI}$$

(2) AB 梁受到冲击力

$$P_1=P+P_2=P+K_{d2}P=(1+K_{d2})P=1.7071P$$

所以，AB 梁的动荷因数 $K_{d1}=1.7071$。

(3)
$$U_{AB}=\frac{1}{2}P_1\Delta_1=\frac{1}{2}K_{d1}^2P\Delta_{st},\quad U_{CD}=\frac{1}{2}P_2\Delta_2=\frac{1}{2}K_{d2}^2P\Delta_{st}$$

$$\frac{U_{AB}}{U_{CD}}=\frac{K_{d1}^2}{K_{d2}^2}=5.828$$

14-24* 图 14-26(a)所示圆轴 AB 直径 $d=60\text{mm}$，$l=2\text{m}$，A 端固定，B 端有一直径 $D=400\text{mm}$ 的鼓轮。轮上绕以钢绳，绳的端点 C 悬挂吊盘。绳长 $l_1=10\text{m}$，横截面面积 $A=120\text{mm}^2$，$E=200\text{GPa}$。轴的切变模量 $G=80\text{GPa}$。重量 $Q=800\text{N}$ 的物块自 $h=200\text{mm}$ 处落于吊盘上，求轴内最大切应力和绳内最大正应力。

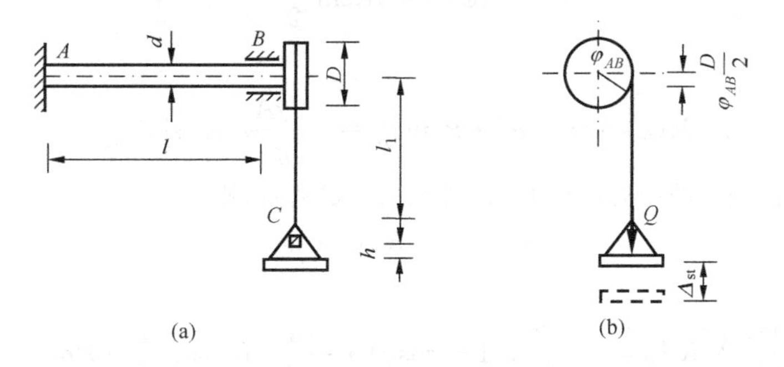

图 14-26

解 先求 Δ_{st}、σ_{st}、τ_{st}。静载荷作用于吊盘上，如图 14-26(b)所示。

对轴有
$$T=Q\cdot\frac{D}{2}=800\times200\times10^{-3}=160(\text{N}\cdot\text{m})$$

$$\varphi_{AB}=\frac{Tl}{GI_p}=\frac{160\times 2}{80\times 10^9\times\frac{\pi}{32}\times 60^4\times 10^{-12}}=3.144\times 10^{-3}(\text{rad})$$

$$\tau_{st}=\frac{T}{W_t}=\frac{160\times 16}{\pi\times 60^3\times 10^{-9}}=3.77(\text{MPa})$$

对绳有
$$F_N=Q$$

$$\Delta l_1=\frac{F_N l_1}{EA}=\frac{800\times 10}{200\times 10^9\times 120\times 10^{-6}}=3.333\times 10^{-4}(\text{m})=3.333\times 10^{-1}(\text{mm})$$

$$\sigma_{st}=\frac{F_N}{A}=\frac{800}{120\times 10^{-6}}=6.67(\text{MPa})$$

$$\Delta_{st}=\varphi_{AB}\cdot\frac{D}{2}+\Delta l_1=3.144\times 10^{-3}\times 200+3.333\times 10^{-1}=9.621\times 10^{-1}(\text{mm})$$

$$K_d=1+\sqrt{1+\frac{2h}{\Delta_{st}}}=1+\sqrt{1+\frac{2\times 200}{9.621\times 10^{-1}}}=21.4$$

$$\tau_d=K_d\tau_{st}=80.7\text{MPa},\quad \sigma_d=K_d\sigma_{st}=142.6\text{MPa}$$

14-25* 图 14-27(a)所示带有缺口的圆环绕通过圆心且垂直于纸面的轴以角速度 ω 旋转。试求缺口的张开量。设圆环的平均半径 R 远大于厚度 t，圆环单位体积的重量为 γ，横截面面积为 A，弯曲刚度为 EI。

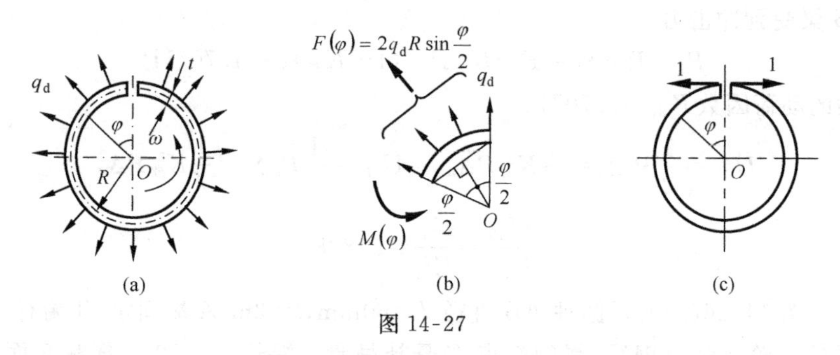

图 14-27

解 惯性力集度 $q_d=\frac{\gamma A}{g}\omega^2 R$，用截面法取任意截面一侧，如图 14-27(b)所示，则该部分 q_d 的合力为
$$F(\varphi)=2q_dR\sin\frac{\varphi}{2}$$

该截面上的弯矩
$$M(\varphi)=-F(\varphi)\cdot R\sin\frac{\varphi}{2}=-\frac{2\gamma A}{g}\omega^2R^3\sin^2\frac{\varphi}{2}$$

在缺口两端加方向相反的一对单位力，如图 14-27(c)所示，则
$$\overline{M}(\varphi)=-R(1-\cos\varphi)$$

缺口的张开量为
$$\Delta=\int\frac{\overline{M}(\varphi)M(\varphi)}{EI}R\,d\varphi=\frac{2}{EI}\int_0^\pi R(1-\cos\varphi)\cdot\frac{2\gamma A}{g}\omega^2R^3\sin^2\frac{\varphi}{2}\cdot R\,d\varphi=\frac{3\pi R^5\gamma A\omega^2}{gEI}$$

14-26* 如图 14-28(a)所示，均质杆 AB 长度为 $2a$，弯曲刚度为 EI，单位长度的重量为 q。当杆件从高度 h 处自由下落在刚性支架 C 上时，求杆中最大冲击弯矩。

解 假设冲击完成时动载荷集度为 q_d，如图 14-28(b)所示，由于对称性，只考虑左半部分 AC 段。梁截面上的动弯矩为

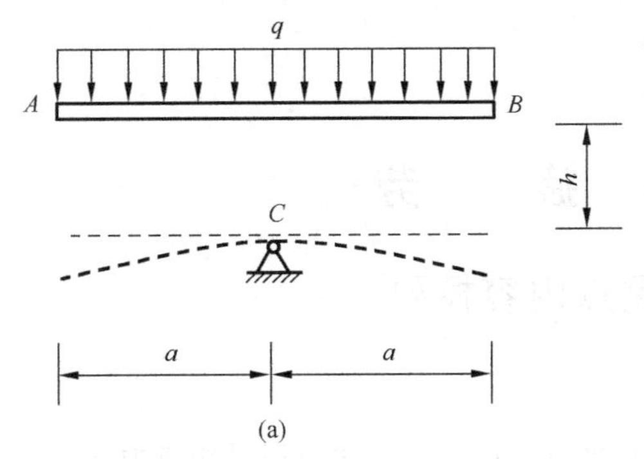

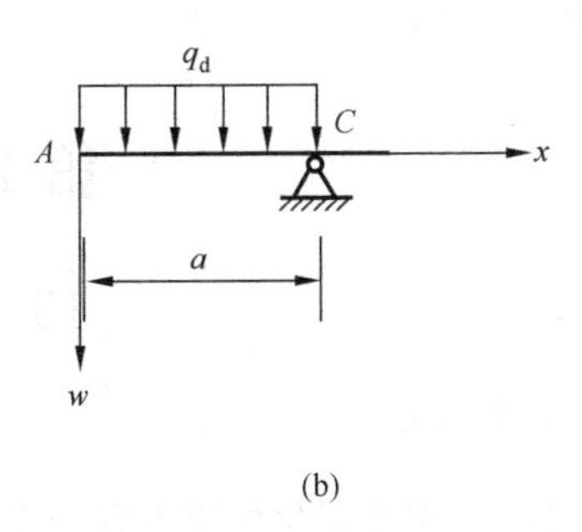

图 14-28

$$M_d(x)=\frac{1}{2}q_d x^2$$

梁的转角方程为

$$\theta_d(x)=\int\frac{M_d(x)}{EI}dx+C=\frac{1}{6EI}q_d x^3+C \qquad (0\leqslant x\leqslant a)$$

梁的挠曲线方程为

$$w_d(x)=\int\theta_d(x)dx+D=\frac{1}{24EI}q_d x^4+Cx+D \qquad (0\leqslant x\leqslant a)$$

当 $x=a$ 时，$\theta_d(a)=w_d(a)=0$，则 $C=-\frac{q_d a^3}{6EI}$，$D=\frac{q_d a^4}{6EI}$。

梁的挠曲线方程为 $$w_d(x)=\frac{q_d a^4}{24EI}\left(\frac{x^4}{a^4}-4\frac{x}{a}+3\right)$$

令 $\xi=\frac{x}{a}$，有

$$w_d(\xi)=\frac{q_d a^4}{24EI}(\xi^4-4\xi+3) \qquad (0\leqslant\xi\leqslant1)$$

梁的势能减小为

$$E_{P1}=2\int_0^a q w_d(x)dx=2qa\cdot\frac{q_d a^4}{24EI}\int_0^1(\xi^4-4\xi+3)d\xi=\frac{qq_d a^5}{10EI}$$

梁下落的刚性势能为 $$E_{P2}=2qah$$

梁的总势能减小为 $$E_P=E_{P1}+E_{P2}=\frac{qq_d a^5}{10EI}+2qah$$

梁的应变能为 $$V_{\varepsilon d}=2\int_0^a\frac{M_d^2(x)}{2EI}dx=\frac{q_d^2}{4EI}\int_0^a x^4 dx=\frac{q_d^2 a^5}{20EI}$$

根据能量守恒原理 $E_P=V_{\varepsilon d}$，有 $\frac{qq_d a^5}{10EI}+2qah=\frac{q_d^2 a^5}{20EI}$

即 $$q_d^2-2qq_d-\frac{40qhEI}{a^4}=0$$

解得 $$q_d=q\left(1+\sqrt{1+\frac{40hEI}{qa^4}}\right)=0$$

动荷系数为 $$K_d=1+\sqrt{1+\frac{40hEI}{qa^4}}$$

则杆中的最大冲击弯矩为 $$M_{d\max}=K_d M_{\max}=\frac{1}{2}qa^2\left(1+\sqrt{1+\frac{40hEI}{qa^4}}\right)$$

第 15 章　疲　　劳

15.1　重点内容概要

1. 交变应力

随时间作交替变化的应力称为交变应力，可以是正应力 σ，也可以是切应力 τ。

在一个应力循环里，常需注意以下参数(参见图 15-1)。

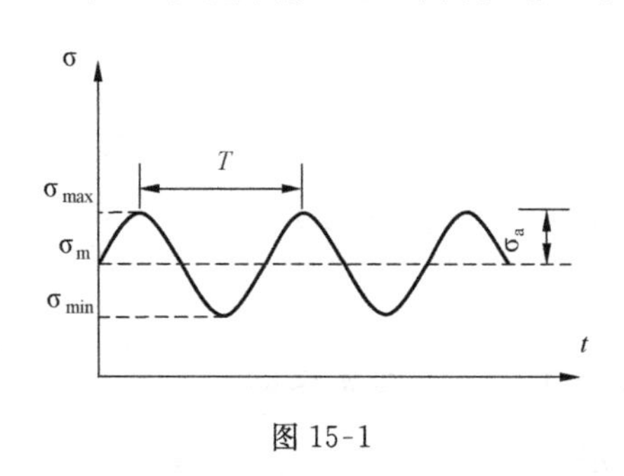

图 15-1

(1)最大应力 σ_{max}。

(2)最小应力 σ_{min}。

(3)平均应力 $\sigma_m=\dfrac{\sigma_{max}+\sigma_{min}}{2}$。

(4)应力幅 $\sigma_a=\dfrac{\sigma_{max}-\sigma_{min}}{2}$。

(5)循环特征 $r=\dfrac{\sigma_{min}}{\sigma_{max}}$。

交变应力可按循环特征分类。

(1)对称循环 $r=-1$。

(2)脉动循环 $r=0$ 或 $-\infty$。

(3)静应力 $r=1$。

2. 疲劳破坏

交变应力引起的破坏称为疲劳破坏。疲劳破坏具有其他机械破坏所不具备的特点。

(1) 低应力破坏。交变应力中 σ_{max}远低于材料的强度极限时也可能发生疲劳破坏。

(2) 脆断。脆性材料、塑性材料发生疲劳破坏都是突然脆性断裂。

(3) 疲劳破坏与交变应力大小及循环次数有关。

(4) 断口特征。光滑区与粗糙区。

疲劳断裂的机理通常认为是在交变应力的作用下，构件在高应力区(如应力集中，材料缺陷处)产生微裂纹，继而扩展成宏观裂纹，宏观裂纹不断扩展直至断裂。

3. 材料的持久极限

标准试件在空气介质中可经历无限多次应力循环而不发生疲劳破坏时的最高应力(绝对值)称为材料的持久极限，用 σ_r 或 τ_r 表示，下标 r 代表循环特征。

4. 构件的持久极限

构件不同于标准试件，因此构件的持久极限 σ_r^0 不同于材料的持久极限。影响构件持久极限的主要因素如下。

(1) 外形——用有效应力集中因数 K_σ 表示。

(2) 尺寸——用尺寸因数 ε_σ 表示。

(3) 表面——用表面质量因数 β 表示。

上述的 K_σ、ε_σ、β 可查有关手册。

以对称循环为例，构件的持久极限可用下式计算。

$$\sigma_{-1}^{0}=\frac{\varepsilon_\sigma\beta}{K_\sigma}\sigma_{-1}$$

5. *构件疲劳强度校核*

通常用安全因数法定义疲劳工作安全因数。

$$n_\sigma=\frac{\sigma_r^0}{\sigma_{\max}}$$

构件的疲劳强度条件则为

$$n_\sigma\geqslant n$$

式中，n 为规定的安全因数。例如，对称循环构件的强度条件为 $n_\sigma=\frac{\sigma_{-1}^0}{\sigma_{\max}}=\frac{\varepsilon_\sigma\beta\sigma_{-1}}{K_\sigma\sigma_{\max}}\geqslant n$。

15.2 典型例题

例 15-1 判断是非。静载荷作用下的构件内不存在交变应力，因而不会发生疲劳破坏。

答 错。静载荷作用时构件内也可能产生交变应力，如均匀转动的火车轮轴。

例 15-2 判断是非。计算塑性材料的静强度时可以不考虑应力集中的影响，计算其疲劳强度时也可以不考虑。

答 错。应力集中处常可能形成疲劳源，因此无论是脆性材料，还是塑性材料，构件的疲劳强度都受应力集中的影响，不可以不考虑。

例 15-3 判断是非。在交变应力的作用下，构件的尺寸越小，材料自身缺陷的影响就越大，因此尺寸因数就越小，构件的持久极限越低。

答 错。小尺寸构件内高应力区范围也较小，形成疲劳源的可能性相对也少，尺寸因数相对大些，如圆钢材的尺寸因数是随直径的增加而降低的。

例 15-4 判断是非。在交变应力作用下，构件表面的质量因数总是小于 1 的。

答 错。表面质量因数是构件在各种加工情况时的持久极限与表面磨光时的持久极限之比，只有表面质量低于磨光时才有 $\beta<1$，而表面为磨光时 $\beta=1$，表面粗糙度高于磨光，或经过表面强化处理后则 $\beta>1$。

例 15-5 判断是非。外形、尺寸和表面质量完全相同的构件，强度极限高的持久极限也大。

答 错。实际上表面质量低于磨光的钢制构件，强度极限越高，其表面质量因数越低，有效应力集中因数越高。

例 15-6 选择正确答案。材料的持久极限与________无关。

A. 最大应力；　B. 材料；　C. 变形形式；　D. 循环特征。

答 A。材料的持久极限是一个数值，是疲劳寿命为无限时 $\sigma_{\max}$ 的最大值，当然与循环应力中的 $\sigma_{\max}$ 大小无关。

例 15-7 选择正确答案。采用________的措施会降低构件的持久极限。

A. 提高表面硬度；　B. 增加构件横截面尺寸；

C. 降低构件的表面粗糙度；　D. 提高应力循环中的最大应力。

答 B。增加构件横截面的尺寸，会使尺寸因数降低，因而降低构件的持久极限。

例 15-8 选择正确答案。疲劳破坏是________的结果。

A. 构件中最大正应力的作用； B. 构件中最大切应力的作用；

C. 构件中裂纹形成和逐渐扩展； D. 构件中相当应力数值过大。

答 C。这是疲劳破坏的机理，其他三项都是静强度破坏的可能原因。

例 15-9 选择正确答案。齿轮传动时齿根部一点的弯曲正应力的循环特征$r=$________。

A. -1； B. 1； C. 0； D. $\frac{1}{2}$。

答 C。该点为脉动循环。

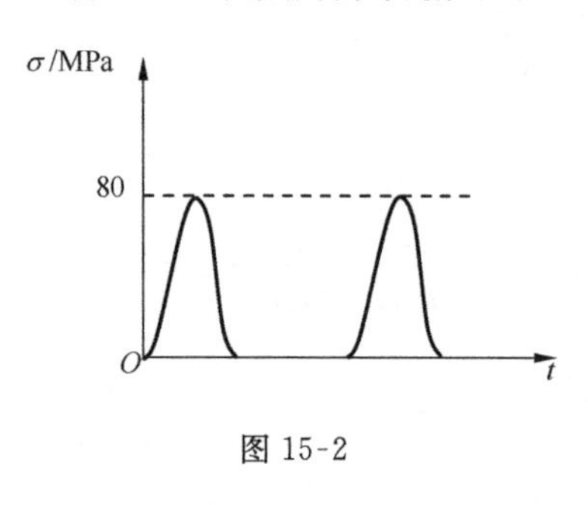

图 15-2

例 15-10 图 15-2 为一交变应力曲线，求其循环特征r、应力幅σ_a和平均应力σ_m。

解 由图可知$\sigma_{max}=80\text{MPa}$，$\sigma_{min}=0$，所以

$$r=\frac{\sigma_{min}}{\sigma_{max}}=0$$

$$\sigma_a=\frac{\sigma_{max}-\sigma_{min}}{2}=\frac{80-0}{2}=40(\text{MPa})$$

$$\sigma_m=\frac{\sigma_{max}+\sigma_{min}}{2}==40(\text{MPa})$$

例 15-11 已知交变应力的平均应力$\sigma_m=30\text{MPa}$，应力幅$\sigma_a=20\text{MPa}$，求循环特征r。

解

$$\sigma_{max}=\sigma_m+\sigma_a=30+20=50(\text{MPa})$$

$$\sigma_{min}=\sigma_m-\sigma_a=30-20=10(\text{MPa})$$

$$r=\frac{\sigma_{min}}{\sigma_{max}}=\frac{10}{50}=0.2$$

例 15-12* 图 15-3 所示碳钢轴承受对称弯曲应力作用，弯矩值为$M=0.45\text{kN}\cdot\text{m}$，碳钢的$\sigma_b=700\text{MPa}$，$\sigma_{-1}=280\text{MPa}$，表面为粗车，规定的疲劳安全因数$n=2$，试校核该轴的疲劳强度。

解 由$\frac{r}{d}=\frac{1.5}{50}=0.03$，$\frac{D}{d}=\frac{80}{50}=1.6$，$\sigma_b=700\text{MPa}$，由主教材表 15-1、表 15-2 和图 15-7(a)，得$K_\sigma=2.45$，$\varepsilon_\sigma=0.81$，$\beta=0.813$，所以

$$\sigma_{max}=\frac{M}{W}=\frac{32\times0.45\times10^3}{\pi\times50^3\times10^{-3}}=36.7(\text{MPa})$$

$$n_\sigma=\frac{\varepsilon_\sigma\beta\sigma_{-1}}{K_\sigma\sigma_{max}}=\frac{0.81\times0.813\times280}{2.45\times36.7}=2.05>n$$

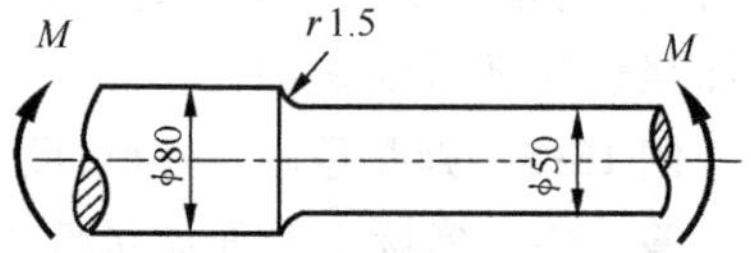

图 15-3

此轴安全。

15.3 习题选解

15-1 旋转圆轴受横向和轴向力同时作用如图 15-4 所示，轴的角速度为ω，求$C—C$截面A点的正应力随时间变化的表达式。已知$F=10\text{kN}$，$l=2\text{m}$，$F_1=20\text{kN}$，轴直径$d=80\text{mm}$，试求σ_{max}、σ_{min}、σ_a、σ_m、循环特征r，并作应力随时间变化的曲线。

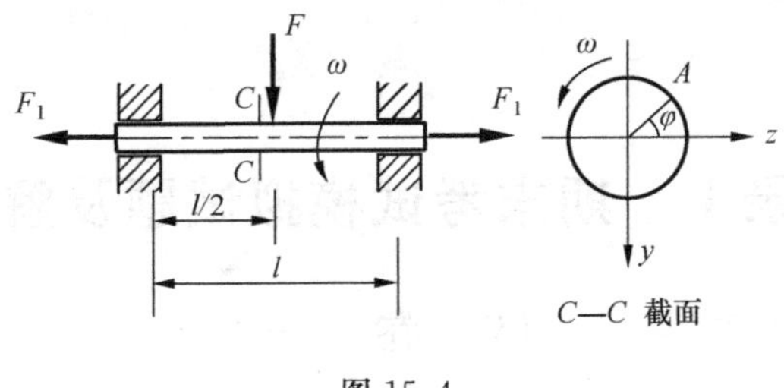

图 15-4

解

$$\sigma = \frac{F_N}{A} + \frac{My}{I_z} = \frac{F_1}{\frac{\pi d^2}{4}} - \frac{\frac{Fl}{4} \cdot \frac{d}{2}\sin\omega t}{\frac{\pi d^4}{64}}$$

$$= \frac{4 \times 20 \times 10^3}{\pi \times 80^2} - \frac{8 \times 10 \times 10^3 \times 2}{\pi \times 80^3 \times 10^{-3}}\sin\omega t$$

$$= 4 - 99.5\sin\omega t$$

$$\sigma_{\max} = 4 + 99.5 = 103.5(\text{MPa}), \quad \sigma_{\min} = 4 - 99.5 = -95.5(\text{MPa})$$

$$\sigma_a = \frac{\sigma_{\max} - \sigma_{\min}}{2} = \frac{103.5 + 95.5}{2} = 99.5(\text{MPa})$$

$$\sigma_m = \frac{\sigma_{\max} + \sigma_{\min}}{2} = \frac{103.5 - 95.5}{2} = 4(\text{MPa})$$

$$r = \frac{\sigma_{\min}}{\sigma_{\max}} = \frac{-95.5}{103.5} = -0.92$$

σ-t 曲线如图 15-5 所示(设 $t=0$ 时 A 点位于 z 轴上,即 $\varphi=0$)。

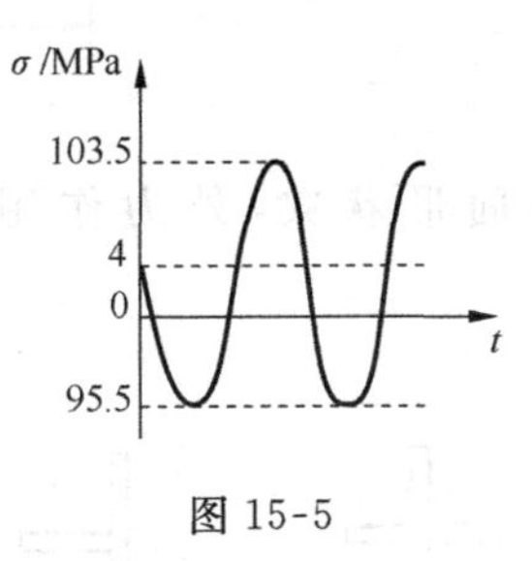

图 15-5

附录Ⅰ　期末考试模拟试题及解答

试　卷　一

一、选择题。(每题 3 分,共 15 分)

(1) 题一(1)图所示简支梁,其刚度 EI 为常数,现已知其挠度方程为 $w(x)=\dfrac{q_0 x}{12EI}(l^3-2lx^2+x^3)$,由此可推知其弯矩图大致形状应为________。

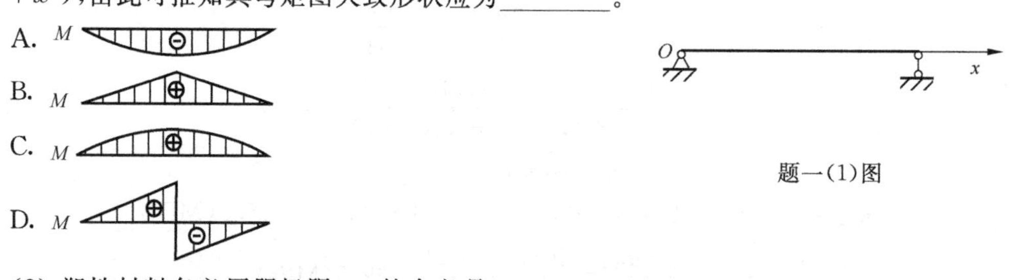

题一(1)图

(2) 塑性材料名义屈服极限 $\sigma_{0.2}$ 的含义是________。

A. 总应变为 0.2%时对应的应力；　　B. 弹性应变为 0.2%时对应的应力；

C. 塑性应变为 0.2%时对应的应力；　　D. 塑性应变为 0.2 时对应的应力。

(3) 题一(3)图所示圆截面悬臂梁,B 截面处的转角为 θ,若将其直径 d 增大一倍,q 的值增加一倍,其他条件不变,则 B 截面处的转角变为________。

A. $\theta/2$；　　B. $\theta/4$；

C. $\theta/8$；　　D. $\theta/16$。

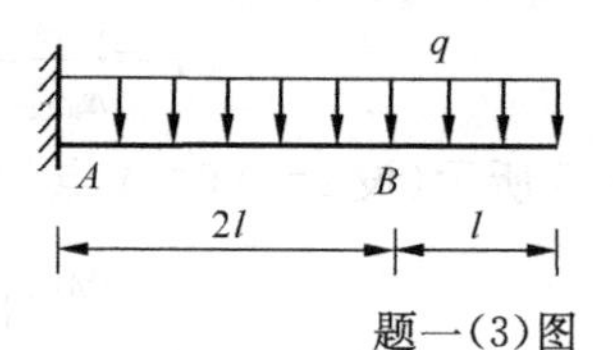

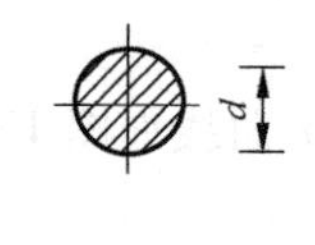

题一(3)图

(4) 题一(4)图所示四种截面形状梁,外力作用线与虚线重合,则发生斜弯曲的为________。

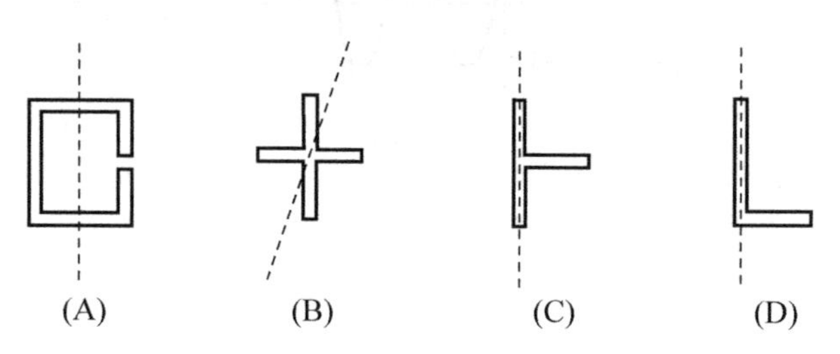

题一(4)图

(5) 题一(5)图所示平面刚架,在截面 B 处作用集中力 $F=25\text{N}$ 时,测得 C 截面处的转角为 0.001rad。则在 C 截面处作用集中力偶 $M_e=75\text{N}\cdot\text{m}$时,$D$ 截面的转角为________。

A. 0.001rad；　　B. 0.0015rad；

C. 0.002rad；　　D. 0.003rad。

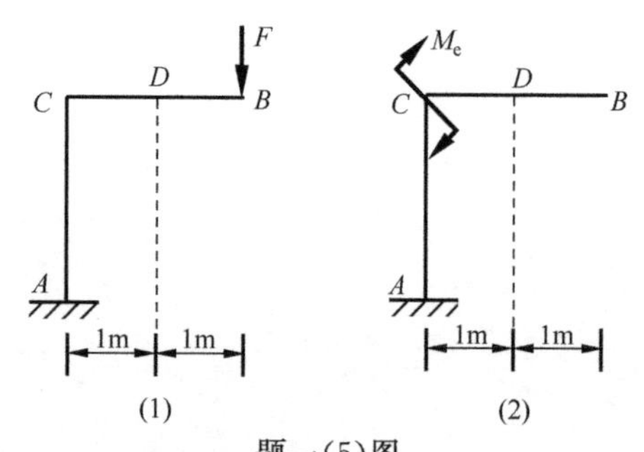

题一(5)图

二、单元体应力状态如题二图所示,单位为

MPa。(1)求该点的三个主应力及最大切应力；(2)已知材料的弹性模量 $E=200\text{GPa}$，剪切模量 $G=80\text{GPa}$，泊松比 $\nu=0.25$，求该点的最大线应变和最大切应变。(10 分)

三、画出题三图所示梁的剪力图和弯矩图。(15 分)

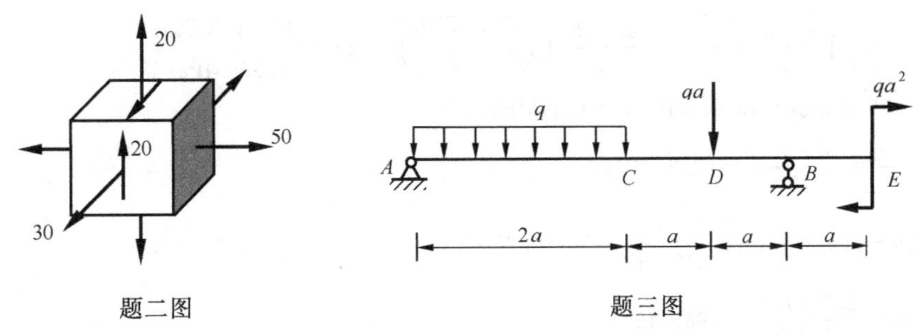

题二图　　题三图

四、题四图所示实心圆截面直角折杆位于水平面内，各段直径 $d=60\text{mm}$，各段杆长 $l=1\text{m}$，$q=2\text{kN/m}$，$M_x=1\text{kN}\cdot\text{m}$，$F_x=1\text{kN}$，$F_y=2\text{kN}$，$F_z=3\text{kN}$。(1)画出 AB 段内力图，确定危险截面；(2)已知 $[\sigma]=200\text{MPa}$，试采用第三强度理论校核强度。(15 分)

五、题五图所示结构，已知 AB 杆、CD 杆和 BE 杆均为矩形截面钢材，$l=3\text{m}$，$h=0.2\text{m}$，$b=0.1\text{m}$，材料为 Q235，$\lambda_0=61$，$\lambda_P=100$，$a=304\text{MPa}$，$b=1.12\text{MPa}$，$E=200\text{GPa}$，若规定稳定安全因数 $n_w=3$，试按稳定性条件确定结构的许可载荷$[q]$。(15 分)

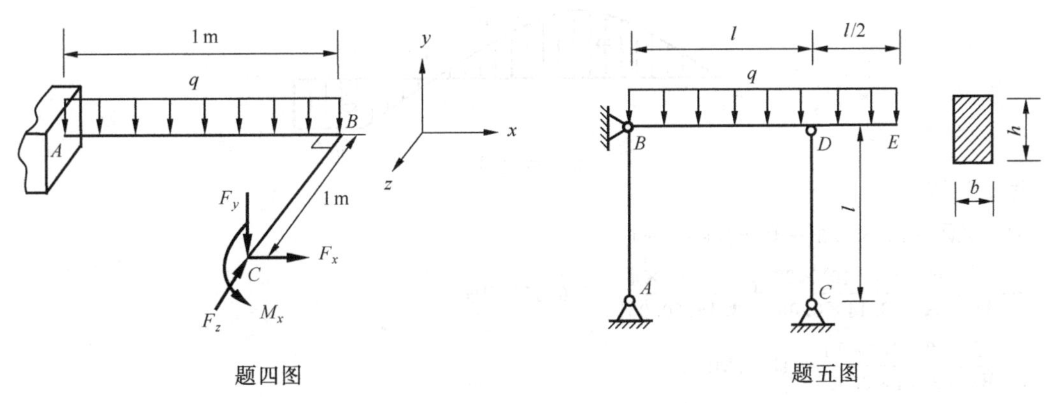

题四图　　题五图

六、题六图所示杆长为 $2l$，A 端由固定铰支座约束，B 端固接重量为 P 的重物，自图示位置绕 A 端以角速度 ω 下落，遇到障碍 C 后停止，杆的 EI、W 及 l 均已知。试求杆内最大冲击正应力和最大挠度。(15 分)

七、题七图所示平面刚架，各段刚度 EI 相同，已知 $q=1\text{kN/m}$，$l=2\text{m}$，弹簧刚度 $k=3EI/(2l^3)$，不计剪力与轴力的影响，试画出该平面刚架的弯矩图。(15 分)

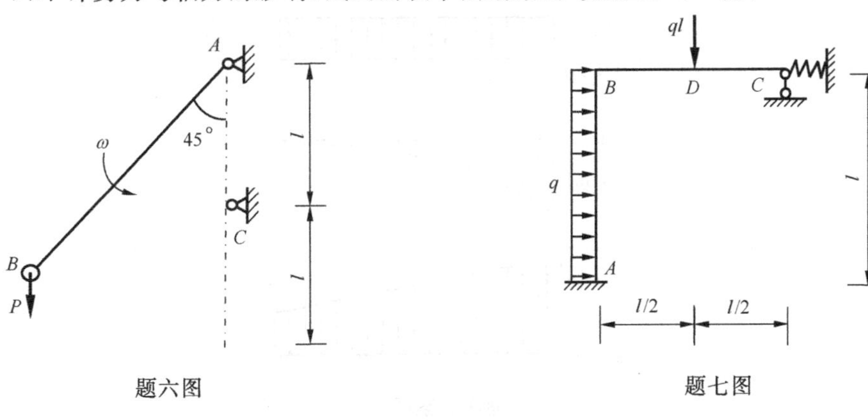

题六图　　题七图

试卷一答案与题解

一、(1) A (2) C (3) C (4) D (5)B

二、$\begin{matrix}\sigma' \\ \sigma''\end{matrix}=\frac{\sigma_x+\sigma_y}{2}\pm\sqrt{\left(\frac{\sigma_x-\sigma_y}{2}\right)^2+\tau_{xy}^2}=\frac{30+20}{2}\pm\sqrt{\left(\frac{30-20}{2}\right)^2+20^2}=\begin{matrix}45.61(\text{MPa}) \\ 4.39(\text{MPa})\end{matrix}$

所以，$\sigma_1=50\text{MPa}$，$\sigma_2=45.61\text{MPa}$，$\sigma_3=4.39\text{MPa}$。

$$\tau_{\max}=\frac{\sigma_1-\sigma_3}{2}=\frac{50-4.39}{2}=22.8(\text{MPa})$$

$$\varepsilon_1=\frac{1}{E}[\sigma_1-\nu(\sigma_2+\sigma_3)]=\frac{1}{200\times10^9}[50-0.25\times(45.61+4.39)]\times10^6=1.88\times10^{-4}$$

$$\gamma_{\max}=\frac{\tau_{\max}}{G}=\frac{22.8\times10^6}{80\times10^9}=2.86\times10^{-4}$$

三、梁的剪力图和弯矩图如图所示。

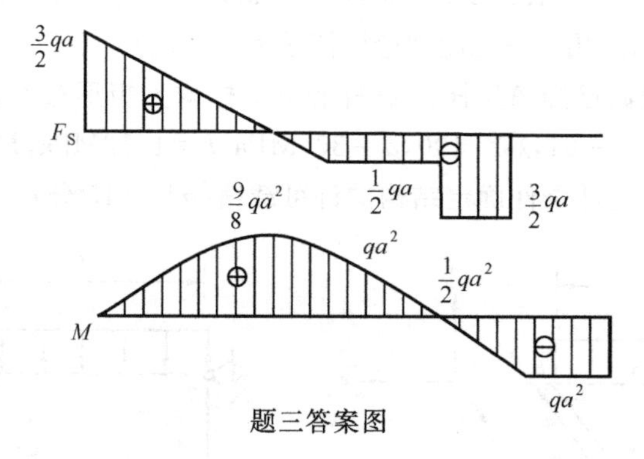

题三答案图

四、危险截面为 $A_{右}$。

$$M=\sqrt{M_y^2+M_z^2}=\sqrt{3^2+4^2}=5(\text{kN}\cdot\text{m})$$

$$\sigma=\frac{M}{W}+\frac{F_N}{A}=\frac{5\times10^3\times32}{3.14\times0.06^3}+\frac{1\times10^3\times4}{3.14\times0.06^2}=236.25(\text{MPa})$$

$$\tau=\frac{T}{W_t}=\frac{2\times10^3\times16}{3.14\times0.06^3}=47.2(\text{MPa})$$

$$\sigma_{r3}=\sqrt{\sigma^2+4\tau^2}=\sqrt{236.25^2+4\times47.2^2}=254.4(\text{MPa})>[\sigma]$$

不满足强度要求。

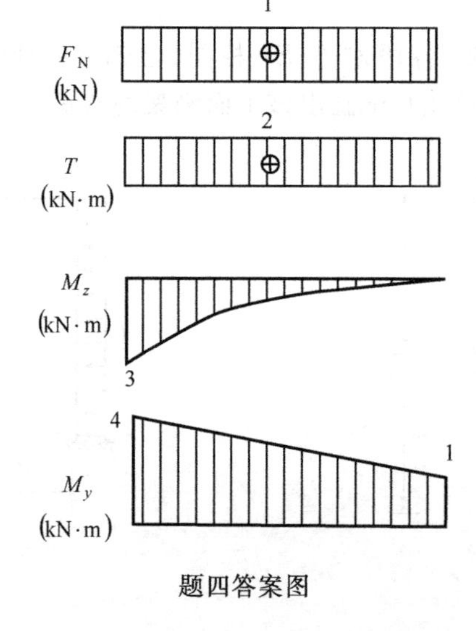

题四答案图

五、$\lambda=\frac{\mu l}{i}=\frac{1\times 3}{0.289\times 0.1}=103.8>\lambda_p$，属于细长杆。

采用欧拉公式

$$F_{cr}=\frac{\pi^2 E}{\lambda^2}A=\frac{\pi^2\times 200\times 10^9\times 2\times 10^{-2}}{103.8^2}=3.66\times 10^3(\text{kN})$$

$$F_{CD}=\frac{F_{cr}}{n_w}=\frac{3.66\times 10^3}{3}=1.22\times 10^3(\text{kN})$$

$$\sum M_B=0,F_{CD}\cdot l-\frac{1}{2}q\left(\frac{3}{2}l\right)^2=0$$

$$q=361\ \text{kN/m}$$

六、将初始高度、速度折算为冲击速度。

$$\frac{1}{2}\frac{P}{g}v^2=P(2l-2l\cos 45°)+\frac{1}{2}\frac{P}{g}(2\omega l)^2$$

$$v^2=2(2-\sqrt{2})gl+4\omega^2 l^2$$

水平冲击动荷因数为

$$K_d=\sqrt{\frac{v^2}{g\Delta_{st}}}$$

$$\sigma_{st}=\frac{Pl}{W}$$

$$\Delta_{st}=\frac{2}{EI}\left(\frac{1}{2}Pl\cdot l\cdot\frac{2}{3}l\right)=\frac{2Pl^3}{3EI}$$

$$K_d=\sqrt{\frac{v^2}{g\Delta_{st}}}=\sqrt{\frac{3EI[(2-\sqrt{2})g+2\omega^2 l]}{Pgl^2}}$$

$$\Delta_d=K_d\Delta_{st}$$

$$\sigma_d=K_d\sigma_{st}$$

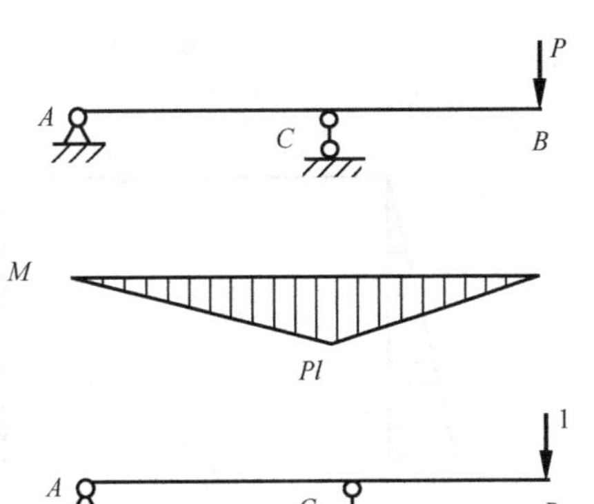

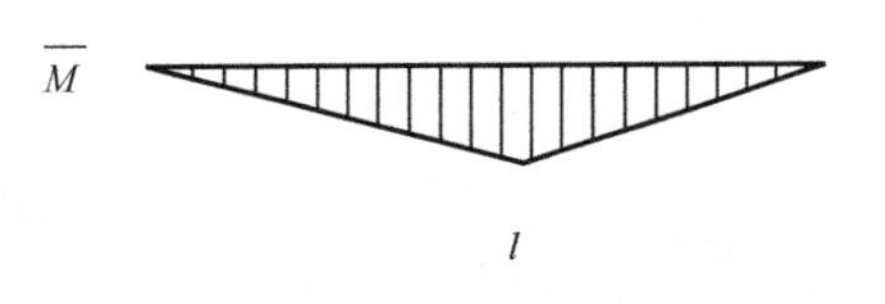

题六答案图

七、二次静不定问题。

$$\begin{cases}\delta_{11}X_1+\delta_{12}X_2+\Delta_{1F}=-\dfrac{X_1}{k}\\ \delta_{21}X_1+\delta_{22}X_2+\Delta_{2F}=0\end{cases}$$

$$\delta_{11}=\frac{1}{EI}\left(\frac{1}{2}\cdot l\cdot l\cdot\frac{2}{3}l\right)=\frac{l^3}{3EI}$$

$$\delta_{12}=\delta_{21}=\frac{1}{EI}\left(\frac{1}{2}\cdot l\cdot l\cdot l\right)=\frac{l^3}{2EI}$$

$$\delta_{22}=\frac{1}{EI}\left(\frac{1}{2}\cdot l\cdot l\cdot\frac{2}{3}l+l\cdot l\cdot l\right)=\frac{4l^3}{3EI}$$

$$\Delta_{1F}=\frac{-1}{EI}\left(\frac{ql^2}{2}\cdot l\cdot\frac{1}{2}l+\frac{1}{3}l\cdot\frac{ql^2}{2}\cdot\frac{3}{4}l\right)=-\frac{3ql^4}{8EI}$$

$$\Delta_{2F}=\frac{-1}{EI}\left(\frac{1}{2}\frac{ql^2}{2}\cdot\frac{l}{2}\cdot\frac{5}{6}l+l\cdot\frac{ql^2}{2}\cdot l+\frac{1}{3}l\cdot\frac{ql^2}{2}\cdot l\right)=-\frac{37ql^4}{48EI}$$

$$\frac{1}{3}X_1+\frac{1}{2}X_2-\frac{3}{8}ql=-\frac{1}{3}X_1$$

$$\frac{1}{2}X_1+\frac{4}{3}X_2-\frac{37}{48}ql=0$$

$$X_1=0.21\text{kN}$$

$$X_2=1.08\text{kN}$$

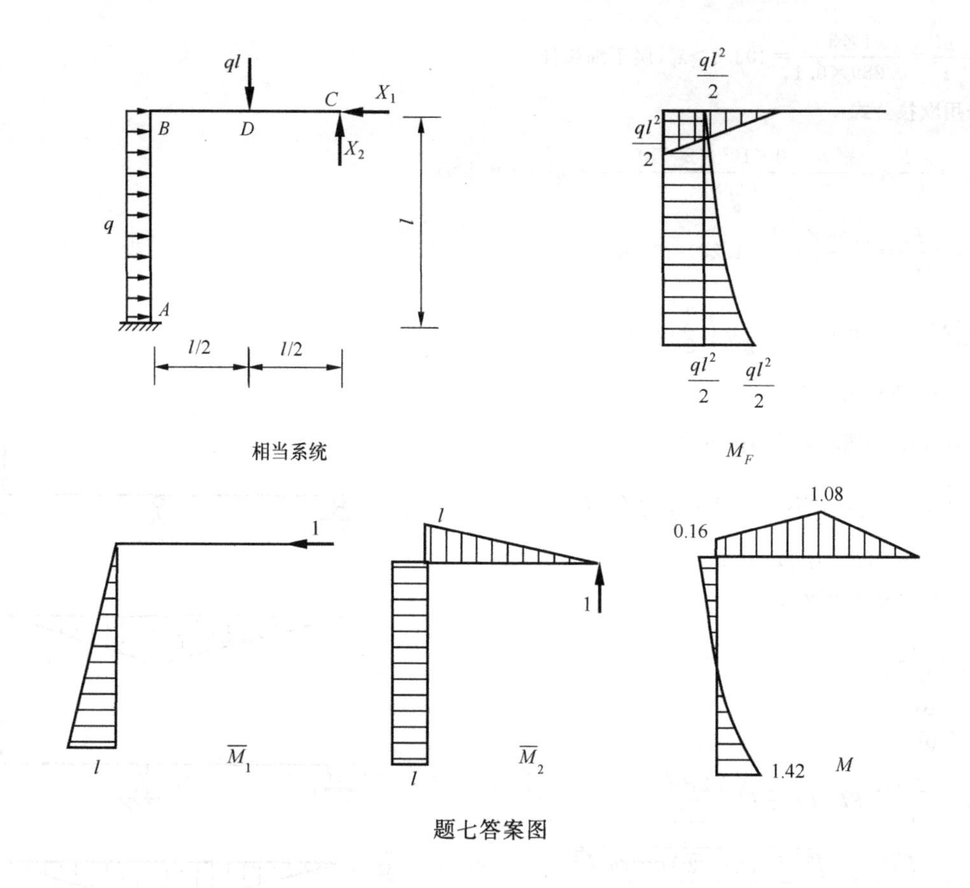

题七答案图

试 卷 二

一、简答题。(每题 5 分,共 30 分)

(1) 已知长为 l 的静定梁挠度方程为 $w(x)=\frac{q}{EI}\left(\frac{l^4}{16}-\frac{7l^3x}{48}+\frac{l^2x^2}{16}+\frac{lx^3}{16}-\frac{x^4}{24}\right)$,试画出梁的支座和梁上所受载荷。

(2) 什么是冷作硬化,举例说明它在工程中有利的一面。

(3) 题一(3)图所示悬臂梁由两根正方形截面梁胶合而成,正方形边长 80mm,试求胶合面上的内力。

(4)题一(4)图所示两种截面形状梁,横向外力作用线与虚线重合,分别指出它们的变形形式。

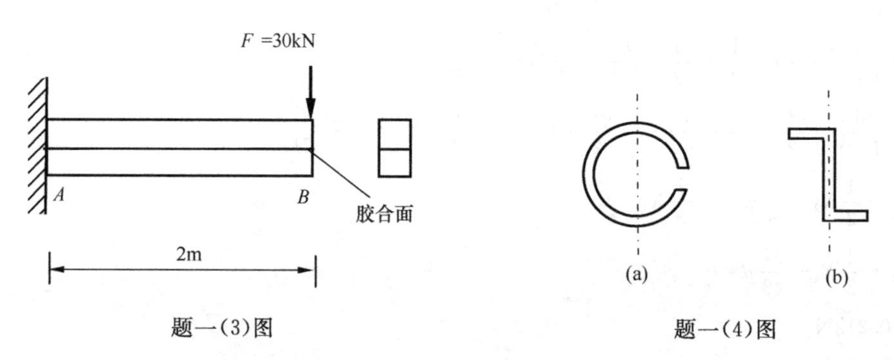

题一(3)图　　题一(4)图

(5) T 形截面尺寸如题一(5)图所示，单位为 mm，O 为截面形心。试求对 z 轴的惯性矩。

(6) 单元体应力状态如题一(6)图所示，单位为 MPa。求该点的三个主应力及最大切应力。

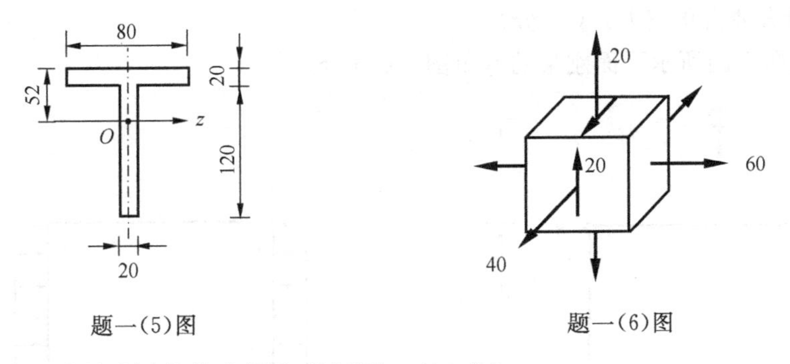

题一(5)图　　　　题一(6)图

二、画出题二图所示梁的剪力图和弯矩图。(15 分)

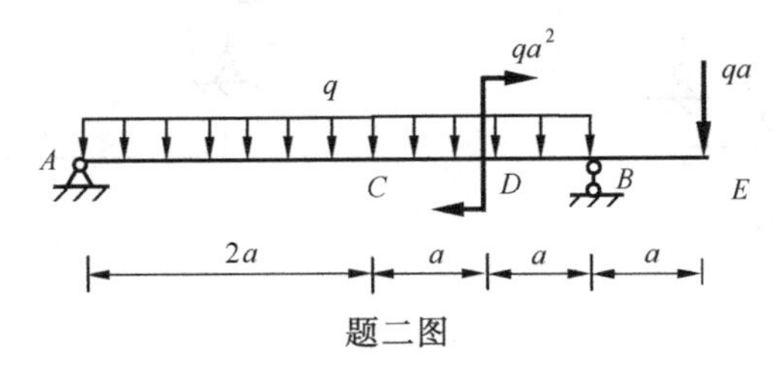

题二图

三、题三图所示结构中杆 AD、BC 均为 20a 号工字钢，材料的 $\lambda_P=100$，$\lambda_0=60$，$E=200\text{GPa}$，$a=304\text{MPa}$，$b=1.12\text{MPa}$，若规定稳定安全因数 $n_w=4$，试根据稳定条件求结构的许可荷载$[q]$。(10 分)

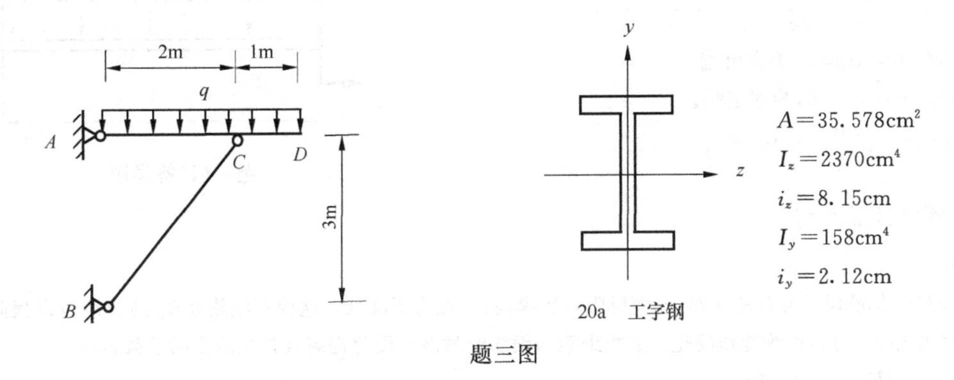

题三图

四、圆截面等直杆受横向力 F 和扭转外力偶 M_e 作用，如题四图所示。由试验测得表面 A 点处沿轴向方向线应变 $\varepsilon_{0°}=4\times10^{-4}$，杆表面点 B 处沿与母线成45°方向的线应变 $\varepsilon_{45°}=3\times10^{-4}$，已知材料的弹性模量 $E=200\text{GPa}$，泊松比 $\nu=0.3$，许用应力$[\sigma]=170\text{MPa}$，试采用第三强度理论校核该杆的强度。(15 分)

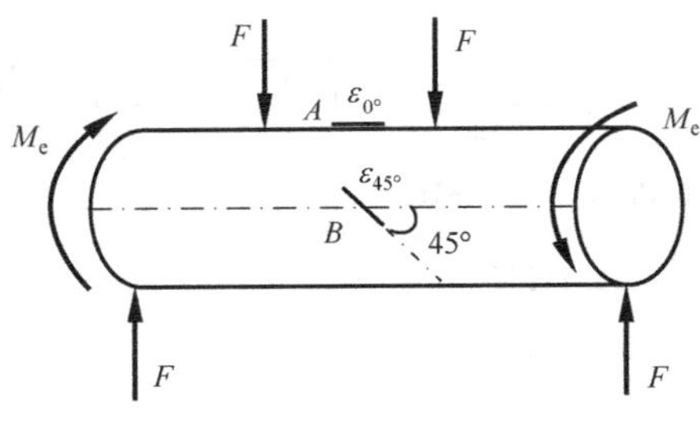

题四图

五、重量为 P 的重物，自题五图所示位置自由下落，冲击到梁 AB 中点 D，梁 AB 的弯曲刚度 EI、抗弯截面模量 W 及长度 l 均已知，柱 BC 的拉压刚度为 EA，横截面积为 A，长度为 l。试求两杆内最大冲击正应力。(15 分)

六、画出题六图所示平面刚架的弯矩图。(15 分)

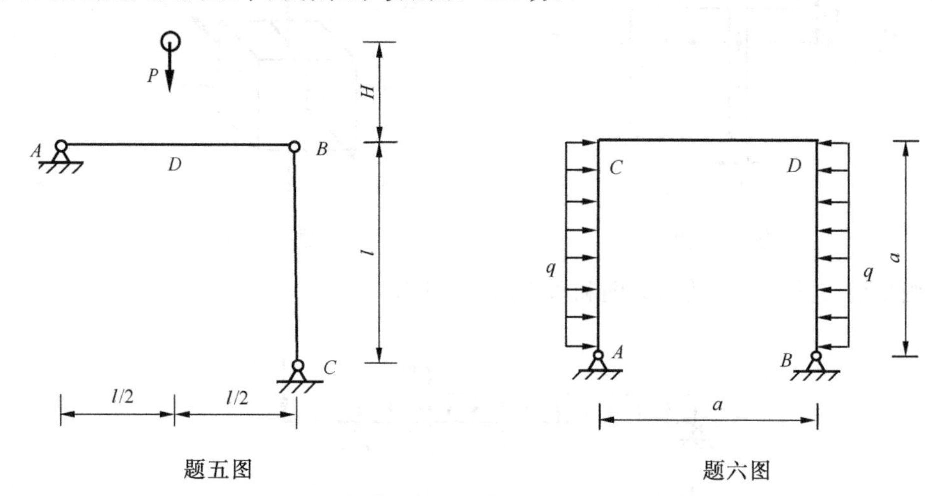

题五图　　　　题六图

试卷二答案与题解

一、(1) 梁的支座和梁上所受载荷如图所示。

$$w(x)=\frac{q}{EI}\left(\frac{l^4}{16}-\frac{7l^3x}{48}+\frac{l^2x^2}{16}+\frac{lx^3}{16}-\frac{x^4}{24}\right)$$

$$\theta(x)=w'=\frac{q}{EI}\left(-\frac{7l^3}{48}+\frac{l^2x}{8}+\frac{3lx^2}{16}-\frac{x^3}{6}\right)$$

$x=0$ 时，$\theta\neq0$，$w\neq0$，为自由端。

$x=l$ 时，$\theta=0$，$w=0$，为固定端。

$$M=EIw''=q\left(\frac{l^2}{8}+\frac{3lx}{8}-\frac{x^2}{2}\right)$$

$$F_S=M'=q\left(\frac{3l}{8}-x\right)$$

$$q=F_S'=-q$$

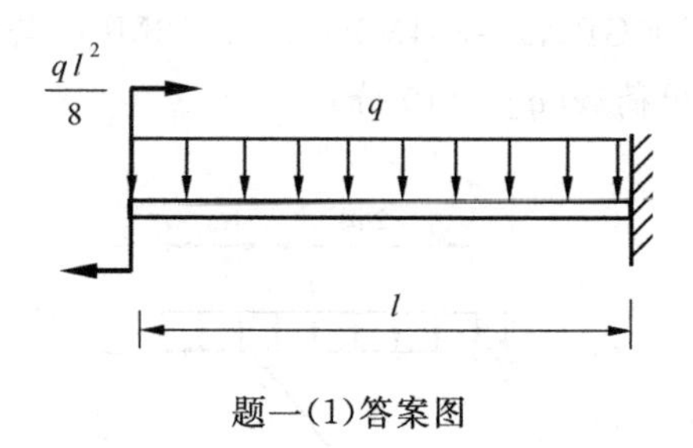

题一(1)答案图

(2) 经过强化阶段后卸载的材料，比例极限有所提高，塑性有所降低。这种不经热处理，通过冷拉以提高材料弹性极限的方法，称为冷作硬化。起重钢索和钢筋经过冷作硬化提高其弹性阶段的承载力。

(3) $\tau_{max}=\dfrac{3F_S}{2A}=\dfrac{3\times30\times10^3}{2\times0.08\times0.16}=3.5(\text{MPa})$

$F_S'=3.5\times10^6\times2\times0.08=562.5(\text{kN})$

(4) 题一(4)图(a)平面弯曲＋扭转；题一(4)图(b)斜弯曲。

(5) $I_z=\dfrac{80\times20^3}{12}+80\times20\times42^2+\dfrac{20\times120^3}{12}+120\times20\times28^2=7.6\times10^6(\text{mm}^4)$

(6) $\begin{matrix}\sigma'\\\sigma''\end{matrix}=\dfrac{\sigma_x+\sigma_y}{2}\pm\sqrt{\left(\dfrac{\sigma_x-\sigma_y}{2}\right)^2+\tau_{xy}^2}=\dfrac{40+20}{2}\pm\sqrt{\left(\dfrac{40-20}{2}\right)^2+20^2}=\begin{matrix}52.36(\text{MPa})\\7.63(\text{MPa})\end{matrix}$

所以，$\sigma_1=60\text{MPa}$，$\sigma_2=52.36\text{MPa}$，$\sigma_3=7.63\text{MPa}$

$$\tau_{max}=\frac{\sigma_1-\sigma_3}{2}=\frac{60-7.63}{2}=26.2(\text{MPa})$$

二、剪力图和弯矩图如图所示。

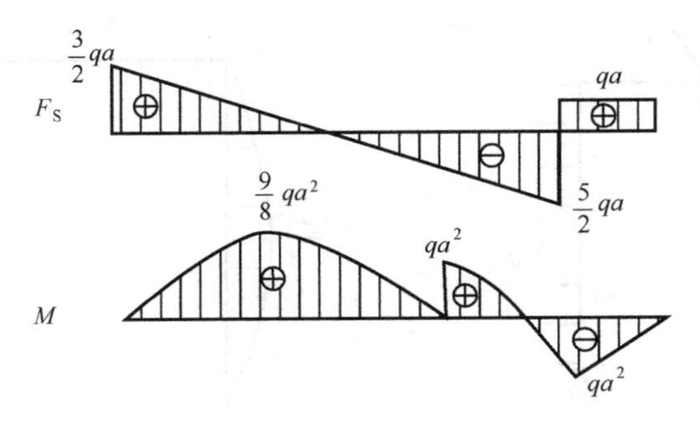

题二答案图

三、$\lambda=\frac{\mu l}{i}=\frac{1\times\sqrt{2^2+3^2}}{2.12\times10^{-2}}=170>\lambda_P$,属于细长杆。

$$F_{cr}=\frac{\pi^2 E}{\lambda^2}A=\frac{3.14^2\times200\times10^9}{170^2}\times35.578\times10^{-4}=243(\text{kN})$$

$$[F_{CB}]=\frac{F_{cr}}{n_w}=\frac{243}{4}=60.7(\text{kN})$$

$$\sum M_A=0, F_{CB}\times\frac{3}{\sqrt{13}}\times2-\frac{1}{2}q\times3^2=0$$

$$q=22.45(\text{kN/m})$$

四、$\sigma_1=\tau, \sigma_3=-\tau$

$$\sigma=E\varepsilon_{0^\circ}=200\times10^9\times4\times10^{-4}=80(\text{MPa})$$

$$\varepsilon_{45^\circ}=\frac{1}{E}[\sigma_1-\nu\sigma_3]=\frac{\tau}{E}(1+\nu)$$

$$\tau=\frac{E\varepsilon_{45^\circ}}{1+\nu}=\frac{200\times10^9\times3\times10^{-4}}{1+0.3}=46.2(\text{MPa})$$

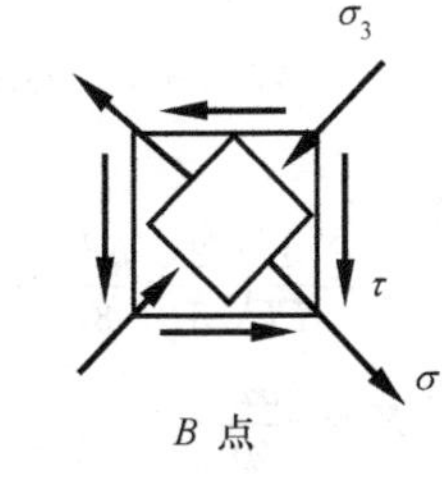

题四答案图

根据第三强度理论得

$\sigma_{r3}=\sqrt{\sigma^2+4\tau^2}=\sqrt{80^2+4\times46.2^2}=100.6(\text{MPa})<[\sigma]$,满足强度条件。

五、$\Delta_{st}=\frac{Pl^3}{48EI}+\frac{Pl}{4EA}$

$$\sigma_{st杆}=\frac{\frac{P}{2}}{A}=\frac{P}{2A}$$

$$\sigma_{st梁}=\frac{Pl}{4W}$$

$$K_d=1+\sqrt{1+\frac{2H}{\Delta_{st}}}$$

$$\sigma_{d杆}=K_d\sigma_{st杆}$$

$$\sigma_{d梁}=K_d\sigma_{st梁}$$

六、一次静不定问题。

$$\delta_{11}X_1+\Delta_{1F}=0$$

$$\delta_{11}=\frac{1}{EI}\left(\frac{1}{2}\times1\times a\times\frac{2}{3}+\frac{1}{2}a\times1\times1\right)=\frac{5a}{6EI}$$

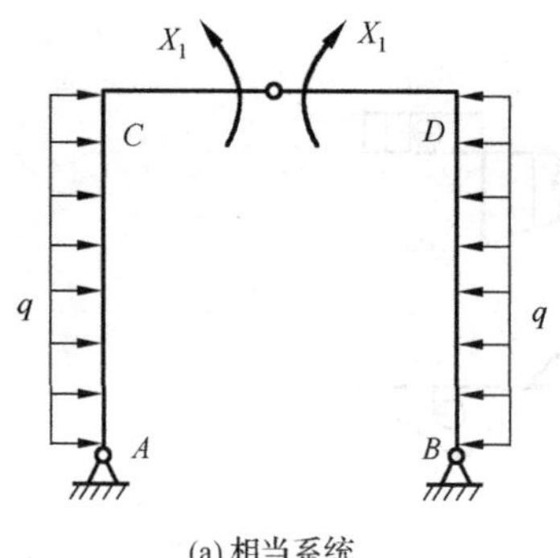

(a) 相当系统

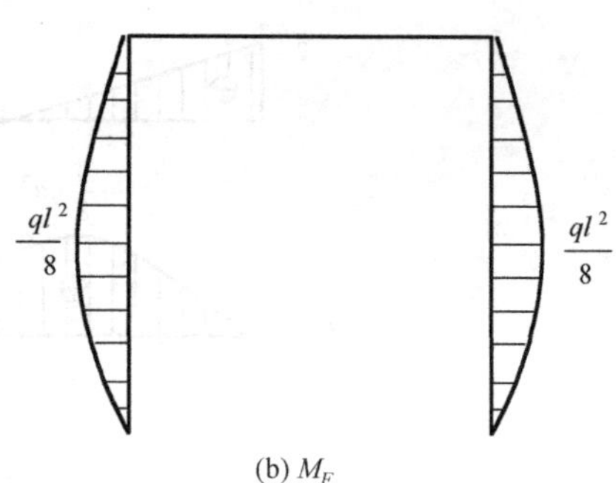

(b) M_F

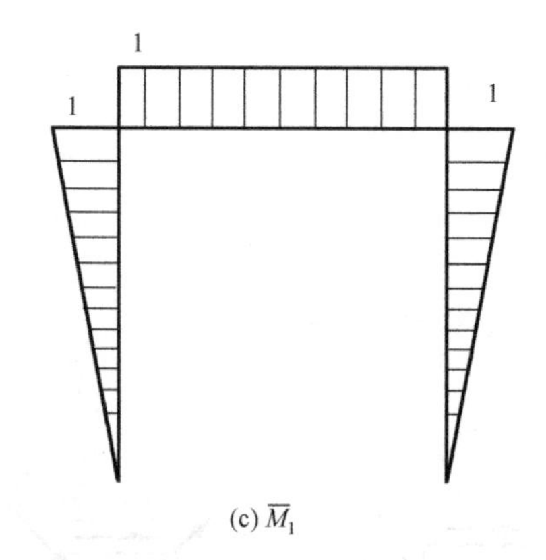

(c) $\overline{M}_1$

$\frac{1}{20}qa^2$ $\frac{1}{20}qa^2$ $\frac{1}{20}qa^2$ $\frac{1}{20}qa^2$ $\frac{1}{10}qa^2$ $\frac{1}{10}qa^2$

(d) M

题六答案图

$$\Delta_{1F}=\frac{1}{EI}\left(\frac{2}{3}\cdot\frac{qa^2}{8}\cdot a\cdot\frac{1}{2}\right)=\frac{qa^3}{24EI}$$

$$X_1=-\frac{qa^2}{20}$$

试　卷　三

一、选择题。(每题 4 分,共 20 分)

(1) 题一(1)图所示由两种不同材料等截面杆连接而成的圆轴,两端受到扭转外力偶 M_e 作用后,左、右两段________。

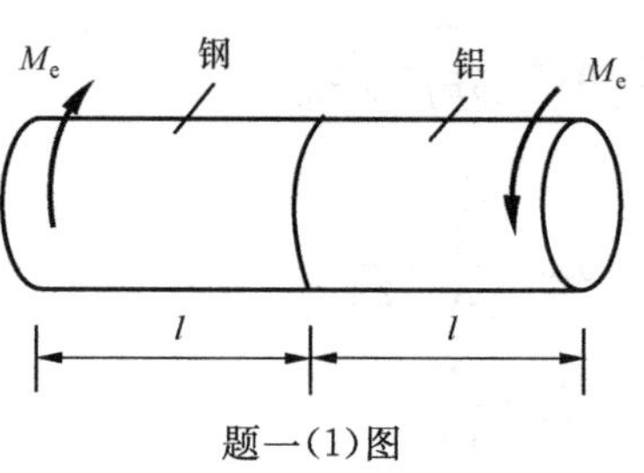

题一(1)图

A. 最大切应力 τ_{max} 不同,单位长度扭转角 θ 相同;

B. τ_{max} 相同,θ 不同;

C. τ_{max} 与 θ 都不同;

D. τ_{max} 与 θ 都相同。

(2) 由低碳钢制成的细长压杆,经冷作硬化后,其________。

A. 稳定性和强度均提高;　　B. 稳定性和强度不变;

C. 稳定性提高,强度不变;　　D. 稳定性不变,强度提高。

(3) 在平面图形的几何性质中,可以为正、可以为负也可以为零的是________。

A. 惯性矩和惯性积;　　B. 静矩和惯性矩;

C. 静矩和惯性积;　　D. 极惯性矩和惯性矩。

(4) 已知等直梁的挠曲线方程为 $w(x)=17x^3(7x-5x^2+3)$,则该梁上________。

A. 有均布载荷;

B. 有线性分布载荷；

C. 无分布载荷作用；

D. 分布载荷是轴线方向坐标 x 的二次函数。

(5) 两种杆均由两根 14a 号热轧槽钢组成，横截面形状如题一(5)图所示，两者形心主惯性矩的关系为________。

A. $I_{ya}=I_{yb}, I_{za}<I_{zb}$；　　B. $I_{ya}>I_{yb}, I_{za}=I_{zb}$；

C. $I_{ya}>I_{yb}, I_{za}<I_{zb}$；　　D. $I_{ya}<I_{yb}, I_{za}=I_{zb}$。

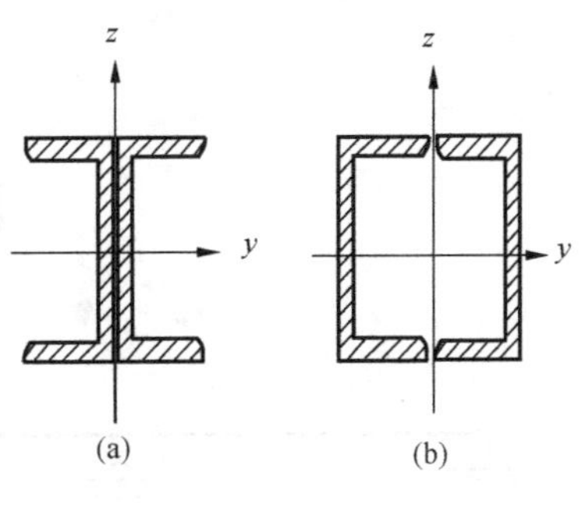

题一(5)图

二、单元体应力状态如题二图所示，单位为 MPa。求该点的三个主应力、最大切应力和最大伸长线应变。材料的弹性模量为 200GPa，泊松比为 0.3。(10 分)

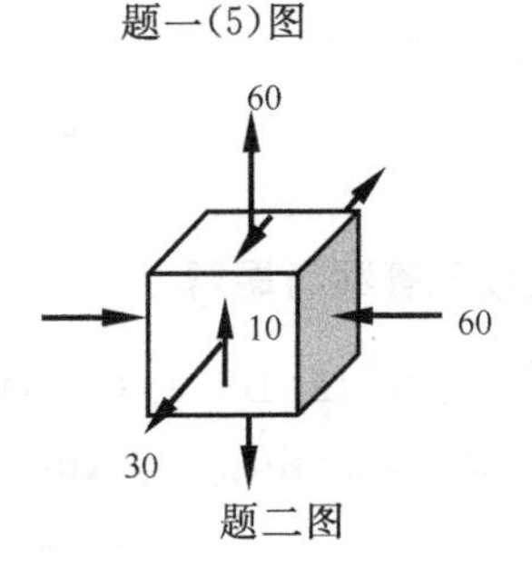

题二图

三、画出题三图所示外伸梁的剪力图、弯矩图和挠曲线大致形状。(15 分)

四、题四图所示实心圆截面直角折杆位于水平面内，各段直径 $d=80\text{mm}$，长 $l=2\text{m}$，均布载荷集度 $q=1\text{kN/m}$，力偶矩 $M_y=2\text{kN}\cdot\text{m}$。(1) 试画出各段内力图，确定折杆危险截面；(2) 已知 $[\sigma]=140\text{MPa}$，试采用第四强度理论校核折杆的强度。(15 分)

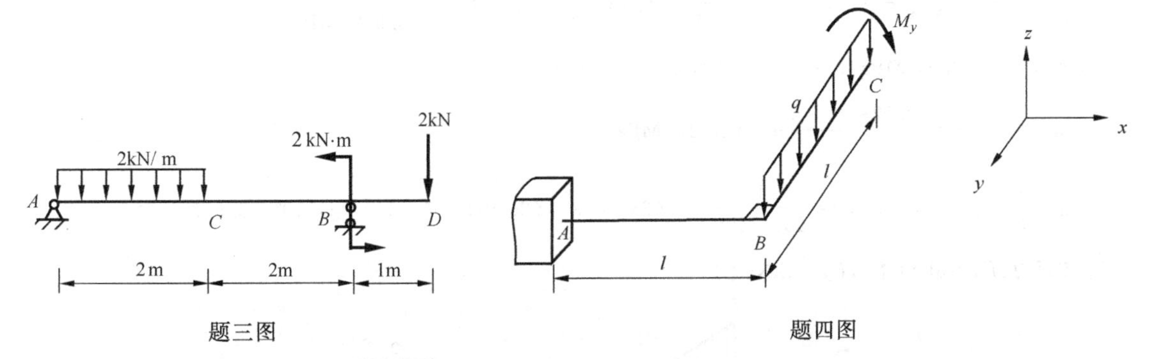

题三图　　　　题四图

五、题五图所示结构，已知 AC 杆和 BD 杆均为 20a 号工字钢，材料为 Q235，$\lambda_0=61$，$\lambda_P=100$，$a=304\text{MPa}$，$b=1.12\text{MPa}$，$[\sigma]=140\text{MPa}$，$E=200\text{GPa}$，若规定稳定安全因数 $n_w=3$，试求结构的许可载荷 $[q]$。(AC 杆竖直方向为 y 轴。)(15 分)

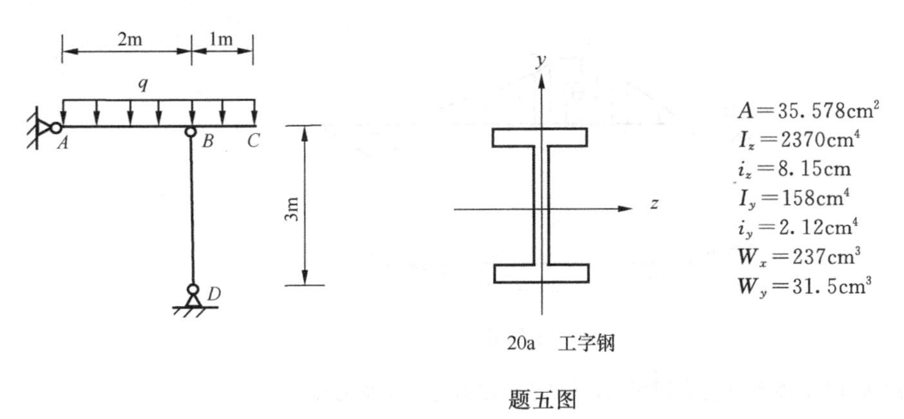

题五图

六、重量为 P 的重物，在题六图所示初始位置以速度 v 下落到梁 ABC 的端点 C，设梁的 EI、W 及 l 均已知。试求梁内最大冲击正应力和最大挠度。(10 分)

七、题七图所示平面刚架，各段刚度 EI 相同，已知 $q=4\text{kN/m}$，$l=1\text{m}$，求该平面刚架的约束反力(包括 A 点和 C 点)。(15 分)

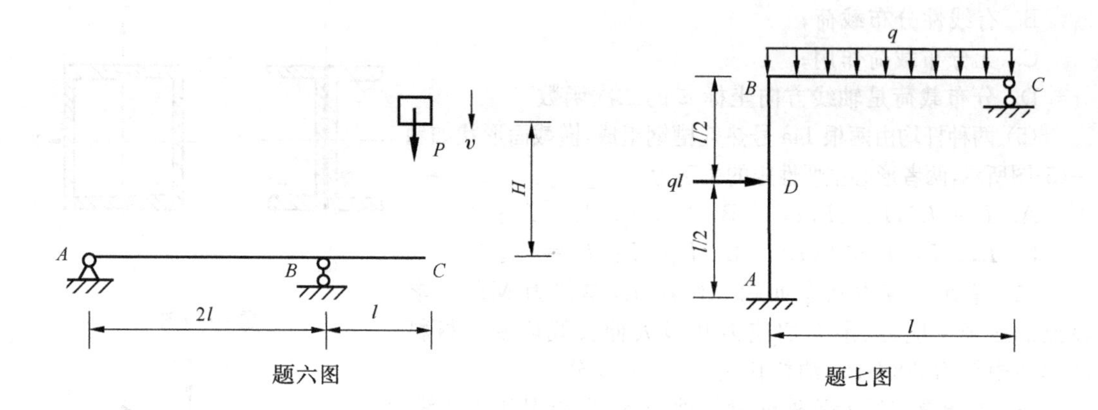

题六图　　　　　　题七图

试卷三答案与题解

一、(1) B　(2) D　(3) C　(4) B　(5) A

二、$\sigma'''=-60\text{MPa},\sigma_x=30\text{MPa},\sigma_y=60\text{MPa},\tau_{xy}=10\text{MPa}$

$$\left.\begin{matrix}\sigma'\\ \sigma''\end{matrix}\right\}=\frac{\sigma_x+\sigma_y}{2}\pm\sqrt{\left(\frac{\sigma_x-\sigma_y}{2}\right)^2+\tau_{xy}^2}=\frac{30+60}{2}\pm\sqrt{\left(\frac{30-60}{2}\right)^2+10^2}=\begin{matrix}63.028(\text{MPa})\\ 26.972(\text{MPa})\end{matrix}$$

所以，$\sigma_1=63.028\text{MPa},\sigma_2=26.972\text{MPa},\sigma_3=-60\text{MPa}$。

$$\tau_{\max}=\frac{\sigma_1-\sigma_3}{2}=\frac{63.028-(-60)}{2}=61.514(\text{MPa})$$

$$\varepsilon_1=\frac{1}{E}[\sigma_1-\nu(\sigma_2+\sigma_3)]=\frac{1}{200\times10^9}[63.028-0.3\times(26.972+(-60))]\times10^6=3.65\times10^{-4}$$

三、支反力：$F_A=3\text{kN}(\uparrow),F_B=3\text{kN}(\uparrow)$。

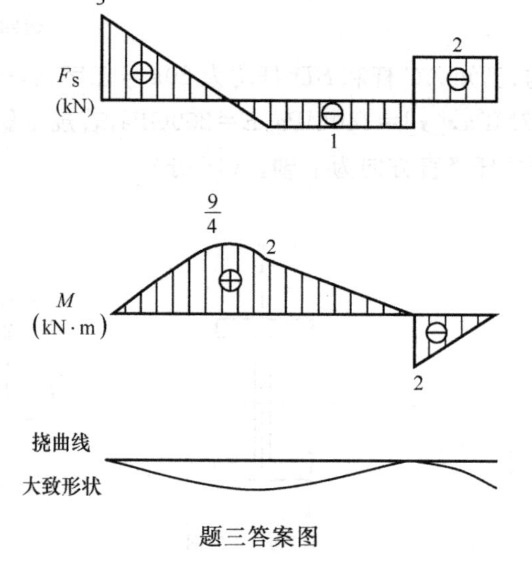

题三答案图

四、(1) 各段弯矩图和扭矩图如题四答案图所示，可知危险截面为 A 截面右侧。

(2) $\sigma_{r4}=\dfrac{\sqrt{M^2+0.75T^2}}{W}=\dfrac{\sqrt{6^2+0.75\times2^2}\times10^3}{\dfrac{\pi\times0.08^3}{32}}=124.24(\text{MPa})<[\sigma]$，满足强度要求。

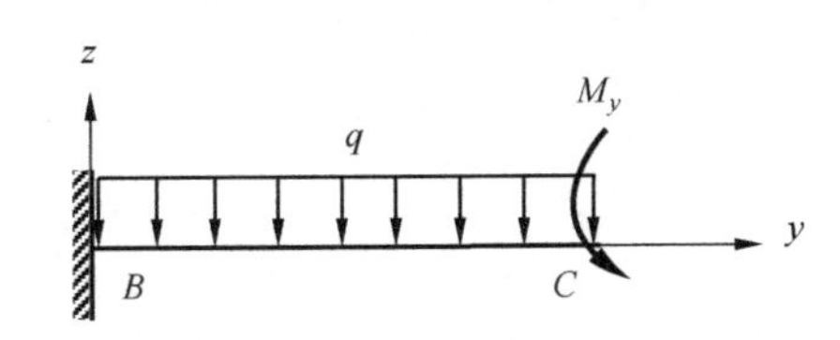

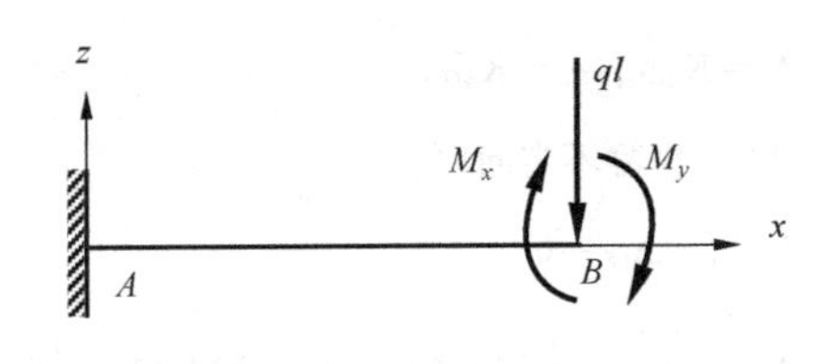

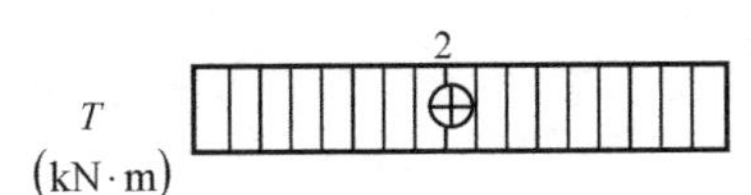

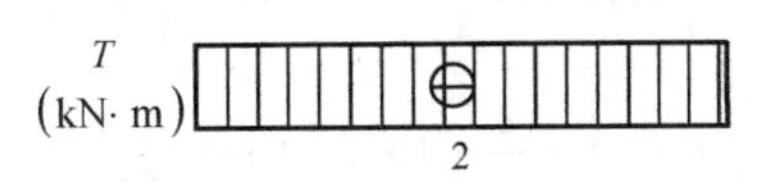

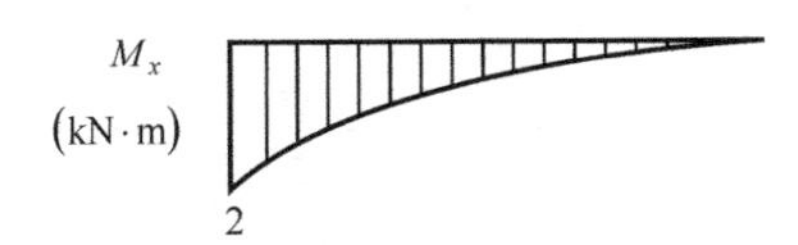

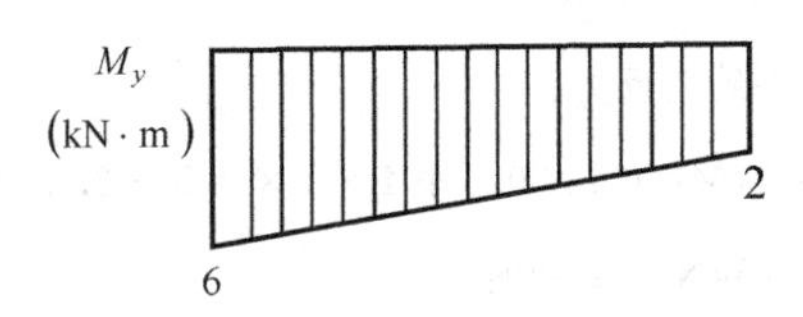

题四答案图

五、$\sum M_A=0$，$F_B=\dfrac{9}{4}q$

(1) 对于 BD 杆，考虑其稳定性要求。

$\lambda=\dfrac{\mu l}{i}=\dfrac{1\times 3}{2.12\times 10^{-2}}=141.5>\lambda_{\mathrm{P}}$，属于细长杆。采用欧拉公式

$$F_{\mathrm{cr}}=\frac{\pi^2 EI_y}{(\mu l)^2}=\frac{\pi^2\times 200\times 10^9\times 158\times 10^{-8}}{(1\times 3)^2}=346.5(\mathrm{kN})$$

$$F_B\leqslant\frac{F_{\mathrm{cr}}}{n_{\mathrm{w}}}=\frac{346.5}{3}=115.5(\mathrm{kN}),\ \frac{9}{4}q\leqslant 115.5\mathrm{kN}$$

$q\leqslant 51.3\mathrm{kN/m}$

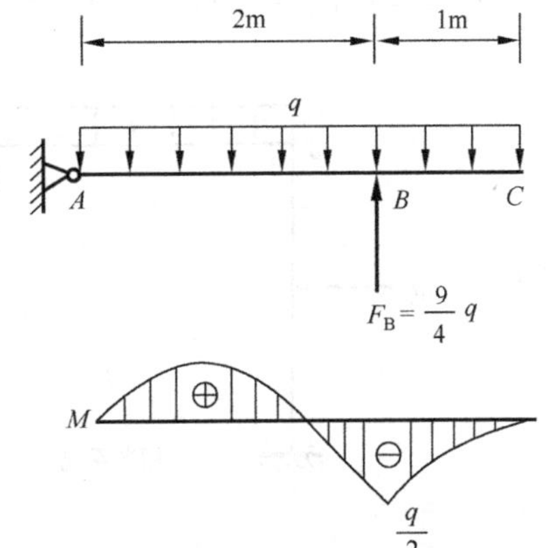

题五答案图

(2) 对于 AC 杆，考虑强度要求。弯矩图如题五答案图所示，则

$$\sigma_{\max}=\frac{M_{\max}}{W_z}\leqslant[\sigma],\ \frac{q/2}{237\times 10^{-6}}\leqslant 140\times 10^6$$

$q\leqslant 66.36\mathrm{kN/m}$

所以，$[q]=51.3\mathrm{kN/m}$。

六、将初始速度折算为高度。

$$\frac{1}{2}mv^2=mgh_0,\ h_0=\frac{v^2}{2g},\ H'=H+\frac{v^2}{2g}$$

$$K_{\mathrm{d}}=1+\sqrt{1+\frac{2H'}{\Delta_{\mathrm{st}}}}=1+\sqrt{1+\frac{2Hg+v^2}{g\Delta_{\mathrm{st}}}}$$

弯矩图如题六答案图所示，则

$$\sigma_{\mathrm{st}}=\frac{Pl}{W}$$

$$\Delta_{\mathrm{st}}=\frac{1}{EI}\left(\frac{1}{2}\cdot 2l\cdot Pl\cdot\frac{2}{3}l+\frac{1}{2}\cdot l\cdot Pl\cdot\frac{2}{3}l\right)$$

$$=\frac{Pl^3}{EI}$$

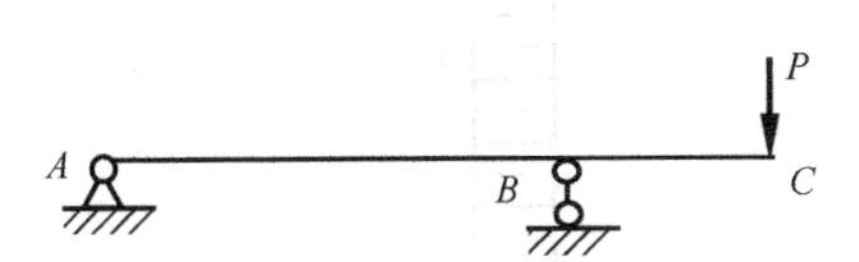

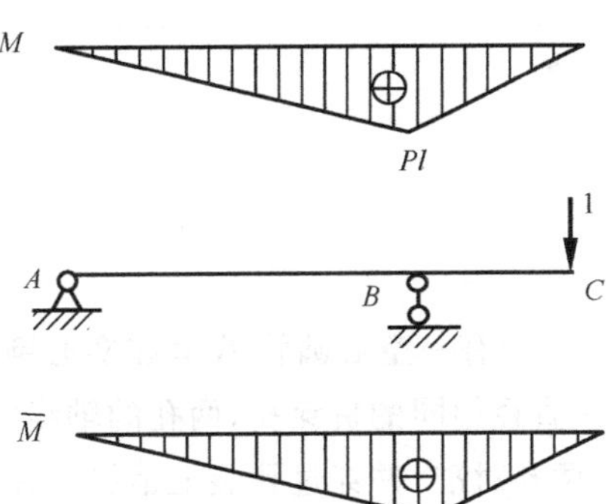

题六答案图

$\Delta_d = K_d\Delta_{st}, \sigma_d = K_d\sigma_{st}$

七、(1) 一次静不定问题。

$\delta_{11}X_1 + \Delta_{1F} = 0$

$$\Delta_{1F} = \frac{1}{EI}\left(-\frac{1}{3}\times1\times2\times\frac{3}{4} - 1\times2\times1 - \frac{1}{2}\times\frac{1}{2}\times2\times1\right) = -\frac{3}{EI}$$

$$\delta_{11} = \frac{1}{EI}\left(\frac{1}{2}\times1\times1\times\frac{2}{3} + 1\times1\times1\right) = \frac{4}{3EI}$$

所以 $F_C = X_1 = 2.25\text{kN}(\uparrow)$。

(2) 求 A 端约束反力。

$\sum M_A = 0, M_A + 4\times0.5 + 4\times1\times0.5 - 2.25\times1 = 0$

$M_A = -1.75\text{kN}\cdot\text{m}$(逆时针)

$\sum F_x = 0, F_{Ax} + 4\times1 = 0, F_{Ax} = -4\text{kN}(\leftarrow)$

$\sum F_y = 0, F_{Ay} + 2.25 - 4\times1 = 0, F_{Ay} = 1.75\text{kN}(\uparrow)$

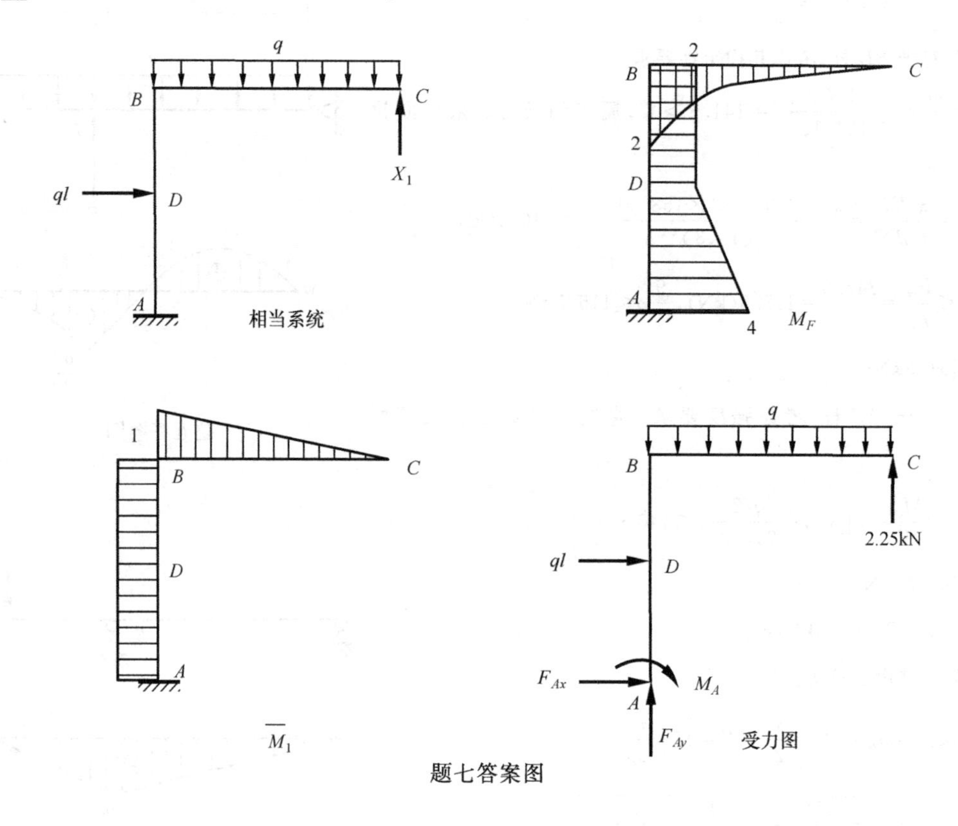

题七答案图

试　卷　四

一、有一空心圆管 A 套在实心圆轴 B 的一端，如题一图所示。管和轴在同一横截面处各有一直径相同的贯穿孔，两孔的轴线之间的夹角为 β。现在圆轴 B 上施加外力偶使圆轴 B 扭转，两孔对准，并穿过孔装上销钉。在装上销钉后卸除施加在圆轴 B 上的外力偶。试问管和轴内的扭矩分别为多少？已知套管 A 和圆轴 B 的极惯性矩分别为 I_{pA} 和 I_{pB}，管和轴材料相同，切变模量为 G。(15 分)

二、如题二图所示梁 A 端铰接长为 l 的刚性杆 AD，AD 杆端固接重量为 P 的重物，自图示位置绕 A 端自由下落，冲击到梁 AB 的中点 C，梁的 EI、W 及 l 均已知。试求梁内最大冲击正应力和最大挠度。(10 分)

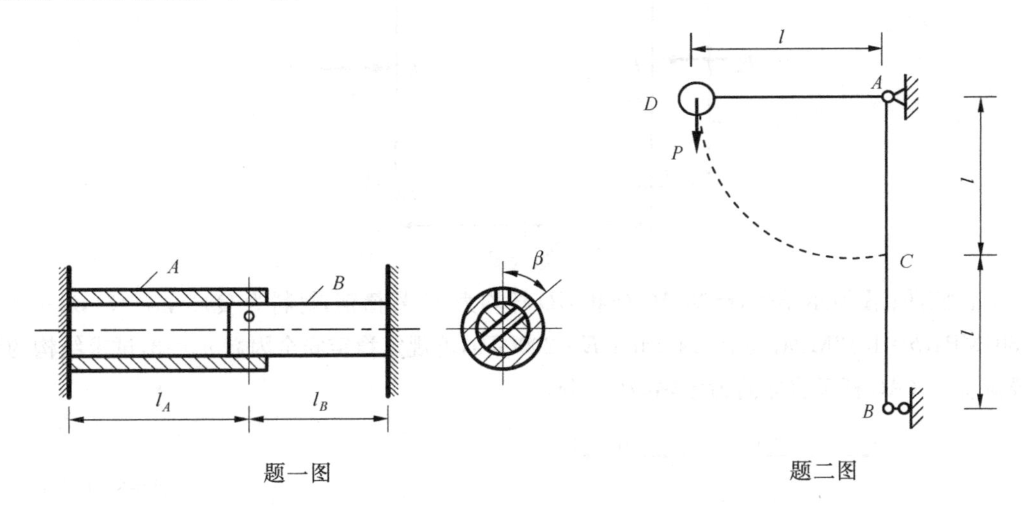

题一图　　　　题二图

三、外伸梁受力如题三图所示，该梁为 T 形截面铸铁梁，已知铸铁的许用拉应力$[\sigma_t]$与许用压应力$[\sigma_c]$之比为 1 : 2，则在图(a)、图(b)两种放置方案中许用的最大载荷 $F_{(a)}$ 与 $F_{(b)}$ 之比为多少？(15 分)

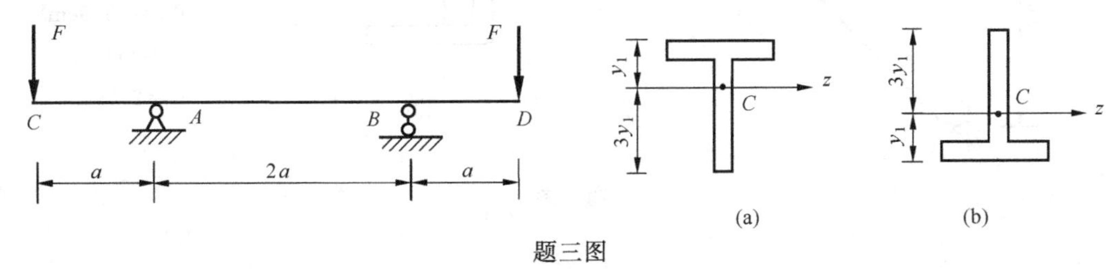

题三图

四、外伸梁如题四图所示，已知 $q=20\text{kN/m}$，$F=20\text{kN}$，$M_e=160\text{kN}\cdot\text{m}$，试绘制此梁的剪力图和弯矩图。(15 分)

五、题五图所示结构中 AB、CD 两杆均为直径为 d 的等截面直杆，各杆尺寸已知，两杆互相垂直，节点 C 为刚节点，已知杆的外扭转力偶矩为 M_e，试：(1)画出 AB 杆内力图，指出危险截面的位置；(2)画出危险点的应力单元体；(3)计算危险点的第三强度理论相当应力。(15 分)

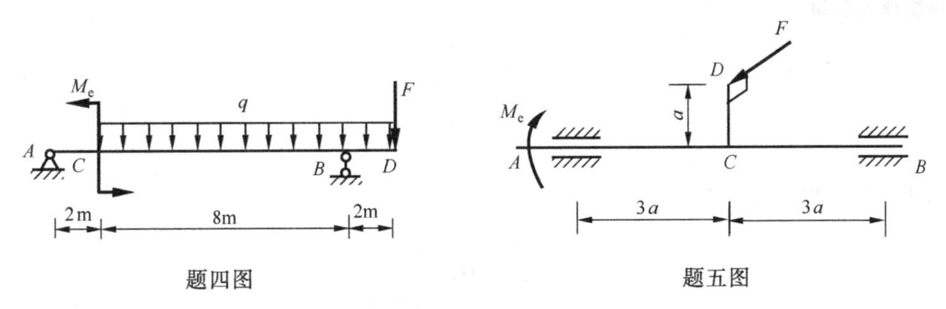

题四图　　　　题五图

六、题六图所示平面刚架，结构和所受载荷均为对称，各段刚度 EI 相同，G 为中间铰，已知 $q=2\text{kN/m}$，$a=1\text{m}$，试画出该平面刚架的弯矩图。(15 分)

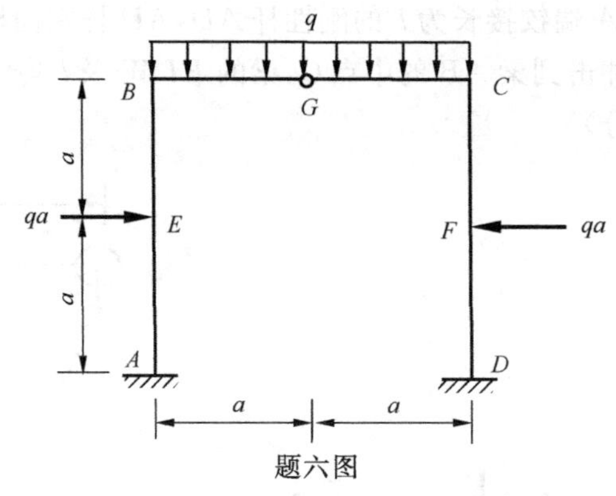

题六图

七、如题七图所示结构，已知 AC 杆和 BD 杆均为 20 号槽钢，材料为 Q235，$\lambda_0=61$，$\lambda_P=100$，$a=304\text{MPa}$，$b=1.12\text{MPa}$，$[\sigma]=140\text{MPa}$，$E=200\text{GPa}$，若规定稳定安全因数 $n_w=3$，试求结构的许可载荷$[q]$。（AC 杆竖直方向为 y 轴。）(15 分)

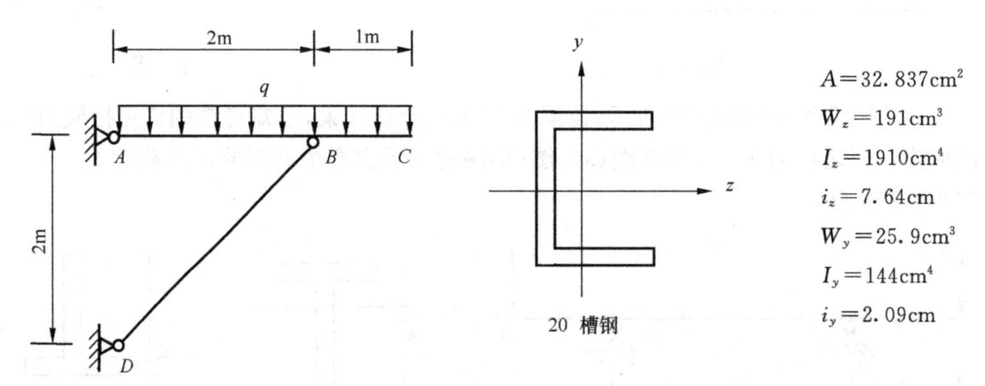

题七图

试卷四答案与题解

一、套管 A 和圆轴 B 安装后在连接处有一相互作用力偶矩 T，在此力偶矩作用下套管 A 转过一角度 φ_A，圆轴 B 反方向转过的角度为 φ_B，由套管 A、圆轴 B 连接处的变形协调条件得

$$\varphi_A+\varphi_B=\beta \tag{a}$$

又由物理关系知

$$\varphi_A=\frac{Tl_A}{GI_{pA}} \tag{b}$$

$$\varphi_B=\frac{Tl_B}{GI_{pB}} \tag{c}$$

将式(b)、式(c)代入式(a)中，得

$$\frac{Tl_A}{GI_{pA}}+\frac{Tl_B}{GI_{pB}}=\beta$$

$$T=\frac{\beta}{\dfrac{l_A}{GI_{pA}}+\dfrac{l_B}{GI_{pB}}}=\frac{\beta GI_{pA}I_{pB}}{l_AI_{pB}+l_BI_{pA}}$$

二、将高度折算为初始速度。

$$\frac{1}{2}mv^2=mgl,v^2=2gl$$

$$K_d=\sqrt{\frac{v^2}{g\Delta_{st}}}=\sqrt{\frac{2l}{\Delta_{st}}}$$

$$\sigma_{st}=\frac{Pl}{2W},\quad \Delta_{st}=\frac{Pl^3}{6EI}$$

$$\Delta_d=K_d\Delta_{st},\quad \sigma_d=K_d\sigma_{st}$$

三、题三图(a) $\frac{M_{max}\cdot 3y_1}{I_z}\leqslant[\sigma_c]$，$\frac{M_{max}\cdot y_1}{I_z}\leqslant[\sigma_t]$，$F_{(a)}\leqslant\frac{2}{3}\frac{[\sigma_t]I_z}{y_1\cdot a}$

题三图(b) $\frac{M_{max}\cdot y_1}{I_z}\leqslant[\sigma_c]$，$\frac{M_{max}\cdot 3y_1}{I_z}\leqslant[\sigma_t]$

$$F_{(b)}\leqslant\frac{1}{3}\frac{[\sigma_t]I_z}{y_1\cdot a}$$

所以$\frac{[F_{(a)}]}{[F_{(b)}]}=\frac{2}{1}$

四、$F_A=72\text{kN}(\uparrow)$，$F_B=148\text{kN}(\uparrow)$

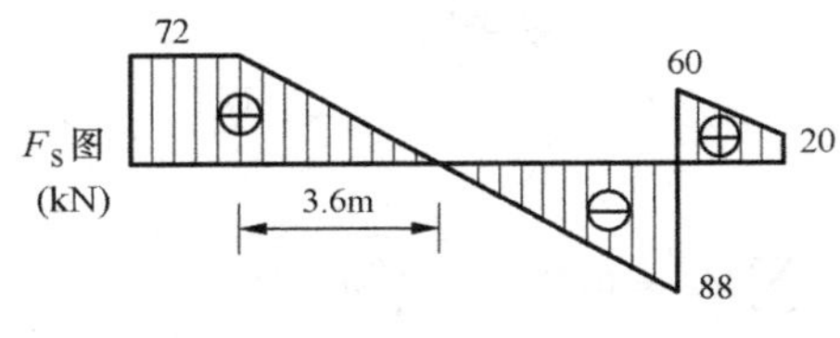

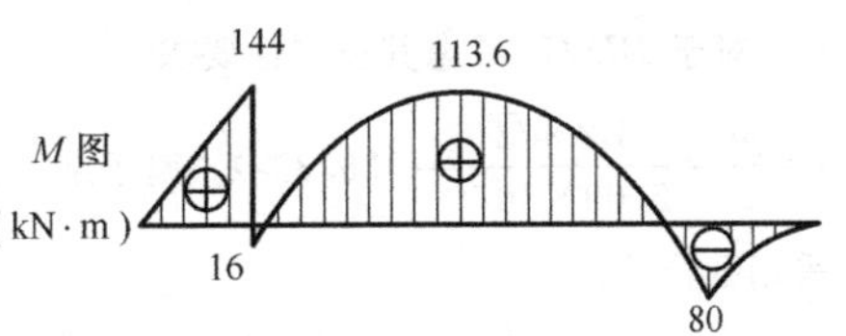

题四答案图

五、(1) AB杆内力图如图(a)所示。C左为危险截面

$$T=M_e=Fa, M_{max}=\frac{3M_e}{2}=\frac{3Fa}{2}$$

(2) 危险点单元体如图(b)所示。

(3) $\sigma_{r3}=\frac{1}{W}\sqrt{M^2+T^2}=\frac{16\sqrt{13}Fa}{\pi d^3}$

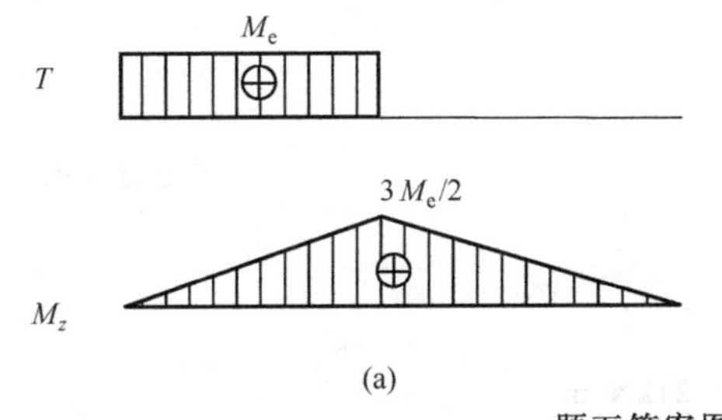

(a)

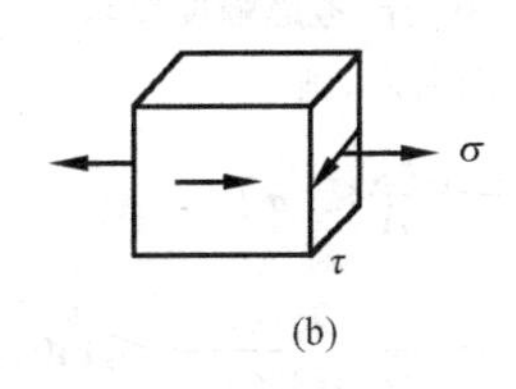

(b)

题五答案图

六、一次静不定问题。

$$\delta_{11}X_1+\Delta_{1F}=0$$

$$\Delta_{1F}=\frac{1}{EI}\left(1\times2\times1+\frac{1}{2}\times2\times1\times\frac{10}{6}\right)=\frac{11}{3EI}$$

$$\delta_{11}=\frac{1}{EI}\left(\frac{1}{2}\times2\times2\times\frac{4}{3}\right)=\frac{8}{3EI}$$

所以，$X_1=-1.375\text{kN}(\leftarrow)$。

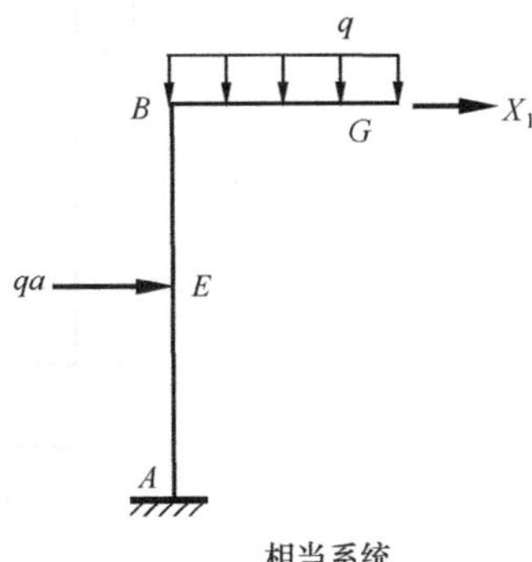

相当系统

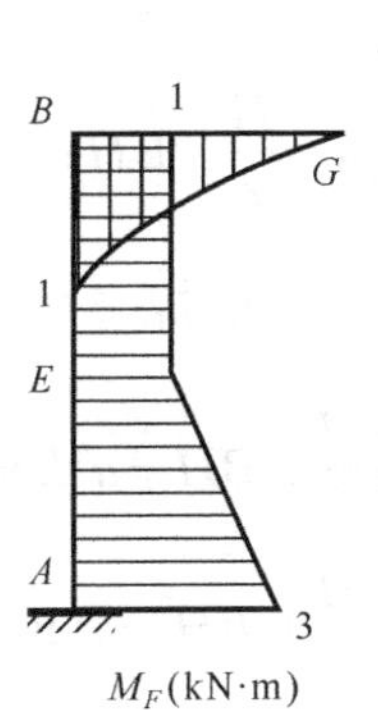

M_F(kN·m)

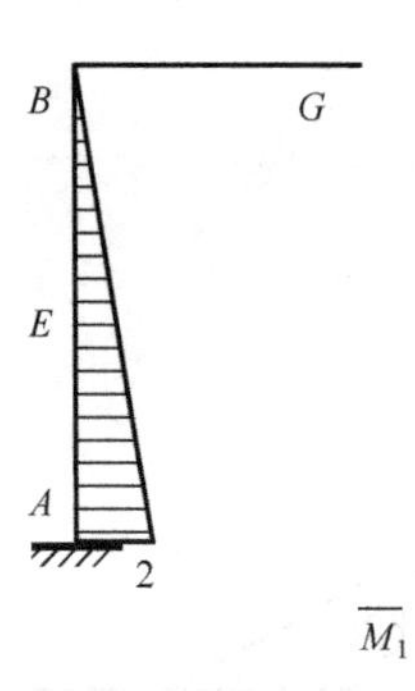

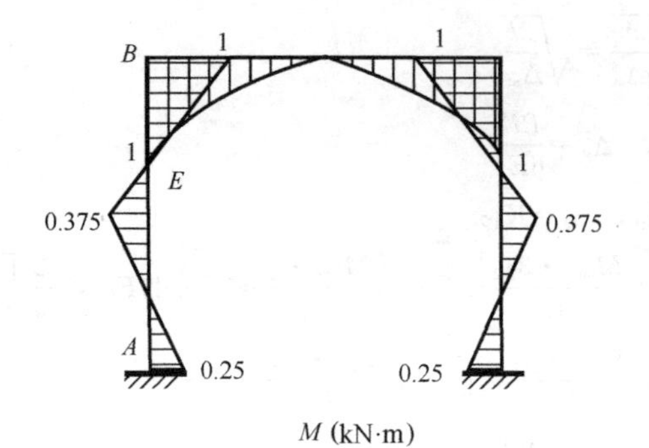

题六答案图

七、$\sum M_A = 0, F_{BD} = \dfrac{9\sqrt{2}}{4}q$

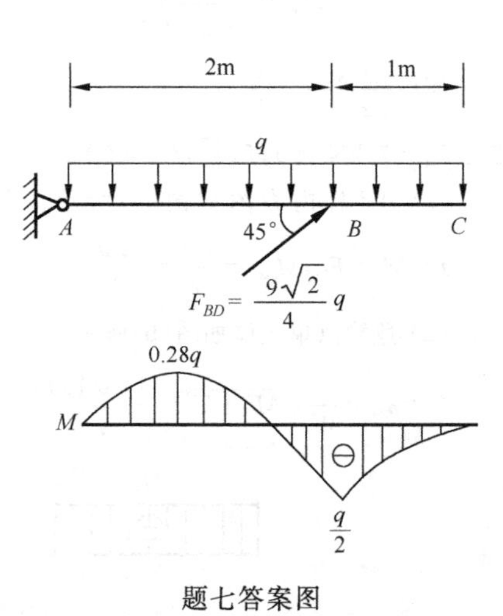

题七答案图

(1) 对于 BD 杆,考虑其稳定性要求。

$\lambda=\dfrac{\mu l}{i}=\dfrac{1\times 2\sqrt{2}}{2.09\times 10^{-2}}=135.3>\lambda_p$,属于细长杆。

采用欧拉公式

$$F_{cr}=\frac{\pi^2 EI_y}{(\mu l)^2}=\frac{\pi^2\times 200\times 10^9\times 144\times 10^{-8}}{(1\times 2\sqrt{2})^2}=355(\text{kN})$$

$F_{BD}\leqslant\dfrac{F_{cr}}{n_w}=\dfrac{355}{3}=118.3(\text{kN})$,$\dfrac{9\sqrt{2}}{4}q\leqslant 118.3\text{kN}$

$q\leqslant 37.2\text{kN/m}$

(2) 对于 AC 杆,考虑强度要求。

弯矩图如图所示,则

$$\sigma_{max}=\frac{M_{max}}{W_z}+\frac{F_N}{A}\leqslant[\sigma]$$

$\dfrac{q/2}{191\times 10^{-6}}+\dfrac{9q/4}{32.873\times 10^{-4}}\leqslant 140\times 10^6$,$q\leqslant 42.24\text{kN/m}$

所以,$[q]=37.2\text{kN/m}$。

试 卷 五

一、选择题。(每题 3 分,共 15 分)

(1) 如题一(1)图所示的矩形中,z_C 为形心轴,已知该图形对 z_1 轴的惯性矩为 I_{z_1},则图形对 z_2 轴的惯性矩 I_{z_2} 应为________。

A. $I_{z_2}=I_{z_1}+\left(a+\dfrac{H}{2}\right)^2 BH$;

B. $I_{z_2}=I_{z_1}+\left(\dfrac{H}{2}\right)^2 BH$;

C. $I_{z_2}=I_{z_1}+\left(\dfrac{H}{2}\right)^2 BH-a^2BH$;

D. $I_{z_2}=I_{z_1}-\left(\dfrac{H}{2}\right)^2 BH-a^2BH$。

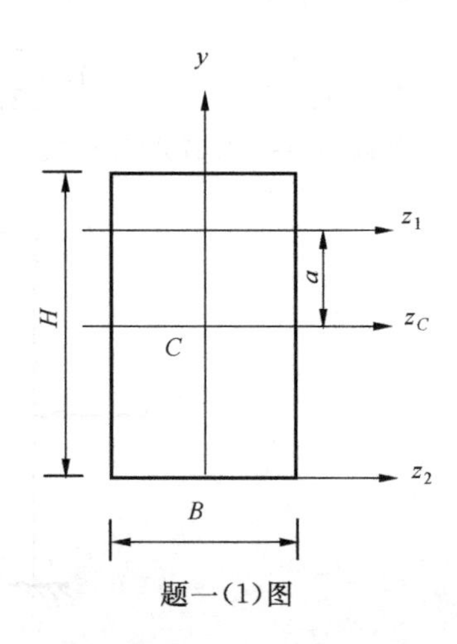

题一(1)图

(2) 用同种材料制成的横截面面积相同的三根直杆如题一(2)图所示,其中(a)为圆截面,

(b)和(c)为正方形截面，z 轴为弯曲变形时的中性轴。关于这三种杆件强度方面的下列说法中，正确的是________。

A. 扭转时(b)比(a)好，弯曲时(a)最不好；　B. 扭转时(b)比(a)好，弯曲时(c)最不好；

C. 扭转时(a)比(b)好，弯曲时(a)最不好；　D. 扭转时(a)比(b)好，弯曲时(c)最不好。

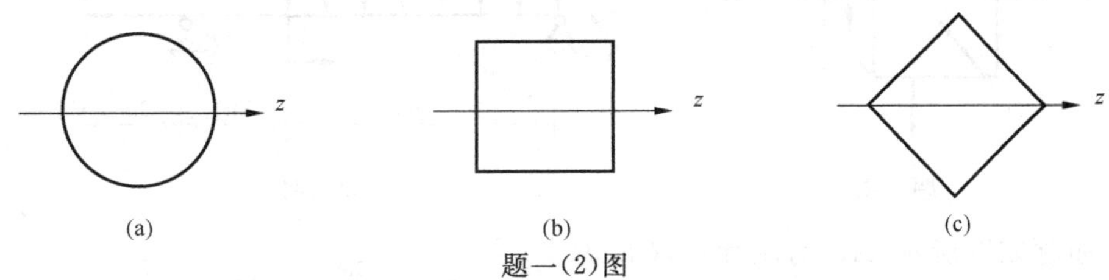

题一(2)图

(3) 一均质等截面直梁两端由相同材料的杆悬吊。两杆沿铅垂方向，只考虑横梁的重量，两杆的重量不计。若横梁始终保持水平，如题一(3)图所示，则1、2两杆应满足________。

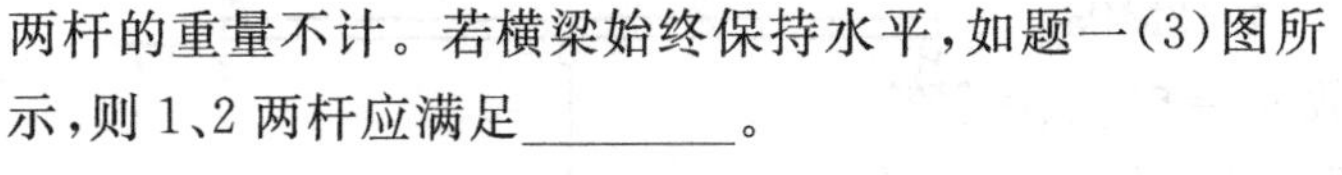

A. $l_1 = l_2$；　　B. $A_1 = A_2$；

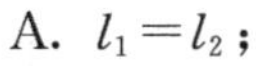

C. $l_1 A_2 = l_2 A_1$；　　D. $l_1/A_2 = l_2/A_1$。

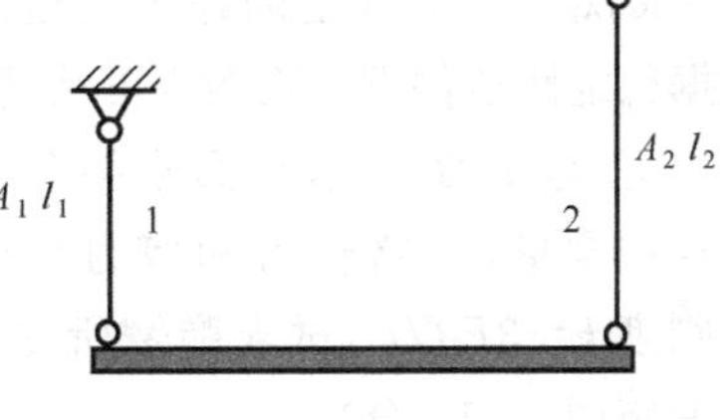

题一(3)图

(4) 若用虚线表示受力后的变形，题一(4)图所示单元体(a)、(b)的切应变分别等于________。

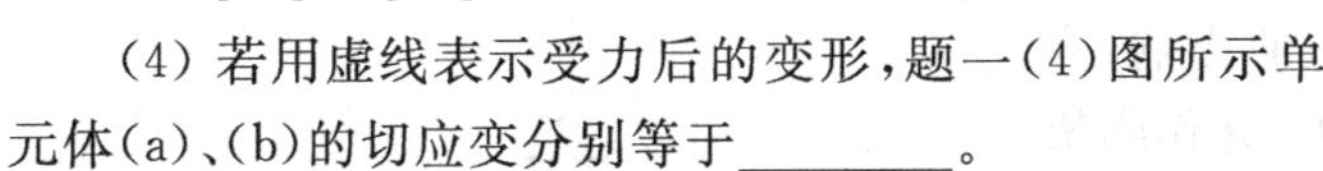

A. 2α，0；　B. α，α；　C. 2α，α；　D. α，2α。

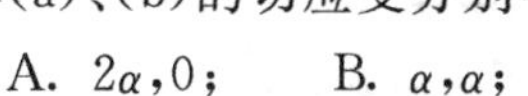

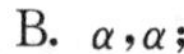

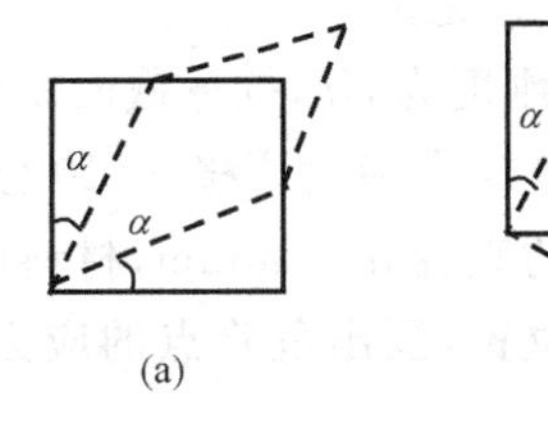

题一(4)图

(5) 如题一(5)图所示悬臂梁，在 C 截面作用集中力偶 Fl 时，B 端的挠度为 $\dfrac{3Fl^3}{8EI}$；当在自由端 B 作用载荷 F 时，C 截面的转角为________。

A. $\dfrac{3Fl^3}{8EI}$(逆时针)；　　B. $-\dfrac{3Fl^2}{8EI}$(顺时针)；

C. $-\dfrac{3Fl^3}{8EI}$(顺时针)；　　D. $\dfrac{3Fl^2}{8EI}$(逆时针)。

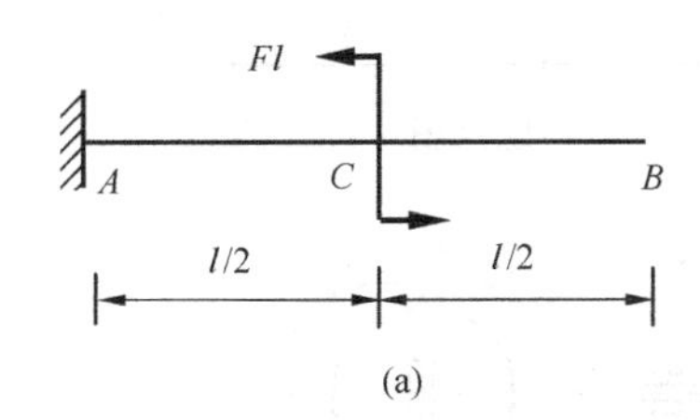

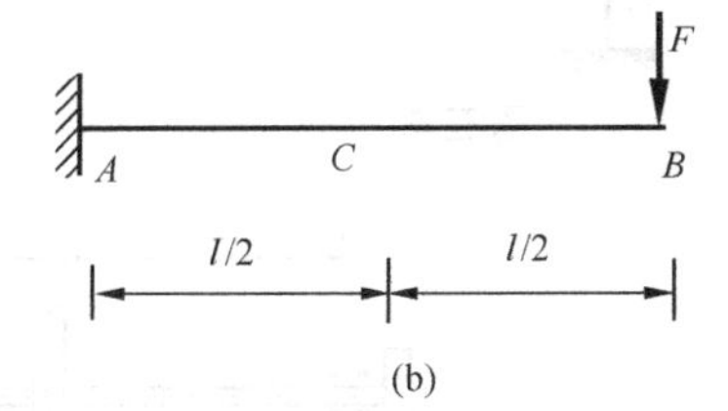

题一(5)图

二、单元体应力状态如题二图所示，应力单位为MPa。求该点的三个主应力、最大切应力和最大伸长线应变。材料的弹性模量为200GPa，泊松比为0.25。(15分)

三、作题三图所示梁的剪力图和弯矩图。(15分)

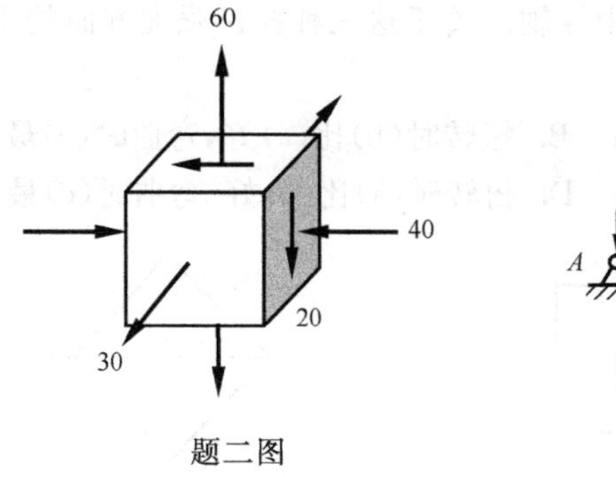

题二图

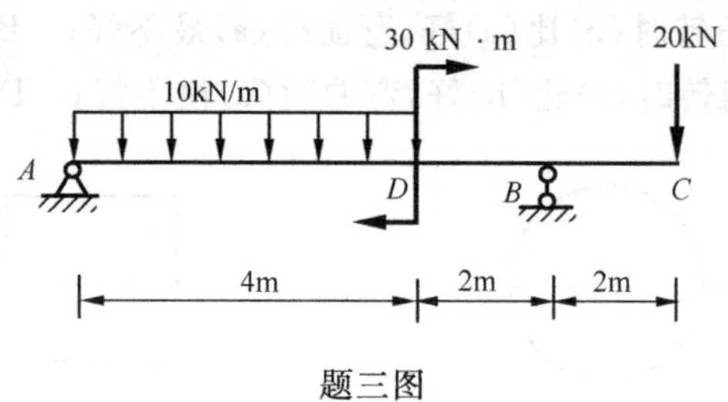

题三图

四、如题四图所示，AB 为刚性杆，CD 为直径 60mm 的钢制圆截面杆，已知低碳钢的弹性模量 $E=200\text{GPa}$，$a=304\text{MPa}$，$b=1.12\text{MPa}$，$\lambda_0=60$，$\lambda_P=100$，规定的稳定安全因数 $n_w=5$。试根据稳定性条件求结构的许可载荷[F]。（15 分）

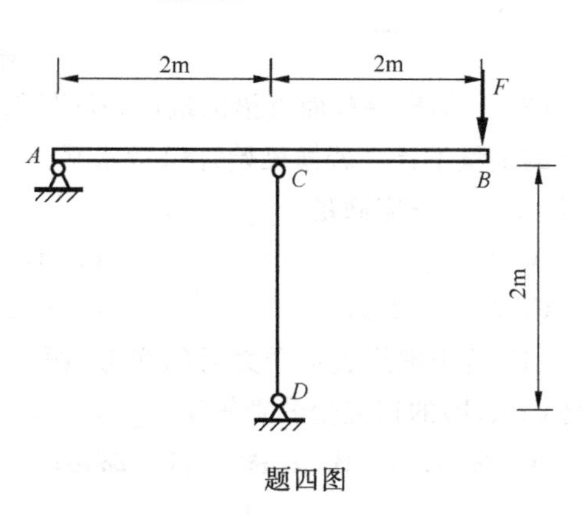

题四图

五、题五图所示平面刚架各段弯曲刚度 EI 为相同常量，忽略轴力和剪力对变形的影响，弹簧刚度 $k=3EI/l^3$，试求弹簧所受的力，并作刚架的弯矩图。（15 分）

六、重量为 P 的物块在题六图所示位置无初速度下落，落在 AB 杆的中点 D，AB 杆的刚度为 EI，抗弯截面模量为 W，CB 杆的刚度为 EA，且$A=3I/a^2$。试求 AB 杆内最大正应力和 D 点最大位移。（10 分）

七、手摇绞车如题七图所示，轴 AB 的直径 $d=40\text{mm}$，材料的许用应力[σ]$=140\text{MPa}$，C 轮直径 $D=300\text{mm}$。试确定危险截面的位置，画出危险点的应力状态单元体，并按第四强度理论求绞车的最大起吊重量 P。（15 分）

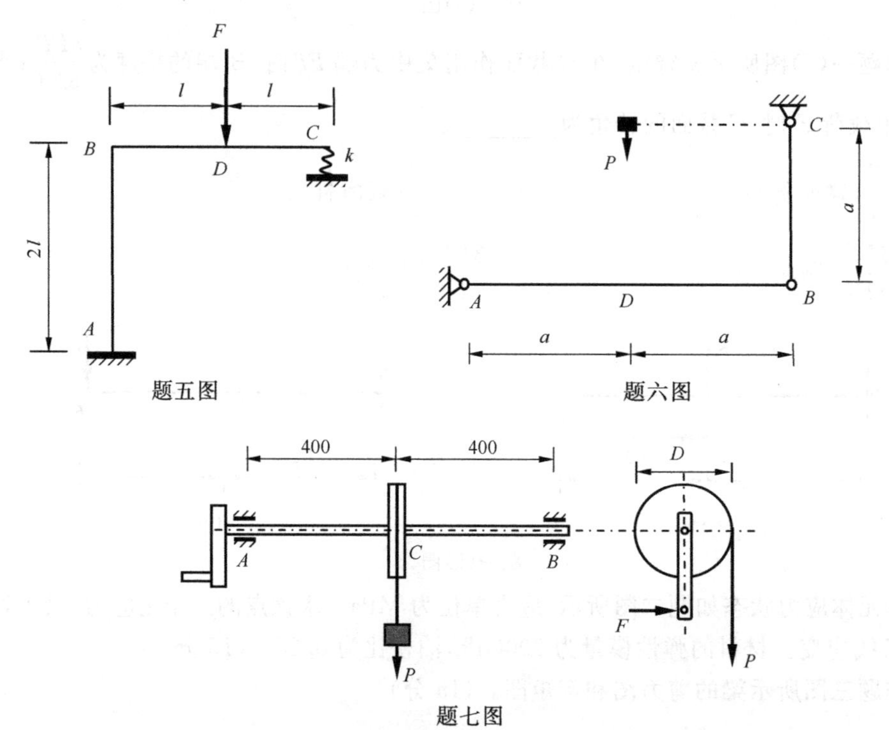

题五图

题六图

题七图

试卷五答案与题解

一、(1) C (2) D (3)C (4) A (5) B

二、$\left.\begin{matrix}\sigma' \\ \sigma''\end{matrix}\right\} = \dfrac{\sigma_x+\sigma_y}{2} \pm \sqrt{\left(\dfrac{\sigma_x-\sigma_y}{2}\right)^2+\tau_{xy}{}^2} = \dfrac{60-40}{2} \pm \sqrt{\left(\dfrac{60+40}{2}\right)^2+20^2} = \begin{matrix}63.85(\mathrm{MPa}) \\ -43.85(\mathrm{MPa})\end{matrix}$

$\sigma_1=63.85\mathrm{MPa}, \sigma_2=30\mathrm{MPa}, \sigma_3=-43.85\mathrm{MPa}$

$\tau_{\max}=\dfrac{\sigma_1-\sigma_3}{2}=53.85(\mathrm{MPa})$

$\varepsilon_1=\dfrac{1}{E}[\sigma_1-\nu(\sigma_2+\sigma_3)]=\dfrac{1}{200\times10^9}[63.5-0.25\times(30-43.85)]\times10^6=3.36\times10^{-4}$

三、支座的约束反力：$F_A=15\mathrm{kN}(\uparrow)$， $F_B=45\mathrm{kN}(\uparrow)$。

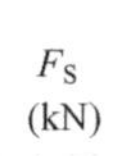
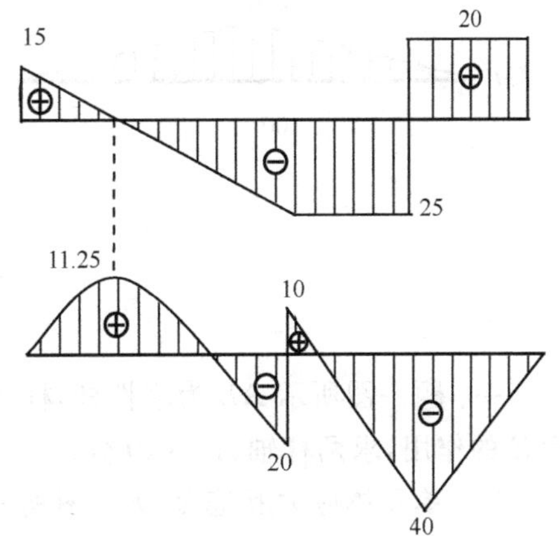
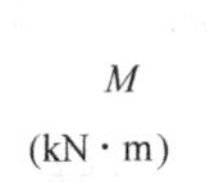

题三答案图

四、CD 杆为压杆，$\lambda=\dfrac{\mu l}{i}=\dfrac{1\times2}{\frac{0.06}{4}}=133.3>\lambda_P$，为细长杆。

$F_{cr}=\dfrac{\pi^2 E}{\lambda^2}A=\dfrac{3.14^2\times200\times10^9}{133^2}\times\dfrac{3.14\times36\times10^{-4}}{4}=315(\mathrm{kN})$

$[F_1]=\dfrac{F_{cr}}{n_w}=\dfrac{315}{5}=63(\mathrm{kN})$

$[F]=\dfrac{[F_1]}{2}=\dfrac{63}{2}=31.5(\mathrm{kN})$

所以，$[F]=31.5\mathrm{kN}$。

五、一次静不定问题。

$\delta_{11}X_1+\Delta_{1F}=-\dfrac{X_1}{k}$

$\delta_{11}=\dfrac{1}{EI}\left(\dfrac{1}{2}\cdot2l\cdot2l\cdot\dfrac{2}{3}\cdot2l+2l\cdot2l\cdot2l\right)=\dfrac{32l^3}{3EI}$

$\Delta_{1F}=\dfrac{-1}{EI}\left(\dfrac{1}{2}\cdot l\cdot Fl\cdot\dfrac{5}{6}\cdot2l+2l\cdot Fl\cdot2l\right)=-\dfrac{29l^3}{6EI}$

$X_1=\dfrac{29}{66}F$

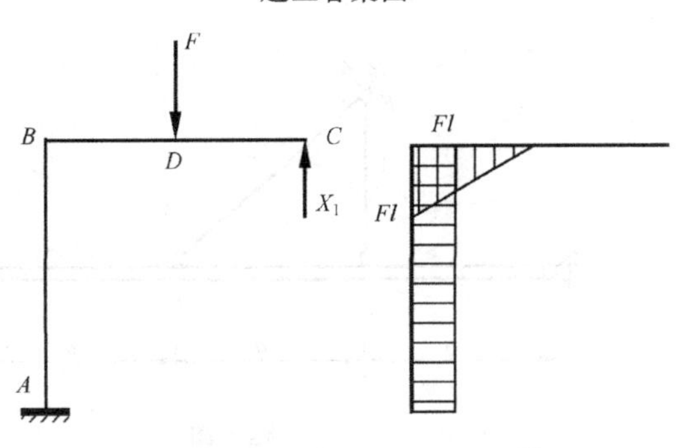

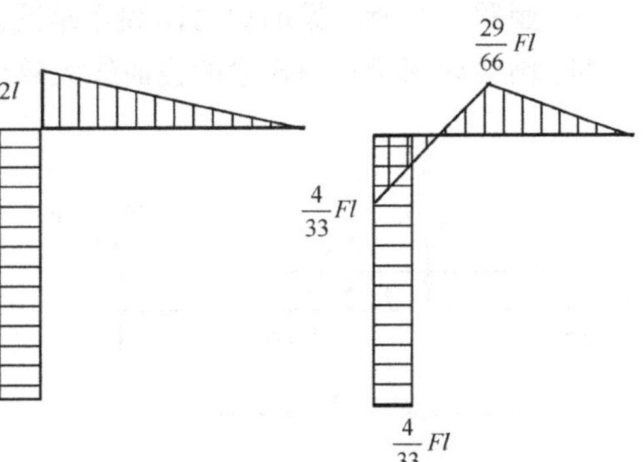
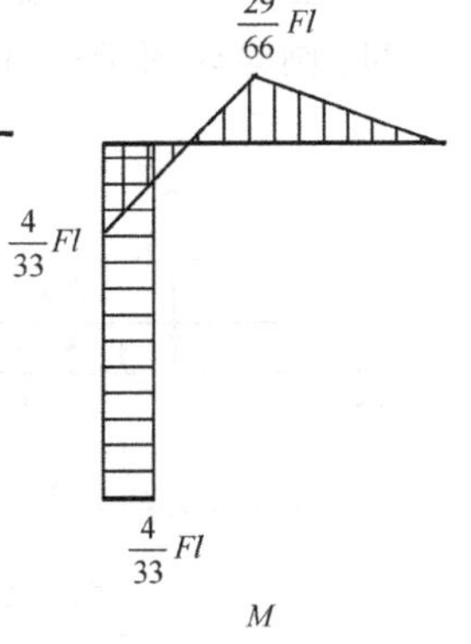

题五答案图

六、$\Delta_{st}=\dfrac{P(2a)^3}{48EI}+\dfrac{Pa}{4EA}=\dfrac{Pa^3}{4EI}$

$K_d=1+\sqrt{1+\dfrac{2H}{\Delta_{st}}}=1+\sqrt{1+\dfrac{8EI}{Pa^2}}$

$\sigma_{st}=\dfrac{M_{\max}}{W}=\dfrac{Pa}{2W}$

$\Delta_d=K_d\Delta_{st}$， $\sigma_d=K_d\sigma_{st}$

七、(1) 内力图如题七答案图(a)所示，确定危险截面为 C 截面偏左。

(2) 画危险点应力单元体如题七答案图(b)所示。

(3) $\sigma_{r4}=\dfrac{\sqrt{M^2+0.75T^2}}{W}\leqslant[\sigma]$

$$\frac{\sqrt{0.2^2+0.75\times 0.15^2}\,P}{\dfrac{3.14\times 0.04^3}{32}}\leqslant 140\times 10^6$$

所以，$[P]=3.69\text{kN}$。

0.15 P

T ⊕

0.2 P

M

(a)

τ σ τ σ

(b)

题七答案图

试　卷　六

一、题一图所示 AB 为刚性杆，杆 1、2 材料的弹性模量 E、横截面积 A 均相同，B 点受载荷 F 的作用，求两杆轴力。(10 分)

二、单元体应力状态如题二图所示，单位 MPa。求该点的三个主应力和最大切应力。(10 分)

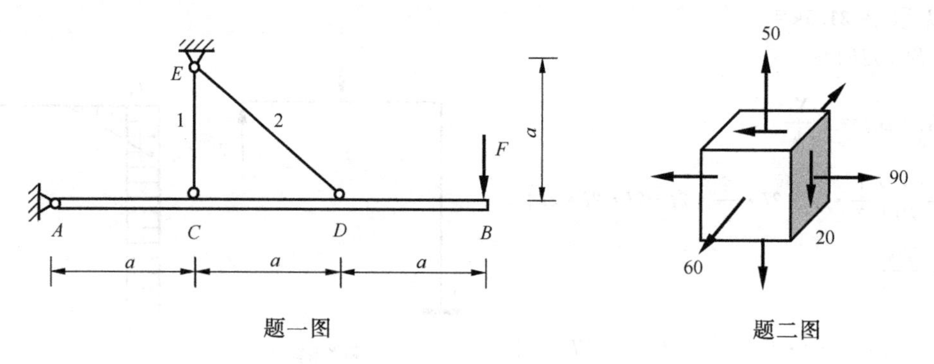

题一图　　　　题二图

三、画题三图所示梁的剪力图和弯矩图。(15 分)

四、画题四图所示 AB 梁的挠曲线大致形状。(10 分)

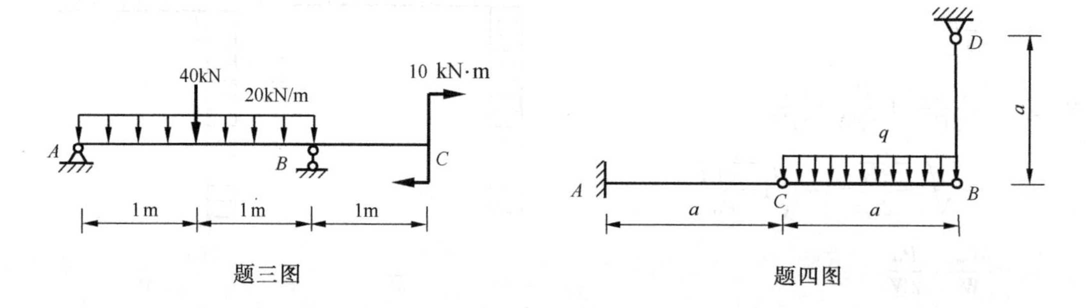

题三图　　　　题四图

五、题五图所示薄壁容器内充满气体，压强为 p，在容器外表面贴两个应变片，测得周向线应变 $\varepsilon_A=3.5\times10^{-4}$，轴向线应变 $\varepsilon_B=1\times10^{-4}$，已知材料的弹性模量 $E=200\text{GPa}$，泊松比 $\nu=0.25$，许用应力$[\sigma]=70\text{MPa}$，试按第三强度理论校核容器的强度。(15 分)

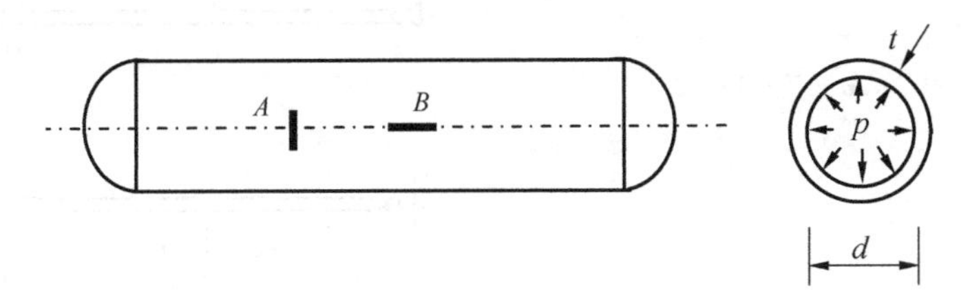

题五图

六、题六图所示结构中杆 AB、CD 材料相同，CD 杆由 10 号等边角钢制成，截面面积为 19.261cm^2，截面的惯性半径为 $i_z=3.05\text{cm}$，$i_{z1}=3.84\text{cm}$，$i_{y1}=1.96\text{cm}$。材料的 $\lambda_P=100$，$\lambda_0=60$，$E=206\text{GPa}$，$a=304\text{MPa}$，$b=1.12\text{MPa}$，若规定稳定安全因数 $n_w=4$，试根据稳定条件求结构的许可荷载$[q]$。(15 分)

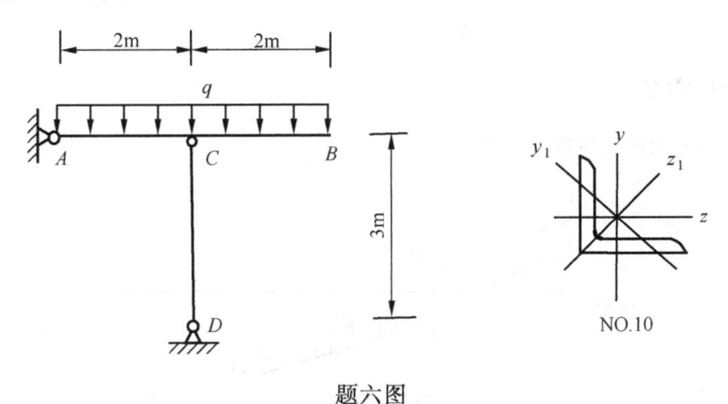

题六图

七、重量为 P 的小球在题七图所示位置无初速度下落，作用于梁的端点 C，设梁的 EI、W 及 l 均已知，弹簧刚度为 k，试求梁内最大冲击正应力和最大挠度。(10 分)

八、题八图所示平面刚架为对称结构，受均布载荷作用。各杆的 EI 为常数，试画此刚架的弯矩图。不计轴力和剪力对位移的影响。(15 分)

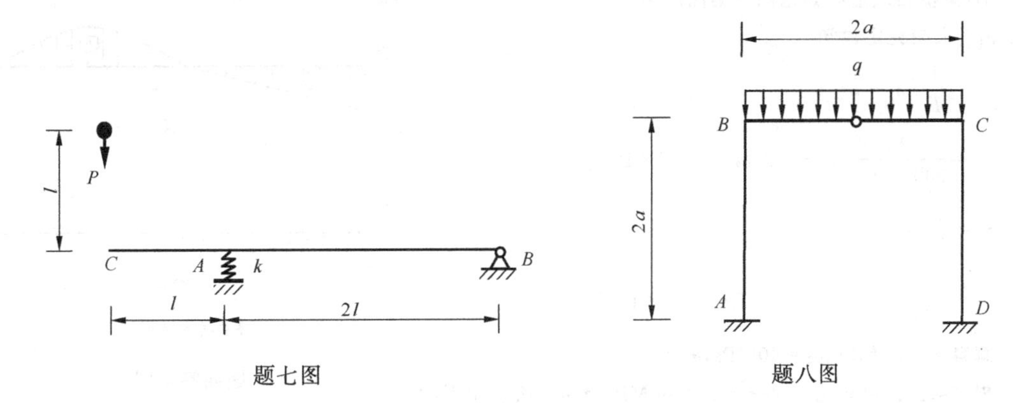

题七图　　题八图

试卷六答案与题解

一、(1) 静力学关系。

$$\sum M_A = 0$$

$$F_{N1} \cdot a + F_{N2}\cos 45° \cdot 2a - F \cdot 3a = 0$$

(2) 几何关系。

$$\frac{\Delta l_2}{\cos 45°} = 2\Delta l_1$$

(3) 物理关系。

$$\Delta l_1 = \frac{F_{N1}a}{EA}, \quad \Delta l_2 = \frac{F_{N2} \cdot \sqrt{2}a}{EA}$$

解得 $F_{N1} = F_{N2} = 1.242F$。

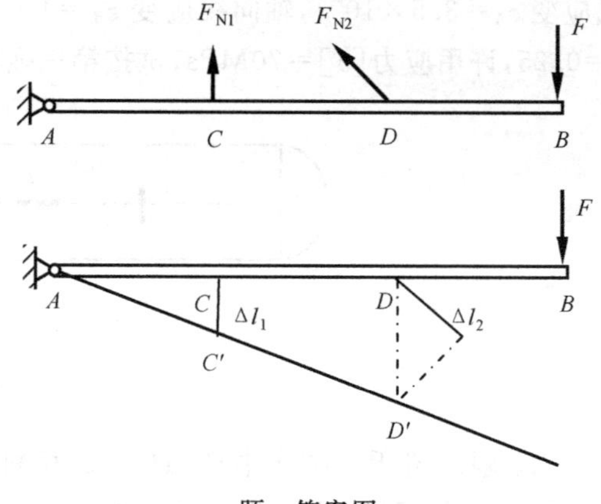

题一答案图

二、

$$\left.\begin{matrix}\sigma' \\ \sigma''\end{matrix}\right\} = \frac{\sigma_x + \sigma_y}{2} \pm \sqrt{\left(\frac{\sigma_x - \sigma_y}{2}\right)^2 + \tau_{xy}^2} = \frac{90+50}{2} \pm \sqrt{\left(\frac{90-50}{2}\right)^2 + 20^2} = \begin{matrix}98.28\text{MPa} \\ 41.72(\text{MPa})\end{matrix}$$

$\sigma_1 = 98.28\text{MPa}, \sigma_2 = 60\text{MPa}, \sigma_3 = 41.72\text{MPa}$

$$\tau_{max} = \frac{\sigma_1 - \sigma_3}{2} = 28.28\text{MPa}$$

三、梁的剪力图和弯矩图如题三答案图所示。

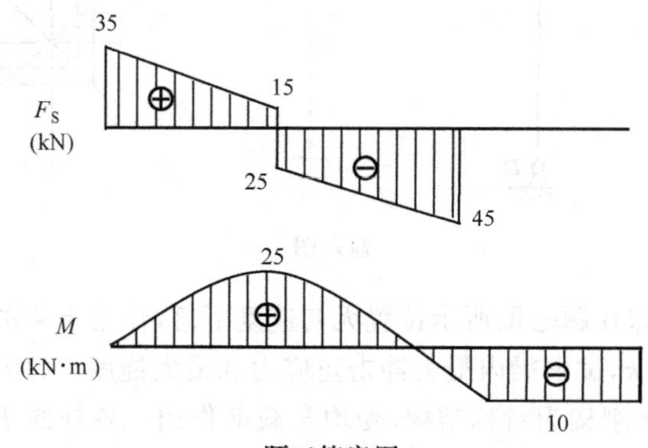

题三答案图

四、AB 梁挠曲线形状如题四答案图所示。

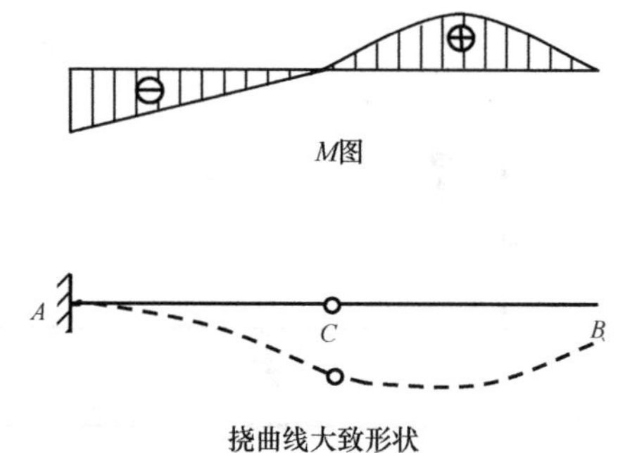

题四答案图

五、由广义胡克定律知

$$\varepsilon_A = \frac{1}{E}[\sigma_1 - \nu\sigma_2]$$

$$= \frac{1}{200 \times 10^9}(\sigma_1 - 0.25\sigma_2) = 3.5 \times 10^{-4}$$

$$\varepsilon_B = \frac{1}{E}[\sigma_2 - \nu\sigma_1]$$

$$= \frac{1}{200 \times 10^9}(\sigma_2 - 0.25\sigma_1) = 1 \times 10^{-4}$$

解得 $\sigma_1 = 80\text{MPa}, \sigma_2 = 40\text{MPa}, \sigma_3 = 0$。

根据第三强度理论 $\sigma_{r3} = \sigma_1 - \sigma_3 = 80\text{MPa} > [\sigma]$，该容器不满足强度条件。

六、CD 杆为压杆，$\lambda = \frac{\mu l}{i} = \frac{1 \times 3}{1.96 \times 10^{-2}} = 153 > \lambda_P$，为细长杆。

$$F_{cr}=\frac{\pi^2 E}{\lambda^2}A=\frac{3.14^2\times206\times10^9}{153^2}\times19.261\times10^{-4}=167.1(\text{kN})$$

$$[F_N]=\frac{F_{cr}}{n_w}=\frac{167.1}{4}=41.8(\text{kN})$$

$$\sum M_A=0, F_N\times2-q\times4\times2=0$$

$$[q]=\frac{[F_N]}{4}=10.4(\text{kN/m})$$

所以，$[q]=10.4\text{kN/m}$。

七、自由落体冲击问题。

$$K_d=1+\sqrt{1+\frac{2H}{\Delta_{st}}}$$

静载荷作用下，冲击点的位移为

$$\Delta_{st1}=\frac{1}{EI}\left(\frac{1}{2}l\cdot Pl\cdot\frac{2}{3}l+\frac{1}{2}\cdot2l\cdot Pl\cdot\frac{2}{3}\cdot l\right)=\frac{Pl^3}{EI}$$

$$\Delta_{st2}=\frac{3P}{2k}\cdot\frac{3}{2}=\frac{9P}{4k}$$

$$\Delta_{st}=\Delta_{st1}+\Delta_{st2}$$

$$\sigma_{st}=\frac{M_{max}}{W}=\frac{Pl}{W}$$

$$\Delta_d=K_d\Delta_{st}, \sigma_d=K_d\sigma_{st}$$

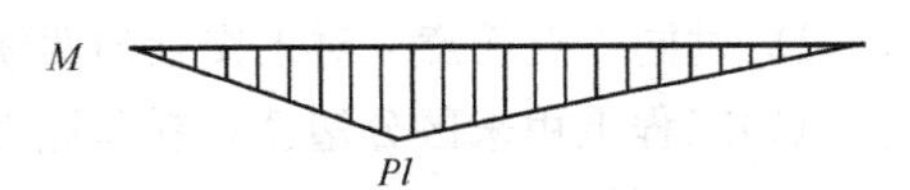

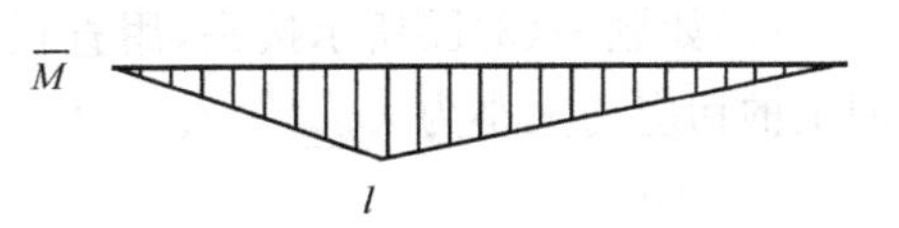

题七答案图

八、二次静不定，可利用对称性简化为只求未知力 X_1。

$$\delta_{11}X_1+\Delta_{1F}=0$$

$$\delta_{11}=\frac{1}{EI}\left(\frac{1}{2}\cdot2a\cdot2a\cdot\frac{2}{3}\cdot2a\right)=\frac{8a^3}{3EI}$$

$$\Delta_{1F}=\frac{1}{EI}\left(\frac{qa^2}{2}\cdot2a\cdot\frac{1}{2}\cdot2a\right)=\frac{qa^4}{EI}$$

$$X_1=-\frac{3}{8}qa$$

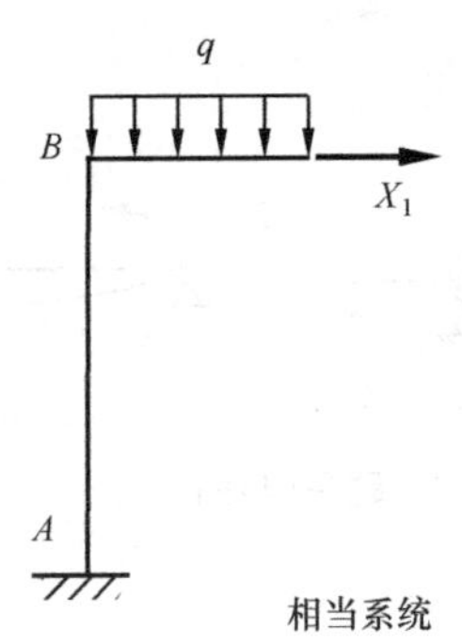

相当系统

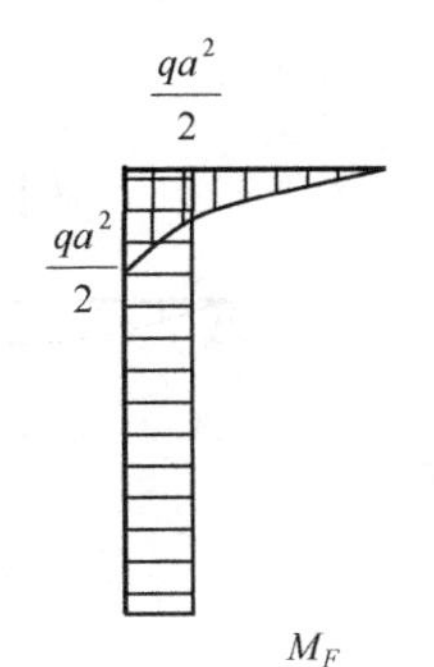

M_F

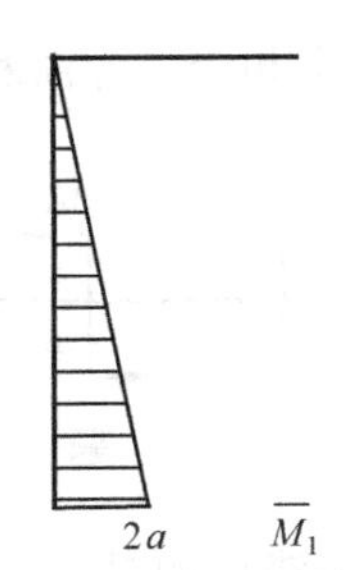

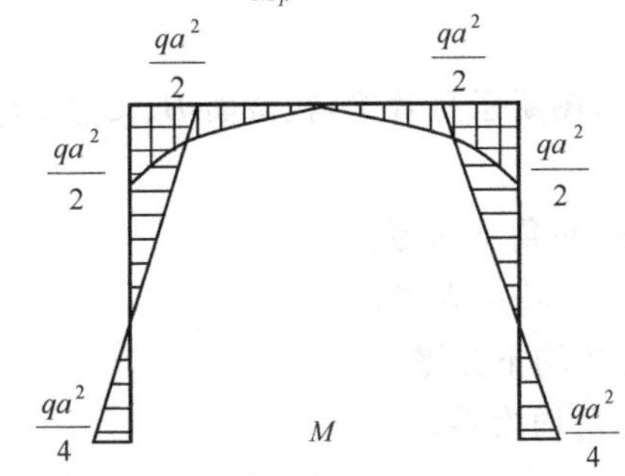

题八答案图

试　卷　七

一、选择题。(每题 3 分,共 45 分)

(1)关于截面图形的几何性质,下列说法错误的是________。

A. 主惯性矩为极值惯性矩;

B. 正多边形任意过形心的轴都是形心主惯性轴;

C. 对称轴一定是形心主惯性轴;

D. 过同一点任意一对正交轴的两惯性矩之和恒为常数。

(2)工程上用来区分塑性材料和脆性材料的指标是________。

A. 屈服极限;　　B. 断后伸长率;　　C. 弹性模量;　　D. 比例极限。

(3)如题一(3)图所示接头,用直径为 d 的销钉连接,若采用实用计算方法计算销钉剪切面上的切应力大小为________。

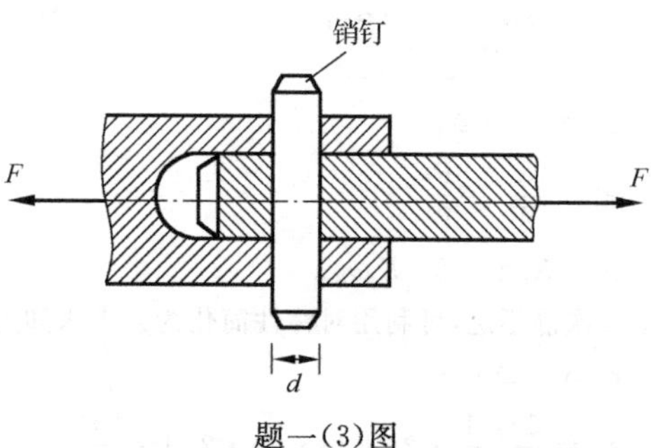

题一(3)图

A. 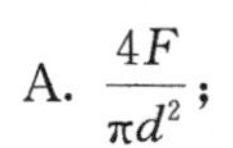 $\frac{4F}{\pi d^2}$;

B. $\frac{2F}{\pi d^2}$;

C. $\frac{F}{4\pi d^2}$;

D. $\frac{F}{2\pi d^2}$。

(4)如题一(4)图所示,一根长为 l 的简支梁分别承受两种形式的载荷:当在 C 截面作用集中力 F 时,A 截面转角为 $\frac{Fl^2}{16EI}$,如(a)图所示。当在 A 截面作用集中力偶 $M=2Fl$ 时,如(b)图所示,则 C 截面位移为________。

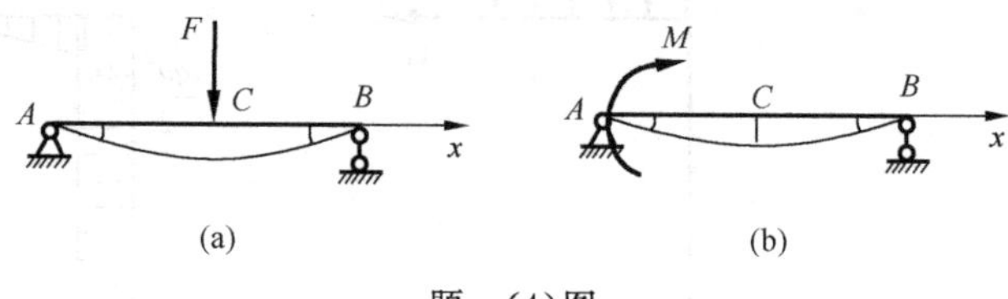

题一(4)图

A. $\frac{Fl^3}{16EI}$;

B. $\frac{Fl^3}{4EI}$;

C. $\frac{Fl^3}{8EI}$;

D. 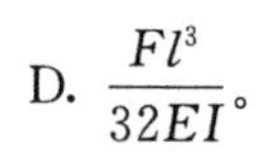 $\frac{Fl^3}{32EI}$。

(5)如题一(5)图所示悬臂梁,在截面 B、C 上承受两个大小相等、方向相反的力偶作用。其截面 B 的________。

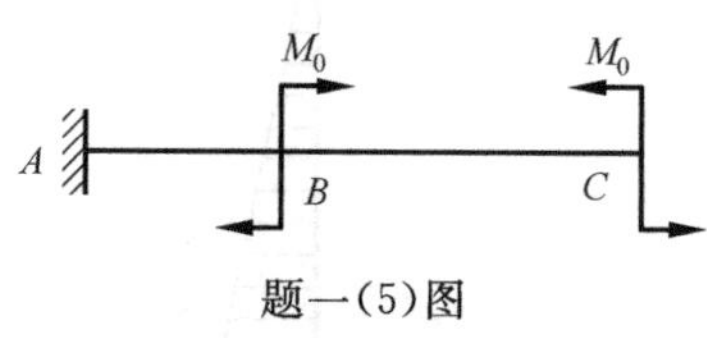

题一(5)图

A. 挠度为零,转角不为零;

B. 挠度不为零,转角为零;

C. 挠度和转角均不为零;

D. 挠度和转角均为零。

(6)如题一(6)图所示,关于截面图形的几何性质,下列说法错误的是________。

A. 图形对过形心相互垂直的轴的惯性积等于零;

B. 任一过形心的轴都是形心主惯性轴;

C. 图形对任一过形心轴的静矩都为零；

D. 图形对任一过形心轴的惯性矩相等。

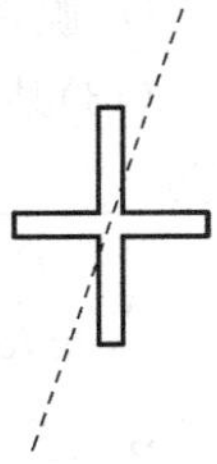

(7)当构件内危险点的应力值超过了材料的比例极限时________。

A. 胡克定律不再成立；

B. 切应力互等定理不再成立；

C. 冷作硬化规律不再成立；

D. 材料的弹性模量将发生变化。

题一(6)图

(8)关于截面核心下列说法错误的是________。

A. 截面核心区域的大小与载荷无关；

B. 截面核心区域的大小与材料性质有关；

C. 当轴向载荷的作用点在截面核心区域之内时，截面上正应力只有一种；

D. 当轴向载荷的作用点在截面核心区域之内时，中性轴移出截面之外。

(9)如题一(9)图所示平面刚架，当在 B 点作用力 F 时，C 截面转角为 θ_{C1}，如图(a)所示。当在 C 截面作用集中力偶 $M_e=F$ 时，如图(b)所示，则 C 截面转角为________。

A. $2\theta_{C1}$；

B. θ_{C1}；

C. $\dfrac{\theta_{C1}}{2}$；

D. $\dfrac{\theta_{C1}}{4}$。

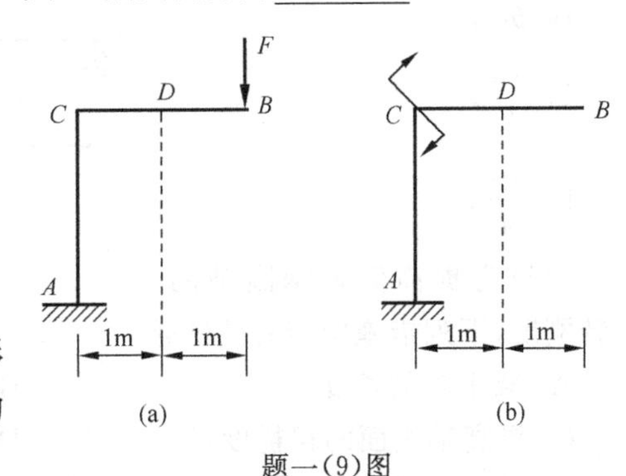

题一(9)图

(10)如题一(10)图所示悬臂梁由两根正方形截面梁胶合而成，正方形边长为 a，则胶合面上的切应力大小为________。

A. 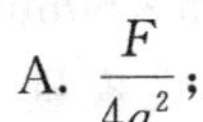 $\dfrac{F}{4a^2}$；

B. $\dfrac{3F}{2a^2}$；

C. $\dfrac{3F}{a^2}$；

D. $\dfrac{3F}{4a^2}$。

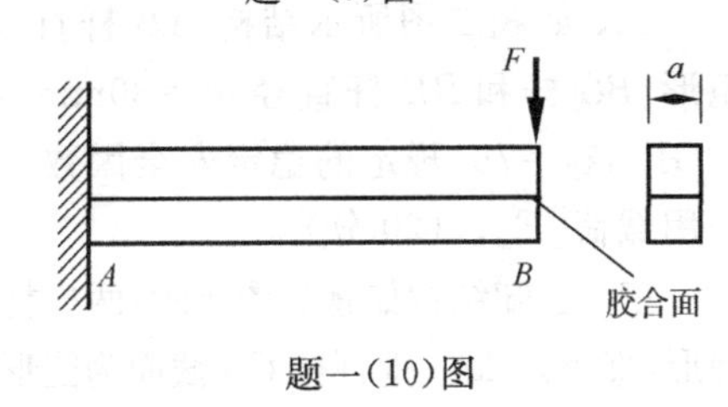

题一(10)图

(11)T 形截面尺寸如题一(11)图所示，单位为 mm，O 为截面形心。阴影部分面积对 z 轴的静矩为________。

A. $8.32\times10^{-5}\,\mathrm{m^3}$；

B. $6.72\times10^{-5}\,\mathrm{m^3}$；

C. $5.12\times10^{-5}\,\mathrm{m^3}$；

D. 以上结果都不对。

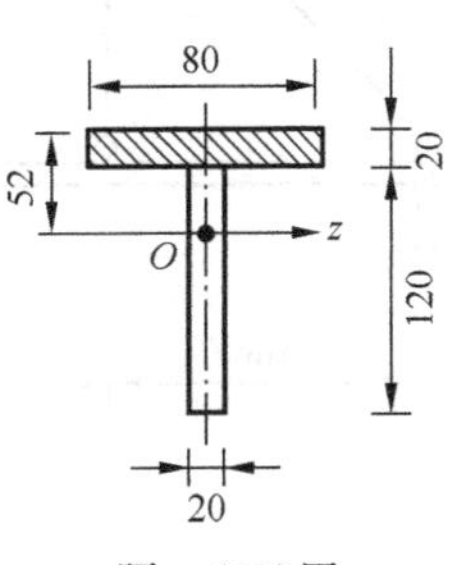

题一(11)图

(12)关于材料的力学性质，下列说法错误的是________。

A. 低碳钢材料不抗剪；

B. 铸铁材料不抗拉；

C. 塑性材料拉伸图都有明显的屈服阶段；

D. 脆性材料拉伸图和压缩图完全不同。

(13)某接头部分的销钉如题一(13)图所示，已知连接处的受力为 F，销钉剪切面上的切应力为________。

A. $\dfrac{F}{\pi d\delta}$；

B. $\dfrac{F}{\pi D\delta}$；

C. $\dfrac{4F}{\pi D^2}$；

D. $\dfrac{4F}{\pi d^2}$。

题一(13)图

(14)如题一(14)图所示外伸梁，当在 C 点作用力 F 时，B 截面转角为 θ_{B1}，如图(a)所示。当在 B 截面作用集中力偶 $M_e=Fl$ 时，如图(b)所示，则 B 截面转角为________。

A. $2\theta_{B1}$；

B. θ_{B1}；

C. $\dfrac{\theta_{B1}}{2}$；

D. $\dfrac{\theta_{B1}}{4}$。

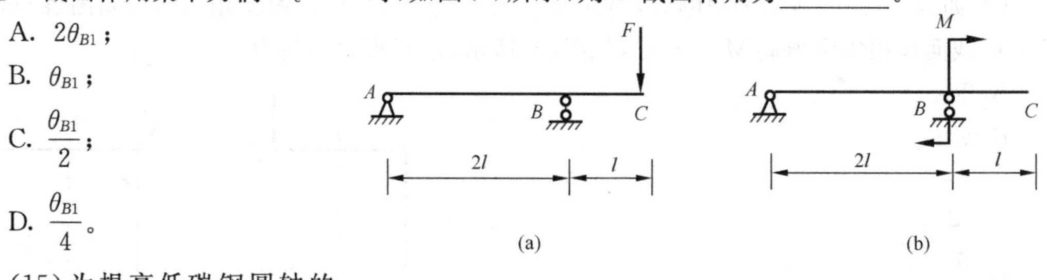

题一(14)图

(15)为提高低碳钢圆轴的扭转刚度，下列措施中最有效的是________。

A. 减小轴的长度；　　B. 改用高强度结构钢；

C. 提高轴表面的粗糙度；　　D. 增加轴的直径。

二、如题二图所示结构 AB 杆直径 $d=160\text{mm}$，AC 杆和 CD 杆截面为 $40\text{mm}\times60\text{mm}$ 的矩形，BG 杆和 BE 杆直径 $d=30\text{mm}$，材料均为木材，许用应力 $[\sigma]=10\text{MPa}$，弹性模量 $E=10\text{GPa}$，$\lambda_P=75$，规定的稳定安全因数 $n_w=2$，试根据 AB 杆的强度和压杆的稳定性计算结构的许用载荷 $[F]$。(20 分)

三、已知结构如题三图所示，两杆材料相同，杆长 $l=1\text{m}$，弹性模量 $E=10\text{GPa}$，横杆 AB 截面为圆形，直径为 $2d$。垂直杆 CB 截面为圆形，直径为 d，$d=40\text{mm}$。一个重量为 $P=10\text{kN}$ 的环状物体从 $H=l/2$ 处自由落下，冲击于弹簧端点，弹簧刚度为 100kN/m。求 CB 杆内动应力。(20 分)

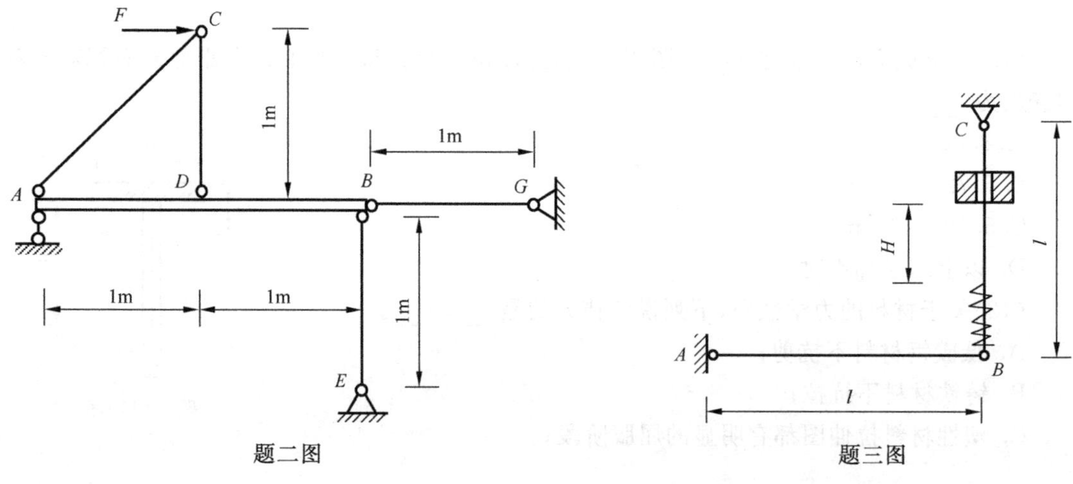

题二图　　题三图

四、如题四图所示，铁道路标的圆信号板装在空心圆柱 AB 上。信号板上垂直作用风载荷，实验测得圆柱在距地面 h 处正面沿轴线方向的线应变 $\varepsilon_0=4\times10^{-4}$，侧面沿与母线成 $45°$ 方向的线应变 $\varepsilon_{45}=3\times10^{-4}$，材料的弹性模量 $E=200\text{GPa}$，泊松比 $\nu=0.25$，许用应力 $[\sigma]=160\text{MPa}$，$l=5h$。试：(1)画贴片处两点应力状态单元体；(2)采用第四强度理论校核该圆柱的强度。(15 分)

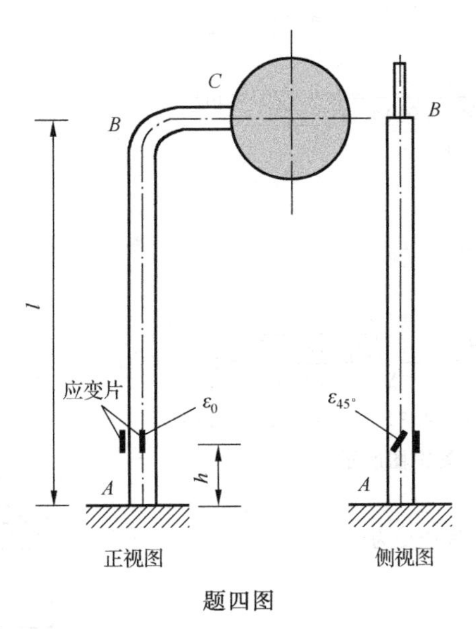

题四图

试卷七答案与题解

一、(1)A (2)B (3)B (4)C (5)D (6)C (7)A (8)B (9)C (10)D (11)B (12)C (13)A (14)B (15)D

二、(1)求各二力杆内力。

$F_{AC}=\sqrt{2}F$(拉)，$F_{CD}=F$(压)，$F_{BG}=F$(压)，$F_{BE}=F/2$(压)

(2)计算各压杆柔度。

CD 杆：$\lambda_{CD}=\dfrac{\mu l_{CD}}{i_{CD}}=\dfrac{1\times1}{\dfrac{0.04}{2\sqrt{3}}}=86.5>\lambda_P$，属于细长杆

BG 杆：$\lambda_{BG}=\dfrac{\mu l_{BG}}{i_{BG}}=\dfrac{1\times1}{\dfrac{0.03}{4}}=133.3>\lambda_P$，属于细长杆

(3)按 BG 杆的稳定性计算临界力。采用欧拉公式得

$$F_{crBG}=\frac{\pi^2 E}{\lambda_{BG}^2}A_{BG}=\frac{\pi^2\times10\times10^9}{133.3^2}\times\frac{3.14\times(0.03)^2}{4}=3.92\ (\text{kN})$$

$$F=\frac{F_{cr}}{n_w}=\frac{3.92}{2}=1.96\ (\text{kN})$$

(4)按 AB 杆的强度计算许可载荷。AB 梁为压缩和弯曲的组合变形梁。

$$\sigma_{max}=\frac{F_{NAB}}{A_{AB}}+\frac{M_{max}}{W_{AB}}=\frac{F}{\dfrac{\pi d^2}{4}}+\frac{F/2}{\dfrac{\pi d^3}{32}}\leqslant[\sigma]$$

$$\frac{F}{2.0106\times10^{-2}}+\frac{F/2}{4.0212\times10^{-4}}\leqslant10\times10^6$$

$F \leqslant 7.73$ kN

所以 $[F]=1.96$ kN

三、CB 杆静应力为

$$\sigma_{stCB}=\frac{F_N}{A_{CB}}=\frac{P}{\frac{\pi d_{CB}^2}{4}}=\frac{4\times10\times10^3}{3.14\times(0.04)^2}=7.95(\text{MPa})$$

CB 杆静伸长为

$$\Delta_{st1}=\frac{Pl}{EA}=\frac{10\times10^3\times1}{10\times10^9\times\frac{3.14\times(0.04)^2}{4}}=7.9\times10^{-3}(\text{m})$$

弹簧静变形为

$$\Delta_{st2}=\frac{P}{k}=\frac{10\times10^3}{10\times10^4}=0.1(\text{m})$$

$$\Delta_{st}=\Delta_{st1}+\Delta_{st2}=0.10079\text{m}$$

动荷因数 $K_d=1+\sqrt{1+\frac{2H}{\Delta_{st}}}=1+\sqrt{1+\frac{2\times0.5}{0.10079}}=4.3$。

CB 杆动应力为 $\sigma_{dCB}=K_d\sigma_{stCB}=4.3\times7.95=34.2(\text{MPa})$

四、(1)两点的应力单元体如题四答案图所示。

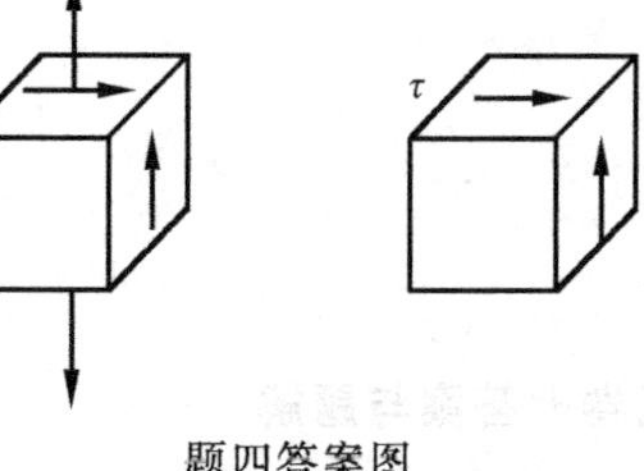

题四答案图

(2)应力分析。

由胡克定律可得轴线方向的线应变为

$$\varepsilon_{0^\circ}=\frac{\sigma_{0^\circ}}{E}=\frac{\sigma}{E}=4\times10^{-4}$$

正应力 σ 为 $\sigma=E\varepsilon=200\times10^9\times4\times10^{-4}=80$ MPa

$\sigma_1=\tau,\sigma_3=-\tau$，沿 45°方向的线应变为

$$\varepsilon_{45^\circ}=\frac{1}{E}(\sigma_1-\nu\sigma_3)=\frac{\tau}{E}(1+\nu)=3\times10^{-4}$$

切应力为 $$\tau=\frac{E\varepsilon_{45^\circ}}{1+\nu}=\frac{200\times10^9\times3\times10^{-4}}{1+0.25}=48\text{MPa}$$

(3)按第四强度理论建立强度条件有

$$\sigma_{r4}=\sqrt{\sigma^2+4\tau^2}=\sqrt{(\frac{5}{4}\times80)^2+3\times48^2}=130\text{ MPa}<[\sigma]$$

满足强度条件。

试　卷　八

一、选择题。(每题 3 分，共 15 分)

(1)下列说法错误的是________。

A. 低碳钢制成的构件一般情况下破坏是由最大切应力引起的；

B. 铸铁材料不抗拉；

C. 材料经过冷作硬化处理，塑性提高了；

D. 材料的塑性指标是断后伸长率。

(2)如题一(2)图所示冲床的冲头，在力 F 作用下冲剪钢板。板厚 δ，冲剪一个直径为 d 的圆孔。则剪切面面积为________。

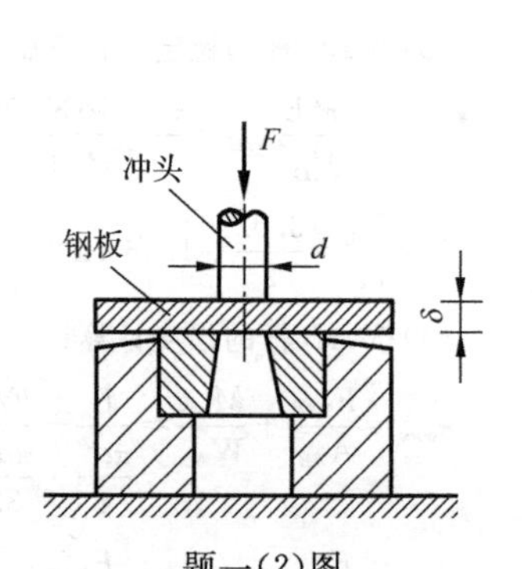

题一(2)图

A. $d\delta$；　B. $\pi d\delta$；　C. $\frac{\pi d^2\delta}{4}$；　D. $\frac{\pi d^2}{4}$。

(3)水平悬臂梁 AB 的固定端 A 下面有一半径为 R 的刚性圆柱面支撑，自由端 B 处作用集中载荷 F，如题一(3)图所示。梁的跨长为 l，EI＝常量，则在力 F 作用下，梁与圆弧面贴合段 AC 的长度为________。

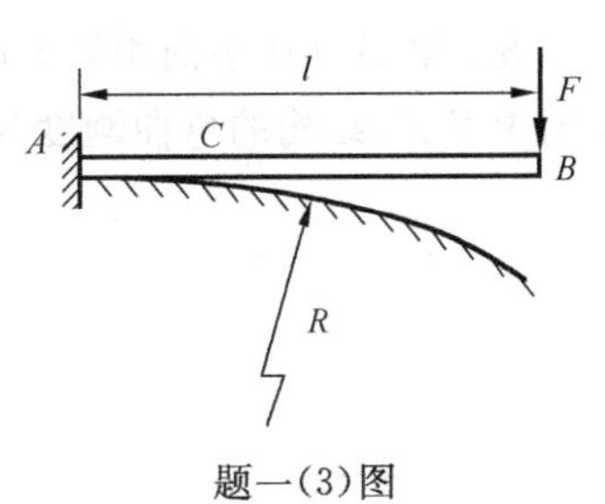

题一(3)图

A. $l-\dfrac{EI}{RF}$；

B. $\dfrac{EI}{RF}$；

C. $l-\dfrac{RF}{EI}$；

D. $\dfrac{RF}{EI}$。

(4)杆件受到垂直于轴线的横向力作用，下列说法正确的是________。

A. 外力的作用线过截面的弯曲中心时，发生弯曲加扭转变形；

B. 外力的作用线与截面的形心主惯性轴平行，且过弯曲中心时，发生斜弯曲变形；

C. 外力的作用线不与截面的形心主惯性轴平行时，发生拉压加弯曲变形；

D. 外力的作用线与截面的形心主惯性轴平行，且过弯曲中心时，发生平面弯曲变形。

(5)如题一(5)图所示，图(a)、图(b)两杆完全一样，当 $F_1=2\text{kN}$ 作用在图(a)中的 C 截面时，B 截面转角 $\theta_B=0.012\text{rad}$。当 $F_2=1\text{kN}$ 作用在图(b)的 D 截面时，C 截面挠度 w_C 为________。

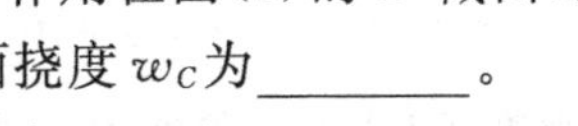
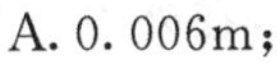

A. 0.006m；

B. 0.003m；

C. 0.024m；

D. 0.012m。

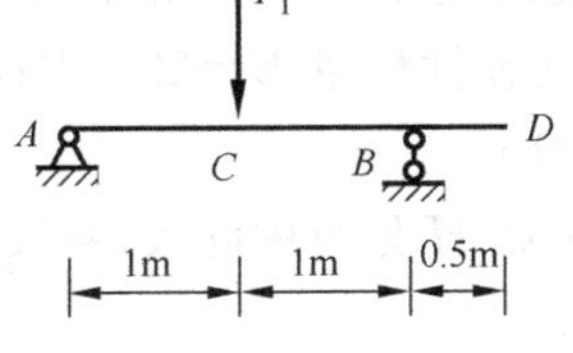
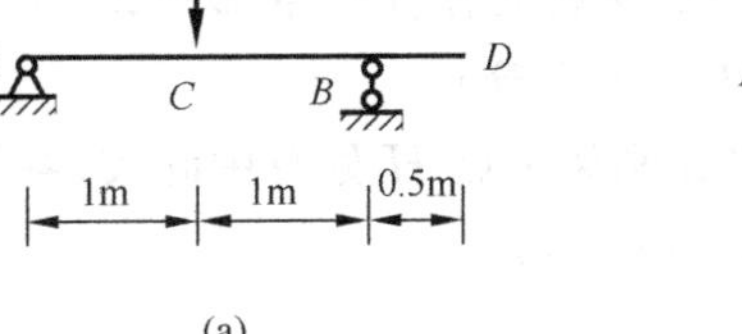

(a)

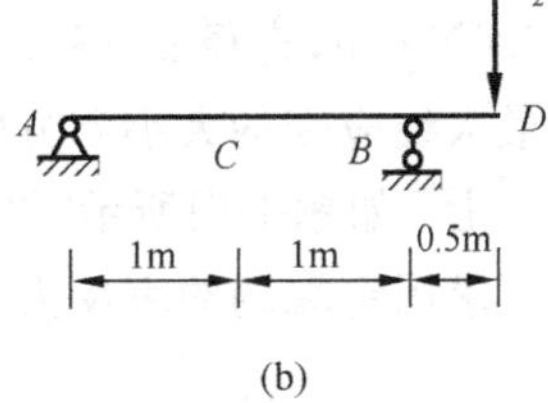

(b)

题一(5)图

二、如题二图所示，已知钻探机钻杆外径 $D=60\text{mm}$，内径 $d=50\text{mm}$，功率 $P=10\text{kW}$，转速 $n=180\text{r/min}$。钻杆钻入底层深度 $l=1\text{m}$，材料的切变模量 $G=80\text{GPa}$，许用切应力$[\tau]=40\text{MPa}$。假定底层对钻杆的阻力矩沿长度均匀分布。求：(1)底层对钻杆单位长度上的阻力矩 m_e；(2)作钻杆的扭矩图，并进行强度校核；(3)A、B 两截面之相对扭转角。(15 分)

三、如题三图所示结构，AB 为刚性杆，由两根弹性杆 1、2 固定，已知 1、2 杆的拉压刚度均为 EA，试求当 AB 杆受载荷 F 作用时 1、2 杆的轴力。(15 分)

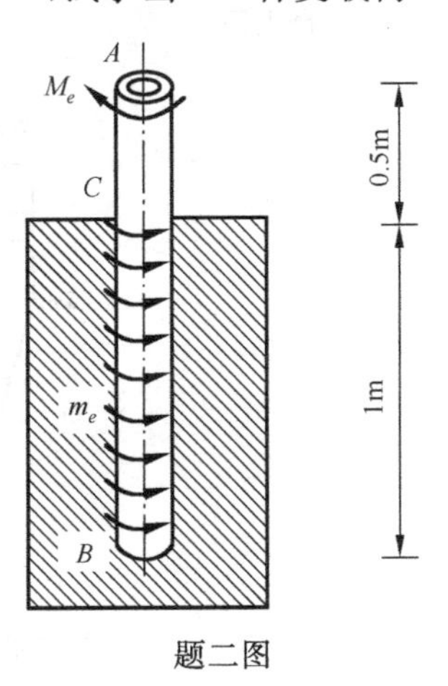

题二图

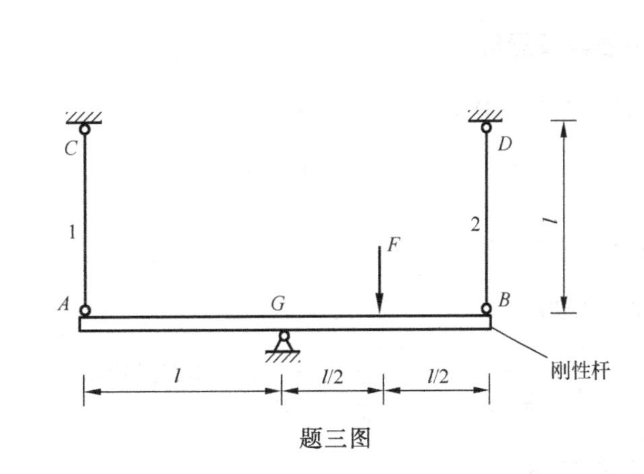

题三图

四、如题四图所示的桁架结构中，载荷 $F=20\text{kN}$。各杆截面均为矩形，$b=40\text{mm}$，$h=80\text{mm}$。材料为 Q235 钢，$E=200\text{GPa}$，$\lambda_0=60$，$\lambda_p=100$，$a=304\text{MPa}$，$b=1.12\text{MPa}$，规定稳定安全因数 $n_w=3$。试校核结构的稳定性。(10 分)

五、梁 AD 和平面刚架 DBC 组合在一起。重物 P 以速度 v 从图示高度落下，冲击到 AD 梁的中点 E，结构的弯曲刚度为 EI，抗弯截面系数为 W。试求结构的最大冲击应力。(15 分)

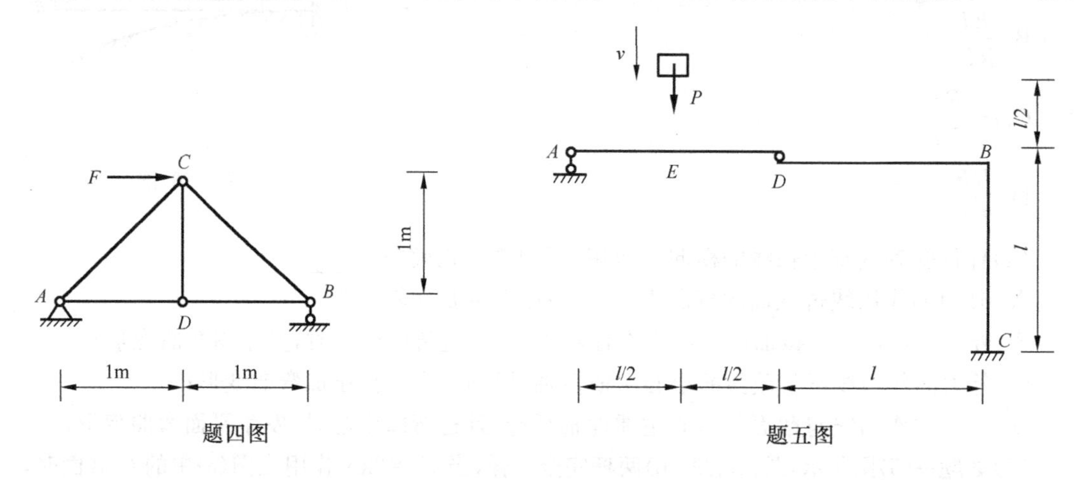

题四图　　　　题五图

六、如题六图所示，圆轴同时受到扭转力偶 M_e 和轴向拉力 F 的作用。已知 $F=20\text{kN}$，$M_e=600\text{N}\cdot\text{m}$，直径 $d=80\text{mm}$，材料的弹性模量 $E=200\text{GPa}$，泊松比 $\nu=0.3$。试求圆筒表面 A 点最大线应变的大小和方向。(15 分)

七、如题七图所示，平面刚架中点 H 处有中间铰，各段弯曲刚度 EI 相同，在外力 F 的作用下求固定端的约束反力。(15 分)

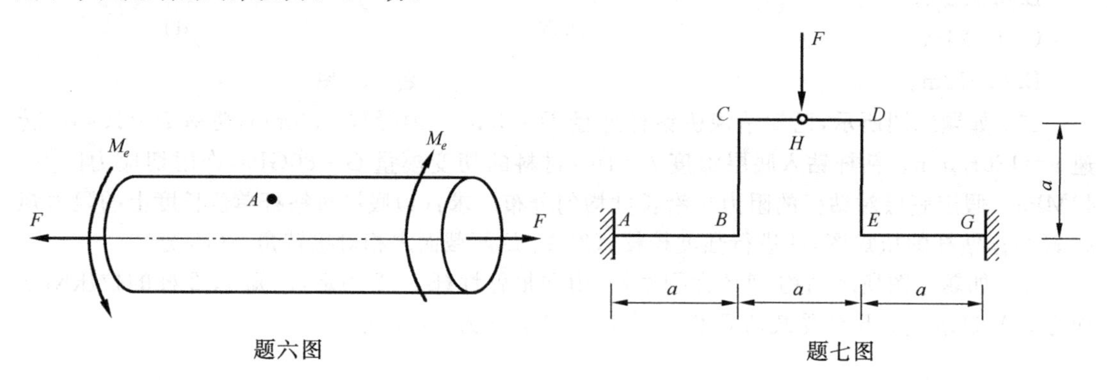

题六图　　　　题七图

试卷八答案及题解

一、(1)C　(2)B　(3)A　(4)D　(5)B

二、(1)$M_e=9.55\dfrac{P}{n}=9.55\times\dfrac{10}{180}=530(\text{N}\cdot\text{m})$

$$m_e=\frac{M_e}{1}=530(\text{N}\cdot\text{m/m})$$

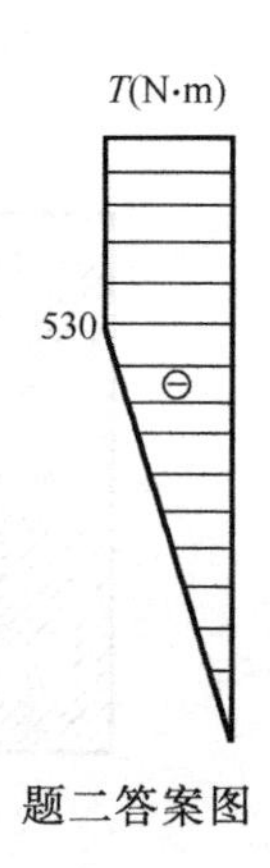

题二答案图

(2)最大切应力。

$$\tau_{max}=\frac{T}{W_t}=\frac{16\times530}{\pi\times60^3\times[1-(\frac{50}{60})^4]\times10^{-9}}=24.15(\text{MPa})$$

(3)变形计算。

BC 段变形：

$$\varphi_1 = \int_0^1 \frac{m_e x \mathrm{d}x}{GI_P} = \int_0^1 \frac{32 \times 530 x \mathrm{d}x}{80 \times 10^9 \times \pi \times 60^4 \times \left[1 - \left(\frac{50}{60}\right)^4\right] \times 10^{-12}} = 5.03 \times 10^{-3}(\mathrm{rad})$$

AC 段变形：

$$\varphi_2 = \frac{Tl}{GI_P} = \frac{32 \times 530 \times 0.5}{80 \times 10^9 \times \pi \times 60^4 \times \left[1 - \left(\frac{50}{60}\right)^4\right] \times 10^{-12}} = 5.03 \times 10^{-3}(\mathrm{rad})$$

所以 $\varphi_{AB} = \varphi_1 + \varphi_2 = 0.01(\mathrm{rad})$。

三、受力如题三答案图(a)所示。

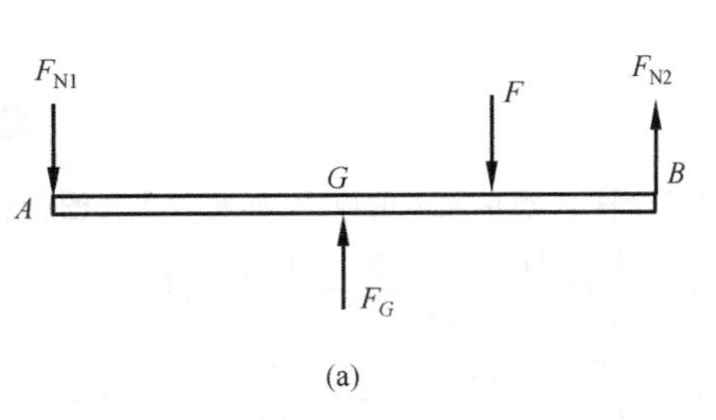

(a)

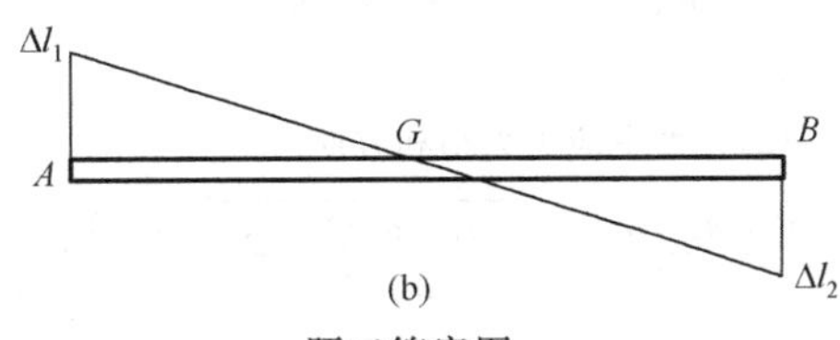

(b)

题三答案图

平衡方程为

$$\sum M_G = 0, F_{N1} \cdot l + F_{N2} \cdot l - F \cdot \frac{l}{2} = 0$$

得 $2F_{N1} + 2F_{N2} - F = 0$

如图(b)所示变形方程为 $\Delta l_1 = \Delta l_2$

物理方程为 $\Delta l_1 = \Delta l_2 = \dfrac{F_{N1} l}{EA}$

得 $F_{N1} = F_{N2}$

解得 $F_{N1} = F_{N2} = \dfrac{F}{4}$

四、通过受力分析可知 CB 杆为压杆，取 B 节点为研究对象，如题四答案图所示。

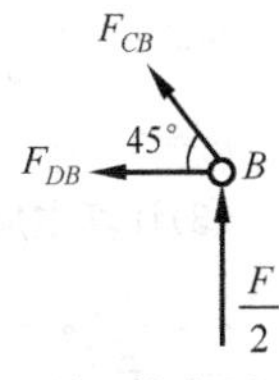

题四答案图

$$\sum F_y = 0, 得\ F_{CB} = -\frac{\sqrt{2}}{2} F = -14.14(\mathrm{kN})。$$

$\lambda = \dfrac{\mu l}{i} = \dfrac{1 \times \sqrt{2}}{0.04/2\sqrt{3}} = 122.45 > \lambda_p$，其为细长杆。

$$F_{cr} = \frac{\pi^2 E}{\lambda^2} \cdot A = \frac{3.14^2 \times 200 \times 10^9}{122.4^2} \times 80 \times 40 \times 10^{-6} = 421(\mathrm{kN})$$

$$n = \frac{F_{cr}}{F_{BC}} = \frac{421}{14.14} = 29.8 > n_w$$

BC 杆安全，结构安全。

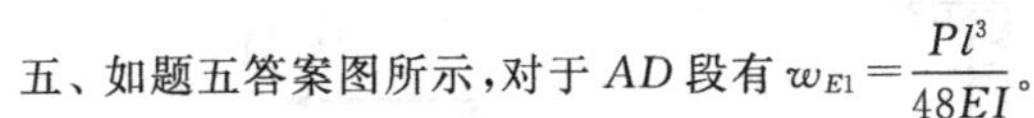

五、如题五答案图所示，对于 AD 段有 $w_{E1} = \dfrac{Pl^3}{48EI}$。

刚架 BCD 中，D 点的位移引起 E 点位移为

$$w_{E2} = \frac{1}{2} \times \frac{1}{EI}\left(\frac{1}{2} \times \frac{Pl}{2} \times l \times \frac{2}{3} l + \frac{Pl}{2} \times l \times l\right) = \frac{Pl^3}{3EI}$$

$$\Delta_{st} = w_{E1} + w_{E2} = \frac{Pl^3}{48EI} + \frac{Pl^3}{3EI} = \frac{17Pl^3}{48EI}$$

将速度转换为冲击高度 $\dfrac{1}{2} mv^2 = mgh', h' = \dfrac{v^2}{2g}$。

$$K_d = 1 + \sqrt{1 + \frac{2\left(\frac{l}{2} + h'\right)}{\Delta_{st}}} = 1 + \sqrt{1 + \frac{l + \frac{v^2}{g}}{\frac{17Pl^3}{48}}} = 1 + \sqrt{1 + \frac{48(gl + v^2)}{17gPl^3}}$$

$$\sigma_d = K_d \sigma_{st} = K_d \frac{Pl}{2W}$$

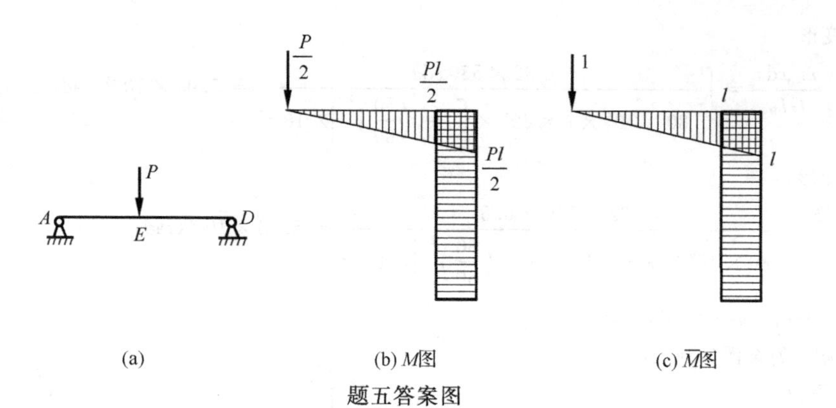

(a) (b) M图 (c) $\overline{M}$图

题五答案图

六、(1)计算 A 点单元体的应力，如题六答案图所示。

$$\sigma_x=\frac{F}{A}=\frac{4F}{\pi d^2}=\frac{4\times20\times10^3}{\pi\times80^2\times10^{-6}}=4\text{MPa}$$

$$\tau_{xy}=\frac{T}{W_t}=\frac{16M_e}{\pi\times d^3}=\frac{16\times600}{\pi\times80^3\times10^{-9}}=6\text{MPa}$$

$$\sigma_y=0$$

题六答案图

(2)计算主应力大小和方向。

$$\left.\begin{matrix}\sigma'\\\sigma''\end{matrix}\right\}=\frac{\sigma_x+\sigma_y}{2}\pm\sqrt{\left(\frac{\sigma_x-\sigma_y}{2}\right)^2+\tau_{xy}^2}=\frac{4+0}{2}\pm\sqrt{\left(\frac{4-0}{2}\right)^2+6^2}=\begin{matrix}8.32\\-4.32\end{matrix}\quad(\text{MPa})$$

$$\sigma_1=8.32\text{MPa},\quad\sigma_2=0,\quad\sigma_3=-4.32\text{MPa}$$

$$\tan2\alpha_0=-\frac{2\tau_{xy}}{\sigma_x-\sigma_y}=-\frac{2\times6}{4-0}=-3$$

$$\alpha_0=35.78^\circ$$

(3)计算主应变(最大线应变)。

$$\varepsilon_1=\frac{1}{E}[\sigma_1-\nu(\sigma_2+\sigma_3)]=\frac{1}{200\times10^9}[8.32\times10^6-0.3\times(0-4.32)\times10^6]=4.808\times10^{-5}$$

七、此题二次静不定问题，可利用对称性简化为只含一个未知量。建立相当系统，如题七答案图所示。

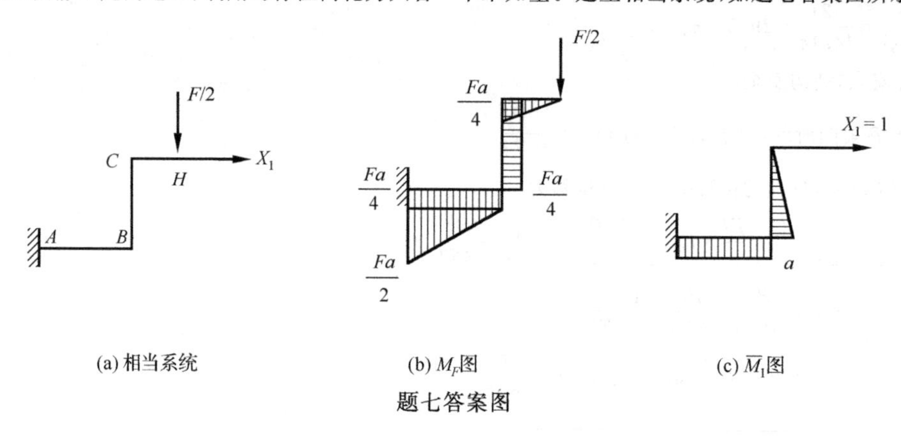

(a) 相当系统 (b) M_F图 (c) $\overline{M}_1$图

题七答案图

由力法正则方程得 $\delta_{11}X_1+\Delta_{1F}=0$

$$\delta_{11}=\frac{1}{EI}\left(\frac{1}{2}a\times a\times\frac{2}{3}a+a\times a\times a\right)=\frac{4a^3}{3EI}$$

$$\Delta_{1F}=\frac{1}{EI}\left(\frac{Fa}{4}\times a\times\frac{a}{2}-\frac{Fa}{4}\times a\times a+\frac{1}{2}\times\frac{Fa}{2}\times a\times a\right)=\frac{5}{8}\frac{Fa^3}{EI}$$

$$\frac{4a^3}{3EI}X_1+\frac{5}{8}\frac{Fa^3}{EI}=0$$

$X_1=-\frac{15}{32}F$

固定端约束反力为

$F_{Ax}=\frac{15}{32}F(\rightarrow),F_{Ay}=\frac{F}{2}(\uparrow),M_A=\frac{9}{32}Fa$(逆时针)

试　卷　九

一、选择题。(每题 3 分,共 15 分)

(1)下列说法错误的是________。

A. 截面对过形心轴的惯性矩最大;

B. 惯性矩一定是正定的;

C. 截面对主惯性轴的惯性积为零;

D. 静矩可正、可负还可能为零。

(2)下列说法正确的是________。

A. 杆件在发生轴向拉伸压缩变形时,杆内无切应力;

B. 实用计算中,连接件剪切面上应力假设均匀分布;

C. 弯曲变形横截面正应力最大值在上下边缘;

D. 圆形截面杆发生扭转变形时,杆正应力为零。

(3)钢板拼接采用相同材料的两块盖板和铆钉群连接,如题一(3)图所示。已知铆钉的直径为 d,许用切应力为$[\tau]$,则铆钉切应力的强度条件为________。

A. $\frac{F}{5\pi d^2}\leqslant[\tau]$;

B. $\frac{2F}{5\pi d^2}\leqslant[\tau]$;

C. $\frac{F}{10\pi d^2}\leqslant[\tau]$;

D. $\frac{4F}{5\pi d^2}\leqslant[\tau]$。

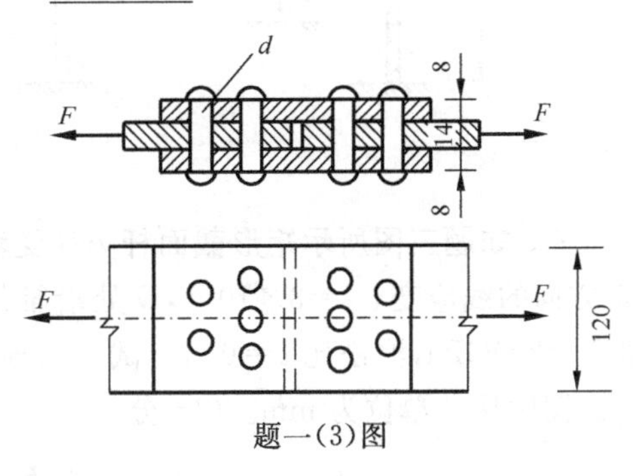

题一(3)图

(4)如题一(4)图所示,图(a)、图(b)两杆完全一样,当 F 作用在图(a)的 C 截面时,C、B 截面的转角、挠度分别为 θ_{C1}、w_{C1}、θ_{B1}、w_{B1}。当力偶 Fl 作用在图(b)的 B 截面时,C、B 截面的转角、挠度分别为 θ_{C2}、w_{C2}、θ_{B2}、w_{B2},则有________。

A. $w_{B1}=\theta_{C2}\cdot l$;　　B. $w_{B2}=\theta_{C1}\cdot l$;

C. $w_{C1}=\theta_{B2}\cdot l$;　　D. $w_{C2}=\theta_{C1}\cdot l$。

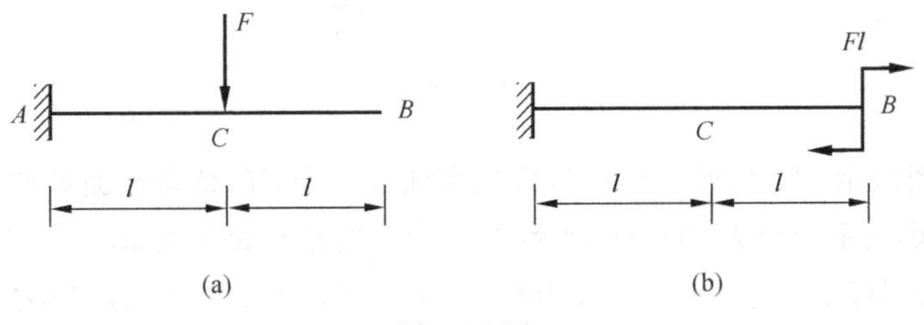

题一(4)图

(5)已知悬臂梁的长度 $l=1\text{m}$，弯曲刚度 $EI=$ 常量，发生弯曲变形后，挠曲线方程为 $w=-\dfrac{1}{EI}(8x^2-5x^3+x^4)$，则该梁的弯矩图为________。

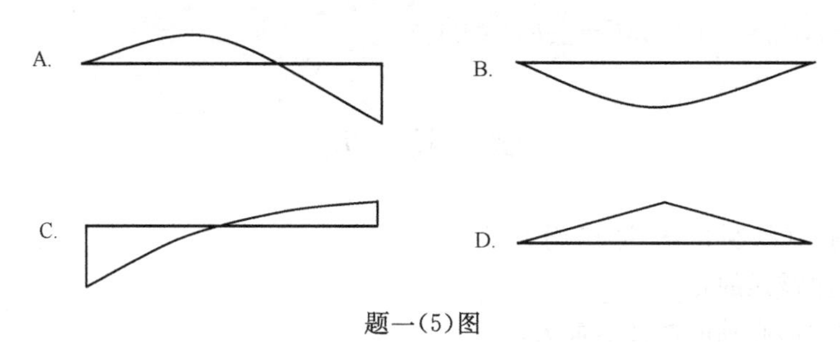

题一(5)图

二、如题二图所示结构中，$ABCD$ 为刚性框架，总重量 400kN，由四根相同立柱支撑，立柱横截面由两根 20 号槽钢组成。槽钢弹性模量 $E=200\text{GPa}$，$\lambda_0=60$，$\lambda_p=100$，$a=304\text{MPa}$，$b=1.12\text{MPa}$，立柱长度因数 $\mu=0.8$，规定稳定安全因数 $n_w=3$。试校核结构的稳定性。(15 分)

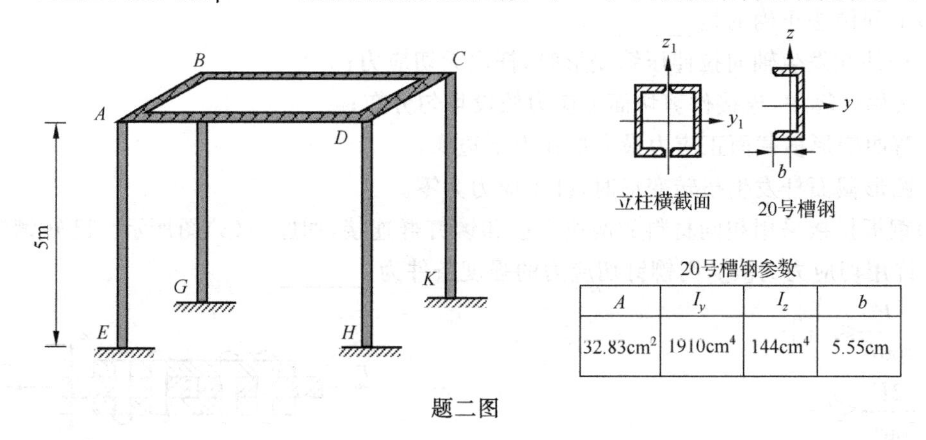

20号槽钢参数

A	I_y	I_z	b
32.83cm²	1910cm⁴	144cm⁴	5.55cm

题二图

三、如题三图所示矩形截面杆 AB 受轴向力和横向力作用，由试验测得 E 处沿与轴线成 45°方向的线应变 $\varepsilon_{45}=3\times10^{-5}$，$D$ 处沿轴线方向的线应变 $\varepsilon_0=4\times10^{-5}$。已知材料的弹性模量 $E=200\text{GPa}$，泊松比 $\nu=0.3$。试：(1)画出 E 点应力状态单元体；(2)求梁上的外力 F_1 和 F_2。图中尺寸单位为 mm。(15 分)

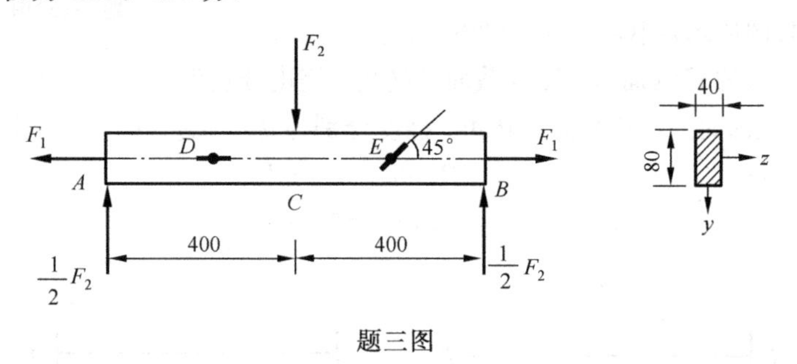

题三图

四、如题四图所示，直角折杆 ABC 各段的弯曲刚度为 EI，抗弯截面系数为 W。绕 O 轴转动的刚性杆端部焊接重量为 P 的小球，刚性杆长为 l，初始角速度为 ω，刚性杆由铅直位置到水平位置，小球冲击到杆端 C 点，无其他外力作用，试求折杆内最大冲击动应力。(15 分)

五、如题五图所示，钢制实心传动圆轴，其齿轮 C 上作用铅直切向力 4kN，径向力 3kN；齿轮 D 上作用水平切向力 8kN，径向力 6kN。齿轮 C 的直径 $d_C=200\text{mm}$，齿轮 D 的直径 $d_D=$

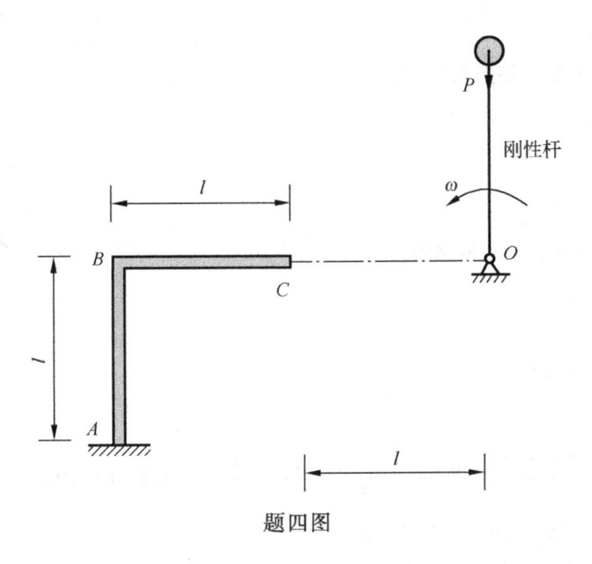

题四图

100mm，材料的许用应力$[\sigma]=160\text{MPa}$。试：(1)画内力图；(2)按第四强度理论设计传动轴的直径。图中尺寸单位为mm。(20分)

六、如题六图所示，闭合框架$ABCD$各段弯曲刚度EI相同，对称地受均布力作用，中间位置的二力杆刚度为EA，且$I=0.4Al^2$，试画该框架的内力图。(20分)

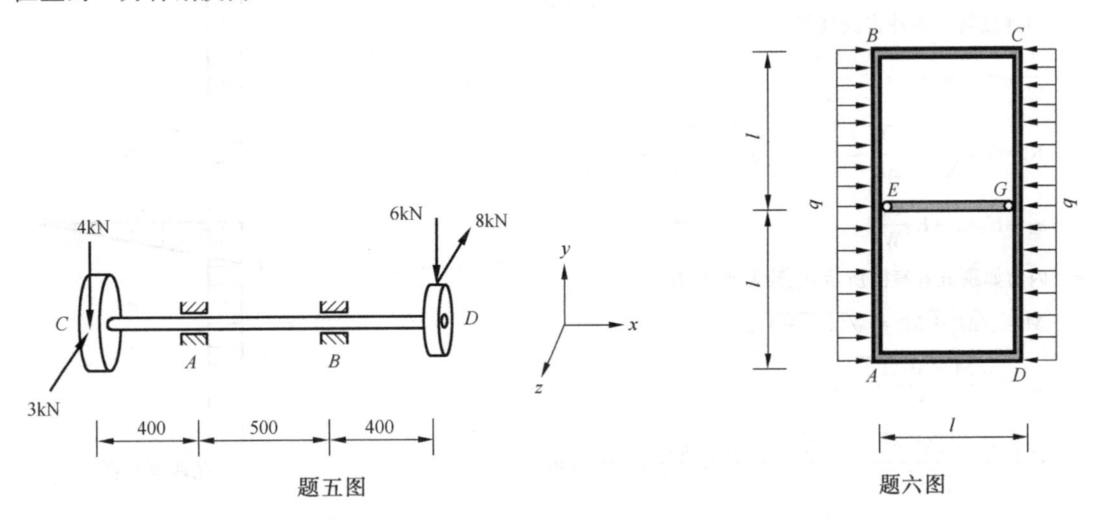

题五图　　题六图

试卷九答案及题解

一、(1)A　(2)B　(3)B　(4)D　(5)C

二、$I_{y1}=2I_y=2\times1910=3820(\text{cm}^4)$

$$I_{z1}=2I_y=2\times(I_z+A\times5.55^2)=2\times(144+32.83\times5.55^2)=2310.49(\text{cm}^4)$$

$$i_{z1}=\sqrt{\frac{I_{z1}}{2A}}=\sqrt{\frac{2310.49}{2\times32.83}}=5.93(\text{cm})$$

$$\lambda=\frac{\mu l}{i_{z1}}=\frac{0.8\times5}{5.93\times10^{-2}}=67.45<\lambda_p\text{，其为中长杆}$$

$$F_{cr}=(a-b\lambda)A_1=(304-1.12\times67.45)\times10^6\times2\times32.83\times10^{-4}=1500(\text{kN})$$

$$n=\frac{F_{cr}}{F}=\frac{1500}{100}>n_w$$

结构满足稳定性要求。

三、E 点应力状态单元体如题三答案图所示。

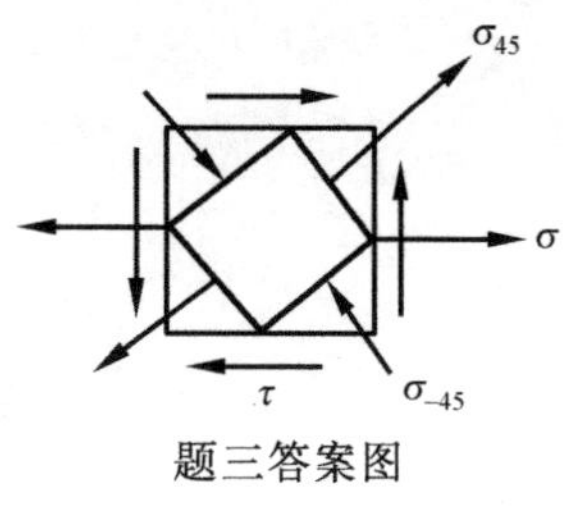

题三答案图

$$\sigma=\frac{F_1}{A},\tau=\frac{3F_S}{2A}=\frac{3F_2}{4A}$$

$$\sigma_{45}=\frac{\sigma}{2}+\tau,\sigma_{-45}=\frac{\sigma}{2}-\tau$$

$$\sigma=E\varepsilon_0=200\times10^9\times4\times10^{-5}=8(\text{MPa})$$

$$\varepsilon_{45}=\frac{1}{E}[\sigma_{45}-\nu(\sigma_{-45}+0)]$$

$$=\frac{1}{E}\left[\frac{\sigma}{2}+\tau-\nu\left(\frac{\sigma}{2}-\tau\right)\right]$$

$$\tau=\frac{E\varepsilon_{45}-(1-\nu)\dfrac{\sigma}{2}}{1+\nu}=\frac{200\times10^9\times3\times10^{-4}-(1-0.3)\times4\times10^6}{1.3}=2.46(\text{MPa})$$

$$F_1=\sigma A=8\times10^6\times40\times80\times10^{-6}=25.6(\text{kN})$$

$$F_2=\frac{4\tau A}{3}=\frac{4\times2.46\times10^6\times40\times80\times10^{-6}}{3}=10.5(\text{kN})$$

四、弯矩图如题四答案图所示。

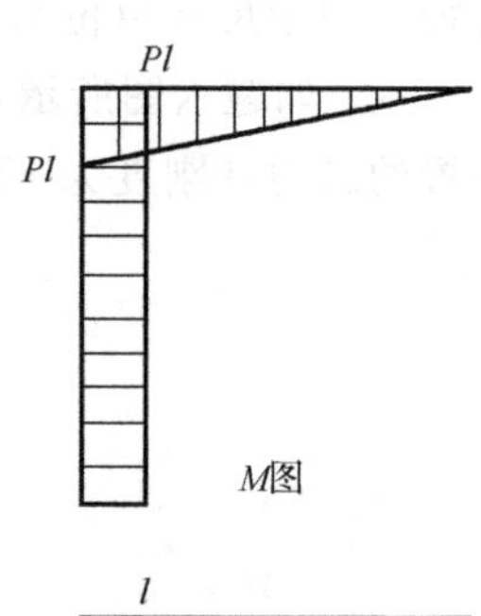

$$\Delta_{st}=\frac{1}{EI}(\frac{1}{2}\times Pl\times l\times\frac{2}{3}\times l+Pl\times l\times l)=\frac{4Pl^3}{3EI}$$

将速度转换为冲击高度得

$$\frac{1}{2}mv^2=mgh',h'=\frac{\omega^2l^2}{2g}$$

$$K_d=1+\sqrt{1+\frac{2H}{\Delta_{st}}}==1+\sqrt{1+\frac{3\omega^2l+6g}{4Pl^2g}}$$

$$\sigma_d=K_d\sigma_{st}=K_d\frac{Pl}{W}$$

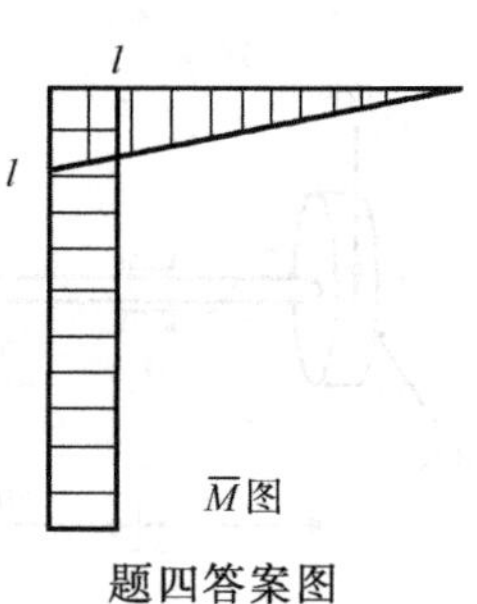

题四答案图

五、内力如题五答案图所示，危险截面为 B。

$$M=\sqrt{M_y^2+M_z^2}=\sqrt{2.4^2+3.2^2}$$

$$\sigma_{r3}=\frac{\sqrt{M^2+0.75T^2}}{W}\leqslant[\sigma]$$

$$\frac{\sqrt{2.4^2+3.2^2+0.75\times0.8^2}\times10^3}{160\times10^6}\leqslant\frac{\pi d^3}{32},d\geqslant64\text{mm}$$

M_z (kN·m)
1.6　2.4

T (kN·m)
⊖
0.8

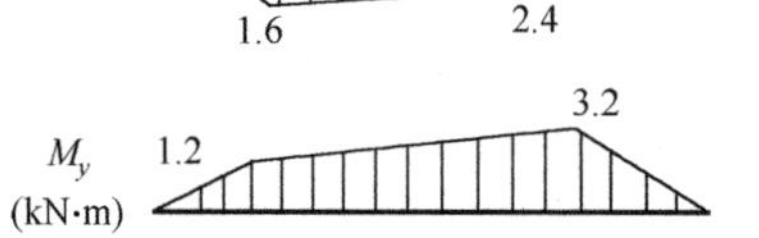

题五答案图

六、利用对称性将系统简化为只含两个未知量如题六答案图所示。

力法正则方程为

$$\delta_{11}X_1+\delta_{12}X_2+\Delta_{1F}=0$$

$$\delta_{21}X_1+\delta_{22}X_2+\Delta_{2F}=0$$

$$\delta_{11}=\frac{1}{EI}\left(2\times1\times\frac{l}{2}\times1+1\times2l\times1\right)=\frac{3l}{EI}$$

$$\delta_{22}=\frac{2}{EI}\left(\frac{1}{2}\times\frac{l}{2}\times l\times\frac{2}{3}\times\frac{l}{2}\right)+\frac{1\times1\times\frac{l}{2}}{EA}=\frac{5l^3}{12EI}$$

$$\delta_{12}=\delta_{21}=\frac{2}{EI}\left(\frac{1}{2}\times\frac{l}{2}\times2l\times1\right)=\frac{l^2}{2EI}$$

$$\Delta_{1F}=\frac{1}{EI}\left[\frac{2}{3}\times2l\times\frac{ql^2}{2}\times1\right]=\frac{2ql^3}{3EI}$$

$$\Delta_{2F}=\frac{2}{EI}\left[\frac{2}{3}\times l\times\frac{ql^2}{2}\times\frac{5}{8}\times\frac{l}{2}\right]=\frac{5ql^4}{24EI}$$

$$\frac{3l}{EI}X_1+\frac{l^2}{2EI}X_2+\frac{2ql^3}{3EI}=0$$

$$\frac{l^2}{2EI}X_1+\frac{5l^3}{12EI}X_2+\frac{5ql^4}{24EI}=0$$

$$X_1=-\frac{25}{144}ql^2$$

$$X_2=-\frac{7}{24}ql$$

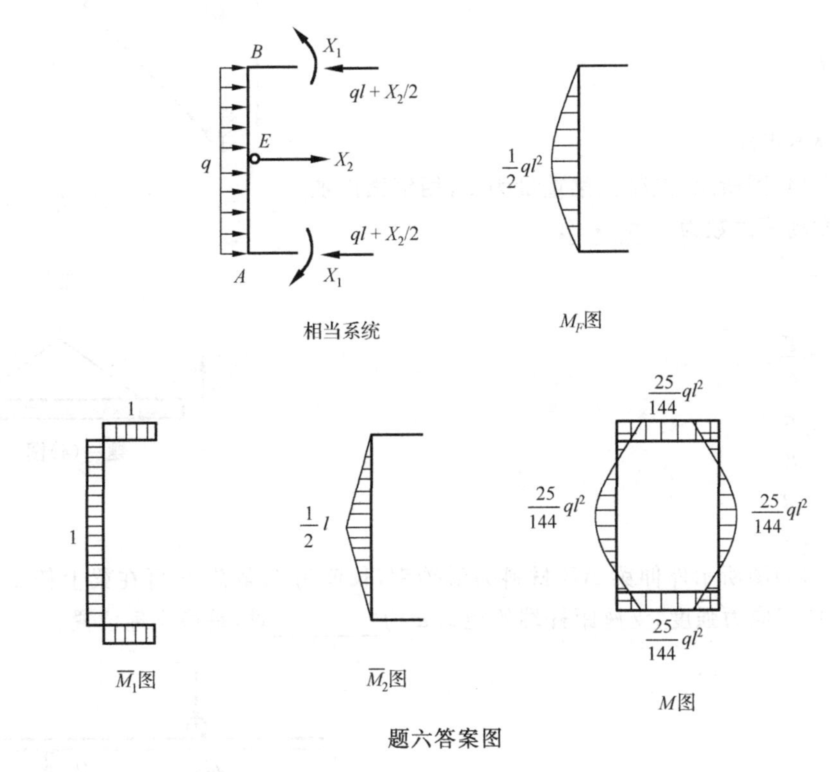

题六答案图

试　卷　十

一、选择题。(每题 3 分,共 15 分)

(1)如题一(1)图所示,槽形截面杆一端固定,另一端受横向力 F 作用,则该杆发生的变形形式为________。

A. 拉伸+斜弯曲;

B. 扭转+斜弯曲;

C. 拉伸＋平面弯曲；

D. 扭转＋平面弯曲。

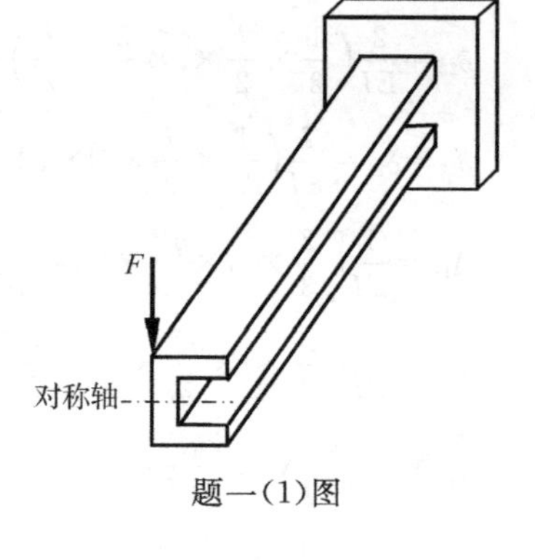

题一(1)图

(2)等截面直杆材料为低碳钢，受轴向拉力作用，材料进入屈服阶段后，下列说法正确的是________。

A. 弹性变形量发生变化；

B. 泊松比发生变化；

C. 切变模量发生变化；

D. 弹性模量发生变化。

(3)如题一(3)图所示，AB 为刚性杆(不变形)，杆 CD 弹性模量为 E，横截面面积为 A，在力 F 的作用下，B 点的铅垂位移为________。

A. $\dfrac{4Fl}{EA}$；

B. $\dfrac{8Fl}{EA}$；

C. $\dfrac{8\sqrt{2}Fl}{EA}$；

D. 以上都不正确。

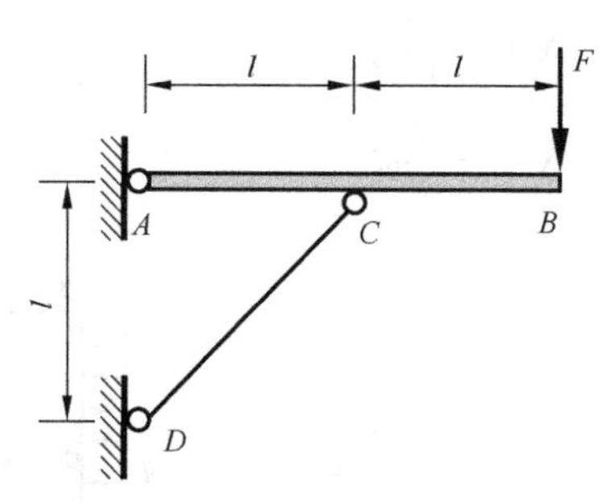

题一(3)图

(4)如题一(4)图所示，混凝土梁重量为 P，用钢索以加速度 a 起吊，则动荷因数为________。

A. $K_d=1-\dfrac{a}{g}$；

B. $K_d=1-\dfrac{g}{a}$；

C. $K_d=1+\dfrac{a}{g}$；

D. $K_d=1+\dfrac{g}{a}$。

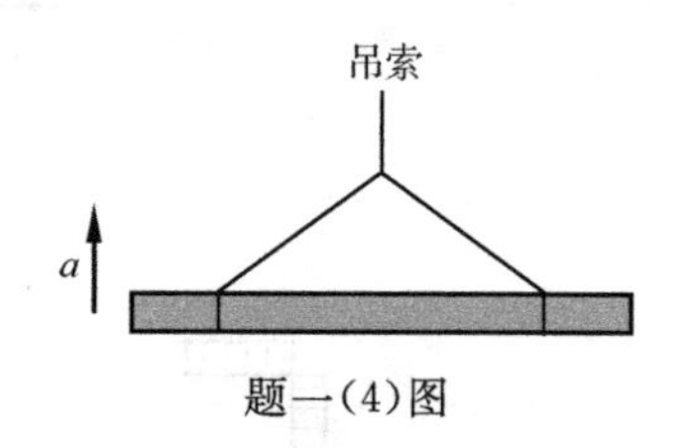

题一(4)图

(5)如题一(5)图所示外伸梁 AB 材料为低碳钢，长度为 l，载荷 F 可在梁上任意移动，考虑梁 AB 的弯曲正应力强度，支座距杆端的距离 a 为________时，是最合理位置。

A. $a=\dfrac{l}{8}$；

B. $a=\dfrac{l}{5}$；

C. $a=\dfrac{l}{4}$；

D. $a=\dfrac{l}{6}$。

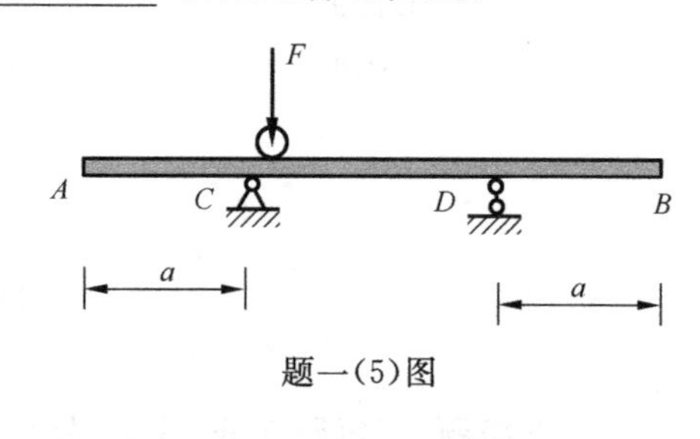

题一(5)图

二、如题二图所示，直角折杆 $ABCD$ 各段相互垂直，长度为 a，截面为圆形，直径为 d。重量为 P 的物块以速度 v 水平冲击到 D 点，B 端固定，材料的弹性模量为 E，切变模量为 G，$E=3G$。试求 D 点沿 x 轴方向的位移。(15 分)

三、作题三图所示梁的剪力图和弯矩图，画出挠曲线大致形状。(15 分)

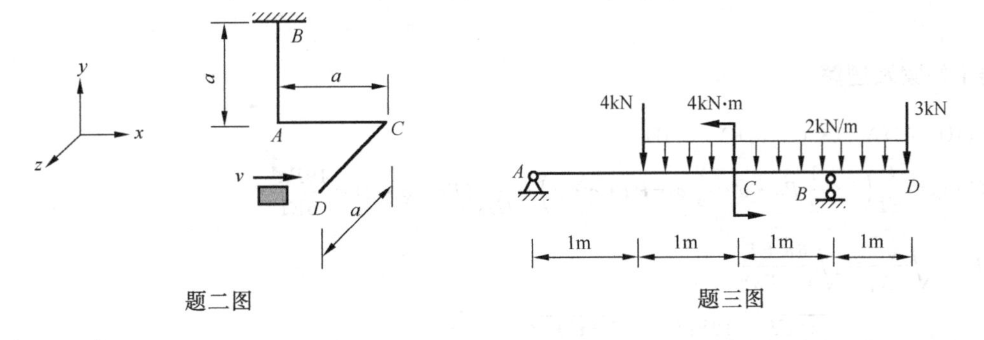

题二图　　　　题三图

四、如题四图所示，简易吊车 AB 梁截面为工字形，由三个完全相同的矩形焊接而成，材料为 Q235 钢，梁长 $l=4\text{m}$，由试验测得 AC 段轴线上的 K 点处沿与轴线成 $45°$方向的线应变 $\varepsilon=-2.8\times10^{-5}$，已知弹性模量 $E=200\text{GPa}$，泊松比 $\nu=0.3$。试：(1)画出 K 点应力状态单元体；(2)求吊起重物重量 P 的大小。(考虑弯曲切应力，横截面尺寸单位为 mm。)(15 分)

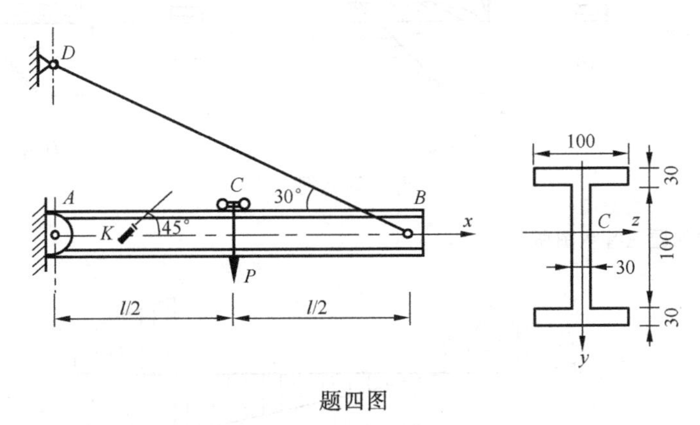

题四图

五、如题五图所示，空间刚架 $ABCDEG$ 各段相互垂直，$BCDE$ 位于水平面内，H 处为中间铰链，长度 $a=1\text{m}$，各段截面均为圆形，直径 $d=60\text{mm}$，A 端和 G 端为固定端约束。受铅垂方向均布载荷作用，$q=2\text{kN/m}$，材料许用应力$[\sigma]=160\text{MPa}$。试：(1)画 AB 段内力图；(2)校核 AB 段强度。(20 分)

六、如题六图所示，平面刚架 $ABCD$ 与平面刚架 $DGHK$ 各段弯曲刚度 EI 已知，D 为中间铰链，二力杆 DE 拉压刚度为 EA，且 $I=\dfrac{Aa^2}{4}$。不考虑轴力和剪力对变形的影响，试画刚架弯矩图。(20 分)

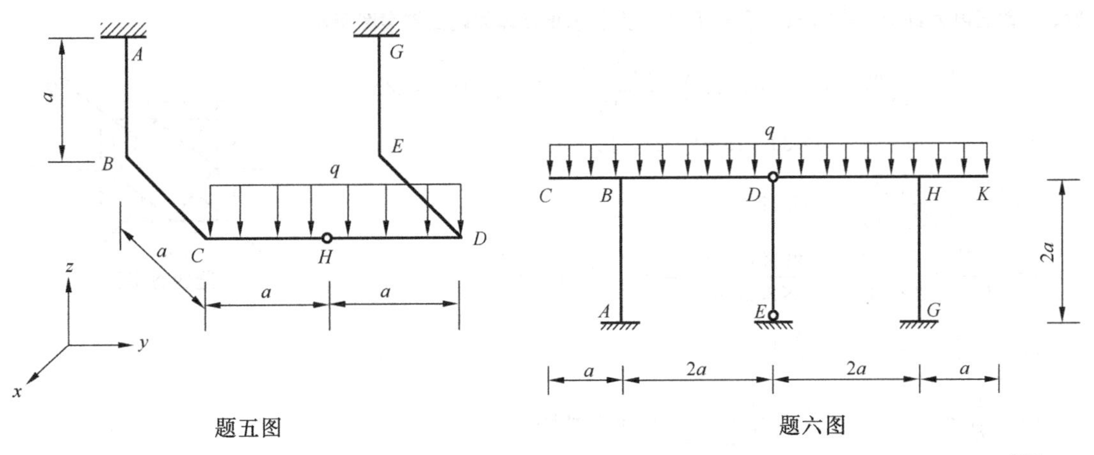

题五图　　　　题六图

试卷十答案及题解

一、(1)D　(2)A　(3)C　(4)C　(5)D

二、(1)$\Delta_{st}=\dfrac{1}{EI}\left(2\times\dfrac{1}{2}Pa\cdot a\cdot\dfrac{2}{3}a+Pa\cdot a\cdot a\right)+\dfrac{1}{GI_P}(Pa\cdot a\cdot a)=\dfrac{19Pa^3}{6EI}$

$$K_d=\sqrt{\frac{v^2}{g\Delta_{st}}}=\sqrt{\frac{6v^2EI}{19gPa^3}}$$

$$\Delta_d=K_d\Delta_{st}=\sqrt{\frac{6v^2EI}{19gPa^3}}\cdot\frac{19Pa^3}{6EI}=\sqrt{\frac{608v^2Pa^3}{3\pi d^4 gEI}}$$

题二答案图

三、剪力图和弯矩图如题三答案图所示。

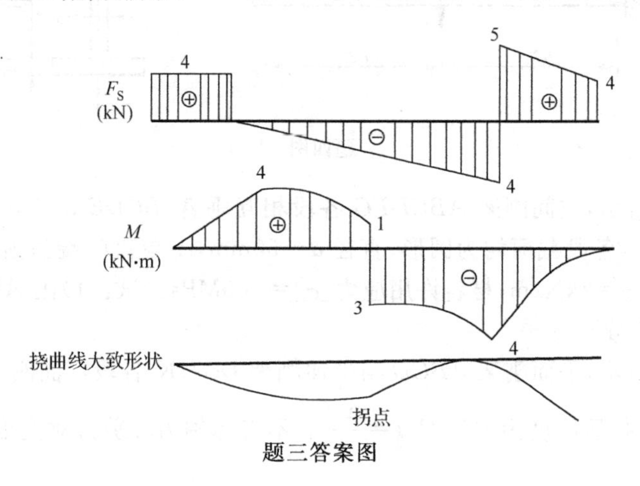

题三答案图

四、K 截面内力：$F_N=\dfrac{\sqrt{3}}{2}P$，$F_S=\dfrac{1}{2}P$，K 点应力状态单元体如题四答案图所示。

$$I_z=2\times\left(\frac{100\times30^3}{12}+100\times30\times65^2\right)+\frac{100^3\times30}{12}=2.83\times10^7(\mathrm{mm}^4)$$

$$S_z^*=100\times30\times65+50\times30\times25=2.325\times10^5(\mathrm{mm}^3)$$

$$\sigma=\frac{F_N}{A}=\frac{\sqrt{3}P}{2\times9\times10^{-3}}=96.2P$$

$$\tau=\frac{F_S S_z^*}{dI_{z\max}}=\frac{P\times2.325\times10^{-4}}{2\times30\times10^{-3}\times2.83\times10^{-5}}=1.37\times10^4P$$

题四答案图

$$\sigma_{45}=-\frac{\sigma}{2}-\tau,\sigma_{-45}=-\frac{\sigma}{2}+\tau$$

$$\varepsilon_{45}=\frac{1}{E}[\sigma_{45}-\nu(\sigma_{-45}+0)]=\frac{1}{E}\left[-\frac{\sigma}{2}(1-\nu)-\tau(1+\nu)\right]$$

$$P=\frac{\varepsilon E}{1.79\times10^{4}}=\frac{2.8\times10^{-5}\times200\times10^{9}}{1.79\times10^{4}}=313(\mathrm{N})$$

五、(1)内力如题五答案图所示，B 上为危险截面。

(2)$M=\sqrt{M_y^2+M_x^2}=\sqrt{1^2+\left(\frac{1}{2}\right)^2}qa^2=\frac{\sqrt{5}}{2}qa^2$

$$\sigma=\frac{F_N}{A}+\frac{M}{W}=\frac{4F_N}{\pi d^2}+\frac{32M}{\pi d^3}$$

$$=\frac{4\times2\times10^{3}}{\pi\times60^{2}\times10^{-6}}+\frac{32\times\sqrt{5}\times10^{3}}{2\times\pi\times60^{3}\times10^{-9}}=106\mathrm{MPa}$$

满足强度要求。

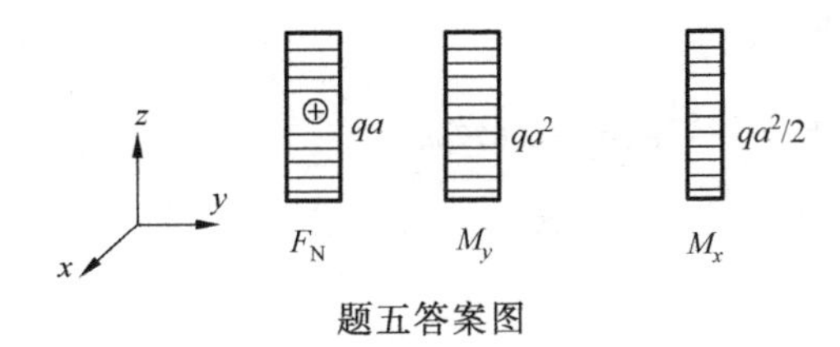

题五答案图

六、三次静不定问题。可利用对称性将系统简化为只有两个未知量，建立相当系统，如题六答案图所示。

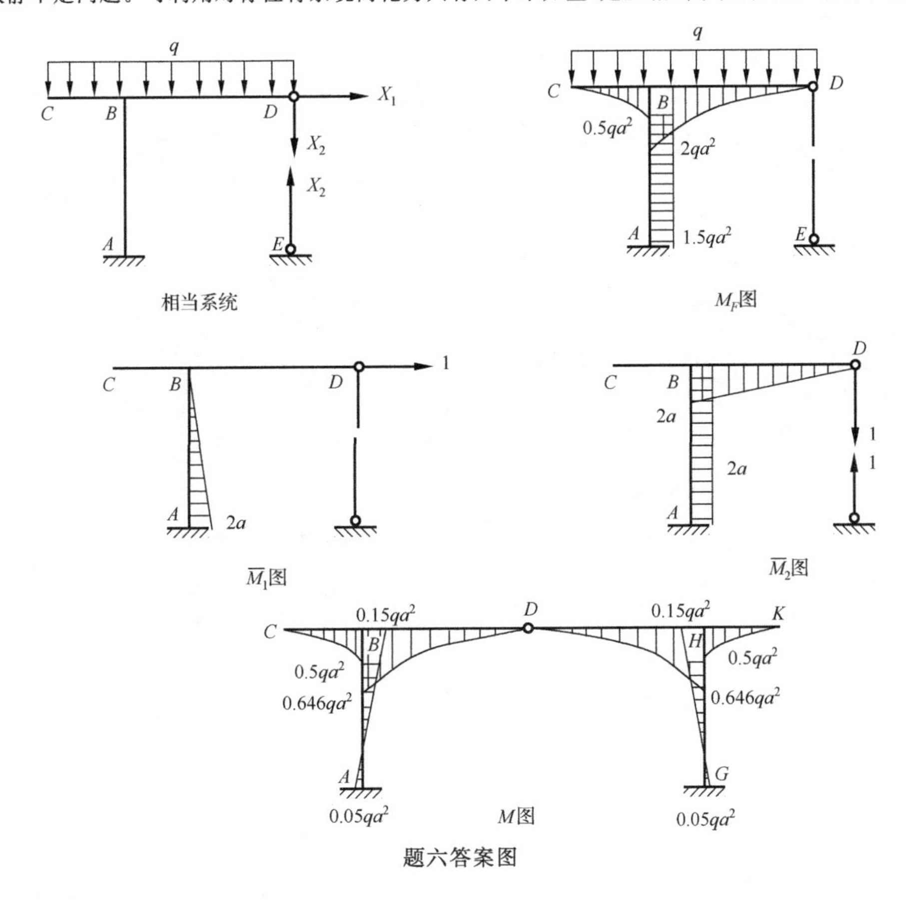

题六答案图

由力法正则方程得

$$\delta_{11}X_1+\delta_{12}X_2+\Delta_{1F}=0$$

$$\delta_{21}X_1+\delta_{22}X_2+\Delta_{2F}=0$$

$$\delta_{11}=\frac{1}{EI}\left(\frac{1}{2}\times2a\times2a\times\frac{2}{3}\times2a\right)=\frac{8a^3}{3EI}$$

$$\delta_{12}=\delta_{21}=\frac{1}{EI}\left(\frac{1}{2}\times 2a\times 2a\times 2a\right)=\frac{4a^3}{EI}$$

$$\delta_{22}=\frac{1}{EI}\left(\frac{1}{2}\times 2a\times 2a\times\frac{2}{3}\times 2a+2a\times 2a\times 2a\right)+\frac{1\times 1\times 2a}{EA}=\frac{67a^3}{6EI}$$

$$\Delta_{1F}=\frac{1}{EI}(1.5qa^2\times 2a\times a)=\frac{3qa^4}{EI}$$

$$\Delta_{2F}=\frac{1}{EI}\left(\frac{1}{3}qa^2\times 2a\times\frac{3}{4}\times 2a+1.5qa^2\times 2a\times 2a\right)=\frac{8qa^4}{EI}$$

$$\frac{8a^3}{3EI}X_1+\frac{4a^3}{EI}X_2+\frac{3qa^4}{EI}=0$$

$$\frac{4a^3}{EI}X_1+\frac{67a^3}{6EI}X_2+\frac{8qa^4}{EI}=0$$

$$X_1=-\frac{27}{248}qa=-0.1qa,X_2=-\frac{21}{31}qa=-0.677qa$$

附录Ⅱ　考研模拟试题及解答

试　卷　一

一、题一图所示结构中，AB 杆和 AC 杆的横截面面积分别为 $A_1=346.4\text{mm}^2$，$A_2=400\text{mm}^2$，材料的许用应力分别为$[\sigma]_1=150\text{MPa}$，$[\sigma]_2=110\text{MPa}$，求此结构的许可载荷值。(15 分)

二、作题二图所示梁的剪力图和弯矩图，方法不限。(15 分)

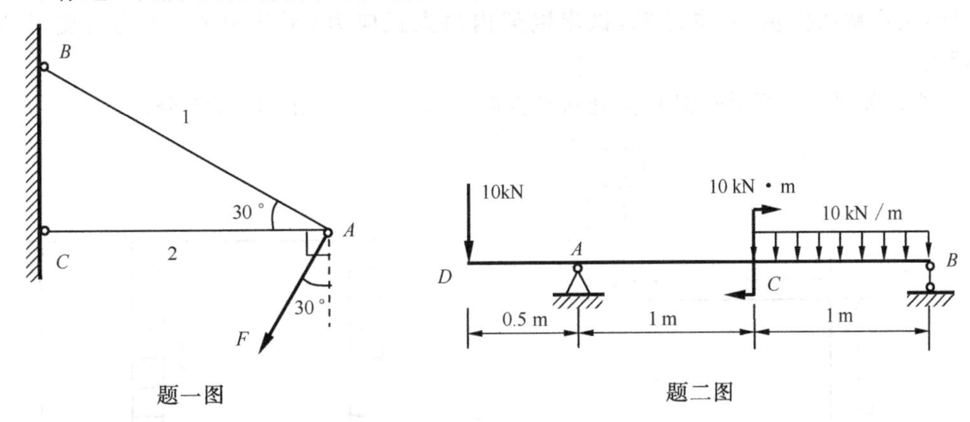

题一图　　题二图

三、题三图所示圆轴两端固定，扭转外力偶矩 $M_e=30\text{kN}\cdot\text{m}$，作此轴的扭矩图。(15 分)

四、题四图所示悬臂梁由两根正方形截面钢梁焊接而成，边长 $h=80\text{mm}$，焊缝材料的许用切应力$[\tau]=20\text{MPa}$，试判断此焊缝是否满足强度要求。(15 分)

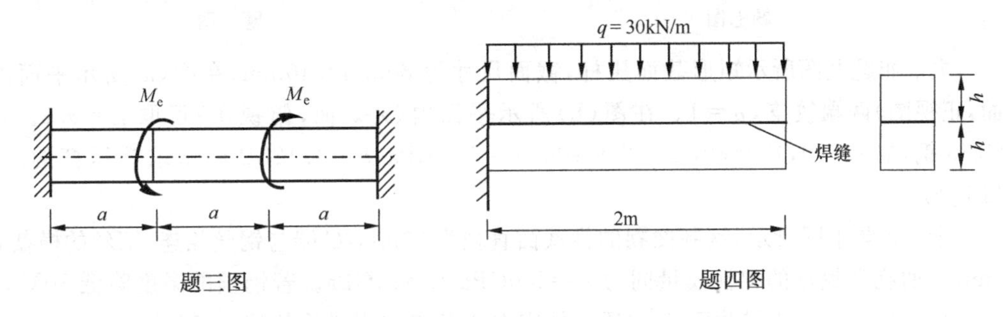

题三图　　题四图

五、画题五图所示外伸梁挠曲线大致形状。(15 分)

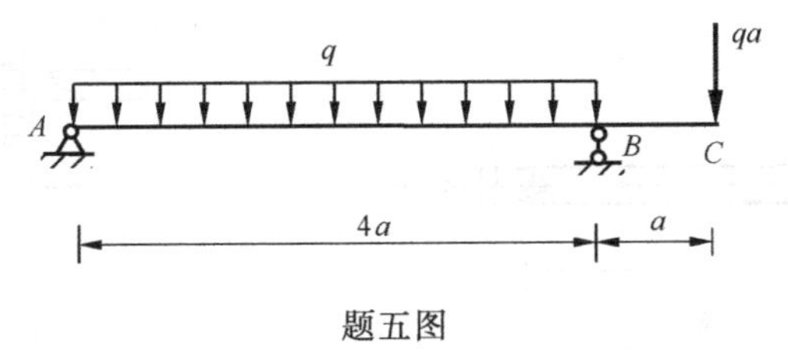

题五图

六、题六图所示结构中悬臂梁 AB 与简支梁 DE 的弯曲刚度均为 EI，由钢杆 BC 连接，BC 杆的刚度为 EA。已知 $I=Aa^2$，试求 B 点的铅垂位移。(15 分)

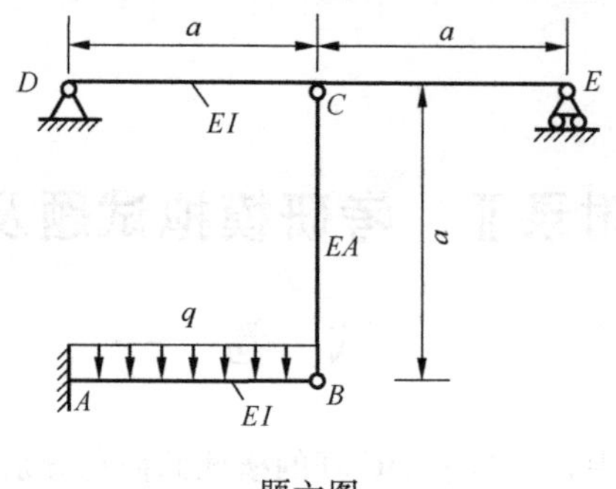

题六图

七、重量为 P 的物体自由下落到题七图所示刚架的 C 点处，若刚架各段的弯曲刚度 EI 相同，抗弯截面模量 W 也已知，试求刚架内最大正应力(不计轴力、剪力对变形的影响)。(15 分)

八、求题八图所示刚架 C 点处水平方向位移，各段 EI 相同。(15 分)

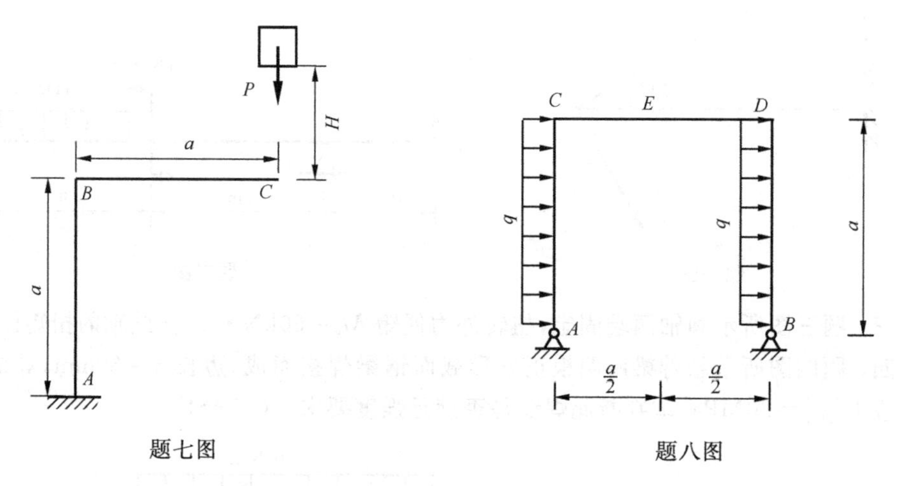

题七图　　　　题八图

九、如题九图所示矩形截面压杆，截面尺寸为 80mm×40mm，在图(a)所示平面内(x-y 面，正视图)两端铰支，$\mu=1$。在图(b)所示平面内(x-z 面，俯视图)可取 $\mu=0.8$。材料为 Q235 钢，$\lambda_P=100$，$\lambda_0=60$，$E=206\text{GPa}$，$a=304\text{MPa}$，$b=1.12\text{MPa}$，试求该压杆的临界力。(15 分)

十、如题十图所示，钢制曲拐的横截面直径为 20mm，C 端与钢丝相连，钢丝的横截直径为 1mm。曲拐和钢丝的弹性模量同为 $E=200\text{GPa}$，$G=84\text{GPa}$。若钢丝的温度降低 80℃，且 $\alpha=12\times10^{-6}/℃$，试求曲拐截面 A 的顶点的应力状态和 C 点铅垂位移。(15 分)

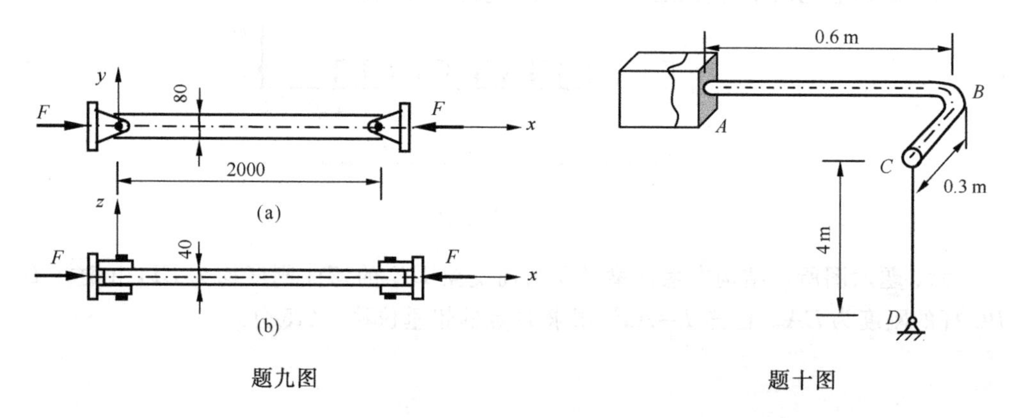

题九图　　　　题十图

试卷一答案与题解

一、$\sum F_x = 0, F_{N2} - F\sin 30° - F_{N1}\cos 30° = 0$

$\sum F_y = 0, F_{N1}\sin 30° - F\cos 30° = 0$

$F_{N1} = \sqrt{3}F, F_{N2} = 2F$

$\dfrac{F_{N1}}{A_1} \leqslant [\sigma]_1, [F]_1 \leqslant 30\text{kN}$

$\dfrac{F_{N2}}{A_2} \leqslant [\sigma]_2, [F] \leqslant 22\text{kN}$

所以$[F] = 22\text{kN}$。

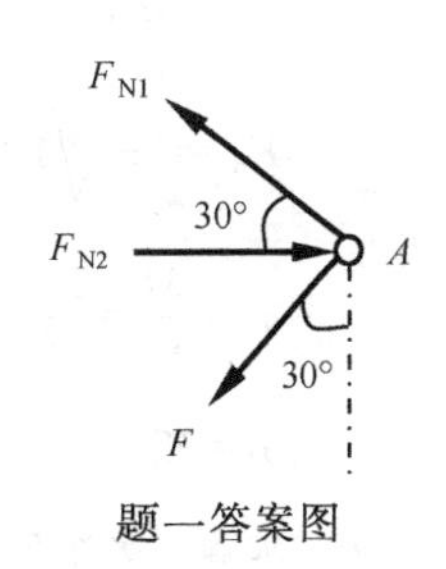

题一答案图

二、梁的剪力图和弯矩图如题二答案图所示。

$F_A = 10\text{kN}, F_B = 10\text{kN}$

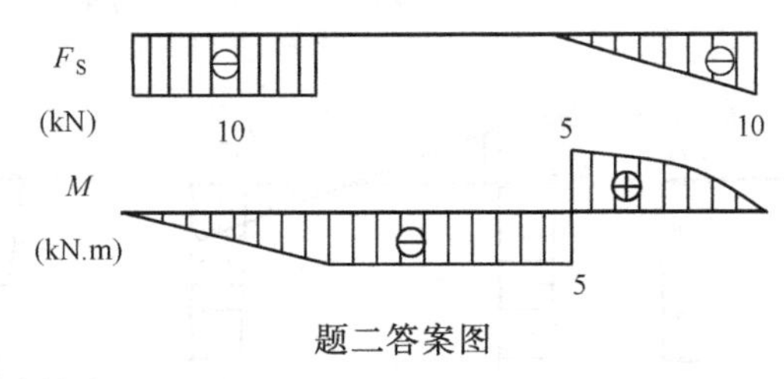

题二答案图

三、轴的扭矩图如题三答案图所示。

四、$\tau_{max} = \dfrac{3}{2}\dfrac{F_{Smax}}{A} = \dfrac{3}{2}\dfrac{60\times 10^3}{80\times 160\times 10^{-6}} = 7\ (\text{MPa}) \leqslant [\tau]$，安全。

五、外伸梁挠曲线形状如题五答案图所示。

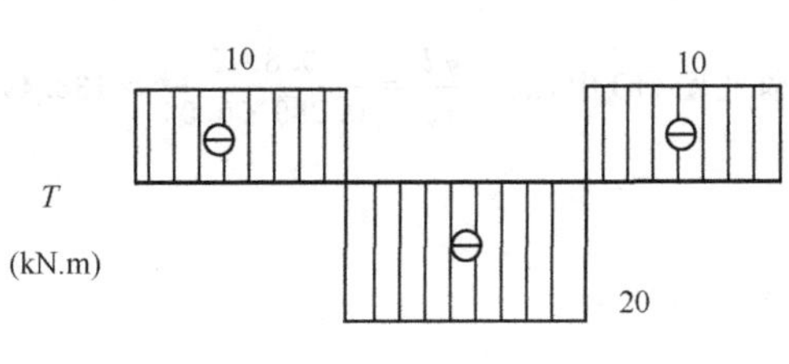

题三答案图

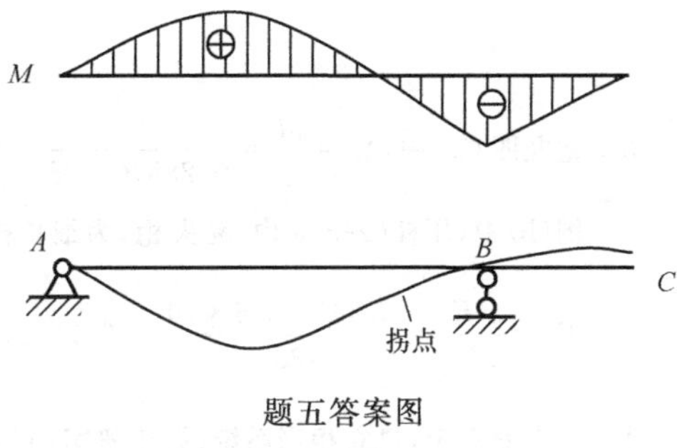

题五答案图

六、变形关系为 $w_C + \Delta l_{CB} = w_B$。

$$w_C = \frac{F_N\ (2a)^3}{48EI}$$

$$\Delta l_{CB} = \frac{F_N a}{EA}$$

$$w_B = \frac{qa^4}{8EI} - \frac{F_N a^3}{3EI}$$

所以 $$\frac{F_N\ (2a)^3}{48EI} + \frac{F_N a}{EA} = \frac{qa^4}{8EI} - \frac{F_N a^3}{3EI}$$

$$F_N = \frac{qa}{12}$$

$$w_B = \frac{qa^4}{8EI} - \frac{F_N a^3}{3EI} = \frac{7qa^4}{72EI}(\downarrow)$$

题六答案图

七、$\Delta_{st}=\frac{1}{EI}\left(\frac{1}{2}Pa\cdot a\cdot\frac{2}{3}a+Pa\cdot a\cdot a\right)$

$=\frac{4Pa^3}{3EI}$

$K_d=1+\sqrt{1+\frac{2H}{\Delta_{st}}}$

$\sigma_{st}=\frac{M}{W}=\frac{Pa}{W}$

$\sigma_d=K_d\sigma_{st}$

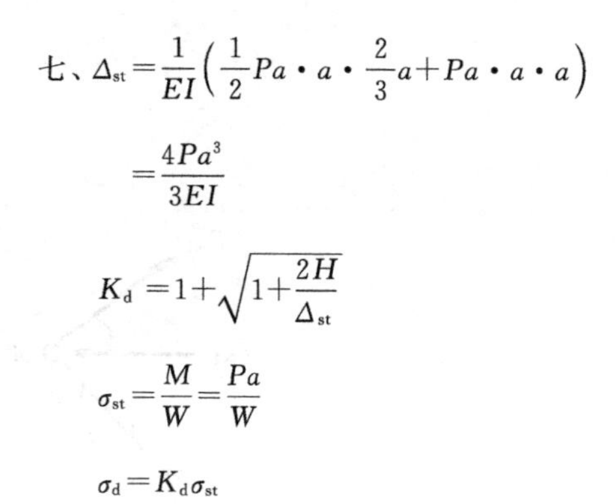

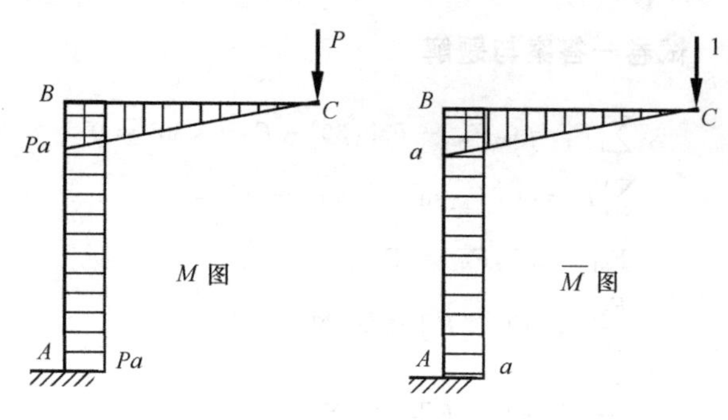

题七答案图

八、求解一次静不定问题，建立相当系统，利用反对称性可知 $X_1=0$。

$u_C=\frac{2}{EI}\left(\frac{2}{3}\times\frac{qa^2}{2}\times a\times\frac{5}{8}\times\frac{a}{2}+\frac{1}{2}\times\frac{qa^2}{2}\times\frac{a}{2}\times\frac{2}{3}\times\frac{a}{2}\right)=\frac{7qa^4}{24EI}$

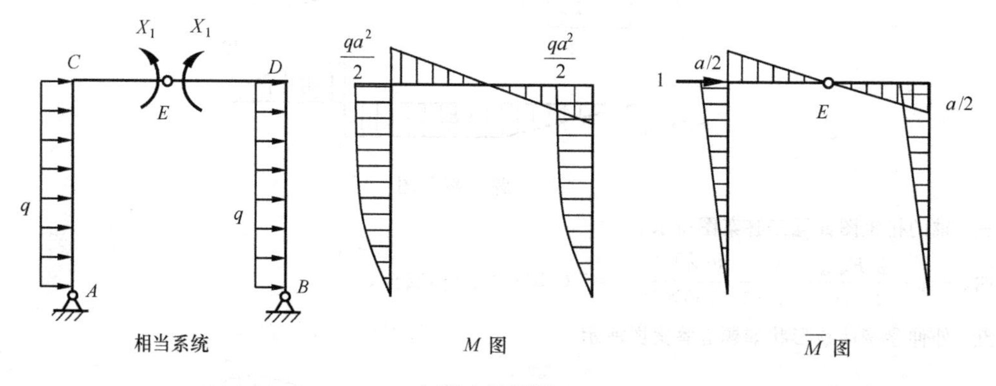

题八答案图

九、题九图(a)中，$\lambda_a=\frac{\mu l}{i_z}=\frac{1\times2}{0.289\times0.08}=86.5$，题九图(b)中，$\lambda_b=\frac{\mu l}{i_y}=\frac{0.8\times2}{0.289\times0.04}=138.4$，所以在图(b)中，压杆($x$-$z$ 面内)易失稳，为细长杆。

$F_{cr}=\frac{\pi^2E}{\lambda^2}A=\frac{3.14^2\times206\times10^9}{138.4^2}\times80\times40\times10^{-6}=339.3(\text{kN})$

十、一次静不定，建立相当系统(题十答案图(a))。

正则方程为 $\delta_{11}X_1+\Delta_{1t}=0$。

$\delta_{11}=\frac{1}{EI}\left(\frac{0.3^2}{2}\times\frac{2}{3}\times0.3+\frac{0.6^2}{2}\times\frac{2}{3}\times0.6\right)+\frac{0.3\times0.6\times0.3}{GI_p}+\frac{1\times4\times1}{EA}$

$=8.94\times10^{-5}(\text{m/N})$

$\Delta_{1t}=-\alpha l\Delta t=-12\times10^{-6}\times4\times80=-384\times10^{-5}(\text{m})$

$X_1=-\frac{\Delta_{1t}}{\delta_{11}}=43\text{N}$

曲拐截面 A 的顶点的应力状态如题十答案图(b)所示。

$\sigma=\frac{M}{W}=\frac{X_1a}{\frac{\pi d^3}{32}}=\frac{32\times43\times0.6}{\pi\times20^3\times10^{-9}}=32.87(\text{MPa})$

$$\tau=\frac{T}{W_t}=\frac{X_1 b}{\frac{\pi d^3}{16}}=\frac{16\times 43\times 0.3}{\pi\times 20^3\times 10^{-9}}=8.22(\text{MPa})$$

C 点的垂直位移为

$$w_C=\alpha l\Delta t-\frac{X_1 l}{EA}=384\times 10^{-5}-\frac{43\times 4}{200\times 10^9\times\frac{\pi\times 1\times 10^{-6}}{4}}=274.4\times 10^{-5}(\text{m})$$

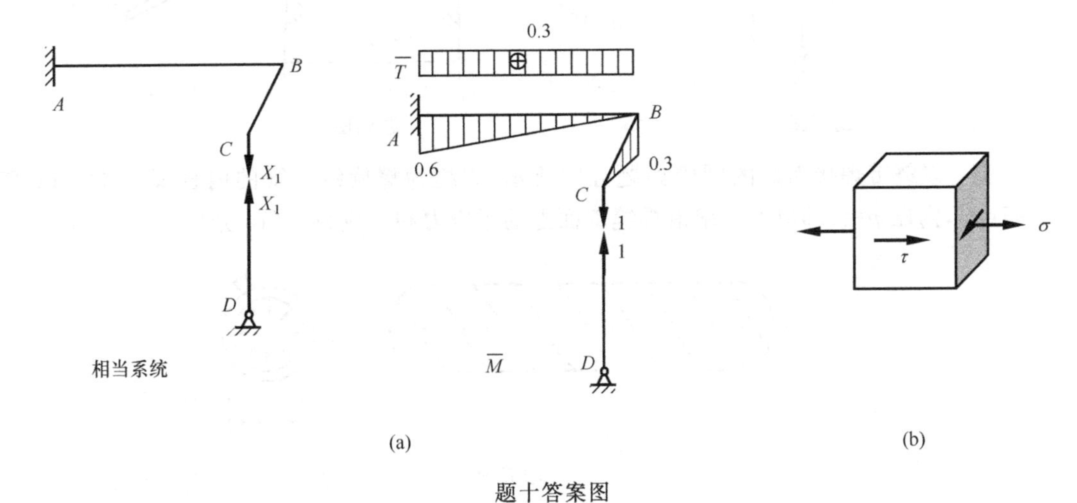

题十答案图

试 卷 二

一、如题一图所示悬臂梁 OA，O 端固定，在其底部有一光滑曲面 $w=cx^4$，其中 c 为已知常数。已知梁的抗弯刚度为 EI，长为 l，问在梁上作用何种形式载荷才能使梁恰好与曲面重合且不产生压力。(15 分)

二、等截面多跨梁如题二图所示，C 处为中间铰，受均布荷载作用。试画出该梁挠曲线的大致形状。(15 分)

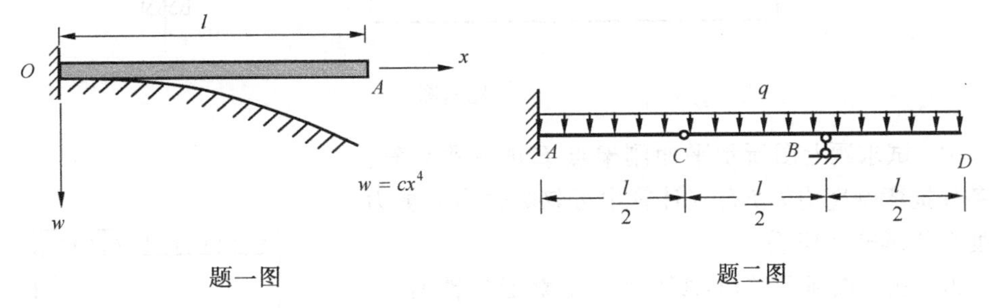

题一图　　　　题二图

三、题三图所示梁 AB 弯曲刚度为 EI，抗弯截面模量为 W，B 端由拉压刚度为 EA 的杆 BD 连接，已知 $I=\frac{1}{3}Aa^2$。若重量为 P 的重物以水平速度 v 冲击在梁的中点 C 处，求杆 BD 和梁 AB 内的最大冲击动应力。(15 分)

四、题四图所示钢筋 AD 长度为 $3a$，总重量为 W，对称地放置于宽为 a 的刚性平台上。试求钢筋与平台间的最大间隙 δ。设 EI 为常量。(15 分)

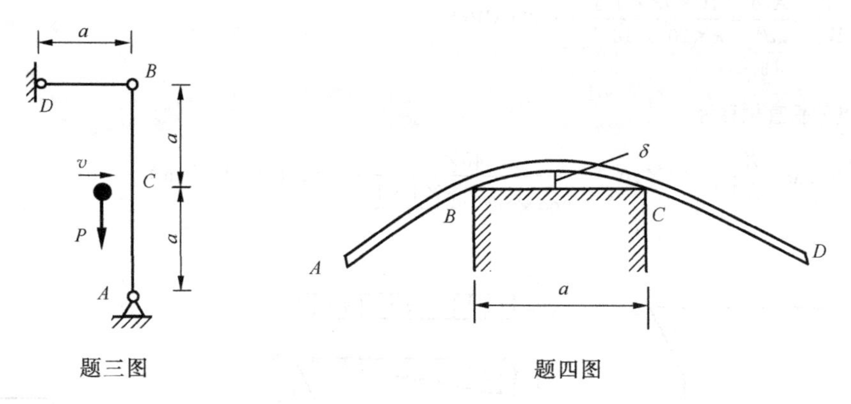

题三图　　　　　　　　　　　　题四图

五、以绕带焊接而成的圆管如题五图所示，焊缝为螺旋线。管的内径 $d=300\text{mm}$，壁厚 $t=1\text{mm}$，内压 $p=0.5\text{MPa}$。求沿焊缝斜面上的正应力和切应力。(15 分)

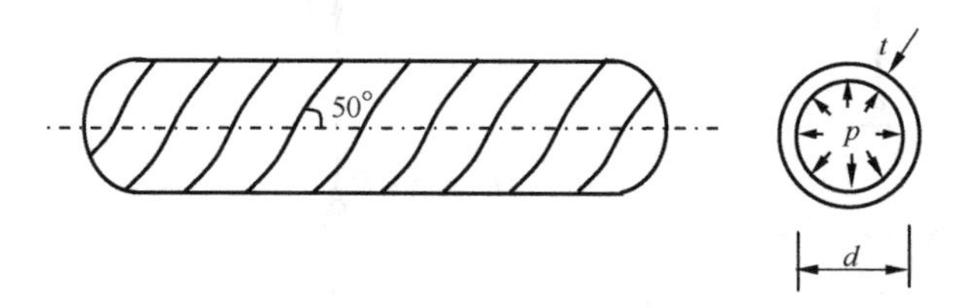

题五图

六、两根钢轨铆接成组合梁，其连接情况如题六图所示。每根钢轨的横截面积 $A=8000\text{mm}^2$，形心距离底边的高度 $c=80\text{mm}$，每一钢轨横截面对其自身形心轴的惯性矩 $I_{z1}=1600\times10^4\ \text{mm}^4$，铆钉间距 $s=150\text{mm}$，直径 $d=20\text{mm}$，许用切应力 $[\tau]=95\text{MPa}$。若梁内剪力 $F_S=50\text{kN}$，试校核铆钉的剪切强度。不考虑上下两钢轨间的摩擦。(15 分)

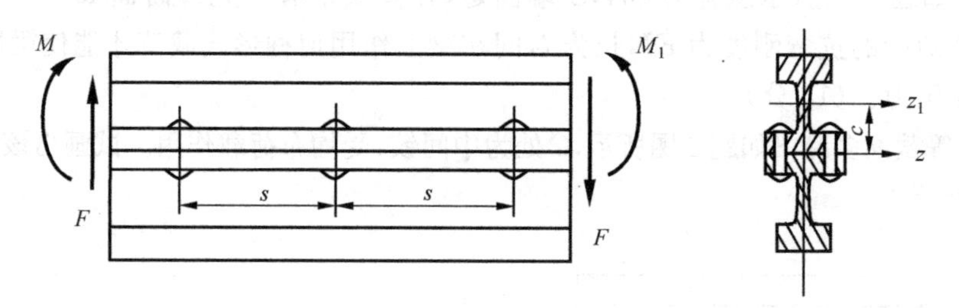

题六图

七、试求题七图所示平面刚架点 E 的水平位移。设各杆抗弯刚度均为 EI。(计算中可忽略轴力和剪力对变形的影响)(15 分)

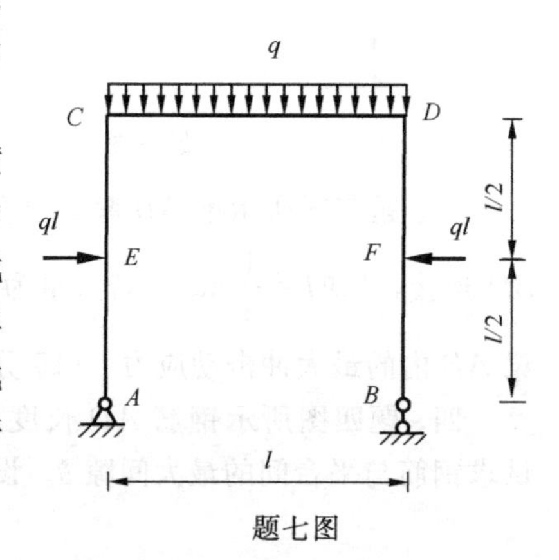

题七图

八、题八图所示结构，AB 为 T 形截面铸铁梁，横截面尺寸如图所示，O 为截面形心。铸铁许用拉应力 $[\sigma_t]=35\text{MPa}$，许用压应力 $[\sigma_c]=140\text{MPa}$。CD 为圆截面钢杆，直径 $d=30\text{mm}$，钢许用应力 $[\sigma]=180\text{MPa}$，弹性模量 $E=200\text{GPa}$，规定的稳定安全因数 $n_w=3$。载荷 F 可在 $0\leqslant x\leqslant 3l/2$ 范围移动。试确定载荷 F 的许可值。(15 分)

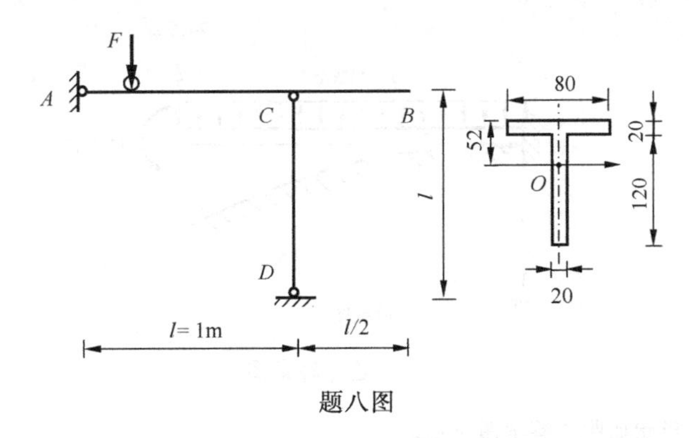

题八图

九、题九图所示一直径为 100mm 的圆轴 BC 与一空心轴 AB(外径 132mm,内径 100mm)由键连接,键的尺寸为 10×10×30,单位为 mm。轴的两端为固定端约束,现在连接处 B 的空心轴上施加一个外力偶,力偶矩为 15kN・m。已知轴和键的材料相同,材料的许用切应力为 $[\tau]=100\text{MPa}$,许用挤压应力 $[\sigma_{bs}]=250\text{MPa}$,材料的切变模量 $G=80\text{GPa}$。(1)求校核两圆轴的强度;(2)计算需要几个键。(15 分)

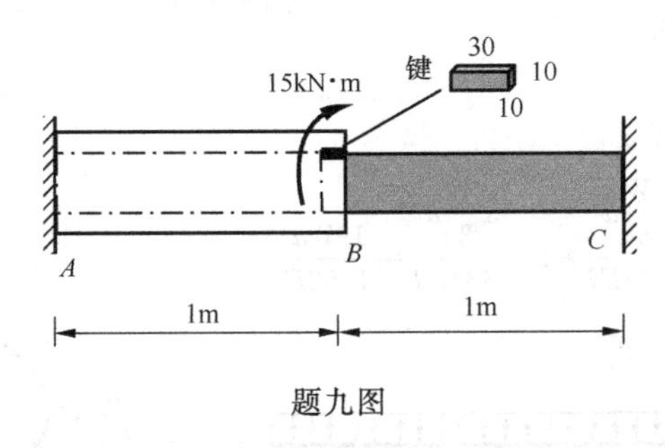

题九图

十、试画题十图所示结构的弯矩图。已知刚架 $ACDB$ 各段弯曲刚度为 EI,杆 EF 拉压刚度为 EA 且 $A=3I/a^2$。(15 分)

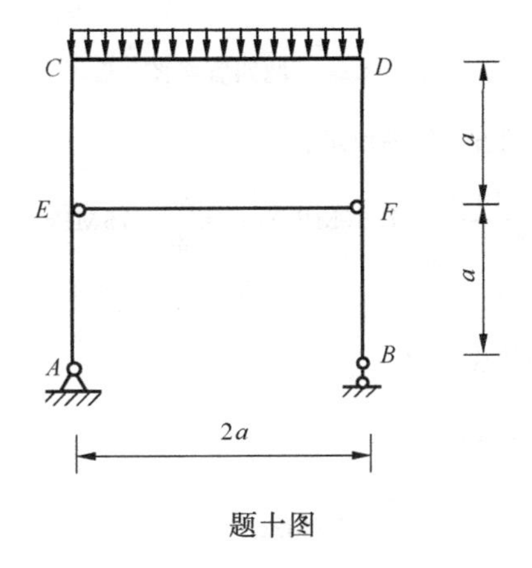

题十图

试卷二答案与题解

一、$-EIw''=-12EIcx^2=M(x)$

$-EIw'''=-24EIcx=F_S(x)$

$-EIw''''=-24EIc=q(x)$

当 $x=l$ 时,$F_S=-24EIcl$,$M=-12EIcl^2$。

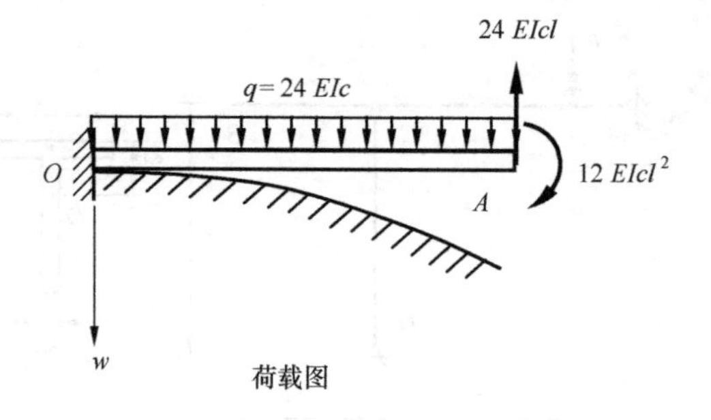

题一答案图

二、梁的挠曲线大致形状如题二答案图所示。

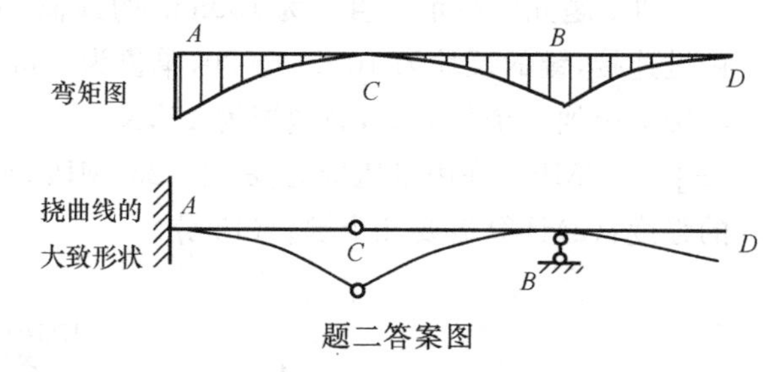

题二答案图

三、$\Delta_{st}=\dfrac{P\,(2a)^3}{48EI}+\dfrac{1}{2}\cdot\dfrac{\frac{P}{2}\cdot a}{EA}=\dfrac{Pa^3}{4EI}$

$\sigma_{st杆}=\dfrac{\frac{P}{2}}{A}=\dfrac{P}{2A}$，　$\sigma_{st梁}=\dfrac{\frac{P\cdot 2a}{4}}{W}=\dfrac{Pa}{2W}$

$K_d=\sqrt{\dfrac{v^2}{g\Delta_{st}}}=\sqrt{\dfrac{4v^2EI}{gPa_3}}$

$\sigma_{d杆}=K_d\sigma_{st杆}$，　$\sigma_{d梁}=K_d\sigma_{st梁}$

四、$\delta=\dfrac{M_e l^2}{16EI}\times 2-\dfrac{5ql^4}{384EI}=\dfrac{\frac{W}{6a}a^4}{16EI}\times 2-\dfrac{5\,\frac{W}{3a}a^4}{384EI}=\dfrac{19Wa^3}{1152EI}$

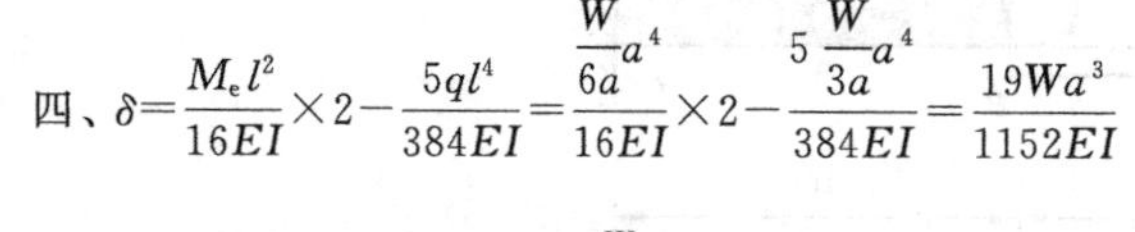

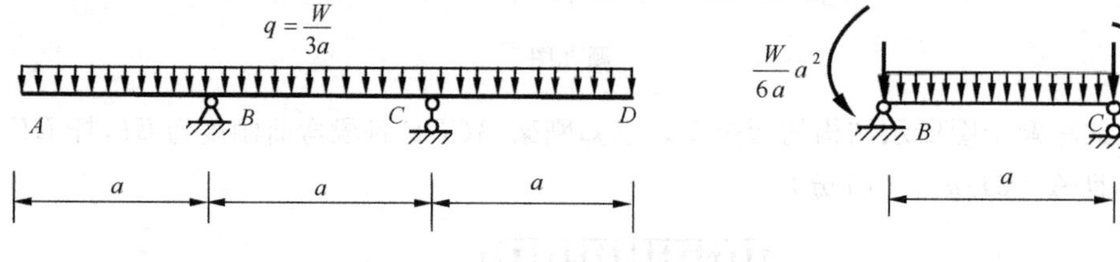

题四答案图

五、焊缝斜面上一点单元体如题五答案图所示。

$\sigma_x=\dfrac{pd}{4t}=\dfrac{0.5\times10^6\times300\times10^{-3}}{4\times1\times10^{-3}}=37.5(\text{MPa})$，$\sigma_y=\dfrac{pd}{2t}=75\text{MPa}$

$\tau_{xy}=0$

沿焊缝斜面上的正应力和切应力为

$$\sigma_\alpha=\frac{\sigma_x+\sigma_y}{2}+\frac{\sigma_x-\sigma_y}{2}\cos2\alpha-\tau_{xy}\sin2\alpha$$

$$=\left[\frac{37.5+75}{2}+\frac{37.5-75}{2}\cos(-80°)\right]=53(\text{MPa})$$

$$\tau_\alpha=\frac{\sigma_x-\sigma_y}{2}\sin2\alpha-\tau_{xy}\cos2\alpha=\left[\frac{37.5-75}{2}\sin(-80°)\right]=18.5(\text{MPa})$$

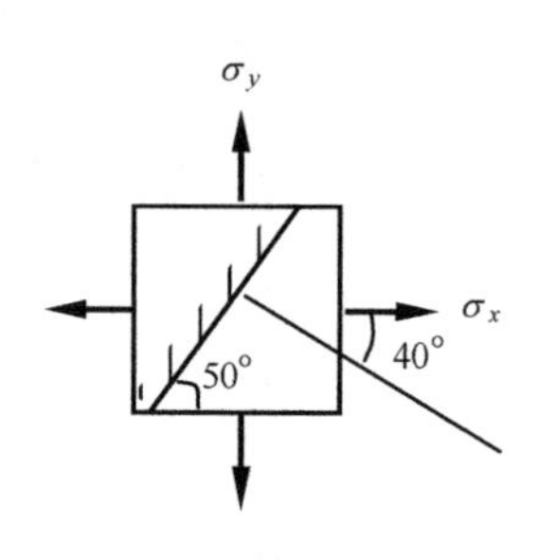

题五答案图

六、组合梁横截面对 z 轴的惯性矩为

$$I_z=2(I_{z1}+c^2A)=2\times(1600\times10^{-8}+80^2\times8000\times10^{-12})=133.4\times10^{-6}(\text{m}^4)$$

铆钉连接处的纵向截面切应力为 $\tau=\dfrac{F_S S_{zC}^*}{bI_z}$。

每个铆钉承受的剪力为

$$F_{S铆}=\frac{1}{2}\cdot\tau\cdot sb=\frac{1}{2}\cdot\frac{F_S S_{zC}^*}{bI_z}\cdot sb$$

$$=\frac{50\times10^3\times8000\times10^{-6}\times80\times10^{-3}\times150\times10^{-3}}{2\times133.4\times10^{-6}}=17.85(\text{kN})$$

铆钉横截面上切应力为

$$\tau_{铆}=\frac{F_{S铆}}{\frac{\pi d^2}{4}}=\frac{4\times17.85\times10^3}{\pi\times20^2\times10^{-6}}=56.85(\text{MPa})<[\tau]$$

所以铆钉满足剪切强度要求。

七、由单位荷载法得

$$w_C=\frac{1}{EI}\left(-\frac{1}{2}\cdot\frac{ql^2}{2}\cdot\frac{l}{2}\cdot\frac{l}{2}-\frac{ql^2}{2}\cdot l\cdot\frac{l}{4}+\frac{2}{3}\cdot\frac{ql^2}{8}\cdot l\cdot\frac{l}{4}\right)=-\frac{ql^4}{6EI}(\leftarrow)$$

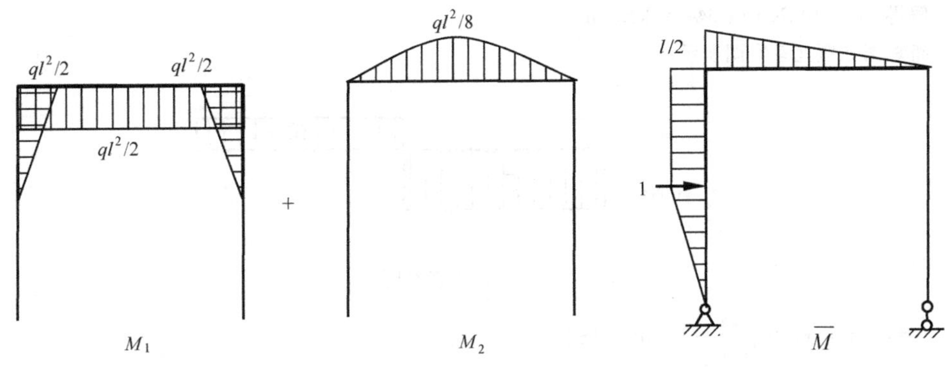

题七答案图

八、(1)从稳定性方面考虑，CD 杆为压杆，载荷运动到 B 端最危险。

$$\lambda=\frac{\mu l}{i}=\frac{1\times1}{\frac{0.03}{4}}=133.3,\lambda>\lambda_P,为细长杆。$$

$$F_{cr}=\frac{\pi^2E}{\lambda^2}A=\frac{3.14^2\times200\times10^9}{133^2}\times\frac{3.14\times30^2\times10^{-6}}{4}=78.8(\text{kN})$$

$$[F_1]=\frac{F_{cr}}{n_w}=\frac{78.8}{3}=26.3(\text{kN})$$

$$[F]=\frac{2[F_1]}{3}=\frac{2\times26.3}{3}=17.5(\text{kN})$$

(2)从强度方面考虑，载荷运动到 B 端，C 截面有最大拉应力和压应力。

此时，$M_C=\frac{Fl}{2}$，强度条件$\frac{My}{I_z}\leqslant[\sigma]$。

$$I_z=\frac{80\times20^3}{12}+42^2\times80\times20+\frac{20\times120^3}{12}+28^2\times20\times120=7.637\times10^{-6}(\text{m}^4)$$

C 截面上边缘有最大拉应力$\frac{M_Cy_1}{I_z}\leqslant[\sigma_t]$。

$$F\leqslant\frac{2[\sigma_t]I_z}{ly_1}=\frac{2\times35\times10^6\times7.637\times10^{-6}}{1\times0.052}=10.3(\text{kN})$$

C 截面下边缘有最大压应力$\frac{M_Cy_2}{I_z}\leqslant[\sigma_c]$。

$$F \leqslant \frac{2[\sigma_c]I_z}{ly_2} = \frac{2\times 140\times 10^6\times 7.637\times 10^{-6}}{1\times 0.088} = 24.3(\mathrm{kN})$$

CD 杆的强度$\dfrac{F_N}{A} \leqslant [\sigma]$，载荷运动到 B 端。

$$F \leqslant \frac{2}{3}[\sigma]A = \frac{2}{3}\times 180\times 10^6\times \frac{3.14\times 0.03^2}{4} = 84.78(\mathrm{kN})$$

所以，$[F]\leqslant 10.3\mathrm{kN}$。

九、(1) $I_{p1}=1.999\times 10^{-6}\,\mathrm{m}^4$，$I_{p2}=9.82\times 10^{-6}\,\mathrm{m}^4$

设两端约束力偶分别为 M_A、M_C。

静力学平衡关系为 $M_A+M_C=15$。

变形几何关系为 $\varphi_{AC}=\varphi_{AB}+\varphi_{BC}=0$。

物理关系为 $\varphi_{AB}=-\dfrac{M_A l}{GI_{p1}}$，$\varphi_{BC}=\dfrac{M_C l}{GI_{p2}}$。

解得 $M_A=10\mathrm{kN\cdot m}$，$M_C=5\mathrm{kN\cdot m}$。

扭矩图如题九答案图所示。

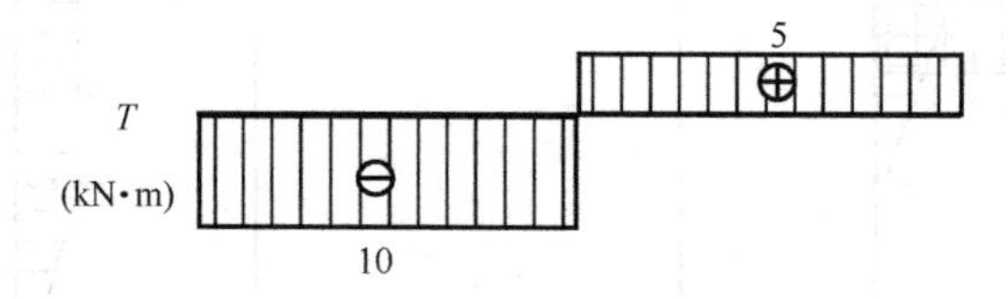

题九答案图

AB 段强度：$\tau_{AB}=\dfrac{T_{AB}}{W_{AB}}=33\mathrm{MPa}<[\tau]$。

BC 段强度：$\tau_{BC}=\dfrac{T_{BC}}{W_{BC}}=25\mathrm{MPa}<[\tau]$。

满足强度要求。

(2)全部键所传递的力偶矩为 5kN·m，受到的外力是$\dfrac{5\times 10^3}{\frac{1}{2}\times 0.1}=100\times 10^3(\mathrm{N})$。

根据键的剪切强度 $\tau=\dfrac{F_S}{A_S}\leqslant[\tau]$，有

$$\frac{100\times 10^3}{n\times 0.03\times 0.01}\leqslant 100\times 10^6, n\geqslant 3.3，取 n=4(个)。$$

根据键的挤压强度 $\sigma_{bs}=\dfrac{F_{bs}}{A_{bs}}\leqslant[\sigma_{bs}]$，有

$$\frac{100\times 10^3}{n\times 0.03\times 0.005}\leqslant 250\times 10^6, n\geqslant 2.66，取 n=3(个)。$$

所以，可取 4 个键。

十、一次静不定问题。

正则方程为 $\delta_{11}X_1+\Delta_{1F}=0$。

$$\delta_{11}=\frac{2}{EI}\left(\frac{1}{2}\cdot a\cdot a\cdot \frac{2}{3}a\right)+\frac{a\cdot 2a\cdot a}{EI}+\frac{1\times 1\times 2a}{EA}=\frac{10a^3}{3EI}$$

$$\Delta_{1F}=-\frac{1}{EI}\left(\frac{2}{3}\cdot\frac{qa^2}{2}\cdot 2a\cdot a\right)=-\frac{2qa^4}{3EI}$$

解得 $X_1=\dfrac{qa}{5}$。

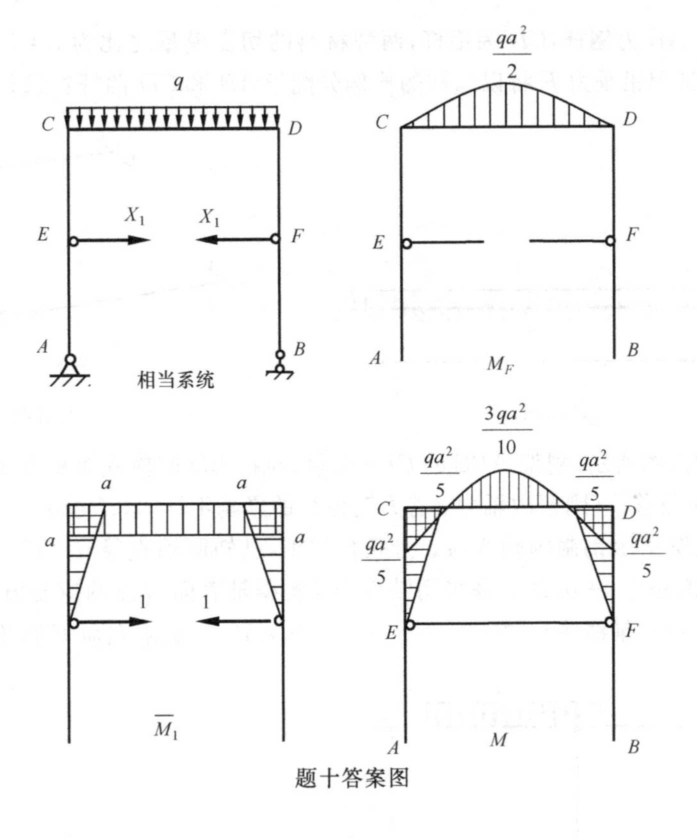

题十答案图

试 卷 三

一、题一图所示杆系中，AB 杆比设计长度略短，误差为 δ，若各杆的刚度同为 EA，AC 与 AD 杆长为 l。试求装配后各杆的内力。(15 分)

二、画出题二图所示组合梁的剪力图、弯矩图和挠曲线大致形状。(15 分)

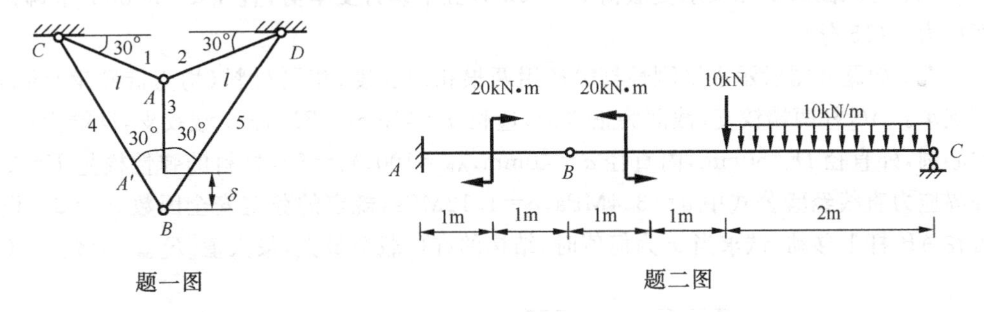

题一图　　　题二图

三、如题三图所示，AB 杆以等角速度 ω 绕铅直轴在水平面内转动。已知杆长为 l，杆的横截面积为 A，重量为 P，另有一重量为 Q 的小球固结在杆的端点 A。试求：(1)A 截面、B 截面上的应力(不计弯曲变形)；(2)AB 杆的伸长量。(15 分)

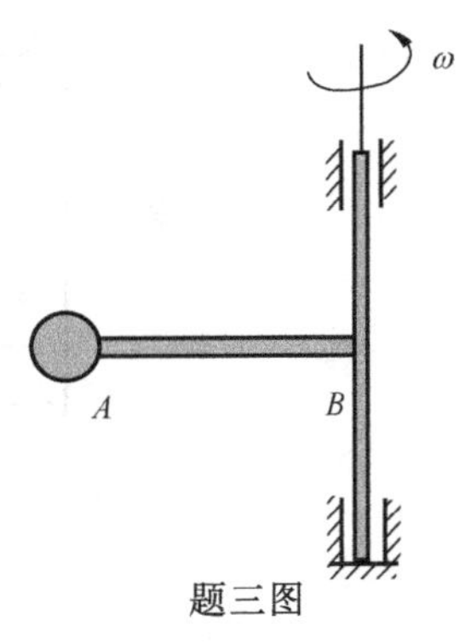

题三图

四、一根等截面均质直梁 AB，长为 l，重量为 P，放在刚性平面上，如题四图所示。如在其 A 端用 $P/4$ 力铅直向上提起，试求：(1)该梁离开刚性平面被提起部分的长度及最大弯矩；(2)A 点的铅垂位移(梁的刚度 EI 已知)。(15 分)

五、如题五图所示，AB 和 CD 为尺寸相同的圆截面杆，位于同一水平面内。AB 为钢杆，CD 为铝杆，两种材料的切变模量之比为 3∶1。若不计 BE 和 ED 两杆的变形，试问铅垂力 F 将以怎样的比例分配于 AB 和 CD 两杆？（15 分）

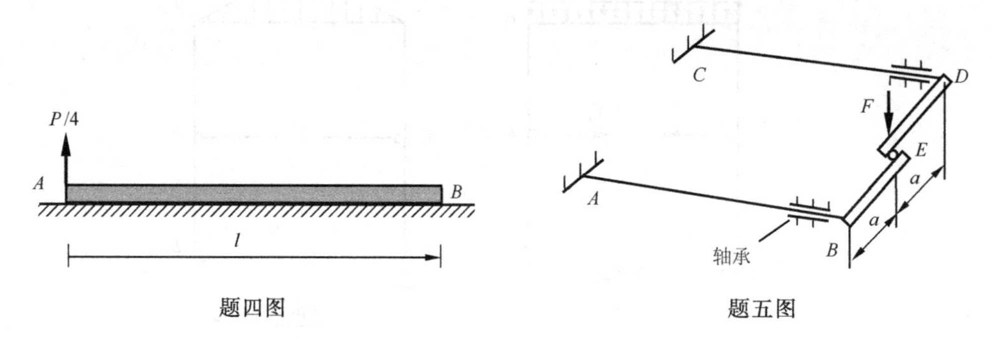

题四图　　题五图

六、如题六图所示，刚架 ABC 的 EI＝常量；拉杆 BD 的横截面积为 A，弹性模量为 E。试求 C 点的铅垂位移。（刚架内轴力、剪力对位移的影响不计。）（15 分）

七、题七图所示钢制圆轴受拉、扭联合作用，已知圆轴直径 d＝10mm，材料的弹性模量 E＝200GPa，泊松比 ν＝0.29。现采用贴应变花测得轴表面 O 点的应变值，沿轴线方向 $\varepsilon_a=\varepsilon_{0^\circ}=300\times10^{-6}$，沿与轴线成45°方向 $\varepsilon_b=\varepsilon_{45^\circ}=-140\times10^{-6}$，试求载荷 F 和 T 的大小。（15 分）

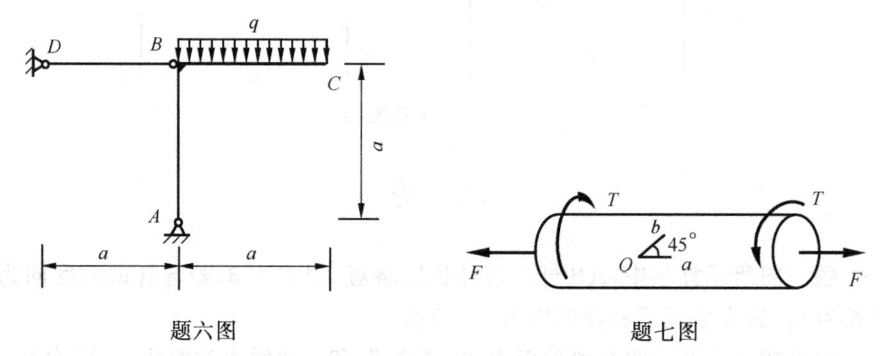

题六图　　题七图

八、题八图所示托架承受载荷 F＝40kN，五个铆钉受单剪，直径 d＝20mm，求铆钉中最大切应力。（15 分）

九、如题九图所示水平刚性杆 AB 用两根相同长度、相同材料（均为低碳钢）的 AC、BD 杆支承。AC 杆两端铰支，截面为正方形，边长 a＝45mm。BD 杆 B 端铰支，D 端固定，截面为空心圆，外直径 D＝50mm，内直径 d＝40mm，$\lambda_P=100$，$\lambda_0=60$，材料的弹性模量 E＝200GPa。临界应力直线经验公式中 a＝304MPa，b＝1.12MPa，规定的稳定安全因数 $n_w=3$。设载荷 F 可在 AB 杆上移动，试求当 x 为何值时，结构的许可载荷最大，最大值 $[F]_{max}$ 为多少？（15 分）

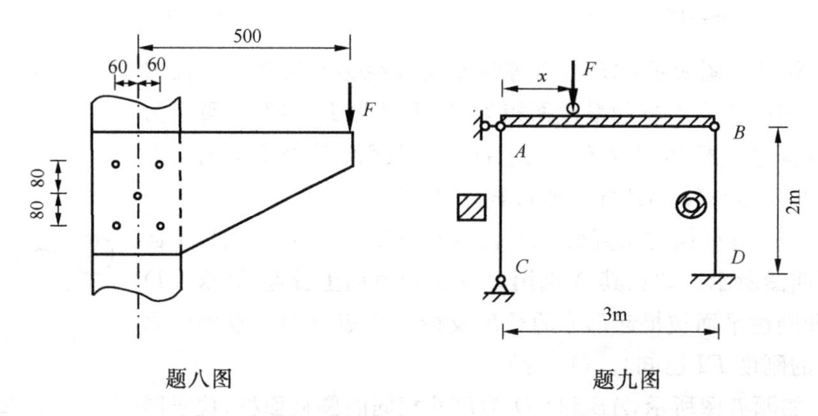

题八图　　题九图

十、如题十图所示，在直径为 100mm 的轴上装有转动惯量 $J=0.5\text{kN}\cdot\text{m}\cdot\text{s}^2$ 的飞轮，轴的转速为 300r/min。制动器开始作用后，在 8s 内将飞轮刹停。试求轴内最大切应力。设在制动器作用前，轴已与驱动装置脱开，且轴承内的摩擦力可以不计。(15 分)

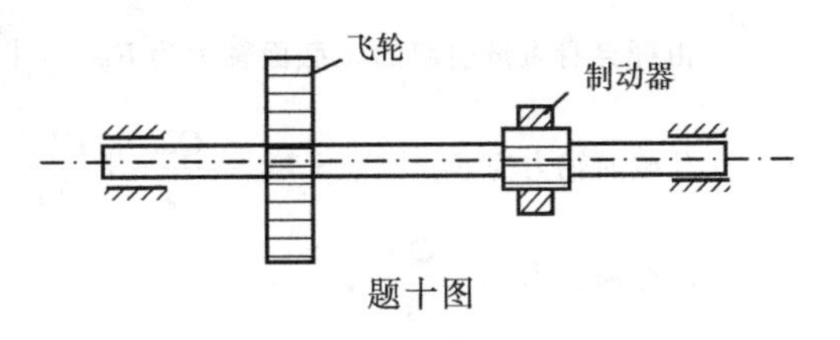

题十图

试卷三答案与题解

一、一次静不定问题。

(1)在断面两端加一对未知力 X_1，杆 3 轴力为 $F_{N3}=X_1$。

以 B 节点为研究对象，得 $F_{N4}=F_{N5}=-\dfrac{X_1}{\sqrt{3}}$。

以 A 节点为研究对象，得 $F_{N1}=F_{N2}=X_1$。

(2)在断面两端加一对单位力 1，杆 3 轴力为 $\overline{F}_{N3}=1$。

以 B 节点为研究对象，得 $\overline{F}_{N4}=\overline{F}_{N5}=-\dfrac{1}{\sqrt{3}}$。

以 A 节点为研究对象，得 $\overline{F}_{N1}=\overline{F}_{N2}=1$。

(3)正则方程为 $\delta_{11}X_1+\Delta_{1F}=\delta$。

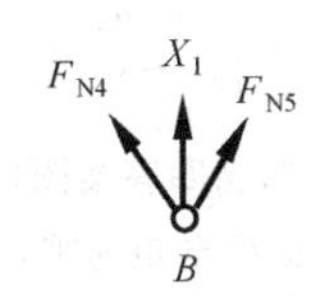

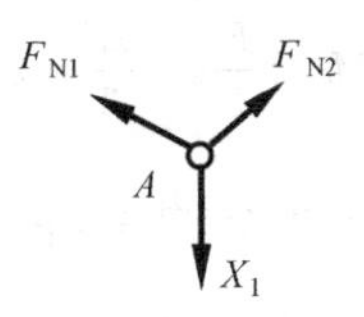

题一答案图

$$\delta_{11}=\sum\frac{\overline{F}_{Ni}\overline{F}_{Ni}l_i}{EA}=\frac{2}{EA}\left(1\times1\times l+\frac{1}{\sqrt{3}}\times\frac{1}{\sqrt{3}}\times\sqrt{3}l\right)+\frac{1\times1\times l}{EA}=\frac{\left(3+2\dfrac{\sqrt{3}}{3}\right)l}{EA}$$

解得 $X_1=\dfrac{3\delta EA}{(9+2\sqrt{3})l}$。

各杆内力 $F_{N1}=F_{N2}=F_{N3}=\dfrac{3\delta EA}{(9+2\sqrt{3})l}$，$F_{N4}=F_{N5}=-\dfrac{\delta EA}{(2+3\sqrt{3})l}$。

二、组合梁剪力图、弯矩图和挠曲线形状如题二答案图所示。

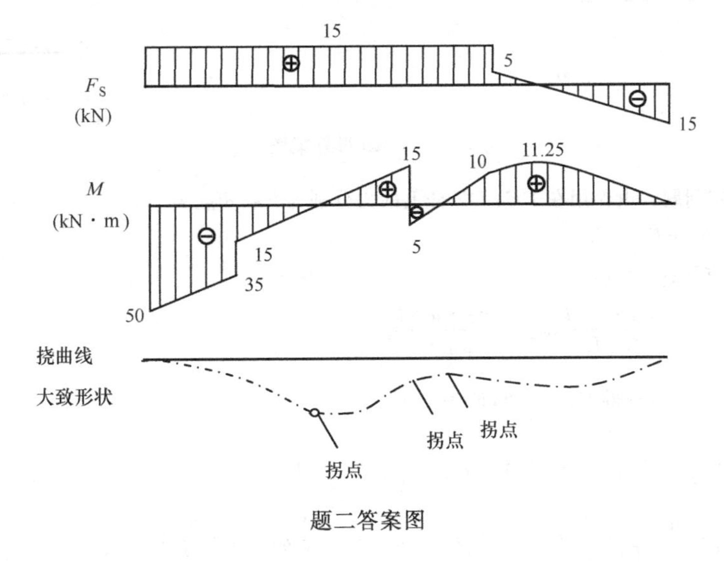

题二答案图

三、(1)小球的向心加速度为 $a^n=l\omega^2$。

A 截面轴力 $F_{N1}=\dfrac{Q}{g}l\omega^2$。

距 A 端为 x 位置取微段 dx，微段的向心加速度为 $a_1^n=x\omega^2$。

由杆自身重量引起的 x 截面轴力为 $F_{N2}=\int_0^x \frac{P}{g}x\omega^2(l-x)\mathrm{d}x=\frac{P\omega^2}{gl}\left(lx-\frac{x^2}{2}\right)$。

B 截面轴力为 $F_N=F_{N1}+F_{N2}=\frac{Ql\omega^2}{g}+\frac{Pl\omega^2}{2g}$。

A 截面应力 $\sigma_A=\frac{Ql\omega^2}{gA}$。

B 截面应力 $\sigma_B=\frac{Ql\omega^2}{gA}+\frac{Pl\omega^2}{2gA}$。

(2)AB 杆的伸长量为

$$\Delta l=\int_0^l \frac{F_N\mathrm{d}x}{EA}=\int_0^l \frac{1}{EA}\left[\frac{Ql\omega^2}{g}+\frac{P\omega^2}{gl}\left(lx-\frac{x^2}{2}\right)\right]\mathrm{d}x=\frac{l^2\omega^2}{3gEA}(3Q+P)$$

四、(1)如题四答案图(a)所示，设抬起段 AC 长度为 a。

截面 C 弯矩为零，等于截面左侧所有外力对截面形心矩的代数和。

$M_C=\frac{F}{4}a-\frac{qa^2}{2}=0$，所以 $a=\frac{l}{2}$。

画出 AC 段弯矩图最大弯矩的位置距 A 端 $\frac{l}{2}$，为 $\frac{Fl}{32}$，如题四答案图(b)所示。

(2)在 A 端加单位力 1，画弯矩图(题四答案图(c))。

用图乘法计算 A 端位移得

$$w_A=\frac{1}{EI}\left(\frac{2}{3}\times\frac{l}{2}\times\frac{Fl}{32}\times\frac{l}{4}\right)=\frac{Fl^3}{384}$$

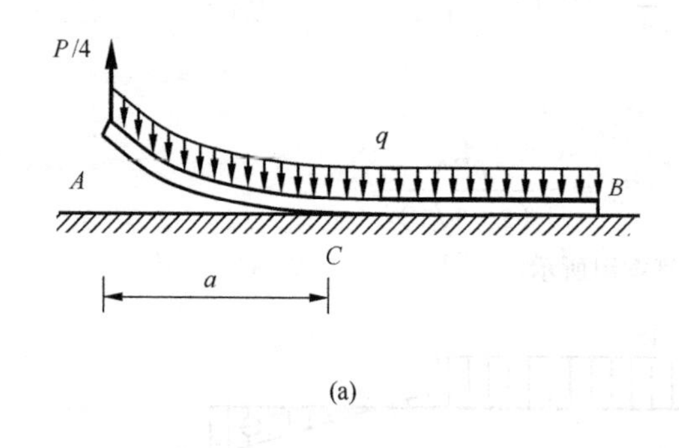

(a)

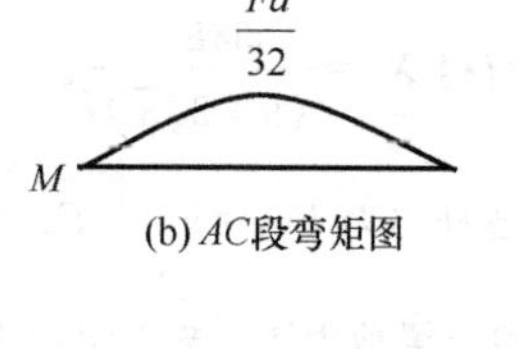

(b) AC段弯矩图

l
2
$\overline{M}$

(c) 在A端加单位力1，弯矩图

题四答案图

五、一次静不定问题。设作用在 BE、DE 杆上的力分别为 F_B、F_D。

平衡方程：$F_B+F_D=F$。

变形协调方程：$\varphi_{BA}=\varphi_{DC}$。

物理方程：$\varphi_{BA}=\frac{F_B\cdot a\cdot l}{G_{AB}I_p}$，$\varphi_{DC}=\frac{F_D\cdot a\cdot l}{G_{DC}I_p}$。

因为 $G_{AB}=3G_{CD}$，解得 $F_B=\frac{3}{4}F$，$F_D=\frac{1}{4}F$。

六、根据平衡方程可求出 BD 杆的轴力 $F_N=\frac{1}{2}qa$，$\overline{F}_N=1$。

$$w_C=\frac{qa\times1\times a}{2EA}+\frac{1}{EI}\left(\frac{1}{3}\times\frac{1}{2}qa^2\times a\times\frac{3}{4}a+\frac{1}{2}\times\frac{1}{2}qa^2\times a\times\frac{2a}{3}\right)$$

$$=\frac{qa^2}{2EA}+\frac{7qa^4}{24EI}(\downarrow)$$

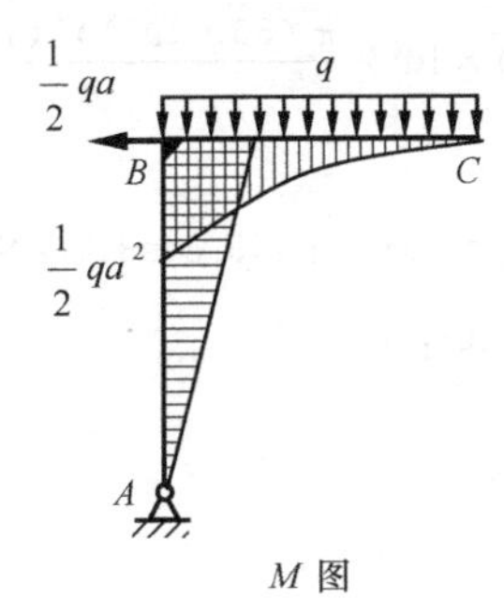

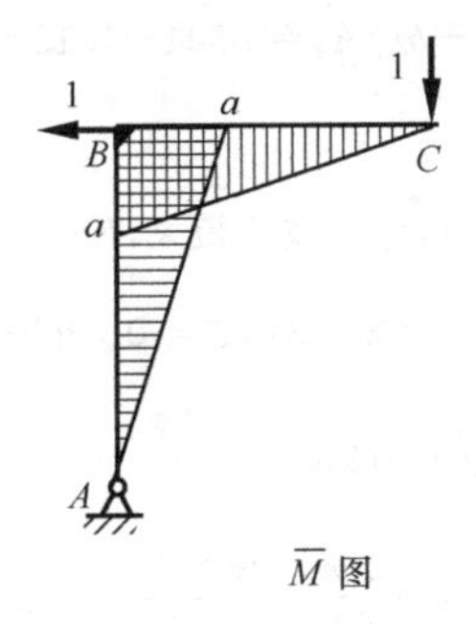

题六答案图

七、$\sigma_{45°}=\frac{\sigma}{2}+\frac{\sigma}{2}\cos 90°-\tau\sin 90°=\frac{\sigma}{2}-\tau$

$\sigma_{-45°}=\frac{\sigma}{2}+\frac{\sigma}{2}\cos(-90°)-\tau\sin(-90°)=\frac{\sigma}{2}+\tau$

$\sigma=E\varepsilon_{0°}=200\times10^9\times300\times10^{-6}=60(\text{MPa})$

$\varepsilon_{45°}=\frac{1}{E}(\sigma_{45°}-\nu\sigma_{-45°})=\frac{1}{E}\left[\frac{\sigma}{2}-\tau-\nu\left(\frac{\sigma}{2}+\tau\right)\right]$

$$\tau=\frac{-E\varepsilon_{45°}+\frac{\sigma}{2}(1-\nu)}{1+\nu}$$

$$=\frac{200\times10^9\times140\times10^{-6}+0.5\times60\times10^6\times(1-0.29)}{1+0.29}=38.2(\text{MPa})$$

$F=\sigma A=60\times10^6\times\frac{\pi\times10^3\times10^{-4}}{4}=4.71(\text{kN})$

$T=\tau W_t=38.2\times10^6\times\frac{\pi\times10^3\times10^{-6}}{16}=7.5(\text{kN}\cdot\text{m})$

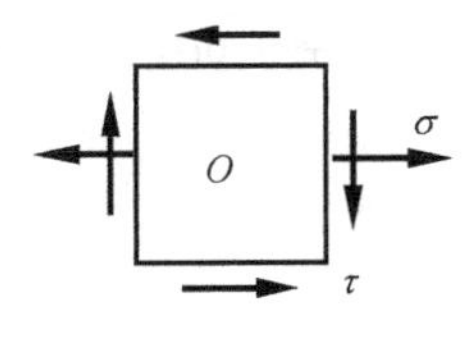

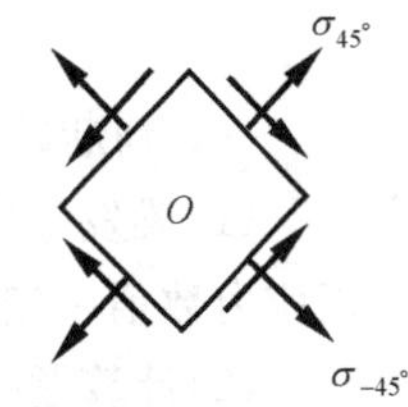

题七答案图

八、将集中力 F 向铆钉群的中心简化为一个力 F 和一个附加力偶 M。

$M=40\times0.5=20(\text{kN}\cdot\text{m})$

每个铆钉受到的竖向剪力 $F_{S1}=\frac{F}{5}=8(\text{kN})$。

外围四个铆钉受到切向剪力 F_{S2} 作用，$M=4\times F_{S2}\times0.1$。

解得 $F_{S2}=\frac{20}{4\times0.1}=50(\text{kN})$

最大切应力发生在右边的两个铆钉上，总剪力 F_S 竖向和水平分量分别为

$F_{Sy}=F_{S1}+F_{S2}\times\frac{3}{5}=8+50\times\frac{3}{5}=38(\text{kN})$

$F_{Sx}=F_{S2}\times\frac{4}{5}=50\times\frac{4}{5}=40(\text{kN})$

$F_{S1}=\sqrt{F_{Sy}^2+F_{Sx}^2}=\sqrt{38^2+40^2}=55.2(\text{kN})$

$\tau_{max}=\frac{F_S}{A}=\frac{4\times55.2\times10^3}{\pi\times20^2\times10^{-6}}=175.6(\text{MPa})$

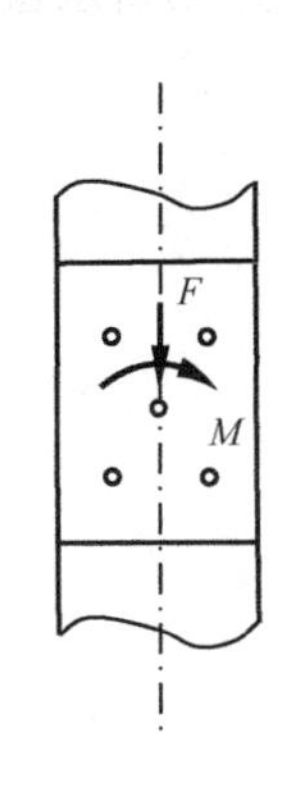

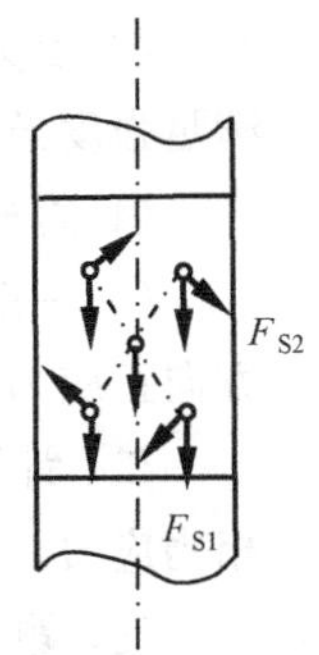

题八答案图

九、AC 杆的柔度 $\lambda_1=\frac{\mu_1 l}{i_1}=\frac{1\times2\times2\sqrt{3}}{45\times10^{-3}}=153.8$，属于细长杆。

$F_{cr1}=\frac{\pi^2EI_1}{(\mu_1 l)^2}=\frac{\pi^2\times200\times10^9\times(45\times10^{-3})^4}{12(1\times2)^2}=168.5(\text{kN})$

BD 杆的柔度 $\lambda_2=\frac{\mu_2 l}{i_2}=\frac{0.7\times2\times4}{50\times10^{-3}\times1.28}=87.5$，属于中长杆。

$F_{cr2}=\sigma_{cr2}A_2=(a-b\lambda)A_2=(304-1.12\times87.5)\times10^6\times\dfrac{\pi(50\times10^{-3})^2(1-0.8^2)}{4}$

$=145.5(\text{kN})$

当两杆同时失稳时，许可载荷最大，$F=F_{cr1}+F_{cr2}=168.5+145.5=314(\text{kN})$。

$\sum M_A=0, 145.5\times3-314x=0$，解得 $x=1.39(\text{m})$

$[F]_{max}=\dfrac{314}{3}=104.7(\text{kN})$

十、刹车前的角速度 $\omega_1=\dfrac{2\pi n}{60}=\dfrac{2\pi\times300}{60}=31.4(\text{rad/s})$。

制动时角加速度 $\alpha=\dfrac{\omega_2-\omega_1}{t}=\dfrac{0-31.4}{8}=-3.93(\text{rad/s}^2)$。

惯性产生的扭矩 $T_d=-J\alpha=0.5\times3.93=1.96(\text{kN}\cdot\text{m})$。

最大切应力 $\tau_{max}=\dfrac{T_d}{W_t}=\dfrac{1.96\times10^3}{\dfrac{\pi\times0.1^3}{16}}=9.98(\text{MPa})$。

试 卷 四

一、判断题。(每题 3 分，共 15 分)

(1)梁发生横力弯曲变形时，无论其横截面形状如何，横截面上最大切应力所在点的弯曲正应力数值一定为零。(　　)

(2)计算题一(2)图(a)、(b)所示两种不同形状截面梁横截面上的弯曲正应力时，题一(2)图(a)所示截面可用公式 $\sigma=\dfrac{My}{I_z}$，而题一(2)图(b)截面则不能用该公式。(　　)

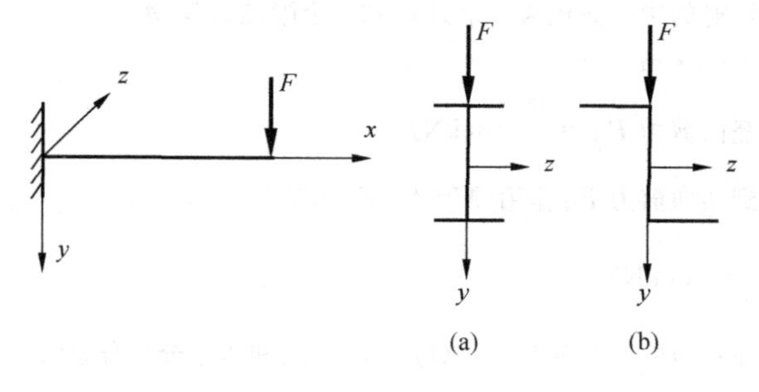

题一(2)图

(3)受力杆件横截面上任一点只要同时满足 $\sigma\leqslant[\sigma]$ 和 $\tau\leqslant[\tau]$ 两个要求，则该横截面一定满足强度条件。(　　)

(4)直杆受拉后轴向伸长，横向缩短，这表明杆件在变形过程中体积不变。(　　)

(5)一般来说变形体一点处在不同方向的线应变值是不同的，其中线应变(代数值)最大的方向正应力(代数值)也最大。(　　)

二、计算题二图所示应力单元体的三个主应力和最大切应力，并计算该点第三强度理论相当应力。(图中应力单位为 MPa。)(15 分)

三、题三图所示变截面拉杆由等厚度薄板制成。简要说明横截面 1-1 截面上不仅存在正应力，而且存在切应力，且切应力在整个横截面上不是均匀分布的。(15 分)

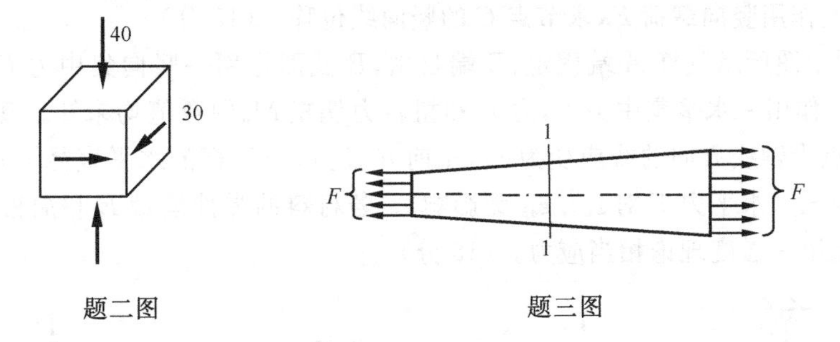

题二图　　　　　　题三图

四、10m 长的钢筋两端各受一轴向拉力均匀拉伸至 10.4m，所用拉力 $F=30\text{kN}$，已知钢筋的横截面面积 $A=100\text{mm}^2$，弹性模量 $E=200\text{GPa}$，比例极限 $\sigma_p=200\text{MPa}$，屈服极限 $\sigma_s=240\text{MPa}$，求完全卸载后该钢筋的长度。(15 分)

五、题五图(a)所示矩形的形心主惯性矩为 $I_y=\dfrac{bh^3}{12}$，据此求图(b)所示三角形对其底边 y_1 轴的惯性矩 I_{y1}。(15 分)

六、作题六图所示梁的剪力图和弯矩图。(15 分)

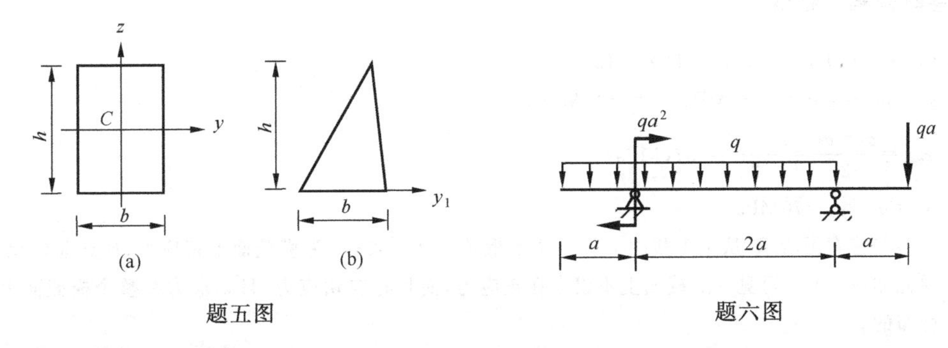

题五图　　　　　　题六图

七、题七图所示结构 AB 梁水平，A 端为固定铰支座，梁的横截面为正方形，边长 $a=100\text{mm}$；BC 杆竖直，C 端为固定铰支座，杆的横截面为圆形，直径 $d=40\text{mm}$。两杆材料相同，$\lambda_P=100$，$\lambda_0=60$，材料的弹性模量 $E=200\text{GPa}$，许用应力 $[\sigma]=120\text{MPa}$，临界应力直线经验公式中 $a=304\text{MPa}$，$b=1.12\text{MPa}$，规定的稳定安全因数 $n_w=4$。设载荷 F 可在梁 AB 上移动，试求结构的许可载荷值。(15 分)

八、题八图所示外伸梁 AB、BC 两段的弯曲刚度分别为 $2EI$ 和 EI，抗弯截面模量分别为 $1.5W$ 和 W，外伸端 C 的正上方高 H 处有一重量为 P 的物体以速度 v 开始竖直下落到梁上，求梁内最大冲击正应力值。(15 分)

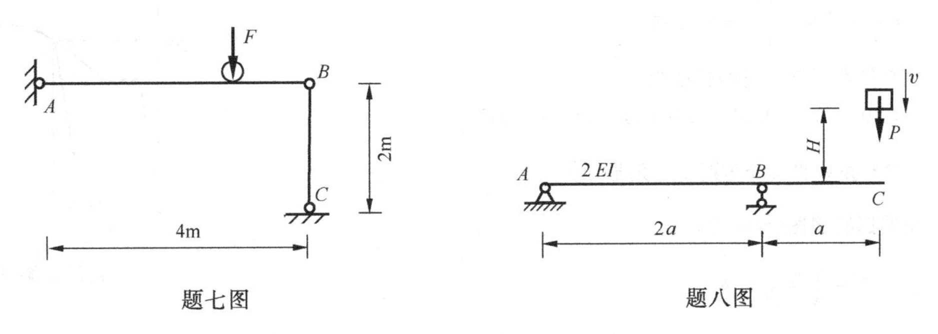

题七图　　　　　　题八图

九、题九图中 AC、CB 二梁相同，位于水平面内，长度为 a，弯曲刚度为 EI，A、B 端均为固定端；CD 杆位于竖直面内，长度也为 a，拉压刚度为 EA，D 端为固定铰支座。三杆铰接于

C，节点 C 上作用竖向载荷 F，求节点 C 的竖向线位移。(15 分)

十、题十图所示圆杆 A 端固定、B 端自由，B 截面作用一竖向集中力 F 和扭转力偶 M_e。中间截面 C 作用一水平集中力 F，力 F 和扭转力偶矩 M_e 的数值均未知。现测得 C 右邻截面正上方 K 点沿轴线方向的线应变为 $\varepsilon_{0°}$，正前方 G 点（位于杆的水平直径上）与母线成45°方向的线应变为 $\varepsilon_{45°}$（水平力 F 对 $\varepsilon_{0°}$、$\varepsilon_{45°}$ 无影响）。若材料的弹性模量 E 和泊松比 ν 均为已知，求此杆危险点第三强度理论相当应力。(15 分)

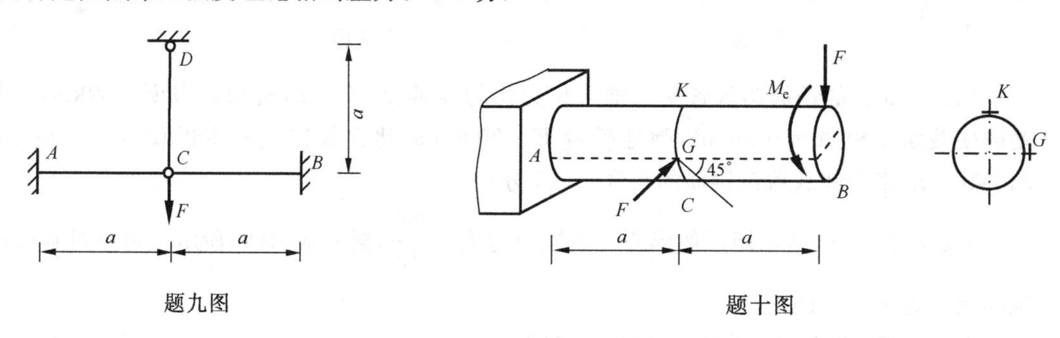

题九图　　　　题十图

试卷四答案与题解

一、(1)×　(2)√　(3)×　(4)×　(5)√

二、$\sigma_1=30\text{MPa}$，$\sigma_2=-30\text{MPa}$，$\sigma_3=-40\text{MPa}$。

$$\tau_{\max}=\frac{\sigma_1-\sigma_3}{2}=\frac{30+40}{2}=37(\text{MPa})$$

$$\sigma_{r3}=\sigma_1-\sigma_3=70\text{MPa}$$

三、如题三答案图所示，从 1-1 截面上边缘 A 点取单元体 $\tau'<\sigma$，σ 为横截面上正应力；B 点取单元体，C 点取单元体($\tau=0$)。可见 1-1 截面上不仅存在正应力，而且存在切应力，且切应力在整个横截面上是不均匀分布的。

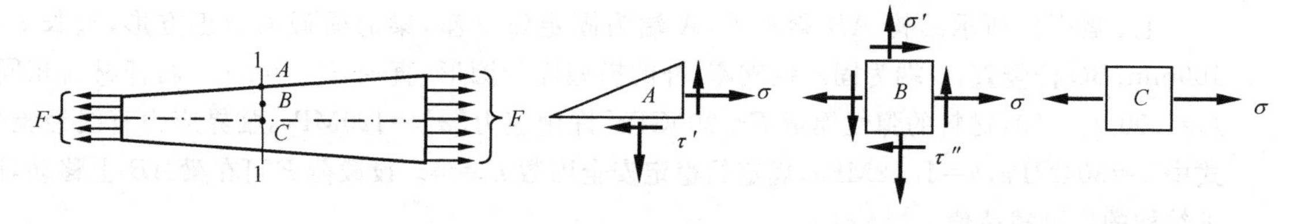

题三答案图

四、如题四答案图所示，当应力超过比例极限后，在强化阶段应变 ε 包括两部分。

其中可以恢复的弹性应变为

$$\varepsilon_e=\frac{\sigma}{E}=\frac{300\times10^6}{200\times10^9}=0.0015$$

完全卸载后该钢筋的长度为

$$l_1=10+10\times(0.04-0.0015)=10.385(\text{m})$$

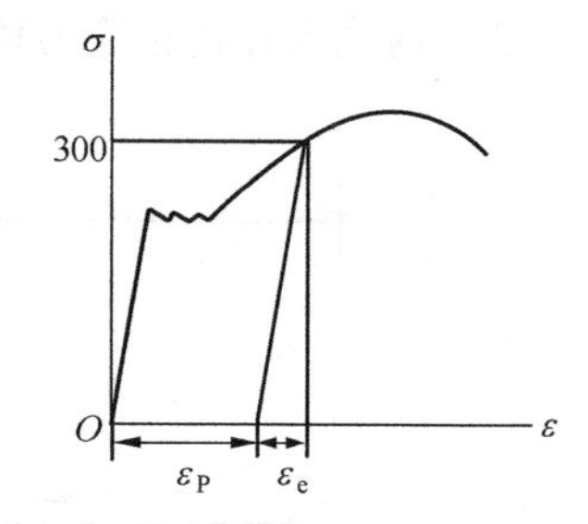

题四答案图

五、矩形对角线将其分为两个三角形，每个 $I_y=\dfrac{1}{2}(I_y)_O=\dfrac{bh^3}{24}$。

由题四答案图(c)可得

$$I_{y_C}=I_y-\left(\frac{h}{6}\right)^2\cdot A$$

$$I_{y_1}=I_{y_C}+\left(\frac{h}{3}\right)^2\cdot A=I_y-\left(\frac{h}{6}\right)^2\cdot A+\left(\frac{h}{3}\right)^2\cdot A=\frac{bh^3}{24}-\frac{h^2}{36}\cdot\frac{bh}{2}+\frac{h^2}{9}\cdot\frac{bh}{2}=\frac{bh^3}{12}$$

底边为 b、高为 h，长度不变的任意三角形(题五答案图(b))的 I_{y_1} 与直角三角形 I_{y_1} 相等，即 $I_{y_1}=bh^3/12$。

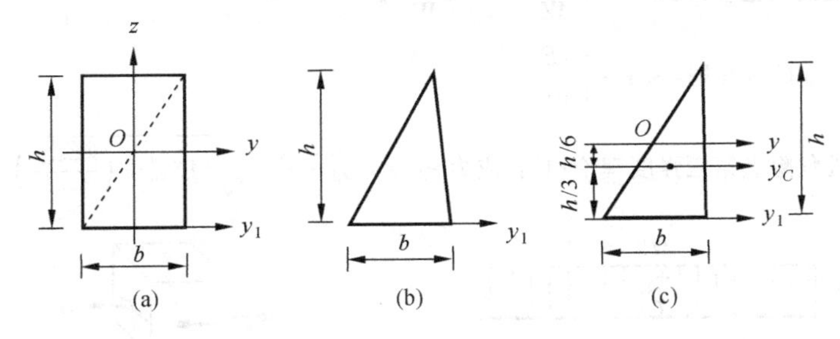

题五答案图

六、梁的剪力图和弯矩图如题六答案图所示。

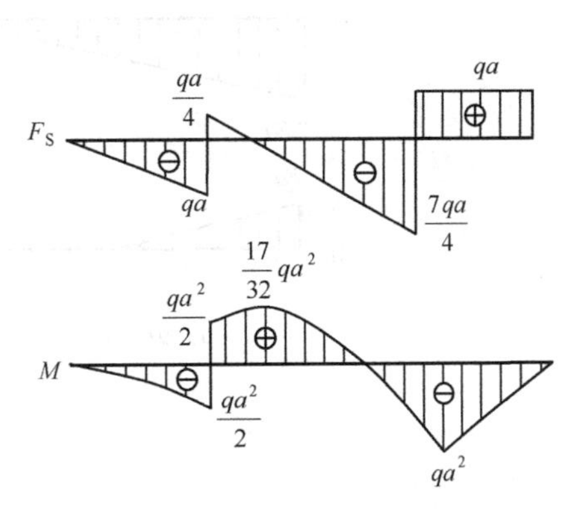

题六答案图

七、AB 梁载荷危险位置在中点，$\sigma=\dfrac{M}{W}=\dfrac{Fl/4}{a^3/6}\leqslant[\sigma]$。

$$F\leqslant\frac{[\sigma]\cdot 4a^3}{6l}=\frac{120\times10^6\times4\times100^3\times10^{-9}}{6\times4}=20(\text{kN})$$

BC 杆载荷危险位置在 C 端，$\lambda=\dfrac{\mu l}{i}=\dfrac{1\times2}{0.04/4}=200$，属于细长杆。

$$F_{\text{cr}}=\frac{\pi^2E}{\lambda^2}\cdot A=\frac{\pi^2\times200\times10^9}{200^2}\times\frac{\pi\times40^2\times10^{-6}}{4}=61.92(\text{kN})$$

$$F=\frac{F_{\text{cr}}}{n_{\text{w}}}=\frac{61.96}{4}=15.5(\text{kN})$$

结构的许可载荷值 $[F]=15.5\text{kN}$。

八、$\Delta_{\text{st}}=\dfrac{1}{2EI}\left(\dfrac{1}{2}Pa\cdot2a\cdot\dfrac{2}{3}a\right)+\dfrac{1}{EI}\left(\dfrac{1}{2}Pa\cdot a\cdot\dfrac{2}{3}a\right)=\dfrac{2Pa^3}{3EI}$，$\sigma_{\text{st}}=\dfrac{Pa}{W}$

$$K_{\text{d}}=1+\sqrt{1+\frac{2\left(H+\dfrac{v^2}{2g}\right)}{\Delta_{\text{st}}}}=1+\sqrt{1+\frac{3EI\left(H+\dfrac{v^2}{2g}\right)}{Pa^3}}，\sigma_{\text{dmax}}=K_{\text{d}}\sigma_{\text{st}}$$

题八答案图

九、C 节点受力平衡关系：$\sum F_y=0$，$2F_1+F_{\text{N}}=F$。

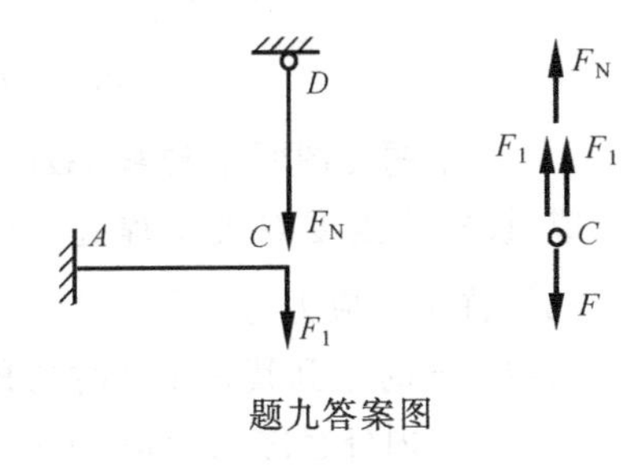

题九答案图

变形关系为 $w_C=\Delta l_{CD}$。

物理关系为 $w_C=\dfrac{F_1a^3}{3EI}$，$\Delta l_{CD}=\dfrac{F_{\text{N}}a}{EA}$。

解得 $F_1=\dfrac{F}{\dfrac{a^2A}{I}-2}$，$w_C=\dfrac{Fa^3}{6EI+a^2EA}(\downarrow)$。

十、K 点：$\sigma_K=E\varepsilon_{0^\circ}=\dfrac{Fa}{W}$。

G 点：$\sigma_1=\tau$，$\sigma_3=-\tau$。

$$\varepsilon_{45^\circ}=\frac{1}{E}(\sigma_1-\nu\sigma_3)=\frac{1}{E}(\tau+\nu\tau)$$

固定端 A 处最大正应力 $\sigma_A=\dfrac{\sqrt{M_y^2+M_z^2}}{W}=\dfrac{\sqrt{5}Fa}{W}$。

最大切应力与 G 点相同，为 $\tau=\dfrac{\varepsilon_{45^\circ}E}{1+\nu}$。

固定端 A 处危险点第三强度理论相当，应力 $\sigma_{r3}=\sqrt{\sigma_A^2+\tau^2}=\sqrt{5E^2\varepsilon_0^2+\left(\dfrac{2E\varepsilon_{45^\circ}}{1+\nu}\right)^2}$。

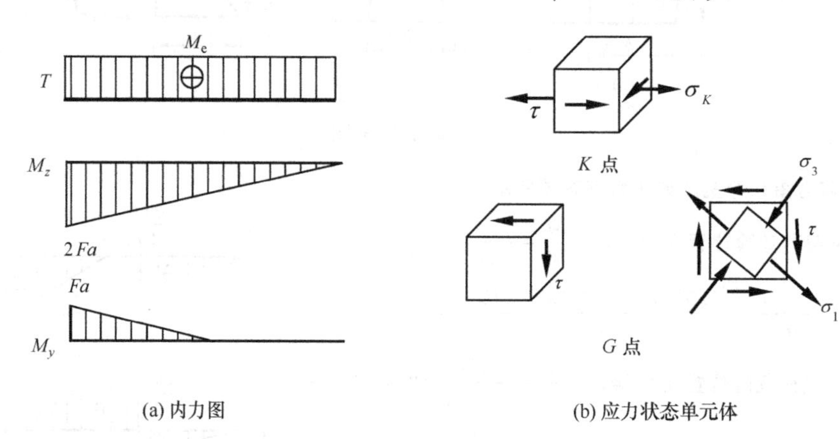

(a) 内力图　　(b) 应力状态单元体

题十答案图

试　卷　五

一、简答题。(每题 5 分，共 15 分)

(1)简单叙述低碳钢试件经过拉伸冷作硬化处理后材料的力学性能发生了哪些主要变化。

(2)写出题一(2)图所示单元体的三个主应力和最大切应力，并计算其第三强度理论相当应力。(图中应力单位为 MPa。)

(3)题一(3)中所示单元体 x 面上的正应力为 σ，材料的弹性模量为 E，泊松比为 ν，求其 α 方向的线应变 ε_α 与 x 方向的线应变 ε_x 之比。

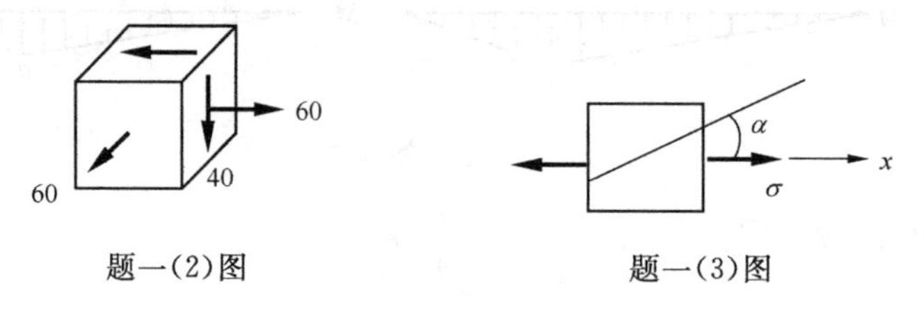

题一(2)图　　题一(3)图

二、题二图所示拉杆 AB 由两段杆在 CD 面上焊接而成，设杆的强度取决于焊缝。已知焊缝材料的许用应力为 $[\sigma]$，许用切应力为 $[\tau]$，$[\sigma]=\sqrt{3}[\tau]$，求当焊缝的正应力和切应力同时达到其许用值时的角度 α。(15 分)

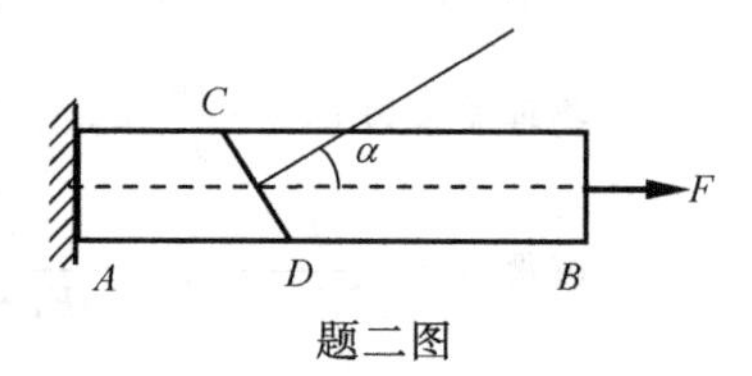

题二图

三、内外径之比为 $\alpha=0.8$ 的一根圆管和一根实心圆轴，二者长度相同、横截面积相同、材料也相同，从扭转强度角度考虑，圆管的承载能力是圆轴的多少倍？(15 分)

四、作题四图所示梁的剪力图和弯矩图。(15 分)

五、题五图中悬臂梁 AB 长为 l，弯曲刚度为 EI。竖杆 CD 位于 B 端正上方，长为 a，拉压

刚度为 EA，D、B 距离为微小量 δ，现欲在 B 端用一向上集中力 F 将 B、D 连接到一起，求所需力 F 的数值。B、D 铰接后撤掉力 F，求这时 CD 杆的轴力。(15 分)

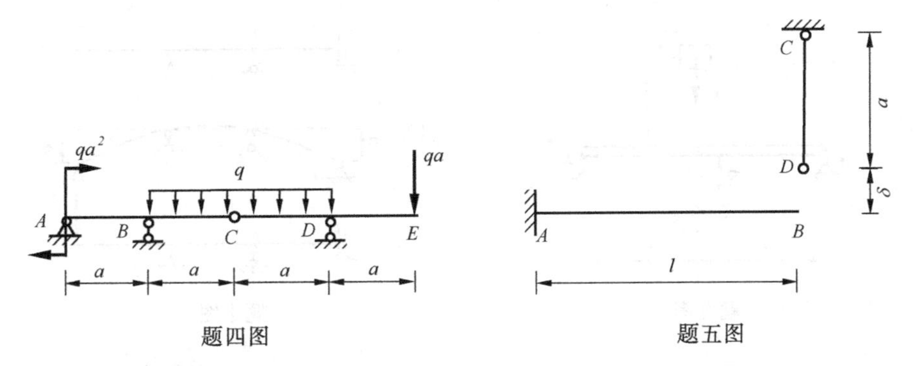

题四图　　　　题五图

六、题六图中 AB 为圆截面杆，直径为 d，材料的许用应力为 $[\sigma]$。轮 C 的半径为 R，重量不计，轮顶端 D 点作用一集中力 F，其作用线平行于 yAz 平面，与 z 轴（z 轴与 x 轴位于水平面内）夹角为 α。试按第四强度理论写出 AB 杆的强度条件表达式。(15 分)

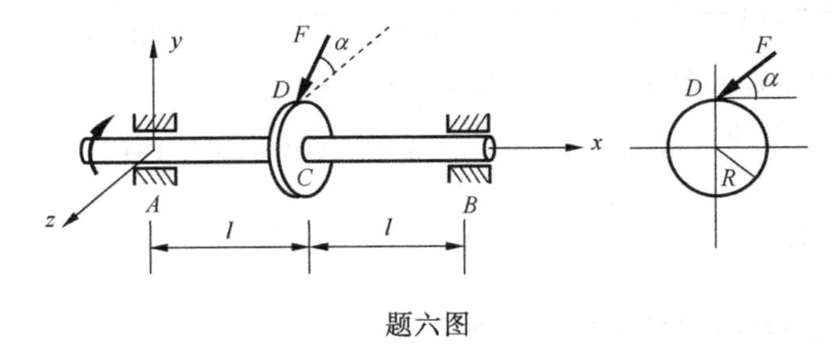

题六图

七、题七图所示平面刚架 AB 段与 CD 段的弯曲刚度相同，均为常数 EI，D 端有一竖向弹簧支撑，其刚度为 k。若不考虑轴力和剪力对变形的影响，求弹簧力。进一步讨论当弹簧刚度分别为 0 和无穷大时 D 端的约束力大小，从而得出约束力的数值与弹簧刚度之间关系的一般结论。(15 分)

八、指出题八图所示结构中 AB、BC、CD 三杆属于什么变形。若 BC 杆为矩形截面，截面尺寸为40mm×60mm，材料的弹性模量 $E=10\text{GPa}$，$\lambda_P=59$，$a=28.7\text{MPa}$，$b=0.19\text{MPa}$，根据 BC 杆的条件确定结构的许可载荷 $[F]$。(15 分)

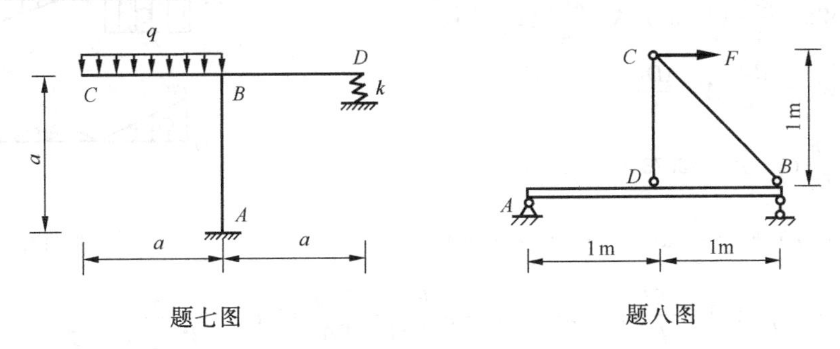

题七图　　　　题八图

九、题九图所示长度为 l 的简支梁 AB 的弯曲刚度 EI 为已知常数，梁中点 C 的正下方 $\Delta=\dfrac{Pl^3}{48EI}$ 处有一竖向弹簧，其刚度为 $k=\dfrac{48EI}{l^3}$，正上方 $H=\dfrac{Pl^3}{32EI}$ 处有一重量为 P 的物体，求此物体自由下落时弹簧 C 受到的最大冲击力。(15 分)

十、题十图(a)所示水平连续梁 AD，当支座 A 下沉 Δ 时，引起 D 端的挠度为 δ(图(b))。若无支座下沉，当 D 端向下作用集中力 F 时，支座 A 的反力是多少(图(c))？(15 分)

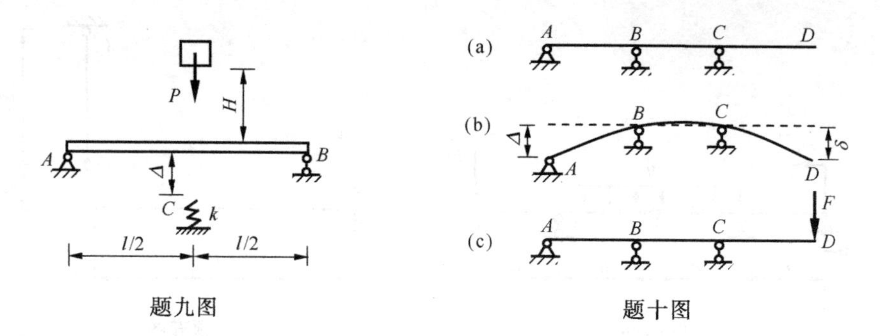

题九图　　　　题十图

试卷五答案与题解

一、(1)σ_p 提高，塑性降低。

(2)$\begin{matrix}\sigma' \\ \sigma''\end{matrix} = \dfrac{\sigma_x+\sigma_y}{2} \pm \sqrt{\left(\dfrac{\sigma_x-\sigma_y}{2}\right)^2+\tau_{xy}{}^2} = \dfrac{60}{2} \pm \sqrt{\left(\dfrac{60}{2}\right)^2+40^2} = \begin{matrix}80(\text{MPa}) \\ -20(\text{MPa})\end{matrix}$

所以，$\sigma_1=80\text{MPa}$，$\sigma_2=60\text{MPa}$，$\sigma_3=-20\text{MPa}$。

$\tau_{\max}=\dfrac{\sigma_1-\sigma_3}{2}=\dfrac{80+20}{2}=50(\text{MPa})$，　$\sigma_{r3}=\sigma_1-\sigma_3=80+20=100(\text{MPa})$

二、$\sigma_\alpha=\dfrac{\sigma}{2}+\dfrac{\sigma}{2}\cos2\alpha$

$\sigma_{\alpha+90^\circ}=\dfrac{\sigma}{2}+\dfrac{\sigma}{2}\cos(2\alpha+180^\circ)=\dfrac{\sigma}{2}-\dfrac{\sigma}{2}\cos2\alpha$

$\varepsilon_x=\dfrac{\sigma_x}{E}$

$\varepsilon_\alpha=\dfrac{1}{E}(\sigma_\alpha-\nu\sigma_{\alpha+90^\circ})=\dfrac{1}{E}\left[\dfrac{\sigma}{2}+\dfrac{\sigma}{2}\cos2\alpha-\nu\left(\dfrac{\sigma}{2}-\dfrac{\sigma}{2}\cos2\alpha\right)\right]$

$\dfrac{\varepsilon_\alpha}{\varepsilon_x}=\dfrac{1}{2}[(1-\nu)+(1+\nu)\cos2\alpha]$

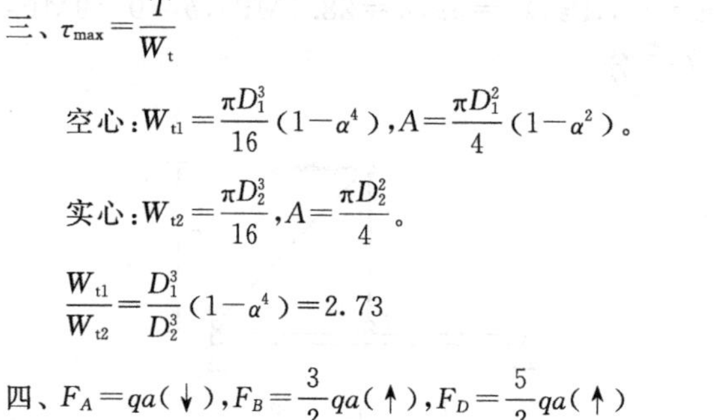

三、$\tau_{\max}=\dfrac{T}{W_t}$

空心：$W_{t1}=\dfrac{\pi D_1^3}{16}(1-\alpha^4)$，$A=\dfrac{\pi D_1^2}{4}(1-\alpha^2)$。

实心：$W_{t2}=\dfrac{\pi D_2^3}{16}$，$A=\dfrac{\pi D_2^2}{4}$。

$\dfrac{W_{t1}}{W_{t2}}=\dfrac{D_1^3}{D_2^3}(1-\alpha^4)=2.73$

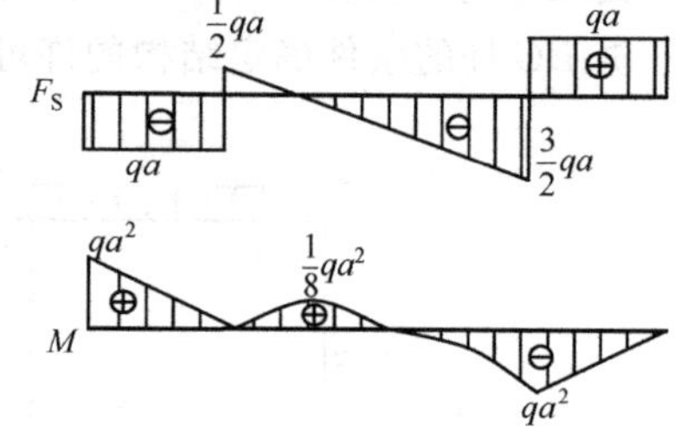

题四答案图

四、$F_A=qa(\downarrow)$，$F_B=\dfrac{3}{2}qa(\uparrow)$，$F_D=\dfrac{5}{2}qa(\uparrow)$

五、(1)$w_B=\dfrac{Fl^3}{3EI}=\delta$，$F=\dfrac{3EI\delta}{l^3}$；(2)$w_B+\Delta l_{CB}=\delta$，$\dfrac{F_N l^3}{3EI}+\dfrac{F_N a}{EA}=\delta$，$F_N=\dfrac{\delta}{\dfrac{l^3}{3EI}+\dfrac{a}{EA}}$。

六、$\sigma_{r4}=\dfrac{\sqrt{M_y^2+M_z^2+\dfrac{3}{4}T^2}}{W}=\dfrac{\sqrt{\dfrac{F^2l^2}{4}+\dfrac{3}{4}R^2F^2\cos^2\alpha}}{\dfrac{\pi d^3}{32}}=\dfrac{16F\sqrt{l^2+3R^2\cos^2\alpha}}{\pi d^3}\leqslant[\sigma]$

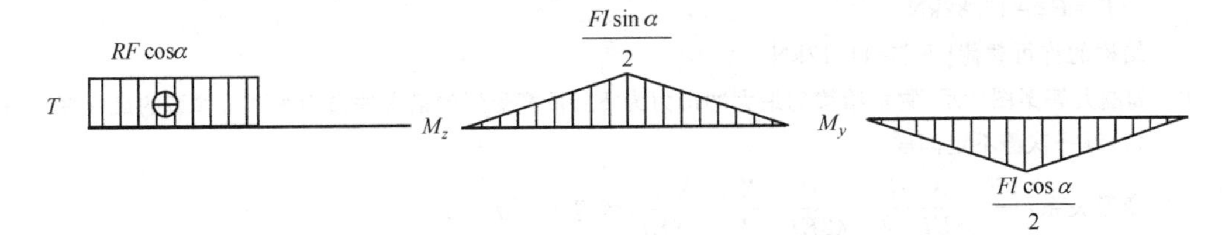

题六答案图

七、一次静不定问题。

$$\delta_{11}X_1+\Delta_{1F}=-\frac{X_1}{k}$$

$$\delta_{11}=\frac{1}{EI}\left(\frac{1}{2}\times a\times a\times\frac{2}{3}a+a\times a\times a\right)=\frac{4a^3}{3EI}$$

$$\Delta_{1F}=-\frac{1}{EI}\left(\frac{qa^2}{2}\times a\times a\right)=-\frac{qa^4}{2EI}$$

$$X_1=\frac{3qa^4k}{8a^3k+6EI}$$

当 $k=0$ 时，D 端约束力为 0，当 $k=\infty$，时，D 端约束力为 $\frac{8}{3}qa$。刚度越大，约束力越大。

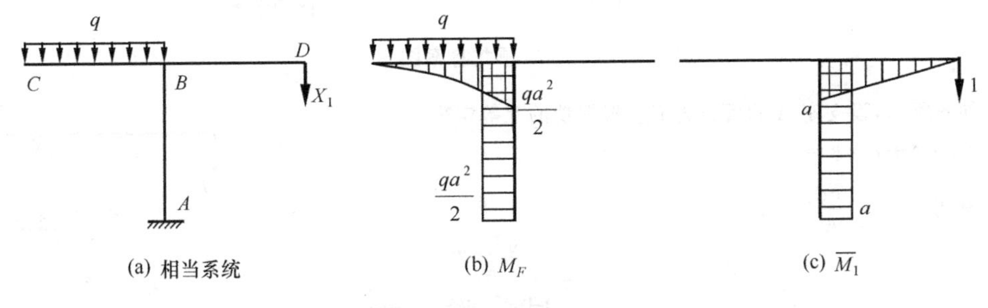

题七答案图

八、(1)节点 C 受力分析如下。

$$\sum F_x=0,F-\frac{\sqrt{2}}{2}F_{CB}=0,F_{CB}=\sqrt{2}F\text{（压力）}$$

$$\sum F_y=0,-F_{CD}+\frac{\sqrt{2}}{2}F_{CB}=0,F_{CD}=F\text{（拉力）}$$

各杆变形形式：AB 杆弯曲加压缩，CD 杆拉伸，CB 杆压缩。

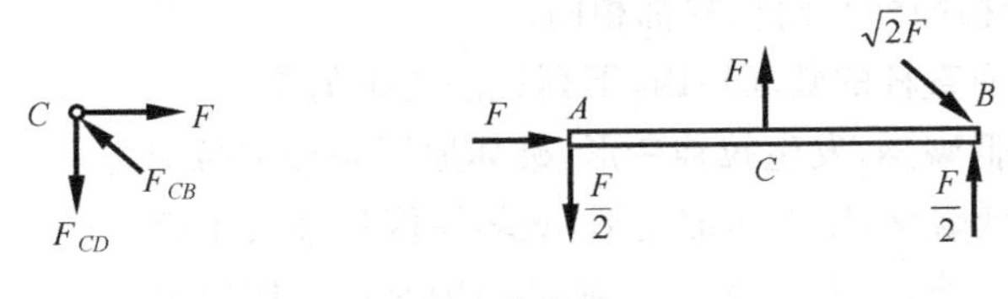

题八答案图

(2)CB 杆：

$$\lambda=\frac{\mu l}{i}=\frac{1\times\sqrt{2}}{0.289\times0.04}=122.32>\lambda_P\text{，属于细长杆。}$$

$$F_{cr}=\frac{\pi^2E}{\lambda^2}\cdot A=\frac{\pi^2\times10\times10^9}{122.32^2}\times40\times60\times10^{-6}=15.82(\text{kN})$$

$\sqrt{2}F=F_{cr}=15.82\text{kN}$

结构的许可载荷$[F]=11.17\text{kN}$。

九、如题九答案图所示，物块给梁的最大冲击力为F_d，弹簧受到的最大冲击力为X_1，弹簧的最大变形量为δ。

(1)解一次静不定问题。

变形关系：$\dfrac{(F_d-X_1)l^3}{48EI}-\dfrac{Pl^3}{48EI}=\dfrac{X_1}{k}=\dfrac{X_1l^3}{48EI}$，解得$F_d=P+2X_1$。

(2)冲击过程能量守恒，重力势能全部转化为梁的应变能。

$$P\cdot(H+\Delta+\delta)=V_\varepsilon=\frac{1}{2}(F_d-X_1)(\Delta+\delta)+\frac{1}{2}X_1\delta$$

$$P\cdot\left(\frac{Pl^3}{32EI}+\frac{Pl^3}{48EI}+\frac{X_1l^3}{48EI}\right)=\frac{1}{2}(P+X_1)\left(\frac{Pl^3}{48EI}+\frac{X_1l^3}{48EI}\right)+\frac{1}{2}X_1\cdot\frac{x_1l^3}{48EI}$$

解得$X_1=\sqrt{2}P$。

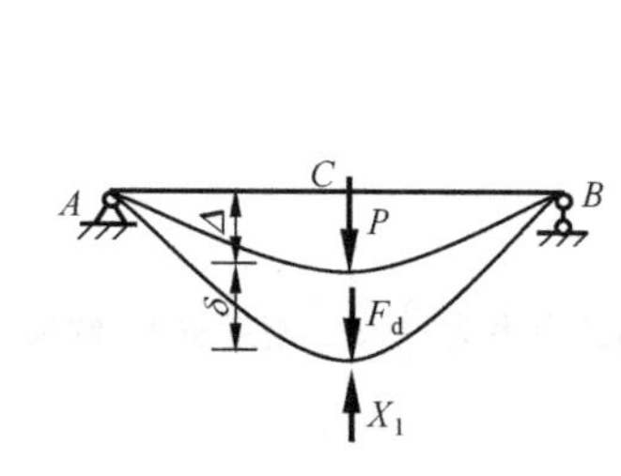

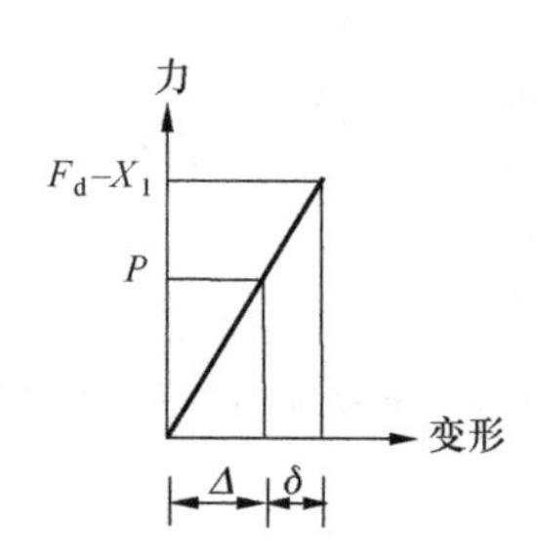

题九答案图

十、如图所示，设支座A的反力为F_A，根据功的互等定理

$F_A\cdot\Delta+F\cdot\delta=0$

解得$F_A=-\dfrac{F\delta}{\Delta}(\uparrow)$。

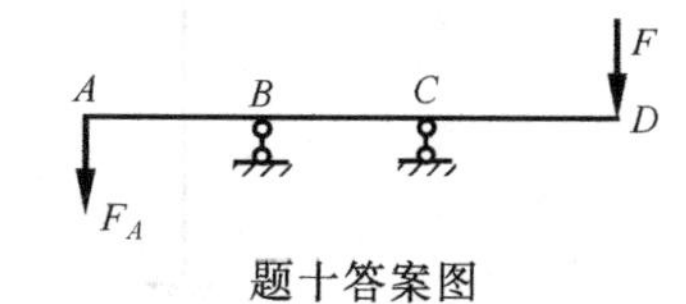

题十答案图

试　卷　六

一、选择题。(每题3分，共15分)

(1)题一(1)图所示立柱受集中力F作用，则________。

A. CB段每个横截面应力都均匀分布；

B. CB段每个横截面内力都相同；

C. CB段每个横截面沿轴向线位移都相同；

D. CB段每个横截面转角位移都相同。

(2)关于等截面直杆的破坏原因，下列说法正确的是________。

A. 若材料是低碳钢，发生拉伸变形，破坏原因是最大拉应力；

B. 若材料是低碳钢，发生压缩变形，破坏原因是最大压应力；

C. 若材料是铸铁，发生压缩变形，破坏原因是最大压应力；

D. 若材料是铸铁，发生扭转变形，破坏原因是最大拉应力。

(3)题一(3)图所示单元体的最大切应力为________。(图上所示应力单位为MPa。)

A. 15MPa；

B. 35MPa；

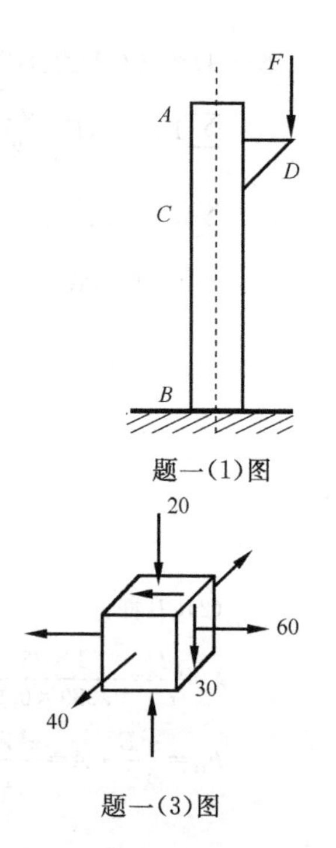

题一(3)图

C. 50MPa；

D. 以上答案均错误。

(4)题一(4)图所示图形阴影部分为一个圆形去掉两个完全相同的半圆形，则________。

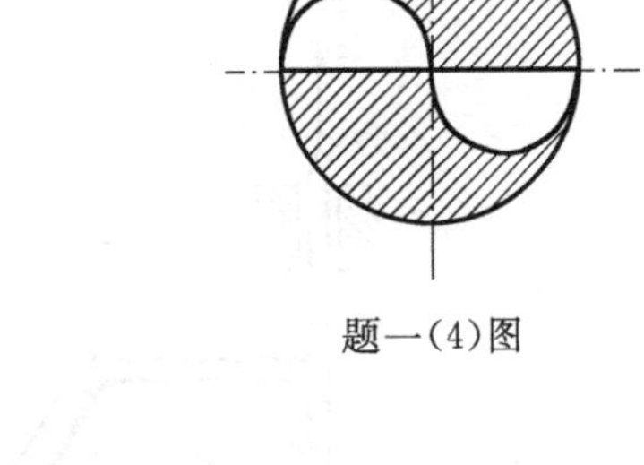
题一(4)图

A. 任一过形心的轴都是主惯性轴；

B. 对任一过形心轴的惯性矩相等；

C. 对任一对过形心相互垂直轴的惯性积等于零；

D. 以上说法都不正确。

(5)题一(5)图所示悬臂梁在集中力作用下产生弯曲变形，与支座接触后继续产生变形，力最终数值为 F，B 点最大挠度为 Δ，则 AB 杆的应变能为________。

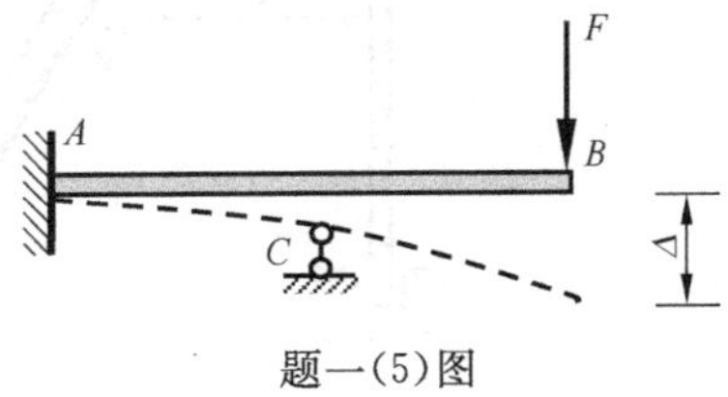

题一(5)图

A. $V_\varepsilon=\frac{1}{2}F\Delta$；

B. $V_\varepsilon>\frac{1}{2}F\Delta$；

C. $V_\varepsilon<\frac{1}{2}F\Delta$；

D. 以上均不正确。

二、如题二图所示，重量为 2kN 的小球以水平速度 v 冲击到竖直梁的 B 端，梁 AB 与二力杆 CD 材料相同，梁 AB 长度为 4m，截面为圆形，直径 $d=80\text{mm}$，二力杆 CD 截面为矩形，$b=30\text{mm}$，$h=60\text{mm}$。材料为 Q235 钢，许用应力$[\sigma]=160\text{MPa}$，弹性模量 $E=200\text{GPa}$，$\lambda_0=60$，$\lambda_p=100$，$a=304\text{MPa}$，$b=1.12\text{MPa}$。规定稳定安全因数 $n_w=3$。试确定小球最大冲击速度。(15 分)

三、如题三图所示，直角折杆 $ABCD$ 各段相互垂直，由三段完全相同的圆形截面杆焊接而成，在 D 端受水平集中力 F_x 作用，在 AB 段中点 E 处贴两片应变片。由试验测得 AB 段中点左侧沿轴线方向的线应变 $\varepsilon_0=3\times10^{-4}$，前侧与轴线成 45°方向的线应变 $\varepsilon_{45}=2.8\times10^{-4}$。已知材料为 Q235 钢，弹性模量 $E=200\text{GPa}$，泊松比 $\nu=0.3$，许用应力$[\sigma]=160\text{MPa}$，试利用第三强度理论校核 AB 段的强度。(15 分)

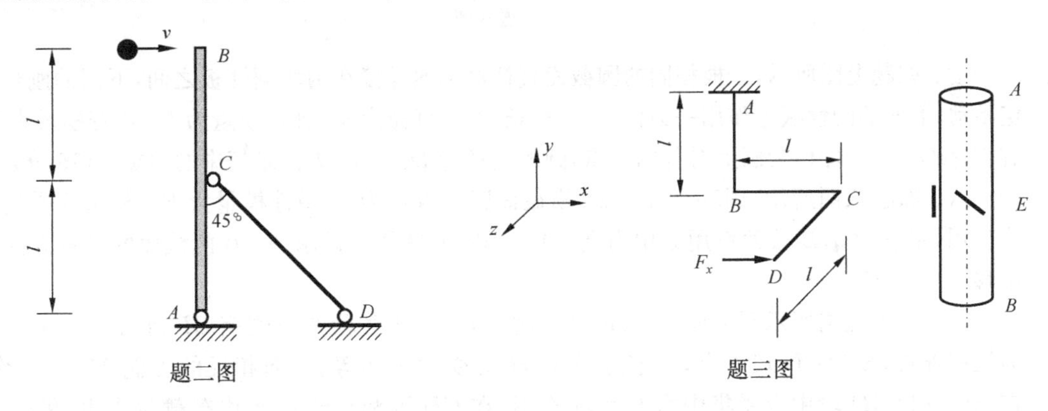

题二图

题三图

四、如题四图所示水平刚性杆 $OA=a$，不计自重，固连于转轴 z 上，点 A 铰接一重为 P 的均质杆 AB，$AB=l$，直径为 d，当轴以角速度 ω 匀速转动时，杆 AB 与 z 轴夹角为 φ，$\varphi=30°$，试求 AB 杆内最大应力。(15 分)

五、如题五图所示结构由水平面内三段相互垂直的刚架 $ABCD$ 和二力杆 DE 组成，各段材料相同，弹性模量为 E，切变模量为 G，且 $E=2G$。各段长度相同，均为 l，各段横截面均为圆形，直径为 d。CB 段受竖直向下均布力作用，集度为 q。不计刚架内轴力、剪力对变形的影响，试求二力杆 DE 内的轴力。(15 分)

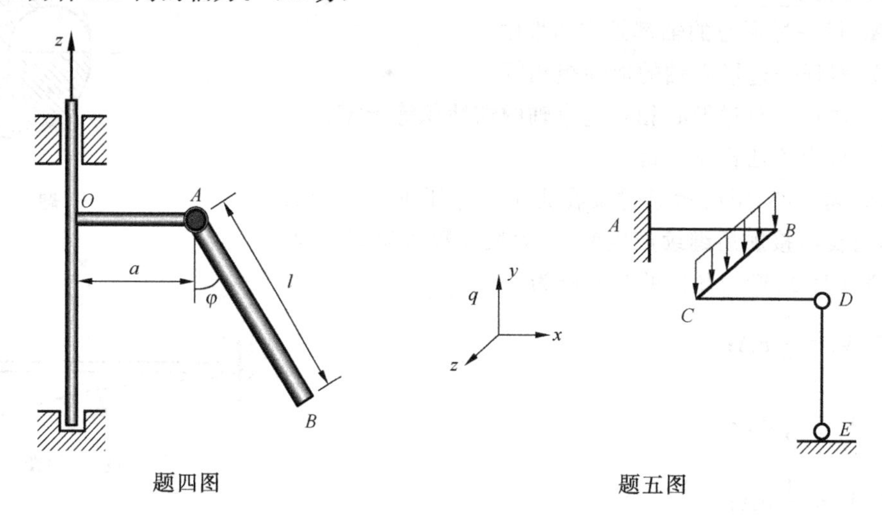

题四图　　　　　　　　　　　　题五图

六、如题六图所示结构忽略各部分自重，横梁 AB、CD 弯曲刚度为 EI，抗弯截面系数为 W。杆 EG、HD 拉压刚度为 EA，且 $I=Aa^2/4$，刚性杆 OK 顶端固结一重量为 P 的小球，以初速度 v 自铅垂位置下落，冲击在 AB 梁的 B 端，试求横梁 AB、CD 中最大弯曲正应力。(15 分)

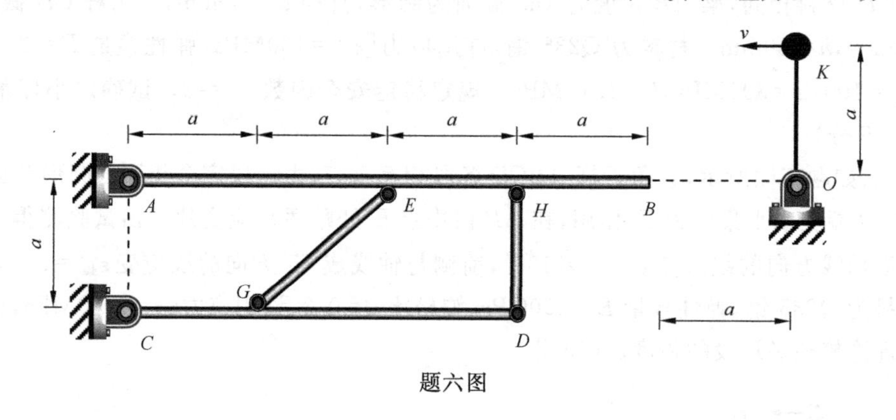

题六图

七、如题七图所示，三根相同的圆截面直杆对称地焊接在两块刚性板之间，下面的刚性板固定不动，上面的刚性板上作用一力偶 M_e。杆长为 l、直径为 d、弹性模量为 E、切变模量为 G，且有 $E=2G$。A、B、C 为圆上对称的三点，圆的直径为 D，$l=10D$，试求杆中的扭矩。(15 分)

八、如题八图所示，圆环半径为 R，横截面圆形直径为 d，弹性模量为 E。外边缘受均布载荷作用，集度为 q，B 截面作用集中力偶，$M=2\pi R^2 q$，平衡。试求 A、B 两截面的竖直方向相对位移。(15 分)

九、如题九图所示平面刚架 $ABCD$ 和刚架 $CGHD$ 各段弯曲刚度 EI 相同，C、D 和 E 处为铰链连接，E 为 CD 段中点，刚节点 G 和 H 处受大小相等、方向相反的力偶 $M=qa^2$ 作用。在 AC 段和 BD 段中点受集中力 $F=qa$ 作用，在 CD 段和 GH 段受均布载荷作用，集度为 q。不考虑自重及轴力、剪力对变形的影响，试画刚架弯矩图。(15 分)

十、如题十图所示，悬臂梁 AB 长度为 1600mm，横截面为宽度 $b=40$mm、高度 $h=60$mm 的矩形。梁的 A 端固定，B 端自由，材料的弹性模量 $E=95$MPa，屈服极限 σ_s 和比例极限 σ_P 均为 250MPa。今有一批质地均匀、每块重量为 3.2kN、长度为 1600mm 的软金属板整齐地叠放在梁上。用一根长度为 1800mm、直径 $d=36$mm、材料与横梁相同的圆杆 BC 来提高横梁的支撑能力。设横梁和圆杆的安全因数均为$[n]=2$,试问横梁最多能放几块金属板?(15 分)

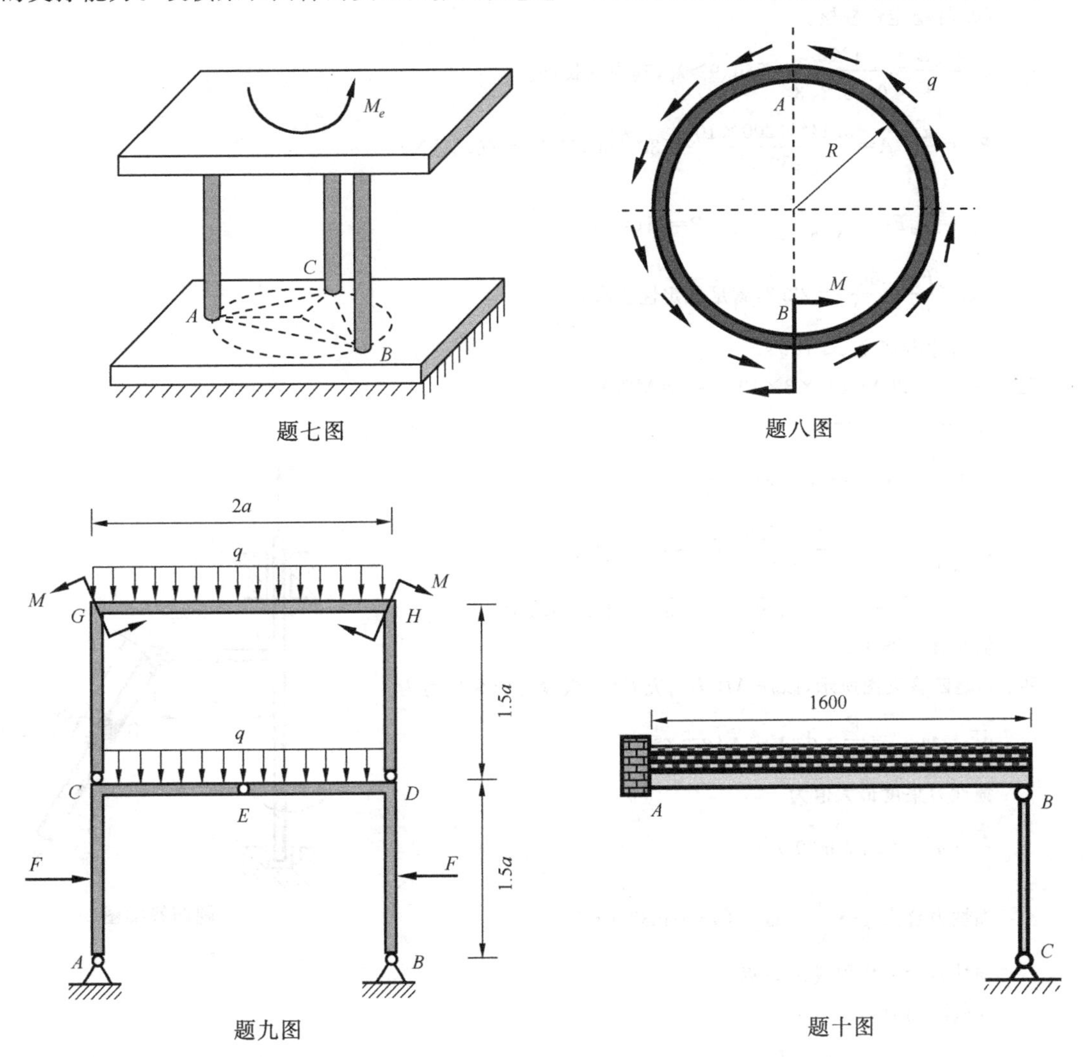

题七图　　题八图

题九图　　题十图

试卷六答案及题解

一、(1)B　(2)D　(3)C　(4)D　　(5)A

二、如题二答案图所示。

$$\Delta_{st}=\frac{2}{EI}\left(\frac{1}{2}Pl\times l\times\frac{2}{3}l\right)+\frac{1}{EA}\left(\frac{2\sqrt{2}}{2}P\times\frac{2\sqrt{2}}{2}\times\sqrt{2}\,l\right)=\frac{2Pl^3}{3EI}+\frac{2\sqrt{2}\,Pl}{EA}$$

$$=\frac{2\times2\times10^3\times2^3\times64}{3\times200\times10^9\times3.14\times8^4\times10^{-8}}+\frac{2\sqrt{2}\times2\times10^3\times2}{200\times10^9\times3\times6\times10^{-4}}=2.65\times10^{-2}(\mathrm{m})$$

$$K_d=\sqrt{\frac{v^2}{g\Delta_{st}}}=\sqrt{\frac{v^2}{0.26}}$$

$$\sigma_d=K_d\sigma_{st}=\sqrt{\frac{v^2}{0.26}}\cdot\frac{Pl}{W}\leqslant[\sigma]$$

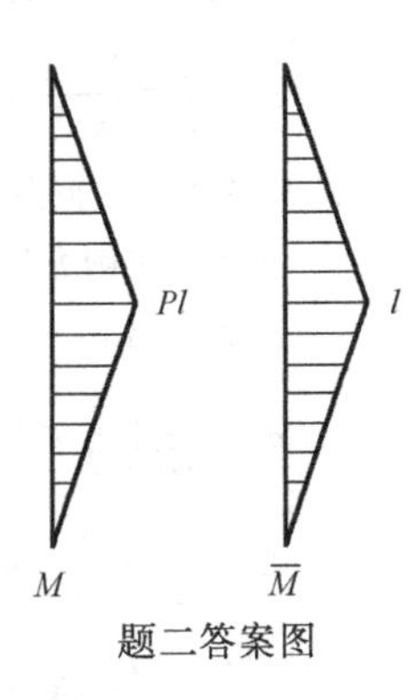

题二答案图

$$\sqrt{\frac{v^2}{0.26}}\times\frac{2\times10^3\times2\times32}{3.14\times8^3\times10^{-6}}\leqslant160\times10^6$$

$v\leqslant1\text{m/s}$

CD 杆稳定性校核。

$$\lambda_{AC}=\frac{\mu l}{i}=\frac{1\times2}{0.03/2\sqrt{3}}=230.9>\lambda_p$$，其为细长杆。

$$F_{cr1}=\frac{\pi^2E}{\lambda^2}A=\frac{3.14^2\times200\times10^9}{230.9^2}\times30\times60\times10^{-6}=66.6(\text{kN})$$

$$F_{Nd}=K_dF_{Nst}=\sqrt{\frac{1^2}{0.26}}\times2\sqrt{2}P=11(\text{kN})$$

$$F_{Nd}<\frac{F_{cr}}{n_w}=\frac{66.6}{3}=22.2$$，满足稳定性要求。

所以冲击速度 $v\leqslant1\text{m/s}$。

三、$\sigma=E\varepsilon_0=200\times10^9\times3\times10^{-4}=60(\text{MPa})$

$\sigma_{45}=\tau$，$\sigma_{-45}=-\tau$

$$\varepsilon_{45}=\frac{1}{E}[\sigma_{45}-\nu(\sigma_{-45}+0)]=\frac{1}{E}(\tau+\nu\tau)$$

$$\tau=\frac{E\varepsilon_{45}}{1+\upsilon}=\frac{200\times10^9\times2.8\times10^{-4}}{1+0.3}=43(\text{MPa})$$

$$\sigma_{r3}=\sqrt{4\sigma^2+4\tau^2}=\sqrt{120^2+4\times43^2}=147.6(\text{MPa})$$

满足强度要求。

四、如题四答案图所示，以杆 *AB* 为研究对象，微段上的惯性力为

$$\text{d}F_I=m_ia_i^n=\frac{P}{gl}\cdot\text{d}x\cdot\omega^2\cdot(a+x\sin\varphi)$$

惯性力集度最大值为

$$\frac{P}{gl}\cdot\omega^2\cdot(a+l\sin30^\circ)$$

惯性力合力$\frac{1}{2}\cdot\frac{P}{gl}\cdot\omega^2\cdot(a+l\sin30^\circ)\cdot l$。

惯性力合力作用线距 *B* 点 $l/3$。

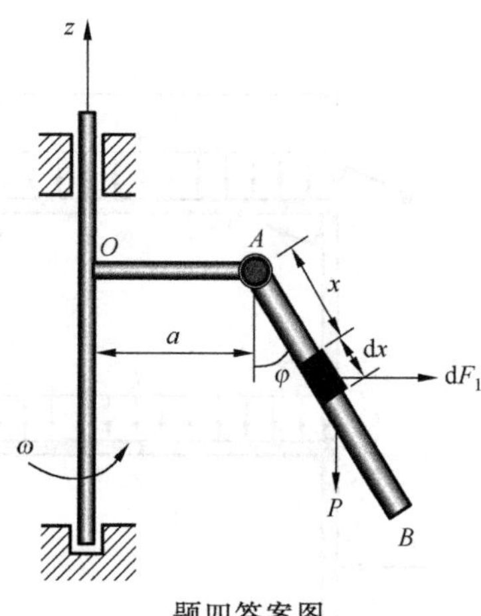

题四答案图

A 截面轴力为

$$F_N=P\cos30^\circ+\frac{1}{2}\cdot\frac{P}{gl}\cdot\omega^2\cdot(a+l\sin30^\circ)\cdot l\cdot\sin30^\circ=\frac{\sqrt{3}}{2}P+\frac{P\omega^2}{4g}\left(a+\frac{l}{2}\right)$$

A 截面弯矩为零。

A 截面正应力为

$$\sigma=\frac{F_N}{A}=\frac{2\sqrt{3}P}{\pi d^2}+\frac{P\omega^2}{g\pi d^2}\left(a+\frac{l}{2}\right)$$

五、一次静不定问题，建立相当系统，如题五答案图所示。

由力法正则方程得

$$\delta_{11}X_1+\Delta_{1F}=0$$

$$\delta_{11}=\frac{1}{EI}\left(\frac{1}{2}\times l\times l\times\frac{2}{3}l\times2+l\times l\times\frac{3}{2}l+\frac{1}{2}\times l\times l\times\frac{5}{3}l\right)+\frac{2\times l\times l\times l}{GI_P}+\frac{1\times1\times l}{EA}=\frac{5l^3}{EI}+\frac{l}{EA}$$

$$\Delta_{1F}=\frac{1}{EI}\left(\frac{1}{2}\times ql^2\times l\times\frac{5}{3}\times l+\frac{1}{3}\times\frac{1}{2}ql^2\times l\times\frac{3}{4}l\right)+\frac{1}{GI_P}\left(\frac{1}{2}ql^2\times l\times l\right)=\frac{35ql^4}{24EI}$$

$$\left(\frac{5l^3}{EI}+\frac{l}{EA}\right)X_1+\frac{35ql^4}{24EI}=0$$

$$X_1=-\frac{70ql^3}{3(80l^2+d^2)}$$

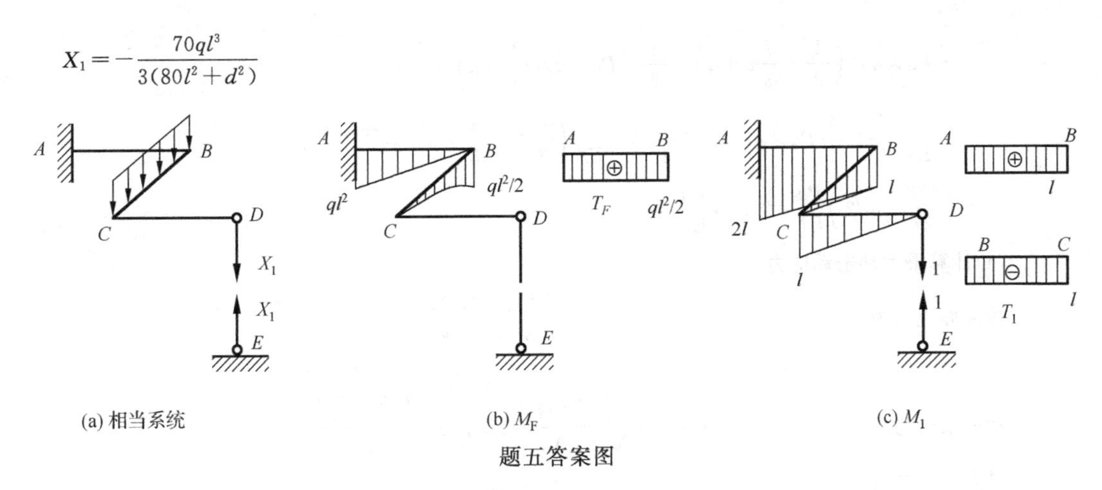

(a) 相当系统　(b) M_F　(c) M_1

题五答案图

六、受力分析如题六答案图(a)所示，

(1)求二力杆轴力。

AB 杆：$\sum M_A=0, -P\times 4a-F_{EG}\times\frac{\sqrt{2}}{2}\times 2a-F_{DH}\times 3a=0$

CD 杆：$\sum M_C=0, F_{EG}\times\frac{\sqrt{2}}{2}\times a+F_{DH}\times 3a=0$

解得 $F_{DH}=\frac{4}{3}P$(拉力)，$F_{EG}=-4\sqrt{2}P$(压力)。

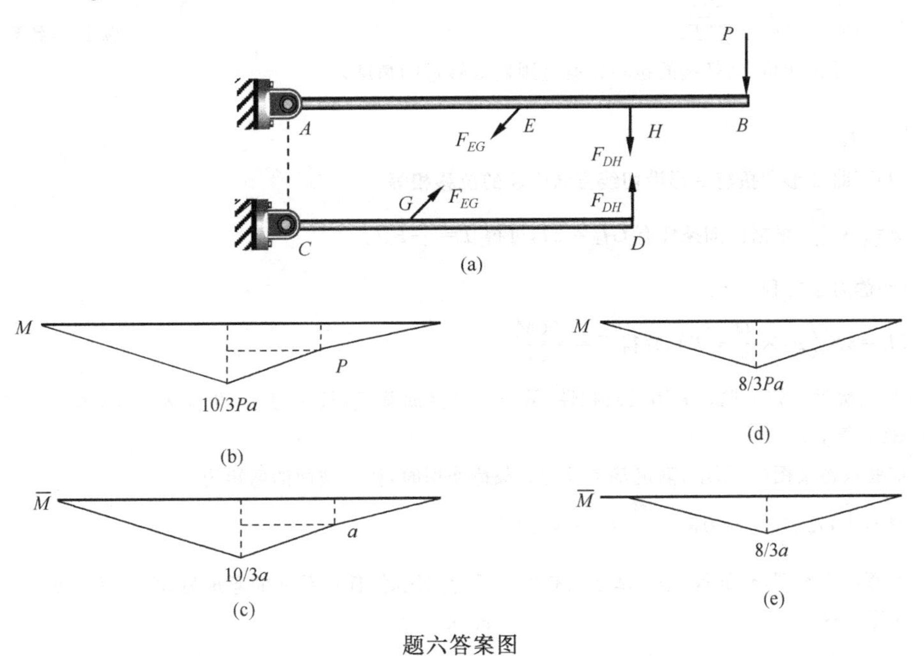

题六答案图

(2)画弯矩图。

AB 杆载荷 P 作用弯矩图如题六答案图(b)所示，单位荷作用弯矩图如题六答案图(c)所示。

CD 杆载荷 P 作用弯矩图如题六答案图(d)所示，单位荷作用弯矩图如题六答案图(e)所示。

(3)计算 Δ_{st}。

$$\Delta_{st}=\frac{1}{EI}\left(\frac{1}{2}\times\frac{10}{3}Pa\times 2a\times\frac{2}{3}\times\frac{10}{3}a+\frac{1}{2}\times\frac{7}{3}Pa\times a\times\left(\frac{2}{3}\times\frac{7}{3}a+a\right)\right.$$

$$+Pa\times a\times\left(\frac{1}{2}\times\frac{7}{3}a+a\right)+\frac{1}{2}\times Pa\times a\times\frac{2}{3}\times a\bigg)$$

$$+\frac{2}{EI}\left(\frac{1}{2}\times\frac{8}{3}Pa\times a\times\frac{2}{3}\times\frac{8}{3}a\right)+\frac{1}{EA}\left(\frac{4}{3}P\times\frac{4}{3}\times a+4\sqrt{2}P\times 4\sqrt{2}\times\sqrt{2}a\right)$$

$$=\left(\frac{488}{27}+8\sqrt{2}\right)\frac{Pa}{EI}=29.38\frac{Pa}{EI}$$

(4)计算最大冲击动应力。

最大静应力为 $$\sigma_{st}=\frac{M_{max}}{W}=\frac{10Pa}{3W}$$

动荷系数为 $$K_d=1+\sqrt{1+\frac{2H}{\Delta_{st}}}=1+\sqrt{1+\frac{2(a+\frac{v^2}{2g})}{\Delta_{st}}}$$

最大动应力为 $$\sigma_d=K_d\sigma_{st}$$

七、俯视图如题七答案图所示，设 OA、OB、OC 为圆的半径，根据对称性，杆的位移只能与半径垂直，沿切线方向。设杆上端截面沿与半径垂直方向的剪力为 F_S，弯矩为 M_1，扭矩为 T。

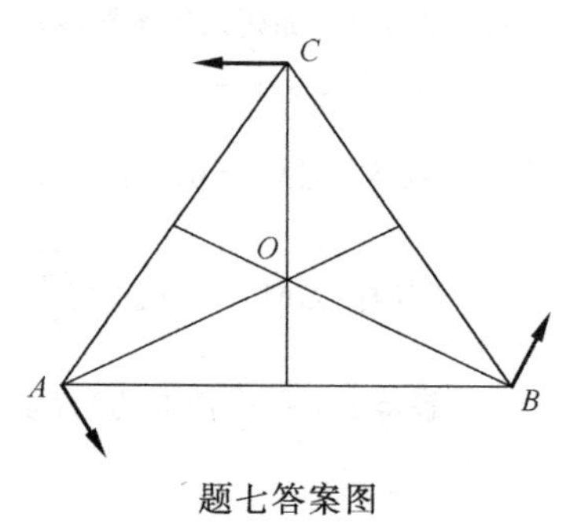

题七答案图

(1)杆上端截面由剪力和弯矩引起的转角等于零。

$\frac{F_S l^2}{2EI}-\frac{M_1 l}{EI}=0$，可得 $M_1=\frac{1}{2}F_S l$

(2)弯曲变形引起杆上端位移。

$$w=\frac{F_S l^3}{3EI}-\frac{M_1 l^2}{2EI}=\frac{F_S l^3}{12EI}$$

(3)相对扭转角。(杆端的扭转角就是刚性板转过的角度)

$$\varphi=\frac{Tl}{GI_P}$$

(4)弯曲变形和扭转变形沿切线方向引起的位移相等。

$w=\varphi\cdot\frac{D}{2}$，根据已知条件有 $GI_P=EI$，可得 $T=\frac{5}{3}F_S l$。

(5)静力学方程。

$M_e=3\times\left(F_S\times\frac{D}{2}+T\right)$，解得 $T=\frac{100M_e}{309}$。

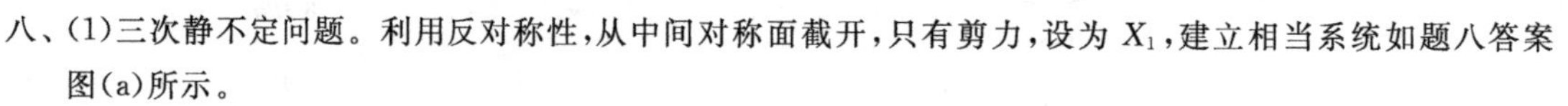

八、(1)三次静不定问题。利用反对称性，从中间对称面截开，只有剪力，设为 X_1，建立相当系统如题八答案图(a)所示。

如题八答案图(b)所示，静定基上只有原载荷作用时，任一截面的弯矩为

$$M=\int_0^\theta q\mathrm{d}s(1-\cos\theta)R=\int_0^\theta q(1-\cos\theta)R^2\mathrm{d}\theta$$

如题八答案图(c)所示，静定基上只有单位载荷作用时，任一截面的弯矩为 $\overline{M}=-R\sin\theta$。

正则方程： $$\delta_{11}X_1+\Delta_{1F}=0$$

$$\Delta_{1F}=\frac{1}{EI}\int_0^\pi M\overline{M}R\,\mathrm{d}\theta=-\frac{qR^3}{EI}\int_0^\pi(\theta-\sin\theta)\mathrm{d}\theta=-\frac{qR^3}{EI}\left(\frac{\pi^2}{2}-2\right)$$

$$\delta_{11}=\frac{1}{EI}\int_0^\pi\overline{M}\overline{M}R\,\mathrm{d}\theta=\frac{1}{EI}\int_0^\pi\sin^2\theta R^3\mathrm{d}\theta=\frac{R^3\pi}{2EI}$$

解得 $X_1=q\left(\pi-\frac{4}{\pi}\right)$。

(2)计算 A、B 两截面的竖直方向相对位移。

$$\Delta_{AB}=\frac{1}{EI}\int_0^\pi(M+X_1\overline{M})\overline{M}R\,\mathrm{d}\theta=\frac{1}{EI}\int_0^\pi M\overline{M}R\,\mathrm{d}\theta+\frac{X_1}{EI}\int_0^\pi\overline{M}\overline{M}R\,\mathrm{d}\theta=\frac{qR^3}{EI}\left[-\left(\frac{\pi^2}{2}-2\right)+\left(\pi-\frac{4}{\pi}\right)\times\frac{\pi}{2}\right]=0$$

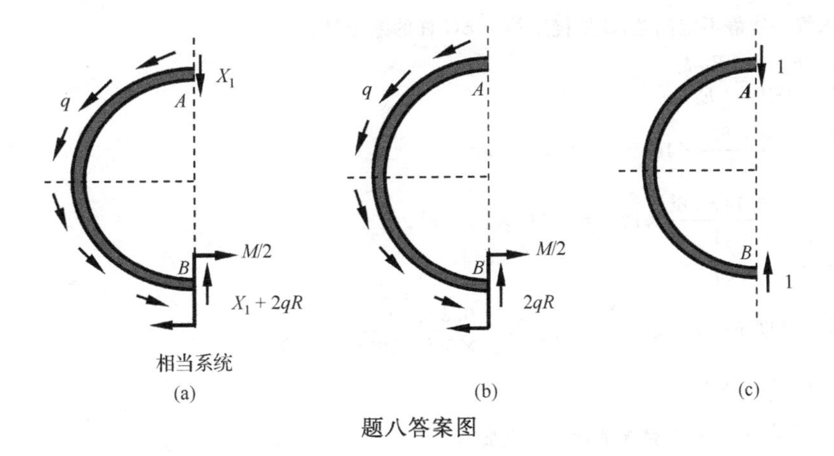

相当系统

(a) (b) (c)

题八答案图

九、一次静不定问题。如题九答案图所示由力法正则方程得

$\delta_{11}X_1+\Delta_{1F}=0$

$\delta_{11}=\dfrac{2}{EI}(\dfrac{1}{2}\times 1.5a\times 1\times\dfrac{2}{3}\times 1+1\times a\times 1)=\dfrac{3a}{EI}$

$\Delta_{1F}=\dfrac{2}{EI}(\dfrac{1}{2}\times\dfrac{qa^2}{2}\times 1.5a\times\dfrac{2}{3}\times 1-\dfrac{1}{3}\times\dfrac{qa^2}{2}\times a\times 1)=\dfrac{qa^3}{6EI}$

$\dfrac{3a}{EI}X_1+\dfrac{qa^3}{6EI}=0$

解得 $X_1=-\dfrac{qa^2}{18}$。

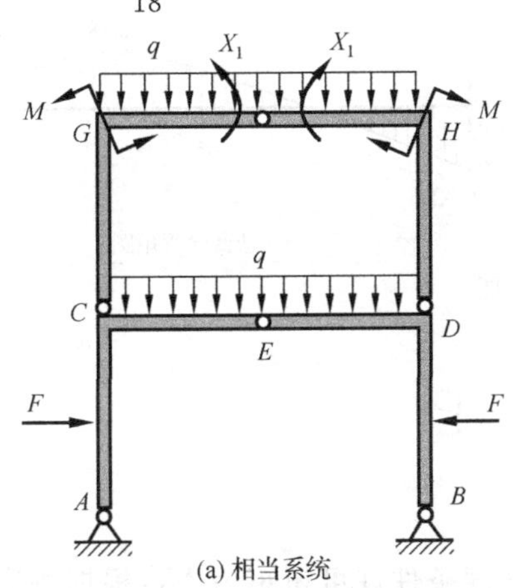

(a) 相当系统

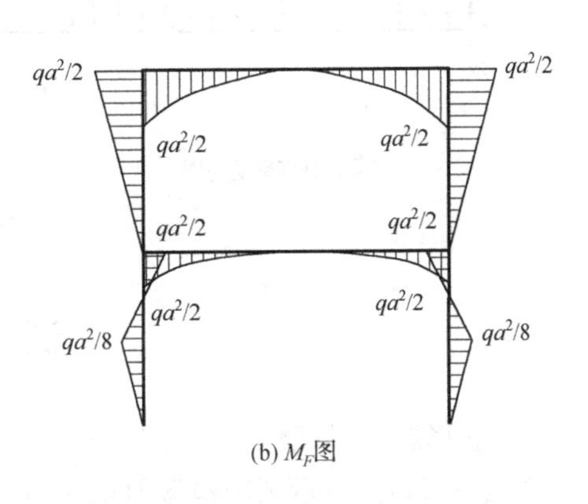

(b) M_F图

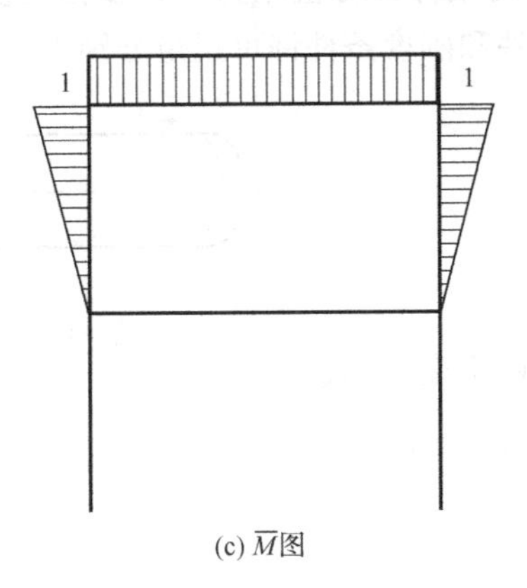

(c) $\overline{M}$图

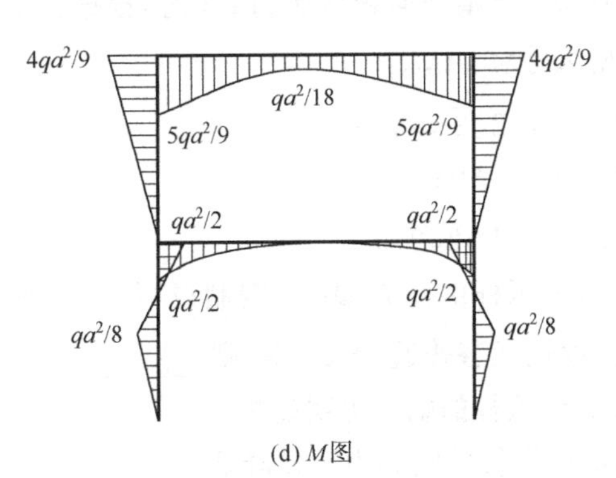

(d) M图

题九答案图

十、(1)求解一次静不定问题，B处挠度等于BC杆的缩短量。

$$\frac{ql^4}{8EI}-\frac{F_{BC}l^3}{3EI}=\frac{F_{BC}l_1}{EA}$$

$$I=\frac{bh^3}{12}=\frac{40\times60^3}{12}\times10^{-12}=7.2\times10^{-7}\,\mathrm{m}^4$$

$$A=\frac{\pi d^2}{4}=\frac{3.14\times36^2}{4}\times10^{-6}=1.017\times10^{-3}\,\mathrm{m}^3$$

解得 $F_{BC}=0.6q$

悬臂梁强度条件为 $\sigma_{\max}=\dfrac{M_{\max}}{W}\leqslant[\sigma]$，$\dfrac{0.32q\times6}{40\times60^2\times10^{-9}}\leqslant\dfrac{250\times10^6}{2}$。

解得 $q=9375\mathrm{N/m}$

$\dfrac{9375\times1.6}{3200}=4.6875$，最多能放 4 块金属板。

(2)BC杆稳定性校核。

$$\lambda=\frac{\mu l_1}{i}=\frac{1\times1.8\times4}{0.036}=200,\lambda_P=\sqrt{\frac{\pi^2E}{\sigma_P}}=\sqrt{\frac{3.14^2\times95\times10^9}{250\times10^6}}=61.2$$

BC杆为细长杆，得

$$F_{cr}=\frac{\pi^2E}{\lambda^2}A=\frac{3.14^2\times95\times10^9}{200^2}\times1.017\times10^{-3}=23.8\mathrm{kN}$$

$$n=\frac{F_{cr}}{F_{BC}}=\frac{23.8}{0.6\times8}=4.96>[n]$$

满足稳定性要求。

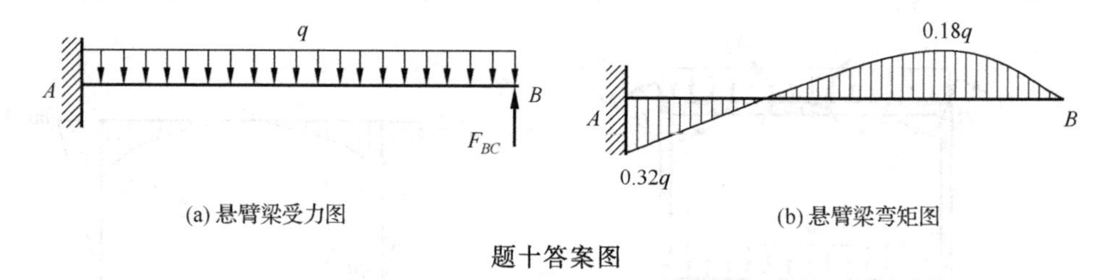

(a)悬臂梁受力图　　(b)悬臂梁弯矩图

题十答案图

试　卷　七

一、选择题。(每题 3 分，共 15 分)

(1)题一(1)图所示圆轴横截面积为A，根据强度条件许可扭矩为M_1，根据刚度条件许可扭矩为M_2，当横截面积增加到$2A$时，根据强度条件和刚度条件许可扭矩分别为________。

A. $2\sqrt{2}M_1,4M_2$；

B. $4M_1,2\sqrt{2}M_2$；

C. $4M_1,4M_2$；

D. $2\sqrt{2}M_1,2\sqrt{2}M_2$。

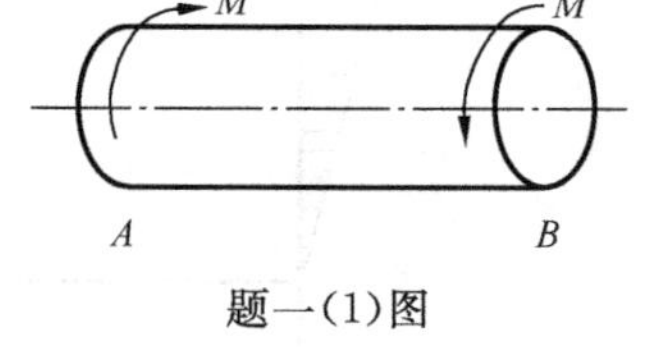

题一(1)图

(2)某压杆由普通 Q235 钢制成，如果其他条件不变，用优质高强度钢代替普通 Q235 钢，则________。

A. 该压杆的临界力明显提高；

B. 该压杆的临界力明显降低；

C. 该压杆的临界力不会明显变化；

D. 以上说法不准确。

3. 题一(3)图所示单元体的应力状态属于________。(图上所示应力单位为 MPa。)

A. 单向应力状态;

B. 二向应力状态;

C. 三向应力状态;

D. 纯剪切应力状态。

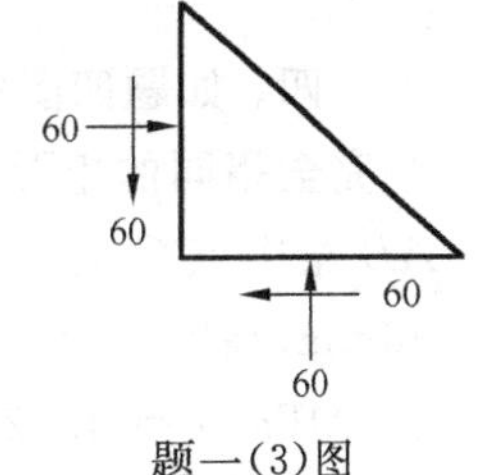

题一(3)图

(4)题一(4)图所示 AB 为刚性杆(不变形),杆 CD、BE 弹性模量为 E,横截面面积为 A,在力 F 的作用下,两杆变形关系为________。

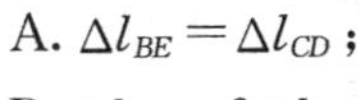

A. $\Delta l_{BE}=\Delta l_{CD}$;

B. $\Delta l_{BE}=2\Delta l_{CD}$;

C. $\Delta l_{BE}=\sqrt{2}\,\Delta l_{CD}$;

D. 以上都不正确。

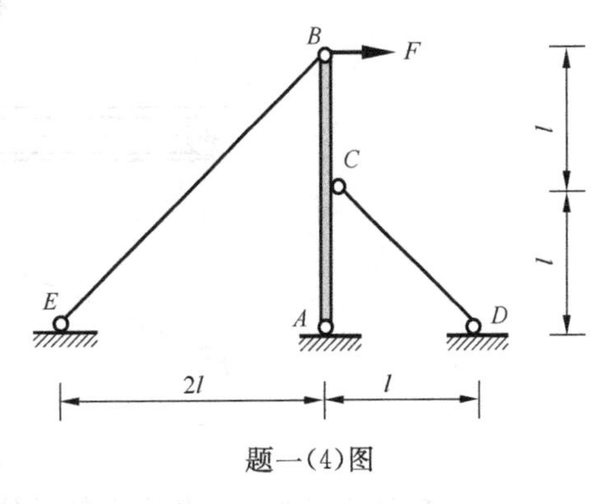

题一(4)图

(5) 题一(5)图所示(a)、(b)两简支梁完全相同,受力不同。C 为中点,图(a)中 C 点的挠度、转角分别为 w_{C1}、θ_{C1},图(b)中 C 点的挠度、转角分别为 w_{C2}、θ_{C2},则________。

A. $w_{C1}=w_{C2}$,$\theta_{C1}=\theta_{C2}$;　　B. $w_{C1}\neq w_{C2}$,$\theta_{C1}=\theta_{C2}$;

C. $w_{C1}=w_{C2}$,$\theta_{C1}\neq\theta_{C2}$;　　D. $w_{C1}\neq w_{C2}$,$\theta_{C1}\neq\theta_{C2}$。

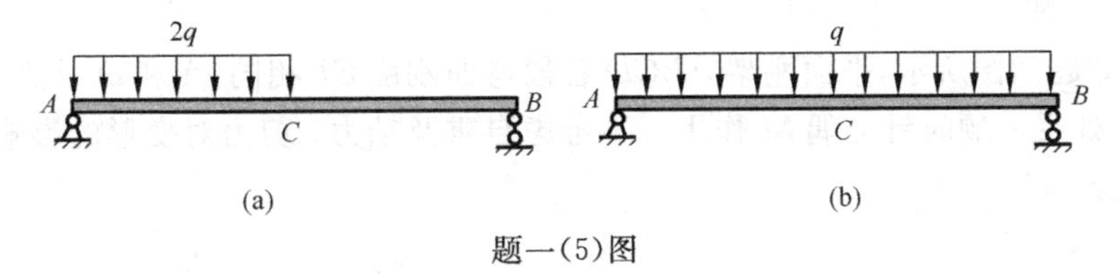

题一(5)图

二、有两个相同的 L 形元件,用螺栓连接,以传递拉力 F,几何尺寸如题二图所示。L 形元件是刚体,螺栓是线弹性体,其拉压弹性模量为 E,许用正应力为[σ]。设两 L 形元件间无初始间隙,也无预紧力,并设在变形过程中两个螺母与 L 形元件始终贴合,螺栓与 L 形元件在孔壁间无相互作用力。求:(1)L 形元件孔内一段螺栓的轴力 F_N;(2)在 L 形元件内一段螺栓的弯矩 M;(3)两个 L 形元件相对转角 $\Delta\theta$;(4)许用拉力[F]。(15 分)

三、直角折杆 $ABCD$ 各段相互垂直,长度 $a=1\text{m}$,截面为圆形,直径 $d=60\text{mm}$,A 端固定,D 端受力如题三图所示,已知 $F_x=1\text{kN}$,$F_y=2\text{kN}$,$F_z=3\text{kN}$,材料许用应力[σ]$=160\text{MPa}$。试:(1)画 AB 段内力图;(2)用第三强度理论校核 AB 段强度。(15 分)

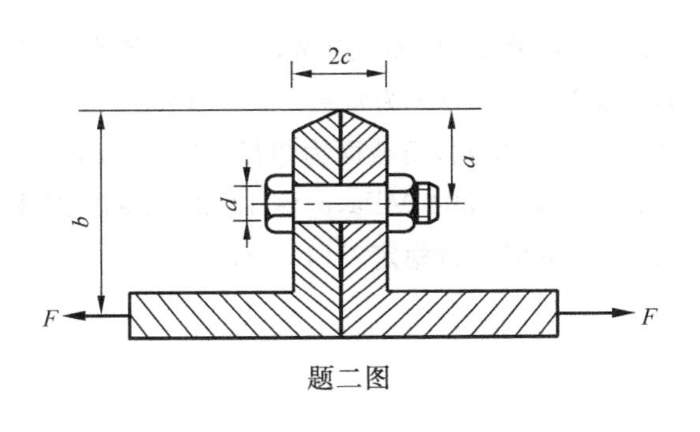

题二图

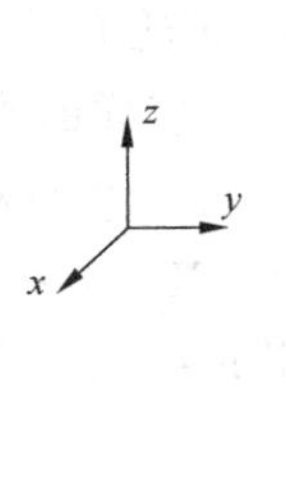

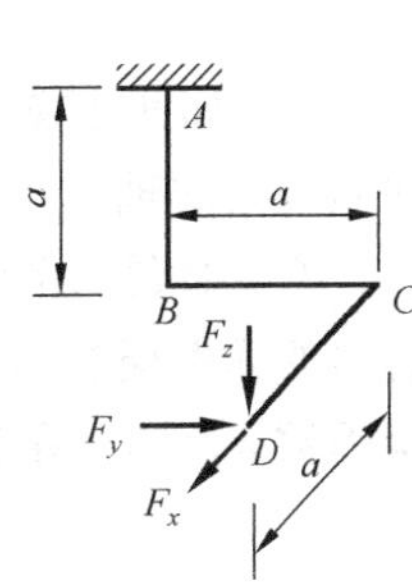

题三图

四、如题四图所示，AB 梁不计自重，A 端为固定铰支座，梁长为 4m，截面为工字形，由三个完全相同的矩形焊接而成，材料为 Q235 钢，许用应力$[\sigma]=160\text{MPa}$。重物 P 以初速度零从 AB 梁中点 C 上方高度 2.5m 处落下，冲击到梁上，斜杆 BD 两端铰支，截面为矩形，宽度 $b=40\text{mm}$，高度 $h=80\text{ mm}$，材料为 Q235 钢，弹性模量 $E=200\text{GPa}$，$\lambda_0=60$，$\lambda_p=100$，$a=304\text{MPa}$，$b=1.12\text{ MPa}$，规定稳定安全因数 $n_w=3$。试求许可重量$[P]$的大小。(横截面尺寸单位为 mm。)(15 分)

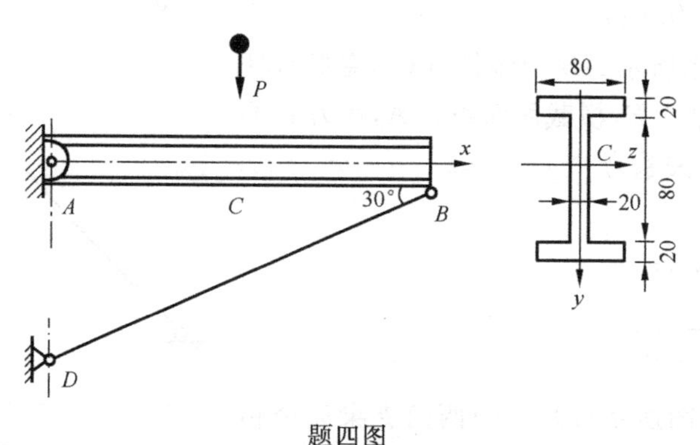

题四图

五、如题五图所示，直角折杆 ABC 位于水平面内，AB 段直径 $d=80\text{mm}$，长度 $a=2\text{m}$。AB 段单位长度重量集度为 q_1，BC 段单位长度重量集度为 q_2。为了测量各段重量，在 AB 段中间 D 截面贴了两个应变片，测得 D 截面上表面沿轴线方向的线应变 $\varepsilon_0=4\times10^{-4}$，前表面沿母线成 45°方向的线应变 $\varepsilon_{45^\circ}=2\times10^{-4}$，已知材料的弹性模量 $E=200\text{GPa}$，泊松比 $v=0.25$，试计算集度 q_1 和 q_2 的大小。(15 分)

六、如题六图所示，平面刚架 $ABCD$ 各段弯曲刚度 EI 相同，A 和 D 处为固定端，BC 段中间截面 E 处受一顺时针力偶 M 作用。不考虑自重及轴力、剪力对变形的影响，试画刚架弯矩图。(15 分)

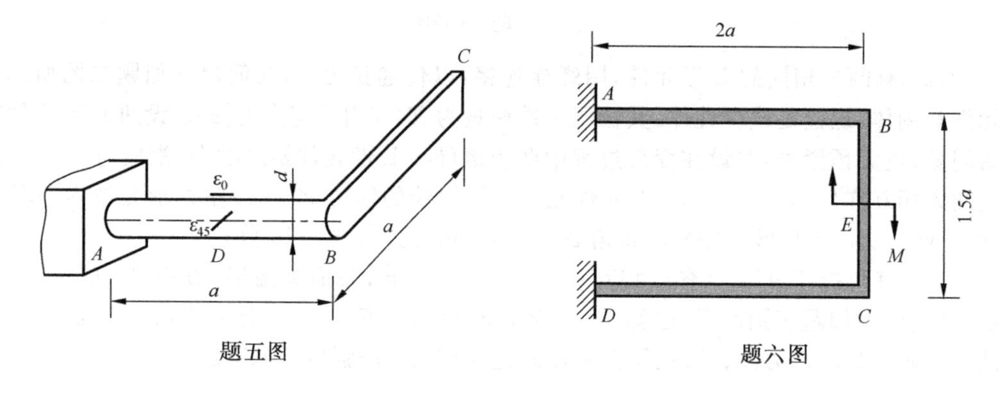

题五图　　题六图

七、如题七图所示，滚轮 C 重 F，沿简支梁 AB 移动时，要求滚轮恰好走一条水平路径，试问须将梁的轴线预先弯成怎样的曲线？设梁的弯曲刚度 EI 为常数。(15 分)

八、如题八图所示，结构各杆材料和横截面尺寸相同，横截面为矩形，高 60mm，宽 30mm。材料的弹性模量 $E=200\text{GPa}$，$\lambda_0=60$，$\lambda_P=100$。$a=304\text{ MPa}$，$b=1.12\text{ MPa}$，规定稳定安全因数 $n_w=3$。在载荷 $F=10\text{kN}$ 作用下，试判断结构是否稳定？(15 分)

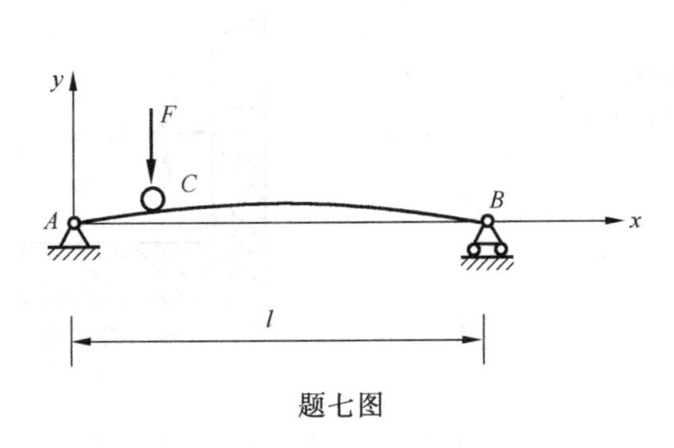

题七图

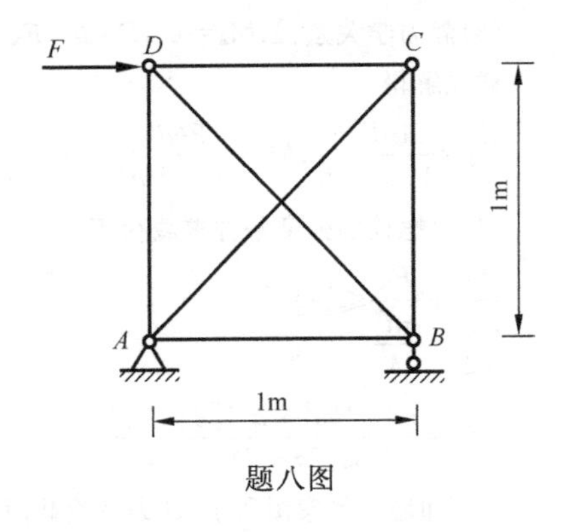

题八图

九、半径为 R 的刚性圆柱上，放一平直钢条 B'，两端作用对称载荷 F，如题九图(a)所示。钢条弹性模量为 E，厚度为 h，宽度为 b，忽略自重，在力 F 的作用下处于弹性小变形状态，且 $R \gg h$。求：(1)钢条开始与刚性圆柱面点 A 以外的点接触时的载荷 F_0 值；(2)当 $F > F_0$ 时钢条 CAC' 段与刚性圆柱接触，如题九图(b)所示，求 B，C 两截面的挠度差 w_{BC} 与载荷 F 的关系。(15 分)

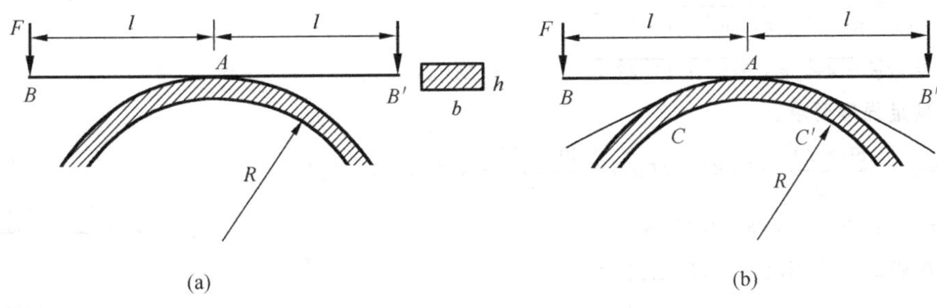

题九图

十、圆筒式薄壁容器如题十图所示，容器内直径 $D=60\text{mm}$，壁厚 $t=2\text{mm}$，容器承受内压强为 p，同时受到扭转力偶 M_e 和轴向拉力 F 的作用。材料的弹性模量 $E=200\text{GPa}$，泊松比 $\nu=0.3$。由实验测得圆筒表面一点处沿与轴线成 0°、−45°、90°的应变分别为 $\varepsilon_{0°}=4\times10^{-4}$、$\varepsilon_{-45°}=2.5\times10^{-4}$、$\varepsilon_{90°}=3\times10^{-4}$，试求 p、M_e 和 F 的值。(15 分)

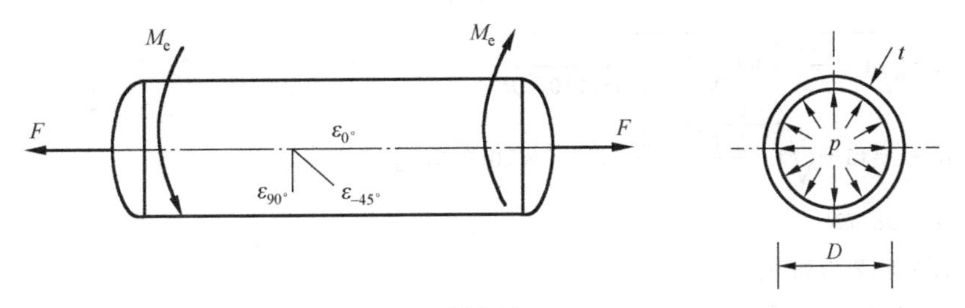

题十图

试卷七答案及题解

一、(1)A (2)D (3)A (4)B (5)C

二、一次静不定问题。

(1)变形几何关系：$\Delta l=\Delta\theta\cdot 2c$。

(2)物理关系：$\Delta l=\dfrac{F_N\cdot 2c}{E\cdot\dfrac{\pi d^2}{4}}$，$\Delta\theta=\dfrac{M\cdot 2c}{E\,\dfrac{\pi d^4}{64}}$。

(3)静力学关系：$\sum M_A=0$，$F\cdot b-F_N\cdot a-M=0$。

联立解得

$$F_N=\frac{16Fab}{16a^2+d^2},M=\frac{Fbd^2}{16a^2+d^2},\Delta\theta=\frac{128Fbc}{\pi Ed^2(16a^2+d^2)}$$

(4)由螺栓的强度条件求载荷 F。

$$\frac{M}{\frac{\pi d^3}{32}}+\frac{F_N}{\frac{\pi d^2}{4}}\leqslant[\sigma]$$

$$[F]=\frac{\pi d^2(16a^2+d^2)[\sigma]}{32(2a+d)}$$

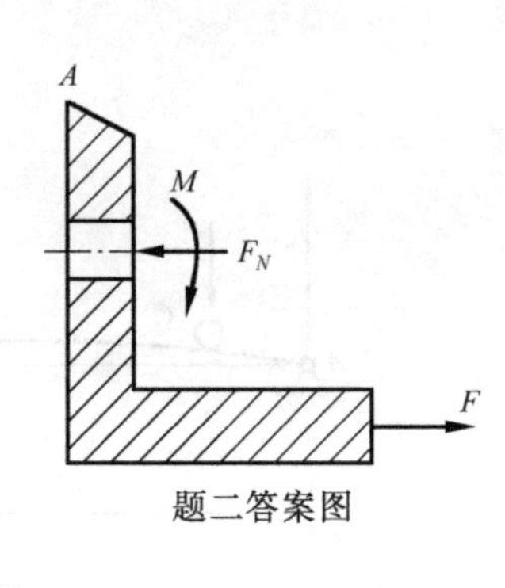

题二答案图

三、内力如题三答案图所示，B 为危险截面。

$$M=\sqrt{M_y^2+M_x^2}=\sqrt{3^2+3^2}=3\sqrt{2}(\text{kN}\cdot\text{m})$$

$$\sigma=\frac{F_N}{A}+\frac{M}{W}=\frac{4F_N}{\pi d^2}+\frac{32M}{\pi d^3}$$

$$=\frac{4\times3\times10^3}{\pi\times60^2\times10^{-6}}+\frac{32\times3\sqrt{3}\times10^3}{\pi\times60^3\times10^{-9}}=201(\text{MPa})$$

$$\tau=\frac{T}{W_t}=\frac{16T}{\pi\times d^3}=\frac{16\times1\times10^3}{\pi\times60^3\times10^{-9}}=23.6(\text{MPa})$$

$$\sigma_{r3}=\sqrt{\sigma^2+4\tau^2}=\sqrt{201^2+4\times23.6^2}=206.5(\text{MPa})$$

不满足强度要求。

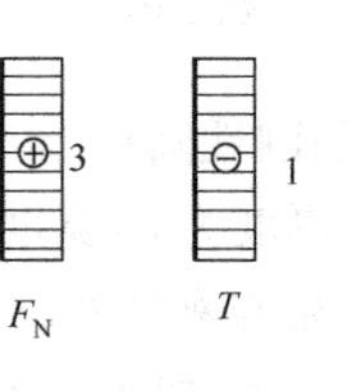

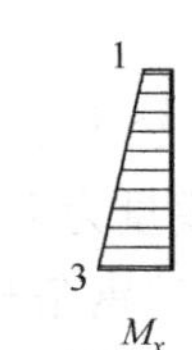

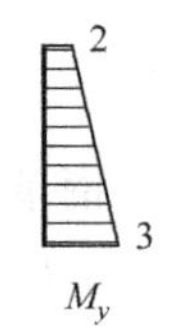

题三答案图

四、$I_z=2\times(\frac{80\times20^3}{12}+80\times20\times50^2)+\frac{80^3\times20}{12}=8.96\times10^{-6}(\text{m}^4)$

$A=3\times80\times20=4.8\times10^{-3}(\text{m}^2)$

相应静载荷作用时，二力杆轴力为

$$\sum M_A=0,F_{BD}\sin30°\times l-P\times\frac{l}{2}=0$$

$$F_{BD}=P$$

$$\sigma_{st}=\frac{M_y}{I_z}=\frac{P\times60\times10^{-3}}{8.96\times10^{-6}}=6.7\times10^3P$$

$$\Delta_{st}=\frac{1}{EI}(2\times\frac{1}{2}\times P\times2\times\frac{2}{3})+\frac{1}{EA}(P\times1\times\frac{4}{\cos30°})=8.55\times10^{-7}P$$

$$K_d=1+\sqrt{1+\frac{2H}{\Delta_{st}}}=1+\sqrt{1+\frac{5}{8.55\times10^{-7}P}}$$

$$\sigma_d=K_d\sigma_{st}=(1+\sqrt{1+\frac{5.85\times10^6}{P}})\times6.7\times10^3P\leqslant[\sigma]$$

解得 $P=96.7$N。

计算压杆临界力如下。

$$\lambda=\frac{\mu l}{i}=\frac{1\times4/\cos30°}{0.04/2\sqrt{3}}=400>\lambda_p，其为细长杆。$$

$$F_{cr}=\frac{\pi^2E}{\lambda^2}A=\frac{3.14^2\times200\times10^9}{400^2}\times40\times80\times10^{-6}=39.4(\text{kN})$$

$[F_{BD}]=\frac{F_{cr}}{n_w}=13.1\text{kN}>F_{BD}$，满足稳定性要求，所以许可重量$[P]=96.7$N。

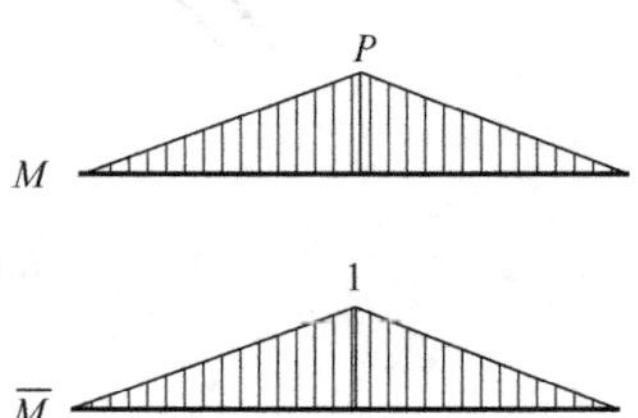

题四答案图

五、受力分析如题五答案图所示。D 截面内力为

$$T=\frac{q_2a^2}{2},M=\frac{q_1a^2}{8}+\frac{q_2a^2}{2}$$

$\tau=\dfrac{T}{W_t}=\dfrac{q_2\times2\times16}{\pi\times80^3\times10^{-9}}=2\times10^4q_2$

$\sigma_{45}=\tau$，$\sigma_{-45}=-\tau$

$\varepsilon_{45}=\dfrac{1}{E}[\sigma_{45}-\nu(\sigma_{-45}+0)]=\dfrac{1}{E}\tau(1+\nu)$

$\tau=\dfrac{E\varepsilon_{45}}{1+\nu}=\dfrac{200\times10^9\times2\times10^{-4}}{1.25}=32\text{MPa}$

解得 $q_2=1.6\text{kN/m}$。

$\sigma=\dfrac{M}{W}=\dfrac{\left(\dfrac{q_1a^2}{8}+\dfrac{q_2a^2}{2}\right)\times32}{\pi\times80^3\times10^{-9}}$

$\sigma=E\varepsilon_0=200\times10^9\times4\times10^{-4}=80\text{MPa}$

解得 $q_1=1.6\text{kN/m}$。

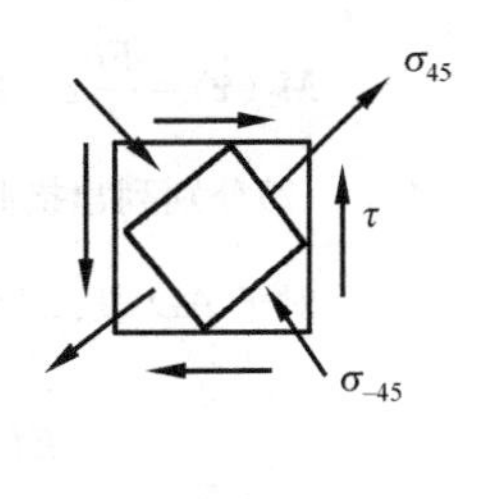

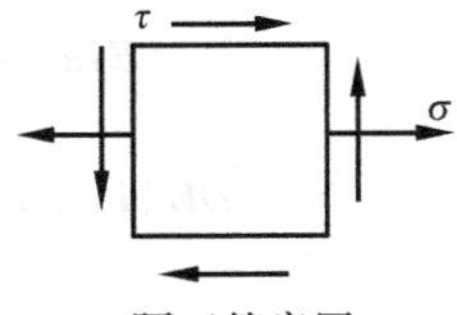

题五答案图

六、三次静不定问题。可利用反对称性简化为只有一个未知量，建立相当系统，如题六答案图所示。由力法正则方程得

$\delta_{11}X_1+\Delta_{1F}=0$

$\delta_{11}=\dfrac{1}{EI}\left(\dfrac{1}{2}\times0.75a\times0.75a\times\dfrac{2}{3}\times0.75a+0.75a\times2a\times0.75a\right)=1.266\dfrac{a^3}{EI}$

$\Delta_{1F}=\dfrac{1}{EI}(0.5M\times0.75a\times0.375a+0.5M\times2a\times0.75a)=0.9\dfrac{Ma^2}{EI}$

$1.266\dfrac{a^3}{EI}X_1+0.9\dfrac{Ma^2}{EI}=0$

解得 $X_1=-0.71\dfrac{M}{a}$。

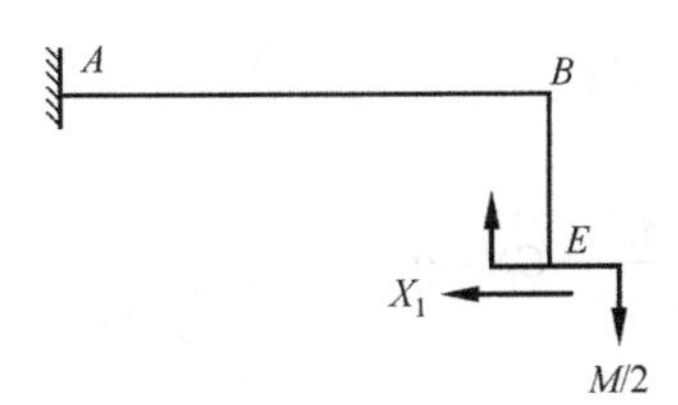

(a) 相当系统

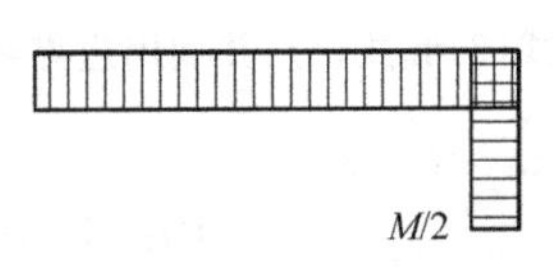

(b) M_F图

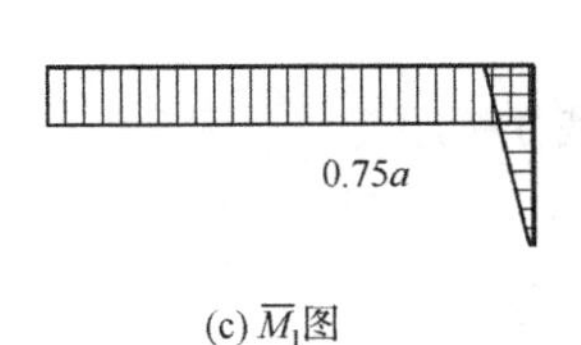

(c) $\overline{M}_1$图

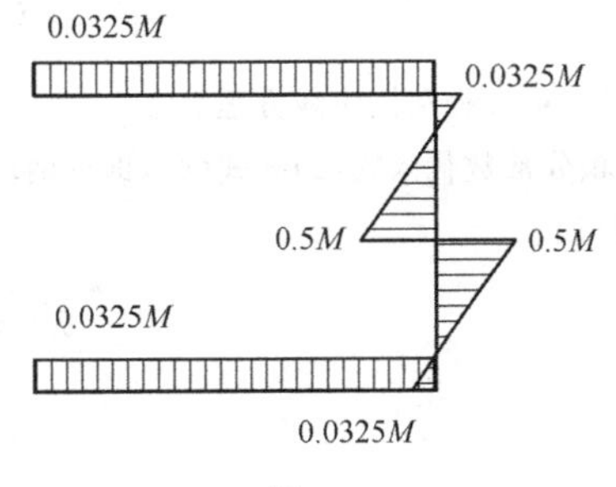

(d) M图

题六答案图

七、(1)如题七答案图所示，求支反力并列弯矩方程。

$F_A=\dfrac{Fb}{l}(\uparrow)$，$F_B=\dfrac{Fa}{l}(\uparrow)$

分段建立弯矩方程，即

$M_1(x)=\dfrac{Fb}{l}x\qquad(0\leqslant x\leqslant a)$

$$M_2(x)=\frac{Fb}{l}x-F(x-a) \quad (a\leqslant x\leqslant l)$$

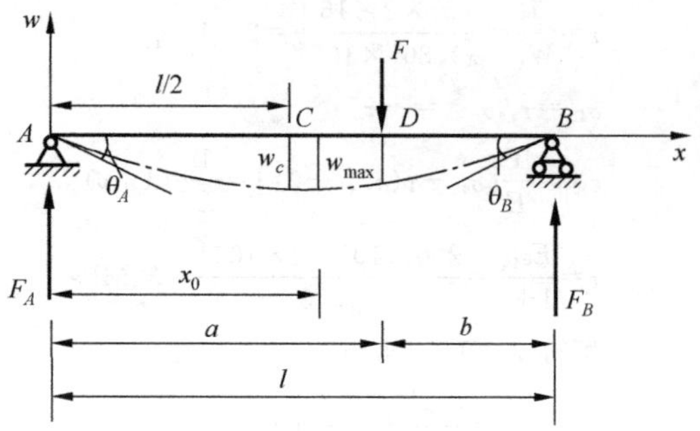

(2)分别列出挠曲线近似微分方程并积分。

对于 AD 段：$EIw''_1=\frac{Fb}{l}x$

$$EIw'_1=\frac{Fb}{l}\frac{x^2}{2}+C_1 \tag{1}$$

$$EIw_1=\frac{Fb}{l}\frac{x^3}{6}+C_1x+D_1 \tag{2}$$

题七答案图

对于 DB 段：$EIw''_2=\frac{Fb}{l}x-F\ (x-a)$

$$EIw'_2=\frac{Fb}{l}\frac{x^2}{2}-\frac{F(x-a)^2}{2}+C_2 \tag{3}$$

$$EIw_2=\frac{Fb}{l}\frac{x^3}{6}-\frac{F(x-a)^3}{6}+C_2x+D_2 \tag{4}$$

(3) 确定积分常数。

梁的位移边界条件为

$$在\ x=0\ 处, w_1=0 \tag{5}$$

$$在\ x=l\ 处, w_2=0 \tag{6}$$

AD 和 DB 两段交界处 D 点的连续条件为

$$在\ x=a\ 处, w'_1=w'_2, w_1=w_2 \tag{7}$$

由以上四个条件，即可确定四个积分常数 C_1、C_2、D_1 与 D_2。

将连续条件分别代入式(1)～式(4)，可得

$$C_1=C_2, D_1=D_2 \tag{8}$$

将式(8)代入式(2)和式(4)，并利用边界条件式(5)和式(6)得

$$D_1=D_2=0$$

$$EIw_2\big|_{x=l}=\frac{Fb}{l}\frac{l^3}{6}-\frac{F(l-a)^3}{6}+C_2l=0$$

由此解出

$$C_1=C_2=-\frac{Fb}{6l}(l^2-b^2)$$

(4)转角方程和挠曲线方程。

将积分常数代入式(1)～式(4)，即得两段梁转角方程和挠曲线方程。

AD 段：

$$\theta_1=w'_1=\frac{-Fb}{6lEI}(l^2-b^2-3x^2) \tag{9}$$

$$w_1=\frac{-Fbx}{6lEI}(l^2-b^2-x^2) \tag{10}$$

对于 DB 段：

$$\theta_2=w'_2=\frac{-Fb}{6lEI}\left[(l^2-b^2-3x^2)+\frac{3l}{b}(x-a)^2\right] \tag{11}$$

$$w_2=\frac{-Fb}{6lEI}\left[\frac{l}{6}(x-a)^3+(l^2-b^2-x^2)x\right] \tag{12}$$

取 $a=x, b=l-x$，得 $w(x)=\frac{-Fx(l-x)}{6lEI}[l^2-(l-x)^2-x^2]$。

八、内力一次静不定问题。如题八答案图所示，由力法正则方程得

$X_1\delta_{11}+\Delta_{1F}=0$

$$\Delta_{1F}=\frac{1}{EA}\left(-F\times-\frac{\sqrt{2}}{2}\times1\times2+\sqrt{2}F\times1\times\sqrt{2}\right)=\frac{(\sqrt{2}+2)F}{EA}$$

$$\delta_{11}=\frac{1}{EA}\left(-\frac{\sqrt{2}}{2}\times-\frac{\sqrt{2}}{2}\times1\times4+1\times1\times\sqrt{2}\times2\right)=\frac{2\sqrt{2}+2}{EA}$$

联立解得 $X_1=-0.707F=-7.07\text{kN}$，$F_{CD}=-5\text{kN}$。

$$\lambda=\frac{\mu l}{i}=\frac{1\times1}{\frac{0.03}{2\sqrt{3}}}=115.4>\lambda_P$$，属于细长杆。

$$F_{cr}=\frac{\pi^2EI}{(\mu l)^2}=\frac{\pi^2\times200\times10^9\times\frac{60\times30^3\times10^{-12}}{12}}{(1\times1)^2}=266.2(\text{kN})$$

$$n=\frac{F_{cr}}{F_{CD}}=\frac{266.2}{5}=53.2>n_w$$

结构稳定。

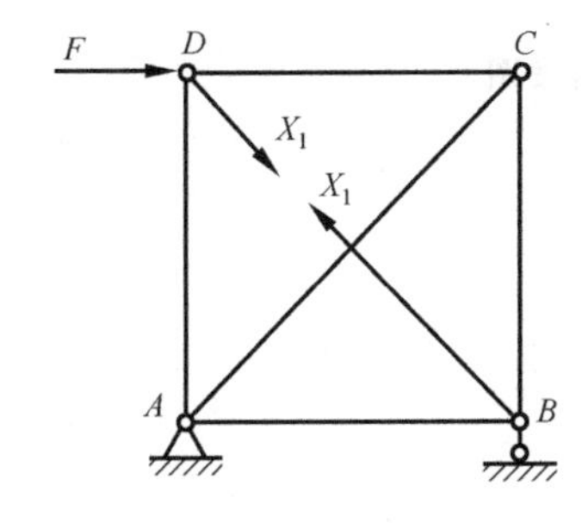

(a) 相当系统

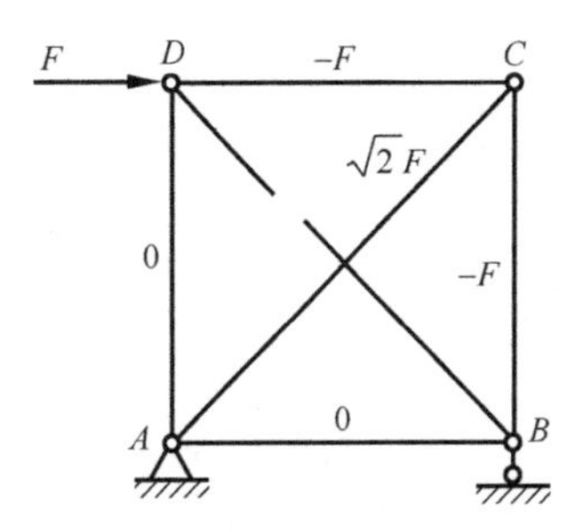

(b) 静定基上只有原载荷作用

题八答案图

九、(1) $\frac{1}{\rho}=\frac{M}{EI}=\frac{1}{R}$，$M=\frac{EI}{R}=F_0l$，$F_0=\frac{EI}{Rl}=\frac{Ebh^3}{12Rl}$

(2) 当 $F>F_0$ 时，设接触点 C 距点 B 为 x，梁在接触点处转角 $\theta_C=\frac{l-x}{R}$。

$\frac{Fx}{EI}=\frac{1}{R}$。解得 $x=\frac{EI}{FR}$。

$$w_{BC}=\theta_Cx+\frac{Fx^3}{3EI}=\frac{l-\frac{EI}{FR}}{R}\cdot\frac{EI}{FR}+\frac{F}{3EI}\left(\frac{EI}{FR}\right)^3=\frac{lEI}{FR^2}-\frac{2(EI)^2}{3F^3R^3}=\frac{Ebh^3l}{12FR^2}-\frac{E^2b^2h^6}{216F^2R^3}$$

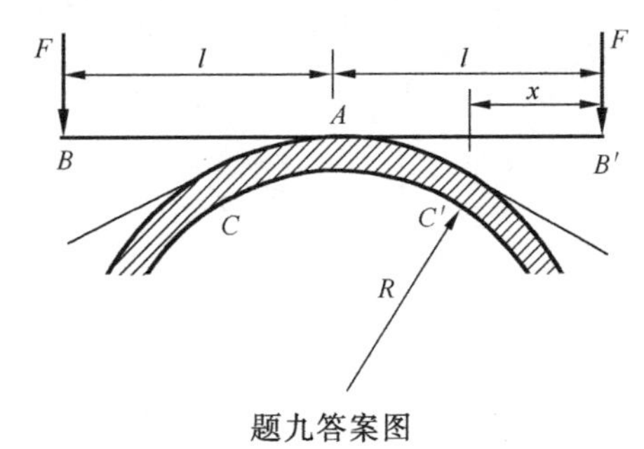

题九答案图

十、受力如题十答案图所示。

$$\sigma_x=\frac{pD}{4t}+\frac{F}{A},\quad A=\pi Dt,\quad \sigma_y=\frac{pD}{2t}$$

$$\tau_{xy}=\frac{M_e}{2\pi r^2 t}=\frac{2}{\pi D^2 t}$$

$$\sigma_{45^\circ}=\frac{\sigma_x+\sigma_y}{2}+\tau,\sigma_{-45^\circ}=\frac{\sigma_x+\sigma_y}{2}-\tau,\varepsilon_{0^\circ}=\frac{1}{E}[\sigma_x-\nu\sigma_y],\varepsilon_{90^\circ}=\frac{1}{E}[\sigma_y-\nu\sigma_x],$$

$$\varepsilon_{-45^\circ}=\frac{1}{E}\left[\frac{\sigma_x+\sigma_y}{2}-\tau-\nu\left(\frac{\sigma_x+\sigma_y}{2}+\tau\right)\right]$$

解得 $\sigma_x=107.69\text{MPa}$，$\sigma_y=92.3\text{MPa}$，$p=6.15\text{MPa}$，$F=23.2\text{kN}$，$\tau=15.3\text{MPa}$，$M_e=17.3\text{N}\cdot\text{m}$。

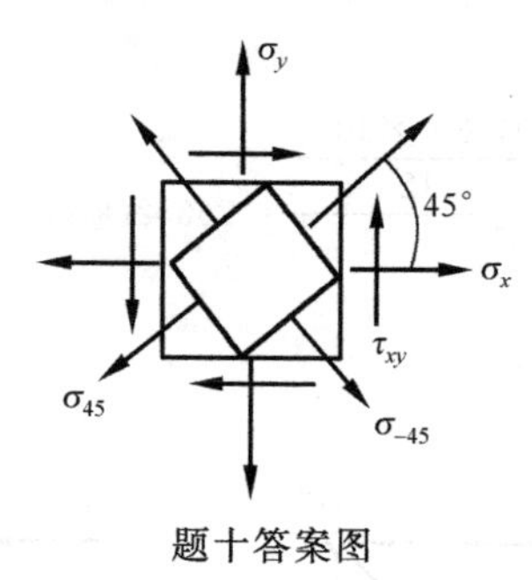

题十答案图

参考文献

白象忠,2007. 材料力学[M]. 北京:科学出版社.

范钦珊,2005. 材料力学[M]. 2版. 北京:高等教育出版社.

范钦珊,蔡新,2006. 材料力学(土木类)[M]. 北京:清华大学出版社.

苟文选,2007. 材料力学教与学[M]. 北京:高等教育出版社.

胡益平,2014. 材料力学典型例题及难题详解[M]. 成都:四川大学出版社.

季顺迎,2013. 材料力学[M]. 北京:科学出版社.

李锋,2011. 材料力学案例[M]. 北京:科学出版社.

刘鸿文,2011a. 材料力学(Ⅰ)[M]. 5版. 北京:高等教育出版社.

刘鸿文,2011b. 材料力学(Ⅱ)[M]. 5版. 北京:高等教育出版社.

邱棣华,2004. 材料力学[M]. 北京:高等教育出版社.

单辉祖,2009. 材料力学(Ⅰ)[M]. 3版. 北京:高等教育出版社.

单辉祖,2010. 材料力学(Ⅱ)[M]. 3版. 北京:高等教育出版社.

孙训芳,方孝淑,关来泰,2009a. 材料力学(I)[M]. 5版. 北京:高等教育出版社.

孙训芳,方孝淑,关来泰,2009b. 材料力学(II)[M]. 5版. 北京:高等教育出版社.

王博,2018. 材料力学[M]. 北京:高等教育出版社.

王世斌,亢一澜,2008. 材料力学[M]. 北京:高等教育出版社.

王守新,2005a. 材料力学学习指导[M]. 大连:大连理工大学出版社.

王守新,2005b. 材料力学[M]. 3版. 大连:大连理工大学出版社.

吴永端,邓宗白,周克印,2011. 材料力学[M]. 北京:高等教育出版社.

BEER F P, JOHNSTON E R, DEWOLF J T, et al, 2012. Mechanics of Materials [M]. New York: McGraw-Hill Inc.

GERE J M, TIMOSHENKO S P, 1984. Mechanics of Materials[M]. 2nd ed. New York: Van Nostrand Reinhold Company Ltd.

HIBBELER R C, 2010. Mechanics of Materials[M]. 8th ed. New Jersey: Prentice Hall.